WANYONGBIAO SHIBOQI SHIYONG
CONG RUMEN DAO JINGTONG

万用表·示波器使用从入门到精通

韩雪涛 主编
吴 瑛 韩广兴 副主编

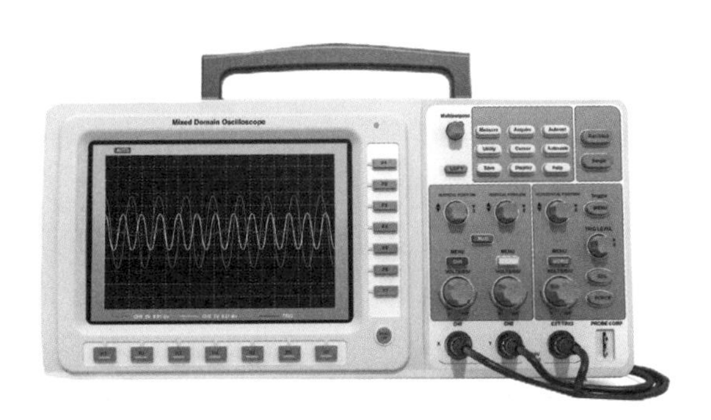

化学工业出版社
·北京·

内容简介

《万用表•示波器使用从入门到精通》一书内容分为万用表篇和示波器篇，分别介绍了万用表和示波器的使用方法和检修技能，包括万用表及示波器的功能与应用、结构和操作规程、检测技能、检修案例等内容，帮助读者同时掌握两种工具的使用方法。

本书采用彩色图解的形式，内容理论和实践相结合，讲解由浅入深，层次分明，重点突出，非常方便读者学习。本书在重要知识点配备视频讲解，读者只需用手机扫描书中的二维码即可观看教学视频，帮助读者轻松理解复杂难懂的专业知识。

本书可供电工、电子技术人员和电器维修人员学习使用，也可作为职业院校及培训学校相关专业教材。

图书在版编目（CIP）数据

万用表•示波器使用从入门到精通 / 韩雪涛主编. —北京：化学工业出版社，2021.8

ISBN 978-7-122-39455-2

Ⅰ. ①万…　Ⅱ. ①韩…　Ⅲ. ①复用电表 - 基本知识②示波器 - 基本知识　Ⅳ. ① TM938.1 ② TM935.3

中国版本图书馆 CIP 数据核字（2021）第 130737 号

责任编辑：万忻欣　李军亮　　文字编辑：李亚楠　陈小滔
责任校对：王素芹　　装帧设计：王晓宇

出版发行：化学工业出版社（北京市东城区青年湖南街 13 号　邮政编码 100011）
印　　装：北京缤索印刷有限公司
787mm×1092mm　1/16　印张 20½　字数 495 千字　2022 年 1 月北京第 1 版第 1 次印刷

购书咨询：010-64518888　　售后服务：010-64518899
网　　址：http://www.cip.com.cn
凡购买本书，如有缺损质量问题，本社销售中心负责调换。

定　　价：98.00 元

前言

随着社会整体电气化水平的提升，电子电工技术在各个领域得到广泛的应用，电子电工技术人员的需求量越来越大。万用表和示波器是技术人员最常用的仪器仪表，因此掌握万用表和示波器的使用技能是成为一名合格的电子电工技术人员的关键因素。为此我们从初学者的角度出发，根据实际岗位的需求，全面地介绍了万用表与示波器的相关知识和技能。

本书分为万用表篇和示波器篇，分别讲解了万用笔和示波器的功能与应用、结构和操作规程、检测技能以及检修案例，读者通过对本书的学习可以同时掌握两种工具的使用方法。本书采用彩色图解的方式，将万用表和示波器的相关知识及使用技能以最直观的方式呈现给读者。本书内容以行业标准为依托，理论知识和实践操作相结合，帮助读者将所学内容真正运用到工作中。

本书由数码维修工程师鉴定指导中心组织编写，由全国电子行业专家韩广兴教授亲自指导，编写人员有行业工程师、高级技师和一线教师，使读者在学习过程中如同有一群专家在身边指导，将学习和实践中需要注意的重点、难点一一化解，大大提升学习效果。另外，本书充分结合多媒体教学的特点，不仅充分发挥图解的特色，还在重点、难点处配备视频讲解，学习者可以用手机扫描书中的二维码，通过观看教学视频同步实时学习对应知识点。数字媒体教学资源与书中知识点相互补充，帮助读者轻松理解复杂难懂的专业知识，确保学习者在短时间内获得最佳的学习效果。另外，读者可登录数码维修工程师的官方网站获得超值技术服务。

本书由韩雪涛任主编，吴瑛、韩广兴任副主编，参加本书编写的还有张丽梅、宋明芳、朱勇、吴玮、吴惠英、张湘萍、高瑞征、韩雪冬、周文静、吴鹏飞、唐秀鸯、王新霞、马梦霞、张义伟、冯晓茸等。

编者

目录

万用表篇

第1章 万用表的功能与应用

第2章 万用表的结构和操作规程

第3章 万用表检测技能

12.3
TESTER

示波器篇

第5章 示波器的功能与应用

第6章 示波器的结构和操作规程

第7章 示波器的使用技巧

TESTER

万用表篇

第1章 万用表的功能与应用

1.1 万用表的种类和功能特点

1.1.1 万用表的分类

万用表是一种多功能、多量程的便携式仪表，是电子、电气产品检修过程中不可缺少的测量仪表之一。通常万用表可以测量直流电流、交流电流、直流电压、交流电压和电阻值，有些万用表还可测量三极管的放大倍数，以及频率、电容值、逻辑电位、音频电平等。目前，最常见的万用表主要可以分为指针式万用表和数字式万用表两种。

典型万用表的实物外形见图1-1。

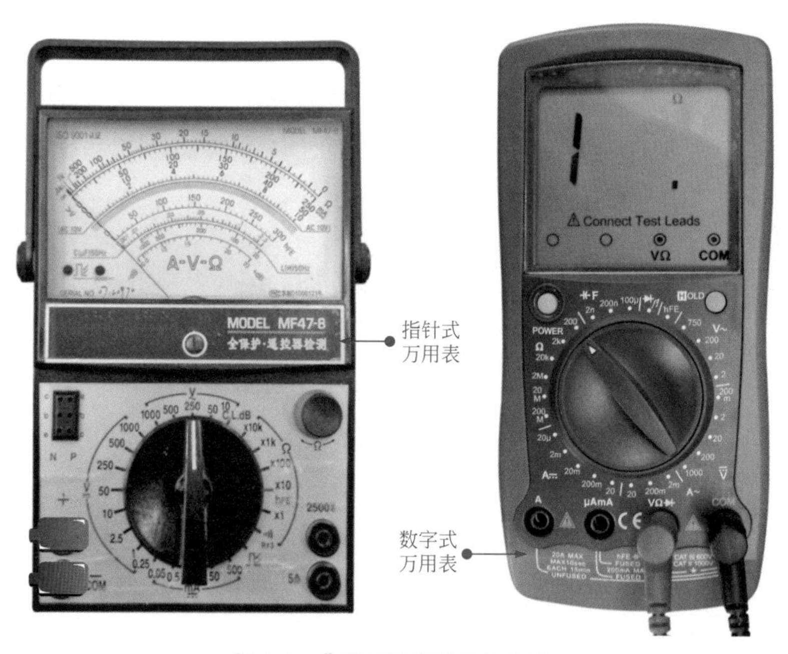

图1-1 典型万用表的实物外形

提示

指针式万用表现在仍然是电子测量及检修工作的必备仪表。它便于观察被测量的变化过程，最大的显示特点就是由表头指针指示测量的数值，指针式万用表的表头能够直观地检测出电流、电压等参数的变化过程和变化方向。

数字式万用表采用先进的数字显示技术构成，它是将所有测量的电压、电流、电阻等测量结果直接用数字形式显示出来的测试仪表，其显示清晰、直观，读取准确，既保证了读数的客观性，又符合人们的读数习惯。

1.1.2 万用表的应用

万用表的应用很多，可以实现对电阻、直流电压、交流电压、直流电流、交流电流、电容量以及晶体管放大倍数等参量的测量。

（1）测量电阻值

一般万用表都具有测量元器件、电路或部件电阻值的功能，检测时通过旋转万用表的功能旋钮，可以选择电阻挡挡位 Ω。一些数字式万用表会在液晶屏上显示相应的 Ω 标记，以及表笔应插的表笔插孔位置。

电阻值的测量见图 1-2。

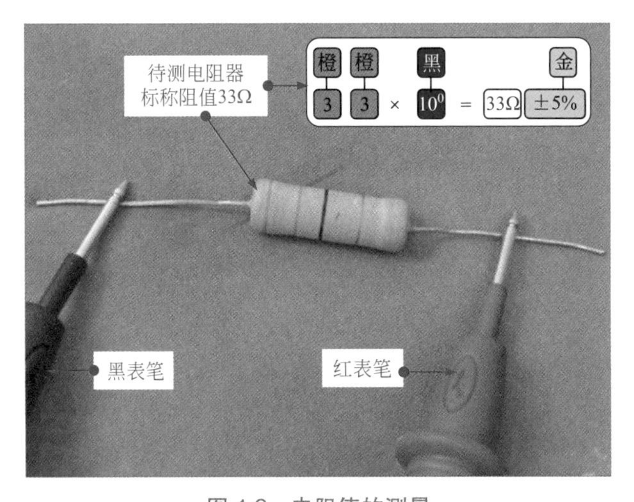

图 1-2　电阻值的测量

提示

在检测电阻值时，应首先根据被测元器件的标称阻值，调整万用表的量程，将两支表笔分别搭在被测元件两端的引脚上，读出指针式万用表指针所指的刻度，表盘上的读数即为待测电阻器的实际阻值。在电路板上检测元器件的电阻值时，应首先将该电路板的电源断开，然后再进行检测，检测时需注意，由于在路检测会受外围元器件的影响，所以测得的阻值可能会偏大或偏小，若在路无法判断其好坏时，应将其拆下检测。

（2）测量直流电压值

万用表具有伏特计的功能，可以用来测量直流电压，其直流电压挡一般有 200mV、2V、20V、200V 以及 1000V 等几种量程，可以用来检测 1000V 以下的直流电压值。

数字式万用表测量直流电压值的示意图见图 1-3。

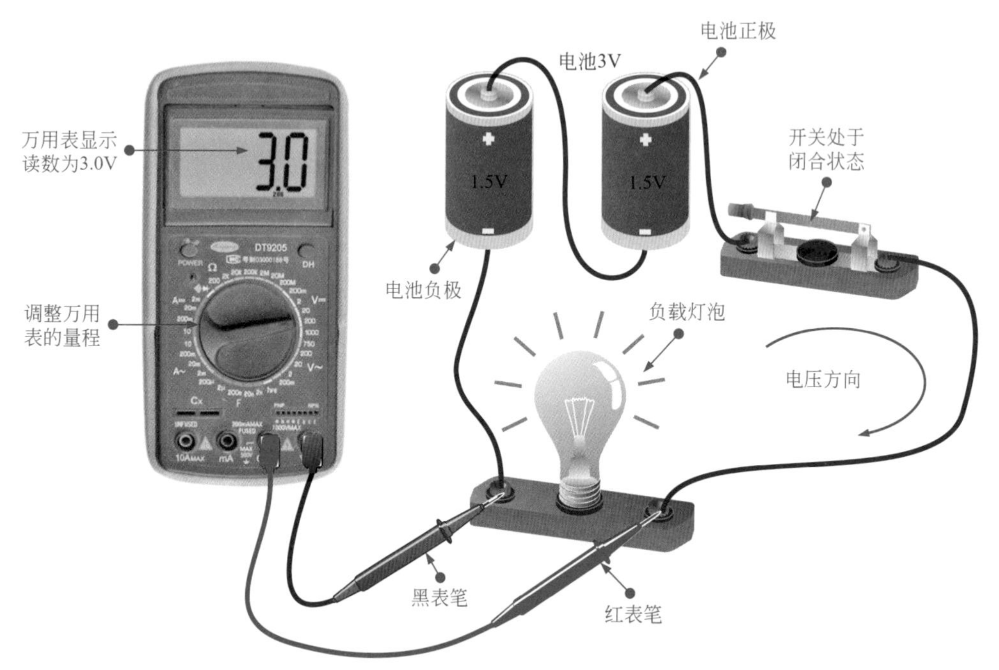

图 1-3　数字式万用表测量直流电压值的示意图

测量直流电压应将万用表与元器件并联，示意图中的灯泡与实际的检测中的电子元器件等效，起到负载作用。

提示

使用万用表检测直流电压，应首先根据被测电路的电压值，调整数字式万用表量程，再将数字式万用表并联接入电路中的负载元件处。检测时需注意，应将黑表笔搭负载元件的负极，红表笔搭负载元件的正极，此时读取的万用表显示的数值即为该元件的供电电压。

（3）测交流电压

使用万用表检测电路中的交流电压值时，需要将万用表并联接入电路中，将黑表笔和红表笔分别插入插座的两个插孔中，此时检测的数值即为该电路的交流电压值。

220V 市电交流电压的检测方法见图 1-4。

提示

对于三相交流电压（380V），需要将两支表笔均搭在相线上，才能测得三相交流电压值。若一支表笔接相线，一支表笔接零线，则测得的电压还是交流 220V。

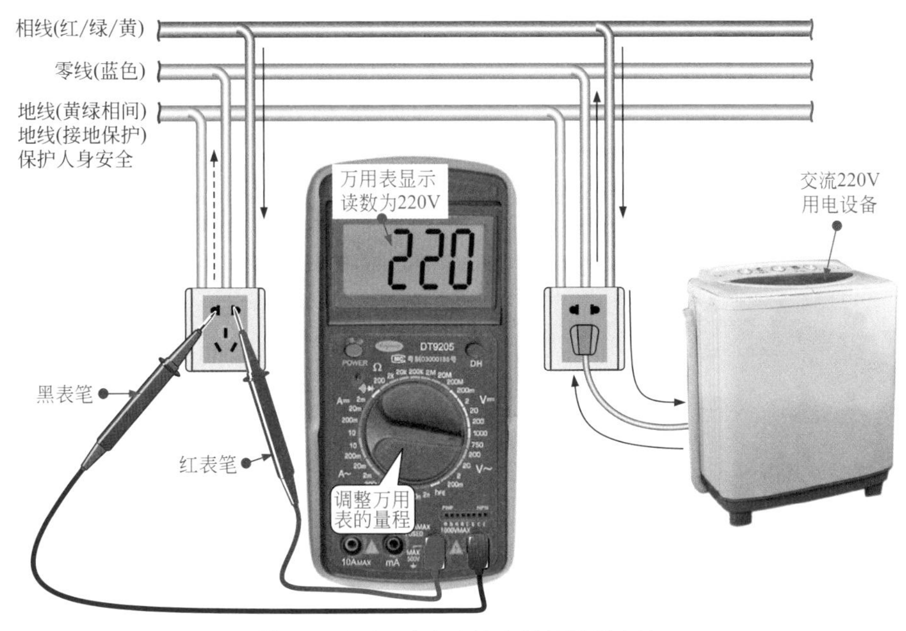

图 1-4　220V 市电交流电压的检测方法

（4）测直流电流

在电路中检测直流电流时，必须先断开电路，然后将万用表的红表笔和黑表笔串联接入电路中，使电路重新连通。因为数字式万用表本身的电阻很小，所以在测量过程中只允许正常的电流流过，如果错误地将万用表并联在负载或电源上，那么会有一个很大的电流流过万用表，可能会损坏万用表。

直流电流的检测方法见图 1-5。

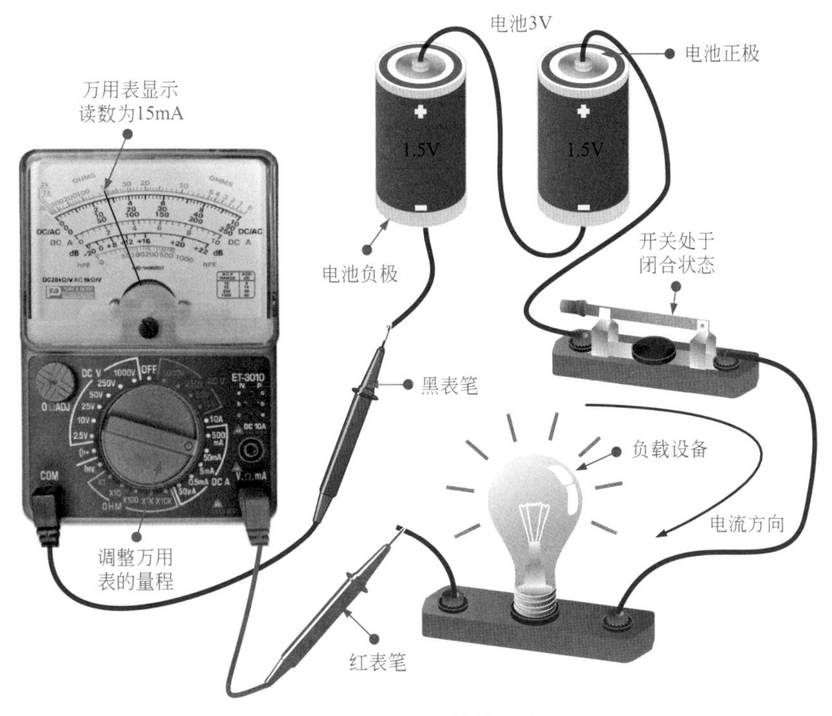

图 1-5　直流电流的检测方法

检测时，应首先估算电流的大小，再调整万用表的量程，调整时可选择比估算电流值稍大的挡位。

提示

在使用数字式万用表检测直流电流时，要注意数字式万用表的极限参数，例如在测量过程中，若液晶显示屏的最高位显示数字为“1”，而其他位消隐，则说明当前数字式万用表已经过载，超出量程范围，应及时选择更高的量程再测量。在开始测量时，万用表会出现跳数的现象，应等待数值稳定后再读数。

（5）测交流电流

使用数字式万用表检测交流电流值时，需将万用表调至交流电流测量挡“A ～”，将万用表串联接入电路中，即可测得交流电流值。

交流电流的检测方法见图 1-6。

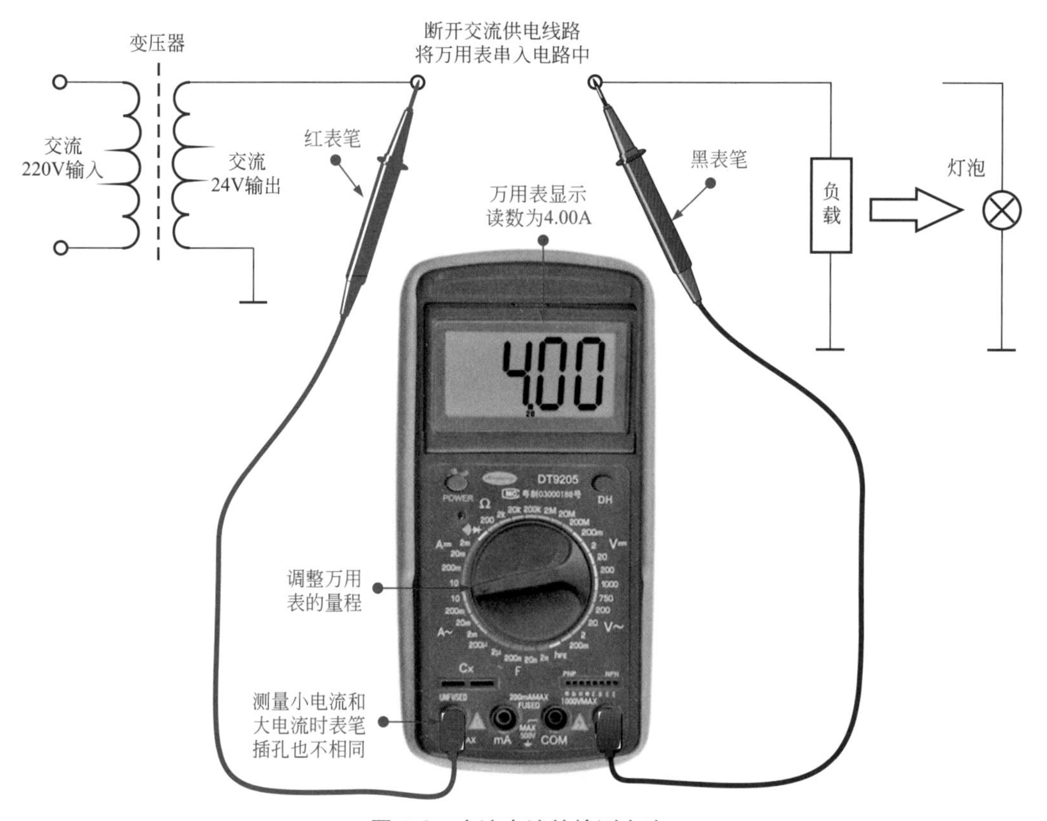

图 1-6　交流电流的检测方法

提示

在测量电流值时，小电流和大电流的表笔插孔也不相同，检测电流大于 200mA 时，要将红表笔插入标识有 10 A 的表笔插孔中。

测量交流电流时，尤其是检测220V交流电压时，由于串联万用表的方式已经不妥，因此应使用钳形表进行检测。

检测时需注意人身安全，不要用手指碰触万用表表笔的金属部位，要将裸露的电线放在绝缘物体上，以免碰到时发生人身安全事故。

（6）测量电容量

数字式万用表可以用来检测电容器的电容量，图1-6中电容器的检测挡位有2nF、20nF、200nF、2μF和200μF等几种，可以检测200μF以下的电容器电容量是否正常。

在数字式万用表上，除了用两支表笔来连接电容器的引脚，还设有专门用来检测电容器的附加测试器，或在数字式万用表上设有电容器检测插孔。

使用附加测试器测量电容量见图1-7。

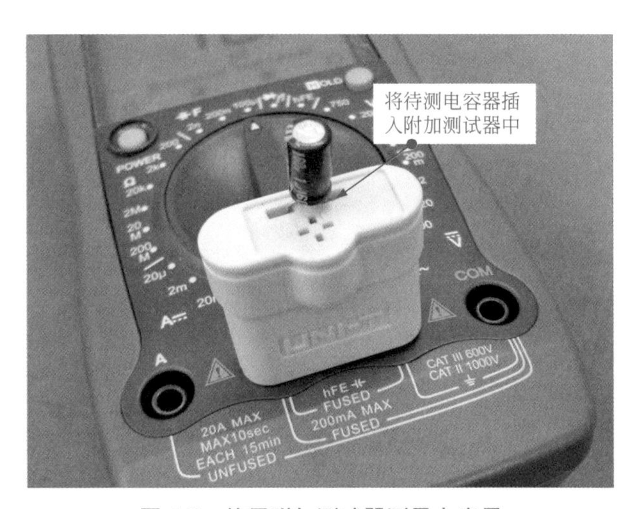

图1-7 使用附加测试器测量电容量

电容器电容量的检测方法比较简单，检测时打开数字式万用表的电源开关，根据电容器的标称容量，将万用表调整到适当的量程上，然后将附加测试器插入表笔插孔中，再将电容器插入附加测试器中，此时，液晶显示屏上便会显示出相应的电容量值。

（7）测量放大倍数

数字式万用表可以用来检测三极管的放大倍数，在数字式万用表的功能调整旋钮处，有检测放大倍数的挡位，将量程调至该挡位时，在液晶显示屏上便会显示出放大倍数的标识。

附加测试器上有NPN型和PNP型三极管引脚插孔。有些数字式万用表中直接设有三极管插孔，省去了附加测试器。

测量放大倍数见图1-8。

三极管放大倍数的检测方法比较简单，检测时打开数字式万用表的电源开关，将数字式万用表调整到三极管测量位置上，然后将附加测试器插入表笔插孔中，再将三极管插入附加测试器中，此时，液晶显示屏上便会显示出相应的三极管放大倍数。

图 1-8　测量放大倍数

（8）测量通断

数字式万用表通常都带有二极管检测挡，用来检测二极管的好坏。此外，还可以使用万用表蜂鸣挡检测电路的通断，该挡位一般与二极管检测挡设在一个位置上。

通断测量见图 1-9。

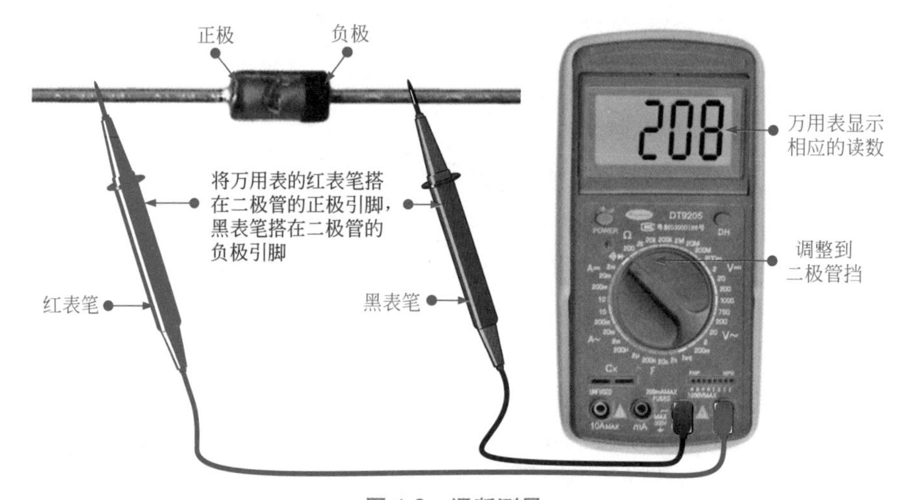

图 1-9　通断测量

使用数字式万用表检测二极管时，可将量程调至二极管检测挡，将红表笔接二极管的正极，黑表笔接二极管的负极，此时万用表便可显示出相应的数值。如果被测二极管开路或极性接反，则在液晶显示屏上会显示“1”。若测量在路的二极管时，则在测量前必须将电路内的电源切断，再进行检测。

提示

万用表在电子、电气设备的检修中应用广泛，尤其是在电气设备的检修中，万用表是必不可少的工具。在检修的过程中，需要使用万用表对电路中关键点的电压以及元器件进行检测，将检测结果与标准值进行对比，从而确定故障部位或元器件。

万用表通常还用于电子产品的生产调试中，在调试中用来检测电子产品关键部位的输出电压以及可调元器件的电阻值，以保证生产出来的产品能够符合电路的要求。

1.2 万用表的使用特点

1.2.1 指针式万用表的使用特点

指针式万用表也被称为模拟式万用表，它是通过指针指示的方式直接在刻度盘上显示测量的结果。用户可以根据指针的摆动情况或指向来获取测量状态或测量数值，进而对检测过程作出判断。

常见指针式万用表的实物外形见图 1-10。

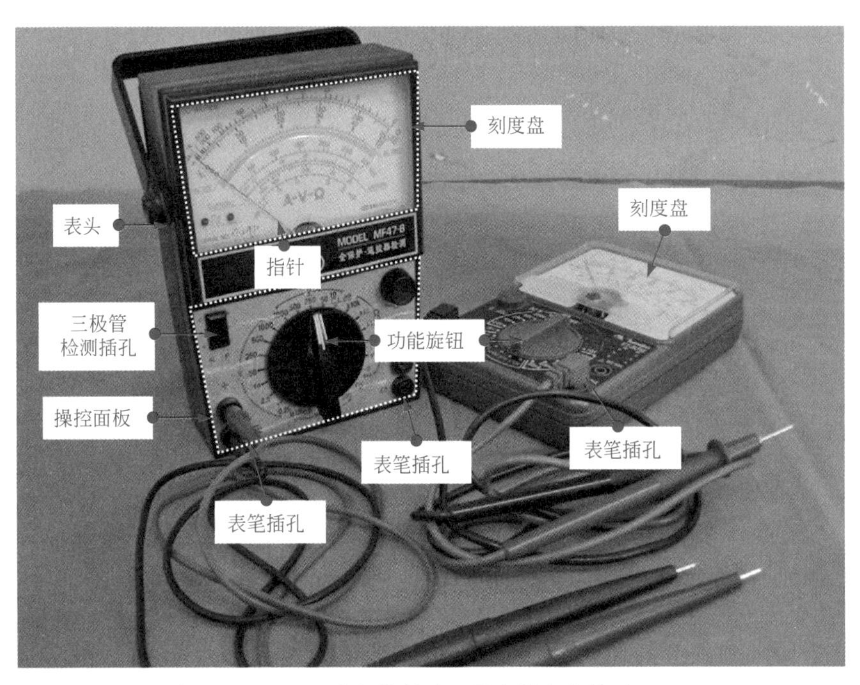

图 1-10　常见指针式万用表的实物外形

指针式万用表附带有两支表笔（红色和黑色），使用时，将两表笔分别插在指针式万用表的表笔插孔上，即可通过表笔对被测器件或电路进行检测。

（1）使用前需机械调零

在使用指针式万用表前应确认指针是否指在零位置。指针式万用表在使用之前，其指针应与刻度盘最左侧的零端线对齐，如果没有对齐，则要进行机械调零。

指针式万用表的机械调零见图 1-11。

通常情况下，可以使用螺丝刀微调表头校正钮，使指针对齐并处于零位置，才可以正常使用。

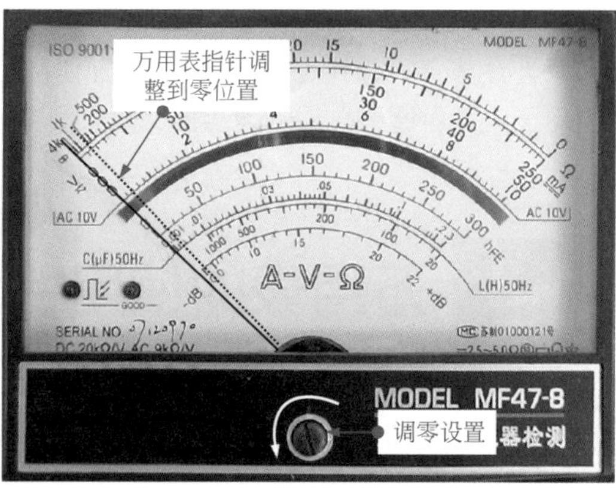

图 1-11　指针式万用表的机械调零

（2）测量电阻前需欧姆调零

欧姆调整钮用于调校万用表测量电阻时的准确度。万用表测量电阻时需要用万用表自身的电池供电，且在万用表的使用过程中，电池电量不断地损耗，会导致万用表测量电阻时的精确度下降，所以测量电阻值前都要先通过调零电位器进行欧姆调零。

（3）检测时便于观察测量过程

由于指针式万用表通过指针指示的方式来显示被测出的数值，所以能在刻度盘上很容易地看出数值在测量过程中发生的变化。

电容充放电的检测见图 1-12。

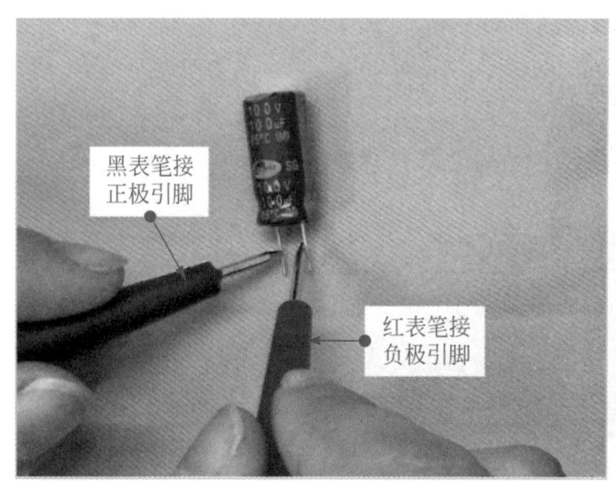

图 1-12　电容充放电的检测

在检测电容充放电的过程中，若电容器正常时可以明显地看出，指针从右向左会有一个逐渐的摆动，然后会指向某一固定位置。

1.2.2　数字式万用表的使用特点

数字式万用表是最常见的仪表之一，凭借其强大的功能和简便的操作以及直观的测量显示得到了越来越广泛的应用。了解数字式万用表的特点，可以利用其特点更好地选择和使用数字式万用表。

数字式万用表的外观、结构与指针式万用表有一定的差异。数字式万用表的显著特点通常表现在性能优越、显示直观、数值保持三方面。

① 性能优越 与指针式万用表相比，数字式万用表更加灵敏、准确，它凭借更强的过载力、更简单的操作和直观的读数而得到广泛应用。

② 显示直观 数字式万用表的显著特点是通过液晶显示屏以数值的形式直接显示测试结果，有效地避免了使用人员读数时的误差，但在液晶显示屏上显示测试结果不能像指针式万用表那样，通过指针摆动看到测试数值的变化过程。

③ 数值保持 很多数字式万用表都带有数值保持功能。该功能主要是在万用表上有一个“HOLD”数值保持键，在使用数字式万用表检测数据时，按下数值保持键，测得的数据将保存在液晶显示屏上，便于将数字式万用表移至光线较好的地方读数。

1.3 万用表的性能参数

1.3.1 指针式万用表的性能参数

指针式万用表的性能参数通常在使用说明书中有简单介绍。性能参数有助于读者了解该指针式万用表的性能，从而根据测量需求选择和使用万用表。指针式万用表的性能参数可以从以下几方面进行了解。

（1）显示特性

① 最大刻度和允许误差 指针式万用表主要是以指针来指示出被测器件的数值，通常以指针式万用表的最大刻度和指针误差来表示万用表的显示精度。指针式万用表的最大刻度值如表 1-1 所列，允许误差如表 1-2 所列。

表 1-1 指针式万用表的最大刻度值

测量项目	最大刻度值
直流电压 /V	0.25、1、2.5、10、50、250、1000（灵敏度 20kΩ/V）
交流电压 /V	1.5、10、50、250、1000（灵敏度 20kΩ/V）
直流电流 /mA	3000、30000、300000
音频电平 /dB	-10 ～ +22（AC 10V 范围）

表 1-2 指针式万用表的允许误差

测量项目	允许误差
直流的电压、电流	最大刻度值的 ±3%
交流电压	最大刻度值的 ±4%
电阻	刻度盘长度的 ±3%

② 升降变差 指示值的升降变差，是当万用表在工作时，通过万用表的被测量由零平稳地增加到上量程，然后平稳地减小到零时，对应于同一条分度线的向上（增加）向下

（减少）两次读数与被测量的实际值之差，称之为“示值的升降变差”，简称变差，即：

$$\Delta_A = |A_0' - A_0''|$$

式中 Δ_A——万用表指示值变差；

A_0'——被测量平稳增加（或减小）时测得的实际值；

A_0''——被测量平稳减小（或增加）时测得的实际值。

万用表的变差与表头的摩擦力矩有关，摩擦力矩越大，则万用表的升降变差就越大，反之则越小。当表头摩擦力矩很小时，$A'_0 \approx A''_0$，则升降变差 $\Delta_A \approx 0$，可忽略不计。

(2) 测量特性

① 阻尼时间　指阻碍或减少一个动作所需要的时间，对于指针式万用表来说，其动圈的阻尼时间，在技术条件中规定不应超过 4s。

② 灵敏度　指针式万用表的灵敏度是指对较小的测量值作出反应程度大小的技术指标。其灵敏度越高，测量的数值越精确。

(3) 技术特性

① 准确度和基本误差　准确度一般称为精度，表示测量结果的准确程度，即万用表的指示值与实际值之差。基本误差的表示方法是以刻度盘上量程的百分数表示。万用表的准确度等级是用基本误差来表示的。万用表的准确度越高，其基本误差就越小。准确度和基本误差如表 1-3 所列。

表 1-3　准确度和基本误差

万用表的准确度等级	1.0	1.5	2.5	5.0
基本误差 /%	±1.0	±1.5	±2.5	±5.0

② 倾斜误差　指针式万用表在使用过程中，从规定的使用部位向任意方向倾斜时所带来的误差，称之为倾斜误差。倾斜误差主要是由表头转动部位不平衡造成的，但也与轴尖和轴承之间的间隙大小有关。另外，倾斜误差的大小也与指针长短有关，同样的不平衡与倾斜，小型万用表的倾斜误差就小，大型万用表的指针长、轴尖与轴承间隙大，因而倾斜误差就大。在万用表技术条件中规定，当万用表自规定的工作位置向一方倾斜 30° 时，指针位置应保持不变。

③ 调零　指针式万用表的调零器，主要是用来将指针调节到刻度尺的零位置上。技术条件中规定，当旋转调零器时，指针自刻度尺零位置向两边偏离应不小于刻度尺弧长的 2%，不大于弧长的 6%。

1.3.2 数字式万用表的性能参数

数字式万用表的型号不同所体现的性能参数也略有不同，其主要性能参数包括显示特性、测量特性和技术特性，了解数字式万用表的参数有助于选择到更适合的数字式万用表。下面选取 Minipa ET-988 型数字式万用表，介绍数字式万用表选择过程中比较重要的性能参数。

(1) 显示特性

万用表的显示特性主要包括显示方式和最大显示。Minipa ET-988 型数字式万用表的显示特性如表 1-4 所列。

表 1-4　Minipa ET-988 型数字式万用表的显示特性

显示方式	液晶显示
最大显示	1999（3 1/2）位自动极性显示

① 显示方式　数字式万用表的显示方式是指万用表显示测量数据的方式，区别于指针式万用表。目前常见的数字式万用表采用液晶显示屏显示数据，这种显示方式直观，易于读取，但不能观察到检测数据的变化过程。

② 最大显示　数字式万用表的最大显示是指该表的液晶显示屏所能显示数值的最大位数。

Minipa ET-988 型数字式万用表说明书上的最大显示见图 1-13。

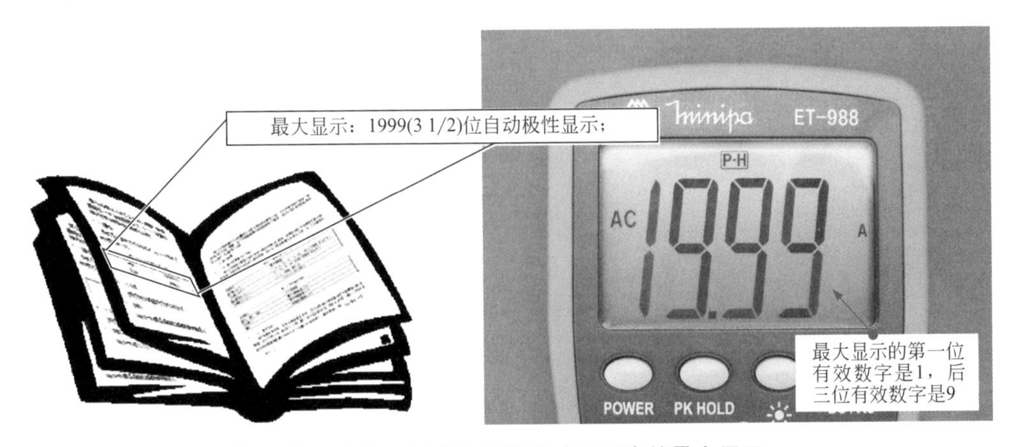

图 1-13　Minipa ET-988 型数字式万用表的最大显示

该数字式万用表的最大显示为 1999（3 1/2），即可以显示 4 位有效数字，但第一位有效数字最大为 1。“1999”表示显示的最大数值为一个“1”三个“9”，“3 1/2”表示该数字式万用表有三位完整的有效数字和一位最大显示数值为“1”的有效数字。

(2) 测量特性

数字式万用表的测量特性主要包括分辨率和采样速度。Minipa ET-988 型数字式万用表的测量特性如表 1-5 所列。

表 1-5　Minipa ET-988 型数字式万用表的测量特性

分辨率	视测量量程而定
采样速率	约每秒采样 3 次

① 分辨率　指数字式万用表所能识别的最小值。

Minipa ET-988 型数字式万用表说明书上测量电阻的分辨率对照表见图 1-14。

量程	分辨率
200Ω	0.1Ω
2kΩ	1Ω
20kΩ	10Ω
200kΩ	100kΩ
2MΩ	1kΩ
20MΩ	10kΩ
2000MΩ	1MΩ

图 1-14　Minipa ET-988 型数字式万用表说明书上测量电阻的分辨率对照表

从 Minipa ET-988 型数字式万用表测量电阻的分辨率对照表可以看出，当量程选择 200Ω 时，分辨率为 0.1Ω，即选择该挡位时被测阻值小于 0.1Ω 将不能被识别。

提示

Minipa ET-988 型数字式万用表的其他功能的分辨率如表 1-6 所列。

表 1-6　Minipa ET-988 型数字式万用表的其他功能的分辨率

功能	量程	分辨率
直流电压	200mV	100μV
	2V	1mV
	20V	10mV
	200V	100mV
	1000V	1V
交流电压	200mV	100μV
	2V	1mV
	20V	10mV
	200V	100mV
	750V	1V
直流电流	2mA	1μA
	20mA	10μA
	200mA	100μA
	20A	10mA
交流电流	2mA	1μA
	20mA	10μA
	200mA	100μA
	20A	10mA

续表

功能	量程	分辨率
电容	20nF	10pF
	200nF	100pF
	2μF	1nF
	20μF	10nF
	200μF	100nF
电感	2mH	1μH
	20mH	10μH
	200mH	100μH
	2H	1mH
	20H	10mH
温度	−20 ~ 1000℃	1℃
频率	2kHz	1Hz
	20kHz	10Hz
	200kHz	100Hz
	2000kHz	1kHz
	10MHz	10kHz

② 采样速率　数字式万用表的采样速率是指单位时间内，对输入信号进行采样的速度。采样速率在很大程度上反映了检测值与真实值的相符度。

(3) 技术特性

技术特性主要是指万用表所能实现的测量功能以及在相应功能下的测量准确度。

① 功能　数字式万用表的功能是指数字式万用表可以检测的数值以及其他功能。如直流电压 DCV 表示该数字式万用表可以直观地测量直流电压。

Minipa ET-988 型数字式万用表的功能见图 1-15。

通常情况下数字式万用表都具有检测电压值、电流值、电阻值的功能，由于万用表的型号不同，其具有的功能也有差异。如 Minipa ET-988 型数字式万用表还可以检测二极管通断、三极管的放大倍数、电容量、温度、频率、电感量，此外该型号的万用表还具有背光显示和峰值保持功能。

② 准确度　数字式万用表的准确度一般称为精度，标识测量结果的准确程度，即万用表的指示值与实际值之差。选择准确度高的万用表可以更准确地测量出数据。准确度的表示格式是：±（a%× 读数 + 字数）。

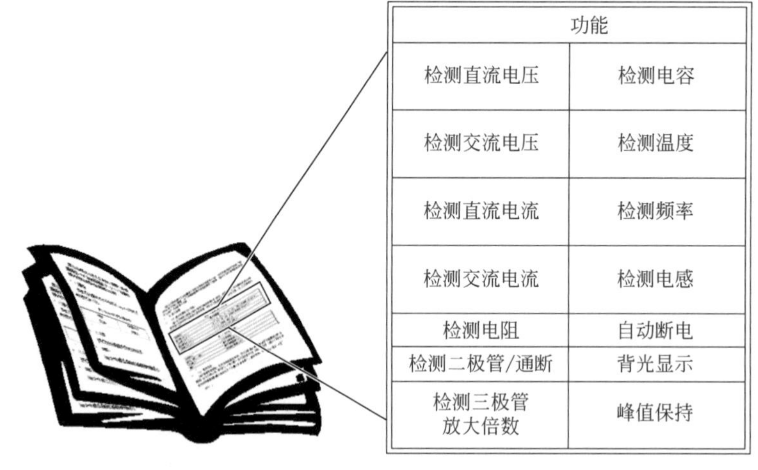

图 1-15　Minipa ET-988 型数字式万用表的功能

Minipa ET-988 型数字式万用表的准确度如表 1-7 所列。

表 1-7　**Minipa ET-988** 型数字式万用表的准确度

功能	量程	准确度
直流电流	200mV	±(0.5%+3 字)
	2V	
	20V	
	200V	
	1000V	±(1.0%+10 字)
交流电压	200mV	±(0.8%+5 字)
	2V	
	20V	
	200V	
	750V	±(1.2%+10 字)
直流电流	2mA	±(0.8%+10 字)
	20mA	
	200mA	±(1.2%+10 字)
	20 A	±(2.0%+10 字)
交流电流	2mA	±(1.0%+15 字)
	20mA	
	200mA	±(2.0%+15 字)
	20A	±(3.0%+20 字)

续表

功能	量程	准确度
电阻	200Ω	±(0.8%+5字)
	2kΩ	±(0.8%+3字)
	20kΩ	
	200kΩ	
	2MΩ	
	20MΩ	±(1.0%+25字)
	2000MΩ	±[5.0%(读数-10)+20字)]
电容	20nF	±(2.5%+20字)
	200nF	
	2μF	
	20μF	
	200μF	±(5.0%+20字)
电感	2mH	±(2.5%+30字)
	20mH	
	200mH	
	2H	
	20H	
温度	-20～1000℃	±(1.0%+4字),＜400℃ ±(1.5%+15字),≥400℃
频率	2kHz	±(1.0%+10字)
	20kHz	
	200kHz	
	2000kHz	
	10MHz	

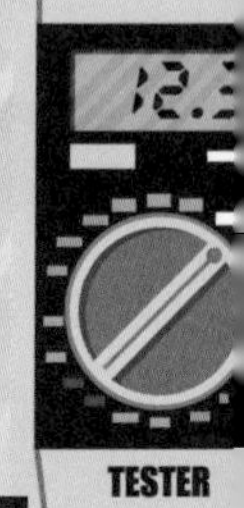

第2章 万用表的结构和操作规程

2.1 万用表的结构特点

2.1.1 指针式万用表的结构和键钮分布

指针式万用表是在电子产品的生产、调试、检修中应用最广的仪表之一。检测时，将表笔分别插接到指针式万用表的表笔插孔上，然后将表笔搭在被测器件或电路的相应检测点上，配合功能旋钮即可实现相应的检测功能。

在检测之前首先要了解指针式万用表的结构和各键钮的分布特征，通过对指针式万用表结构的学习，才可以进一步了解万用表的操作规程。

（1）指针式万用表的结构特征

典型指针式万用表的基本结构见图 2-1。

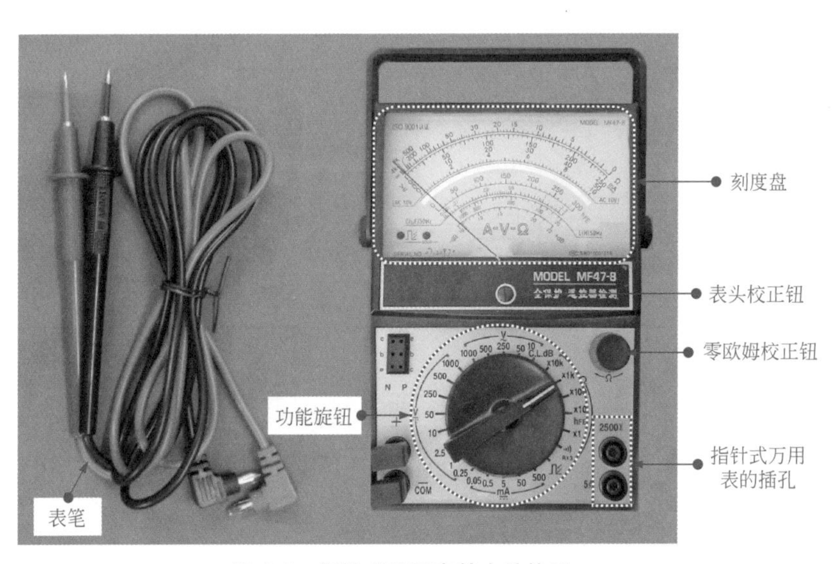

图 2-1 指针式万用表基本结构图

指针式万用表从外观结构上大体可以分为表笔、刻度盘、功能键钮和插孔几个部分。其中，刻度盘用于显示测量的结果，键钮用于控制万用表，插孔用来连接表笔和部分元器件。

了解指针式万用表的外部结构和简单功能后，再了解一下指针式万用表的键钮分布情况。

(2) 指针式万用表的键钮分布

指针式万用表的功能很多，在检测中主要是通过其不同的功能挡位来实现的，因此在使用万用表前应熟悉万用表的键钮分布以及各个键钮的功能。

典型指针式万用表的键钮功能见图 2-2。

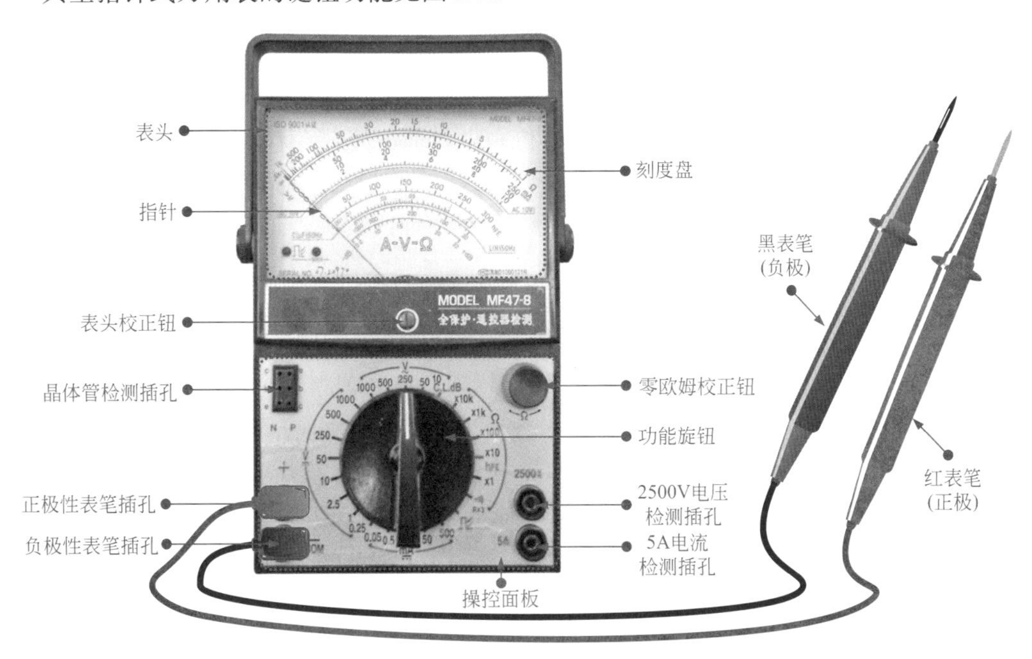

图 2-2 典型指针式万用表的结构及键钮功能

指针式万用表主要是由刻度盘、指针、表头校正钮、晶体管检测插孔、零欧姆校正钮、功能旋钮、表笔插孔、2500V 电压检测插孔、5A 电流检测插孔以及表笔组成。

① 刻度盘 由于万用表的功能很多，因此表盘上通常有许多刻度线和刻度值。

典型指针式万用表的刻度盘见图 2-3。

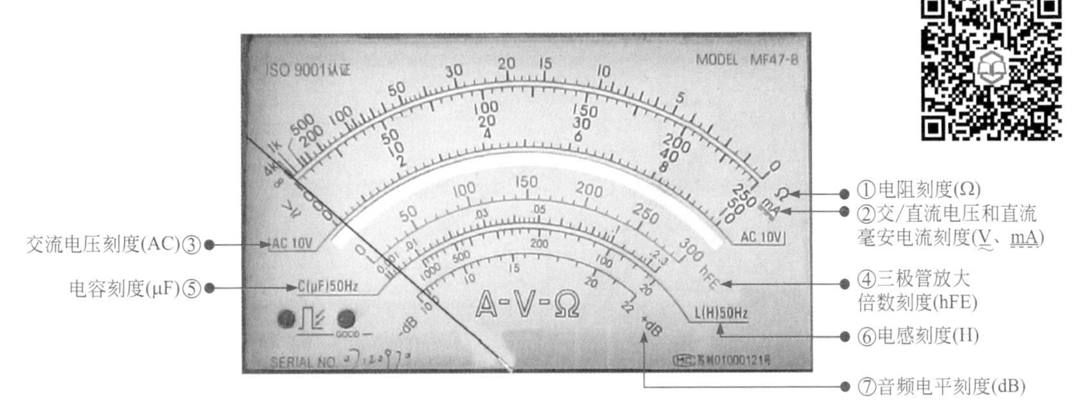

图 2-3 典型指针式万用表的刻度盘

刻度盘上有 7 条刻度线，这些刻度线是以同心弧线的方式排列的，每一条刻度线上还标识出了许多刻度值。

a. 电阻刻度（Ω）位于表盘的最上面，在它的右侧标有“Ω”标识，仔细观察，不难发现电阻刻度呈指数分布，从右到左，由疏到密。刻度值最右侧为 0，最左侧为无穷大。

b. 交 / 直流电压和直流电流刻度（V、mA）位于刻度盘的第二条线，在其右侧标识有“mA”，左侧标识为“V”，表示这两条线是测量交 / 直流电压和直流毫安电流时所要读取的刻度，它的 0 位在线的左侧，在这条刻度线的下方有两排刻度值与它的刻度相对应。

c. 交流电压刻度（AC）位于表盘的第三条线，在右侧标识为“AC 10V”，表示这条线是测量交流电压时所要读取刻度，它的 0 位在线的左侧。

d. 三极管放大倍数刻度（hFE）位于刻度盘的第四条线，在右侧标有“hFE”，其 0 位在线的左侧。

指针式万用表的最终放大倍数测量值为相应的指针读数。

e. 电容刻度（μF）位于刻度盘的第五条线，在左侧标有“C（μF）50Hz”的标识，表示检测电容时，需要在 50Hz 交流信号的条件下进行，方可通过该刻度盘进行读数。其中“（μF）”表示电容的单位为 μF。

f. 电感刻度（H）位于刻度盘的第六条线，在右侧标有“L（H）50Hz”的标识，表示检测电感时，需要在 50Hz 交流信号的条件下进行，方可通过该刻度盘进行读数。其中“（H）”表示电感的单位为 H。

g. 音频电平刻度（dB）是位于表盘最下面的第七条线，在它的左侧标有“-dB”，右侧标有“+dB”，刻度线两端的“10”和“22”表示其量程范围为 -10 ～ +22dB，主要是用于测量放大器的增益或衰减值。

电信号在传输过程中，功率会受到损耗而衰减，而电信号经过放大器后功率也会被放大。计量传输过程中这种功率的衰减或放大的单位叫做传输单位，传输单位常用分贝表示，其符号是 dB。

万用表检测放大电路的示意图见图 2-4。

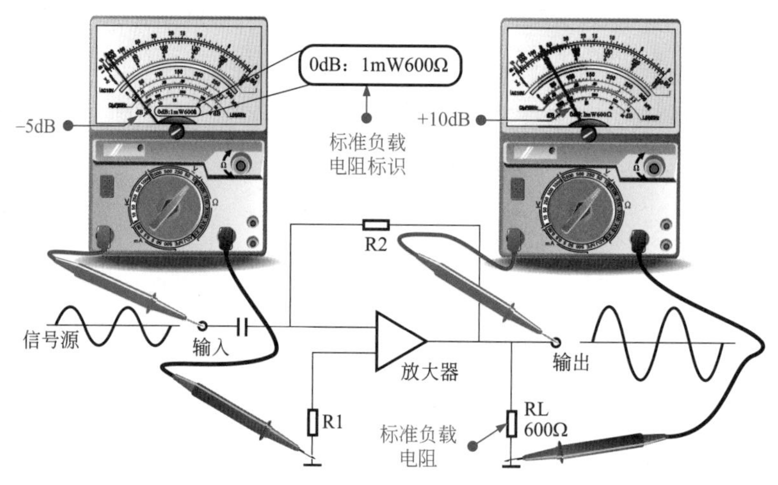

图 2-4　万用表检测放大电路的示意图

若在检测放大电路时，其电路中采用的是标准负载电阻（电阻值 600Ω），检测输入分贝为 -5dB，输出分贝为 +10dB，则其分贝增益为 15dB。

提示

有一些指针式万用表中可能没设音频电平测量挡位（dB 挡），这时可以通过交流电压挡进行测量，测量时可根据不同的交流电压挡位进行读取数值。若是使用交流电压 10V 挡测量，可以直接在音频电平刻度读取数值；若是用其他交流电压挡，则读数应为指针的读数加上附加的分贝值，具体附加的分贝值见表 2-1。

表 2-1　分贝换算表

交流电压测量挡位	附加分贝值
AC 10V 挡	0
AC 50V 挡	14
AC 250V 挡	28
AC 1000V 挡	40

如果负载电阻不与刻度尺所用的标准负载电阻相同，其读数要通过换算取得。

② 表头校正钮　表头校正钮位于表盘下方的中央位置，用于进行万用表的机械调零。正常情况下，指针式万用表的表笔开路时，表的指针应指在左侧 0 刻度线的位置。如果不在 0 位，就必须进行机械调零，以确保测量的准确。

万用表的机械调零方法见图 2-5。

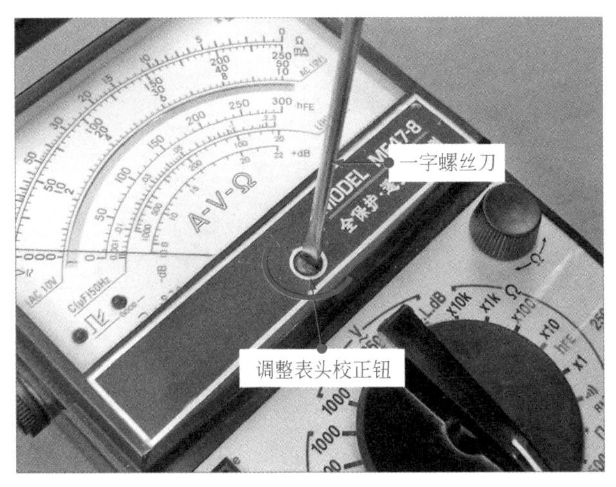

图 2-5　万用表机械调零方法

可以使用一字螺丝刀调整万用表的表头校正钮，进行万用表的机械调零。

③ 零欧姆校正钮　为了提高测量电阻的精确度，在使用指针式万用表测量电阻前要进行零欧姆调整，即欧姆调零。

调整零欧姆校正钮见图 2-6。

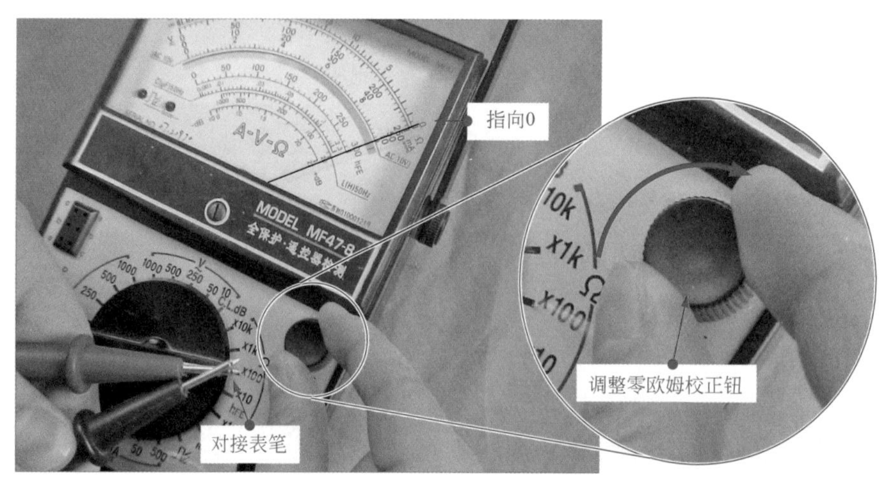

图 2-6 调整零欧姆校正钮

将万用表的两只表笔对接，观察万用表指针是否指向 0Ω，若指针不能指向 0Ω，用手旋转零欧姆校正钮，直至指针精确指向 0Ω 刻度线。

④ 晶体管检测插孔 在操作面板左侧有两组测量端口，它是专门用来对晶体管的放大倍数 hFE 进行检测的。

指针式万用表中晶体管的检测插孔见图 2-7。

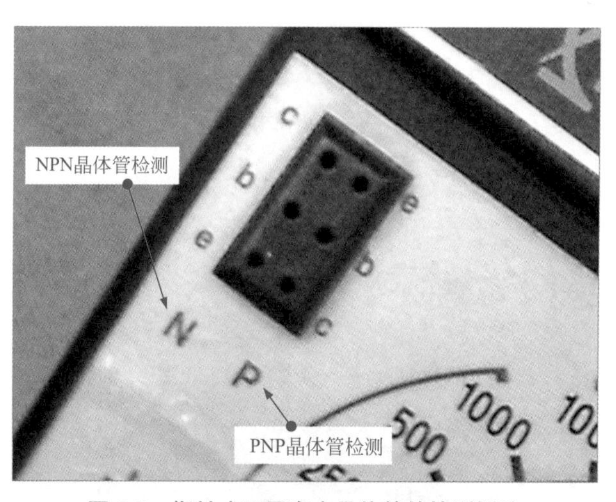

图 2-7 指针式万用表中晶体管的检测插孔

提示

在晶体管检测插孔中，端口下方标记有“N”“P”的文字标识，这两个端口分别用于对 NPN、PNP 型晶体管进行检测。

这两组测量端口都是由 3 个并排的小插孔组成，分别标识有“c”（集电极）、“b”（基极）、“e”（发射极）的标识，分别对应两组端口的 3 个小插孔。

检测时，首先将万用表的功能开关旋至“hEF”挡位，然后将待测三极管的三个引脚依标识插入相应的 3 个小插孔中即可。

⑤ 功能旋钮　指针式万用表的功能旋钮位于万用表的主体位置，在其四周标有测量功能及测量范围，主要是用来测量不同值的电阻、电压和电流等。

指针式万用表的功能旋钮见图 2-8。

图 2-8　功能旋钮

在功能旋钮的左侧使用“V⎓”标识区域的为直流电压检测，可以检测直流电压的大小；而上侧“V~”所标识的区域为交流电压检测；在其右侧的“C.L.dB”表示的检测点为分贝检测；右侧标记为“Ω”的区域为电阻的检测；最下侧“mA⎓”标识的区域则为直流电流检测区域。

⑥ 表笔插孔　通常在指针式万用表的操作面板下面有 2 ～ 4 个插孔，用来与万用表表笔相连（根据万用表型号的不同，表笔插孔的数量及位置都不尽相同）。每个插孔都用文字或符号进行标识。

如图 2-8 所示，其中“$\overline{\text{COM}}$”与万用表的黑表笔相连（有的万用表也用“-”或“*”表示负极）；“+”与万用表的红色表笔相连；“5A⎓”是测量电流的专用插孔，连接万用表红表笔，该插孔标识的文字表示所测最大电流值为 5A。“2500 V≂”是测量交 / 直流电压的专用插孔，连接万用表红表笔，插孔标识的文字表示所测量的最大电压值为 2500V。

⑦ 表笔　指针式万用表的表笔分别使用红色和黑色标识，用于待测电路、元器件和万用表之间的连接。

2.1.2　数字式万用表的结构和键钮分布

数字式万用表作为是最常见的仪表之一，其使用领域与指针式万用表类似，但其外观、结构与指针式万用表有一定的差异。

（1）数字式万用表的结构特征

常见的数字式万用表实物外形如图 2-9 所示。

从图 2-9 中可以看出，数字式万用表分为液晶显示屏、功能键钮、表笔插孔三部分。键钮用于控制万用表，插孔用来连接表笔和部分元器件。

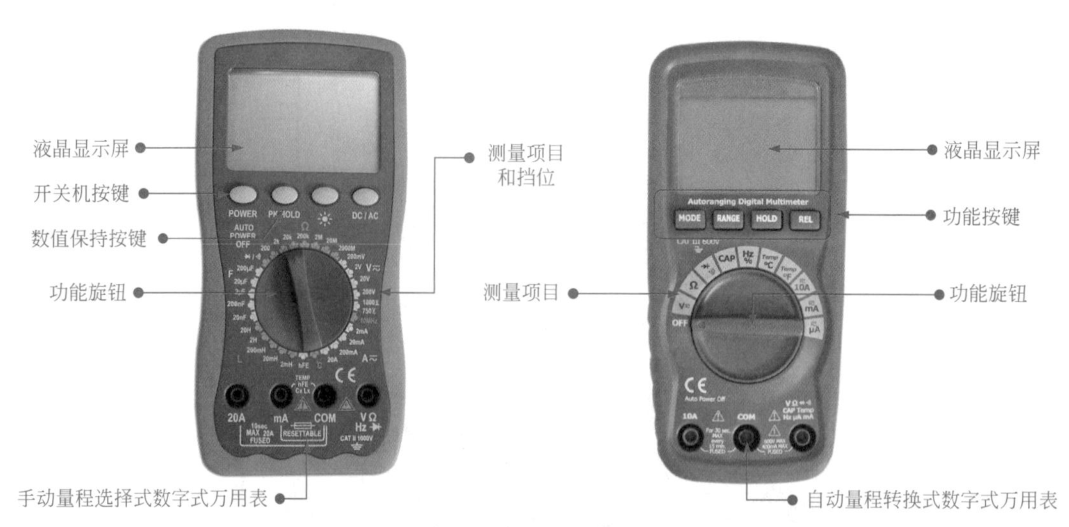

图 2-9 常见数字式万用表的实物外形

(2) 数字式万用表的键钮分布

数字式万用表外部结构最明显的区别在于，采用液晶显示屏代替指针式万用表的指针和刻度盘。其键钮部分与指针式万用表大同小异，部分数字式万用表没有晶体管检测插孔，而是配有一个附加测试器。图 2-10 为典型数字式万用表的键钮分布。

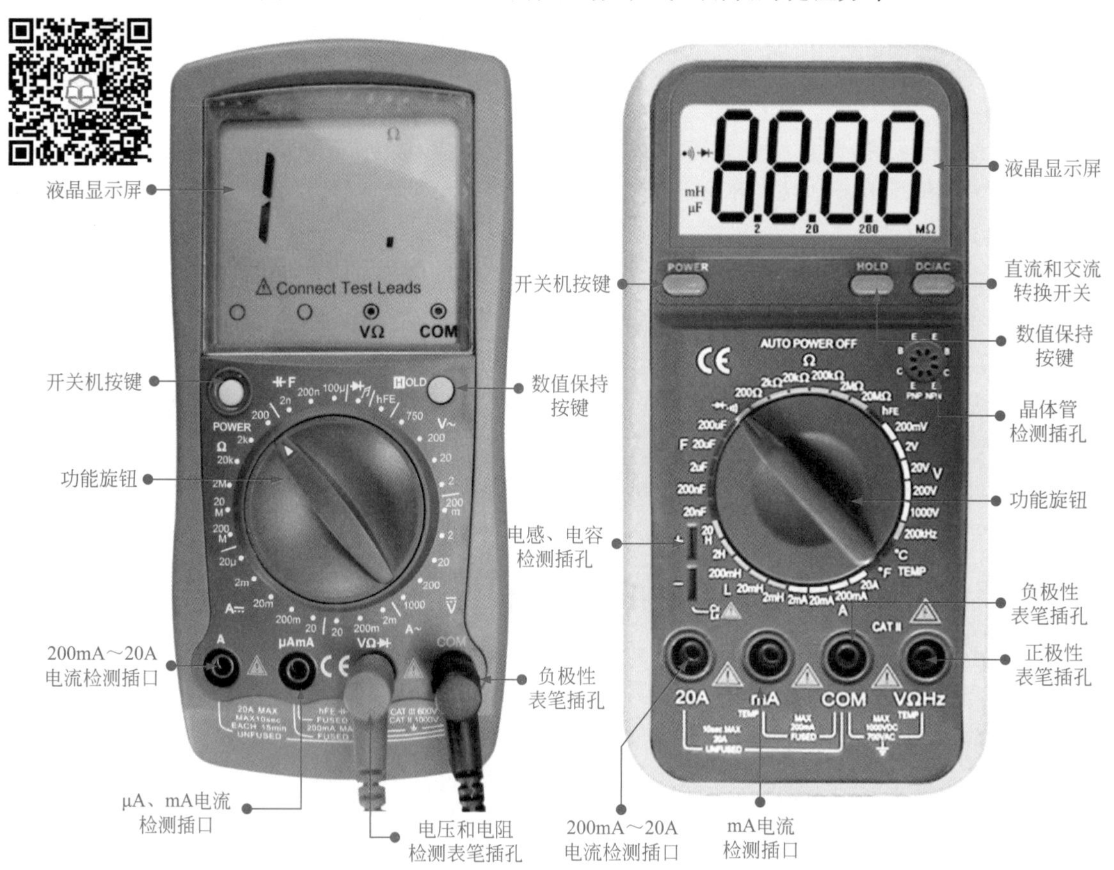

图 2-10 典型数字式万用表的键钮分布

从图 2-10 中可以看出，数字式万用表主要是由液晶显示屏、电源开关（开关机按键）、数值保持开关（数值保持按键）、功能旋钮和表笔插孔组成。

① 液晶显示屏　用来显示检测数据、数据单位、表笔插孔指示、安全警告提示等信息。

数字式万用表的液晶显示屏见图 2-11。

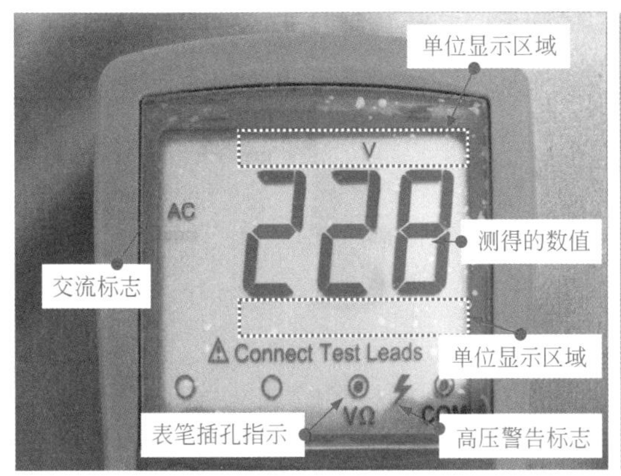

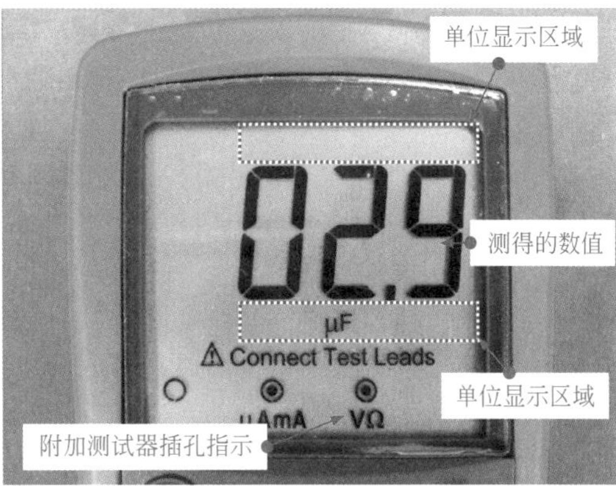

图 2-11　数字式万用表的液晶显示屏

数字式万用表的测量值通常位于液晶显示屏的中间，用大字符显示。在该万用表中，测得数值的单位位于数值的上方或下方，若检测的数值为交流电压或交流电流，在液晶显示屏左侧会出现“AC”交流标志，液晶显示屏的下方可以看到表笔插孔指示；若测量的挡位属于高压，在 VΩ 和 COM 表笔插孔指示之间有一个闪电状高压警告标志，提醒测量人员应注意安全。

提示

在使用数字式万用表对器件（或设备）进行测量时，最好大体估算一下待测器件（或设备）的最大值，再进行检测，以免检测时量程选择过大增加测量数值的误差，或者选择量程过小无法检测出待测设备的具体数值。

若数字式万用表检测数值超过设置量程，液晶显示屏将显示“1.”（或“-1.”），如图 2-12 所示，此时应尽快停止测量，以免损坏数字式万用表。

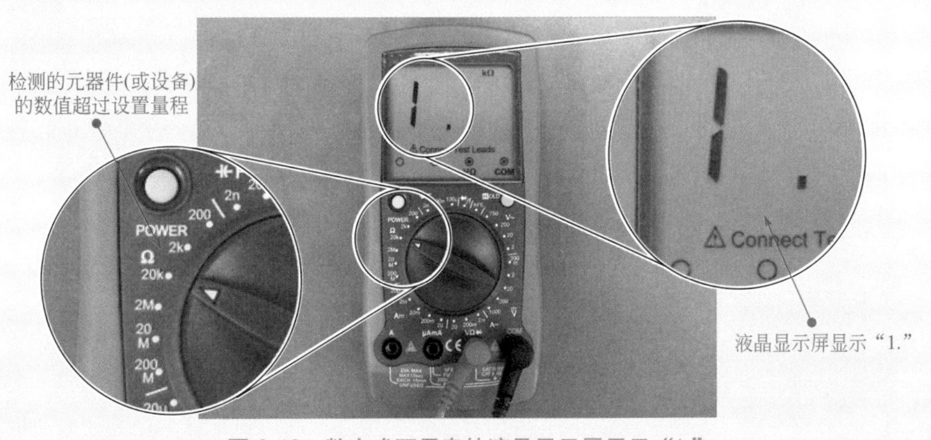

图 2-12　数字式万用表的液晶显示屏显示“1.”

② 功能旋钮　数字式万用表的液晶显示屏下方是功能旋钮，其功能是为不同的检测设置其相对应的量程，其功能与指针式万用表的功能旋钮相似。

典型数字式万用表的功能旋钮见图 2-13。

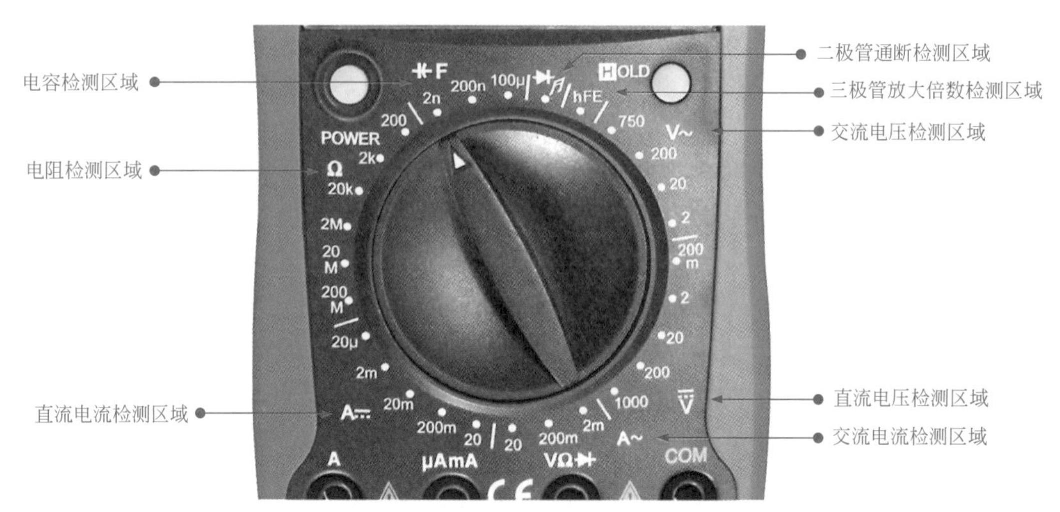

图 2-13　数字式万用表的功能旋钮

从图 2-13 中可以看到，该数字式万用表的测量功能包括检测电压、电流、电阻、电容、二极管通断、三极管放大倍数等。

③ 电源开关　通常有“POWER”标识，用于启动或关断数字式万用表的供电电源。在使用完万用表时应关断其供电电源，以节约能源。

④ 数值保持开关　数字式万用表通常有一个数值保持开关，英文标识为“HOLD”，在检测时按下数值保持开关，可以在显示屏上保持所检测的数据，方便使用者读取记录数据。

数字式万用表的电源开关和数值保持开关见图 2-14。

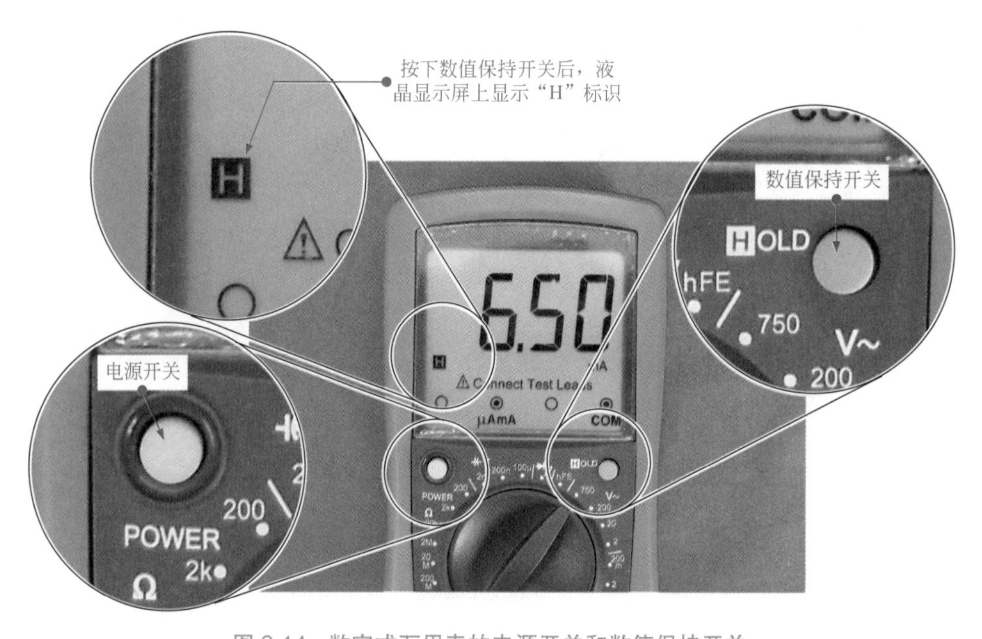

图 2-14　数字式万用表的电源开关和数值保持开关

提示

由于很多数字式万用表有自动断电功能，即长时间不使用时万用表会自动切断供电电源，所以不宜使用数值保持开关长期保存数据。

⑤ 表笔插孔　数字式万用表的表笔插孔主要用于连接表笔的引线插头和附加测试器。数字式万用表的表笔插孔见图 2-15。

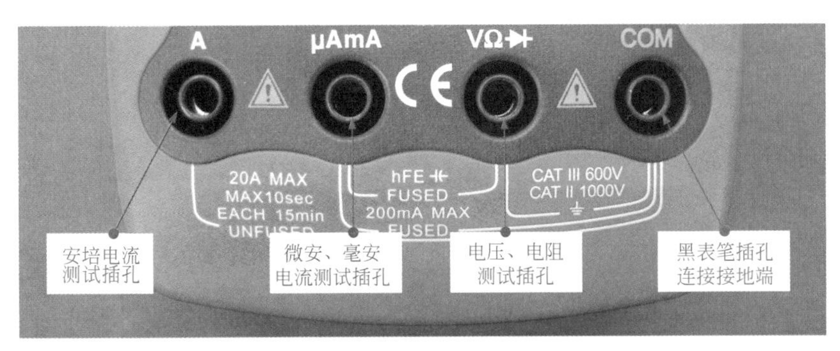

图 2-15　数字式万用表的表笔插孔

红表笔连接测试插孔，如测量电流时红表笔连接 A 插孔或 μAmA 插孔，测量电阻或电压时红表笔连接 VΩ 插孔，黑表笔连接接地端；在测量电容量、电感量和三极管放大倍数时，附加测试器的插头连接 μAmA 和 VΩ 插孔。

提示

数字式万用表的表笔分别使用红色和黑色标识，用于待测电路、元器件和万用表之间的连接。

有的数字式万用表还配有一个附加测试器，用来扩展数字式万用表的功能。数字式万用表的附加测试器见图 2-16。

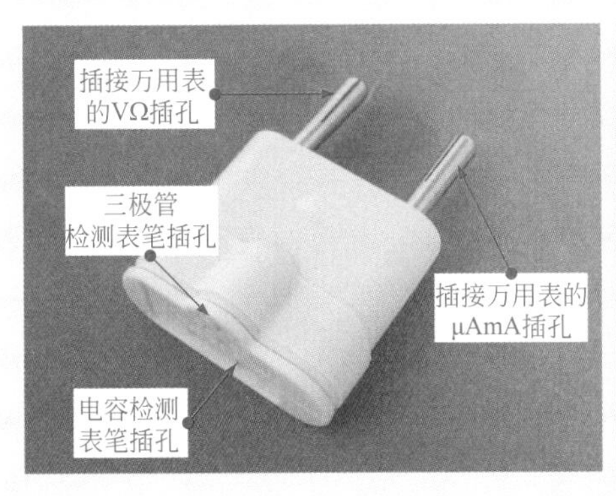

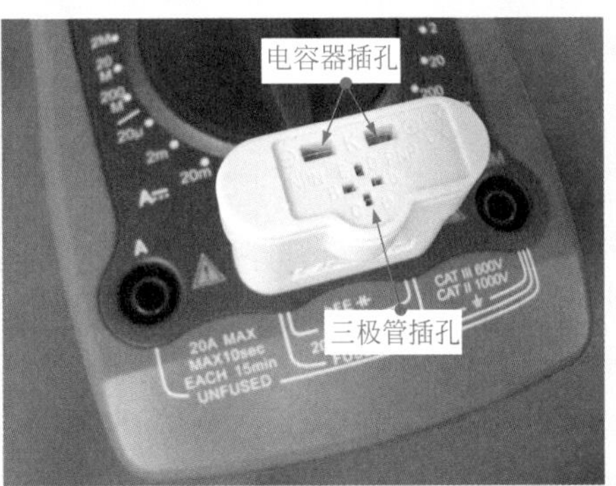

图 2-16　数字式万用表的附加测试器

附加测试器主要用来检测三极管的放大倍数、电容器的电容量。在使用时按照万用表的提示将附加测试器插接在万用表的 μAmA 插孔和 VΩ 插孔上，再将三极管或电容器插接在附加测试器的插孔上即可。

2.2 万用表的操作规程

万用表的规格种类不同，其操作规程也不相同，下面分别以指针式万用表和数字式万用表为例，介绍使用万用表的操作规程。

2.2.1 指针式万用表的操作规程

指针式万用表的不同挡位可以测量元器件或电路的电流值、电压值、电阻值、放大倍数等量，其基本操作方法如下所述。

（1）连接测量表笔

指针式万用表有两支表笔，分别有红色和黑色标识，测量时将其中红色的表笔插到“+”端，黑色的表笔插到“-”或“*”端。

连接万用表的测量表笔见图 2-17。

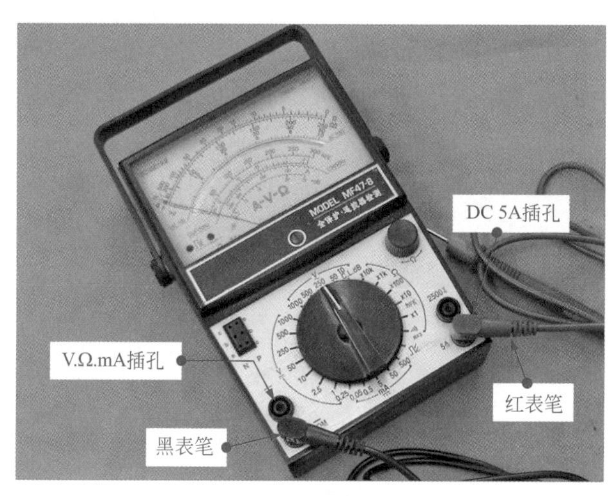

图 2-17 连接测量表笔

若万用表的表笔插孔多于两个，一般是有多个正极插孔，则应根据测量需要选择红表笔的插孔。

（2）表头较正

指针式万用表的表笔开路时，表的指针应指在 0 的位置，这就是使用指针式万用表测量前进行的表头校正，此调整又称零位调整。

指针式万用表的零位调整见图 2-18。

如果指针没有指到 0 的位置，可用螺丝刀微调表头校正钮使指针处于 0 位，完成对万用表的零位调整。

（3）设置测量范围

根据测量需要，扳动指针式万用表的功能旋钮，将万用表调整到相应测量状态，这样无论是测量电流、电压还是电阻都可以通过功能旋钮轻松地切换。

指针式万用表的功能旋钮设置见图 2-19。

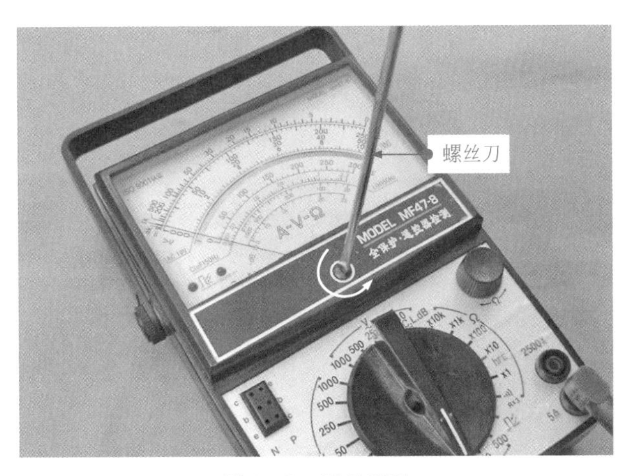

图 2-18 零位调整

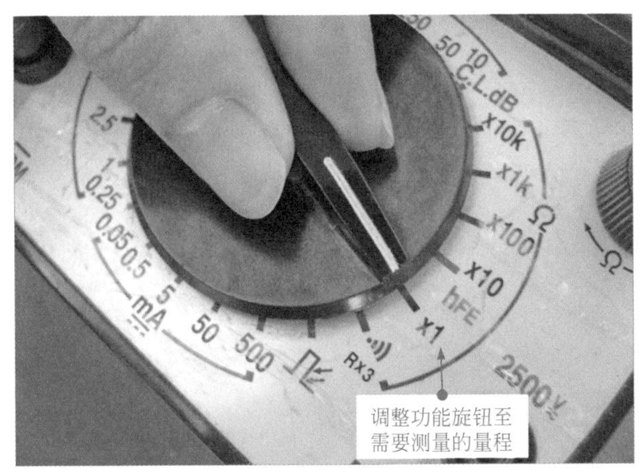

图 2-19 功能旋钮的切换

针对不同的测量对象，可以通过设置功能旋钮来选择其测量的是电压、电流、电阻以及量程的大小。

(4) 零欧姆调整

在使用指针式万用表测量电阻值前要进行零欧姆调整，以保证其准确度。零欧姆调整见图 2-20。

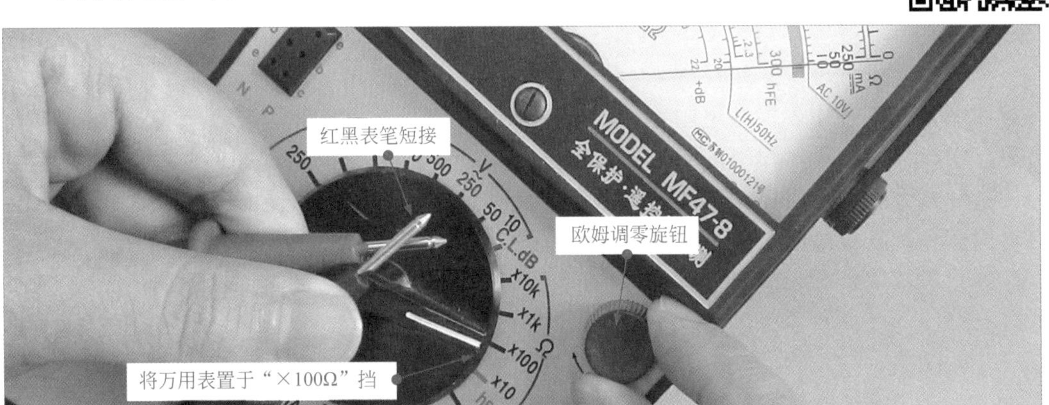

图 2-20 零欧姆调整

首先将功能旋钮旋拨到待测电阻的量程范围，然后将两支表笔相互短接，这时表针应指向 0Ω（表盘的右侧，电阻刻度的 0 值），如果不在 0Ω 处，就需要调整欧姆调零旋钮（调零电位器）使万用表表针指向 0Ω 刻度。

提示

在进行电阻值测量时，每变换一次挡位或量程，就需要重新通过调零电位器进行零欧姆调整，这样才能确保测量电阻值的准确。测量其他量时则不需要进行零欧姆调整。

（5）测量

指针式万用表测量前的准备工作完成后，就可以进行具体的测量，其测量方法会因所测量的不同而有所差异。

使用指针式万用表检测电阻器电阻值的方法见图 2-21。

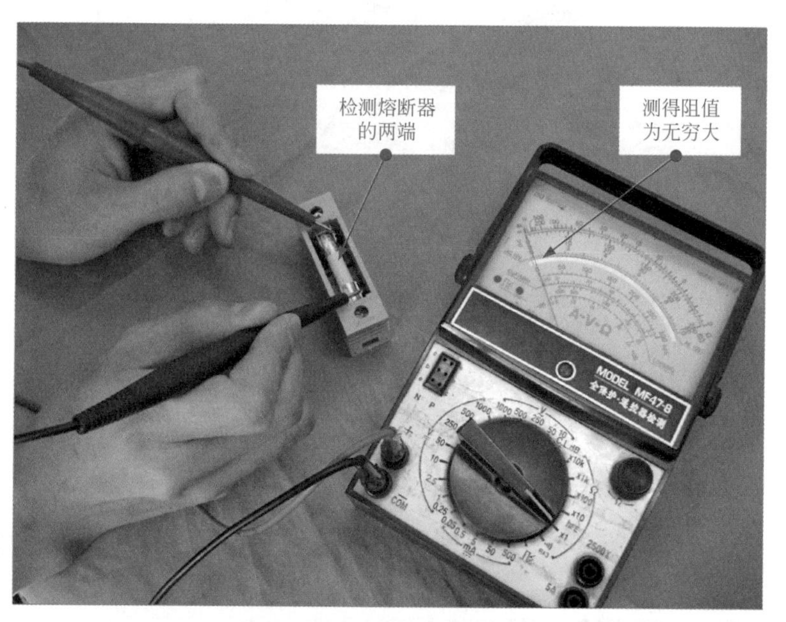

图 2-21　使用指针式万用表检测电阻器的电阻值

使用指针式万用表检测电阻器的阻值时，需将红、黑表笔分别接入电阻器的两端，通过表盘中指针的指示，读出其电阻值。

指针式万用表不仅可以使用表笔检测电压、电阻及电流等，还可以使用其本身的三极管检测插孔，直接检测三极管的放大倍数。

提示

使用指针式万用表检测三极管放大倍数的方法见图 2-22。

检测三极管的放大倍数时，应使用指针式万用表中的三极管检测插孔进行检测。

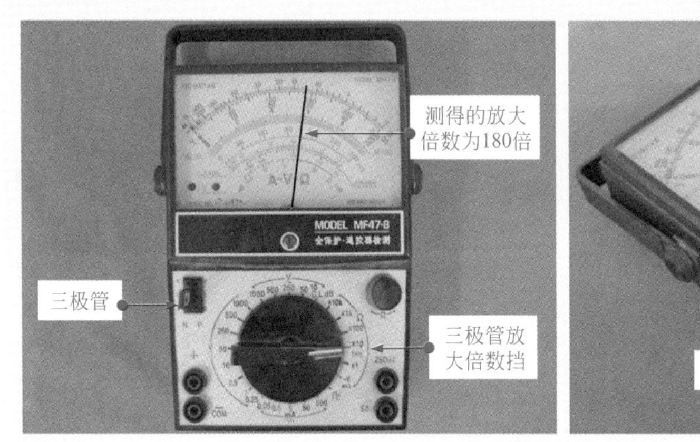

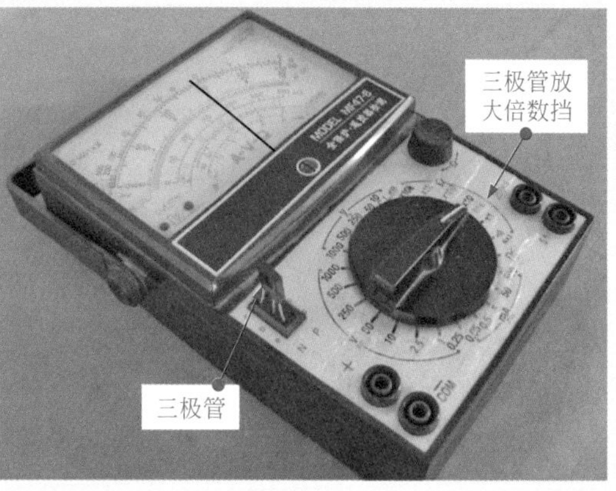

图 2-22 使用指针式万用表检测三极管的放大倍数

2.2.2 数字式万用表的操作规程

数字式万用表的操作规程与指针式万用表相似，主要包括连接测量表笔、功能设定、测量结果识读，由于一些数字式万用表带有附加测试器，因此在操作规程中还包括附加测试器的使用。

(1) 功能设定

数字式万用表使用前不用像指针式万用表那样需要表头零位校正和零欧姆调整，只需要根据测量的需要，调整万用表的功能旋钮，将万用表调整到相应测量状态，这样无论是测量电流、电压还是电阻都可以通过功能旋钮轻松地切换。

数字式万用表的功能旋钮见图 2-23。

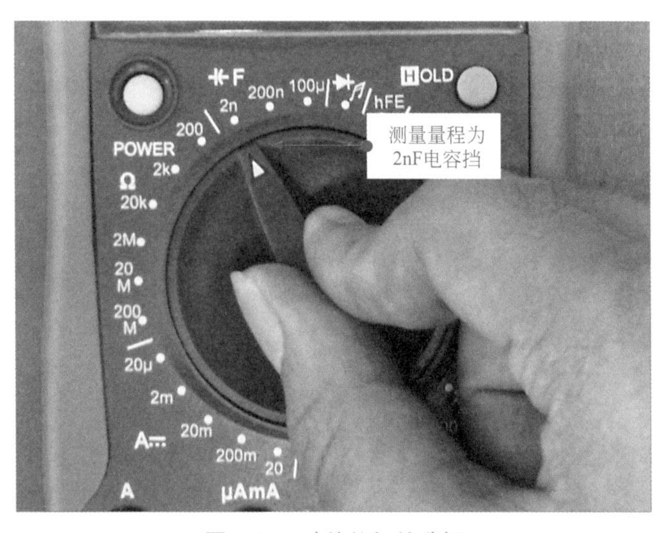

图 2-23 功能旋钮的选择

如图 2-23 所示，当前的位置为数字式万用表的电容挡，且测量量程为“2nF”电容挡。

提示

数字式万用表设置量程时，应尽量选择大于待测参数但最接近待测值的挡位，若选择量程范围小于待测参数，万用表液晶屏显示“1.”，表示超量程了；若选择量程远大于待测参数，则可能读数不准确。

（2）开启电源开关

首先开启数字式万用表的电源开关，电源开关通常位于液晶显示屏下方，功能旋钮上方，带有“POWER”标识。

开启电源开关的操作见图 2-24。

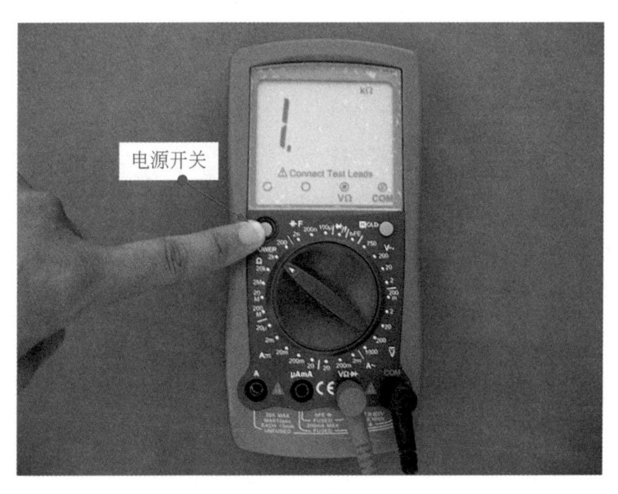

图 2-24　开启电源开关的操作

（3）连接测量表笔

数字式万用表也有两支表笔，用红色和黑色标识，测量时将其中红色的表笔插到测试端，黑色的表笔插到 COM 端，COM 端是检测的公共端。

数字式万用表的连接操作见图 2-25。

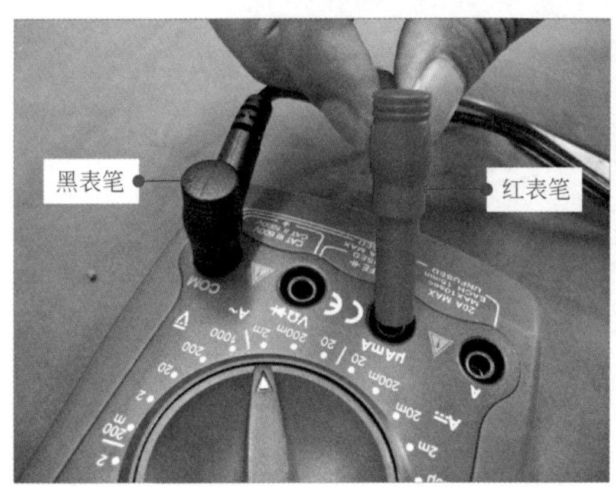

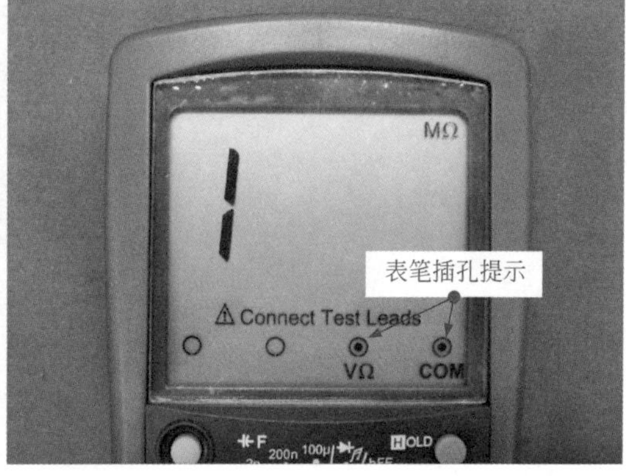

图 2-25　连接测量表笔

在连接红表笔时，应注意表笔插孔的标识，根据测量值选择红表笔插孔。对于液晶显示屏上有表笔插孔提示的数字式万用表，应按照提示连接表笔。

（4）测量结果识读

数字式万用表测量前的准备工作完成后就可以进行具体测量了。在识读测量值时，应注意数值和单位，同时还应读取功能显示以及提示信息。

数字式万用表的识读信息见图 2-26。

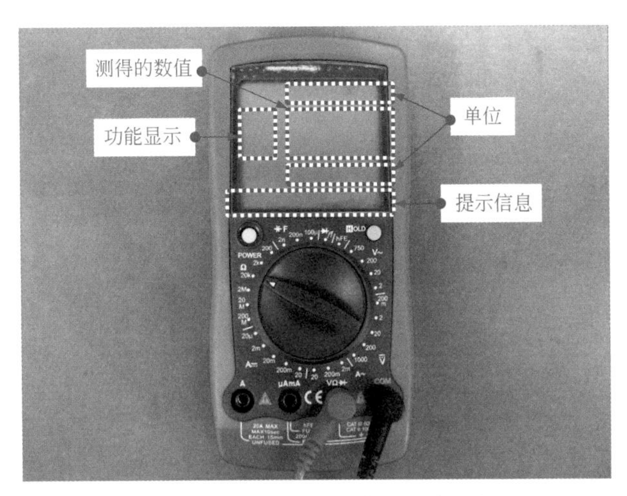

图 2-26　数字式万用表的识读信息

在使用该数字式万用表检测时，可以在液晶显示屏上读到测得的数值、单位，以及功能显示、提示信息等。此时可以按下数值保持开关 HOLD 键使测量数值保持在液晶显示屏上。

在进行电阻值的检测时万用表的读数见图 2-27。

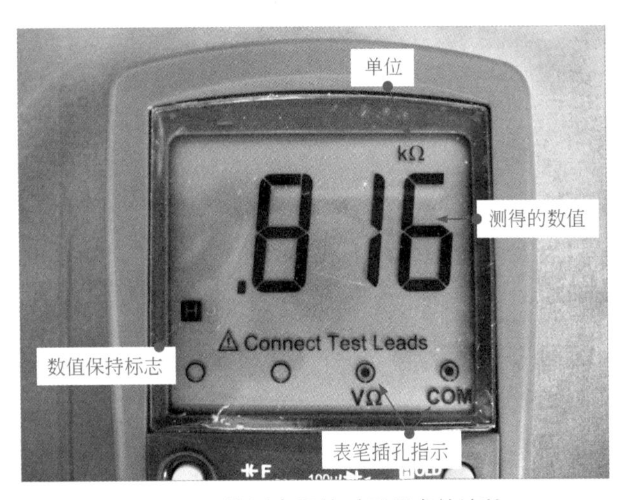

图 2-27　检测电阻值时万用表的读数

从图 2-27 中可以看到数字式万用表液晶显示屏上的信息，显示测量值“.816”，数值的上方为单位“kΩ”，即所测量的电阻值为 0.816kΩ；液晶显示屏的下方可以看到表笔插孔指示为“VΩ”和“COM”，即红表笔插接在VΩ表笔插孔上，黑表笔插接在COM表笔插孔上。在液晶显示屏左侧有“H”标志，说明此时数值保持HOLD键已按下。若需要恢复测量状态只需再次按下数值保持键即可。

(5) 附加测试器的使用

数字式万用表的附加测试器用于检测电容器的电容量和三极管的放大倍数。

附加测试器的使用见图2-28。

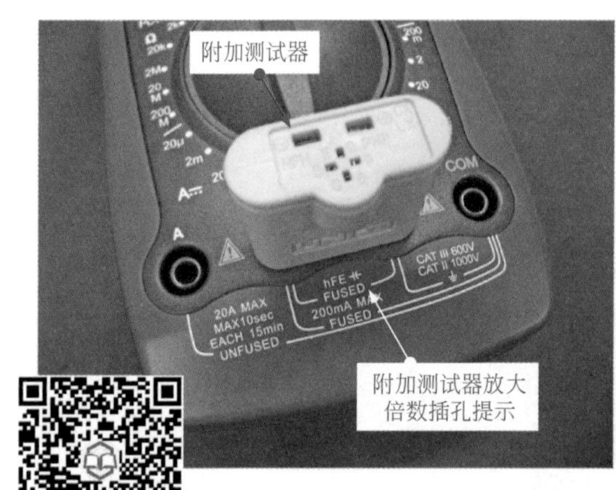

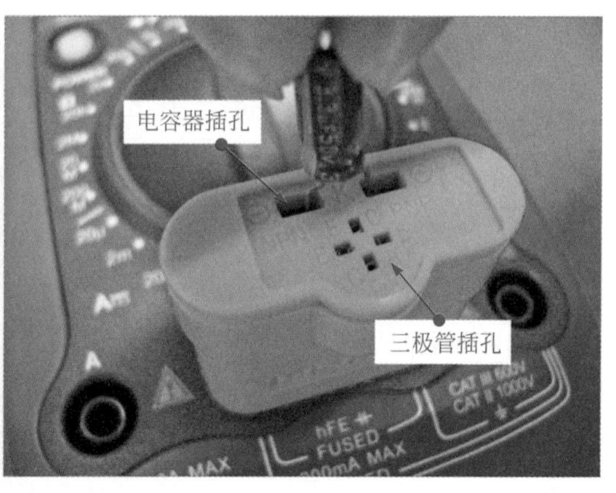

图2-28 附加测试器的使用

在使用时应先将附加测试器插在表笔插孔中，再将被测元器件插在附加测试器上，同时应注意被测元器件与插孔相对应。

2.3 万用表的使用注意事项

2.3.1 指针式万用表的使用注意事项

在使用指针式万用表测量电路和元器件时，为了保证测量数值准确，应正确使用万用表并做好万用表的日常维护。

① 为了使万用表能长期使用且数值准确，应定期使用精密仪器进行校正，使万用表的读数与基准值相同，误差在允许的范围之内。

② 指针式万用表的表头是动圈式电流表，表针摆动是由线圈的磁场驱动的，因而测量时要避开强磁场环境，以免造成测量误差。

③ 万用表的频率响应范围比较窄，正常测量的信号频率超过3000Hz时，误差会渐渐变大，使用时要注意这一点。

④ 指针式万用表内的电池是在测量电阻值时起作用的，电池的电量消耗以后，要重新进行零欧姆调整，测量才能正确。更换新电池后也要重新进行零欧姆调整。

⑤ 被测电路的电压和电流的大小不能预测大致范围时，必须将万用表调到最大量程，先粗略测量一个值，然后再切换到相应的量程进行准确的测量。这样既能避免损坏万用表，又可减少测量误差。

使用万用表测量之前，必须明确要测量什么量以及具体的测量方法，然后选择相应的测量模式和适合的量程。每次测量时务必要对测量的各项设置进行仔细核查，以避免因错误设置而造成仪表损坏。

虽然要求在每次测量前需要核对测量模式及量程，但最好还是在每次测量完毕将量程拨至最高电压挡，以防止下次开始测量时因疏忽而损坏仪表。

⑥ 测量直流电路时一定要注意极性，当反接时，指针会反向偏转，严重时甚至会打坏表头。

⑦ 如果测量的电压或电流的波形不是正弦波或失真较大，又有直流分量，测量误差往往比较大。所以要测量脉冲信号、锯齿波信号、数字信号时，则要使用示波器。

⑧ 在晶体管电路的检测工作中，必须注意万用表内阻的影响，因为测量范围在低量程，如果内阻小就会对被测电路产生影响，为了避免测量误差，可以先测基极和接地端之间的电压，然后再测量发射极与接地端之间的电压，再由两者的差求出基极和发射极之间的电压。这样可以减少测量误差。

万用表内阻的影响见图 2-29。

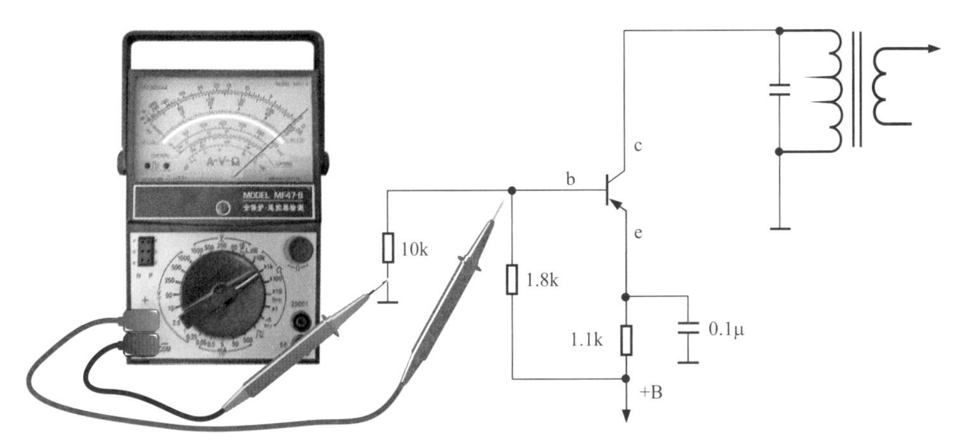

图 2-29 万用表内阻的影响

使用万用表测量晶体管的基极电压时，万用表的内阻较小，相当于一个电阻并联到基极电阻上，不能测得正确的值。

⑨ 测量晶体管的阻抗时要注意万用表检测端的电压极性，万用表内设有电池，万用表的端子正极（红色表笔）实际上与内部电池的负极相连，端子负极（黑色表笔）与电池的正极相连。

晶体管内阻的测量方法见图 2-30。

当测量 NPN 晶体管基极与发射极之间的正向阻抗时，要使万用表负端（黑笔）接基极（b），正端（红笔）接发射极（e）。测量基极与集电极之间的反向阻抗时，红笔接基极（b），黑笔接集电极（c），测量 PNP 晶体管时则相反。

⑩ 在测量高压时要注意安全，当被测电压超过几百伏时应选择单手操作测量，即先将黑表笔固定在被测电路的公共端，再用一只手持红表笔去接触测试点。

⑪ 当被测电压在 1000V 以上时，必须使用高压探头（高压探头分直流和交流两种）。普通表笔及引线的绝缘性能较差，不能承受 1000V 以上的电压。

⑫ 禁止在测量高压（1000V 以上）或大电流（0.5A 以上）时拨动量程开关，以免产生电弧将转换开关的触点烧毁。

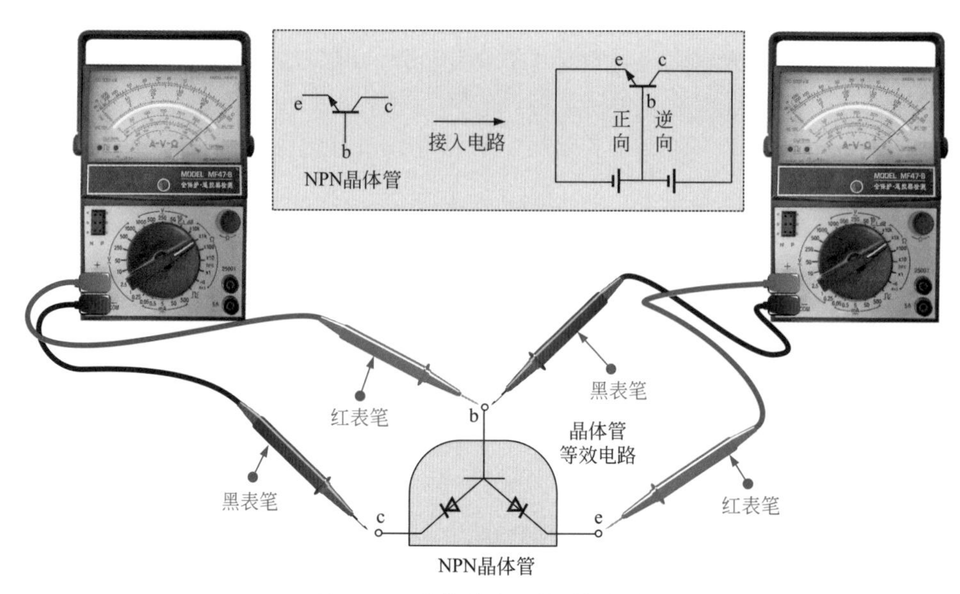

图 2-30 晶体管内阻的测量方法

2.3.2 数字式万用表的使用注意事项

由于数字式万用表属于多功能精密电子测量仪表，应注意妥善保管，使用时要正确操作并注意安全。

① 在使用之前，应仔细阅读数字式万用表的说明书。熟悉电源电路开关、功能及量程转换开关、功能键（如数值保持键、交流 / 直流切换键、存储键等）、输入插口以及专用插口（如晶体管插口、电容器插口等）、仪表附件（如测温探头、高压探头、高频探头等）的作用。

② 在测量高压时要注意安全，当被测电压超过几百伏时应选择单手操作测量，即先将黑表笔固定在被测电路的公共端，再用一只手持红表笔去接触测试点。

③ 当被测电压在 1000V 以上时，必须使用高压探头（高压探头分直流和交流两种）。普通表笔及引线的绝缘性能较差，不能承受 1000V 以上的电压。

④ 禁止在测量高压（1000V 以上）或大电流（0.5A 以上）时拨动量程开关，以免产生电弧将转换开关的触点烧毁。

⑤ 测量交流电压时，最好用黑表笔接触被测电压的零线端，以消除仪表输入端对地分布电容的影响，减小测量误差。应注意人体不要触及交流 220V 或 380V 电源，以免触电。

⑥ 注意数字式万用表的极限参数。了解出现过载显示、极限显示、低电压指示以及其他声光报警的特征。

例如在测量过程中，如果 LCD 液晶显示屏的最高位显示数字为“1”，而其他位消隐，说明当前数字式万用表已过载，应及时选择更大的量程再测量。

⑦ 在刚开始测量时，数字式万用表可能会出现跳数现象，应等到 LCD 液晶显示屏上

所显示的数值稳定后再读数，这样才能确保读数的正确。

⑧ 使用数字式万用表最好采用红表笔接正极，黑表笔接负极的连接方法。检测直流电压时，数字式万用表与被测元器件并联。检测直流电流时，数字式万用表与被测元器件串联。由于数字式万用表具有自动转换并显示极性的功能，可以在测量直流电压时不考虑表笔的接法。但是当被测电流源内阻很低时，应尽量选择较大的电流量程，以减少分流电阻上的压降，提高测量的准确度。

⑨ 测量电阻、检测二极管和检查线路通断时，红表笔应接 VΩ 插孔（或 μAmA 插孔）。此时，红表笔带正电，黑表笔接 COM 插孔而带负电。这与指针式万用表的电阻挡正好相反。因此，在检测二极管、发光二极管、晶体管、电解电容器、稳压管等有极性的元器件时，必须注意表笔的极性。

第3章 万用表检测技能

3.1 万用表检测阻值的技能

3.1.1 万用表检测阻值的方法

电阻值测量是万用表非常重要的功能，通过电阻值检测的方法可以有效地对电路中的主要元器件性能以及线路连接状态进行判别。

万用表检测电阻值的方法主要包括检测元器件和检测线路两方面内容。

（1）万用表检测元器件的方法

通过万用表对元器件阻值进行测量是判别元器件性能是否良好的有效方法。

① 万用表检测电阻器阻值的方法　万用表检测电阻器阻值操作见图 3-1。

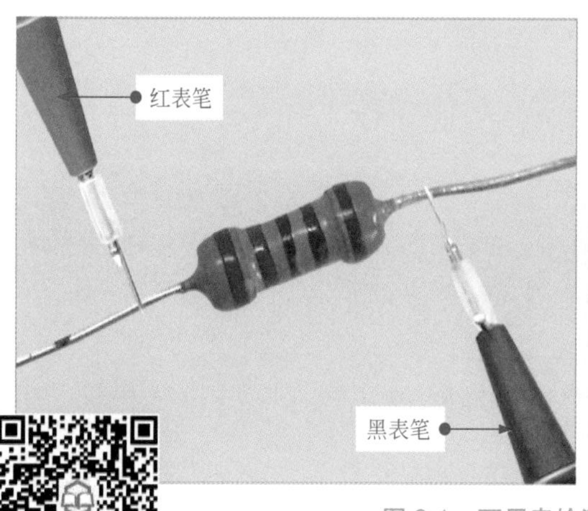

图 3-1　万用表检测电阻器阻值操作

调整好量程后，将万用表的红、黑表笔分别搭在电阻器两端的引脚上，观察万用表指针指示的电阻值变化，正常情况下，应能够测出一定的电阻值（220Ω）。将该测量值与电阻器的标称阻值进行比较即可判别电阻器性能是否良好。

提示

电阻器的标称阻值通常会标识在电阻器的表面，通过对标识信息的识读即可了解该电阻器的标称阻值。

被测电阻器的标称阻值见图 3-2。

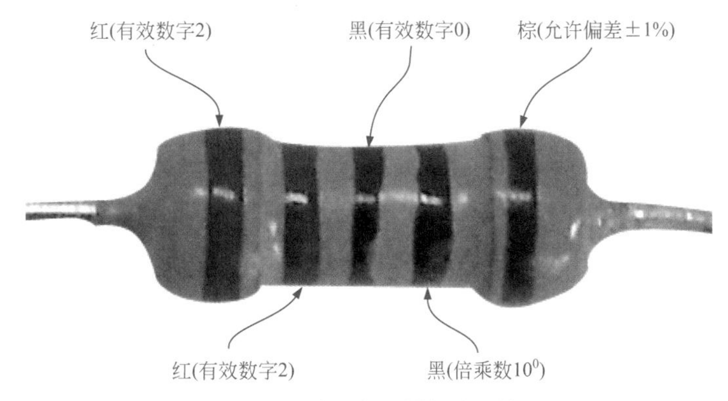

图 3-2 读取电阻器标称阻值

可根据电阻器上的色环读取电阻器标称阻值，该电阻器的标称阻值为 220×10^0=220Ω，允许偏差为 ±1%。

实际测量结果若与电阻器标称值相等或十分接近，则说明该电阻器正常。

② 万用表检测整流二极管阻值的方法　使用万用表测量整流二极管时，通过调换表笔分别检测整流二极管正、反向的阻值，即可判别整流二极管的性能是否良好。

以指针式为例，万用表检测普通整流二极管正向阻值的操作见图 3-3。

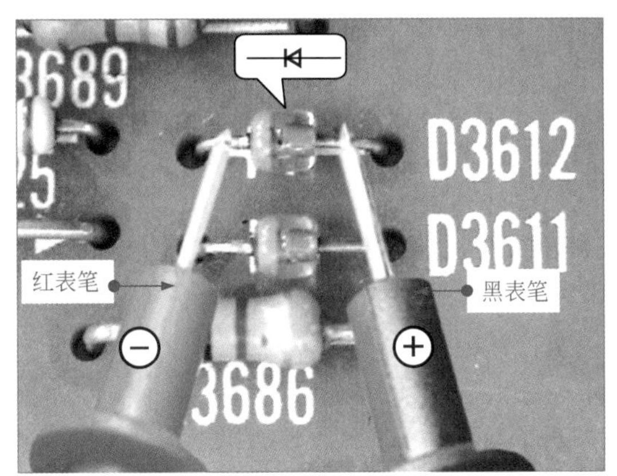

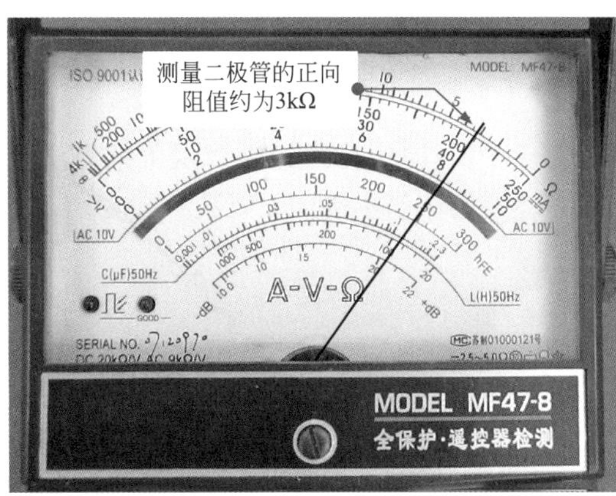

图 3-3 指针式万用表检测普通整流二极管正向阻值的操作

将万用表的黑表笔接至整流二极管的正极，红表笔接至整流二极管的负极，观察万用表，此时，万用表会测到当前整流二极管的正向阻值约为 3kΩ，记为 R_1。

万用表检测普通整流二极管反向阻值的操作见图 3-4。

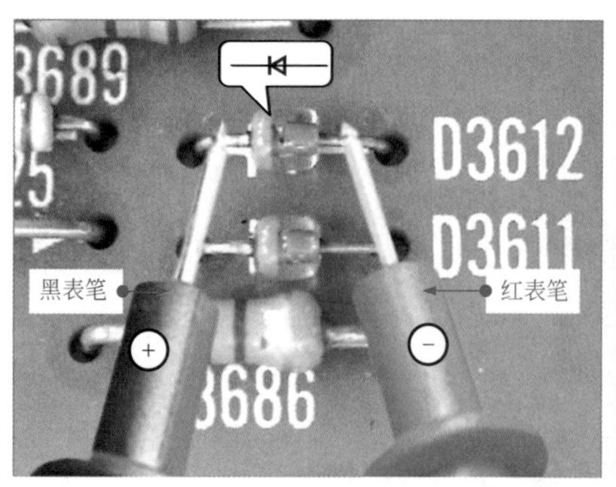

图 3-4　指针式万用表检测普通整流二极管反向阻值的操作

将两表笔对换，即用黑表笔接至整流二极管的负极，红表笔接至整流二极管的正极，此时，万用表测得整流二极管的反向阻值通常为几千欧以上（在路受外围元器件的影响，开路时为无穷大），记为 R_2。

一般来说，整流二极管的正、反向阻值相差悬殊，正向阻值 R_1 应为一个固定的阻值（约为 3kΩ），而反向阻值 R_2 则趋于无穷大。根据检测结果判断整流二极管的性能。

提示

若正向阻值 R_1 有一固定阻值，而反向阻值 R_2 趋于无穷大，即可判定整流二极管良好；

若正向阻值 R_1 和反向电阻 R_2 都趋于无穷大，则整流二极管存在断路故障；

若正向阻值 R_1 和反向电阻 R_2 都趋于 0，则整流二极管存在击穿短路；

若 R_1 和 R_2 数值都很小，可以断定该整流二极管已损坏；

若正向阻值 R_1 和反向电阻 R_2 所测阻值相近，此时并不能确定整流二极管是否损坏。因为在路检测时，整流二极管常常会受到电路上其他元器件的影响而无法正常测量，这时就需要断开一个引脚进行单独检测。

③ 万用表检测发光二极管阻值的方法　使用万用表检测发光二极管的方法与整流二极管的检测操作基本类似（以数字式为例，见图 3-5）。

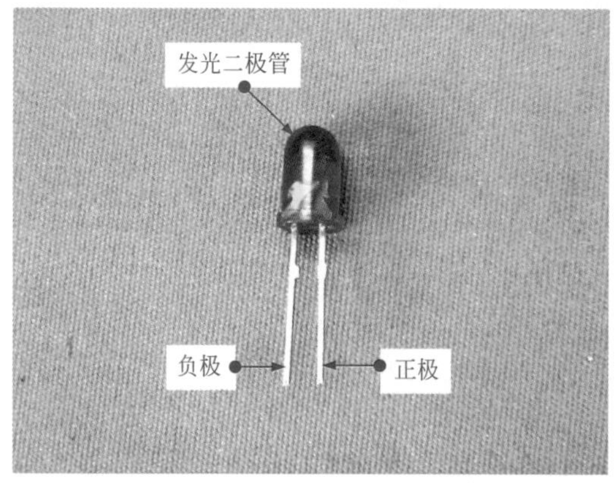

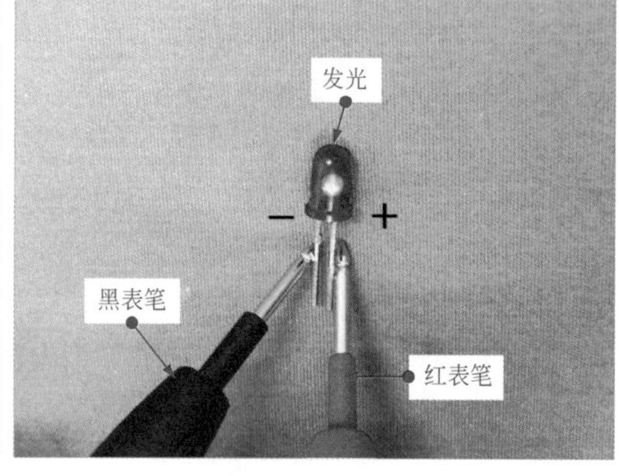

图 3-5　使用数字式万用表检测发光二极管的正向值操作

选择待测的发光二极管，通过其构造判断正负极引脚。将黑表笔搭负极，红表笔搭正极，发光二极管会发光。

使用数字式万用表检测其反向值操作见图 3-6。

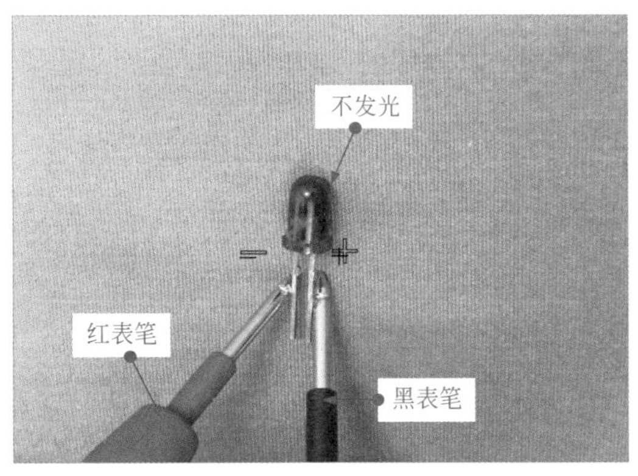

图 3-6　使用数字式万用表检测其反向值操作

交换表笔，测其反向值，发光二极管不能发光，万用表的液晶显示屏上显示正无穷大。

④ 万用表检测电位器阻值的方法　对电位器阻值的检测可以通过定片与定片以及定片与动片之间阻值的测量来判别电位器性能是否良好，如图 3-7 所示为电位器的实物外形。

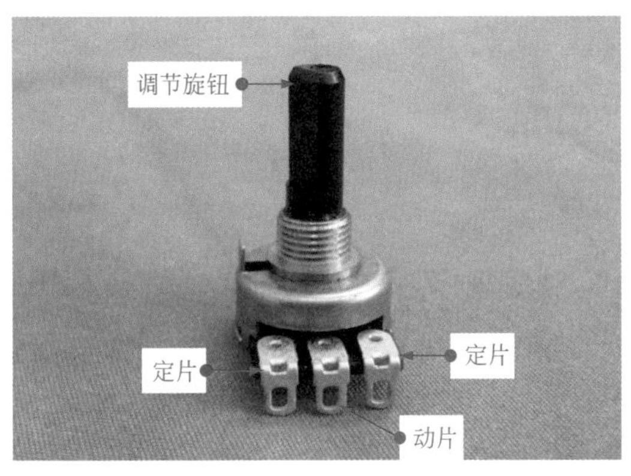

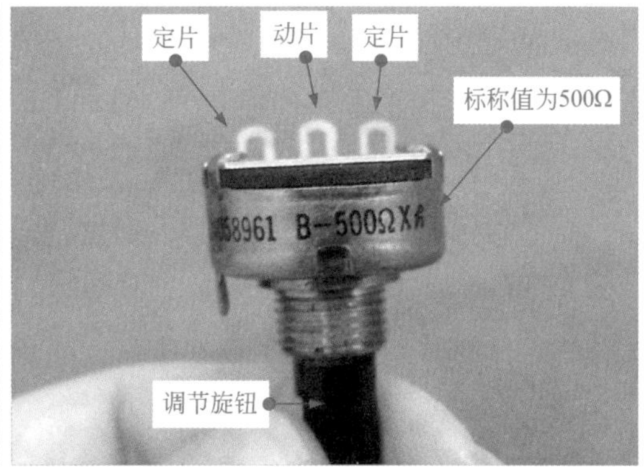

图 3-7　待测单联电位器的实物外形

万用表检测电位器两定片间的阻值操作见图 3-8。

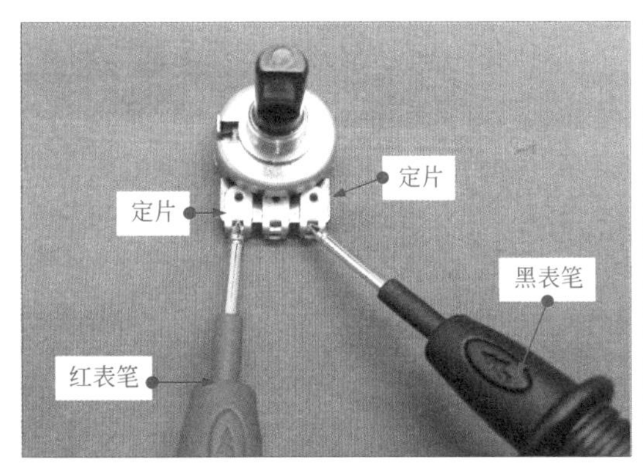

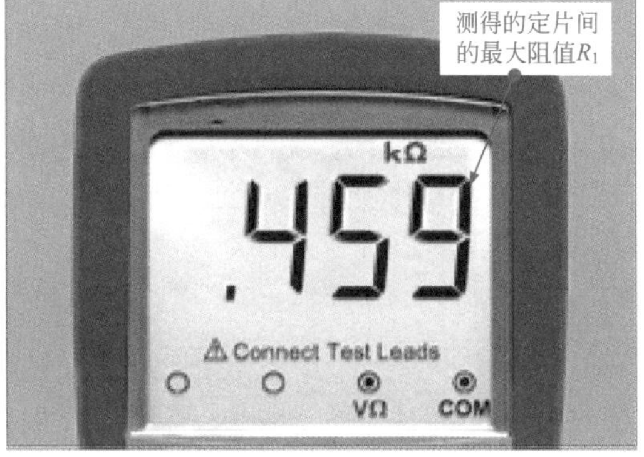

图 3-8　万用表检测电位器两定片间的最大阻值

将万用表的两表笔分别搭在电位器两个定片引脚处，此时可以测得一个固定的阻值，该阻值也是电位器的最大阻值。

万用表检测电位器动片与定片之间的阻值操作见图 3-9。

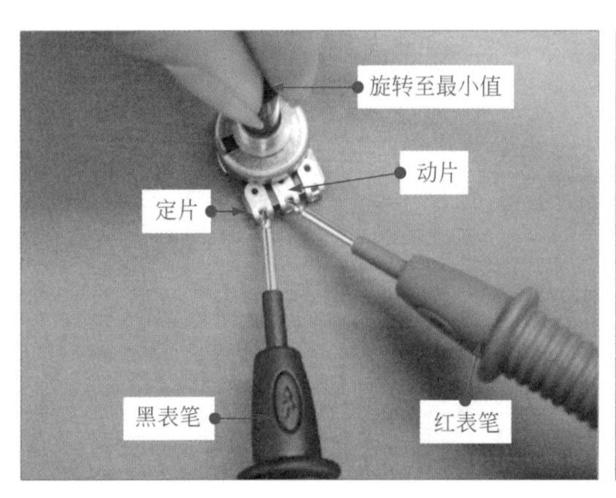

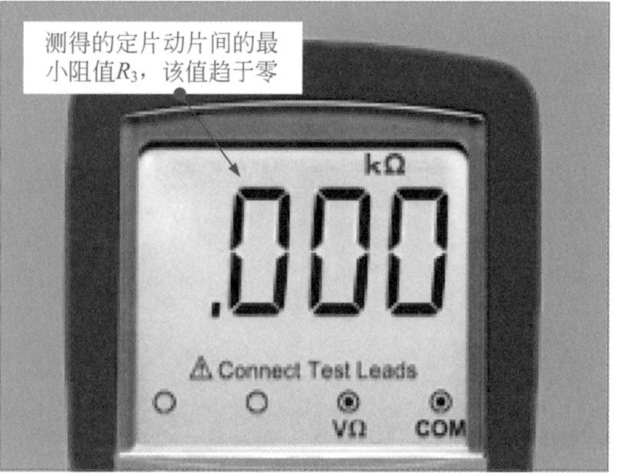

图 3-9　万用表检测电位器动片引脚与定片引脚之间的最小阻值

将万用表的两表笔分别搭在电位器定片和动片引脚处，旋转电位器调节旋钮，此时可以观察到所测量的阻值随调节旋钮的扭动而变化。

提示

若电位器的两定片引脚之间的最大电阻值 R_1，与该电位器的标称阻值相差较大，则说明该电位器存在故障；

正常情况下，动片引脚与定片引脚之间的最大可变阻值 R_2 应接近电位器的两定片引脚之间的最大电阻值 R_1，即 $R_2 \leqslant R_1$；

正常情况下，动片与定片之间的最小可变阻值 R_3 应与电位器的两定片引脚之间的最大电阻值 R_1 之间存在一定差距，即 $R_3 < R_1$；

R_2 与 R_3 近似相等，则说明该单联电位器已失去调节功能，不能起到调节电阻的功能。

⑤ 万用表检测开关机按键阻值的方法　检查开关性能是否良好，可以通过按动按键，检测阻值变化的方法判别。

万用表检测弹开状态下的按键操作见图 3-10。

测得测试点对地的阻值为无穷大，这表明开关在弹开状态时，性能良好。

万用表检测按下状态的开关机按键操作见图 3-11。

将万用表的两个表笔分别接开关按键的两个引脚处，正常情况下，当未按动按键时，万用表应测得的阻值为无穷大。

保持万用表的连接状态，用手按下开关按键，此时，万用表测得的阻值为 0Ω，手松开后，万用表测得的阻值仍为无穷大。

若检测发现，当按下开关机按键和弹开开关机按键时，万用表没有任何变化，则说明该开关机按键损坏。

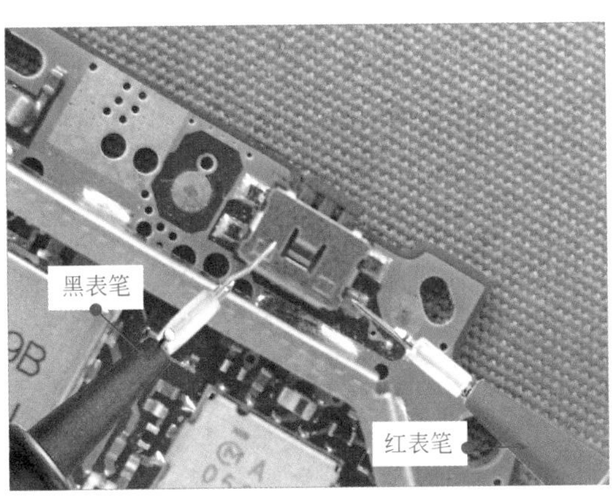

图 3-10 万用表检测弹开状态下的按键

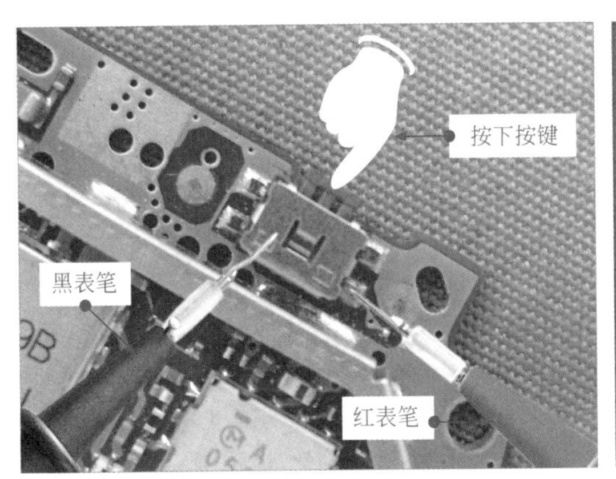

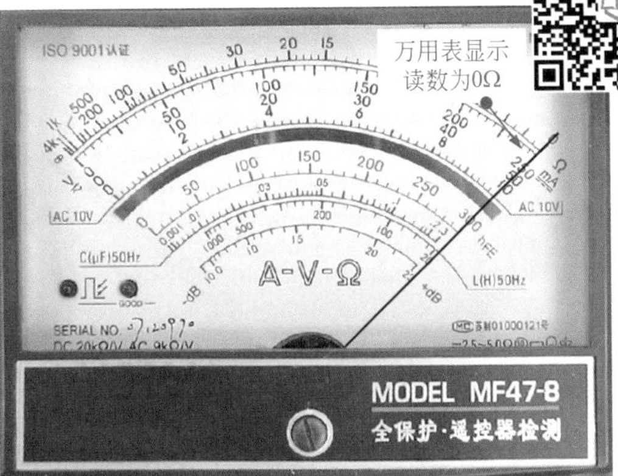

图 3-11 万用表检测按下状态的开关机按键

（2）万用表检测线路的方法

通过检测阻值的方法，可以快速判别电子产品中连接线路是否存在断路的情况。一般的电子产品都是通过连接数据线，实现电路板之间数据或信息的传输。使用万用表检测连接线路（数据线）的两端，观察阻值测量状态即可判别连接线路是否有断路情况。

万用表检测线路的阻值操作见图 3-12。

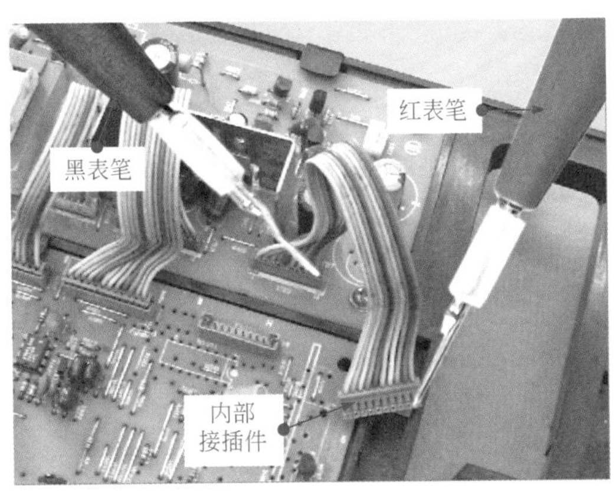

图 3-12 万用表检测线路的阻值操作

正常情况下，万用表检测连接线路（数据线）之间的阻值为0Ω；若检测接插件的阻值为无穷大，则可能连接线路存在断路。

3.1.2 万用表检测阻值的应用

万用表检测阻值的方法，在电子产品设计、调试和检修中应用十分广泛，尤其是在电子产品检修时，使用万用表通过相关电路或部件电阻的测量，能够迅速地确定故障。下面结合具体实例，介绍一下阻值检测方法的实际应用。

（1）用万用表检测电源电路的性能

电源组件在电子产品中将输入的交流220V市电进行整流、滤波、变压等一系列处理，然后输出电子产品各电路工作所需的直流电压，为电子产品各电路正常运行提供工作条件。因此可以看出，电源组件是电子产品中非常重要且必不可少的组成部分。

电源电路见图3-13。

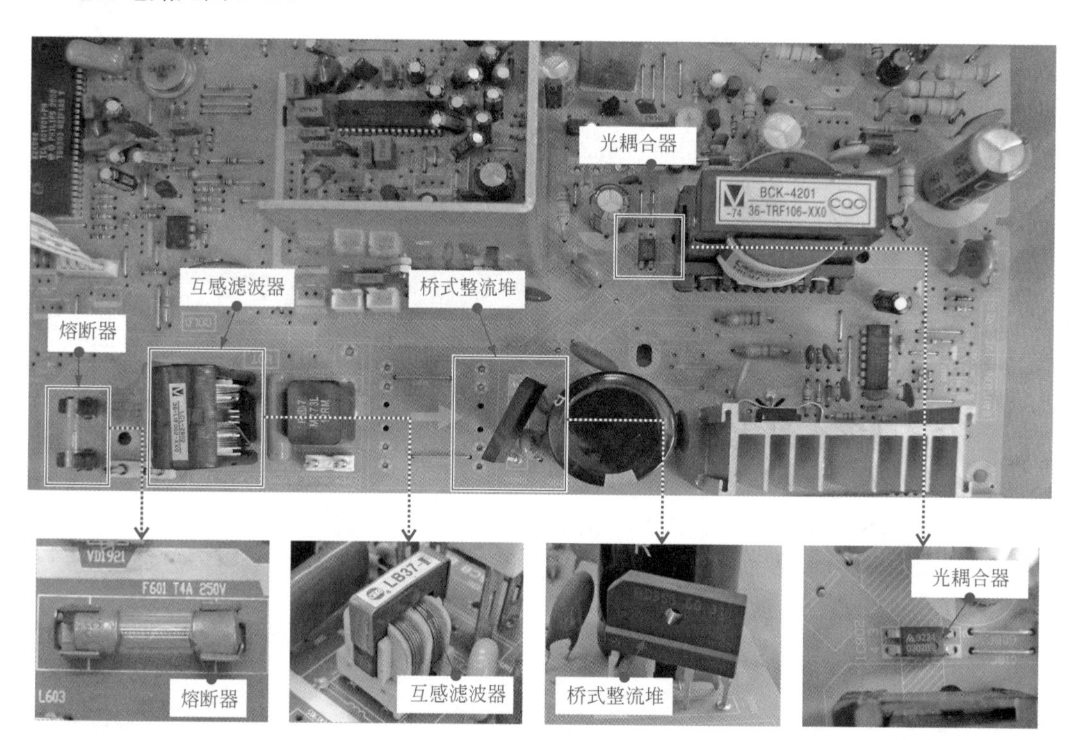

图3-13 电源电路

这是一个电源电路，使用万用表检测阻值的方法对电源电路中的熔断器、互感滤波器、桥式整流堆、光耦合器进行阻值测量，便可实现对电源电路的检测。

① 万用表以检测阻值的方法检测熔断器 待测熔断器的实物外形见图3-14。

熔断器是一种安装在电源电路中保证电路安全运行的电气元件。在电路出现过载时，电流迅速升高，这时熔断器内的熔体会因电流过大而熔断，起到保护电路的作用。

熔断器是电源电路中非常重要的元器件之一。在对电源电路进行调试、检修时，使用万用表对电源电路中的熔断器进行检测是非常必要的，通常万用表对电源电路中的熔断器的检测，可以分为在路检测和开路检测两种。由于在路检测比较危险，所以选择开路检测熔断器的阻值来判断它的好坏。对万用表进行零欧姆校正后，即可对熔断器进行检测。

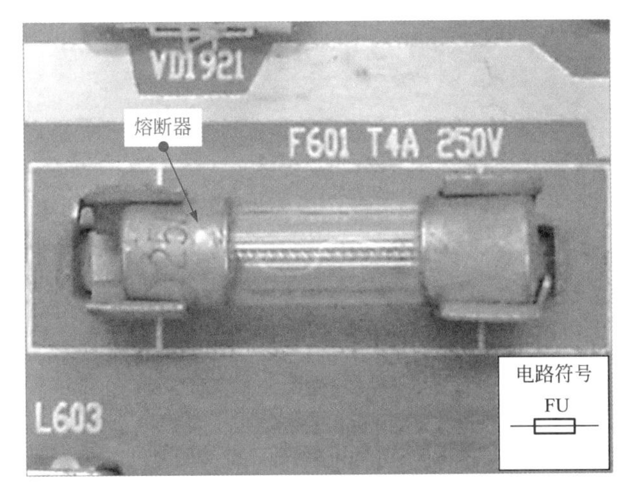

图 3-14 待测熔断器的实物外形

万用表检测阻值的方法检测熔断器见图 3-15。

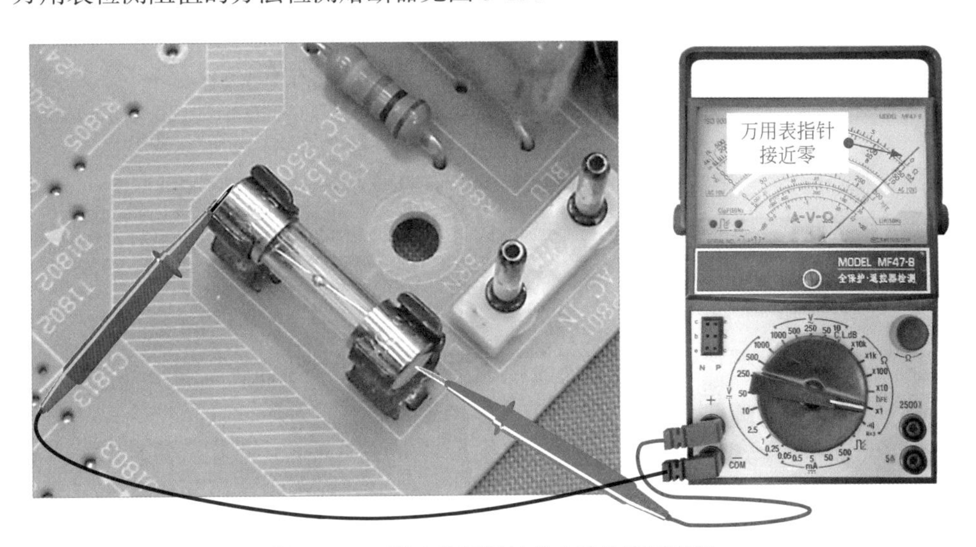

图 3-15 万用表检测阻值的方法检测熔断器

将万用表量程选择 Ω 挡，红黑表笔分别连接熔断器的两端，正常情况下，检测其阻值接近 0Ω；若检测的熔断器阻值为无穷大，则该熔断器开路，需更换。

② 万用表以检测阻值的方法检测互感滤波器 待测互感滤波器的实物外形见图 3-16。

互感滤波器是由两组线圈对称绕制而成，其作用是清除外电路的干扰脉冲，阻止其进入电子产品中，同时使电子产品内的脉冲信号不会对其外部电子设备造成干扰。

互感滤波器是电源电路中非常重要的元器件之一。在对电源电路进行调试、检修时，使用万用表对电源电路中的互感滤波器进行检测是非常必要的，通常万用表对电源电路中的互感滤波器的检测，可以分为在路检测和开路检测两种。由于在路检测比较危险，所以选择开路检测互感滤波器的阻值来判断它的好坏。对万用表进行零欧姆校正后，即可对互感滤波器进行检测。

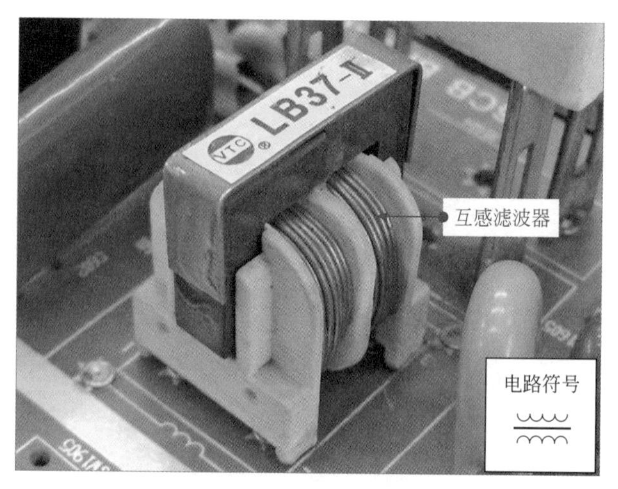

图 3-16　待测互感滤波器的实物外形

万用表检测阻值的方法检测互感滤波器见图 3-17。

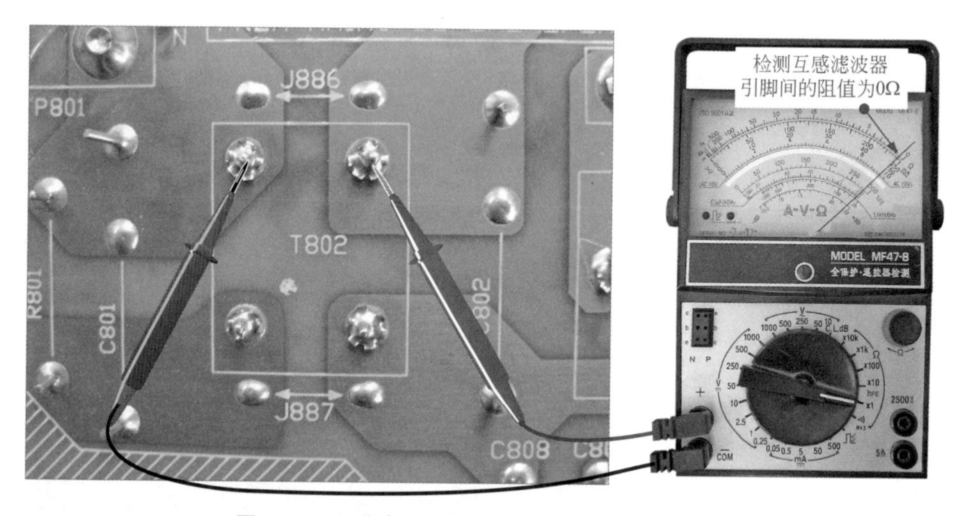

图 3-17　万用表检测阻值的方法检测互感滤波器

将红、黑表笔分别连接互感滤波器的两个引脚，正常情况下，测得其阻值为 0Ω；调换表笔再检测另外两个引脚之间的阻值也为 0Ω；若检测的阻值为无穷大，则互感滤波器开路。

③ 万用表检测阻值的方法检测桥式整流堆　待测桥式整流堆的实物外形见图 3-18。

桥式整流堆内部集成了四个整流二极管，其作用是将交流电压整流后输出直流电压。

桥式整流堆是电源电路中非常重要的元器件之一。在对电源电路进行调试、检修时，使用万用表对电源电路中的桥式整流堆进行检测是非常必要的，通常万用表对电源电路中的桥式整流堆的检测，可以分为在路检测和开路检测两种。由于在路检测比较危险，所以选择开路检测桥式整流堆的阻值来判断它的好坏。对万用表进行零欧姆校正后，即可对桥式整流堆进行检测。

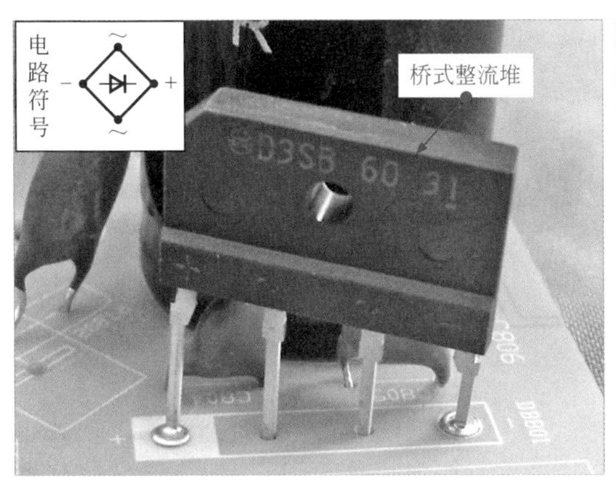

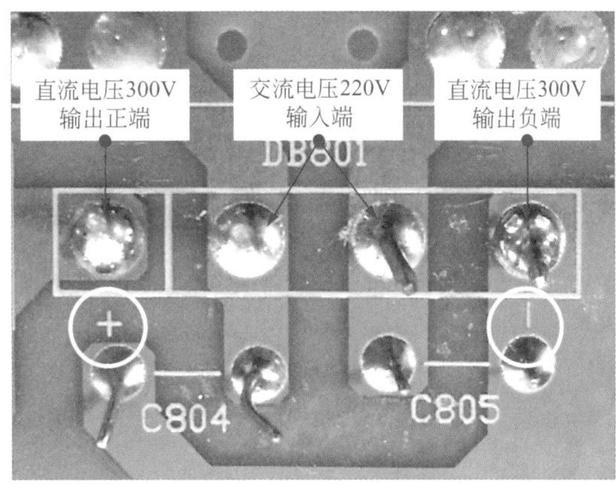

图 3-18 待测桥式整流堆的实物外形

万用表检测阻值的方法检测桥式整流堆见图 3-19。

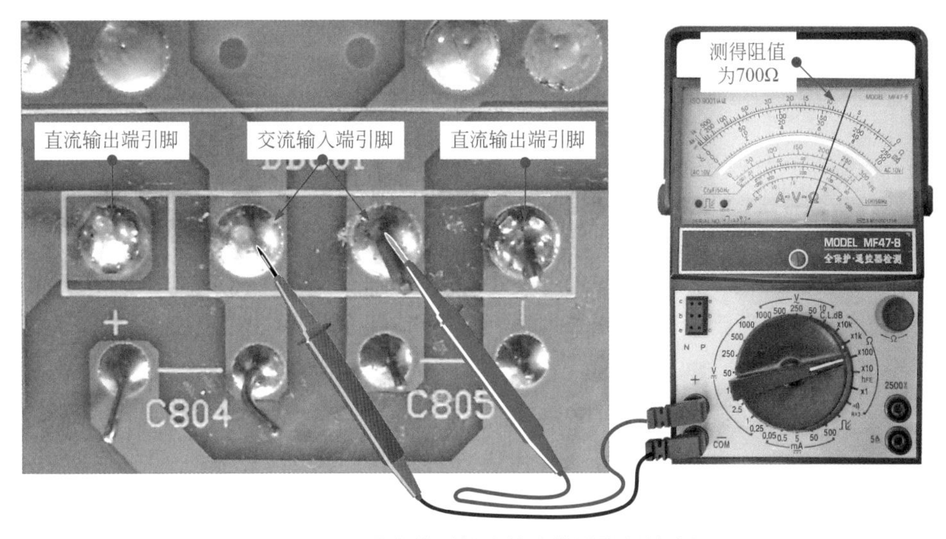

图 3-19 万用表检测桥式整流堆引脚间的电阻

将红、黑表笔任意接在桥式整流堆交流输入端的两个引脚上，正常情况下，检测其阻值为 700Ω，然后再将两表笔对调，测得阻值仍为 700Ω。

接下来将万用表的红表笔连接桥式整流堆的正直流输出端（“+”极），黑表笔接桥式整流堆负直流输出端（“-”极）时，测得桥式整流堆的阻值为 100Ω。

若检测的阻值为 0Ω，则桥式整流堆短路；若检测的阻值为无穷大，则桥式整流堆开路。

④ 万用表检测阻值的方法检测光耦合器 待测光耦合器的实物外形见图 3-20。

光耦合器将开关电源输出电压的误差反馈到开关集成电路上，其内部由发光二极管和三极管集成。

光耦合器是电源电路中非常重要的器件之一。在对电源电路进行调试、检修时，使用万用表对电源电路中的光耦合器进行检测是非常必要的，通常万用表对电源电路中的光耦合器的检测，可以分为在路检测和开路检测两种。由于在路检测比较危险，所以选择开路

检测光耦合器的阻值来判断它的好坏。对万用表进行零欧姆校正后，即可对光耦合器进行检测。

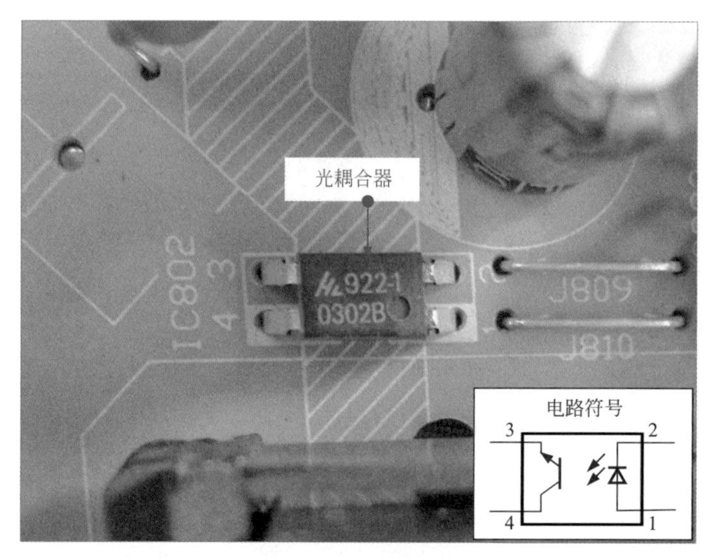

图 3-20　待测光耦合器的实物外形

万用表检测光耦合器的 1 脚和 2 脚正向阻值见图 3-21。

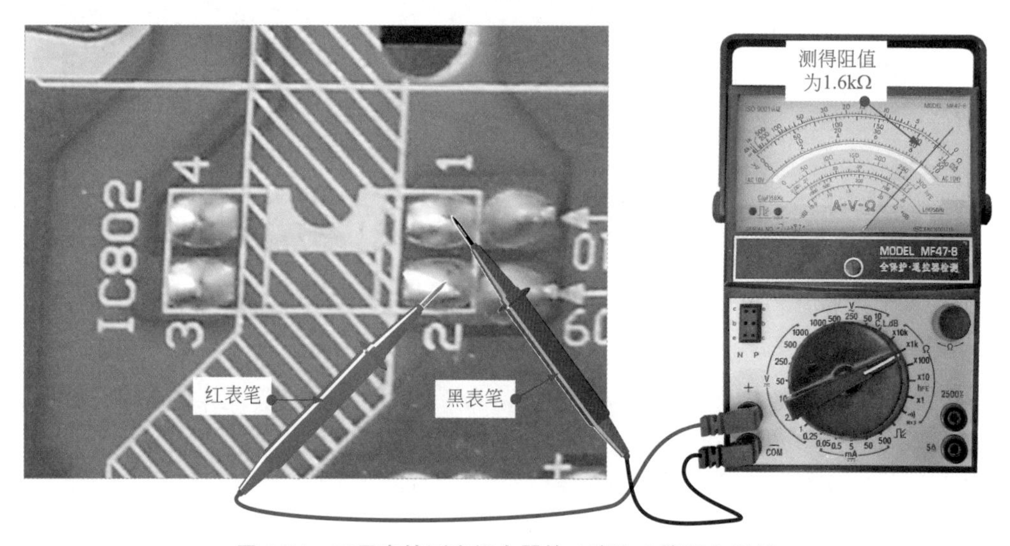

图 3-21　万用表检测光耦合器的 1 脚和 2 脚正向阻值

将万用表黑表笔连接光耦合器的 1 脚，红表笔连接 2 脚，正常情况下，测得其正向阻值大约为 1.6kΩ。调换表笔检测 1 脚和 2 脚的反向阻值大约为 1.6kΩ。接下来检测 3 脚和 4 脚的阻值。

万用表检测光耦合器 3 脚和 4 脚的正向阻值见图 3-22。

将红表笔连接 3 脚，黑表笔连接 4 脚，正常情况下，测得 3 脚和 4 脚的正向阻值约为 2.2kΩ，然后对换表笔再测量两个引脚间的反向阻值，约是 7.9kΩ。若在测量过程中其阻值有异常，则可能是光耦合器损坏，须更换该器件。

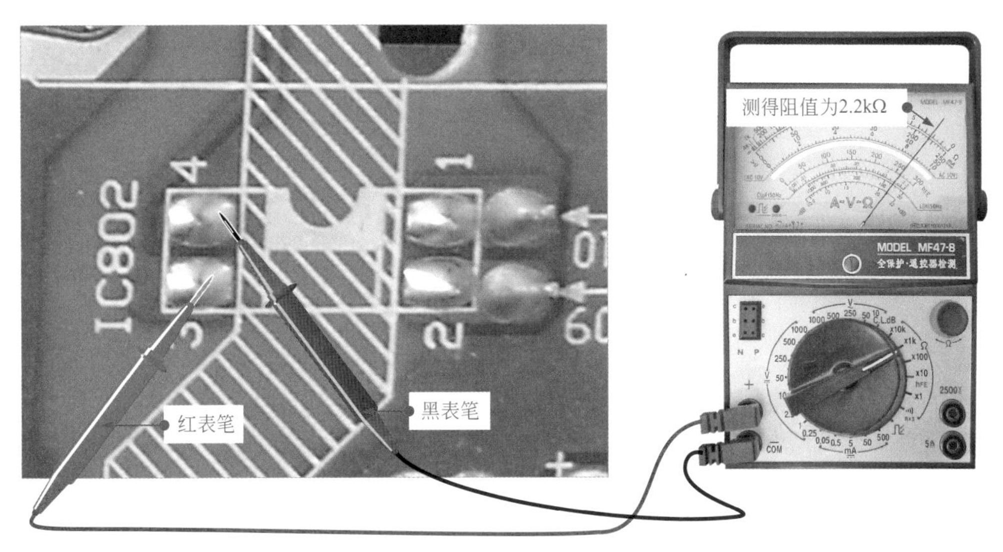

图 3-22 万用表检测光耦合器 3 脚和 4 脚的正向阻值

(2) 用万用表检测音响电路的性能

音响电路在电子产品中将由话筒接口输入的音频信号在回声信号产生电路及音频放大电路中进行放大和混响处理，混响后的音频信号经两路双运算放大器后与激光头读取的音频信息相混合，然后由音频输出接口送入扬声器。对于音响电路的检测常常使用万用表测量阻值的方法。

音响电路及其基本结构见图 3-23。

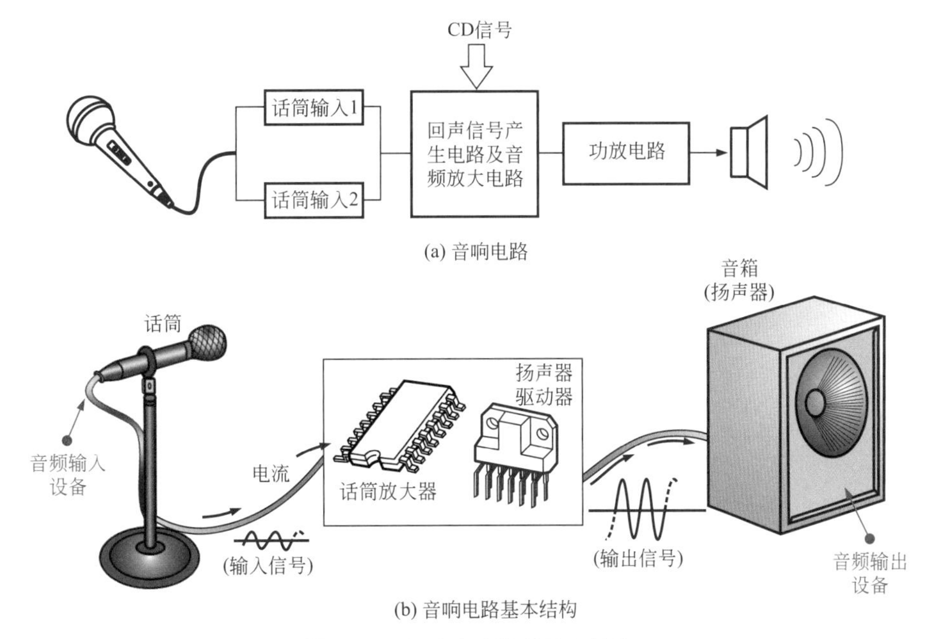

图 3-23 音响电路及其基本结构

这是一个音响电路，使用万用表检测阻值的方法对音响电路中的话筒、扬声器进行阻值测量，便可实现对音响电路的检测。

① 万用表检测阻值的方法检测话筒　待测话筒的实物外形见图 3-24。

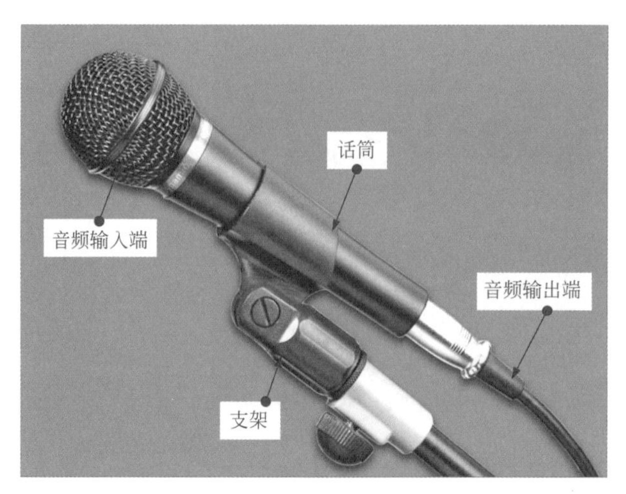

图 3-24　待测话筒的实物外形

提示

话筒，常用于各种扩音设备中，是音响组件的输入设备之一，是一种电声器材，属传声器，是声电转换的换能器，通过声波作用到电声元件上产生电压，再转为电能。话筒种类繁多，电路比较简单，只需相应的话筒放大器和供电便可发出声音。

话筒是音响电路中非常重要的元器件之一。在对音响电路进行调试、检修时，使用万用表对音响电路中的话筒进行检测是非常必要的，通常可以用万用表检测话筒自身阻抗的方法来判断它的好坏，首先将万用表调至 Ω 挡，然后将话筒从支架上取下，并拆开其外壳，用万用表的红、黑表笔分别接到话筒两个电极的导线端。

万用表检测阻值的方法检测话筒见图 3-25。

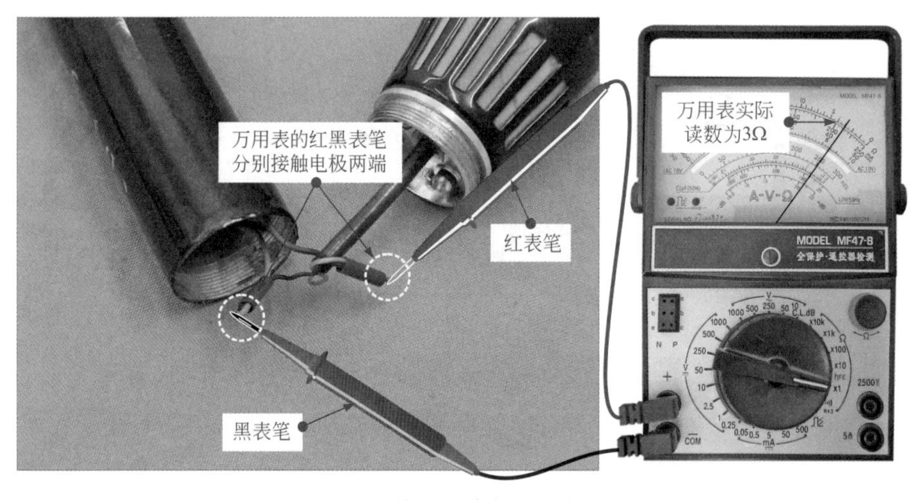

图 3-25　检测话筒电极间的阻值

万用表测得一个固定的电阻值为 3Ω。正常情况下，测得的阻值与标称值相等或相近，若所测得的阻值与标称值相差太大，则表明话筒已损坏。

提示

在检测时，把万用表的表笔接到话筒的两个电极，实际上就构成了一个回路，万用表里面的电源作为话筒的供电端。此时，对着话筒吹气，万用表的指针会有一个摆动的现象，若无摆动，则说明话筒可能损坏。

② 万用表检测阻值的方法检测话筒输入信号放大器　放大器是音响电路中的音频输入设备，如图 3-26 所示为 TL084 型话筒放大器的外形和引脚排列图。

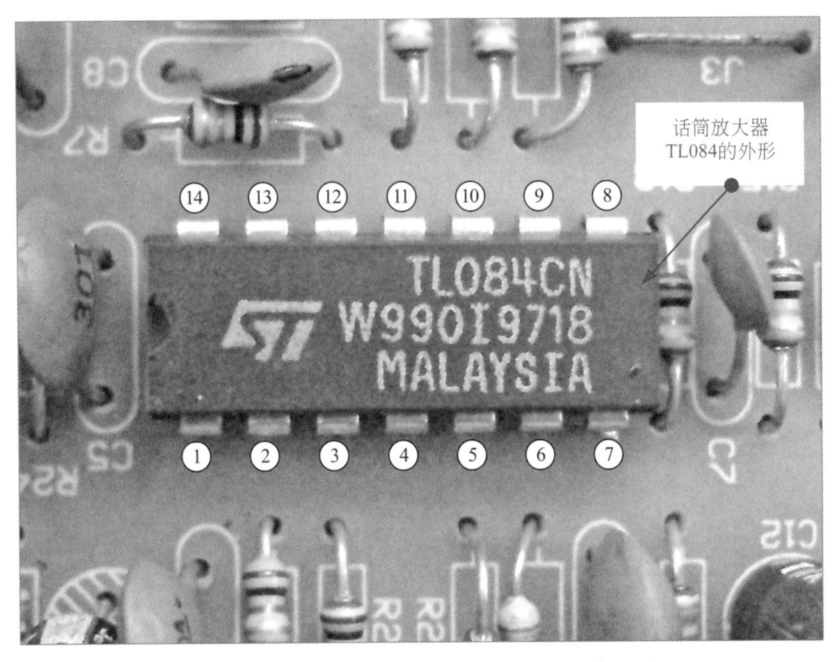

图 3-26　TL084 型话筒放大器的外形和引脚排列图

话筒输入信号放大器是音响电路中非常重要的元器件之一。在对音响电路进行调试、检修时，使用万用表对音响电路中的话筒输入信号放大器进行检测是非常必要的，通常万用表对电源电路中的话筒输入信号放大器的检测，可以分为在路检测和开路检测两种。由于在路检测比较危险，所以选择开路检测话筒输入信号放大器的阻值来判断它的好坏。对万用表进行零欧姆校正后，即可对话筒输入信号放大器进行检测。

万用表检测阻值的方法检测话筒输入信号放大器见图 3-27。

通过检测 TL084 各引脚正、反向阻值来确定它的好坏，首先检测正向阻值，将万用表调至 ×1kΩ 挡，用黑表笔接地端，红表笔分别接触 TL084 的各引脚。

测量完毕后对换表笔，将红表笔接地端，黑表笔分别接触 TL084 的各引脚，测量 TL084 的反向对地阻值。

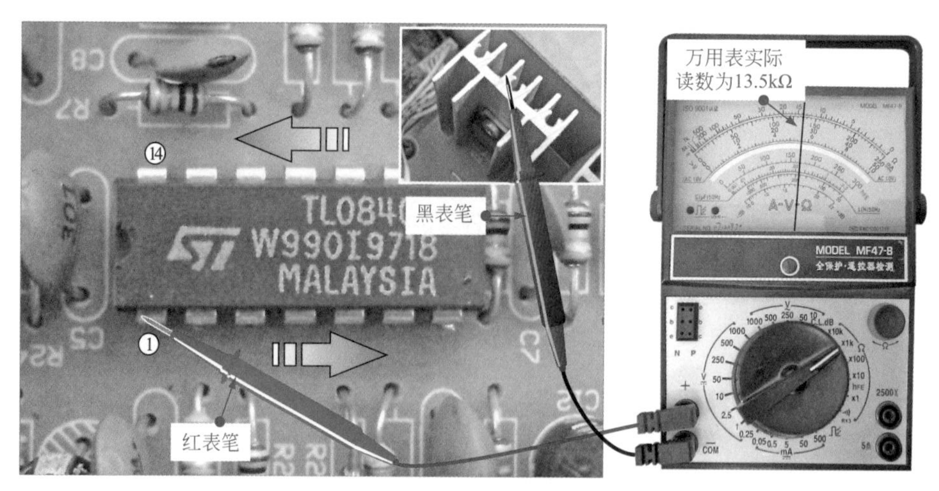

图 3-27 万用表检测阻值的方法检测话筒输入信号放大器

将测量的结果与标准值进行比较，若相差较大则说明 TL084 可能损坏。如表 3-1 所列为正常情况下 TL084 的正、反向对地阻值。

表 3-1 TL084 的正、反向对地阻值

引脚	正向阻值 /kΩ	反向阻值 /kΩ	引脚	正向阻值 /kΩ	反向阻值 /kΩ
1	13.5	9.5	8	20.0	11.0
2	14.0	60.0	9	14.0	22.0
3	14.0	55.0	10	12.5	28.0
4	6.0	7.5	11	5.5	5.0
5	13.5	55.0	12	7.5	8.5
6	14.0	55.0	13	13.5	134.0
7	13.5	9.5	14	28.0	11.0

③ 万用表检测阻值的方法检测扬声器　待测扬声器的实物外形见图 3-28。

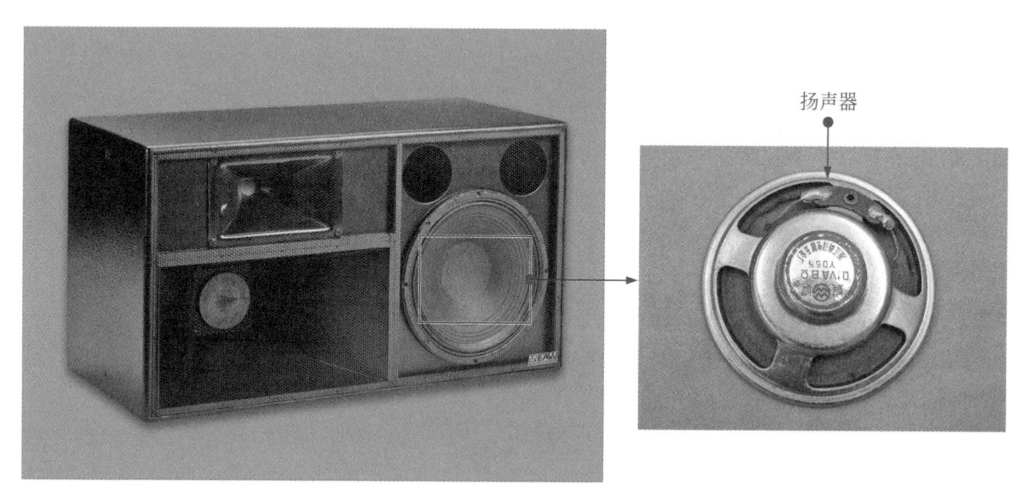

图 3-28 扬声器的实物外形

提示

扬声器又称喇叭，是一种十分常用的电声换能器件，在音响产品中普遍都能见到扬声器，对于音响的效果来说，它是一个最重要的器件。扬声器是利用振膜（纸盆）的振动去推动空气振动而产生声音的。在振膜向前推动的瞬间，振膜前的空气被压缩而变得稠密，振膜后面的空气则变得稀疏；在振膜向后振动的瞬间，振膜前后的空气疏密状况刚好相反。扬声器使用时必须外接功率放大器（扬声器驱动器），放大后的音频信号才能推动振膜振动。

扬声器是音响电路中非常重要的元器件之一。在对音响电路进行调试、检修时，使用万用表对音响电路中的扬声器进行检测是非常必要的。通常万用表对音响电路中的扬声器的检测，可以分为在路检测和开路检测两种。由于在路检测比较危险，所以选择开路检测扬声器的阻值来判断它的好坏。对万用表进行零欧姆校正后，即可对扬声器进行检测。

万用表检测阻值的方法检测扬声器见图 3-29。

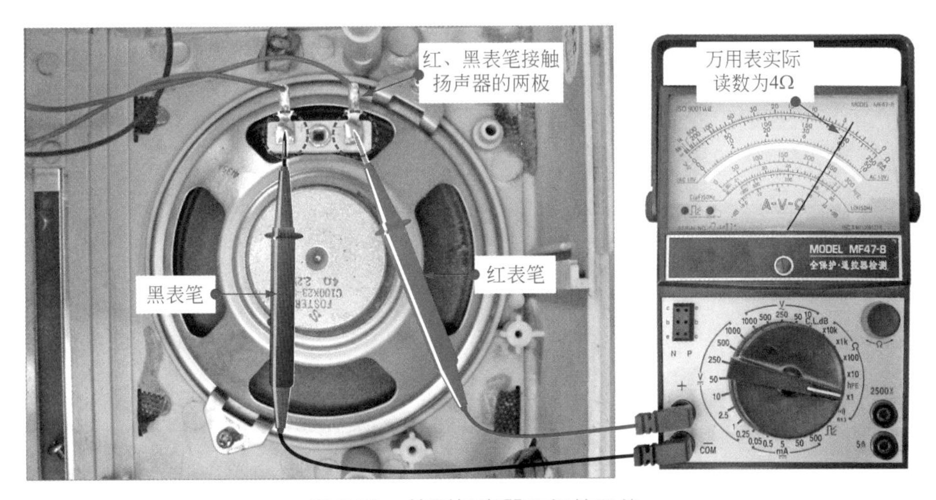

图 3-29 检测扬声器两极的阻值

将万用表调至 Ω 挡，用红、黑表笔分别接到扬声器的两个电极上（检测时不分正负）正常情况下，测量该扬声器的内阻为 4Ω。

若测量的实际阻值和标称值相差不大，则表明扬声器是正常的；若测得的阻值为零或者无穷大，则说明扬声器已损坏。

提示

在检测时，若扬声器的性能良好，当用万用表的两支表笔接触扬声器的电极时，扬声器会发出“咔咔”的声音。若扬声器损坏，则没有声音发出。

（3）用万用表检测按钮控制电路的性能

按钮控制电路在家用电子产品中经常使用，对于按钮及接口电路的检测常常使用万用表测量阻值的方法。

按钮控制电路见图 3-30。

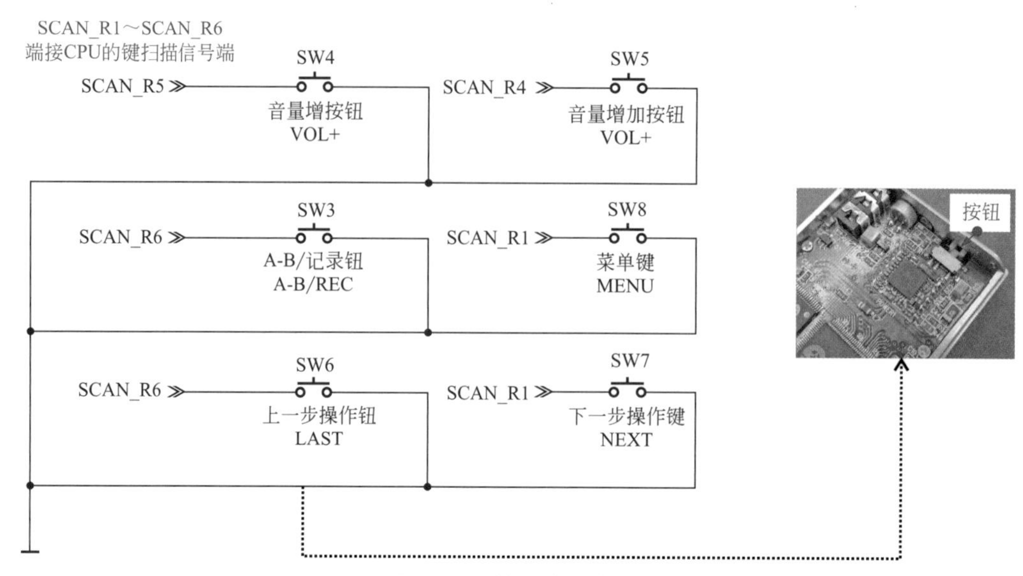

图 3-30　按钮控制电路

这是一个按钮控制电路，使用万用表检测阻值的方法对按钮控制电路中的按钮进行阻值测量，便可实现对按钮控制电路的检测。

待测按钮的实物外形见图 3-31。

图 3-31　待测按钮的实物外形

按钮是按钮控制电路中非常重要的元器件之一。在对按钮控制电路进行调试、检修时，使用万用表对按钮控制电路中的按钮进行检测是非常必要的。通常万用表对按钮控制电路中的按钮的检测，可以分为在路检测和开路检测两种。由于在路检测比较危险，所以选择开路检测按钮的阻值来判断它的好坏。对万用表进行零欧姆校正后，即可对按钮进行检测。

开机状态检测按钮的阻值见图 3-32。

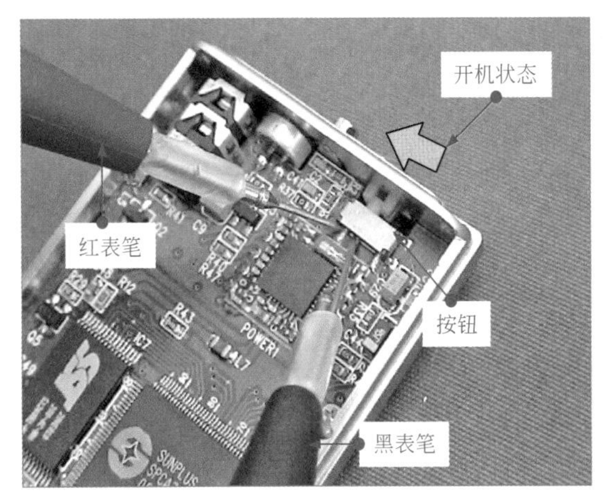

图 3-32 开机状态检测按钮的阻值

将万用表调至 ×100Ω 挡，将两支表笔分别搭在按钮的两端，在开机状态下，检测电源开关的阻值，正常情况下，测得其阻值为 0Ω。

关机状态检测按钮的阻值见图 3-33。

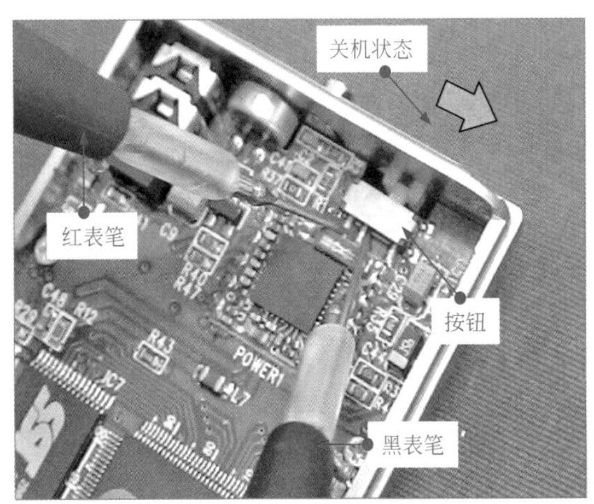

图 3-33 关机状态检测按钮的阻值

将万用表调至 ×100Ω 挡，将两支表笔分别搭在按钮的两端，在关机状态下，检测按钮的阻值，正常情况下，测得其阻值为无穷大。若检测时，在关机状态下和在开机状态下，万用表的指针没有任何变化，则说明该按钮损坏。

（4）用万用表检测接口电路的性能

接口电路在家用电子产品中主要应用于数码影音产品中，图 3-34 为小型音频播放器的 USB 接口电路。该接口电路由电源端、数据端、接地端构成。

使用万用表检测阻值的方法对接口电路中的 USB 接口进行阻值测量，便可实现对接口电路的检测。

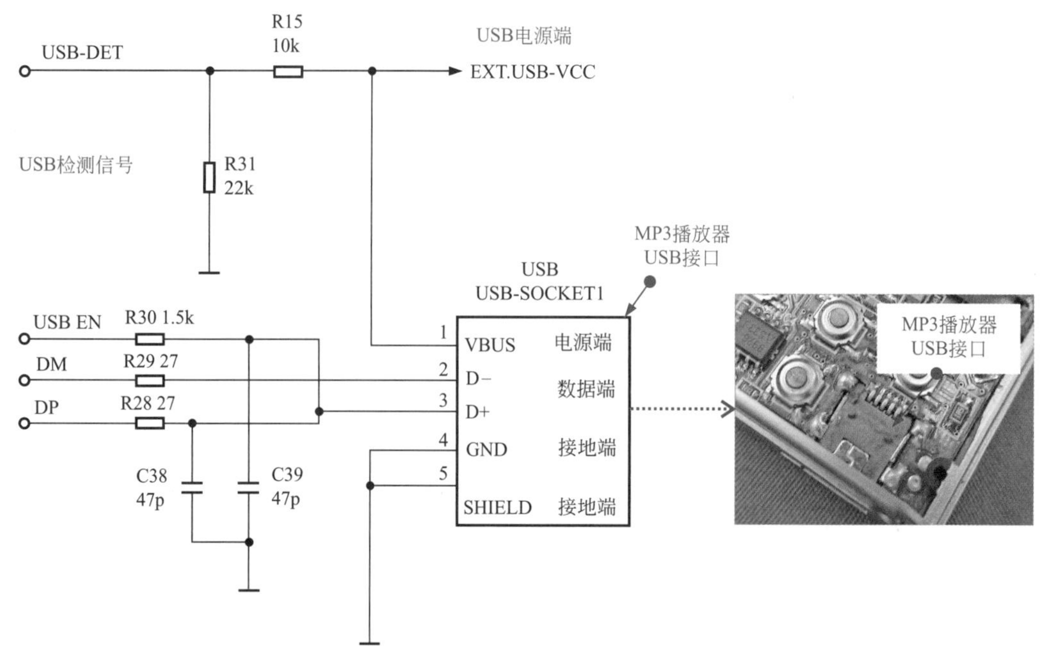

图 3-34 MP3 播放器的 USB 接口电路

待测接口的实物外形见图 3-35。

图 3-35 待测接口的实物外形

USB 接口是 USB 接口电路中非常重要的元器件之一。在对 USB 接口电路进行调试、检修时，使用万用表对 USB 接口电路中的 USB 接口进行检测是非常必要的。通常万用表对 USB 接口电路中的 USB 接口的检测，可以分为在路检测和开路检测两种。由于在路检测比较危险，所以选择开路检测 USB 接口的阻值来判断它的好坏。对万用表进行零欧姆校正后，即可对 USB 接口进行检测。

万用表检测 USB 接口的 1 脚对地阻值见图 3-36。

将万用表调至 ×10kΩ 挡，将黑表笔接地，红表笔接 1 脚，正常情况下，测得 1 脚的对地阻值为 95kΩ。

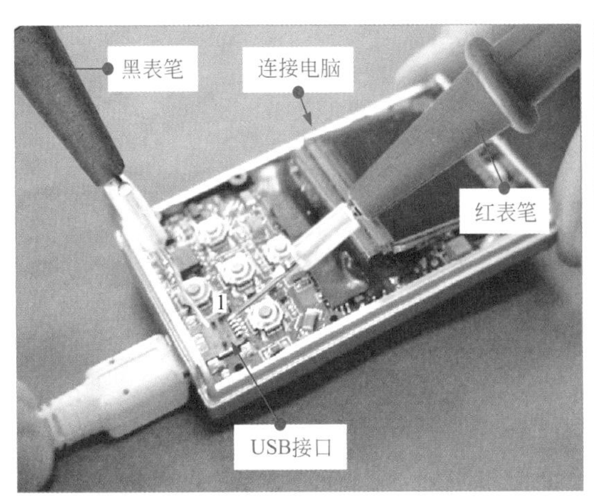

图 3-36 万用表检测 USB 接口的 1 脚对地阻值

万用表检测 USB 接口的 2 脚和 3 脚对地阻值（这里以 2 脚为例）见图 3-37。

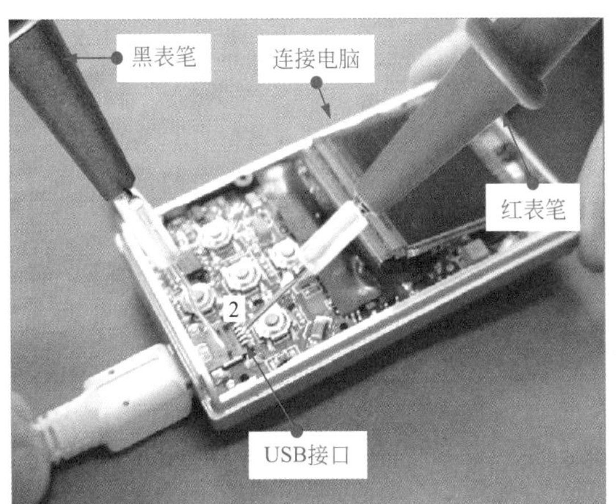

图 3-37 万用表检测 USB 接口的 2 脚和 3 脚对地阻值（以 2 脚为例）

将万用表调至 ×1kΩ 挡，将黑表笔接地，红表笔接 2 脚，正常情况下，测得 2 脚的对地阻值为 4.5kΩ，3 脚对地阻值为 4.5kΩ。

3.2 万用表检测电压的技能

电压测量功能是万用表重要的功能之一。使用万用表检测电压主要是指测量电路中的电源供电电压或电路负载上的电压。

3.2.1 万用表检测电压的方法

万用表检测电压主要包括检测直流电压和检测交流电压两方面内容。

（1）万用表检测直流电压的方法

在电子产品生产、调试、检修中，对相关电路进行直流电压的测量是经常应用到的检测技能。

万用表测量直流电压的原理见图 3-38。

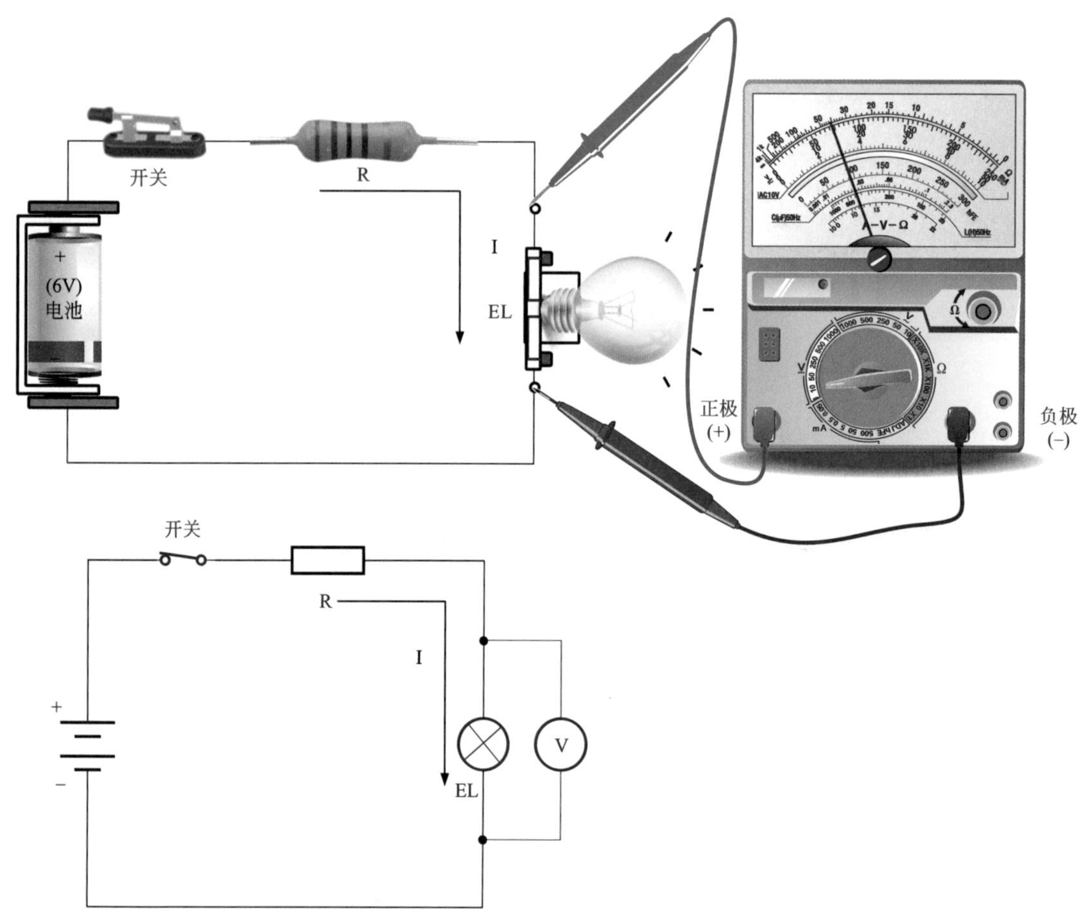

图 3-38　万用表测量直流电压的原理

万用表接入电路检测直流电压实际上就是将万用表与被测电路部分并联。电流流过负载时会产生电压降。这样，并联的万用表便可将检测到的电压值显示出来。当万用表调至直流电压检测挡位时，由于万用表内的电阻较大，因此不会影响被测电路的工作状态。

① 指针式万用表检测直流电压的方法　使用指针式万用表测量直流电压时，首先要根据实际电路选择合适的直流电压测量量程，然后再将检测表笔接入电路进行实际测量。

指针式万用表测量直流电压的操作见图 3-39。

将指针式万用表的红表笔接电源（或负载）的正极，黑表笔接电源（或负载）的负极，即可通过指针指示出当前测量的直流电压值。

在使用指针式万用表测量直流电压时，一定要注意检测表笔的接入极性，若表笔接反，指针式万用表表针会反向摆动，出现这种情况要马上调整或停止检测，否则情况严重时指针式万用表的指针会因摆动过大而损坏。

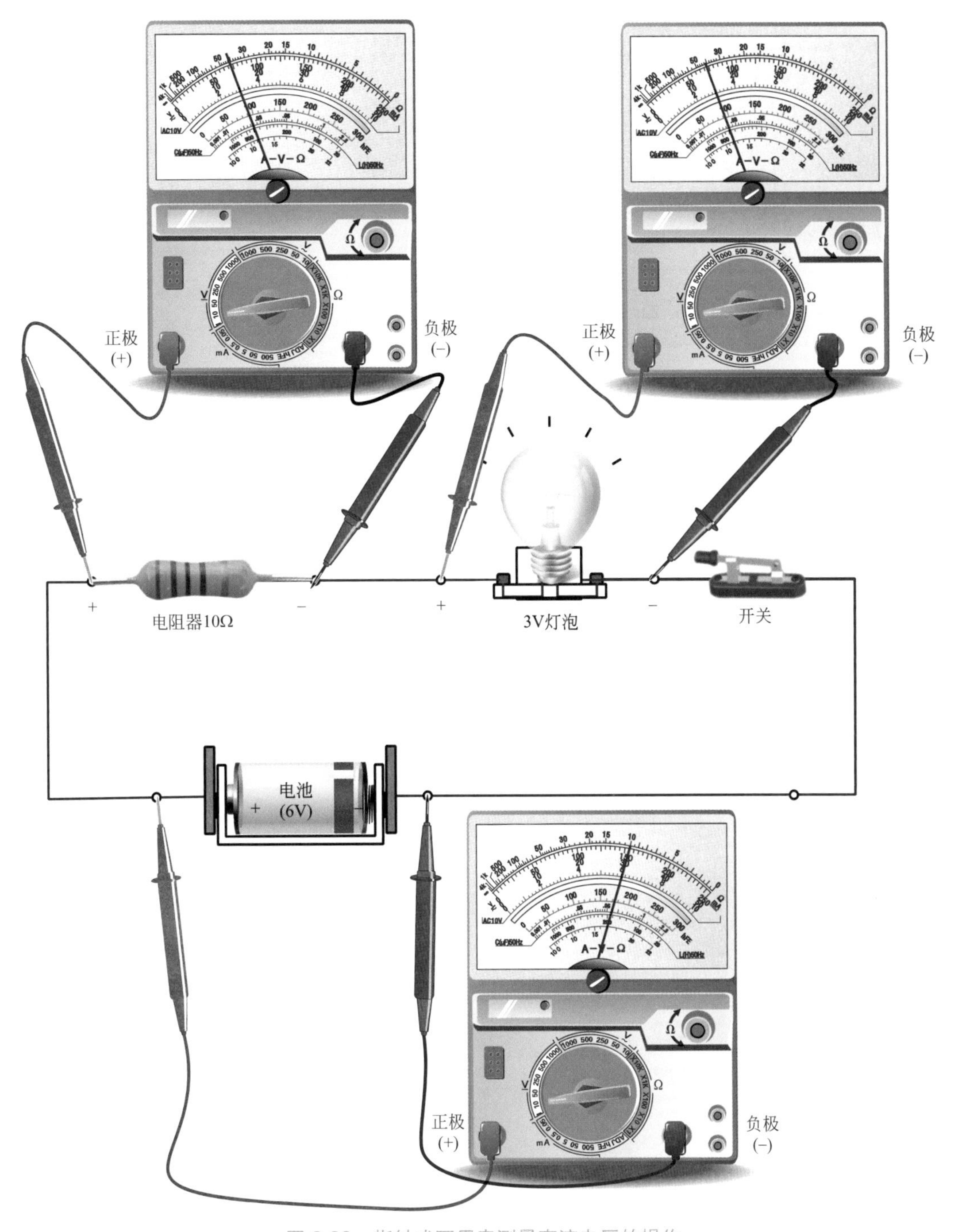

图 3-39 指针式万用表测量直流电压的操作

指针式万用表对实际电路中直流电压的检测操作见图 3-40。

这是一个简单的电源电路，220V 交流电经过变压、整流、滤波后输出 +12V 直流电压。用指针式万用表检测 +12V 直流输出时，可将指针式万用表的红表笔接电容 C_1 的正极，将黑表笔接 C_1 的负极，这样就可测到当前直流电压的准确值。

使用指针式万用表测量到直流电压值后，还需要通过指针指示完成对直流电压值的识读。

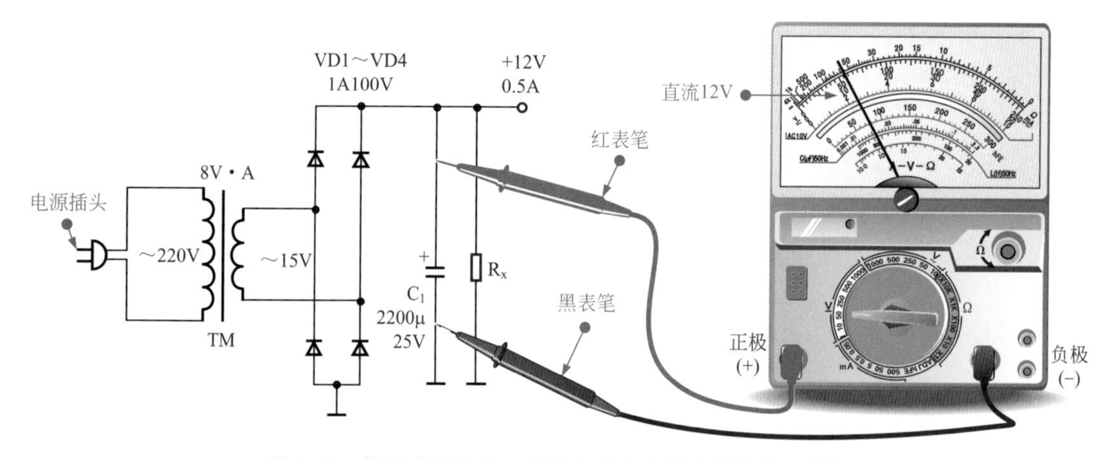

图 3-40　指针式万用表对实际电路中直流电压的检测操作

使用 25V 直流电压挡测量的直流电压值结果见图 3-41。

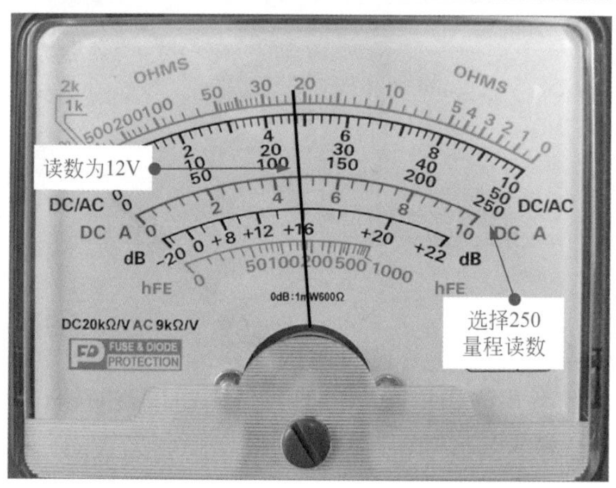

图 3-41　使用 25V 直流电压挡测量的直流电压值结果

指针式万用表的量程调整在 25V 直流电压挡位，在指针式万用表表盘上找到 DC/AC 刻度线根据量程设置情况确定是应选择“0 ～ 250”刻度值进行识读。

当前指针式万用表指针指示在 120 刻度值上，经换算，识读出当前实际检测到的值应为 12V。

提示

“0 ~ 250”刻度值对应“0 ~ 25V”量程，相当于刻度值指示与实际测量结果的比例为 10 ：1，即指示刻度值为 10，对应的实际测量结果为 1V。

使用 50V 直流电压挡测量的直流电压值结果见图 3-42。

指针式万用表的量程调整在 50V 直流电压挡位，在指针式万用表表盘上找到 DC/AC 刻度线根据量程设置情况确定是应选择“0 ～ 50”刻度值进行识读。

当前指针式万用表指针指示在 12 刻度值上，经换算，识读出当前实际检测到的值应为 12V。

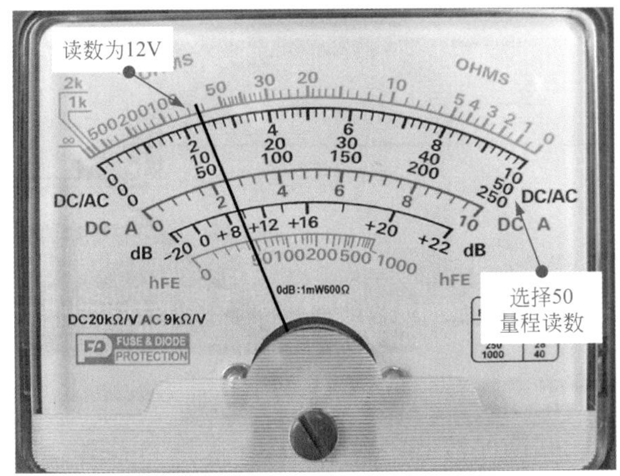

图 3-42　使用 50V 直流电压挡测量的直流电压值结果

提示

指针式万用表检测直流电压的注意事项：

识别正、负极性测量电压时，应将指针式万用表并联在被测电路的两端，并且要重点注意正、负极性。如果预先不知道被测电压的极性，也应该先将指针式万用表的功能旋钮拨到高压挡进行测试，防止因严重过载而将指针打弯。

② 数字式万用表检测直流电压的方法　数字式万用表检测直流电压的方法与指针式万用表基本类似，在测量前首先要根据实际电路选择调整合适的量程，然后再将检测表笔接入电路进行实际测量。

数字式万用表测量直流电压的操作见图 3-43。

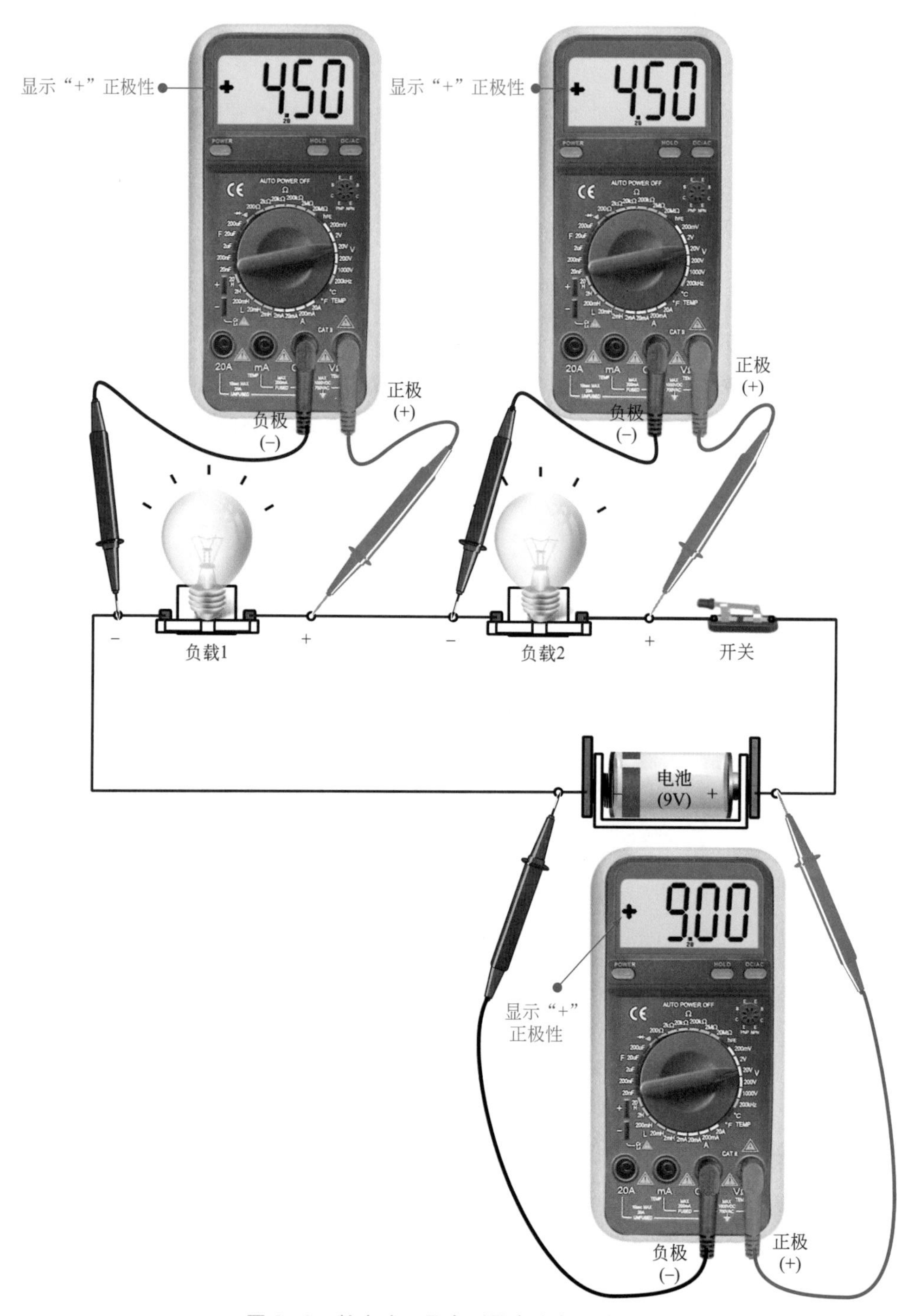

图 3-43　数字式万用表测量直流电压的操作

将数字式万用表的红表笔接电源（或负载）的正极，数字式万用表的黑表笔接电源（或负载）的负极，即可通过液晶显示屏显示出当前测量的直流电压值。

在使用数字式万用表测量直流电压时，若将万用表的红表笔接电源或负载的正极，万用表的黑表笔接电源或负载的负极，万用表的数字显示为正；如果将万用表的正极（红表笔）接了电源或负载的负极，将负极（黑表笔）接了电源或负载的正极，则万用表的数字显示为负。

数字式万用表对实际电路中直流电压的检测操作见图3-44。

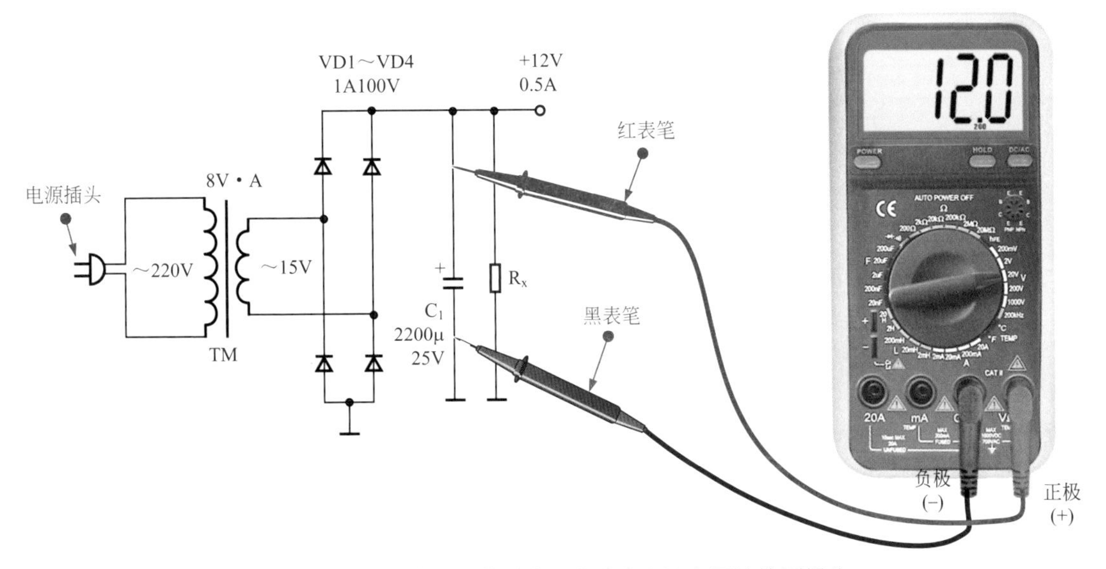

图3-44 数字式万用表对实际电路中直流电压的检测操作

这是一个简单的电源电路，220V交流电经过变压、整流、滤波后输出+12V直流电压。用数字式万用表检测+12V直流输出时，可将数字式万用表的红表笔接电容C_1的正极，将黑表笔接C_1的负极，这样就可测到当前直流电压的准确值。

数字式万用表检测直流电压时不像指针式万用表对表笔的极性有严格的要求。

数字式万用表选用直流电压挡位时液晶显示屏见图3-45。

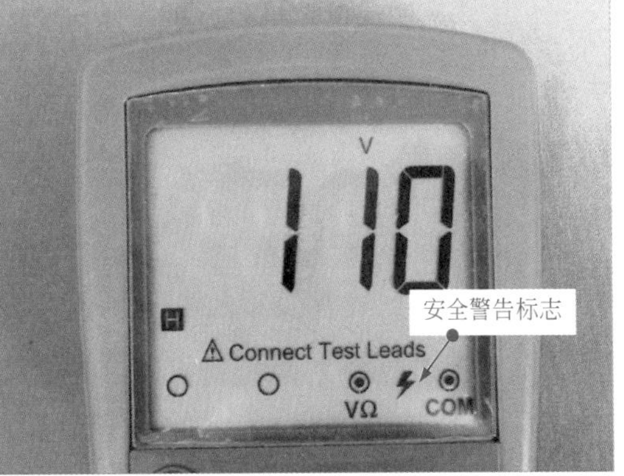

图3-45 数字式万用表选用直流电压挡位时的液晶显示屏

（2）万用表检测交流电压的方法

用万用表检测交流电压的方法与检测直流电压的方法基本相同，区别是表笔连接到被测电路时，不用再区分正负极，即万用表的红黑表笔可以随意连到电路中测量。

① 指针式万用表检测交流电压的方法　指针式万用表对实际电路中交流电压的检测操作见图 3-46。

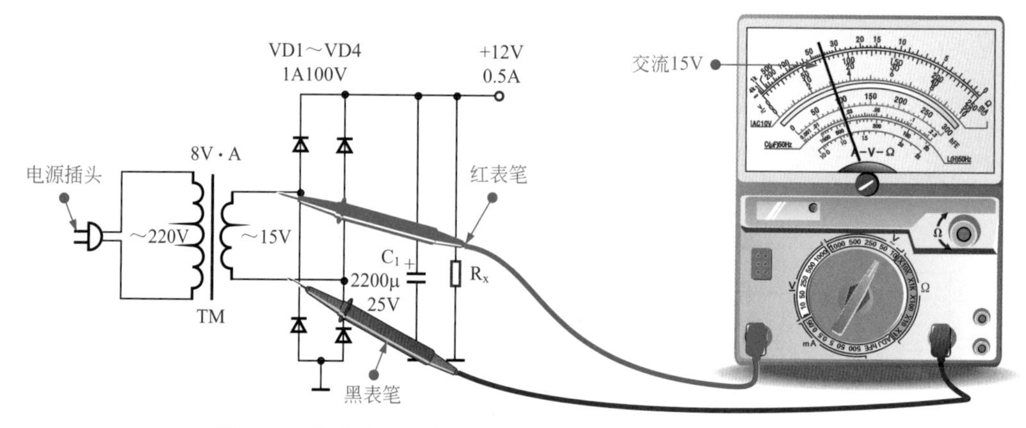

图 3-46　指针式万用表测量变压器输出 15V 交流电压的操作

提示

这是一个简单的电源电路，交流 220V 经过变压后输出交流 15V 电压。用指针式万用表检测 15V 交流输出时，可将指针式万用表的两支表笔搭在变压器次级绕组的输出端。这样就可以测到交流电压的准确值。

使用指针式万用表测量到交流电压值后，还需要通过指针指示完成对交流电压值的识读。

使用 250V 交流电压挡测量的交流电压值结果见图 3-47。

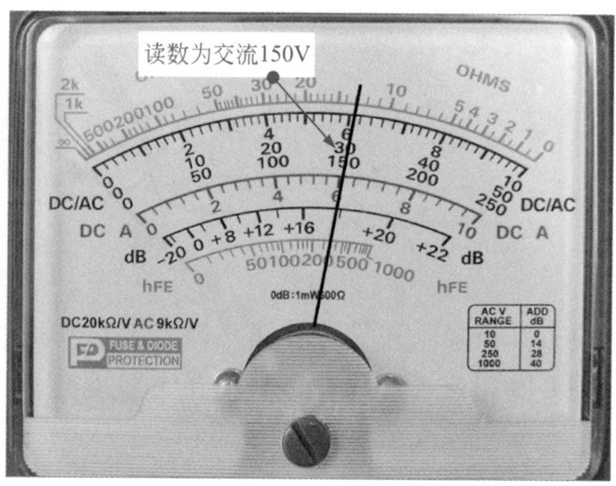

图 3-47　使用 250V 交流电压挡测量的交流电压值

指针式万用表的量程调整在 250V 交流电压挡位，在指针式万用表表盘上找到 DC/AC 刻度线根据量程设置情况确定是应选择“0 ～ 250”刻度值进行识读。

当前指针式万用表指针指示在150刻度值上，经换算，识读出当前实际检测到的值应为150V。

提示

“0～250”刻度值对应“0～250V”量程，相当于刻度值指示与实际测量结果的比例为1：1，即指示刻度值为10，对应的实际测量结果为10V。

使用50V交流电压挡测量的交流电压值结果见图3-48。

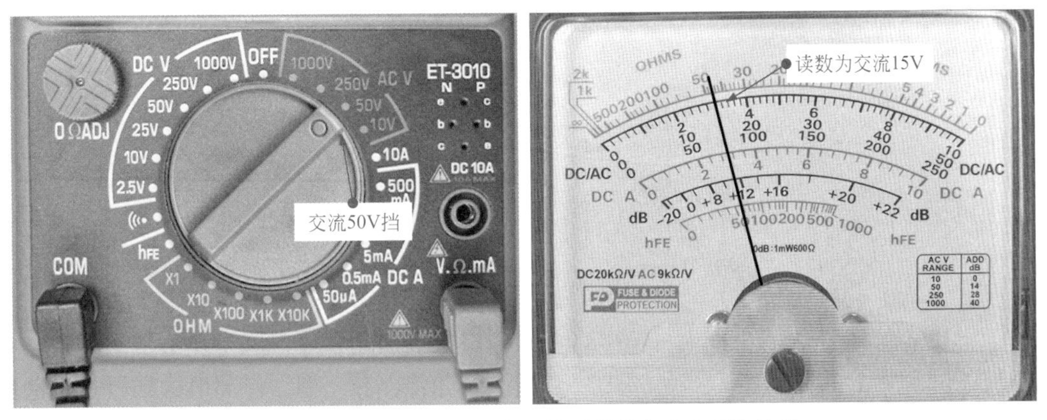

图3-48　使用50V交流电压挡测量的交流电压值结果

指针式万用表的量程调整在50V交流电压挡位，在指针式万用表表盘上找到DC/AC刻度线根据量程设置情况确定是应选择“0～50”刻度值进行识读。

当前指针式万用表指针指示在15刻度值上，经换算，识读出当前实际检测到的值应为15V。

② 数字式万用表检测交流电压的方法　使用数字式万用表测量交流电压时，首先要根据实际电路选择合适的交流电压测量量程，然后再将检测表笔接入电路进行实际测量。

数字式万用表测量交流电压的操作方法见图3-49。

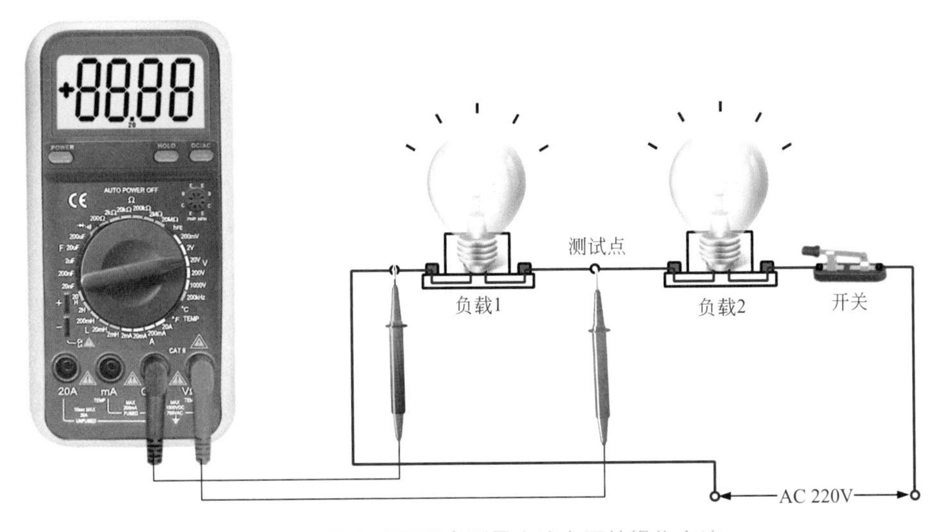

图3-49　数字式万用表测量交流电压的操作方法

使用数字式万用表检测交流电压与检测直流电压的方法基本相同，只是测量时，不分正负极。

万用表接入电路检测交流电压实际上就是将万用表与被测电路部分并联。

电流经过灯泡（负载）时会产生电压降。这样，并联的万用表便可将检测到的交流电压值显示出来。由于万用表内的电阻较大，因此不会影响被测电路的工作状态。

数字式万用表检测交流电压的方法和步骤与指针式万用表相同。

数字式万用表对实际电路中交流电压的检测操作见图 3-50。

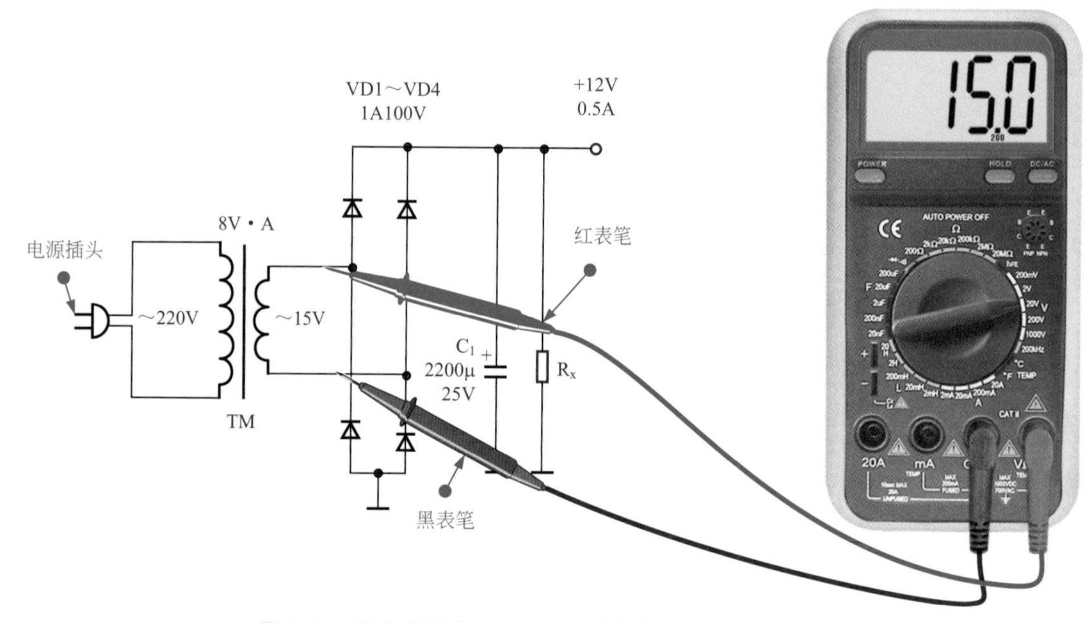

图 3-50 数字式万用表对实际电路中交流电压的检测操作

这是一个简单的电源电路，交流 220V 经过变压后输出交流 15V 电压。用数字式万用表检测 15V 交流输出时，可将数字式万用表的两支表笔搭在变压器次级绕组的输出端，这样就可以测到交流电压的准确值。

数字式万用表交流电压挡位见图 3-51。

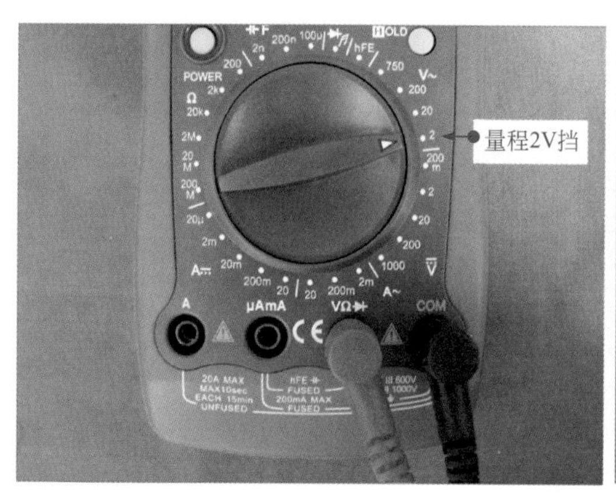

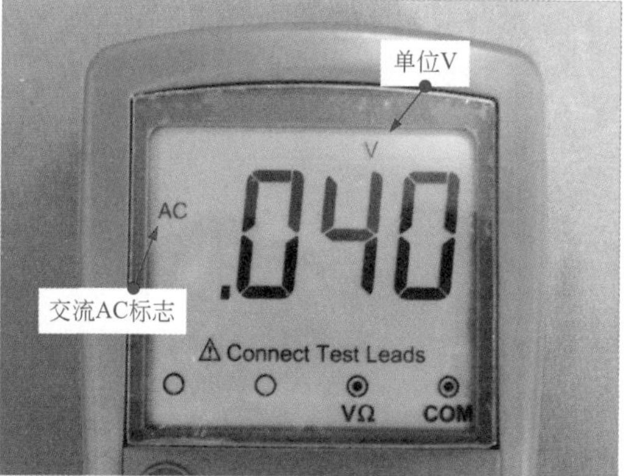

图 3-51 数字式万用表交流电压挡位

被测交流电压值小于 2V 时，应选择 2V 挡的量程，液晶显示屏左侧将显示交流 AC 标志，上方显示单位 V，被测值精确到小数点后三位，如图 3-51 所示，为 0.040V。测量交流电压值时应使用插孔 VΩ 和 COM。

提示

万用表检测交流电压的注意事项：

① 隔直电容的使用：当被测交流电压上叠加有直流电压时，交、直流电压之和不得超过量程选择开关的耐压值。必要时可在输入端串接 0.1μF/450V 的隔直电容。

② 功能旋钮不能随意选择：严禁在测量较高电压（如交流 220V）或较大电流（如 0.5A 以上）时拨动量程选择开关，以免产生电弧，烧坏万用表内开关的触点。

③ 检测时的安全事项：当被测电压高于 100V 时就要注意安全，应当养成单手操作的习惯，可以预先把一支表笔固定在被测电路的公共地端，再拿另一支表笔去碰触测试点，这样可以避免看读数时因不小心而触电。

3.2.2 万用表检测电压的应用

万用表检测电压的方法，在电子产品设计、调试和检修中应用十分广泛，尤其是在电子产品检修时，使用万用表对相关电路或部件供电电压和输出电压进行测量，能够迅速地确定故障。下面结合具体实例，了解一下电压检测方法的实际应用。

（1）万用表检测供电电路性能

使用万用表检测供电电路的性能，是家用电子产品检测中常用的操作技能。对于供电电路性能的检测，先要确定电路是否处于正常的工作条件，再对电路的输出电压进行检测，即可发现供电电路性能是否良好。这种方法在家用电子产品调试和检修中十分常用。

通常，家用电子产品中的供电电路都是将交流 220V 的电压经过整流滤波后输出一组或多组直流电压，为家用电子产品中的其他电路或部件提供工作电压，使家用产品达到工作条件。

电压检测法判别供电电路的实例见图 3-52。

这是机顶盒中的开关电源电路，通过万用表检测机顶盒开关电源电路性能时：

a. 用万用表在供电输入端，检测机顶盒开关电源电路交流 220V 输入电压。

b. 用万用表在直流电压输入端，检测机顶盒开关电源电路直流 300V 供电电压。

c. 用万用表在直流电压输出端，检测机顶盒开关电源电路 3.3V、18V 的直流输出电压。

① 万用表检测机顶盒开关电源电路交流 220V 输入电压　接上电源，按下电源启动开关，在电源电路板的输入端应有交流 220V 输入电压，如无电压应查电源开关、电源插头和引线。

万用表检测典型接收机顶盒开关电源电路交流 220V 输入电压见图 3-53。

将万用表调整至交流 250V 挡后，将红黑表笔与交流输入插件的检测部位连接，观察万用表指针指示变化，若万用表指示交流 220V，则表明接收机顶盒交流输入电路正常。

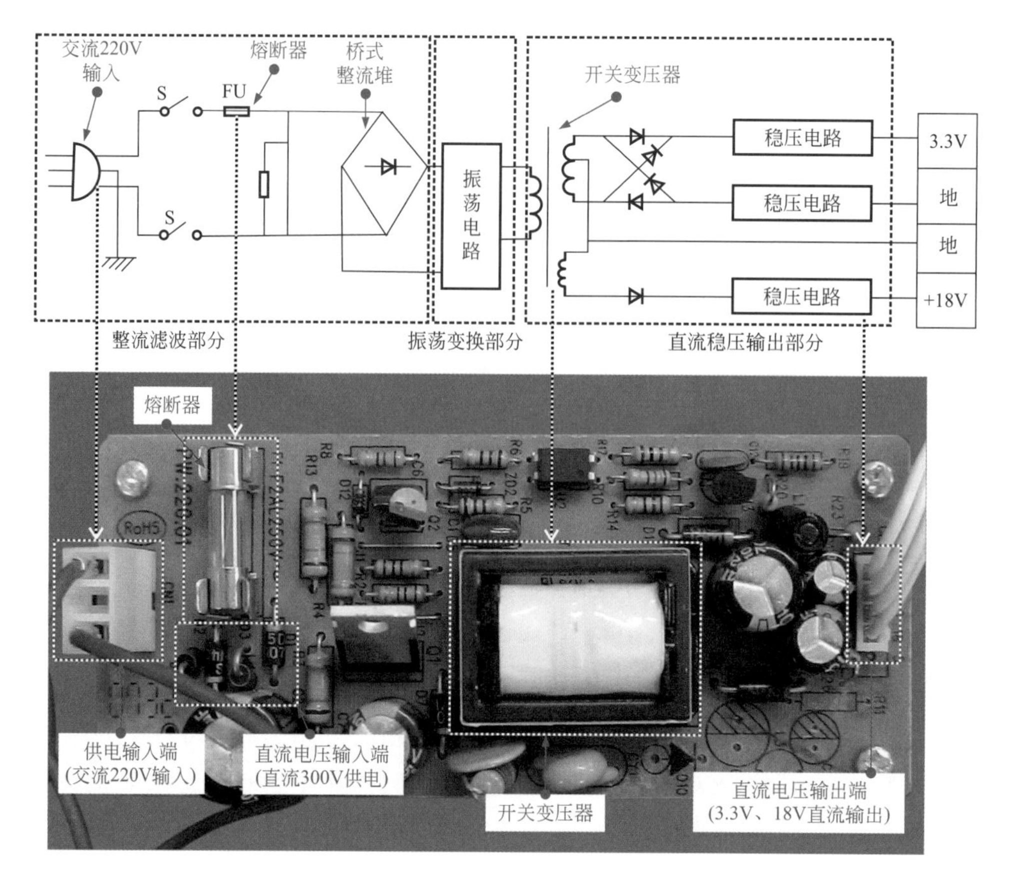

图 3-52 典型接收机顶盒开关电源电路

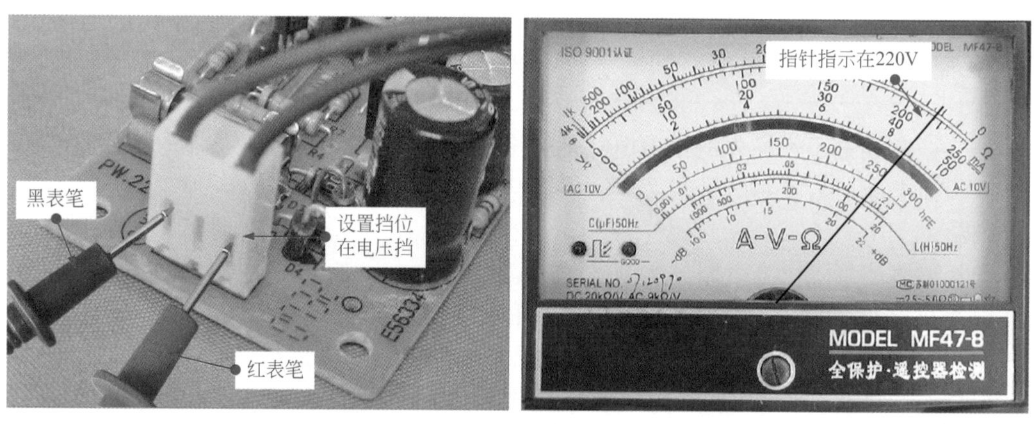

图 3-53 检测交流 220V 输入电压的操作演示

提示

检测时，在带电状态下不要用手触摸表笔及被测部分，以免触电。

② 万用表检测机顶盒开关电源电路直流 300V 供电电压 当有 +220V 的交流输入时，可以进一步检测桥式整流堆的直流输出电压。

桥式整流堆的引脚标识见图 3-54。

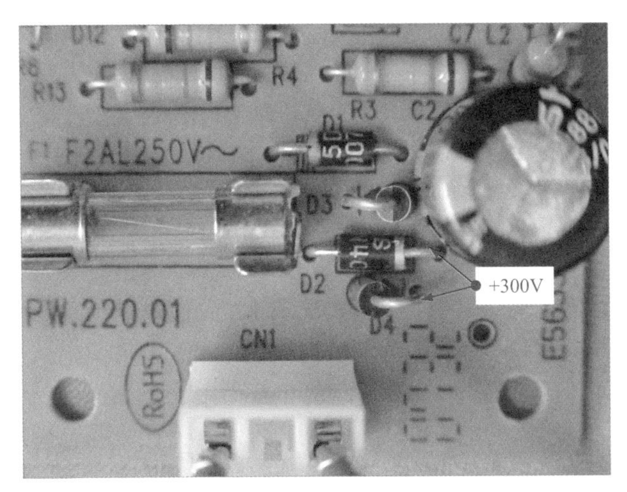

图 3-54 桥式整流堆的引脚标识

万用表检测机顶盒开关电源电路直流 300V 供电电压见图 3-55。

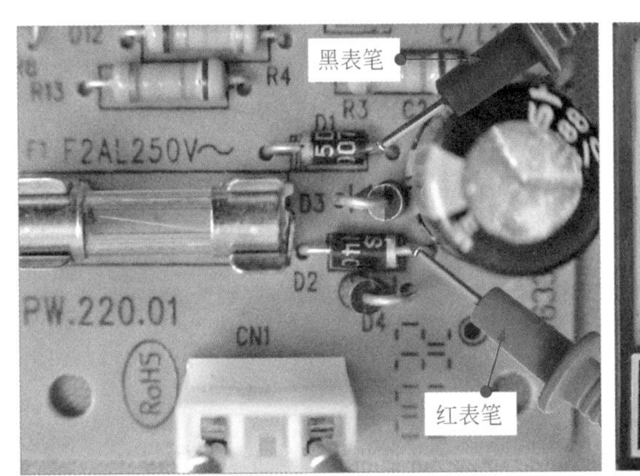

图 3-55 检测桥式整流堆 +300V 电压输出的操作演示

将万用表调整至直流 500V 挡后，用黑表笔接热地，红表笔接桥式整流电路输出，其值为 +300 多伏（准确的值应为交流输入电压的$\sqrt{2}$倍，即 220× $\sqrt{2}$ ≈311.08V）。

提示

电子产品电源电路部分有冷、热地范围区分，一般开关变压器初级绕组及其前级电路部分为热地范围，开关变压器次级绕组及其后级电路部分为冷地范围。

注意在检测时，机顶盒开关电源电路的热地有可能连接交流火线，切不可用手触摸交流输入电路的裸露部分。

③ 万用表检测机顶盒开关电源电路次级直流输出电压　直流输出电压的检测点见图 3-56。

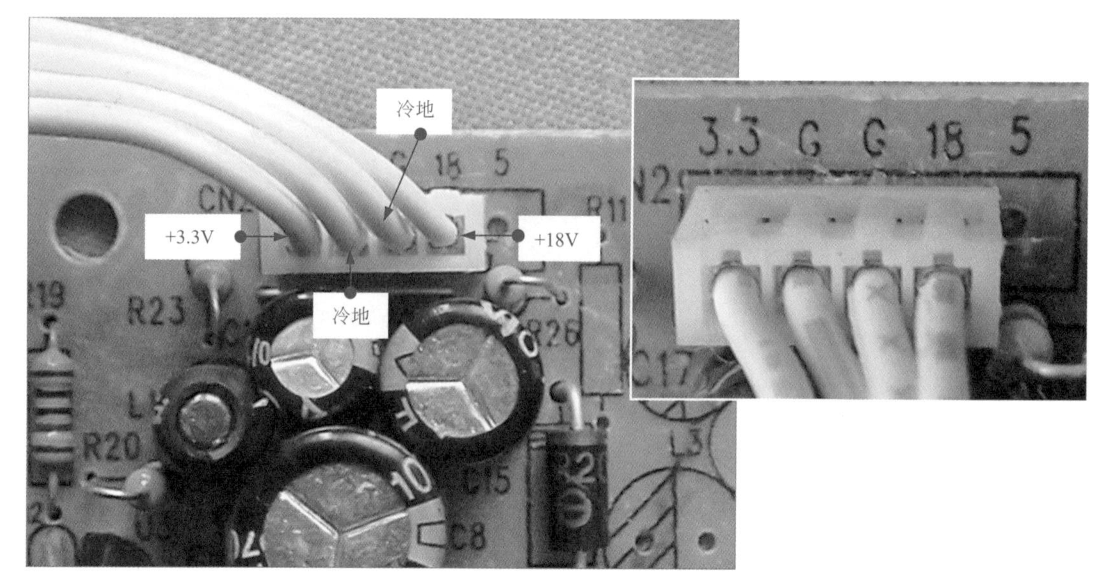

图 3-56 直流输出电压的检测点

电源电路板的直流电压输出插座有四个引脚，左右两侧的引脚的正常输出电压分别为 +3.3V 和 +18V，中间两引脚为接地端。

使用万用表对机顶盒电源电路的两路直流输出电压进行测量。

首先，检测机顶盒电源电路输出的 +3.3V 直流电压。

机顶盒电源电路输出的 +3.3V 直流电压的测量操作见图 3-57。

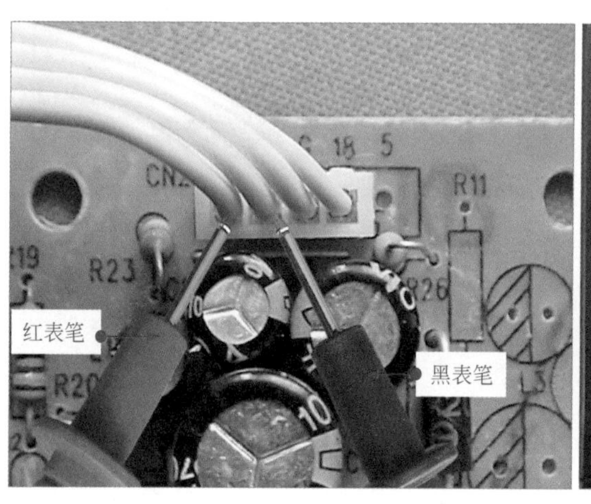

图 3-57 机顶盒电源电路输出的 +3.3V 直流电压的测量操作

调整万用表的量程至 10V 挡后，将万用表黑表笔接地（冷地），红表笔接最左侧引线，观察万用表读数，正常时应测得 3.3V 直流电压。

机顶盒电源电路输出的 +18V 直流电压的测量操作见图 3-58。

调整万用表的量程至 50V 挡后，将万用表黑表笔接地（冷地），红表笔接最右侧引线，观察万用表读数，正常时测得 18V 直流电压。

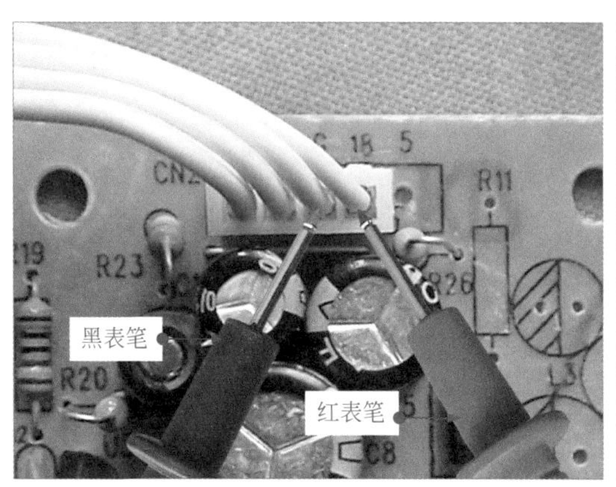

图 3-58　机顶盒电源电路输出的 +18V 直流电压的测量操作

提示

如果接收机出现有时工作不正常的故障，可根据具体故障现象进行检测。接收机有时工作不正常，有时工作正常，说明交流 220V 输入电路与直流 300V 整流电路没有故障，那么故障很有可能是直流输出电压不稳引起的。

检测输出电压的 +3.3V 与 +18V 电压，如果检测结果存在偏差，则说明直流输出电路有故障。

（2）万用表检测电源适配器性能

使用万用表检测电池的性能，是电子产品检测中常用的操作技能，尤其是在对电池性能进行检测时，常常先要对电子产品供电状态进行检测，测其是否含有输出电压。

电源适配器是将交流 220V 电源经变压和整流或开关稳压电路变成直流电源的设备，其中常见多为各种电气设备的电源适配器，它将交流 220V 电压转换为供电子产品工作的直流电压。

待测电源适配器实物外形见图 3-59。

图 3-59　待测电源适配器实物外形

由图 3-59 可知，该电源适配器输入端为 100 ～ 240V（交流），1.0 ～ 0.5A，50 ～ 60Hz；输出端为 16V（直流），4.5A。

首先根据其铭牌标识了解其具体参数，得知其输出端电压值标识为 16V，设置万用表的量程为直流 20V 挡，并将万用表红表笔接电源适配器输出端的正极（内芯），黑表笔接负极。

用万用表检测电源适配器的输出电压见图 3-60。

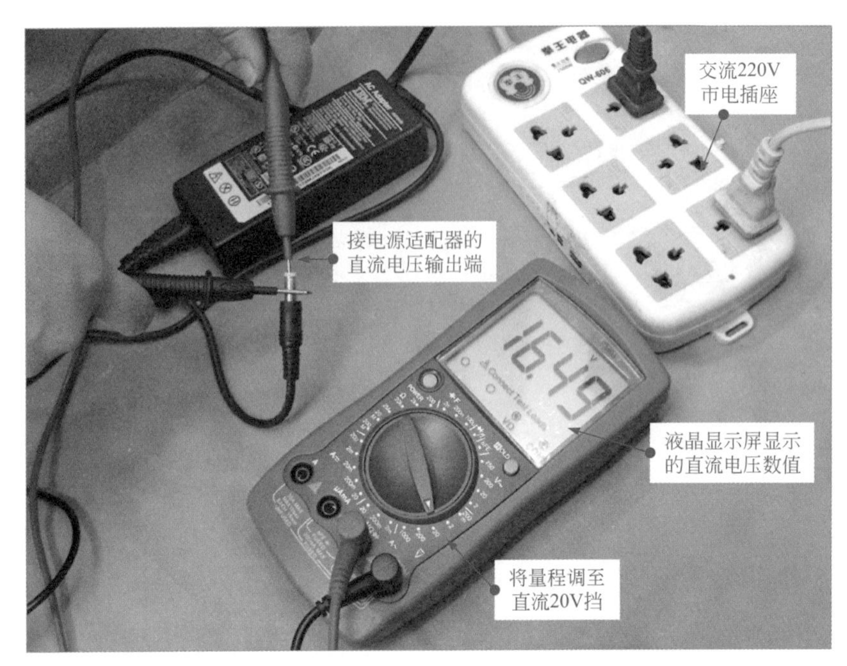

图 3-60　用万用表检测电源适配器的输出电压

正常情况下，万用表实测电源适配器输出端电压值为 16.49V，与标识值 16V 相差不大；若测得电源适配器输出端电压值为 0V，则说明该电源适配器损坏。

（3）万用表检测电池充电器性能

使用万用表检测电池充电器的性能，是电子产品检测中常用的操作技能，尤其是在对电池充电器进行检修时，常常先要对电子产品供电状态进行检修，确定其是否含有输出电压。

电池充电器是将交流 220V 电源经变压和整流或开关稳压电路变成直流电源的设备。电池充电器在各个领域用途广泛，特别是在生活领域被广泛用于手机、相机等常见电器的充电。在以蓄电池为工作电源或备用电源的用电场合，充电器具有广泛的应用前景。

待测电池充电器实物外形见图 3-61。

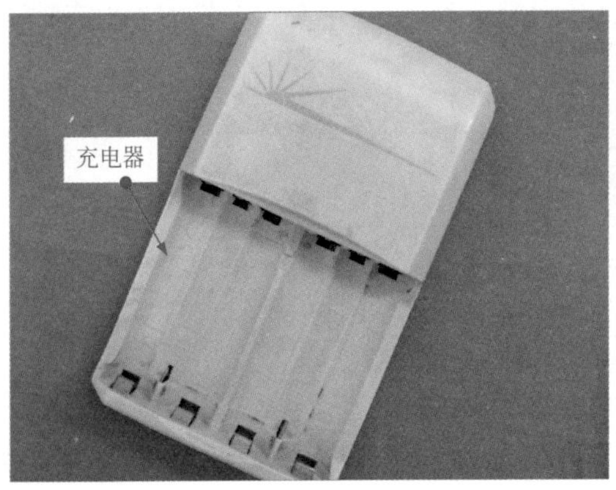

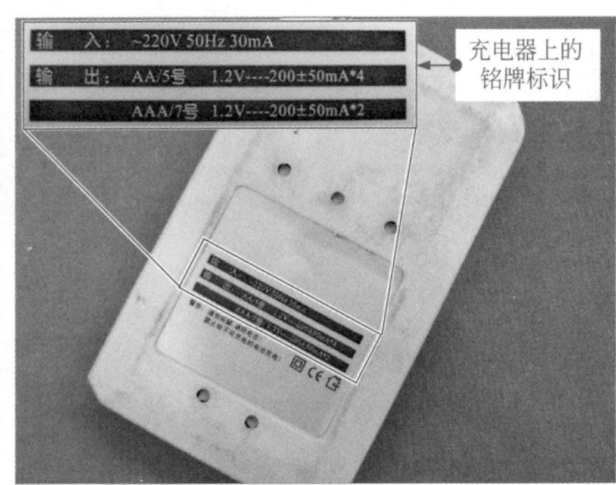

图 3-61　待测电池充电器实物外形

由图3-61可知，该电池充电器输入端为交流220V，50Hz，30mA；输出端为（5号电池）1.2V，(200±50)mA×4/（7号电池）1.2V，(200±50)mA×2。

首先根据其铭牌标识了解其具体参数，得知其输出端电压值标识为1.2V，设置万用表的量程为直流10V挡，并将万用表红表笔接正极，黑表笔接负极。

用万用表检测电池充电器的输出电压见图3-62。

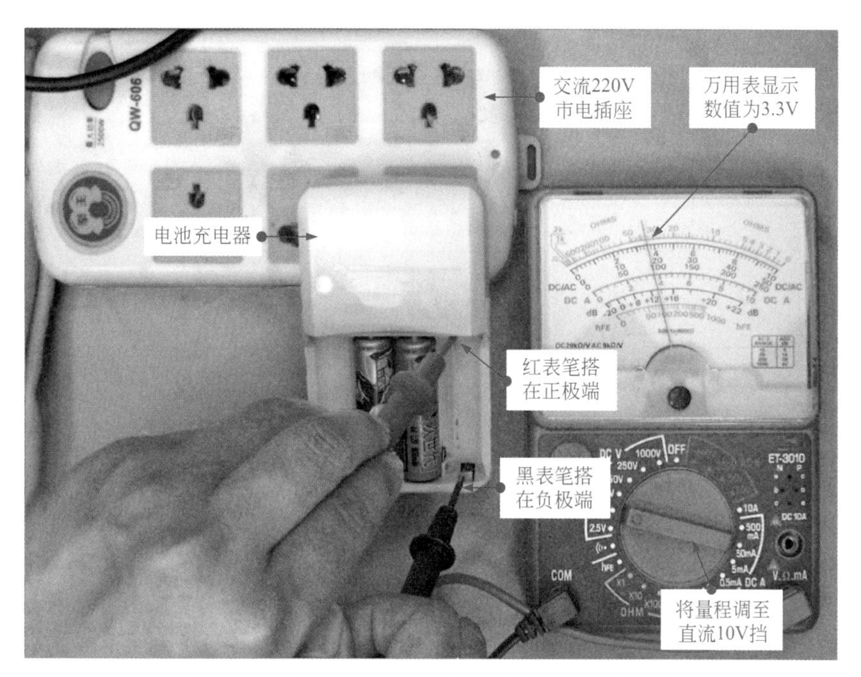

图3-62 用万用表检测电池充电器的输出电压

正常情况下，实测电池充电器空载输出电压为3.3V，一般电池充电器空载输出电压要大于标识电压值。

3.3 万用表检测电流的技能

电流测量功能是万用表重要的功能之一。使用万用表检测电流主要是指测量电路中的交流电流和直流电流。

3.3.1 万用表检测电流的方法

万用表检测电流主要包括检测直流电流和检测交流电流两方面内容。

（1）万用表检测直流电流的方法

在电子产品生产、调试、检修中，使用万用表对相关电路进行直流电流的测量是经常应用到的检测技能。

用万用表测量直流电流的原理见图3-63。

万用表接入电路检测直流电流实际上就是将万用表与被测电路串联。电路中流过负载的电流经万用表后即会被显示出来。当万用表调整在直流电流挡位时，由于万用表本身电阻很小，因此，不会对原电路的工作状态产生影响。

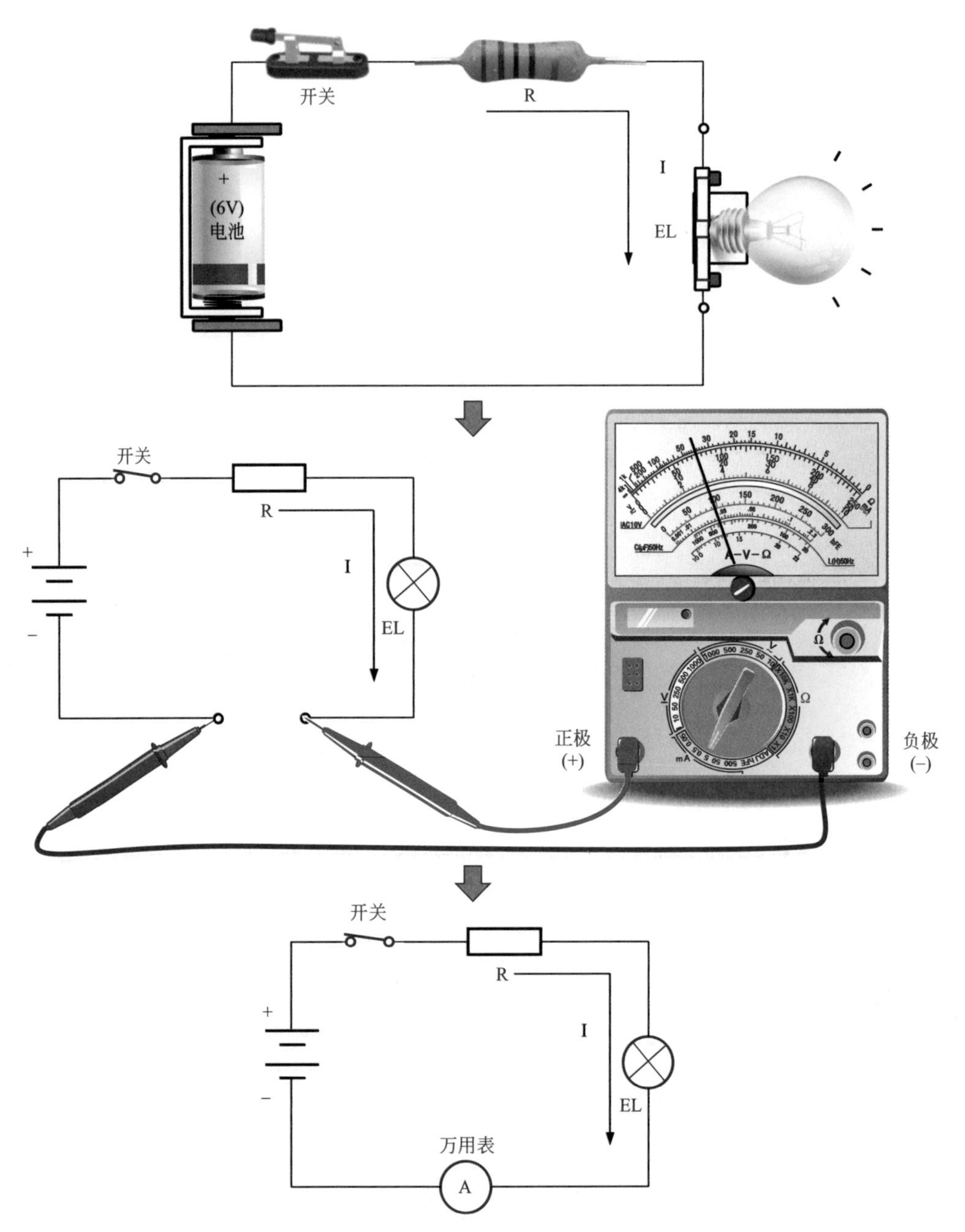

图 3-63　用万用表测量直流电流的原理

① 指针式万用表测量直流电流的方法　指针式万用表测量直流电流的操作见图 3-64。

根据实际电路选择合适的直流电流测量量程，连接万用表时使电流从万用表的正极（红表笔）流入，从万用表的负极（黑表笔）流出，若接反则表针反向摆动，摆动过大会出现表针损坏的情况。如果测量的直流电流大于指针式万用表的最大量程，应使用特殊的输入插口。

下面以测量晶体管集电极电流为例，介绍直流电流的检测步骤。

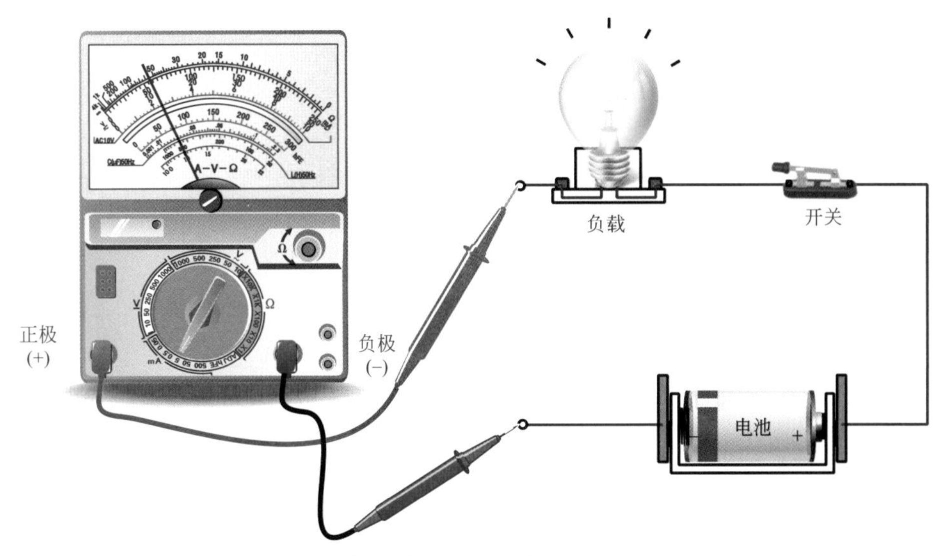

图 3-64 指针式万用表测量直流电流的操作

指针式万用表对实际电路中晶体管集电极电流的检测操作见图 3-65。

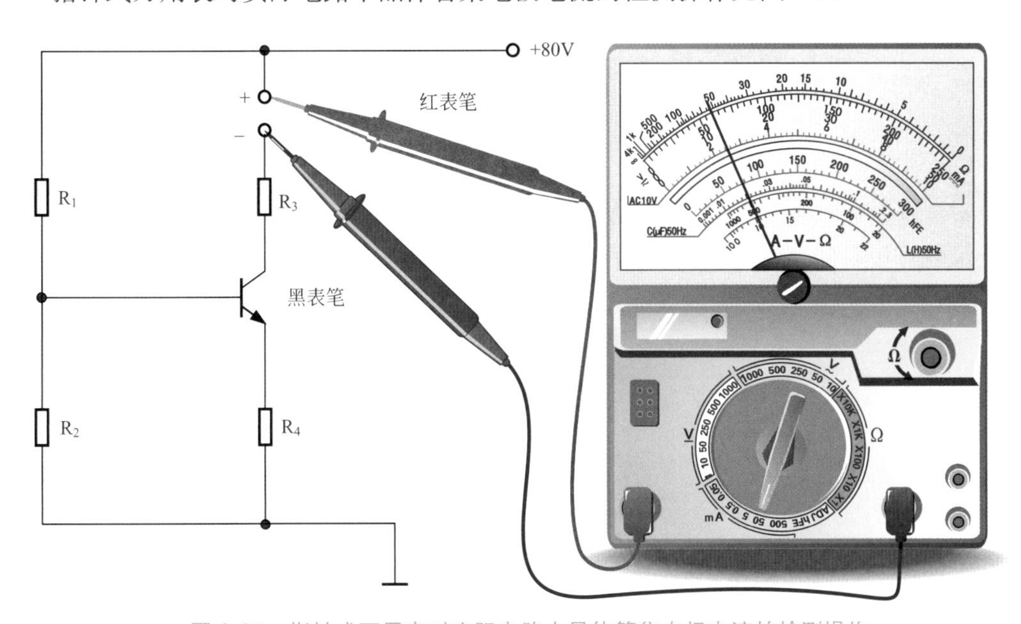

图 3-65 指针式万用表对实际电路中晶体管集电极电流的检测操作

这是一个典型晶体管放大电路，用指针式万用表检测晶体管集电极电流时，将指针式万用表串联接入被测电路部分，这样就可以检测当前直流电流准确值。

提示

检测时若无法估计电流检测的情况，可将万用表直流电流的量程调整至最大，然后根据指针摆动的范围，逐步缩小量程，直至指针式万用表的指针能够停留在表盘的中间区域。

使用指针式万用表测量到直流电流值后，还需要通过指针指示完成对直流电流值的识读。

使用 50μA 直流电流挡测量的直流电流结果见图 3-66。

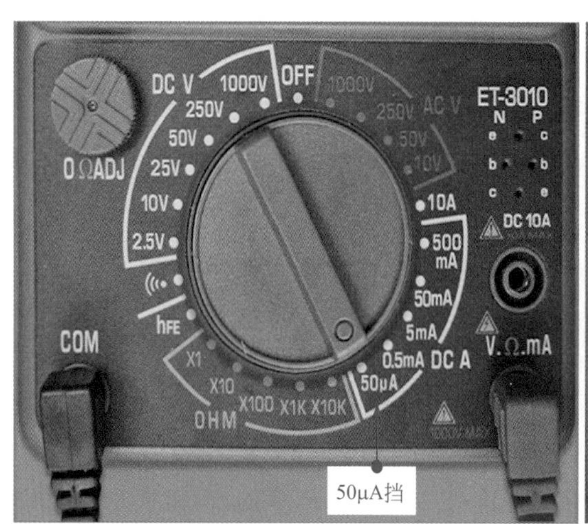

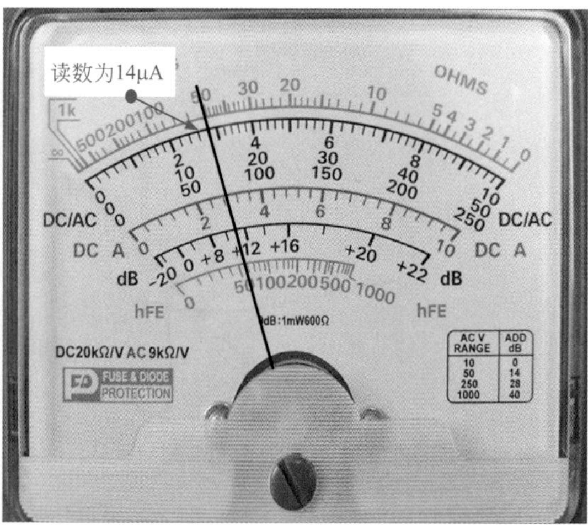

图 3-66 使用 50 μA 直流电流挡测量的直流电流结果

指针式万用表的量程调整在 50μA 直流电流挡位，在指针式万用表表盘上找到 DC A 刻度线根据量程设置情况确定是应选择“0 ～ 10”刻度值（红色刻度线）进行识读。

当前指针式万用表指针指示在该刻度线的第 7 个格上，在当前挡位状态下，经换算该刻度线每格所代表的数值为 2μA/ 格（即 50μA/25 格），识读出当前实际检测到的值应为 7 格 ×2μA/ 格 =14μA。

提示

万用表检测直流电流的注意事项：

① 避开强磁场：万用表的表头是动圈式电流表，表针摆动是由线圈的磁场驱动的，因而测量时要避开强磁场环境，以免造成测量的误差。

② 避免极性接反：在测量电流时，应将万用表串联到被测电路中，同时应重点注意电流的正、负极性。若表笔接反了（指针就会反打，很容易被碰弯），需要改变表笔的极性后重测。

② 数字式万用表测量直流电流　数字式万用表检测直流电流的方法与指针式万用表基本类似，在测量前要首先要根据实际电路选择调整合适的量程，然后再将检测表笔接入电路进行实际测量。

数字式万用表测量直流电流的连接方法见图 3-67。

根据实际电路选择好合适的直流电流测量量程后，将万用表的红表笔插入万用表的电流检测端，黑表笔插入万用表负极插孔，然后将万用表接进电路，使电流从红表笔流入，从万用表的黑表笔流出，此时即可通过液晶显示屏读取出测量的直流电流值。

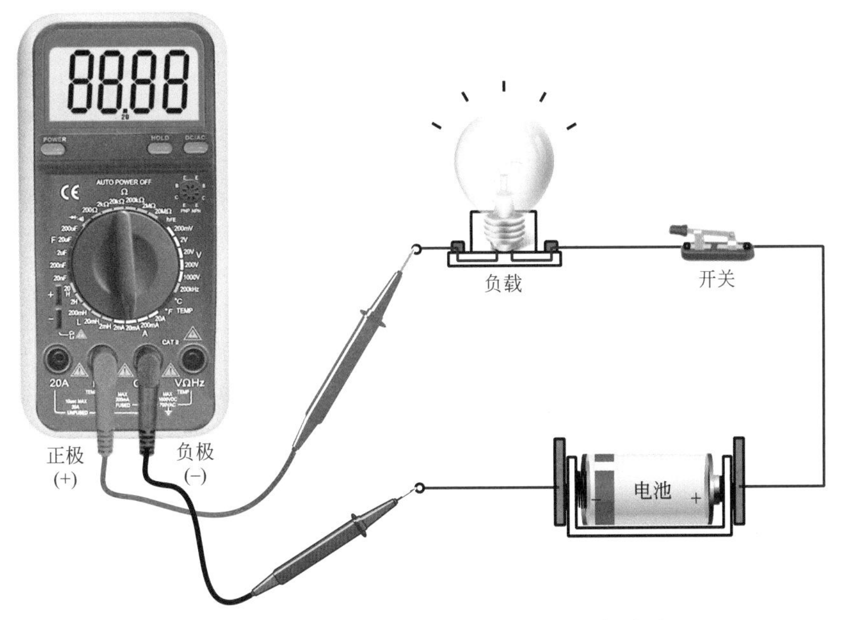

图 3-67　数字式万用表测量直流电流的连接方法

设置数字式万用表的直流电流量程见图 3-68。

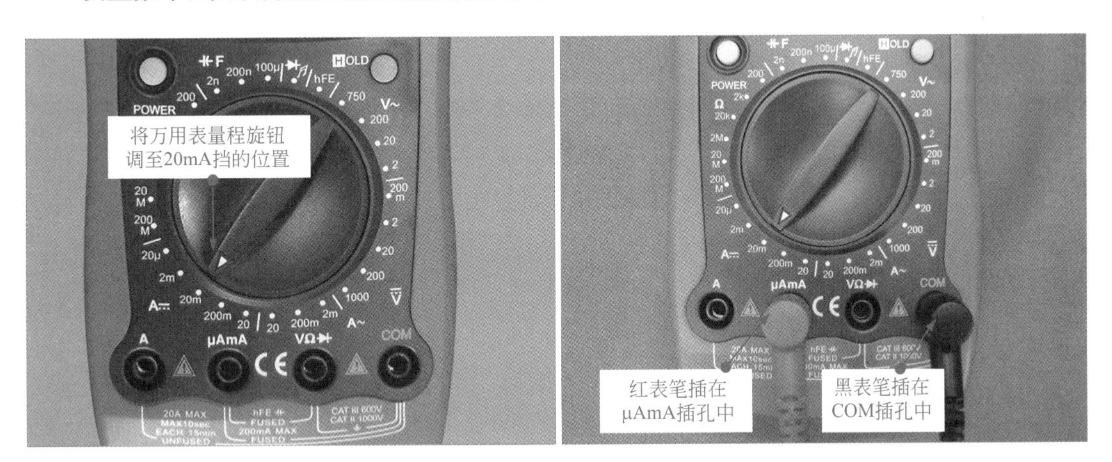

图 3-68　设置数字式万用表的直流电流量程

首先，在使用数字式万用表进行测量之前，要设置万用表的量程，选择 20mA 挡。然后将红表笔插在万用表的 μA mA 端，黑表笔仍然插在万用表 COM 端（接地端）。

用数字式万用表测量晶体管集电极电流见图 3-69。

这是一个典型晶体管放大电路，用数字式万用表检测晶体管集成电路电流时，将数字式万用表串联接入被测电路部分，即将万用表红、黑表笔分别接到需要测量的电路中，待测量电路的上端与万用表的红表笔相连，下端连接万用表的黑表笔，这样就可以检测当前直流电流值。

使用数字式万用表测量到直流电流值后，还需要通过液晶显示屏显示直流电流值，这时从显示屏上看到电流的读数为 12.08mA。

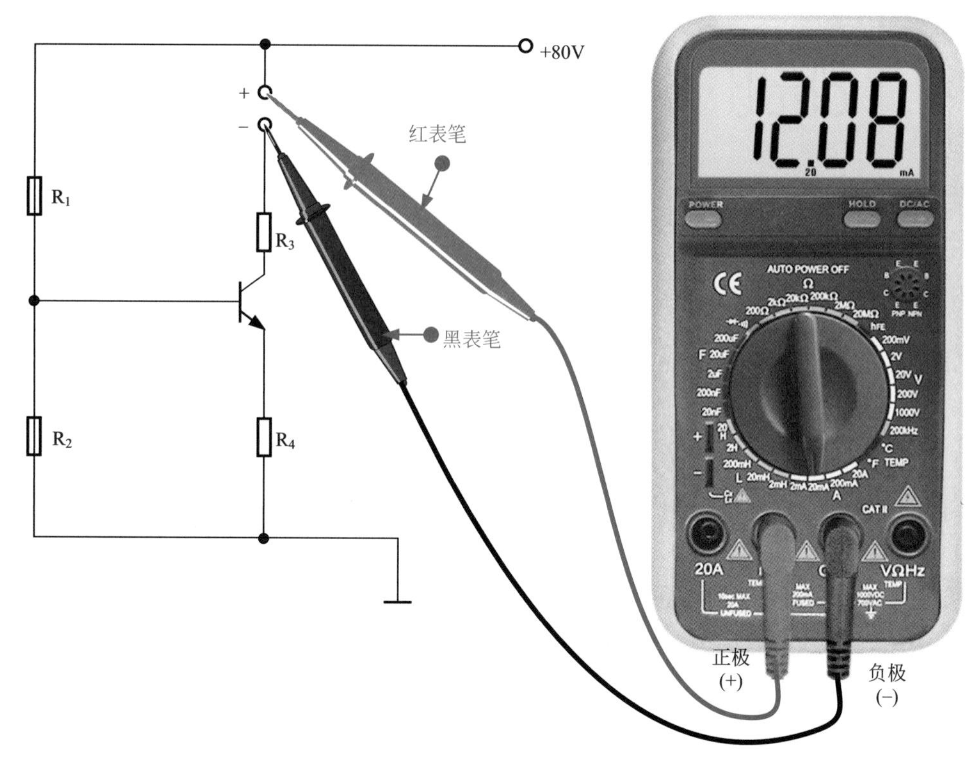

图 3-69 用数字式万用表测量晶体管集电极电流

设置数字式万用表的直流电流量程挡位见图 3-70。

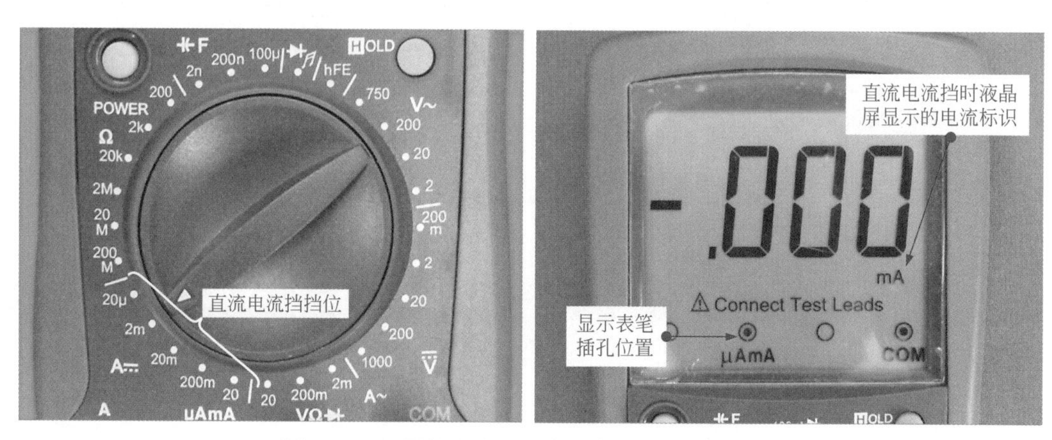

图 3-70 设置数字式万用表的直流电流量程挡位

数字式万用表同指针式万用表相同，具有安培表的功能，可以用来测量直流电流，图 3-70 中的数字式万用表直流电流量程有 20μA、2mA、20mA、200mA 以及 20A 等挡位，可以用来检测 20A 以下的直流电流值。

提示

将数字式万用表的表笔对换后测量晶体管集电极电流见图 3-71。

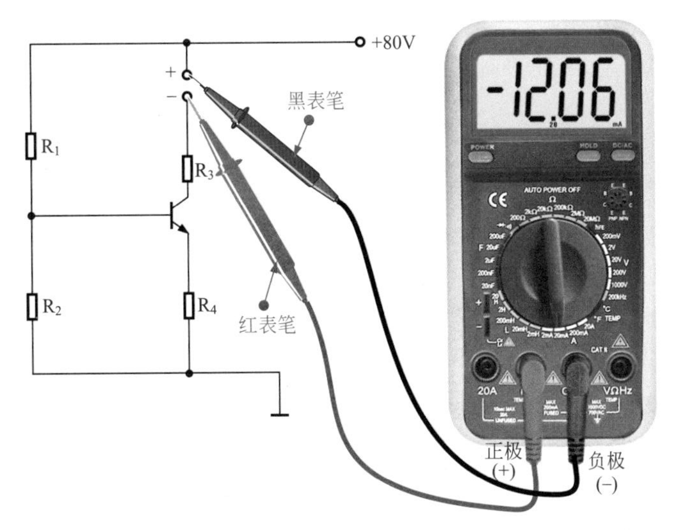

图 3-71 将数字式万用表的表笔对换后测量晶体管集电极电流

上述电路检测时，对换一下表笔，再次对电流检测时，即待测电路的上端（正极）与万用表黑表笔相连，下端（负极）与红表笔相连，这时从显示屏上读取的电流值为 -12.06mA，这说明数字式万用表检测直流电流时对表笔的极性没有严格的要求，并且还能通过读数来区分正负极连接。

（2）万用表检测交流电流的方法

用万用表检测交流电流的方法与检测直流电流的方法基本相同，区别是表笔串联到被测电路时，不用再区分正负极，即万用表的红、黑表笔可以随意串联到电路中测量。

① 指针式万用表测量交流电流　指针式万用表利用开关不断开电路的情况下测量整机总电流，见图 3-72。

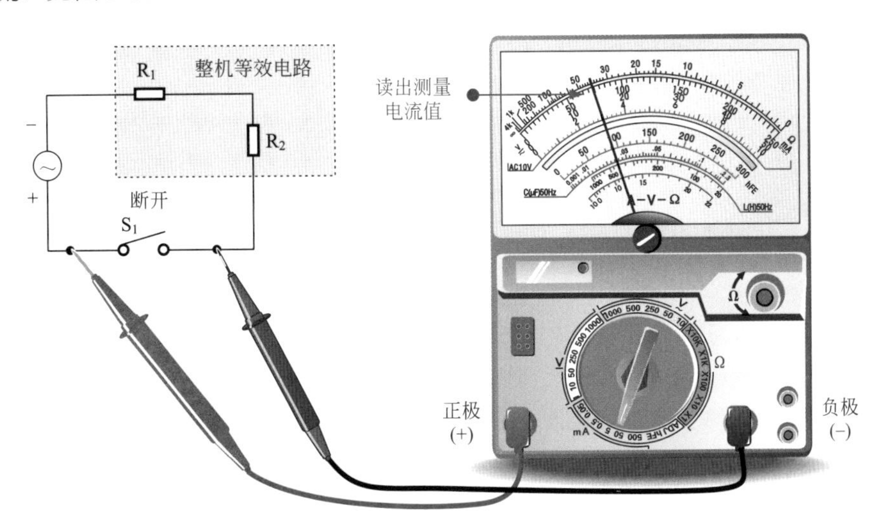

(a) 断开整机电源开关S_1时，电源经万用表为整机供电，可测得整机总电流

图 3-72

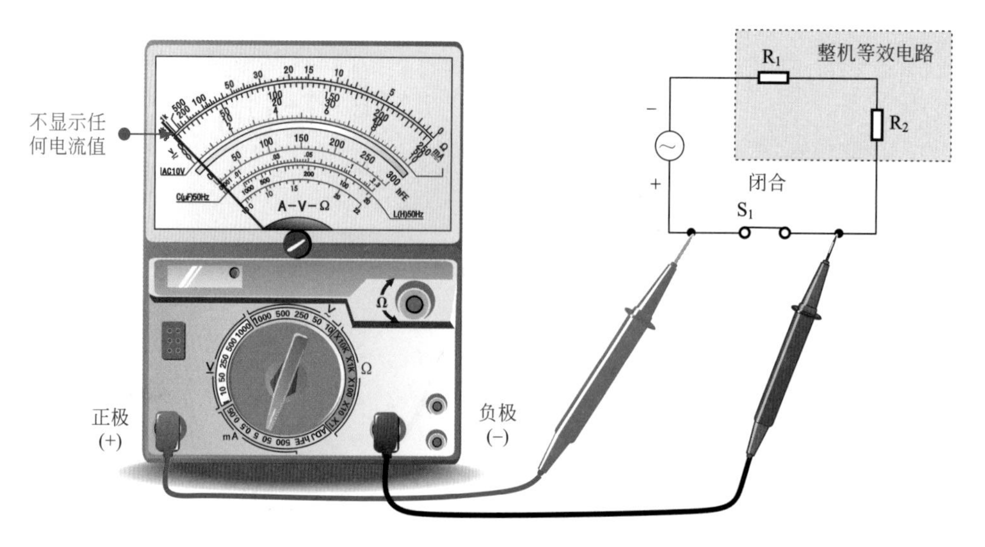

(b) 接通电源开关S_1时，电源经开关为整机供电，无电流流入万用表

图 3-72　利用开关不断开电路的情况下测量整机总电流

这是一个简单利用开关不断开的电路，测量交流电流的时候，尤其是 220V 的电压电路，为了确保人身安全，一般不再使用串联万用表的方法，通常可以使用钳形表测量交流电流。当检测整机总电流的时候，如果没有钳形表，可以在利用闸刀开关断开电路的情况下进行检测。

使用万用表检测交流电流的步骤与检测直流电流的步骤基本一致，测量时可以按前文中测量直流电流的步骤进行测量，只是在设置万用表的量程方面有所区别，用指针式万用表检测交流电流时，将功能旋钮调至交流位置并选择合适的量程，然后通过校正调零，就可以检测交流电流了。

提示

万用表检测交流电流的注意事项:

① 选择正确的量程：若不能预测电流大小时，可将万用表的量程调到最大范围，先测出大约的值，然后再切换到相应的测量范围进行准确的测量。这样既能避免损坏万用表，又可减小测量的误差。

② 定期进行校正：为了使万用表测量准确，应定期使用精密仪器对万用表进行校正，使万用表的读数与基准值相同，误差在允许的范围之内。

③ 有些指针式万用表没有交流电流挡：在使用指针式万用表测量交流电流时，应注意万用表的测量项目，因为目前很多指针式万用表没有测量交流电流的挡位。在这种情况下，设法通过检测负载上的交流电压，通过换算求出交流电流值。

② 数字式万用表测量交流电流　数字式万用表对电动机供电电路中交流电流的检测操作见图 3-73。

这是一个简单的电动机电源电路，交流 220V 经过变压后输出交流 15V 电压。用数字式万用表检测交流电流时，可将数字式万用表的红表笔接正极端，将黑表笔接负极端，这样就可以测到当前交流电流的准确值。

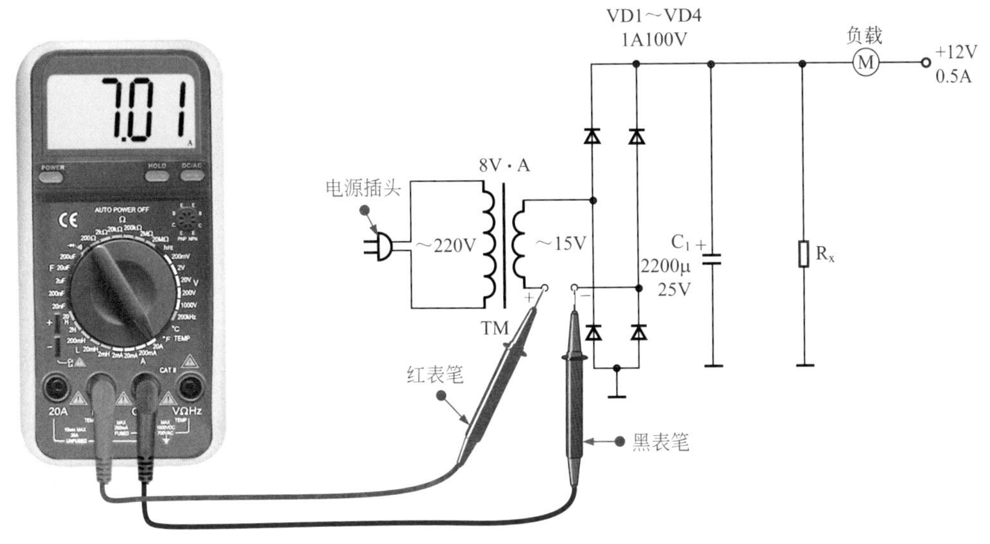

图 3-73　数字式万用表对电动机供电电路中交流电流的检测

使用数字式万用表测量到交流电流值后，还需要通过液晶显示屏的显示完成对交流电流值的识读。

设置数字式万用表的交流电流量程挡位见图 3-74。

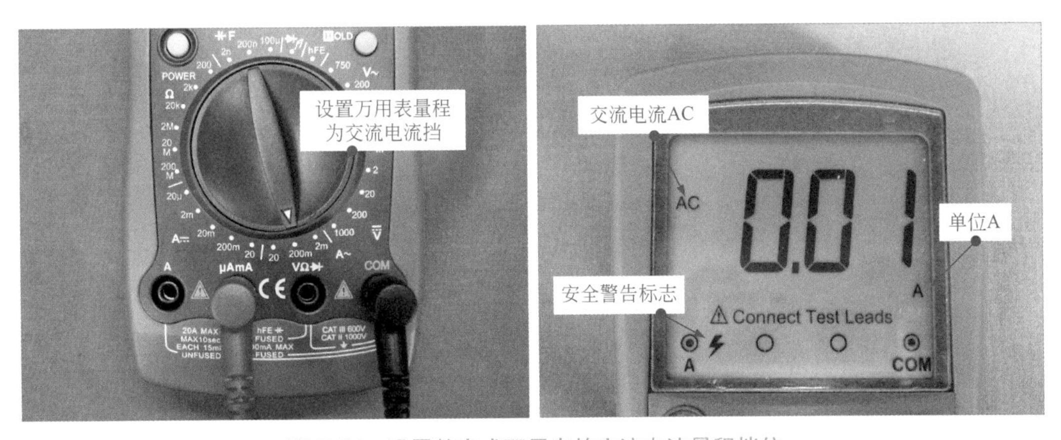

图 3-74　设置数字式万用表的交流电流量程挡位

数字式万用表只要选择交流（AC）电流挡位或是打开交流（AC）开关，就可以测量交流电流。当测量交流电流时，无论是指针式万用表还是数字式万用表对表笔的极性都没有严格的要求。

用数字式万用表检测交流电流值分为三挡，分别是 2mA、200mA、20A，应根据被测电流值的大小选择适合的量程，若量程过大，读数不准确；若量程过小，液晶显示屏将出现数字“1”的报警，可能对万用表造成损坏。在检测交流电流值时表笔不必区分正极和负极。在检测比较常见的高压 220V 市电的电流值时，应注意人身安全。

3.3.2 万用表检测电流的应用

万用表检测电流的方法，在电子产品设计、调试和检修中应用十分广泛，尤其是在电子产品检修时，使用万用表对相关电路或部件供电电流和输出电流进行测量，能够迅速地确定故障。下面结合具体实例，了解一下电流检测方法的实际应用。

（1）万用表检测多功能电源适配器的性能

使用万用表对电源适配器采用电流检测方法也可以判别电源适配器性能是否良好。以多功能电源适配器为例，了解万用表检测电源适配器性能的方法。

多功能电源适配器的实物外形见图 3-75。

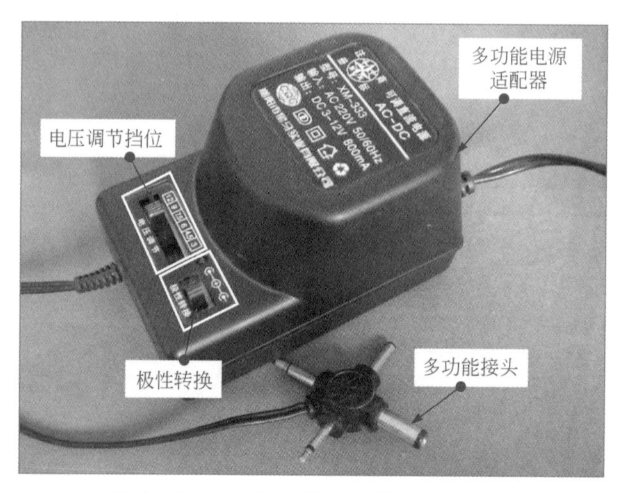

图 3-75　多功能电源适配器的实物外形

多功能电源适配器的主要功能是将交流 220V 市电经过整流、滤波、变压后输出多组直流电压，为相应电子产品供电。不同的电子产品所需的直流供电电压不同，用户可以根据多功能适配器上的直流输出挡位对输出的直流电压进行设置。

典型电源适配器的电路板及电路原理见图 3-76。

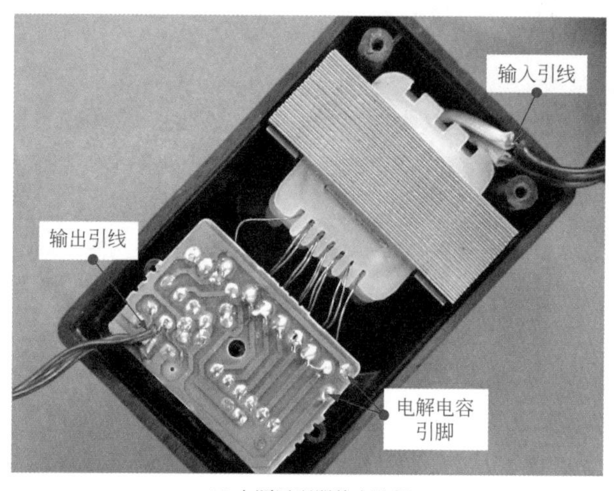

(a) 电源适配器的电路板

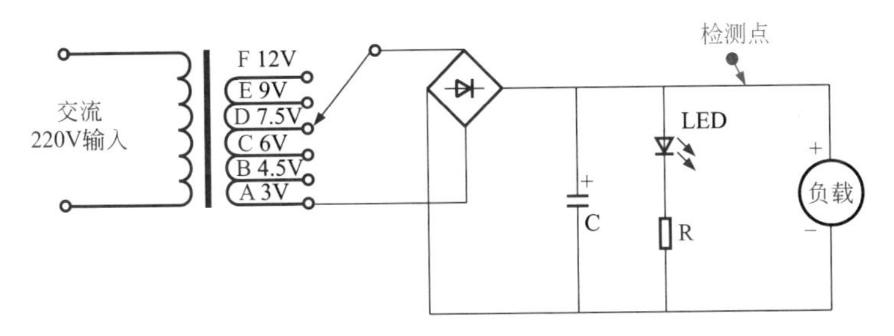

(b) 电源适配器的电路原理简图

图 3-76　典型电源适配器的电路板及电路原理图

该多功能电源适配器有 6 组直流输出。将多功能电源适配器的挡位调整至不同的变压器输出抽头上时，即可在负载上得到相应的直流电压。

用万用表检测电流的方法检测多功能电源适配器时，实际上就相当于在回路中串联接入万用表，如果多功能电源适配器工作正常，万用表即可检测到直流电流。

万用表检测电源适配器直流电流的操作见图 3-77。

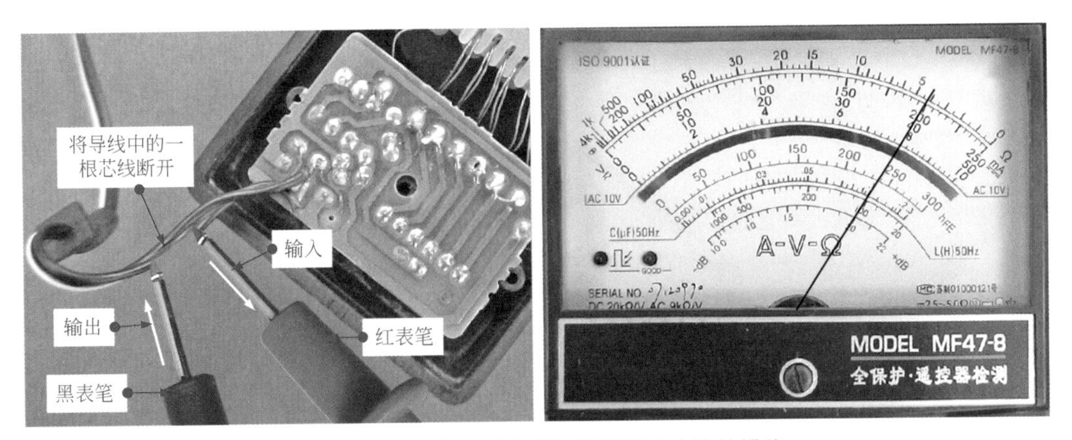

图 3-77　万用表检测电源适配器直流电流的操作

将多功能电源适配器的输出引线中的一根剪断并剥掉导线外的绝缘层后，将万用表的红表笔和黑表笔分别串接到剪开的导线两端上。正常时可以将测到直流电流流过。

检测时，要特别注意表笔搭接的极性。

万用表检测多功能电源适配器的测量原理见图 3-78。

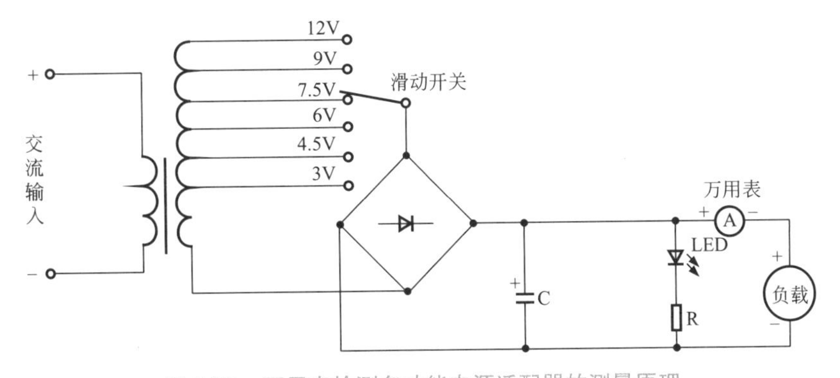

图 3-78　万用表检测多功能电源适配器的测量原理

一定要确保万用表的红表笔接电流输入端（正极），黑表笔接电流输出端（负极）。

提示

需要重点注意的是：电源适配器的输入端接的是市电 220V 交流电压，测量时输入输出端检测点的选择要正确，以免发生事故。

（2）万用表检测充电电池的性能

日常生活中常见的充电电池见图 3-79。

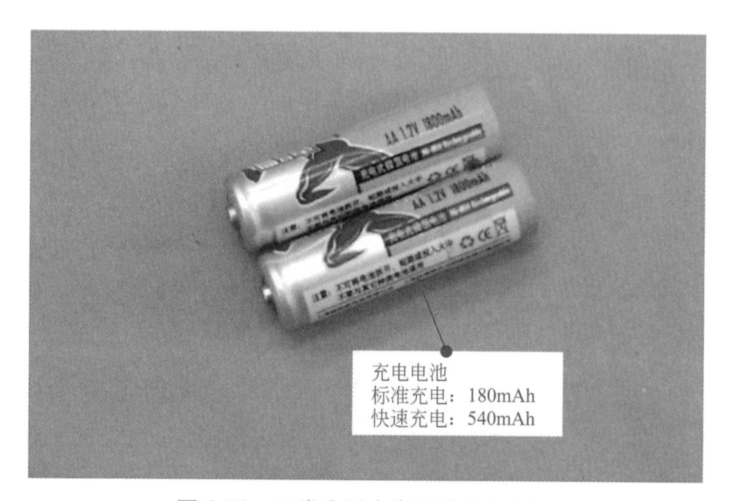

图 3-79　日常生活中常见的充电电池

充电电池是日常生活中经常用到的，由于电池输出的为直流电，因此在对电池的电量进行检测时需要选择直流电流表进行检测，如图 3-19 所示为日常生活中常见的充电电池，通过其外部的标识可知该电池在进行标准充电时的电流流量为 180mAh，快速充电时的电流流量为 540mAh。

万用表检测串联电阻器、电池见图 3-80。

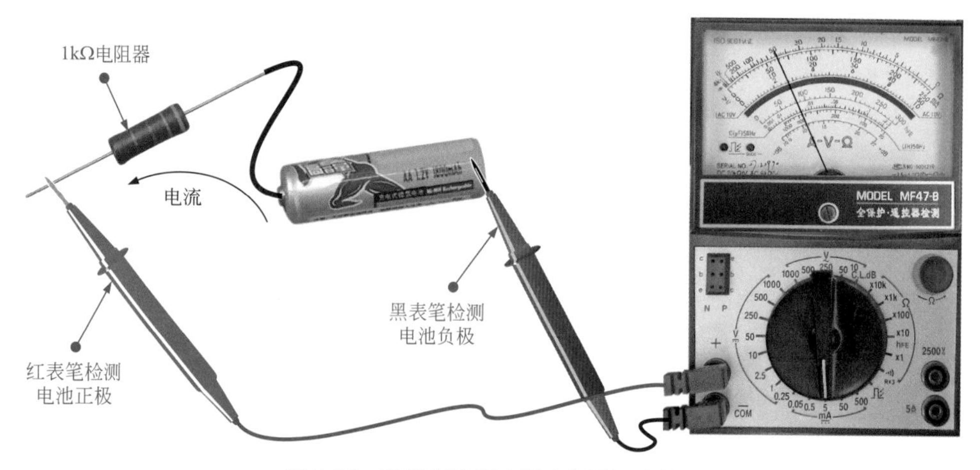

图 3-80　万用表检测串联电阻器、电池

在对充电电池进行测量时，应选择一个阻值适当的电阻器与充电电池进行串联，在这里选择 1kΩ 的电阻器进行串联，由于电池输出的为直流电流，因此，将直流电流表串联接入电池与电阻器的电路中。由于串联了一个比较大的电阻器，在检测时，电池的电流值则等于电阻器的电流流量。

万用表检测电池充电状态的电流值见图 3-81。

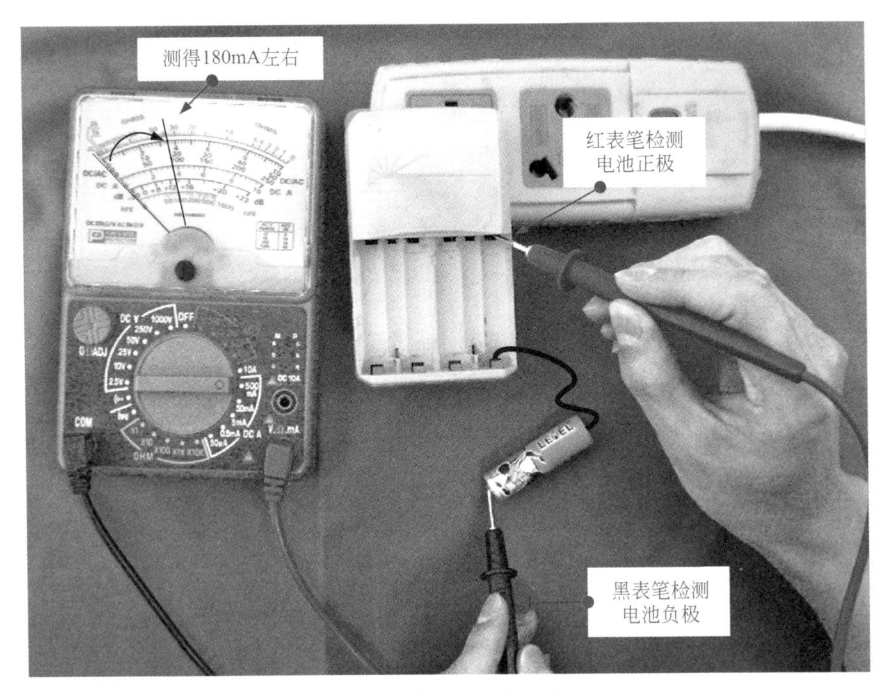

图 3-81 检测电池充电状态的电流值

对充电电池性能的判别，可以通过检测电池在充电状态下的电流值来判别，先使插座电源处于关闭状态，串联电流表、充电电池、电池充电器。然后打开插座电源开关，若充电电池性能良好，此时用万用表的红表笔（+极）接充电器的正极输出端，用万用表的黑表笔（-极）接充电电池的正极，充电电池的负极与充电器的负极输出端相接。此时，应测得 180mA 左右的电流，这表明充电电池性能良好，如图 3-81 所示为检测电池充电状态下的电流值。

提示

值得注意的是，在进行电流检测验证时，一定要考虑所测电流的量程范围，若电流过大或测量不当，极易烧损万用表，因此，通常采用电压测量法判别充电器是否正常。

（3）万用表检测录放机中的直流电流

录放机放音电路见图 3-82。

当录放机中的收音可以正常使用，但播放磁带无声时，表明是磁头或前置预放电路可能存在故障，应重点对放音电路进行检查。这里，可以通过检测放音电路直流电流的方法来判别放音电路是否存在故障。

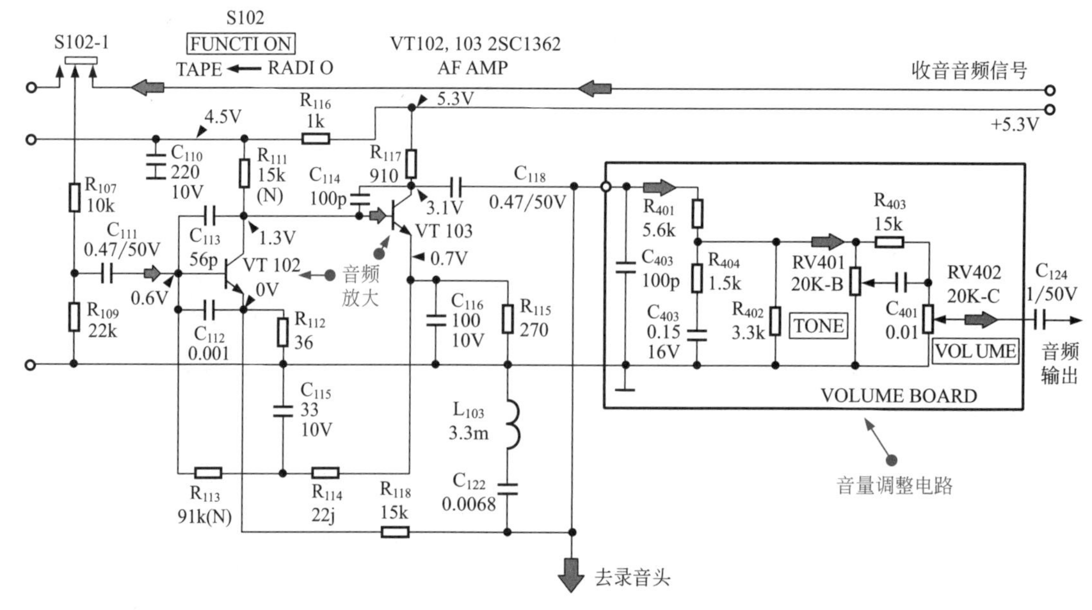

图 3-82 录放机放音电路

万用表检测录放机放音电路的直流电流见图 3-83。

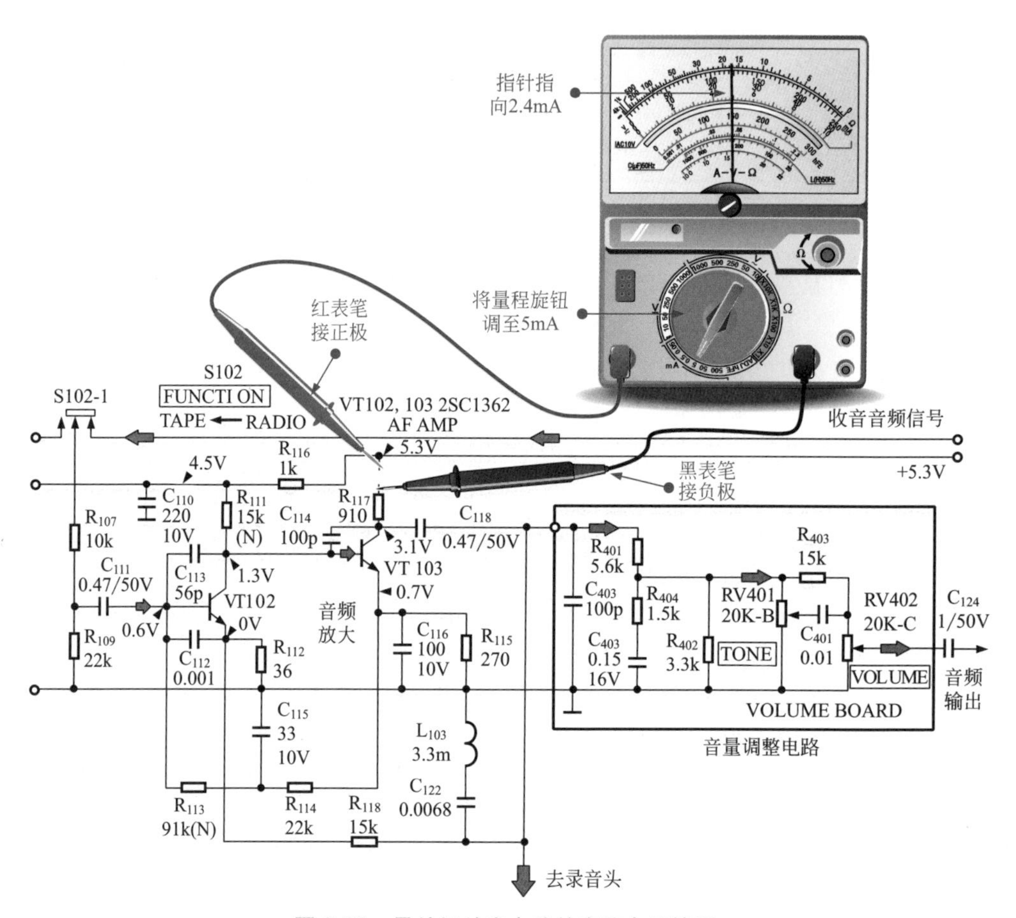

图 3-83 录放机放音电路的直流电流检测

具体检测时，将检测点处的导线断开，串联万用表（用红表笔接正极，黑表笔接负极），若放音电路工作正常，此时应可以检测到电路中有2.4mA左右的直流电流。若没有电流，则说明放音电路存在故障。

3.4 万用表其他检测技能

万用表除了检测阻值、电压、电流的技能，还有检测电容量、电感量、晶体管放大倍数等检测技能，也是万用表使用过程中经常用到的技能，下面将分别介绍万用表检测电容量、电感量、晶体管放大倍数的方法与应用。

3.4.1 万用表检测电容量的技能

万用表检测电容量，通常使用数字式万用表的电容量测试挡，在检测前需读取电容器表面的标识以确定万用表的挡位。

电容器的电容量标识见图3-84。

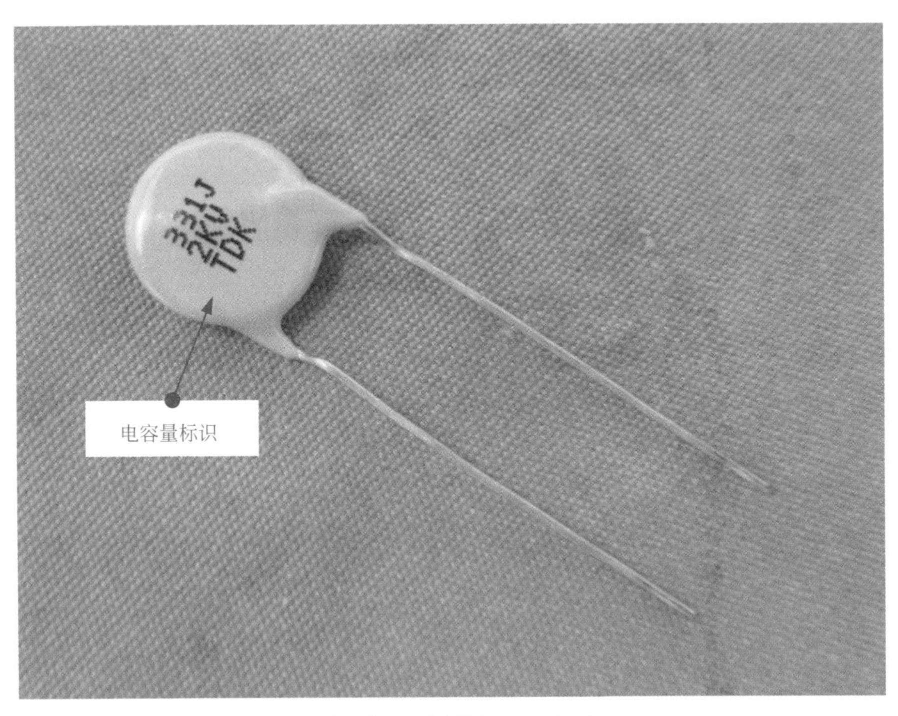

图3-84 电容器的电容量标识

从图3-84中可以看出，该电容器表面有数字标识331，其默认单位为pF。J表示允许偏差为±5%，即该电容器的标称容量为（331±16.55）pF。

在读取了电容器的标称值后，即可使用万用表检测其电容量。

万用表检测电容量的方法见图3-85。

万用表显示的电容读数为0.324nF，根据计算0.324nF=324pF，在标称值的允许偏差范围内。

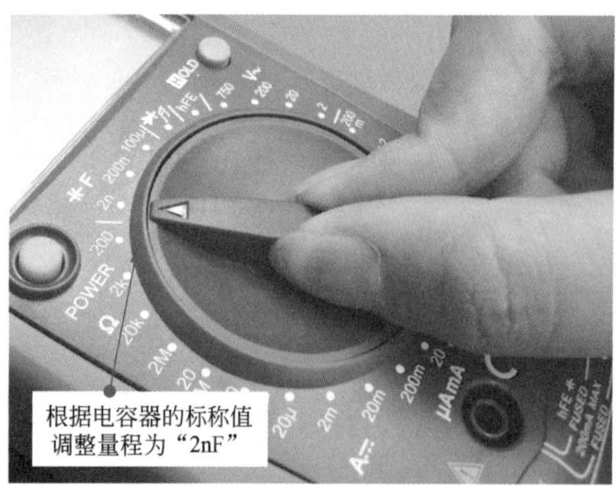

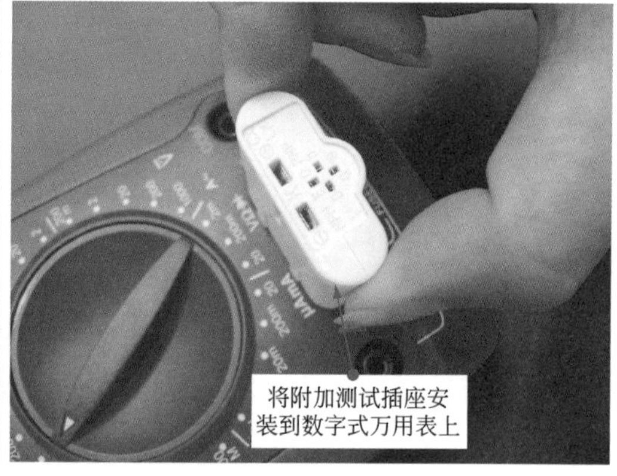

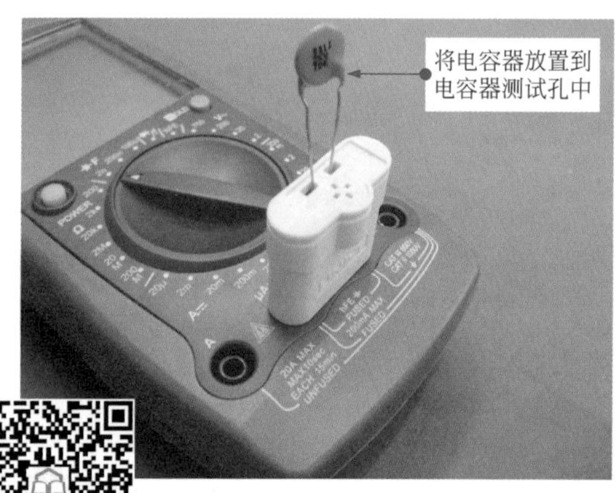

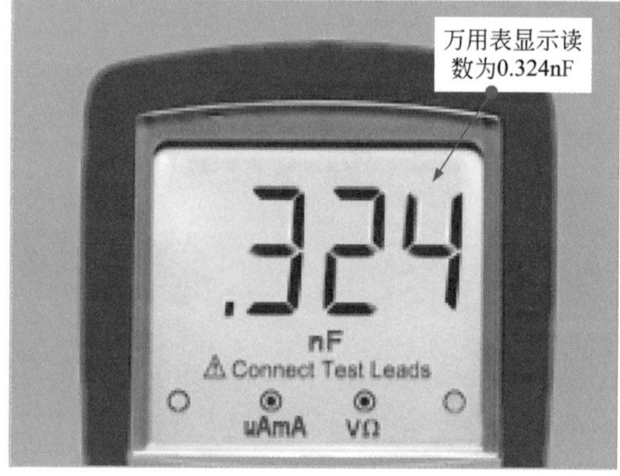

图 3-85　万用表检测电容量的方法

3.4.2 万用表检测电感量的技能

使用万用表检测电感量，通常使用电阻挡进行测量，在检测电感量前，也需要先识读电感器的标称值。

电感器的电感量标识见图 3-86。

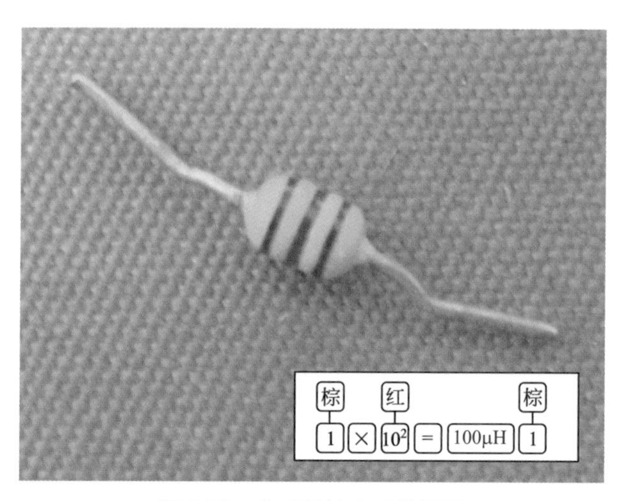

图 3-86　电感器的电感量标识

该三环电感器的色环标识为“棕”“红”“棕”，根据色标识别法得该三环电感器的标称值为100μH，允许偏差值为±1%。

万用表检测电感量的方法见图3-87。

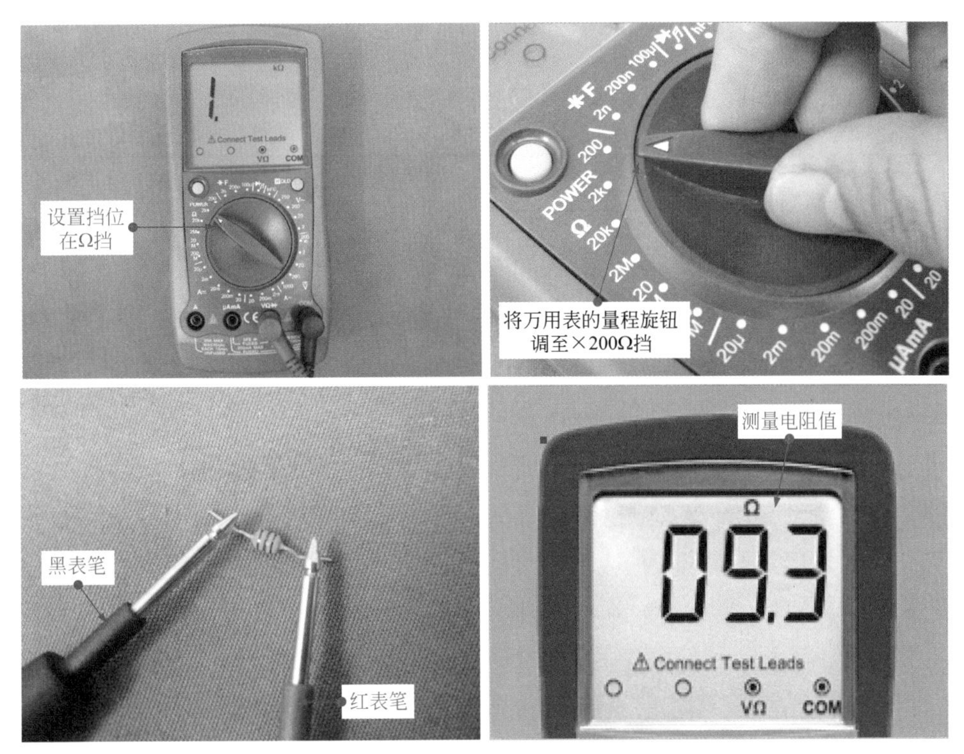

图3-87 万用表检测电感阻值的方法检测电感性能

若电感的阻值趋向于0Ω时，说明该电感内部存在短路的故障。如果被测电感的阻值趋于无穷大，选择最高阻值量程继续检测，若阻值仍趋于无穷大，则表明被测电感已断路损坏。

提示

此外，有些数字式万用表具有检测电感量的功能，如图3-88所示。该图中数字式万用表具有检测电感量的功能，使用时将其电源开关打开。

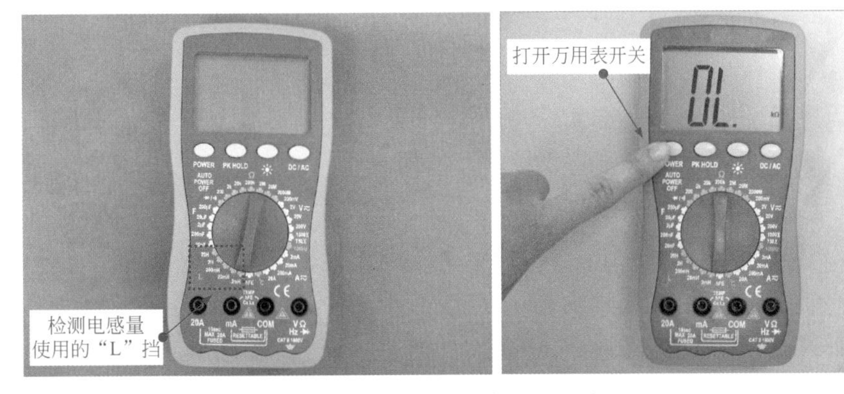

图3-88 打开万用表

根据该电感器的电感量将万用表调至电感“2mH”挡，将万用表的电感器测试插座插入万用表的表笔插口中，如图 3-89 所示。

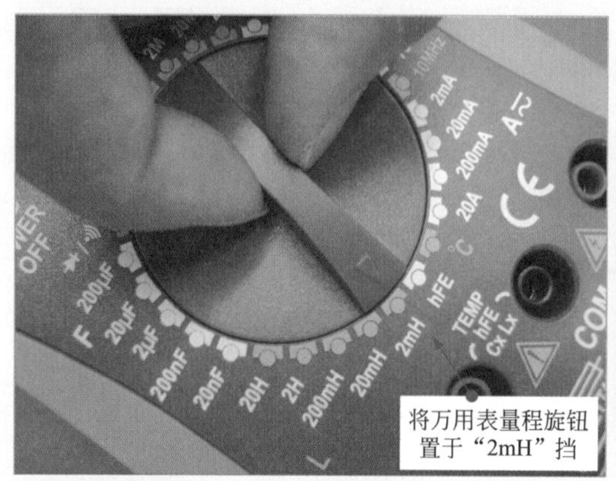

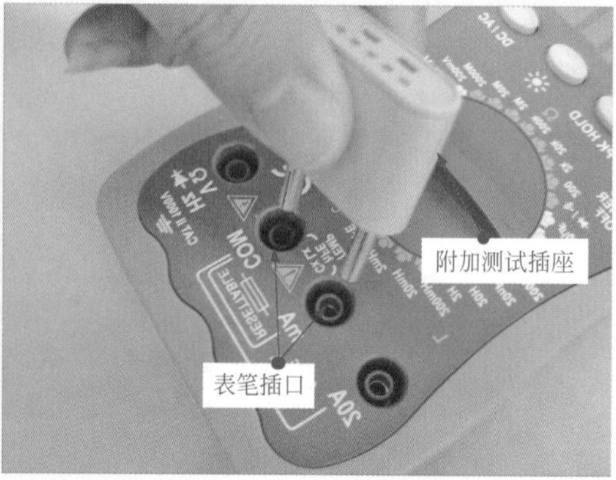

图 3-89　插入附加测试器

将该三环电感器插入“Lx”电感量输入插孔中，对其进行检测，检测得到的电感量为“0.101mH”，根据 0.101mH=101μH，与该电感器的标称值基本相符，如图 3-90 所示。

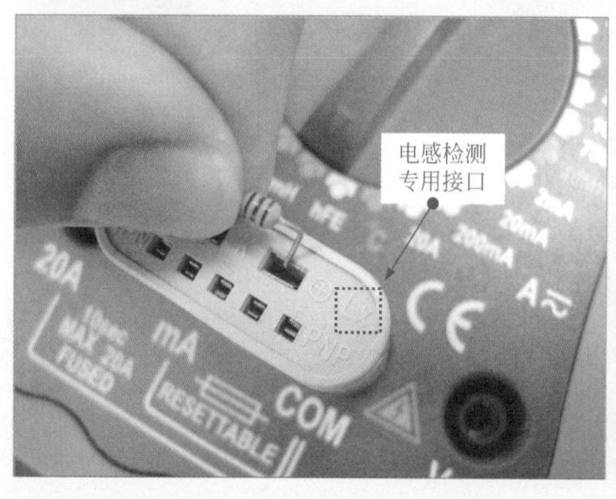

图 3-90　检测三环电感器

3.4.3 万用表检测三极管放大倍数的技能

三极管的主要功能就是具有放大电流的作用，其放大倍数可通过万用表上的三极管放大倍数检测插孔进行检测。

三极管放大倍数的检测方法见图 3-91。

最终，测得的三极管放大倍数为 354。

一些万用表的功能区带有三极管检测插孔，在检测三极管放大倍数时可直接将三极管插入插孔中而不需要使用附加测试器，其检测方法如图 3-92 所示。

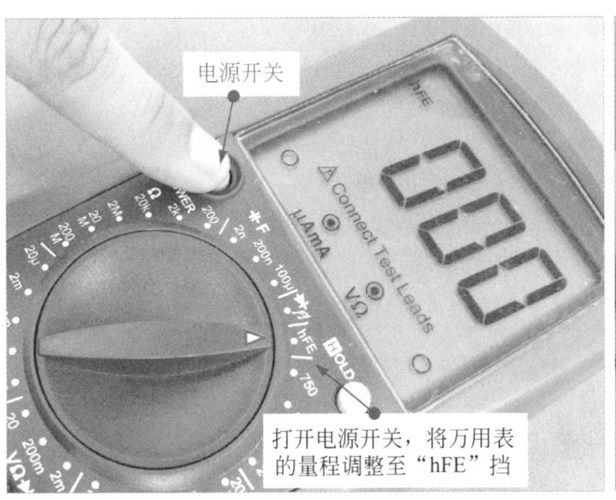

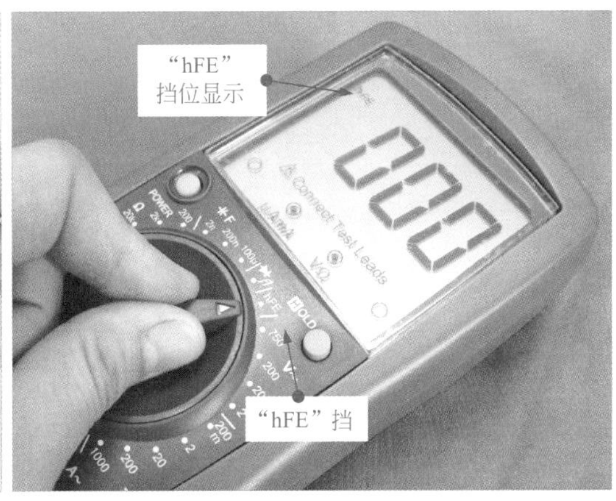

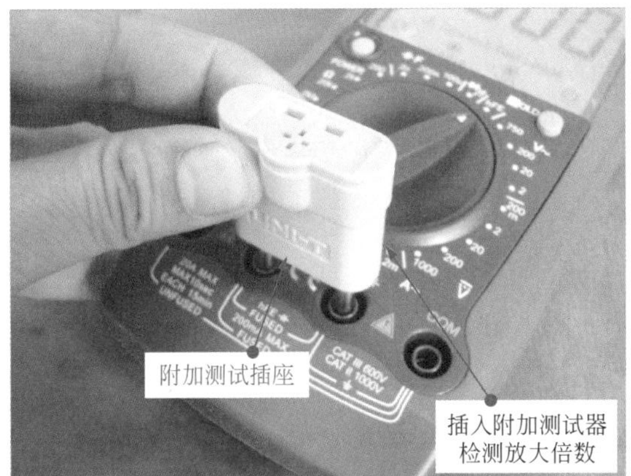

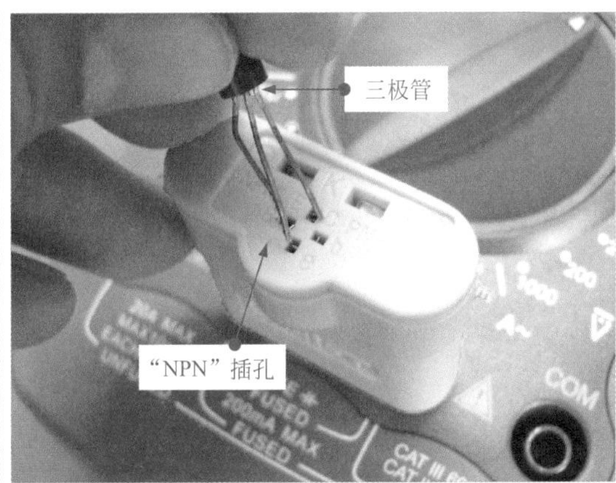

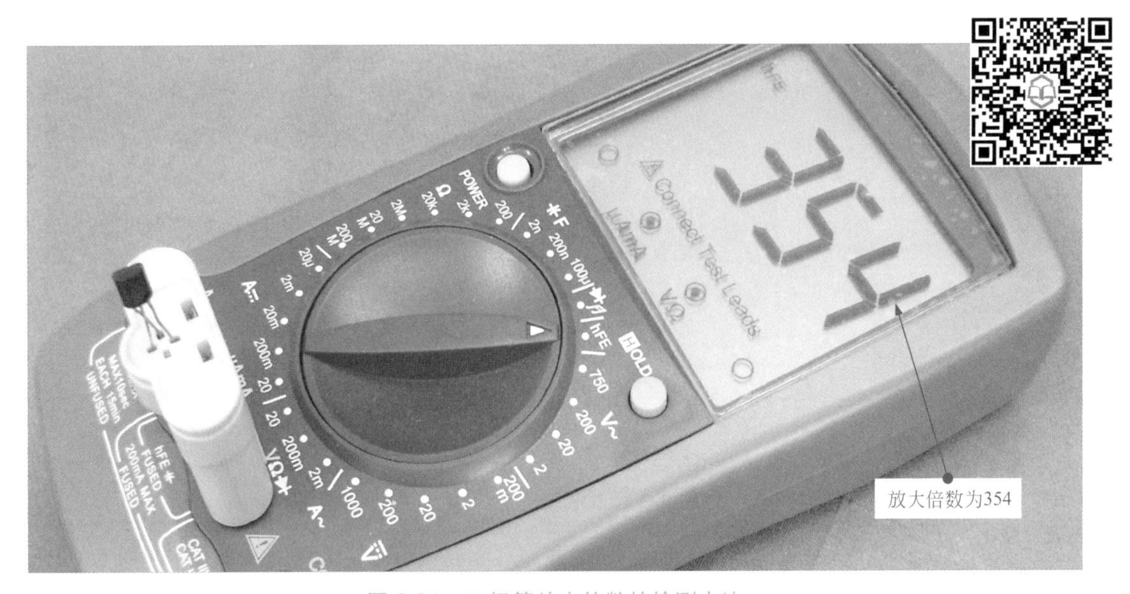

图 3-91　三极管放大倍数的检测方法

三极管放大倍数的刻度中，0 位在刻度盘的左侧，指针最终指示的读数即为三极管的放大倍数。

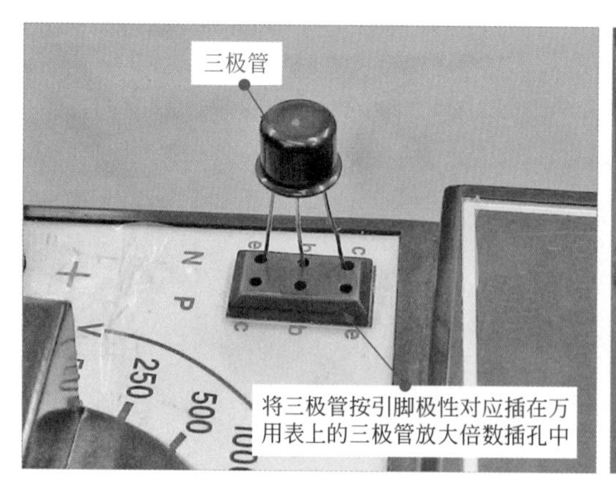

图 3-92　功能区带有三极管测试插孔的万用表检测三极管放大倍数

提示

在将三极管插入万用表的测试插孔时，要严格按照三极管的类型和引脚极性插入，如将 NPN 型三极管按照引脚极性插入“NPN”插孔中。

不同型号的万用表功能区挡位也不同，有的万用表的 hFE 挡单独存在，有的 hFE 挡与其他功能使用同一挡位，如图 3-93 所示，在使用时应注意。

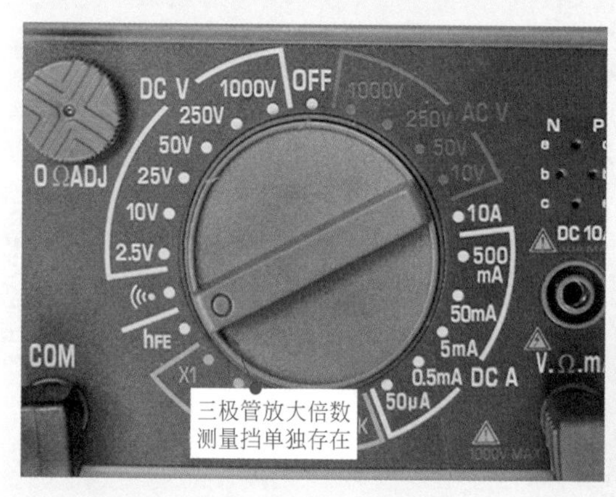

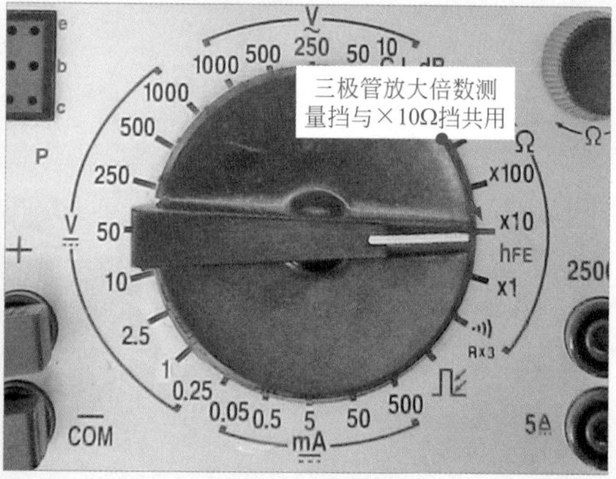

图 3-93　万用表的三极管放大倍数测量挡

第4章 万用表检修案例

4.1 万用表检测电气线路

4.1.1 万用表检测照明用电线路

图 4-1 为典型的照明用电线路。当照明用电线路中由控制器 1 控制的照明灯 EL1、EL2、EL3 不能正常点亮时，应当如图 4-1 所示，检查由控制器 1 送出的供电电压是否正常。

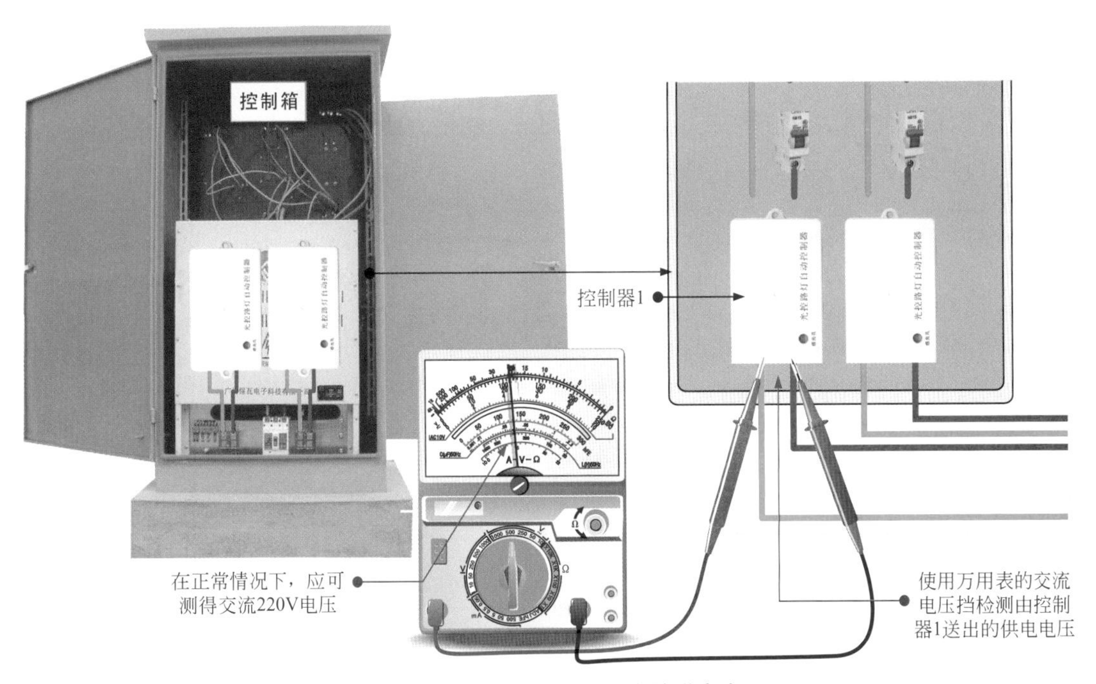

图 4-1　万用表检测控制器送出的供电电压

若供电电压正常，则应检查主供电线路的供电电压，即使用万用表检测照明灯 EL3 的供电电压，如图 4-2 所示。若无供电电压，则说明支路供电线路有故障。

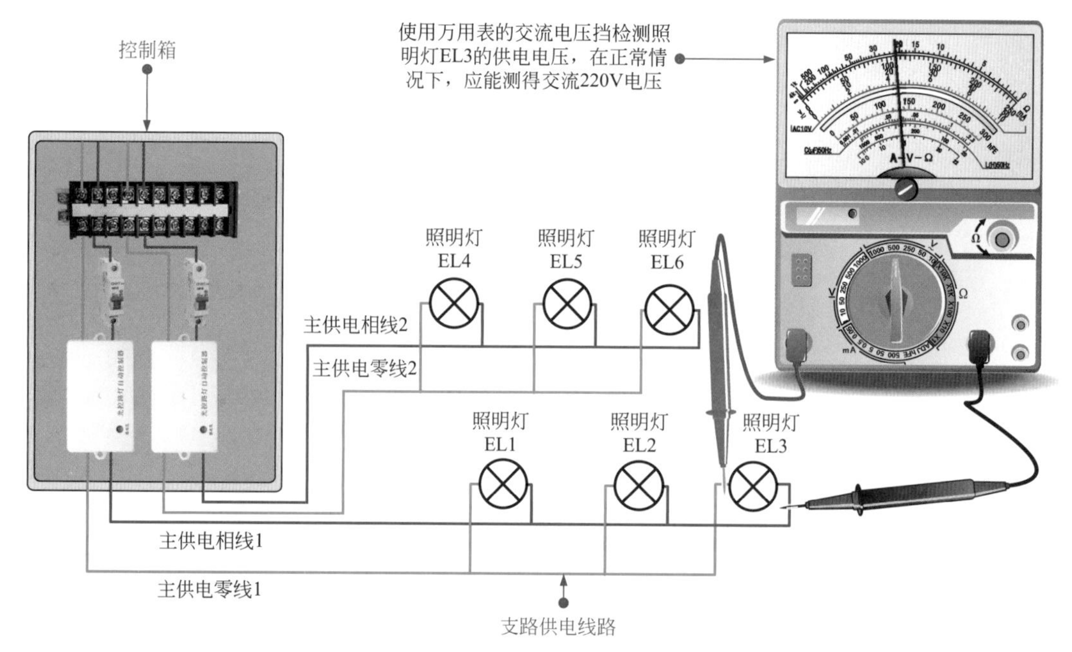

图 4-2　万用表检测照明灯供电电压

4.1.2 万用表检测电机控制线路

图 4-3 为典型的电机控制线路。对电机控制线路的检测，重点应根据控制关系，主要是对控制线路中的重要部件进行检测。

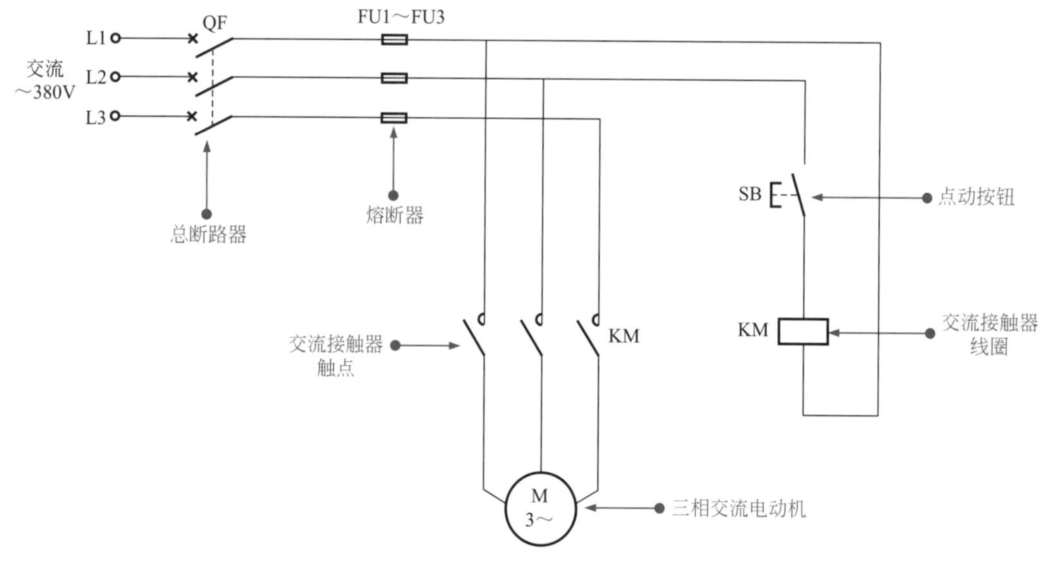

图 4-3　典型的电机控制线路

图 4-3 中，接通三相交流电动机控制线路的电源，按下点动按钮，三相交流电动机不启动，检查发现，供电电源正常，线路接线牢固无松动现象，说明线路的组成部件有故障。首先检测三相交流电动机的供电电压是否正常，如图 4-4 所示。

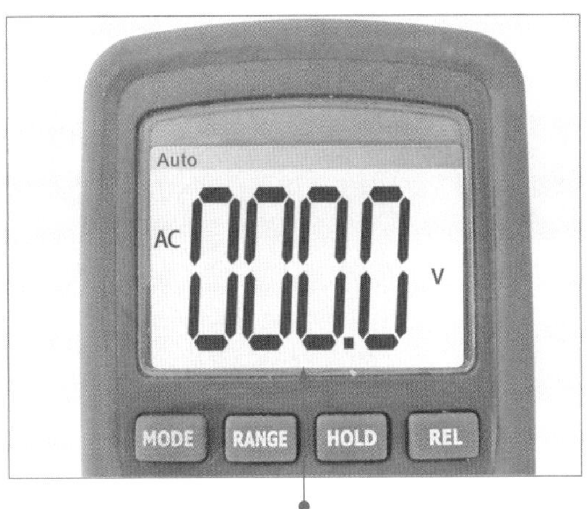

图 4-4 检测三相交流电动机的供电电压

经检测，三相交流电动机没有供电电压，说明控制线路中有部件发生断路故障。依次检测总断路器、熔断器、点动按钮及交流接触器。

万用表检测总断路器的方法见图 4-5。

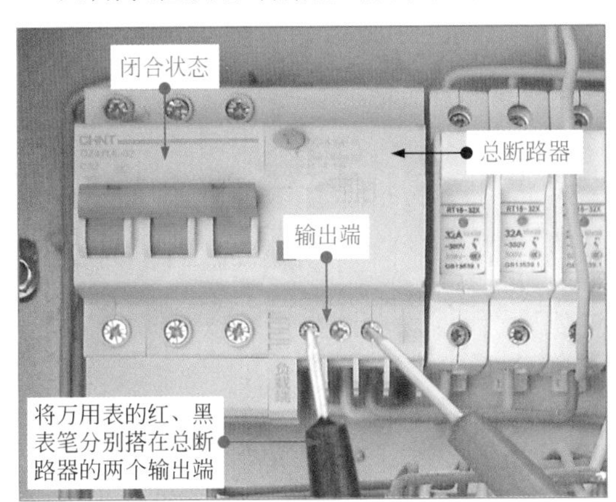

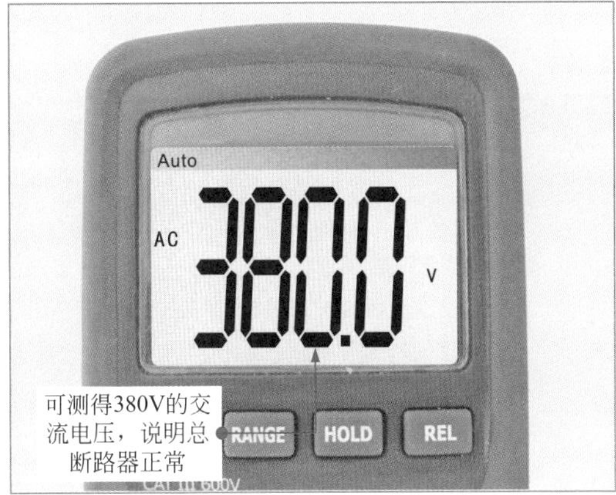

图 4-5 万用表检测总断路器的方法

图 4-6 为万用表检测熔断器的方法。

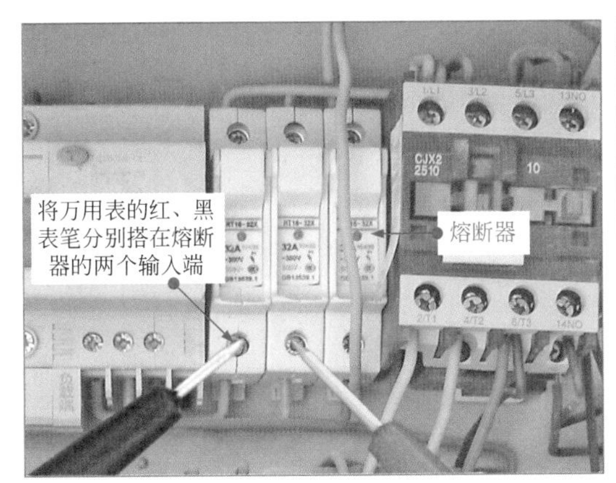

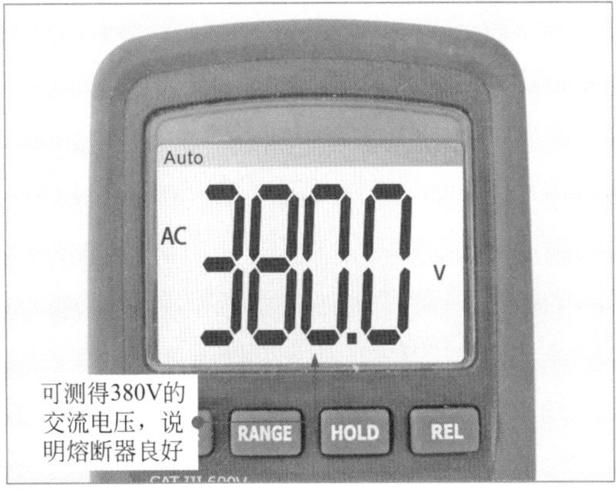

图 4-6 万用表检测熔断器的方法

图 4-7 为万用表检测点动按钮的方法。

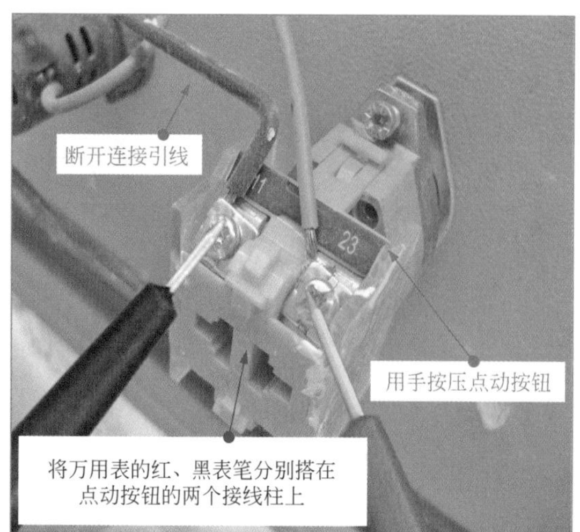

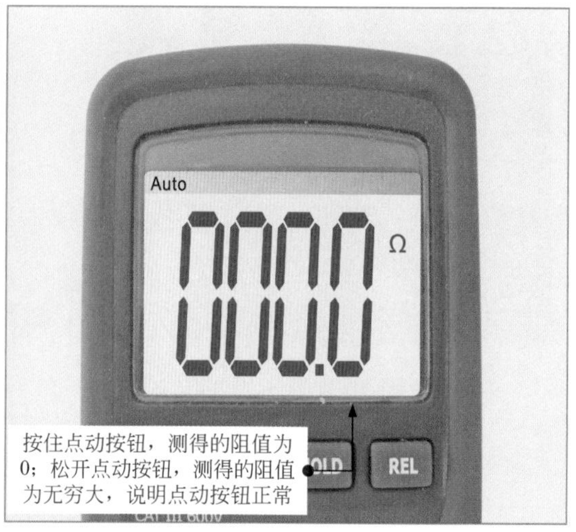

图 4-7　万用表检测点动按钮的方法

图 4-8 为万用表检测交流接触器的方法。

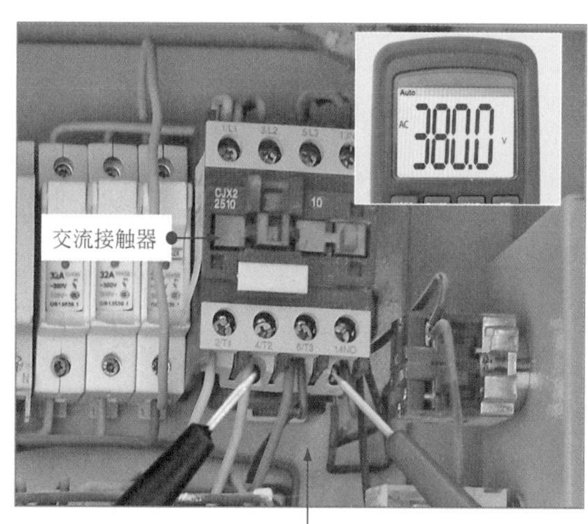

将万用表的红、黑表笔分别搭在交流接触器的线圈两端，可测得380V的交流电压，说明线圈已得电

将万用表的红、黑表笔分别搭在交流接触器常开主触点的输入端和输出端，测得的电压为0

图 4-8　万用表检测交流接触器的方法

若电动机控制线路通电后，启动交流电动机时，电源供电箱出现跳闸现象，检查控制线路的接线正常，此时应重点检测热继电器和交流电动机。

热继电器的检测方法如图 4-9 所示。

对于交流电动机的检测，可通过万用表检测其绕组阻值，判断其是否正常，如图 4-10 所示。

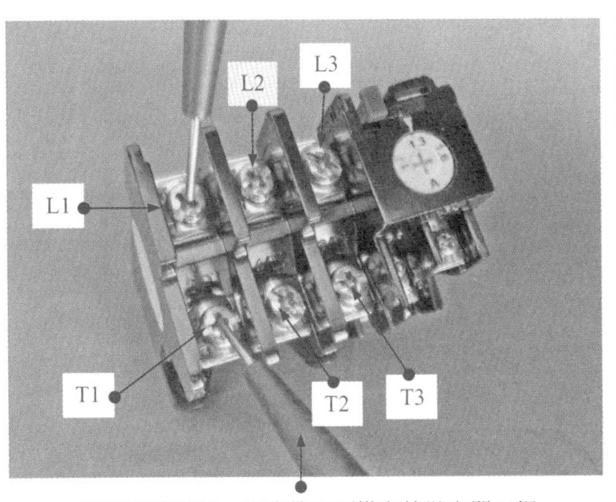

将万用表的红、黑表笔分别搭在热继电器三组触点的接线柱上(L1和T1、L2和T2、L3和T3)

实测阻值均极小，说明热继电器正常

图 4-9 热继电器的检测方法

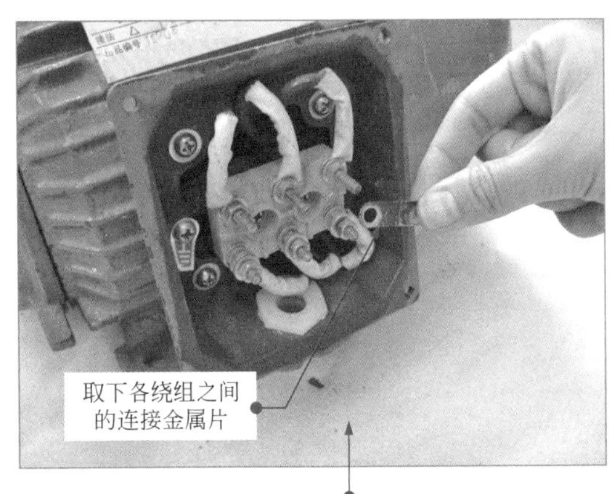

检测前，先将接线盒中绕组接线端的金属片取下，使交流电动机各绕组之间无连接关系

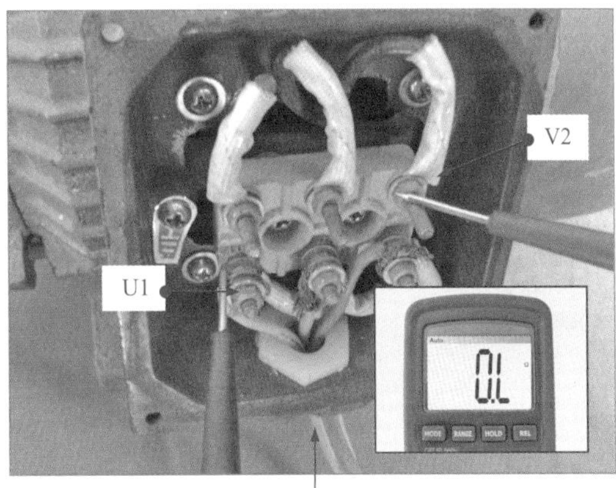

将万用表的红、黑表笔分别搭在两绕组的接线柱上，如V2、U1，所测阻值为无穷大，说明绕组间绝缘性能良好

将万用表的红、黑表笔分别搭在同一绕组的两个接线柱上(U1和U2、V1和V2、W1和W2)

所测阻值为无穷大，说明绕组已开路，应重新绕制绕组或更换电动机

图 4-10 万用表检测电动机绕组阻值

4.2 万用表检测制冷设备

4.2.1 万用表检测电冰箱电路

（1）万用表检测电冰箱制冷单元电路

制冷单元电路的主要功能是为电冰箱制冷，使用万用表对制冷单元电路进行检测时，需根据电路流程进行测量。

使用万用表检测电冰箱制冷单元电路的基本流程见图 4-11。

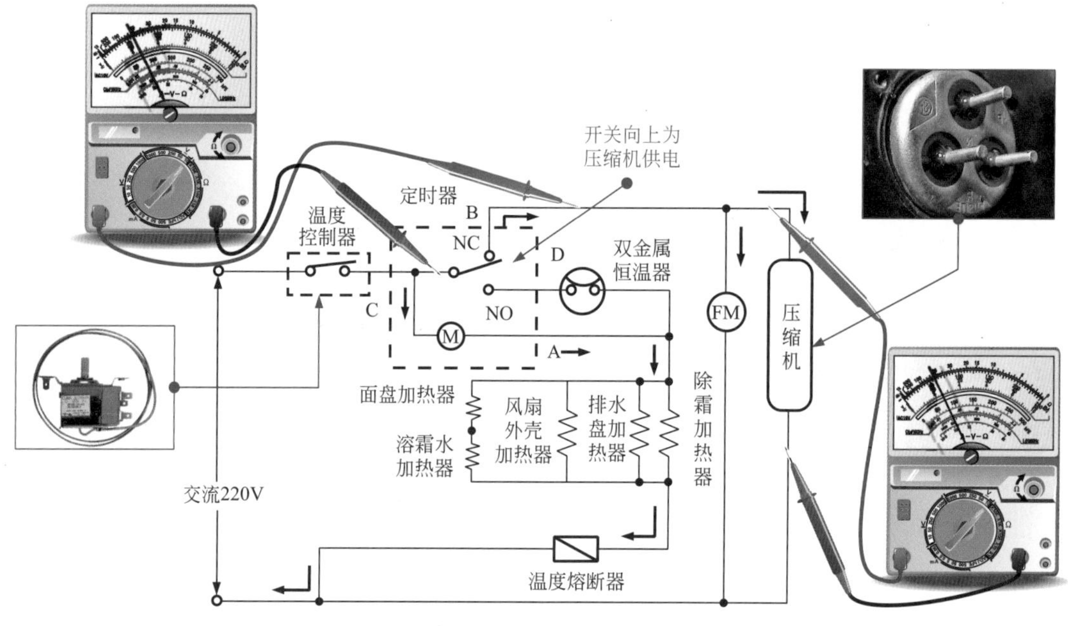

图 4-11　电冰箱制冷单元电路的检修流程

定时器的开关接到 NC 端子上（B 点），交流 220V 电压分两路供电。其中一路加到压缩机和风扇电机上，电冰箱开始制冷。另一路经定时器电机、加热器（除霜加热器、排水加热器、风扇外壳加热器、溶霜水加热器等）和温度熔断器形成回路。定时器电机驱动凸轮开始旋转。

用万用表检测制冷单元电路，重点需要对制冷单元电路中的定时器开关、压缩机等部件进行检测。

（2）万用表检测电冰箱热补偿单元电路

热补偿单元电路的主要功能是冬季为电冰箱进行热补偿，使用万用表对热补偿单元电路进行检测时，需根据电路流程进行测量。

电冰箱热补偿单元电路的检修流程见图 4-12。

在定时器重新开始动作之后，即除霜完毕后约 120s，定时器的接点自动转换到 NC 端，电压又加到压缩机上，制冷动作重新开始，电冰箱内温度开始下降至 -5℃时，双金属片开关动作，恢复成接通状态。

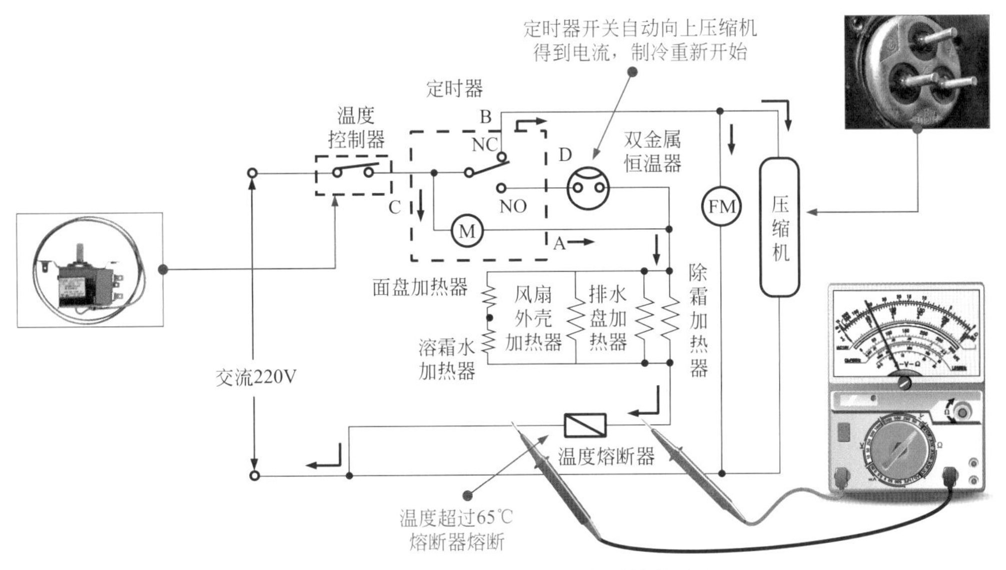

图 4-12 电冰箱热补偿单元电路检修流程

(3) 万用表检测电冰箱除霜单元电路

除霜单元电路的主要功能是为电冰箱进行除霜，使用万用表对除霜单元电路进行检测时，需根据电路流程进行测量。

电冰箱除霜单元电路的检修流程见图 4-13。

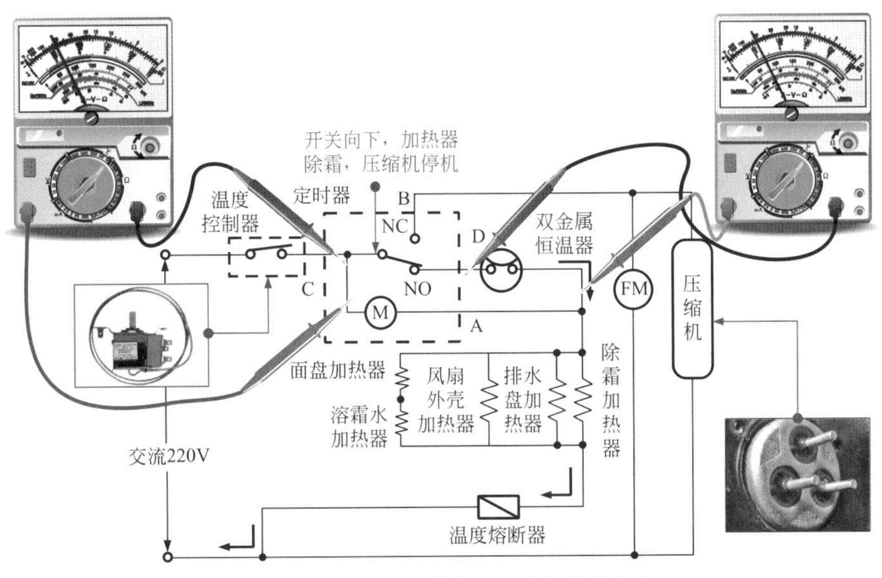

图 4-13 电冰箱除霜单元电路的检修流程

当电冰箱制冷运行 8h，定时器达到设定时间后，开关转到 NO 端子（D 端），压缩机供电电路断电，停止工作。此时，交流 220V 电压经双金属恒温器加到加热器上，通过加热器的电流较大，加热器迅速发热，电冰箱进行除霜，定时器电机则被短路停转。

电冰箱除霜完成电路检修流程见图 4-14。

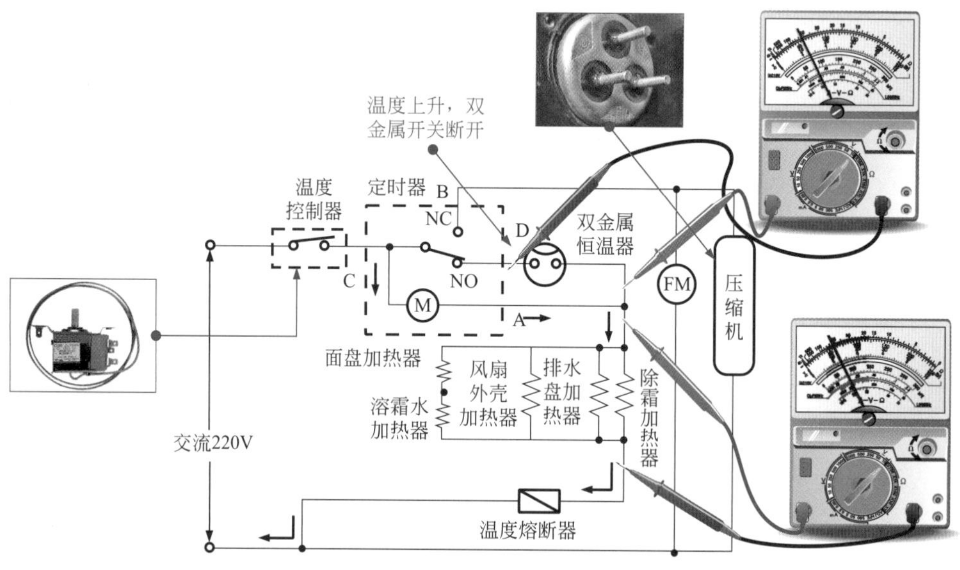

图 4-14　电冰箱除霜完成电路检修流程

当除霜完成以后，电冰箱中的积霜在加热器的作用下完全溶化，温度随之上升。当温度达到 13 ℃以上时，双金属片开关便自动断开，于是交流 220V 电源又经过定时器电机和加热器形成回路。定时器电机又开始驱动凸轮旋转，加热器电压降低，基本不发热。

（4）万用表检测电冰箱辅助单元电路

除以上电路，电冰箱还有一些辅助单元电路，如照明电路和风扇供电电路。

电冰箱辅助单元电路检修流程见图 4-15。

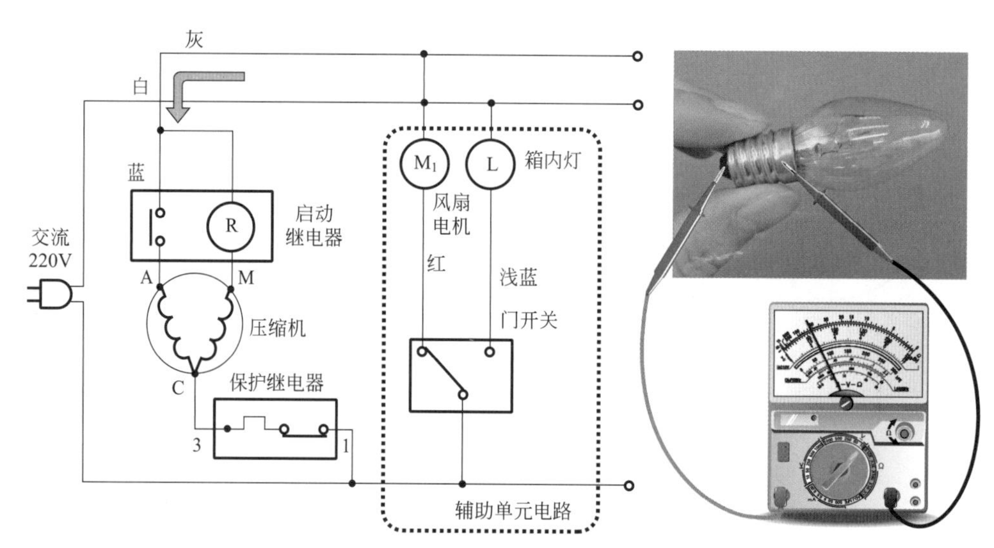

图 4-15　电冰箱辅助单元电路检修流程

使用万用表检测辅助单元电路时，重点检测照明灯和风扇电机。根据故障表现将照明灯或风扇电机拆下，断路检测。检测时通过检测照明灯和风扇电机的阻值来判断其通断。

4.2.2 万用表检测电冰箱主要功能部件

电冰箱是由功能部件和电子元器件连接组合而成，因此掌握万用表对电冰箱中主要部件的检测方法是电冰箱检测时非常重要的操作技能。

（1）万用表检测电冰箱压缩机

使用万用表检测压缩机主要是检测压缩机的绕组，在检测前可根据标识识别接线柱。典型电冰箱压缩机绕组接线柱及附近的文字标识见图 4-16。

图 4-16　电冰箱压缩机绕组标识

提示

如图 4-16 所示为电冰箱压缩机绕组的接线柱，附近带有文字标识的三角形，"R"表示公共端、"SP"表示启动端、"JP"表示运行端，并且三角形所指的绕组接线柱就是与标识相对应的绕组端。

保护盖内部带有文字标识的电冰箱压缩机绕组见图 4-17。

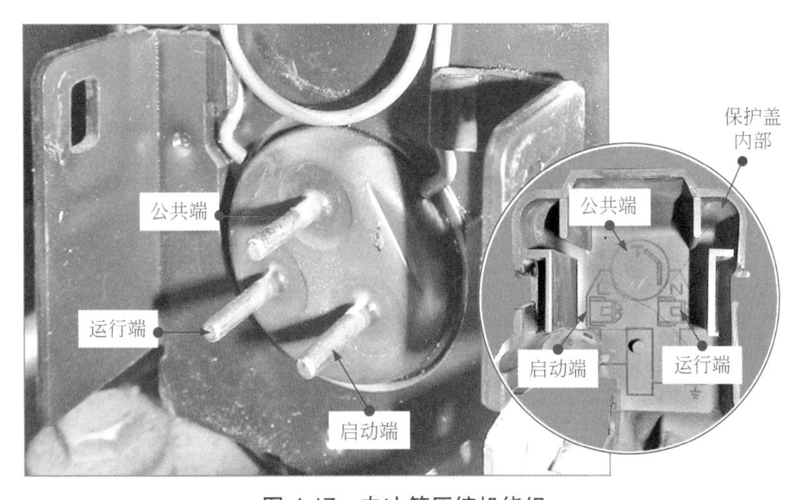

图 4-17　电冰箱压缩机绕组

提示

图 4-17 中，在压缩机绕组接线柱附近没有明显的文字标识，但是在压缩机启动 - 保护继电器的保护盖上却有着文字标识，通过这些文字标识，同样可以判断出压缩机绕组的公共端、启动端和运行端。

使用万用表对压缩机绕组进行检测时，只需检测引线之间的阻值即可，通常将万用表的挡位调至 ×1Ω 挡。

万用表检测压缩机绕组的方法见图 4-18。

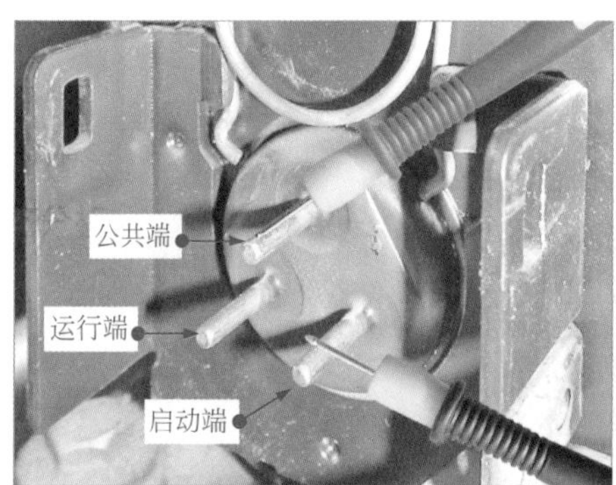

(a) 使用万用表检测启动端与公共端之间的阻值

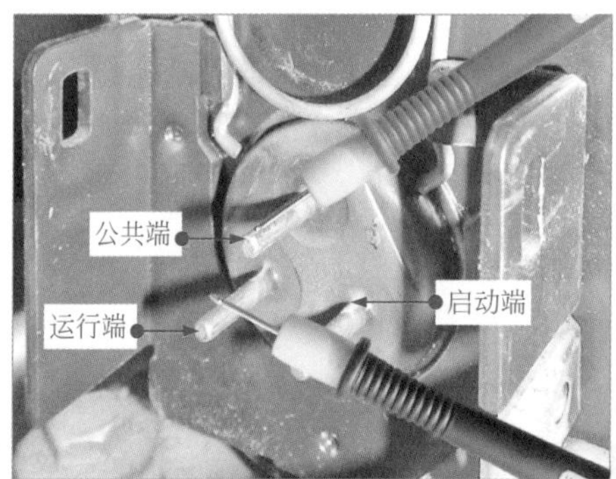

(b) 使用万用表检测运行端与公共端之间的阻值

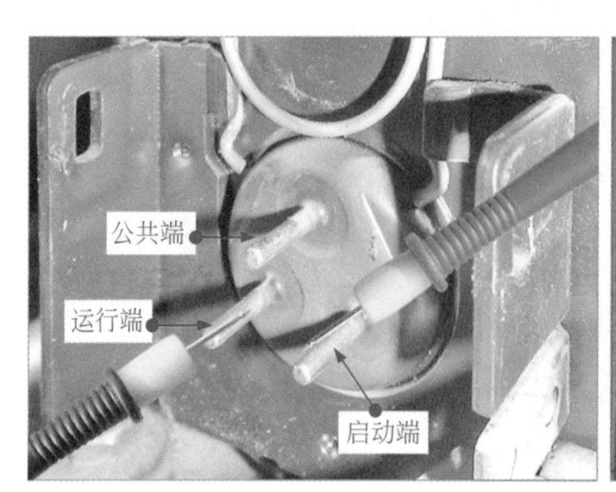

(c) 使用万用表检测启动端与运行端之间的阻值

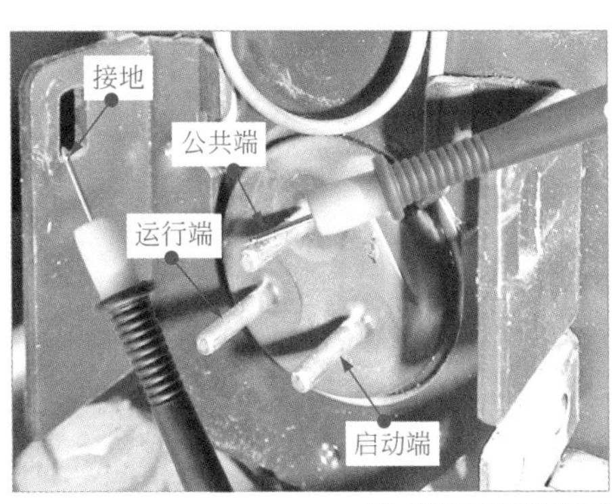

(d) 使用万用表检测公共端与接地端之间的阻值

图 4-18 万用表检测压缩机绕组的方法

正常情况下，启动端与运行端之间的阻值等于启动端与公共端之间的阻值加上运行端与公共端之间的阻值，公共端与接地端的阻值趋于零。如果检测时发现某电阻值无穷大，说明引线或绕组出现断路故障。

（2）万用表检测电冰箱启动继电器

① 检测重锤式启动继电器　在使用万用表检测重锤式启动继电器前，应首先对该继电器作初步判断，然后使用万用表检测启动继电器的插孔阻值来判断它是否损坏，检测时可将万用表调至 ×10Ω 挡。

万用表检测重锤式启动继电器的方法见图 4-19。

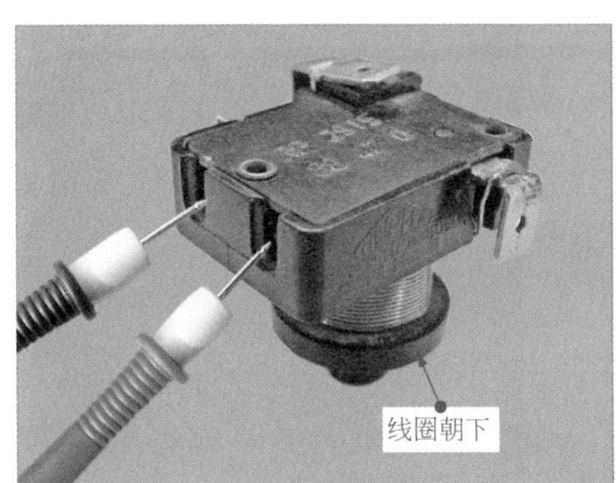

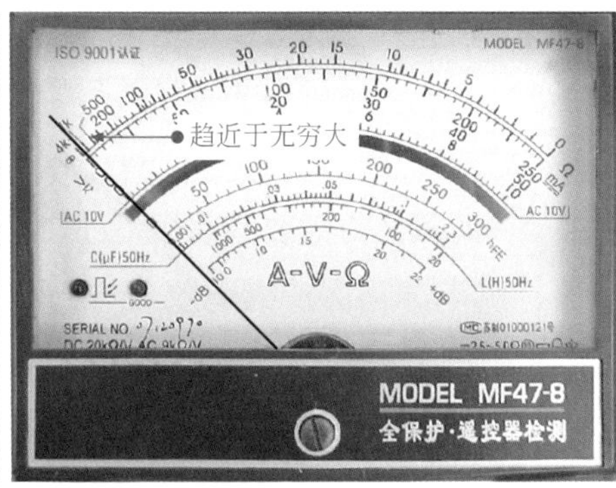

(a) 检测重锤式启动继电器的线圈朝下时线圈的阻值

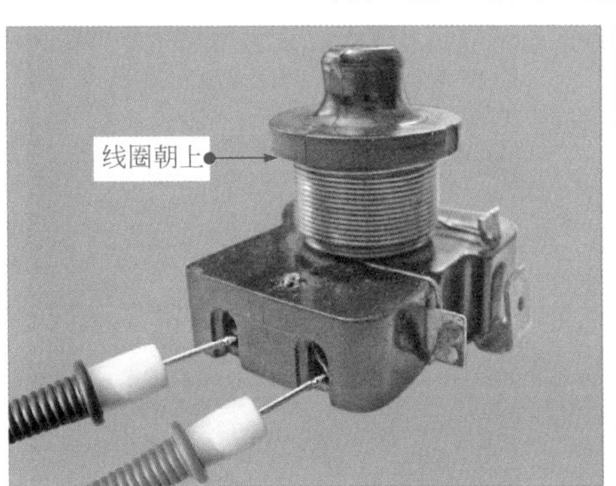

(b) 检测重锤式启动继电器的线圈朝上时线圈的阻值

图 4-19 万用表检测重锤式启动继电器的方法

检测重锤式启动继电器的阻值时要分别检测线圈的阻值和接点的阻值。首先将重锤式启动继电器的线圈朝下，呈正置状态，用万用表检测继电器接点的阻值，正常情况下其阻值为无穷大；然后将重锤式启动继电器的线圈朝上，用万用表检测线圈阻值，正常情况应趋近于零。

若测得线圈的阻值也为无穷大，说明此重锤式启动继电器的动触点没有与静触点接通，造成不通的原因通常有两点：一是重锤式启动继电器的接触点接触不良；二是重锤式启动继电器的重锤衔铁卡死。

② 检测 PTC 启动继电器　使用万用表检修 PTC 启动继电器时，可用万用表电阻挡测量 PTC 启动继电器各引脚的电阻值的方法来判断其好坏。检测时可将万用表的挡位调至 ×1Ω 挡。

万用表检测 PTC 启动继电器的方法见图 4-20。

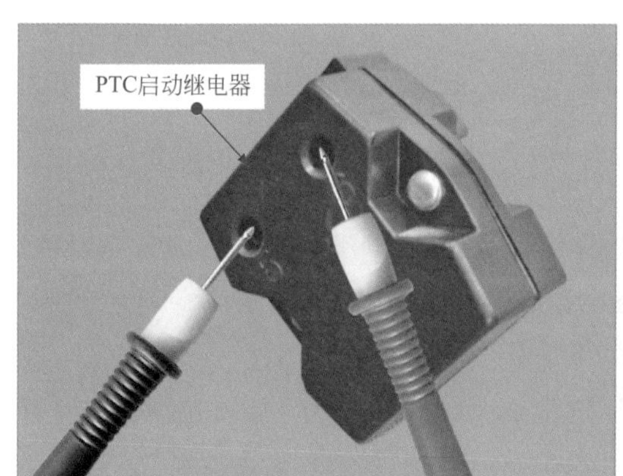

图 4-20　万用表检测 PTC 启动继电器的方法

测得的阻值约为 20Ω。正常情况下，PTC 启动继电器在常温下两个引脚之间的阻值为 15 ～ 40Ω。如果检测的阻值与标准范围相差过大，则说明启动继电器损坏。

（3）万用表检测电冰箱保护继电器

使用万用表检测保护继电器，可用万用表的电阻挡检测保护继电器的两引脚。检测时可将万用表的挡位调至 ×1Ω 挡。

万用表检测保护继电器的方法见图 4-21。

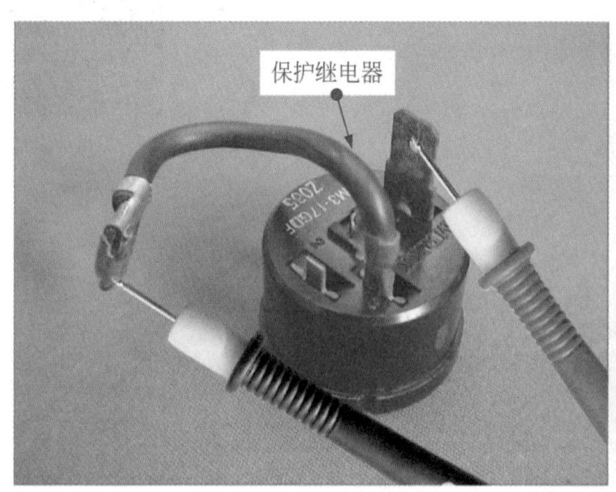

图 4-21　万用表检测保护继电器的方法

测得的阻值约为1Ω。正常情况下，保护继电器的阻值为1Ω左右。如果阻值过大，甚至达到无穷大，则说明该继电器内部有断路现象，已经损坏。

（4）万用表检测温度控制器

使用万用表检测温度控制器时，可分别对温度控制器的调节旋钮位于停机点的位置和离开停机点的位置时的阻值进行检测。检测时，将万用表的挡位调至×10Ω挡。

万用表检测温度控制器的方法见图4-22。

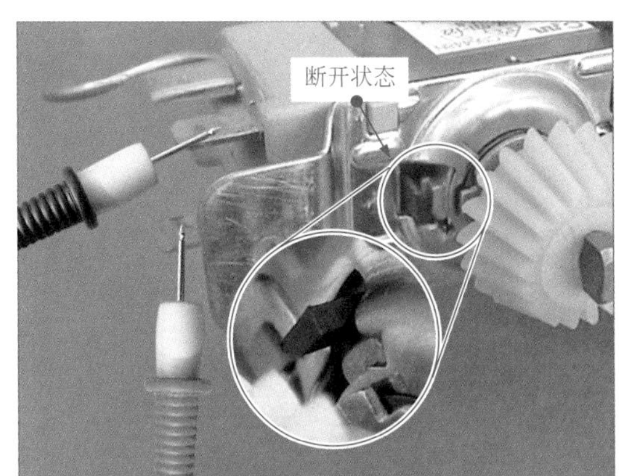

(a) 温度控制器的调节旋钮位于停机点位置时阻值趋于无穷大

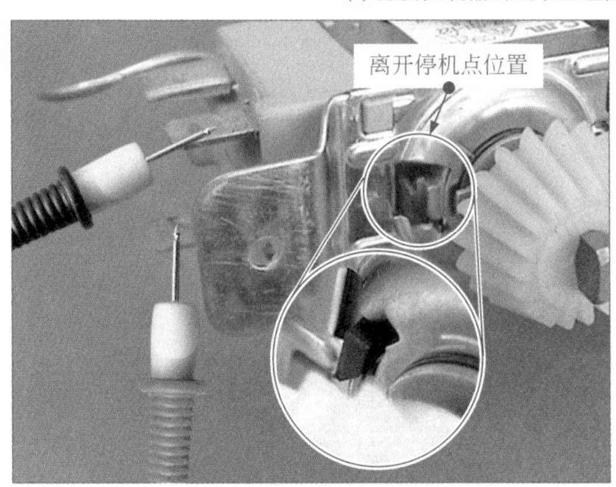

(b) 温度控制器的调节旋钮离开停机点位置时阻值趋近于零

图4-22 万用表检测温度控制器的方法

正常情况下，温度控制器的调节旋钮位于停机点的位置时测得的阻值为无穷大，温度控制器的调节旋钮离开停机点的位置时测得的阻值趋近于零。

4.2.3 万用表检测空调器电路

（1）万用表检测空调器电源电路

① 万用表检测直流输出　空调器的电源电路为整机提供工作电压。该电路故障会引起空调器不开机、整机不工作或部分功能失常等故障。

检测电源电路时，通常以最终的输出电压作为检测点。图4-23为空调器电源电路直流输出电压的检测。

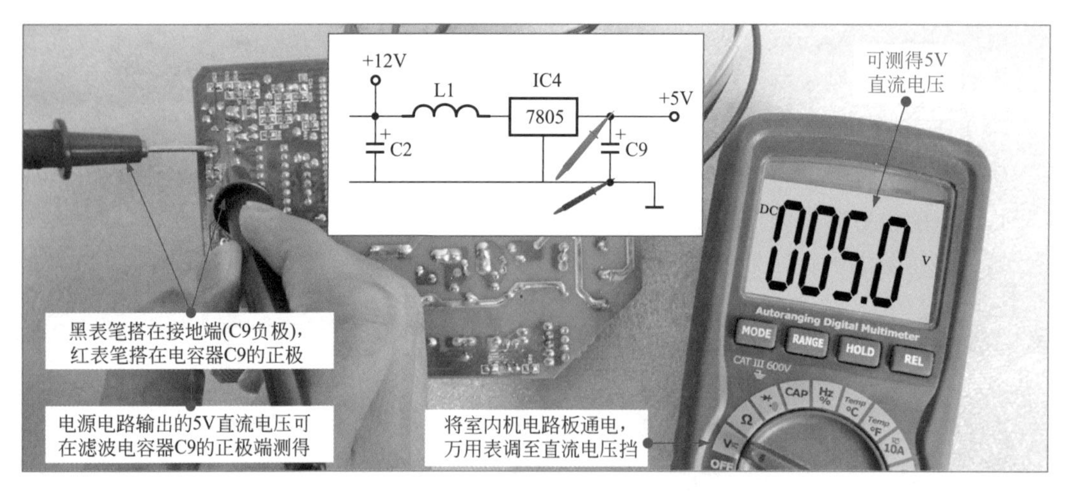

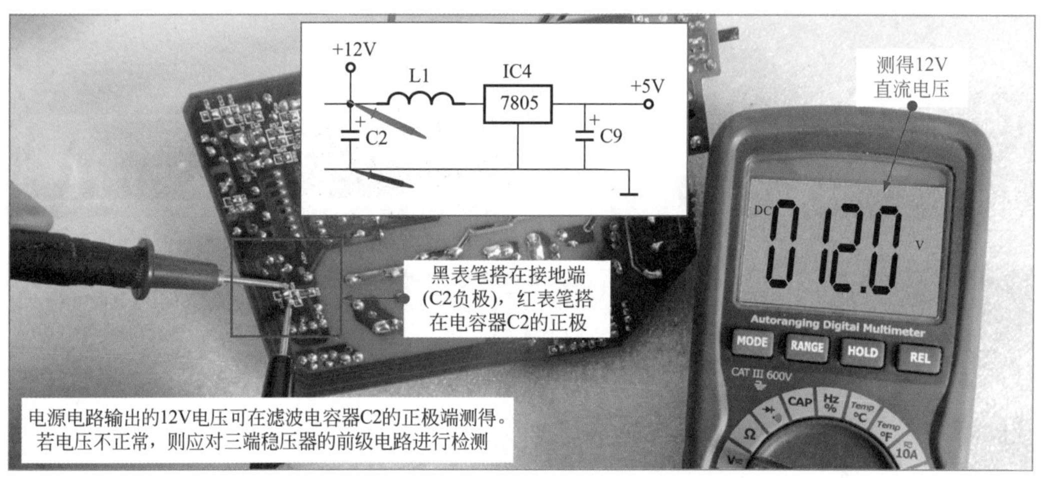

图 4-23　空调器电源电路直流输出电压的检测

② 万用表检测三端稳压器　使用万用表检测三端稳压器的输入、输出电压，判断三端稳压器是否损坏。三端稳压器的检测方法如图 4-24 所示。若输入电压不正常，则说明前级电路存在故障；若输入正常，输出电压不正常，则说明三端稳压器已损坏。

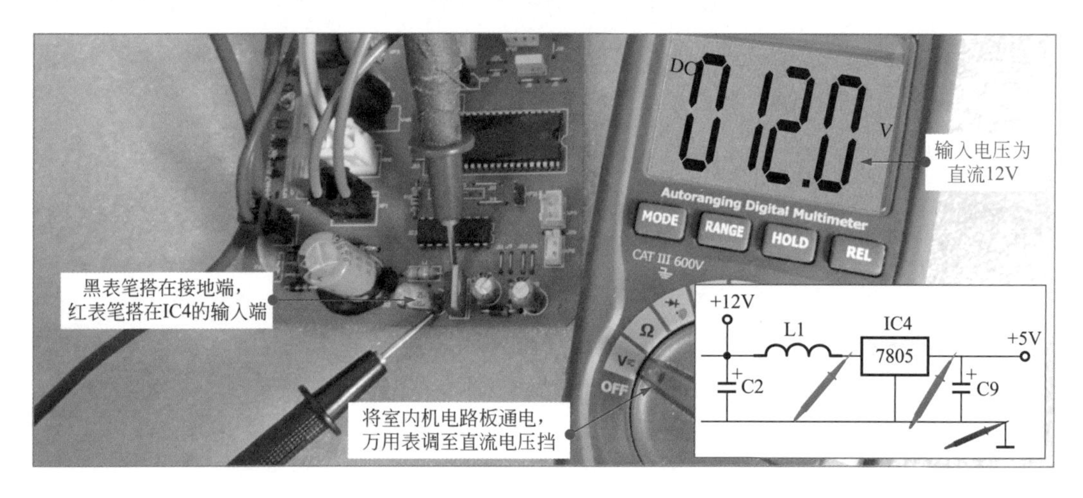

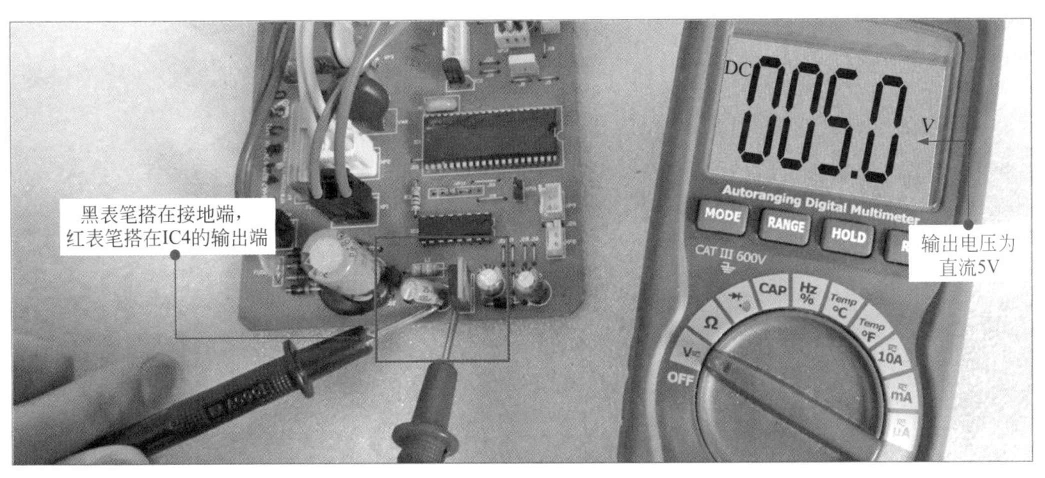

图 4-24　三端稳压器的检测方法

③ 万用表检测桥式整流堆　若三端稳压器输入电压异常，则应检测桥式整流电路，通过检测桥式整流电路的输入、输出电压可判断桥式整流电路是否损坏。

桥式整流电路输入、输出电压的检测方法如图 4-25 所示。若输入电压不正常，则应检测前级电路；若输入电压正常，输出电压异常，则说明桥式整流电路内的二极管有故障。

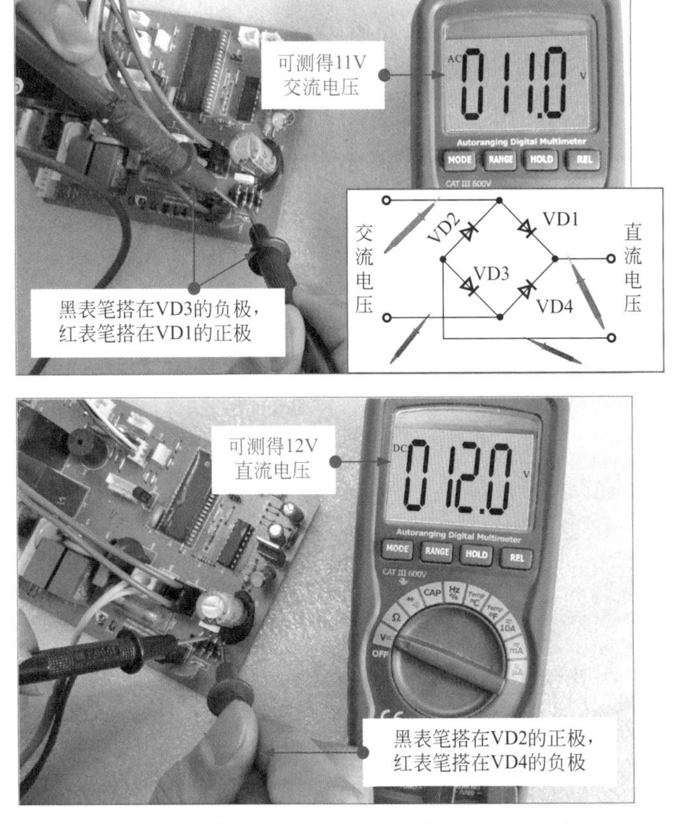

图 4-25　桥式整流电路输入、输出电压的检测方法

（2）万用表检测空调器控制电路

① 万用表检测微处理器　微处理器是整个空调器控制电路的控制核心。检测微处理器时，首先应检测微处理器的供电电压和复位信号。图 4-26 为微处理器供电电压和复位信号的检测。

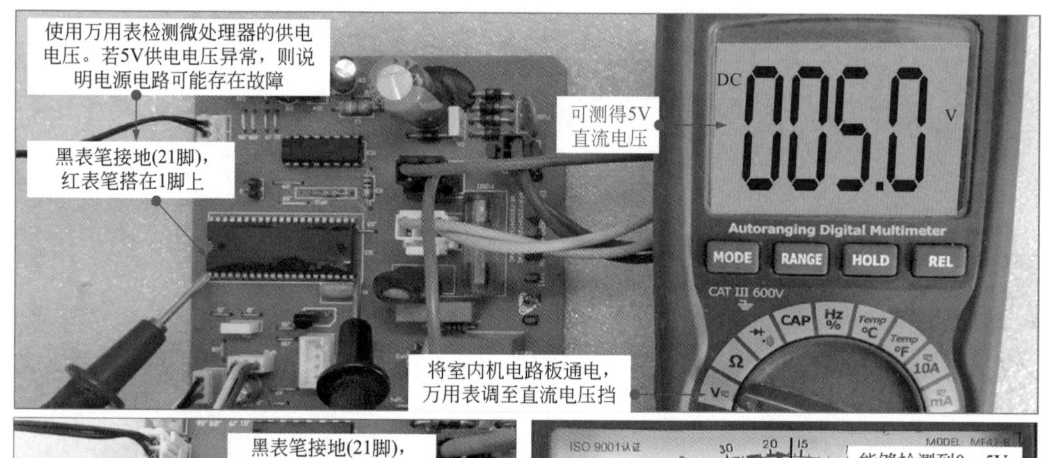

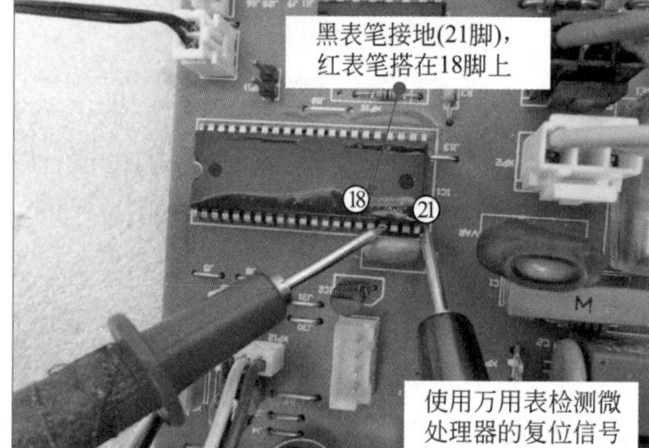

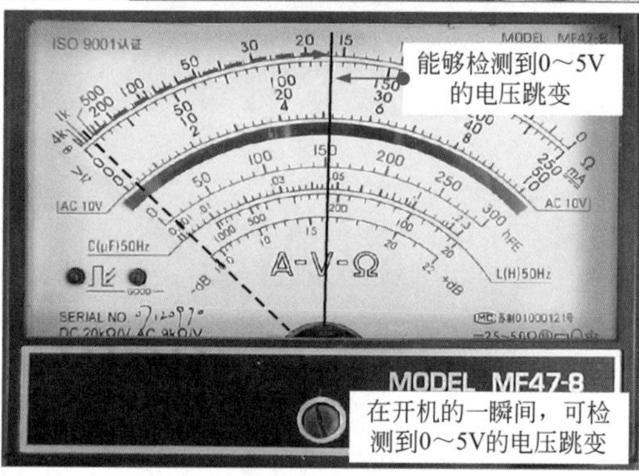

图 4-26　微处理器供电电压和复位信号的检测

提示

如图 4-27 所示为待测微处理器的引脚功能。这是一种具有 42 个引脚的集成电路，其引脚除了基本的工作条件引脚外（1 脚为供电端，2 脚为基准电压端，3 脚、15 脚和 21 脚为接地端，18 脚为复位端，19 脚和 20 脚为时钟信号端），其余多数为 I/O 通道，即指令、检测信号输入和控制信号输出引脚。

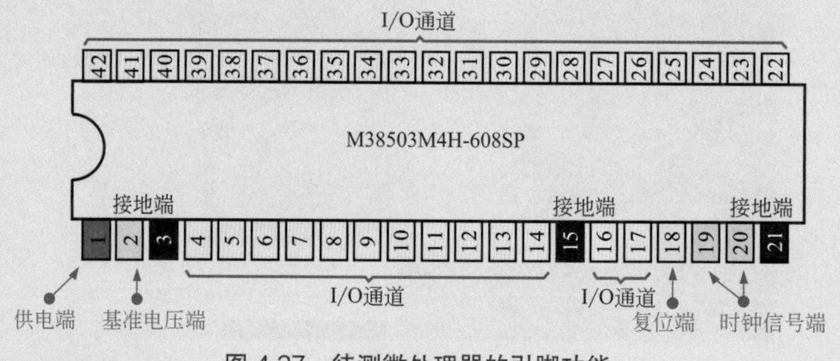

图 4-27　待测微处理器的引脚功能

微处理器工作条件正常，如图 4-28 所示，使用万用表检测微处理器输出信号。

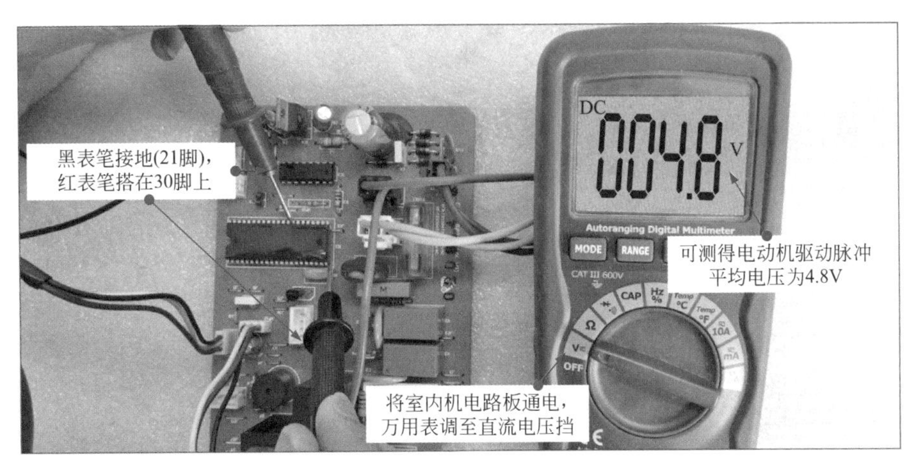

图 4-28 使用万用表检测微处理器输出信号

使用万用表检测微处理器的输出控制信号，在 30 ～ 33 脚可测得导风板电动机的控制信号电压为 4.8V 左右。

② 万用表检测反相器 微处理器输出控制信号送到反相器中，通过反相器对部件进行控制。若微处理器良好，则应对反相器进行检测。使用万用表检测反相器的输入、输出信号电压即可判断反相器是否良好。反相器的检测方法如图 4-29 所示。

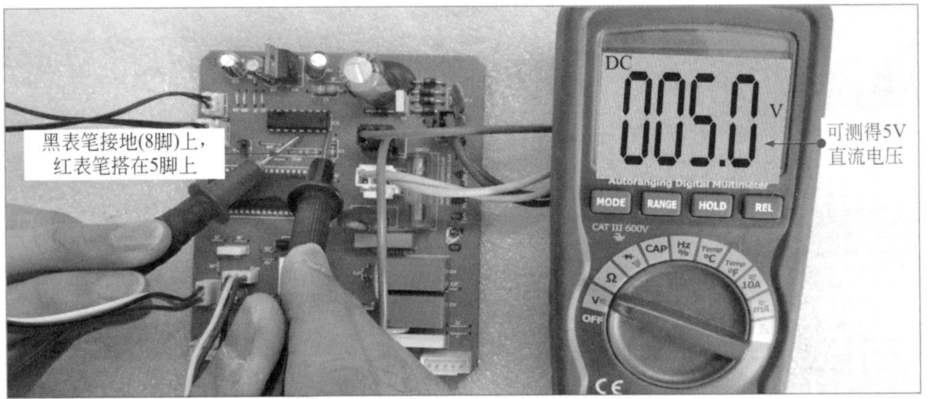

图 4-29 反相器的检测方法

4.3 万用表检测电风扇

4.3.1 万用表检测电风扇启动电容器

启动电容器主要功能是在风扇开机工作时，为风扇电动机的启动绕组提供启动电压，它通常位于风扇电动机附近。启动电容器的一端接交流 220V 电源，另一端与风扇电动机的启动绕组相连。检测启动电容器时，主要是使用万用表检测启动电容器的充放电是否正常。

将万用表调至 ×10kΩ 挡，红、黑表笔分别搭在启动电容器的两条导线端，然后再对调表笔进行检测，如图 4-30 所示。

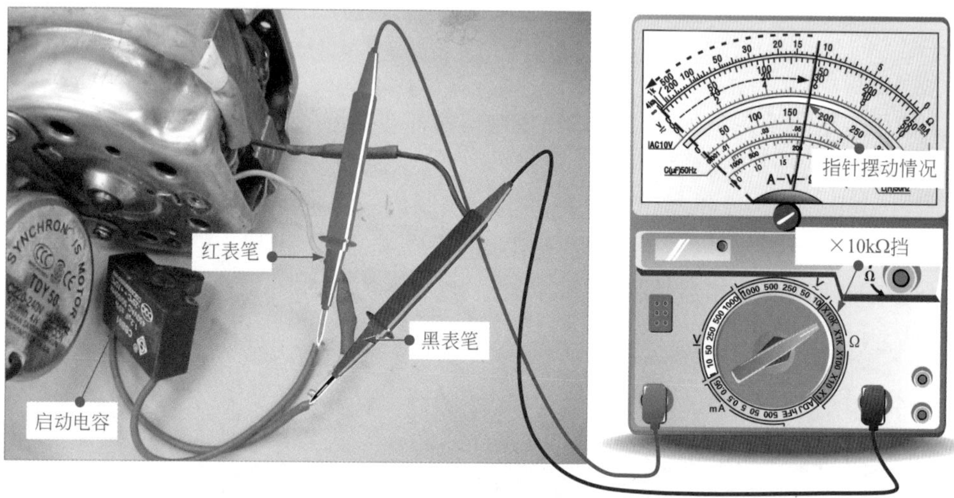

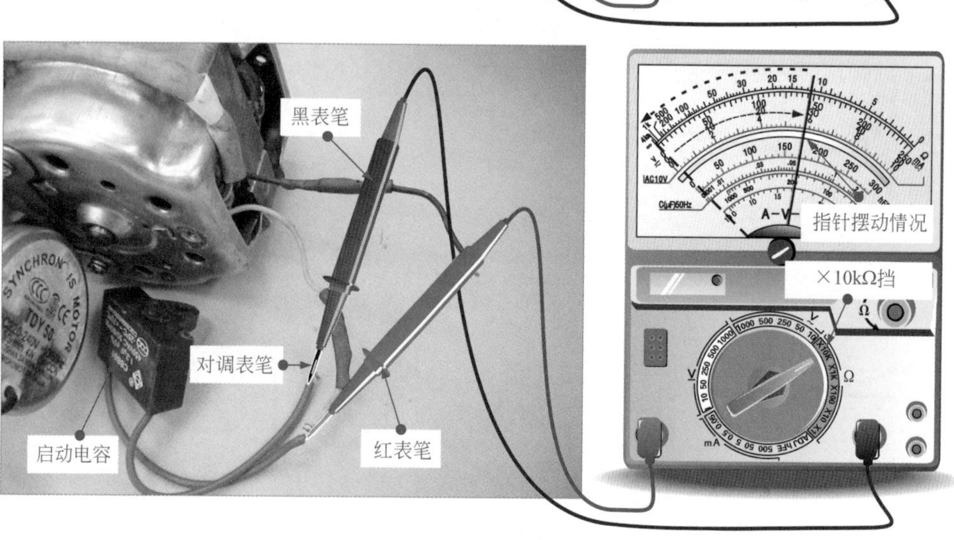

图 4-30　检测启动电容器充放电过程

使用万用表进行检测时，会出现充、放电的过程，即指针从无穷大的位置向电阻小的方向摆动，然后再摆回到无穷大的位置，这说明电容器正常。若万用表指针不摆动或者摆动到电阻为零的位置后不返回，以及万用表摆动到一定的位置后不返回，均表示启动电容器出现故障，应将其更换。

4.3.2 万用表检测电风扇电动机

风扇电动机是电风扇的核心，它与风叶相连，带动风叶转动，使风叶快速切割空气，加速空气流通。使用万用表检测风扇电动机时，主要是通过检测风扇电动机各引线之间的阻值来判断风扇电动机是否正常。

① 如图 4-31 所示，为某壁挂式电风扇的电动机的电路图。从图中可以看出该风扇电动机各绕组之间的电路关系，可通过检测黑色导线与其他导线之间的阻值来判断该风扇电动机是否损坏。

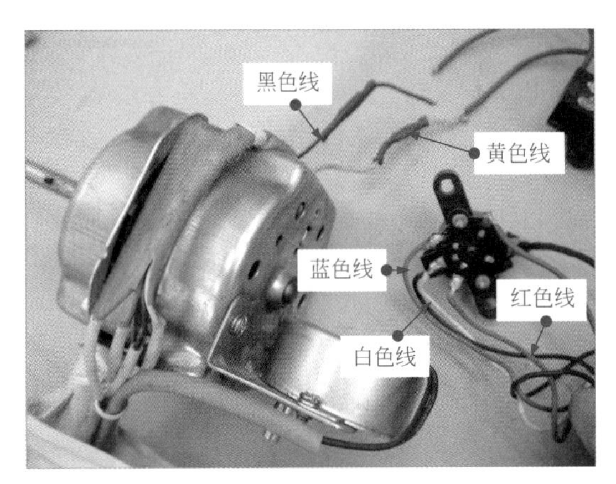

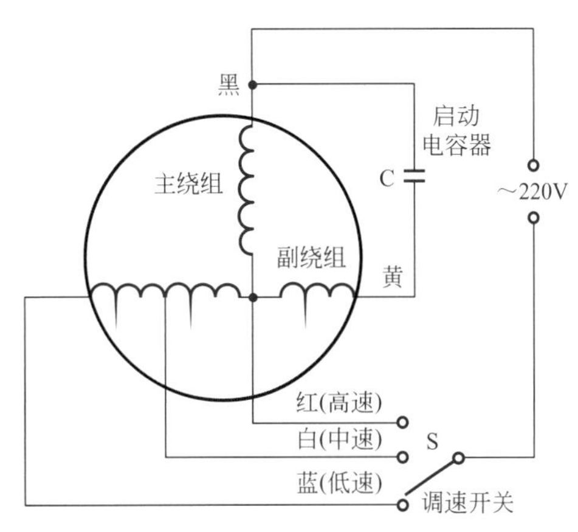

图 4-31　壁挂式电风扇的电动机电路图

提示

风扇电动机大都采用交流感应电动机，它具有两个绕组（线圈），如图 4-32 所示，主绕组通常作为运行绕组，辅助绕组通常作为启动绕组。交流供电电压经启动电容器加到启动绕组上，由于电容器的作用，使启动绕组中所加电流的相位超前于运行绕组 90°，在定子和转子之间就形成了一个启动转矩，使转子旋转起来。外加交流电压使定子线圈形成旋转磁场，维持转子连续旋转，即使启动绕组中电流减小也不影响电动机旋转。实际上，在启动后，由于启动电容器的交流阻抗，启动绕组中的交流电流也减小了，主要靠运行绕组提供驱动磁场。

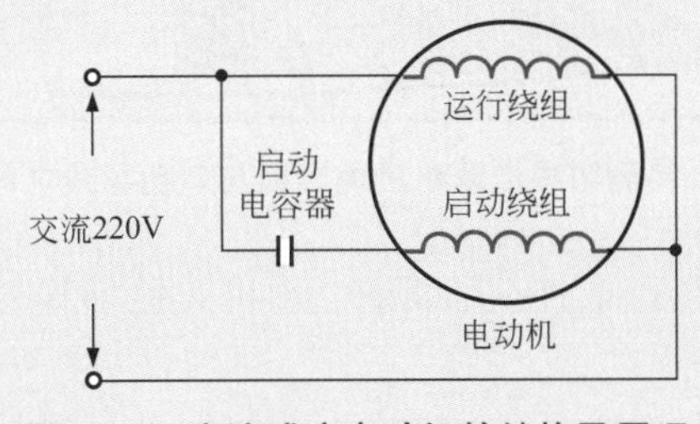

图 4-32　交流感应电动机的结构及原理

② 将万用表调至 ×100Ω 挡，进行调零校正后，将万用表的红、黑表笔分别搭在风扇电动机黑色导线与其他导线上，检测黑色导线与其他导线之间的电阻值。如图 4-33 所示，使用万用表检测黑色导线与黄色导线之间的阻值，经检测该阻值为 1100Ω。

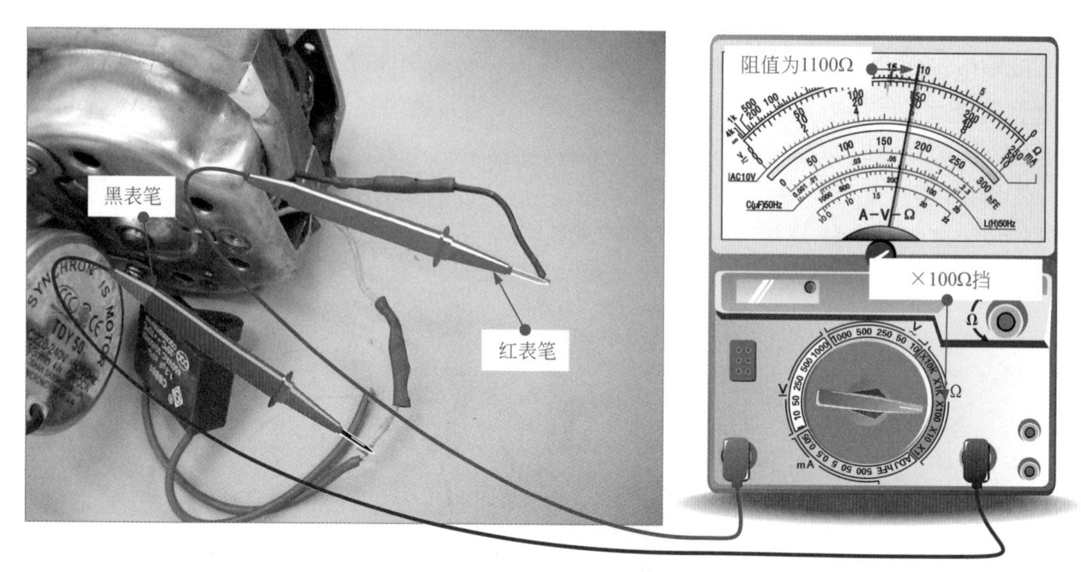

图 4-33　检测风扇电动机黑色导线与黄色导线之间的阻值

③ 将万用表的红、黑表笔分别搭在风扇电动机黑色导线与蓝色导线上，如图 4-34 所示，经检测阻值为 700Ω。

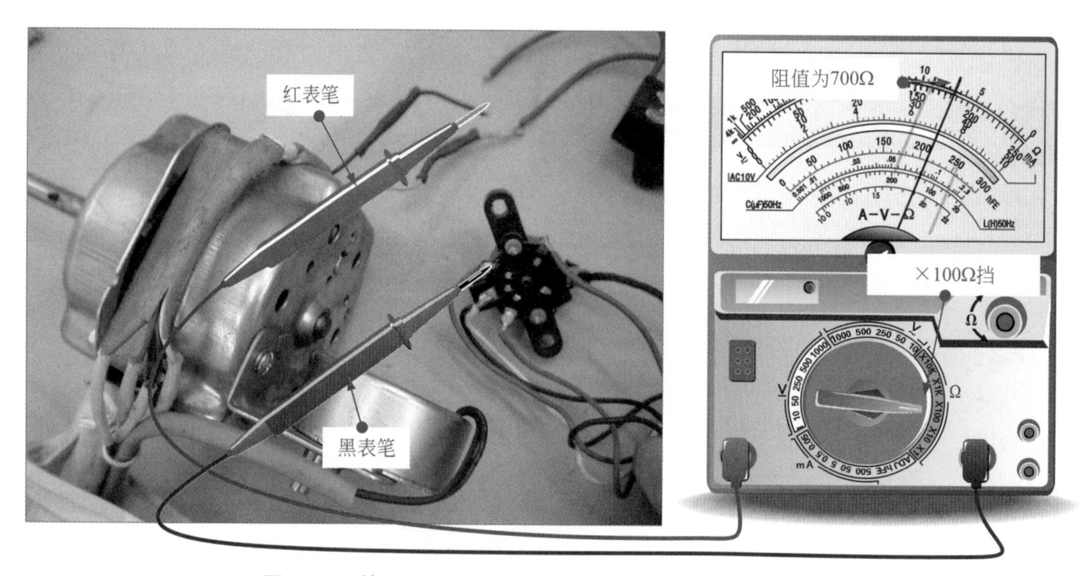

图 4-34　检测风扇电动机黑色导线与蓝色导线之间的阻值

④ 将万用表的红、黑表笔分别搭在风扇电动机黑色导线与白色导线上，如图 4-35 所示，经检测阻值为 500Ω。

⑤ 将万用表的红、黑表笔分别搭在风扇电动机黑色导线与红色导线上，如图 4-36 所示，经检测阻值为 400Ω。

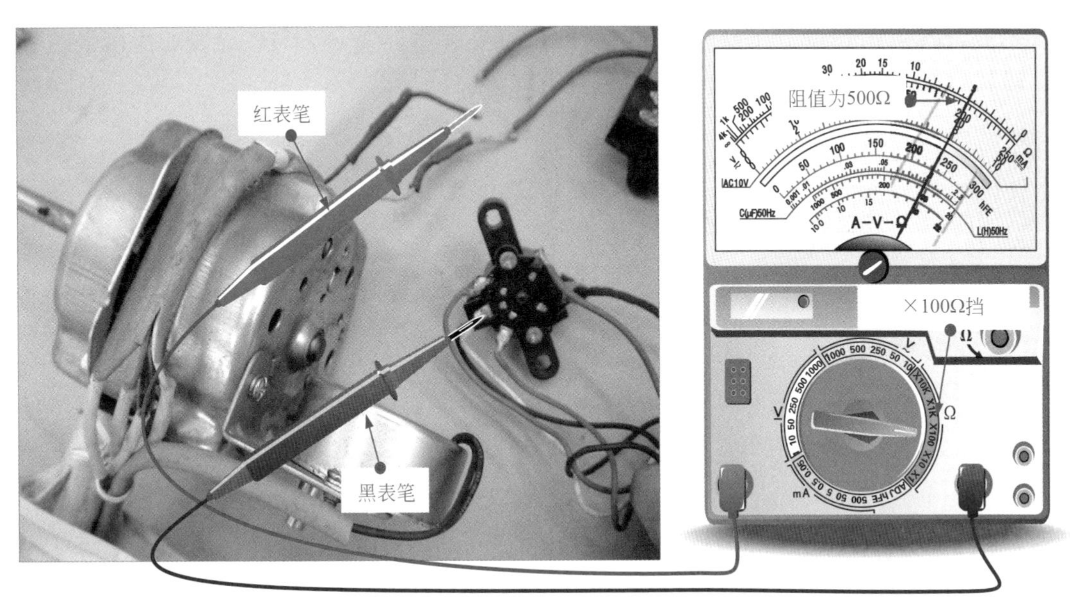

图 4-35 检测风扇电动机黑色导线与白色导线之间的阻值

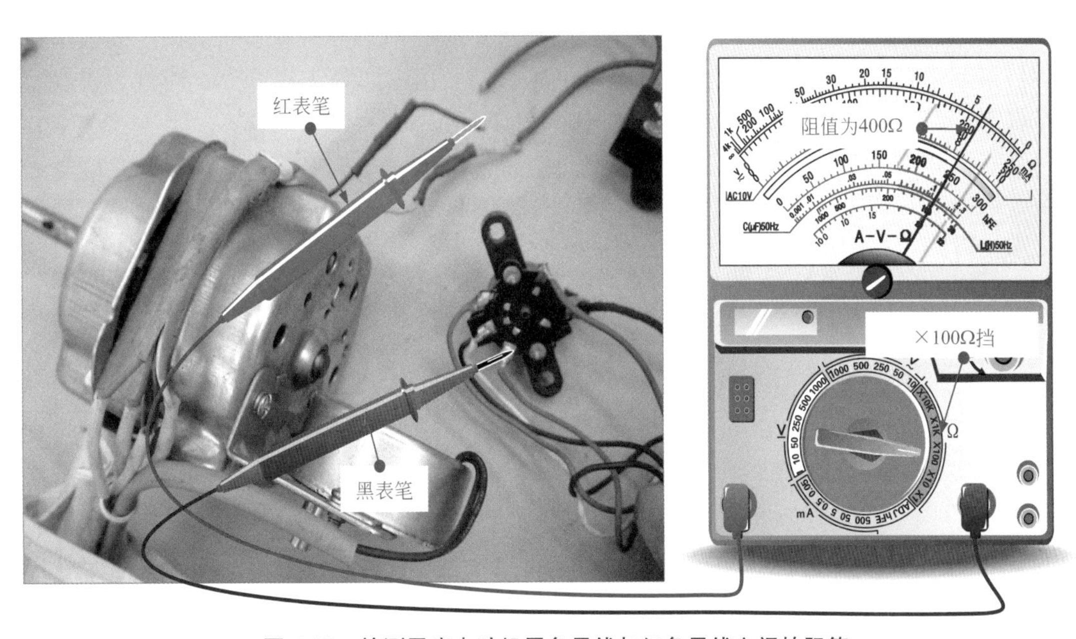

图 4-36 检测风扇电动机黑色导线与红色导线之间的阻值

若在检测过程中，万用表指针指向零或无穷大，或者检测时所测得的阻值与正常值偏差很大，均表明所检测的绕组有损坏，需要将风扇电动机更换；若检测时，黑色导线与其他各导线之间的阻值为几百欧姆至几千欧姆，并且检测时黑色导线与黄色导线之间的阻值始终为最大阻值，表明该风扇电动机正常。

4.3.3 万用表检测电风扇调速开关

调速开关出现故障，将无法对电风扇的风速进行调节。如图 4-37 所示，为调速开关

的外形及背部引脚焊点，在检测调速开关前，可先查看调速开关与各导线的连接是否良好，以及检查调速开关的复位弹簧弹力是否失效。

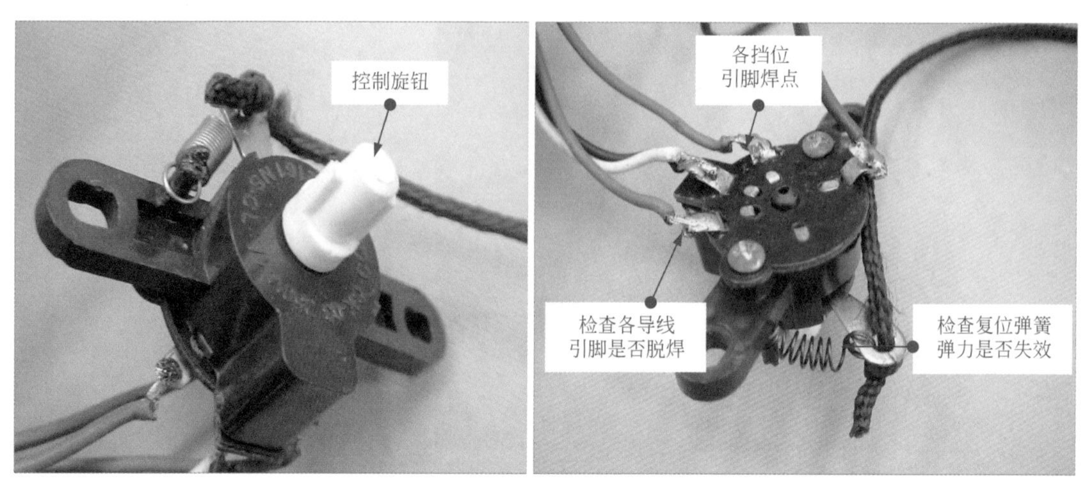

图 4-37　检查导线引脚及复位弹簧

① 根据调速开关原理，当开关搭在不同的挡位时，便会接通不同的线路，根据这一原理，将万用表调至 ×1Ω 挡，检测相应接通挡位的阻值，如图 4-38 所示。将红、黑表笔搭在供电端和一个挡位引脚上，将挡位拨到该引脚上，可测得阻值为 0Ω。

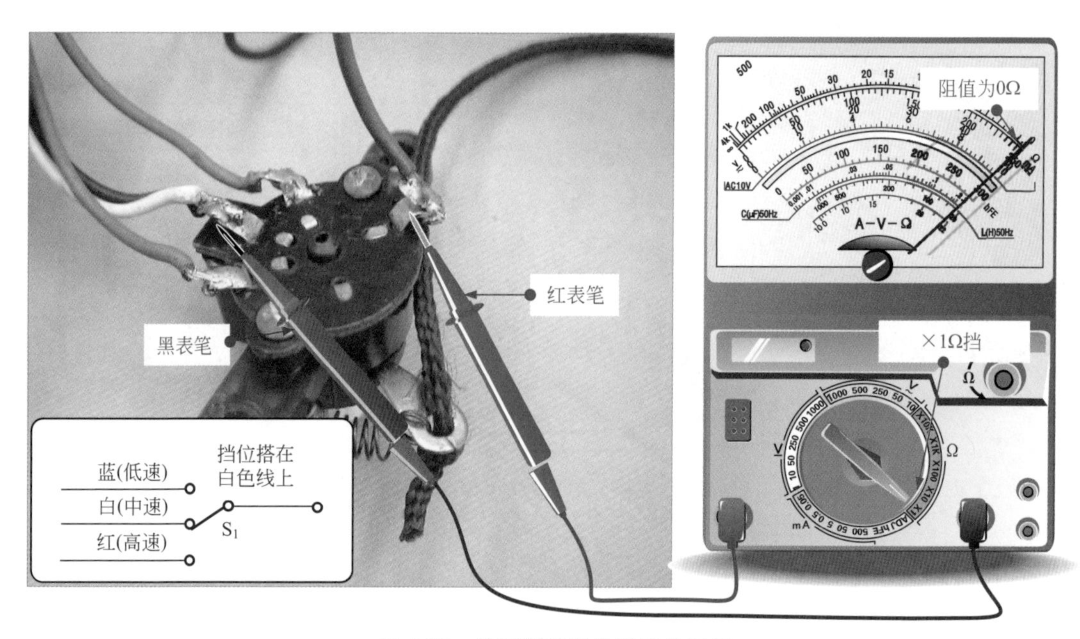

图 4-38　检测调速开关通路的阻值

② 将挡位拨到别的引脚上，这时，万用表测得的阻值为无穷大，如图 4-39 所示。若实际检测与上述结果偏差很大，则可能开关内部存在故障，可通过对其拆解检查机械部分，或整体更换来排除故障。

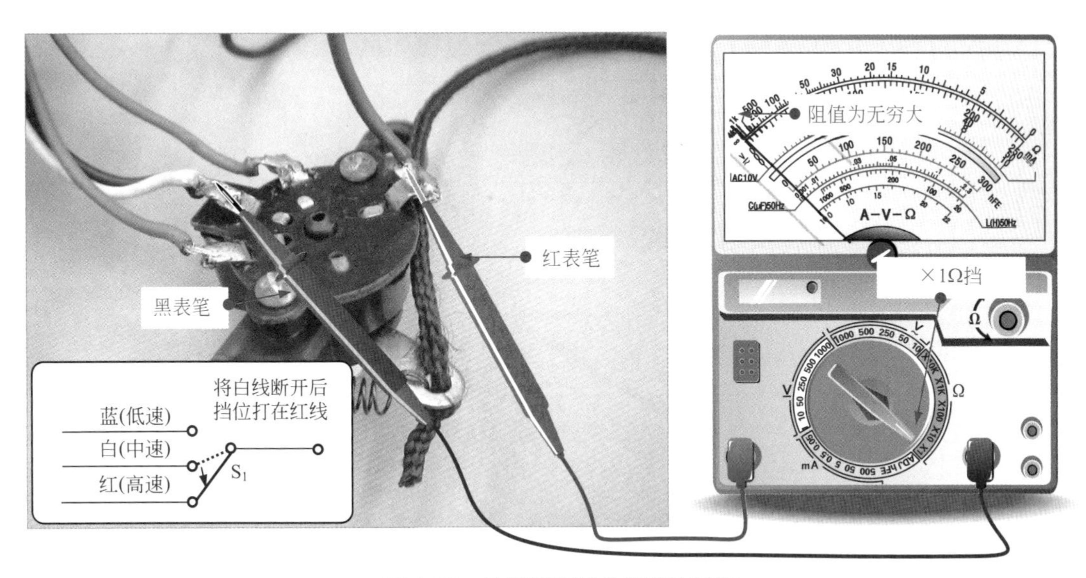

图 4-39 检测调速开关断路的阻值

提示

交流风扇电动机的调速采用绕组线圈抽头的方法比较多，即绕组线圈抽头与调速开关的不同挡位相连，通过改变绕组线圈的数量，从而使定子线圈所产生磁场强度发生变化，实现速度调整。如图 4-40 所示，为一种壁挂式电风扇电动机绕组的结构，运行绕组中设有两个抽头，这样就可以实现三速可变的风扇电动机。由于两组线圈接成 L 字母形，也就被称之为 L 形绕组结构。若两个绕组接成 T 字母形，便被称为 T 形绕组结构，其工作原理与 L 形抽头调速电动机相同。

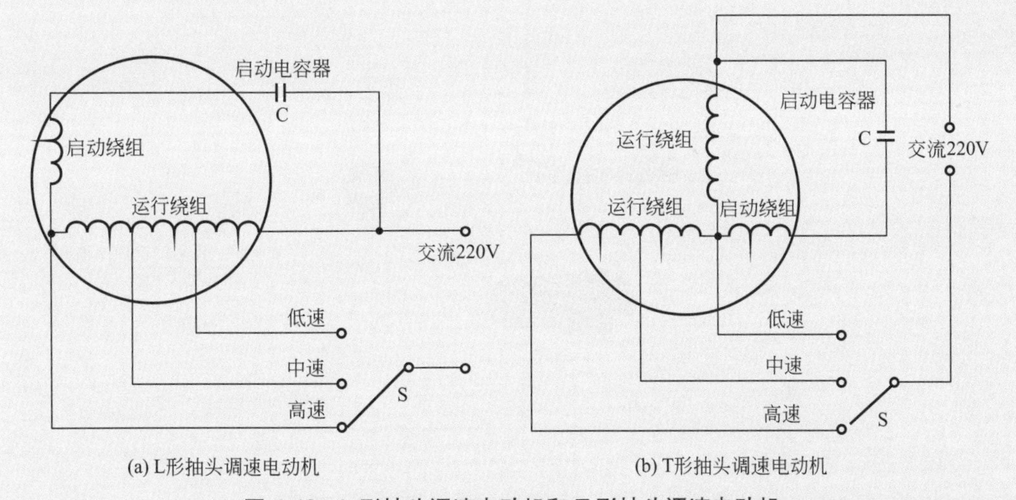

图 4-40 L 形抽头调速电动机和 T 形抽头调速电动机

如图 4-41 所示，为双抽头连接方式的电动机，即运行绕组和启动绕组都设有抽头。通过改变绕组所产生的磁场强弱进行调速。

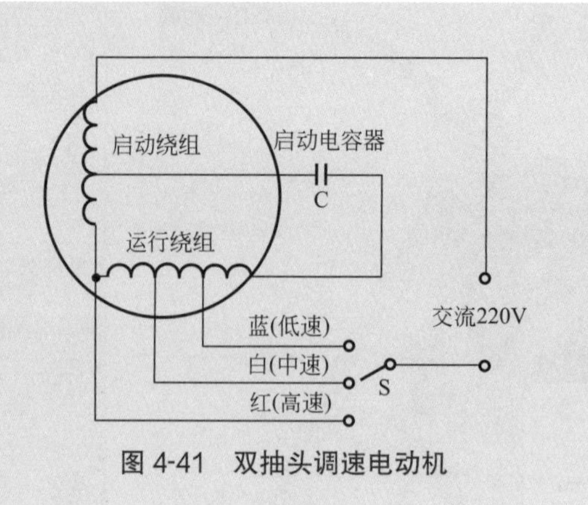

图 4-41　双抽头调速电动机

4.3.4 万用表检测电风扇摆头电动机

摆头电动机用于控制风叶机构摆动，使电风扇向不同方向送风。摆头电动机由摆头开关进行控制。当按下摆头开关时，摆头电动机便会带动风扇机构来回摆动。使用万用表检测摆头电动机的阻值，可以判断其是否损坏。

提示

摆头电动机固定在风扇电动机机构上，连杆的一端连接在支承机构上，当摆头电动机旋转时，由偏心轴带动连杆运动，从而实现风叶机构的左右往复摆动。摆头电动机齿轮与变速齿轮咬合，从而有效降低摆动的速度，如图 4-42 所示。

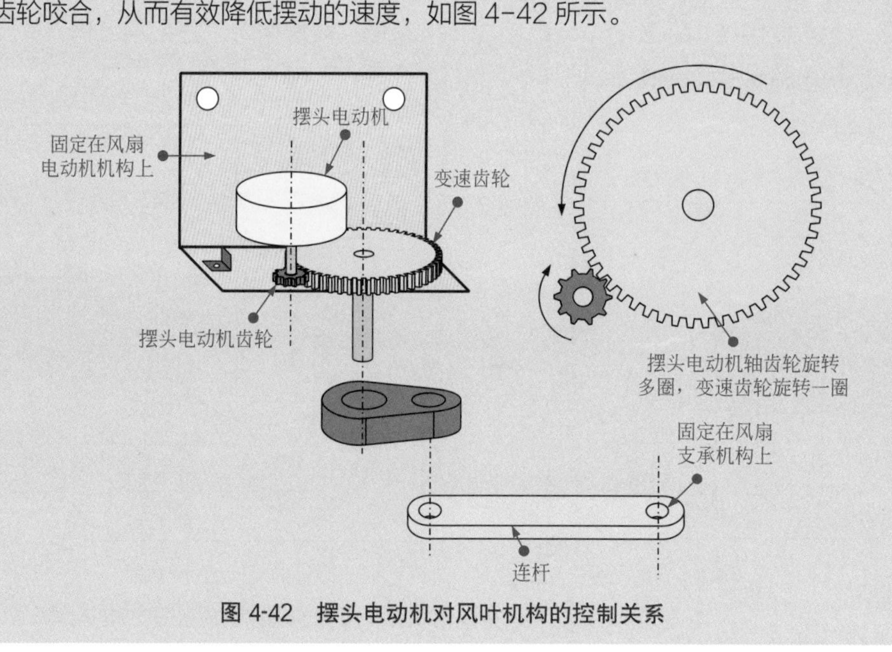

图 4-42　摆头电动机对风叶机构的控制关系

摆头电动机通常由两根黑色引线连接，其中一根黑色引线连接调速开关，另一根黑色引线接摆头开关，因此在检测时可以检测调速开关和摆头开关上的摆头电动机接线端，来检测摆头电动机。当电风扇出现不能摇头的情况时，就需要对摆头电动机进行检测。

将万用表调至 ×1kΩ 挡，红、黑表笔搭在调速开关和摆头开关的接线端上，正常情况下，摆头电动机的阻值应为几千欧姆左右，如图 4-43 所示。若测得阻值为无穷大或零欧姆，均表示摆头电动机已经损坏。

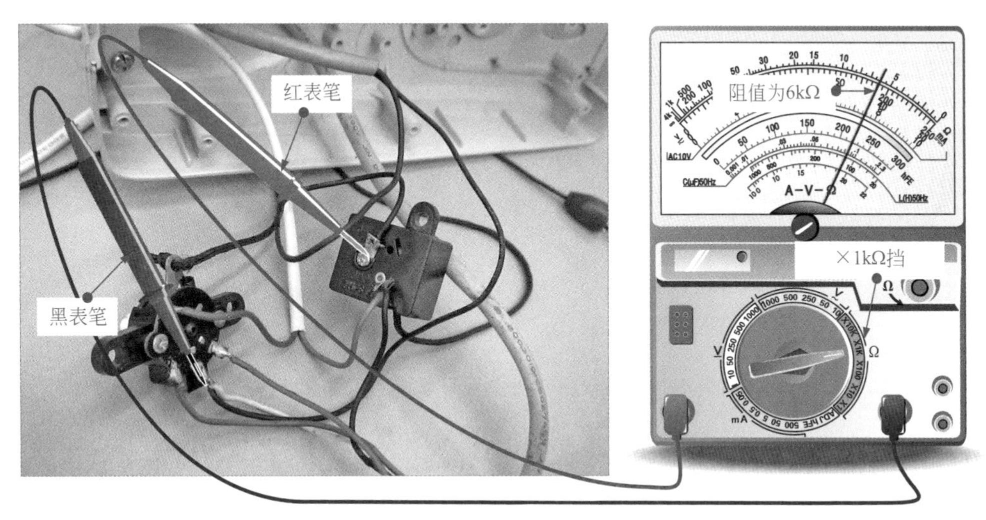

图 4-43　检测摆头电动机阻值

4.3.5 万用表检测电风扇摇头开关

若摇头开关损坏，会导致电风扇的摇头功能失效，使电风扇只能保持在一个位置送风。摇头开关比较简单，它相当于一个简单的按钮开关，拉动控制线可以实现开关的通断。使用万用表检测其通断状态下的阻值，即可判断好坏。

① 将万用表调至 ×1Ω 挡，红、黑表笔搭在摇头开关的两个接线端，在闭合状态下，检测到的阻值为 0Ω，如图 4-44 所示。

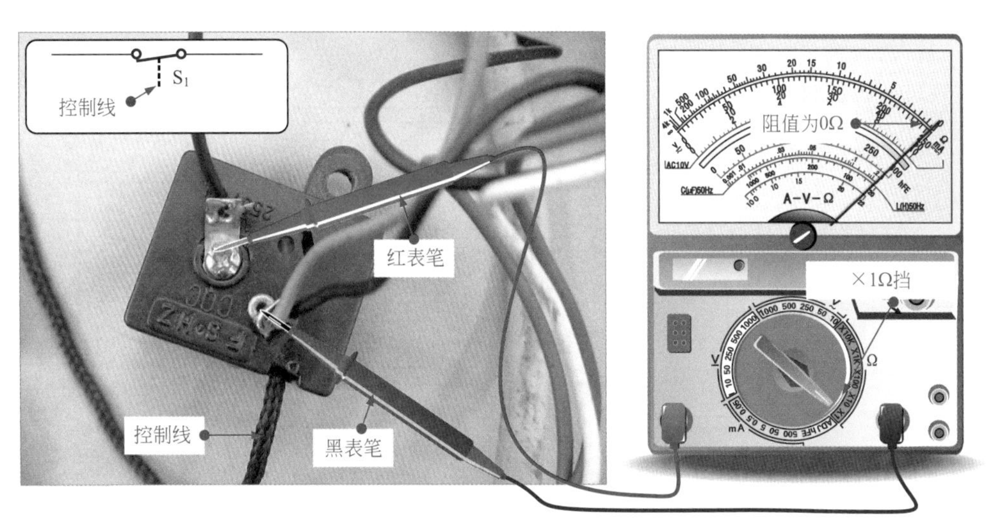

图 4-44　检测摇头开关闭合状态下的阻值

② 红、黑表笔依然搭在摇头开关的两个接线端，在断开状态下，检测到的阻值应为无穷大，如图 4-45 所示。

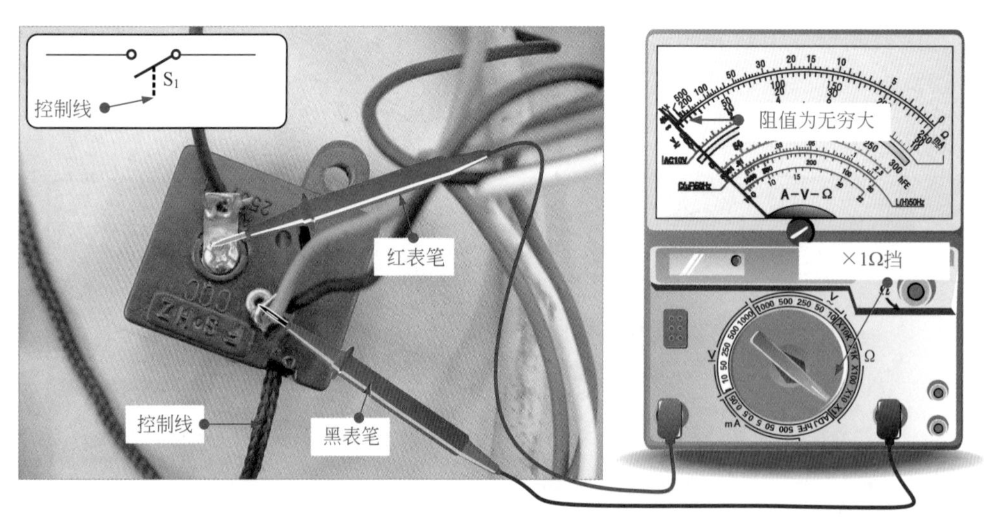

图 4-45　检测摇头开关断开状态下的阻值

若实际检测与上述结果偏差很大，则可能开关内部存在故障，可通过对其拆解检查机械部分，或整体更换来排除故障。

4.4 万用表检测洗衣机

洗衣机是由功能部件和电子元器件连接组合而成，因此掌握万用表对洗衣机中主要部件的检测方法是洗衣机检测时非常重要的操作技能。使用万用表检测洗衣机部件，主要是检测进水电磁阀、水位开关、排水器件、程序控制器、微处理器、二极管、洗涤电动机启动电容器、安全门装置、加热器等，如图 4-46 所示。

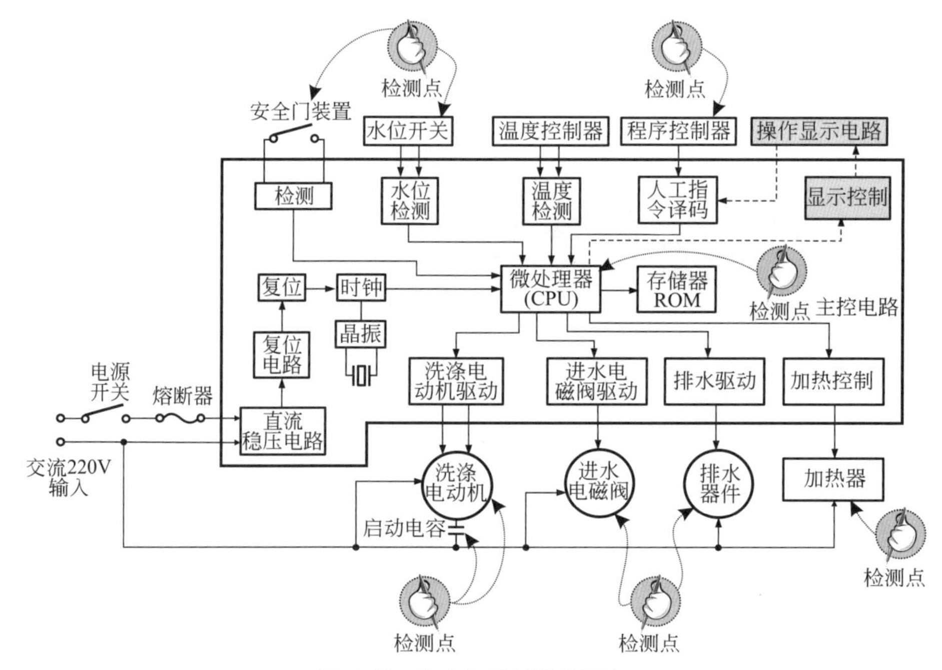

图 4-46　洗衣机部件的检测点

4.4.1 万用表检测洗衣机进水电磁阀

① 用万用表检测洗衣机的进水电磁阀，要先将洗衣机设置在“洗衣”状态，然后再检测进水电磁阀供电端的电压。将万用表量程调至 AC 250V 交流电压挡，红、黑表笔分别搭在进水电磁阀电磁线圈 1 的供电端。正常情况下，进水电磁阀电磁线圈 1 的供电电压应为 220V 左右，如图 4-47 所示。

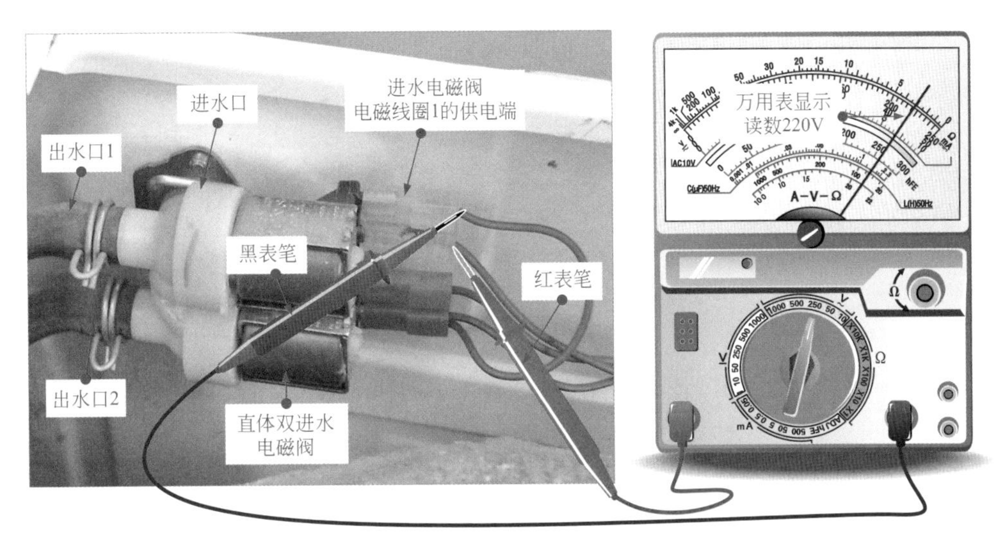

图 4-47 进水电磁阀电磁线圈 1 的供电电压的检测操作

将万用表量程调至 AC 250V 交流电压挡，红、黑表笔分别搭在进水电磁阀电磁线圈 2 的供电端。正常情况下，进水电磁阀电磁线圈 2 的供电电压应为 220V 左右，如图 4-48 所示。

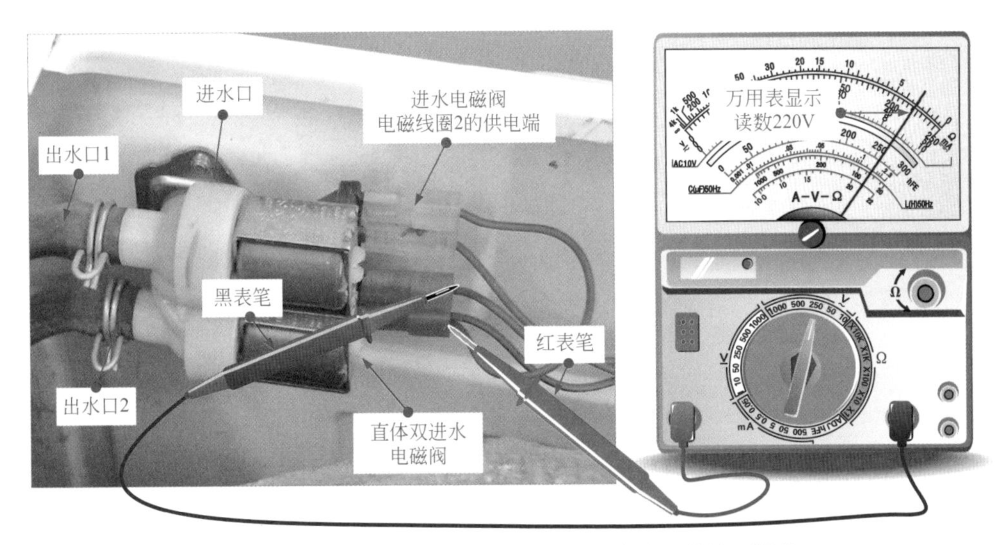

图 4-48 进水电磁阀电磁线圈 2 的供电电压的检测操作

② 若进水电磁阀的供电电压正常，应继续对进水电磁阀电磁线圈的绕组阻值进行进一步检测。检测时，将万用表量程调至 ×1kΩ 挡，红、黑表笔分别搭在进水电磁阀电磁

线圈 1 的连接端。正常情况下，进水电磁阀电磁线圈 1 的绕组阻值应为 3.5kΩ 左右，如图 4-49 所示。

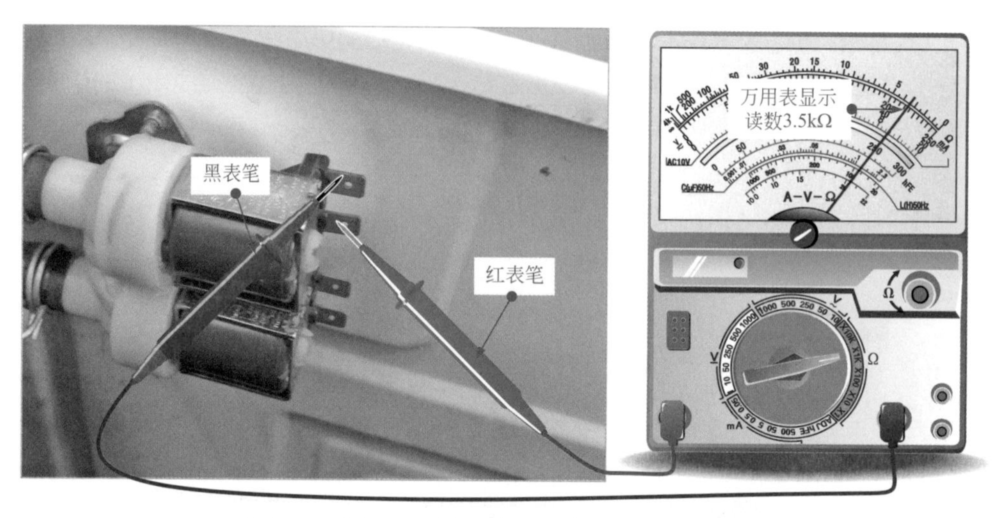

图 4-49　进水电磁阀电磁线圈 1 绕组阻值的检测操作

将万用表量程调至 ×1kΩ 挡，红、黑表笔分别搭在进水电磁阀电磁线圈 2 的连接端。正常情况下，进水电磁阀电磁线圈 2 的绕组阻值应为 3.5kΩ 左右，如图 4-50 所示。

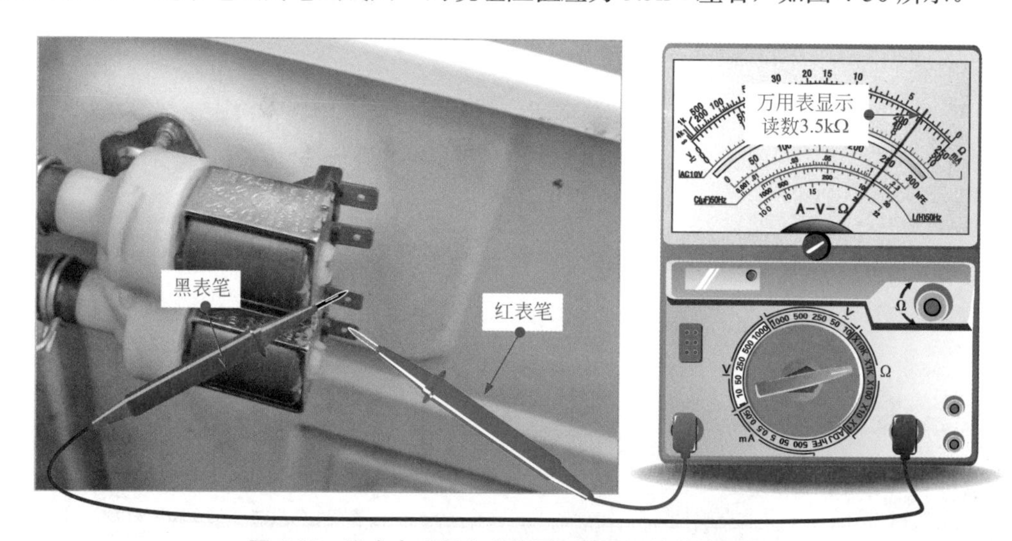

图 4-50　进水电磁阀电磁线圈 2 绕组阻值的检测操作

提示

用万用表测量电阻时，每切换一次量程都要进行一次零欧姆校正。因此，这项调整在测量时要经常进行。

4.4.2　万用表检测洗衣机水位开关

① 万用表检测水位开关时，将万用表量程调至 ×1Ω 挡，红、黑表笔分别搭在水位开

关的低水位控制开关的连接端。正常情况下，水位开关的低水位控制开关的阻值应为0Ω，如图4-51所示。

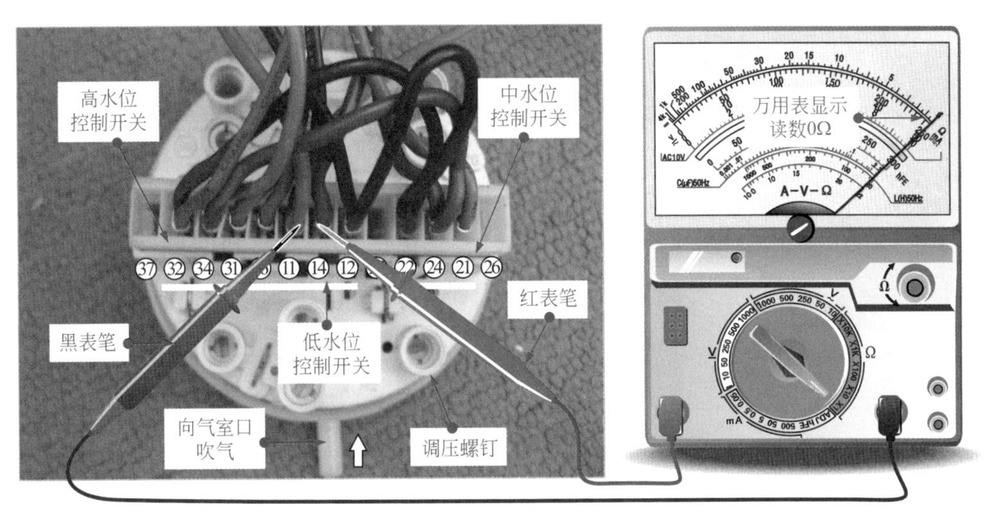

图4-51 水位开关的低水位控制开关阻值的检测操作

② 若水位开关的低水位控制开关正常，应继续对水位开关的中水位控制开关的阻值进行检测。检测时，将万用表量程调至×1Ω挡，红、黑表笔分别搭在水位开关的中水位控制开关的连接端。正常情况下，水位开关的中水位控制开关的阻值应为0Ω，如图4-52所示。

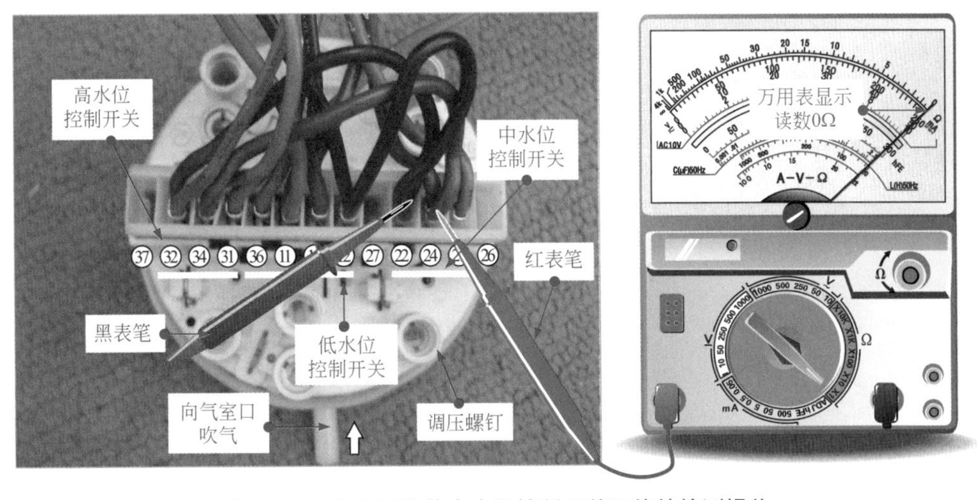

图4-52 水位开关的中水位控制开关阻值的检测操作

③ 若水位开关的低、中水位控制开关均正常，应继续对水位开关的高水位控制开关的阻值进行检测。检测时，将万用表量程调至×1Ω挡，红、黑表笔分别搭在水位开关的高水位控制开关的连接端，正常情况下，水位开关的高水位控制开关的阻值应为0Ω，如图4-53所示。

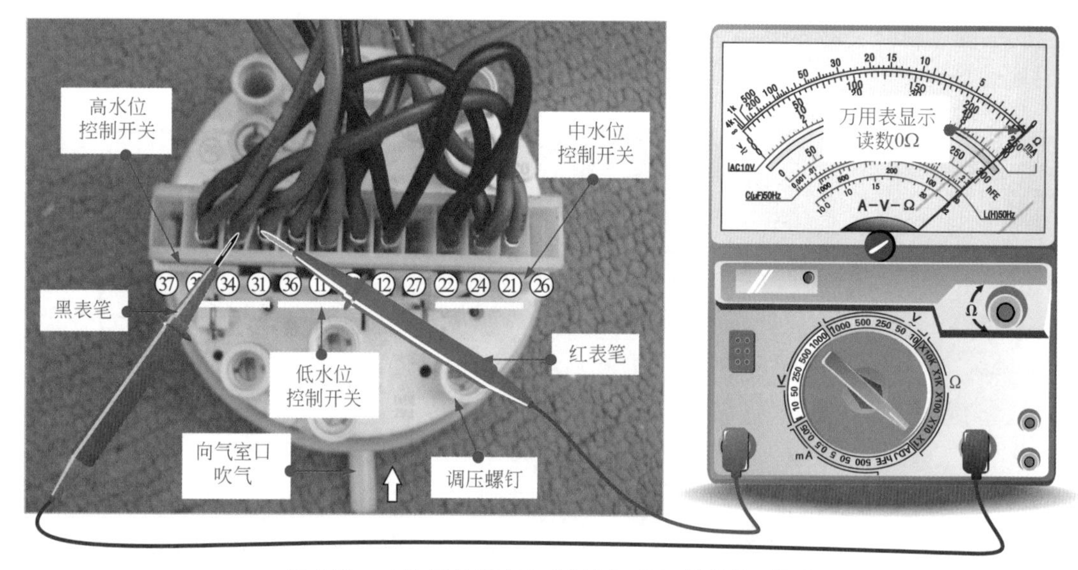

图 4-53 水位开关的高水位控制开关阻值的检测操作

4.4.3 万用表检测洗衣机排水器件

（1）万用表检测排水泵

① 检测排水泵前，要先将洗衣机设置在“脱水”状态，然后再检测排水泵供电端的电压。检测时，将万用表量程调至 AC 250V 交流电压挡，红、黑表笔分别搭在排水泵的供电端。正常情况下，排水泵的供电电压应为 220V 左右，如图 4-54 所示。

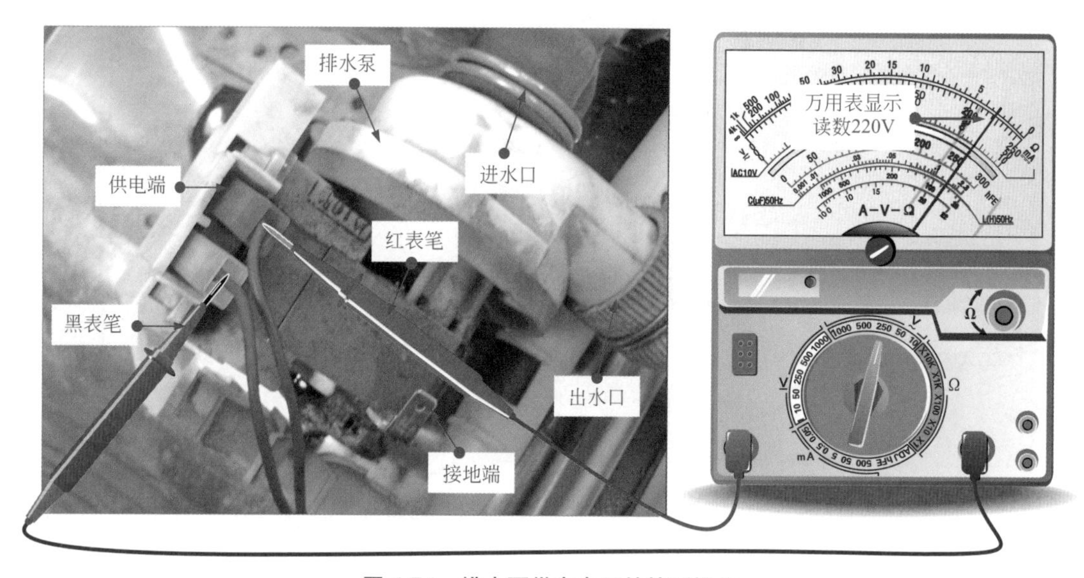

图 4-54 排水泵供电电压的检测操作

② 若排水泵的供电电压正常，应继续对排水泵的绕组阻值进行进一步检测。检测时，将万用表量程调至 ×1Ω 挡，红、黑表笔分别搭在排水泵的连接端，正常情况下，水泵的绕组阻值应为 22Ω 左右，如图 4-55 所示。

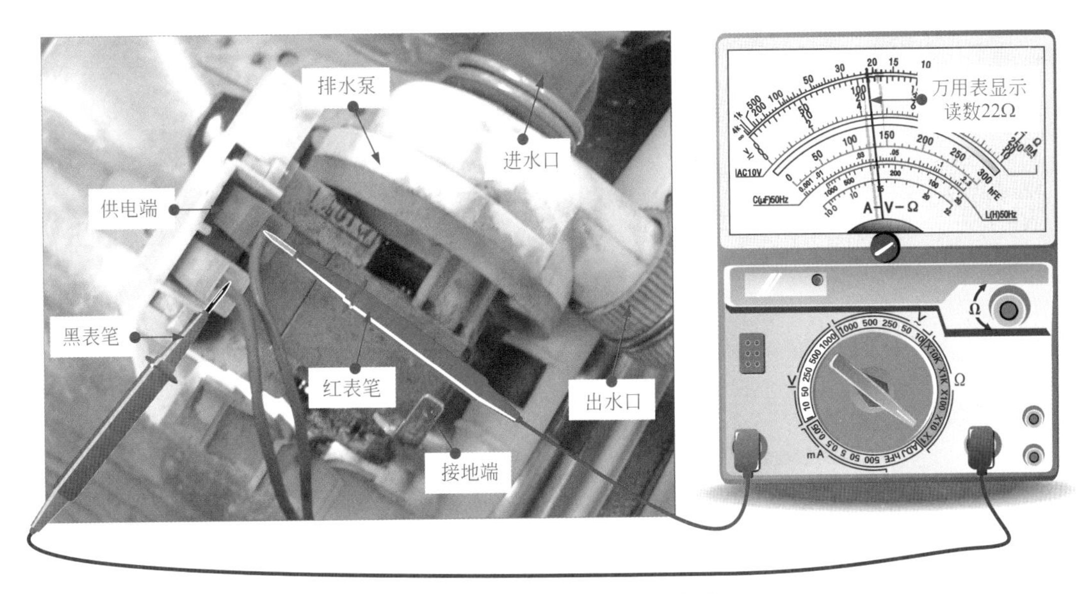

图 4-55　排水泵阻值的检测操作

（2）万用表检测电磁牵引式排水阀

① 检测电磁牵引式排水阀前，要先将洗衣机设置在“脱水”状态，然后再检测电磁牵引器供电端的电压。检测时，将万用表量程调至 AC 250V 交流电压挡，红、黑表笔分别搭在电磁牵引器的供电端。正常情况下，电磁牵引器的供电电压应为 220V 左右，如图 4-56 所示。

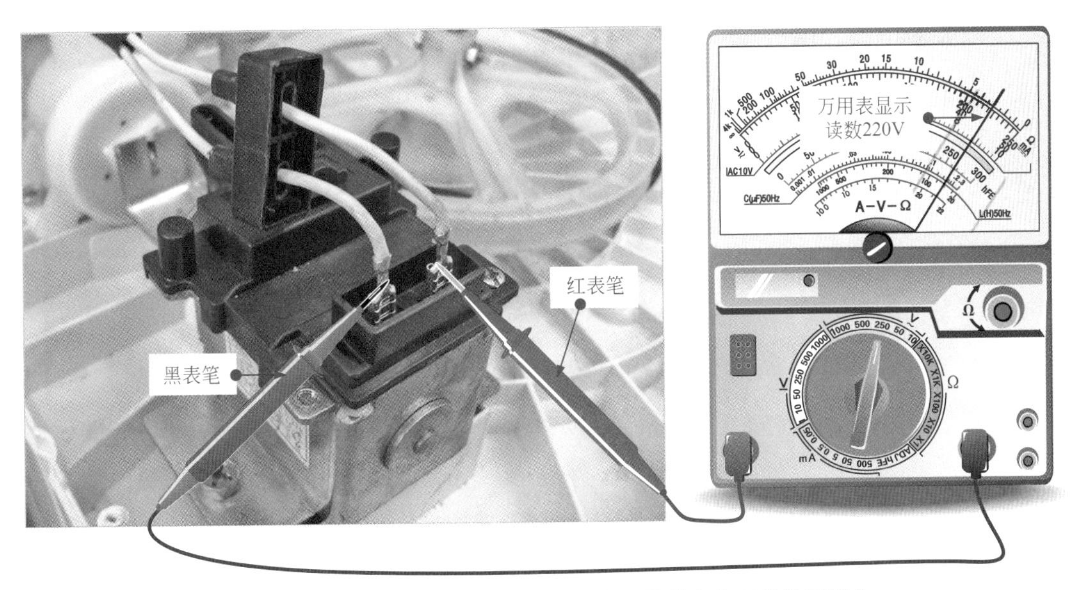

图 4-56　电磁牵引式排水阀中电磁牵引器供电电压的检测操作

② 若电磁牵引式排水阀中电磁牵引器的供电电压正常，应继续对电磁牵引式排水阀中电磁牵引器的阻值进行进一步检测。检测时，将万用表量程调至 ×10Ω 挡，红、黑表笔分别搭在电磁牵引器的连接端。正常情况下，电磁牵引器的阻值应为 114Ω 左右，如图 4-57 所示。

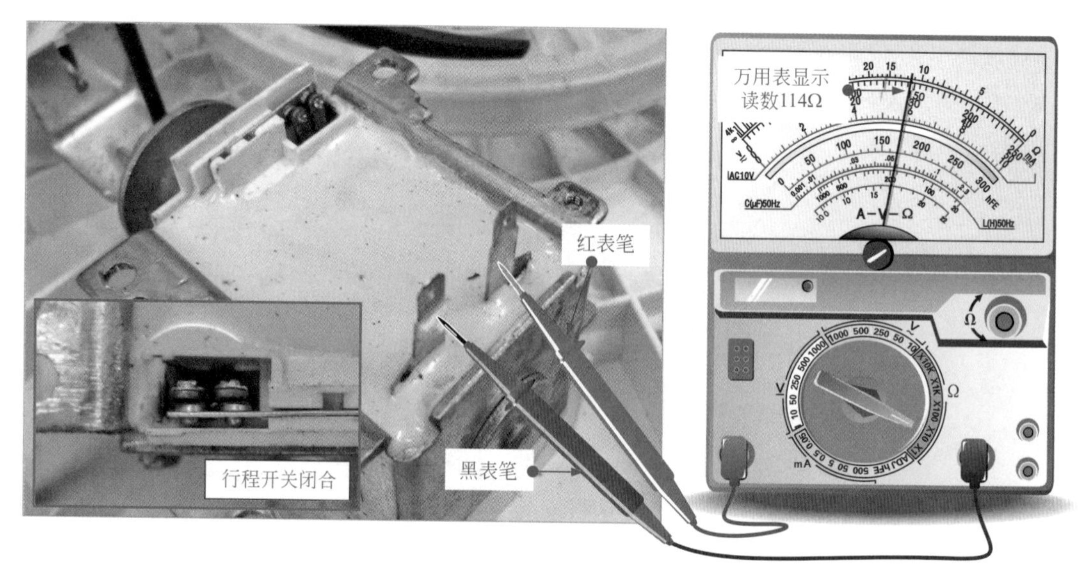

图 4-57　电磁牵引器转换触点闭合时阻值的检测操作

③ 若电磁牵引器在触点闭合时，阻值正常，应继续对其在触点断开时的阻值进行进一步检测。检测时，将万用表量程调至 ×1kΩ 挡，红、黑表笔分别搭在电磁牵引器的连接端。正常情况下，电磁牵引器的阻值应为 3.2kΩ 左右，如图 4-58 所示。

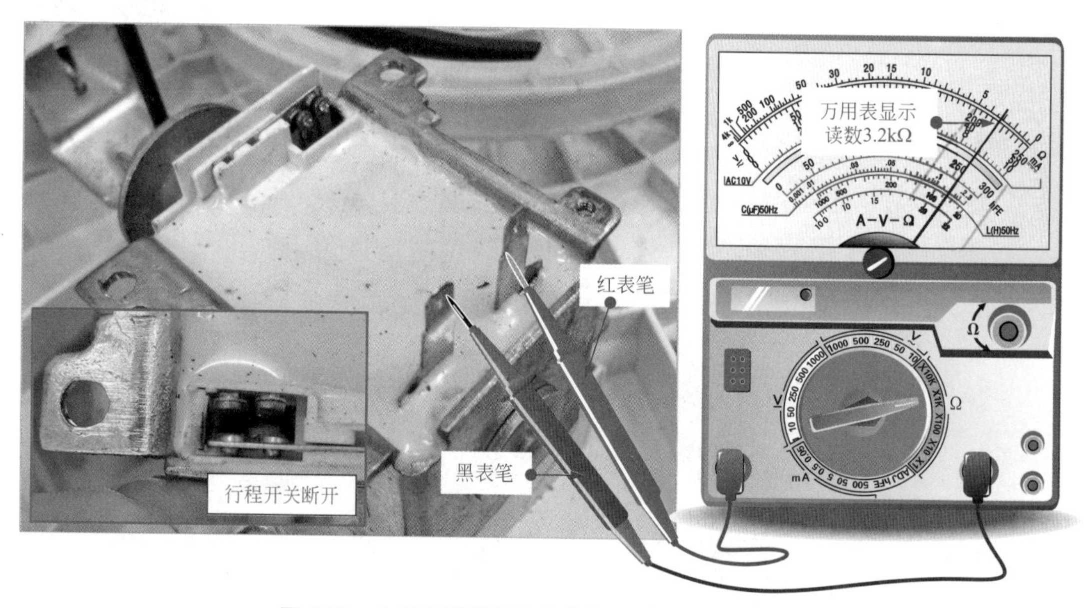

图 4-58　电磁牵引器转换触点断开时阻值的检测操作

（3）万用表检测电动机牵引式排水阀

① 检测电动机牵引式排水阀前，要先将洗衣机设置在“脱水”状态，然后再检测电动机牵引器供电端的电压。检测时，将万用表量程调至 AC 250V 交流电压挡，红、黑表笔分别搭在电动机牵引器的供电端。正常情况下，电动机牵引式排水阀中的电动机牵引器的供电电压应为 220V 左右，如图 4-59 所示。

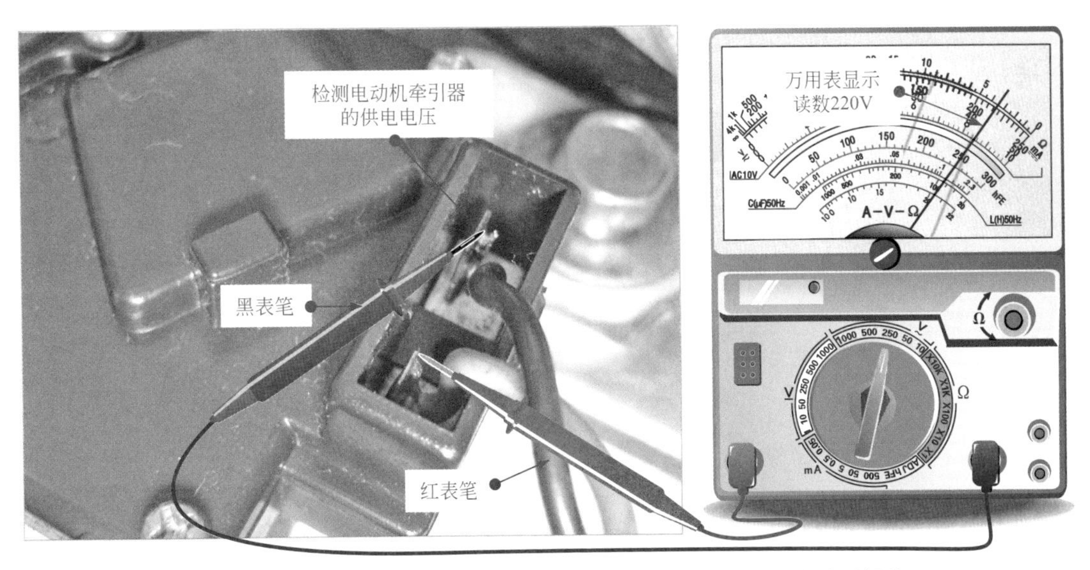

图 4-59 电动机牵引式排水阀中的电动机牵引器供电电压的检测操作

② 若电动机牵引式排水阀的供电电压正常，应继续对电动机牵引式排水阀中电动机牵引器的阻值进行进一步检测。检测时，将万用表量程调至 ×1kΩ 挡，红、黑表笔分别搭在电动机牵引器的连接端。正常情况下，电动机牵引器的阻值应为 3kΩ 左右，如图 4-60 所示。

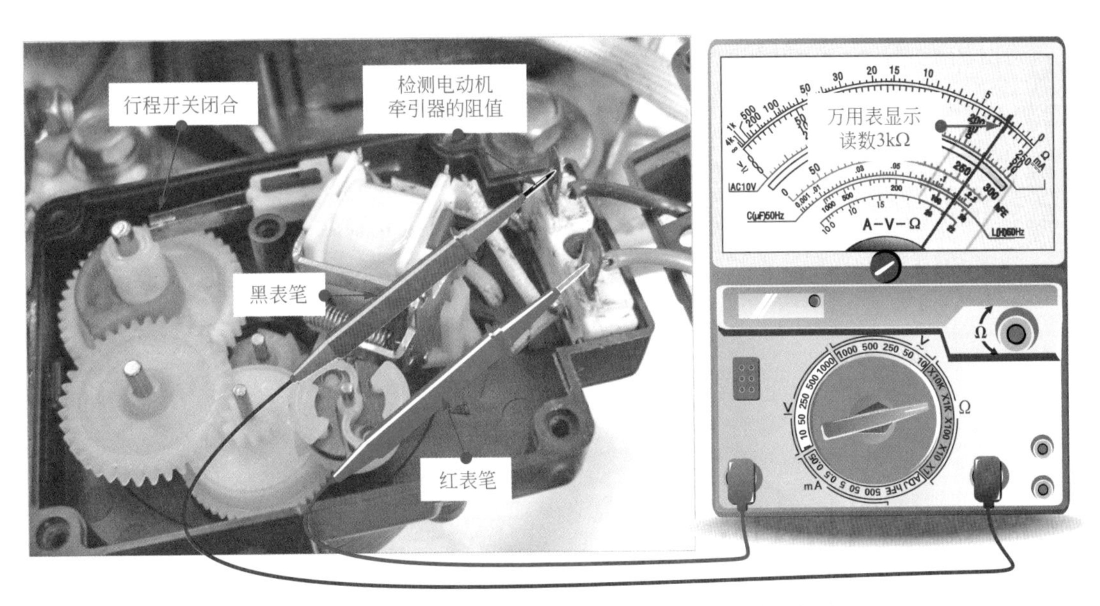

图 4-60 电动机牵引器行程开关闭合时阻值的检测操作

③ 若电动机牵引器在行程开关闭合时，阻值正常，应继续对其在行程开关断开时的阻值进行进一步检测。检测时，将万用表量程调至 ×1kΩ 挡，红、黑表笔分别搭在电磁牵引器的连接端。正常情况下，电磁牵引器的阻值应为 8kΩ 左右，如图 4-61 所示。

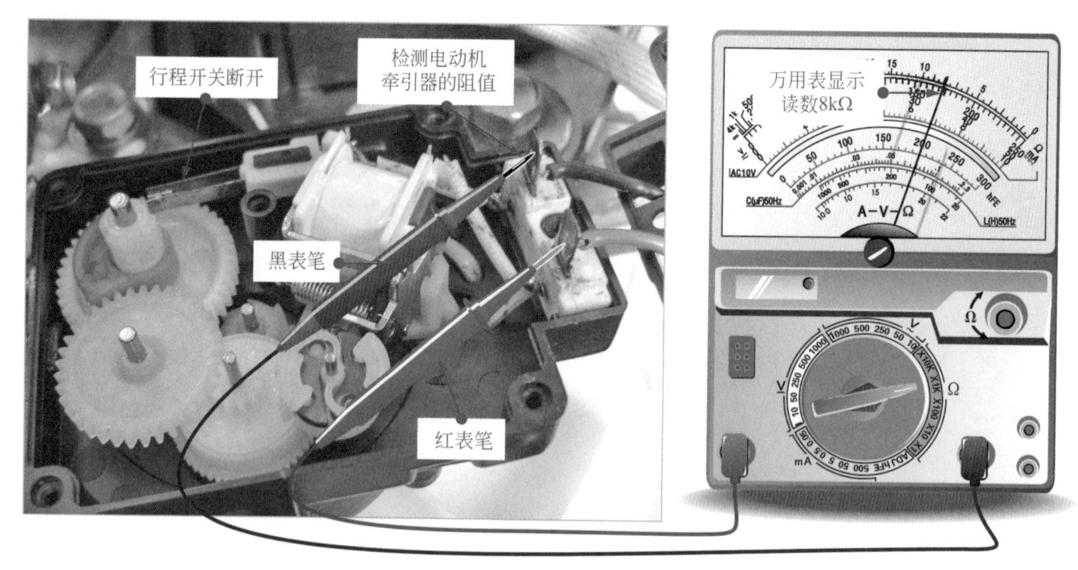

图 4-61　电动机牵引器行程开关断开时阻值的检测操作

4.4.4　万用表检测洗衣机程序控制器

检测程序控制器前，应先将程序控制器拆下，然后再检测同步电动机连接端的阻值。检测时，将万用表量程调至 ×1kΩ 挡，红、黑表笔分别搭在同步电动机的连接端。正常情况下，同步电动机的阻值应为 5kΩ 左右，如图 4-62 所示。

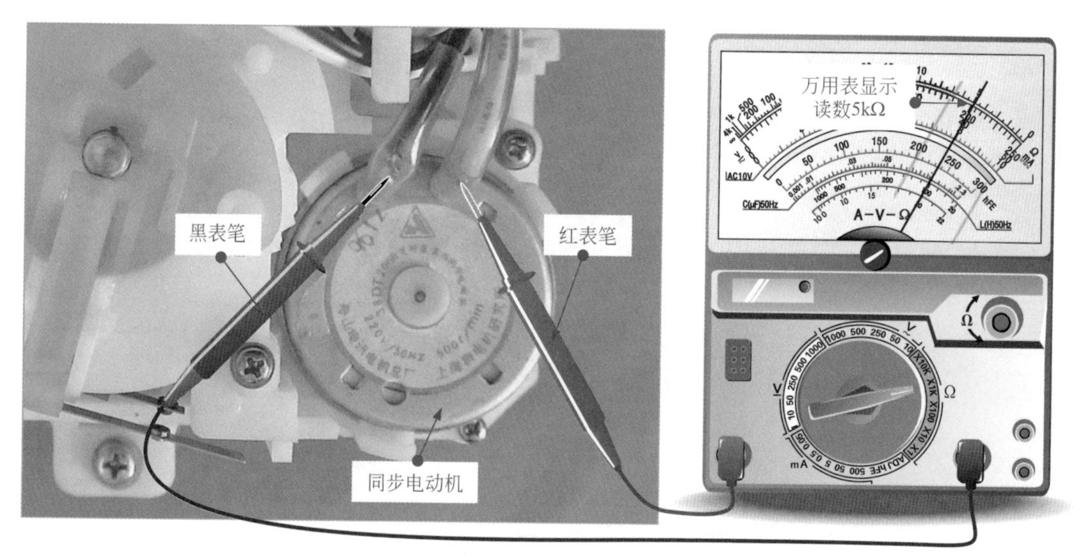

图 4-62　程序控制器中同步电动机阻值的检测操作

4.4.5　万用表检测洗衣机微处理器

用万用表检测微处理器时，应在洗衣机断电的条件下检测，将万用表量程调至 ×1kΩ 挡，黑表笔搭在接地端，红表笔搭在微处理器的各个引脚端，如图 4-63 所示。正常情况下，万用表测得微处理器的阻值如表 4-1 所列。

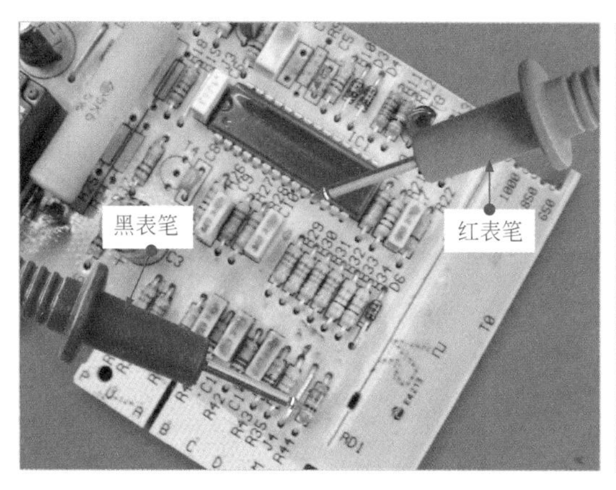

图 4-63 微处理器（IC1）各个引脚阻值的检测操作

表 4-1 微处理器（MN15828）各引脚的对地阻值

引脚	对地阻值 /kΩ	引脚	对地阻值 /kΩ	引脚	对地阻值 /kΩ	引脚	对地阻值 /kΩ
1	0.0	8	23.0	15	5.8	22	0.0
2	0.0	9	23.0	16	5.8	23	0.0
3	27.0	10	28.0	17	5.8	24	16.5
4	18.5	11	28.0	18	5.8	25	16.5
5	22.0	12	28.0	19	5.8	26	31.0
6	20.0	13	28.0	20	5.8	27	31.0
7	32.0	14	28.0	21	0.0	28	15.0

4.4.6 万用表检测洗衣机洗涤电动机

在使用万用表检测洗涤电动机的过程中，应重点对洗涤电动机的供电电压和绕组阻值进行检测。

（1）万用表检测单相异步电动机

① 检测单相异步电动机前，要先将洗衣机断电，然后再检测单相异步电动机三端的绕组阻值。检测时将红表笔搭在黑色导线上，黑表笔搭在棕色导线上，其阻值为35Ω，如图 4-64 所示。

② 将红表笔搭在黑色导线上，黑表笔搭在红色导线上，其阻值为35Ω，如图 4-65 所示。

③ 将红表笔搭在红色导线上，黑表笔搭在棕色导线上，其阻值为70Ω，如图 4-66 所示。

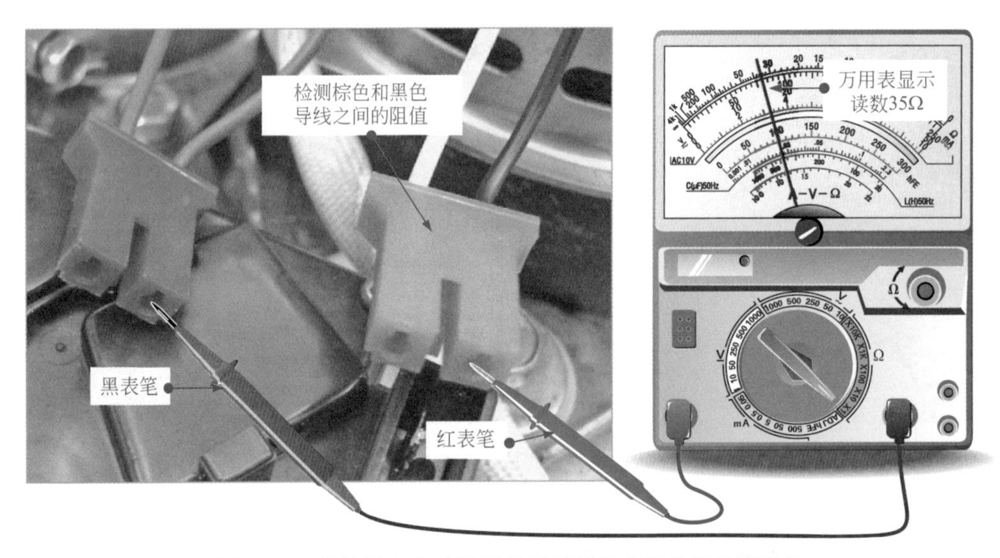

图 4-64　单相异步电动机黑棕导线间绕组阻值的检测操作

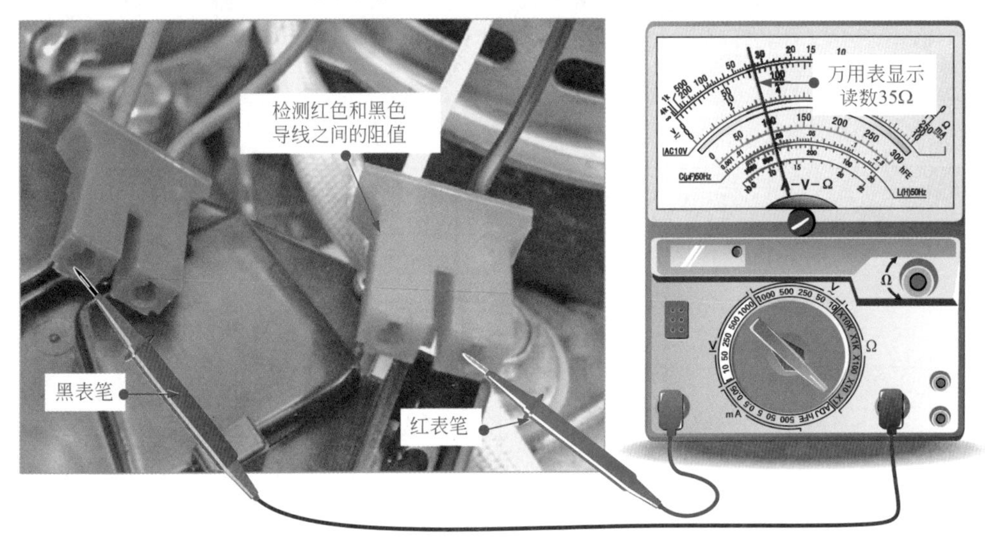

图 4-65　单相异步电动机黑红导线间绕组阻值的检测操作

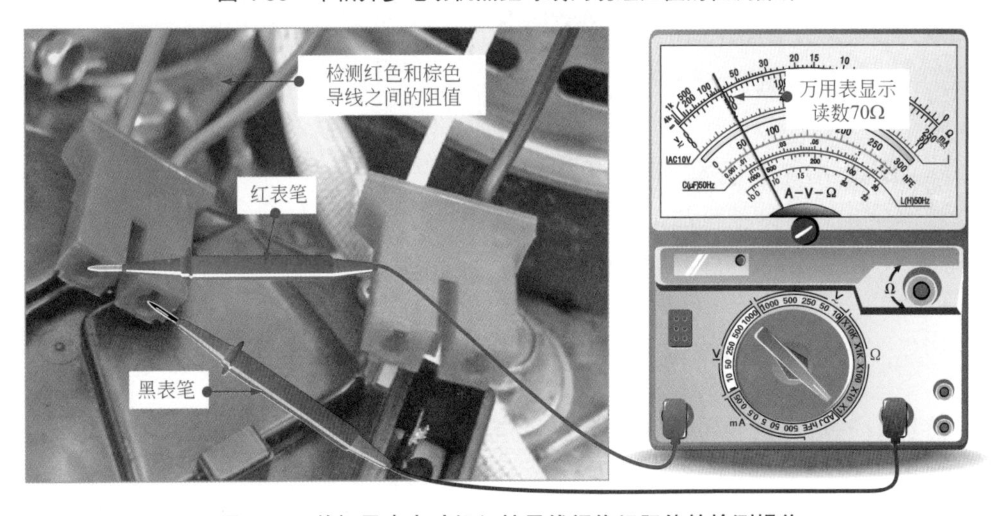

图 4-66　单相异步电动机红棕导线间绕组阻值的检测操作

（2）万用表检测电容运转式双速电动机

① 用万用表检测电容运转式双速电动机时，应先对其过热保护器进行检测。检测时，将万用表量程调至 ×1Ω 挡，红、黑表笔分别搭在过热保护器的连接端。正常情况下，过热保护器的阻值为 27Ω 左右，如图 4-67 所示。

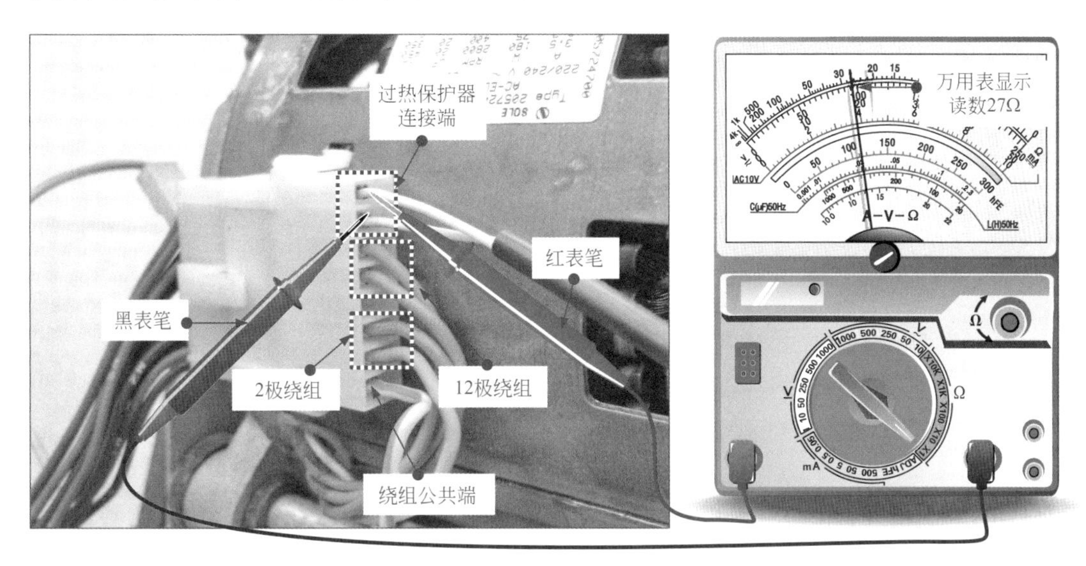

图 4-67 电容运转式双速电动机过热保护器的检测操作

② 若电容运转式双速电动机的过热保护器阻值正常，应继续对电容运转式双速电动机的绕组阻值进行检测。检测时，洗衣机断电，将万用表量程调至 ×1Ω 挡，红、黑表笔分别搭在电容运转式双速电动机的 12 极绕组连接端。正常情况下，12 极绕组的阻值为 28Ω 左右，如图 4-68 所示。

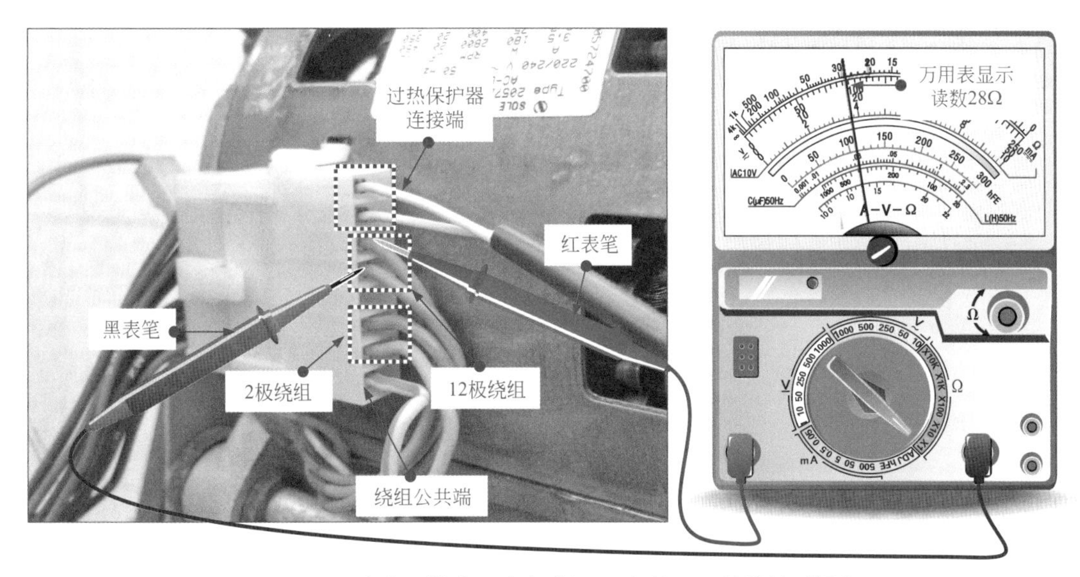

图 4-68 电容运转式双速电动机 12 极绕组阻值的检测操作

③ 将万用表量程调至 ×1Ω 挡，红、黑表笔分别搭在电容运转式双速电动机的 2 极绕组连接端。正常情况下，2 极绕组的阻值为 36Ω 左右，如图 4-69 所示。

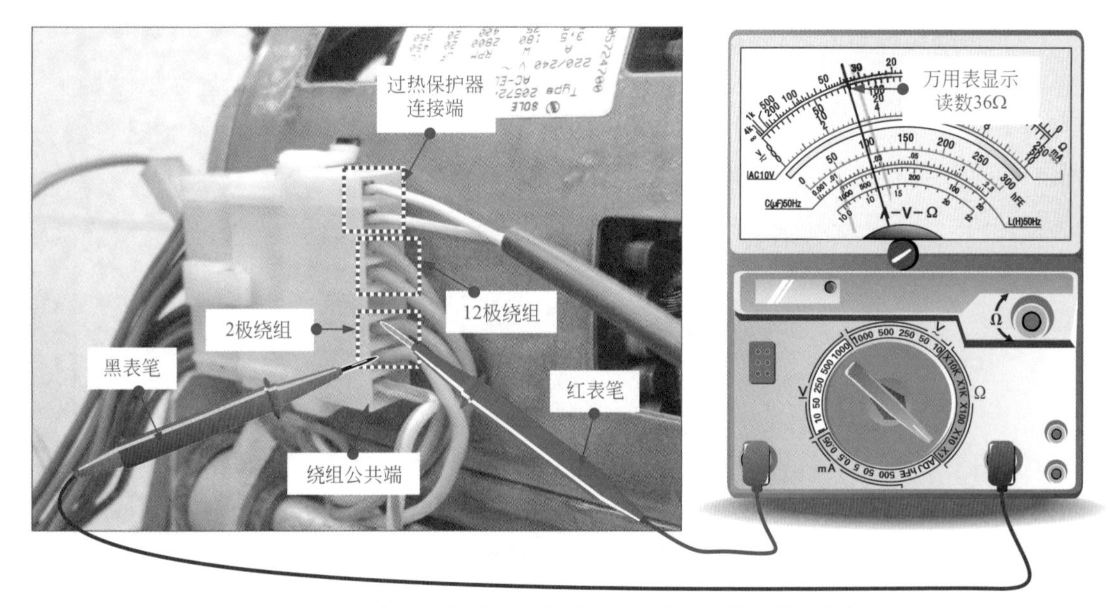

图 4-69 电容运转式双速电动机 2 极绕组阻值的检测操作

4.4.7 万用表检测洗衣机启动电容器

① 在使用万用表检测启动电容器的过程中，应重点对启动电容器的充放电过程进行检测。检测时，将万用表量程调至 ×1kΩ 挡，红、黑表笔分别搭在启动电容器的两端。正常情况下，万用表会呈现充放电的过程，即从电阻值很大的位置摆动到较小的位置，然后再摆回到电阻值很大的位置，如图 4-70 所示。

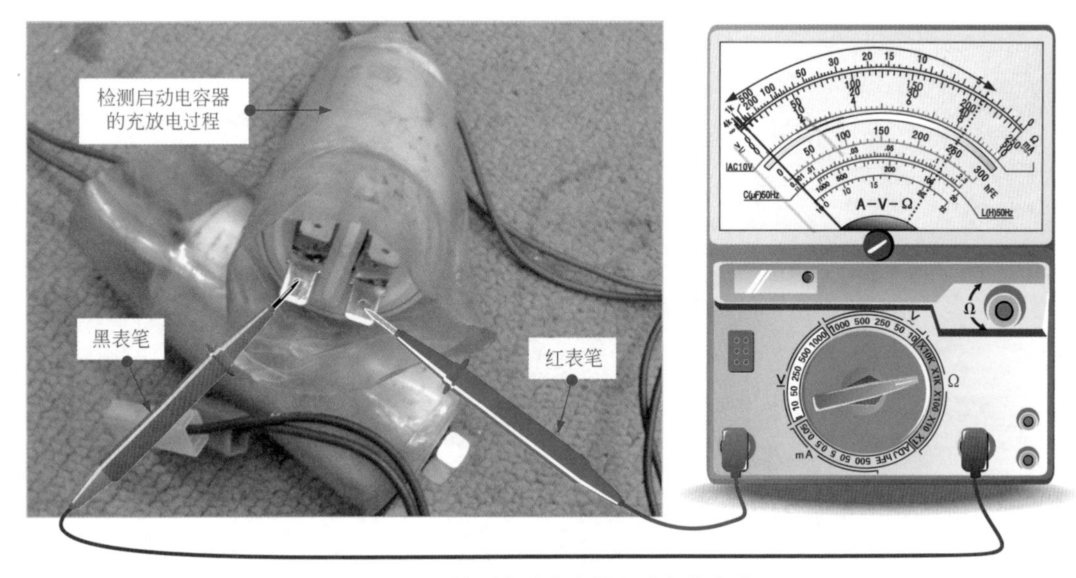

图 4-70 检测启动电容器充放电的方法

② 交换表笔再次检测，正常情况下万用表依然会有一个充放电过程，如图 4-71 所示。

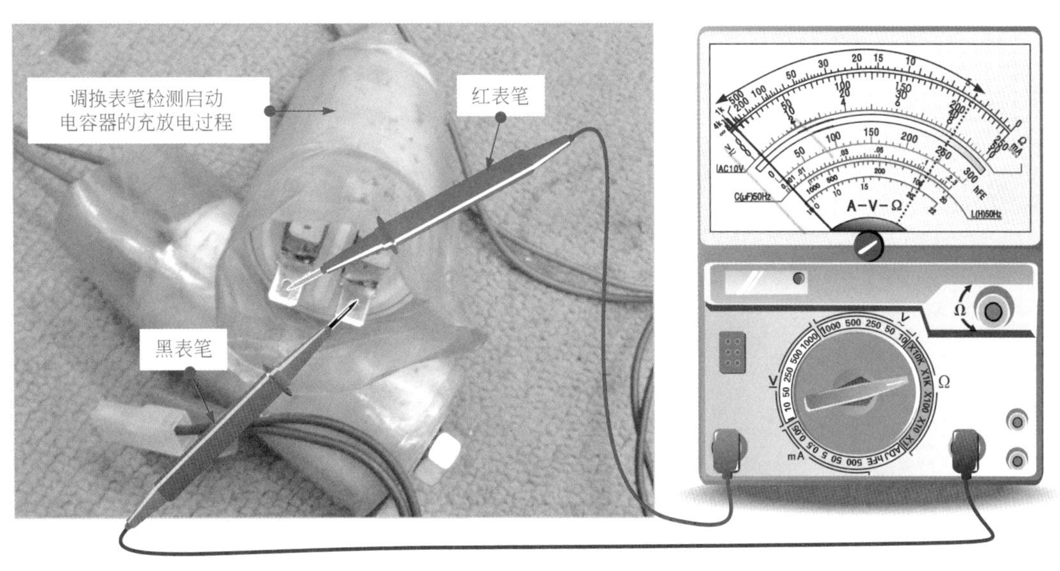

图 4-71　交换表笔检测启动电容器充放电的方法

4.4.8 万用表检测洗衣机安全门装置

检测安全门装置时，应将洗衣机处于断电状态，通过洗衣机上盖的不同状态，检测安全门装置的阻值。

① 当安全门装置的动块与上盖之间相互作用时，将万用表量程调至Ω挡，红、黑表笔分别搭在安全门装置的引脚端，检测安全门装置引脚之间的阻值为零，如图 4-72 所示。

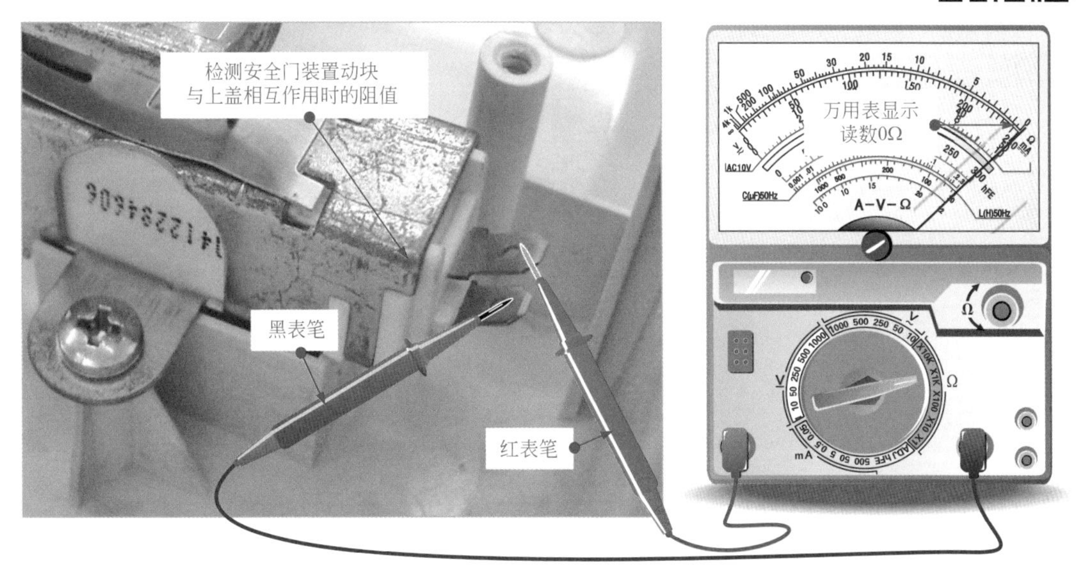

图 4-72　安全门动块与上盖之间相互作用时阻值的检测方法

② 当安全门装置的动块与上盖之间的作用撤销时，将万用表量程调至Ω挡，红、黑表笔分别搭在安全门装置的引脚端，检测安全门装置引脚之间的阻值为无穷大，如图 4-73 所示。

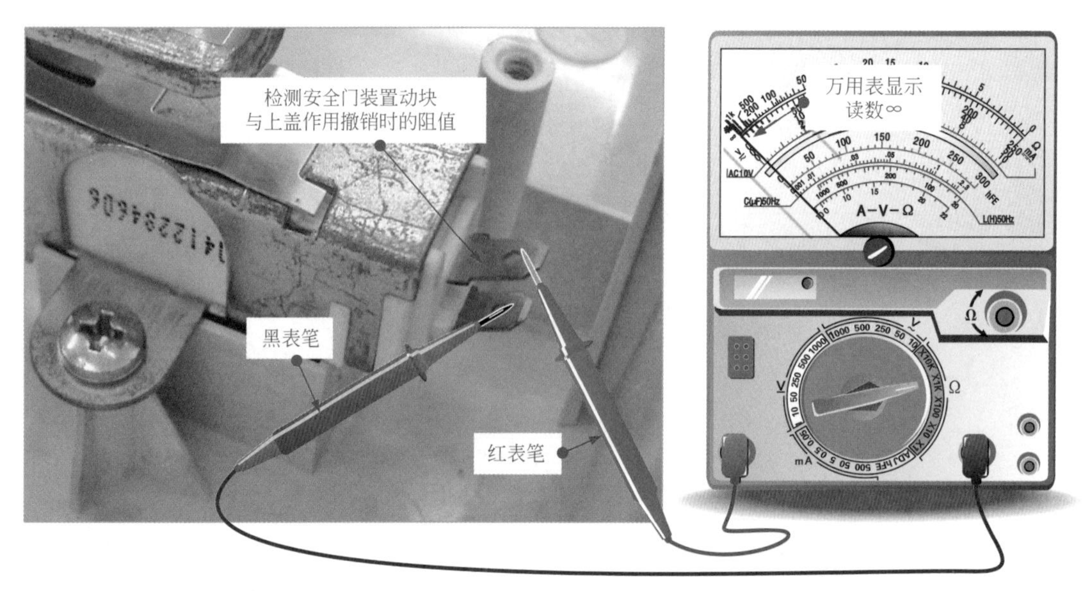

图 4-73 安全门动块与上盖之间的作用撤销时阻值的检测方法

4.4.9 万用表检测洗衣机加热器

① 检测加热器前，将洗衣机通电且处于洗涤状态，将万用表量程调至 AC 250V 交流电压挡，红、黑表笔分别搭在加热器的供电端。正常情况下，加热器的供电电压应为交流 220V 左右，如图 4-74 所示。

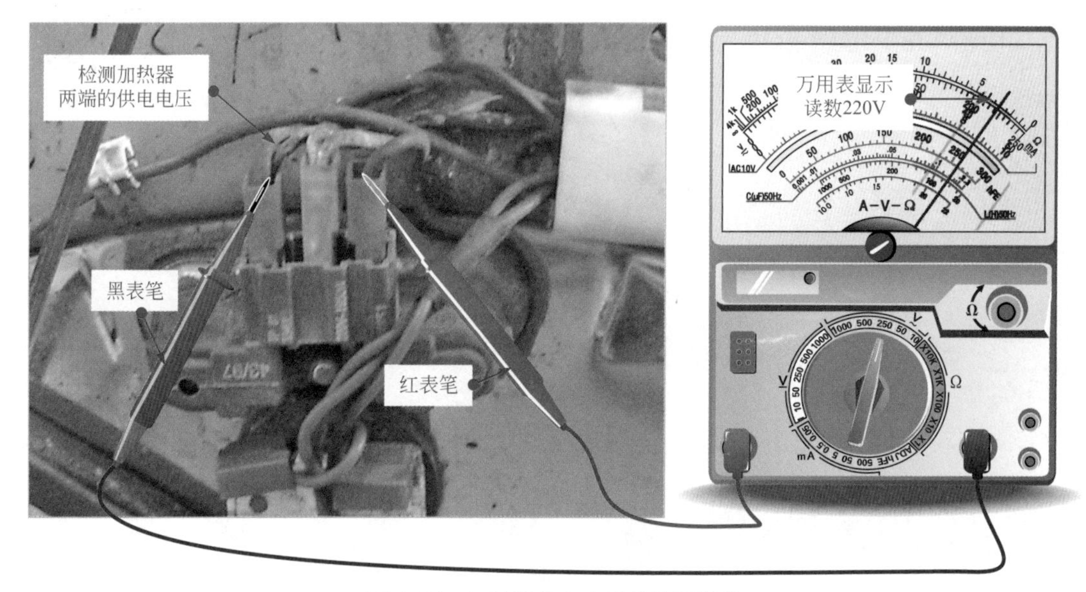

图 4-74 加热器供电电压的检测操作

② 若加热器的供电电压正常，应继续对加热器的阻值进行进一步检测。将洗衣机断电，将万用表量程调至 ×1Ω 挡，红、黑表笔分别搭在加热器的连接端。正常情况下，加热器阻值应为 23Ω 左右，如图 4-75 所示。

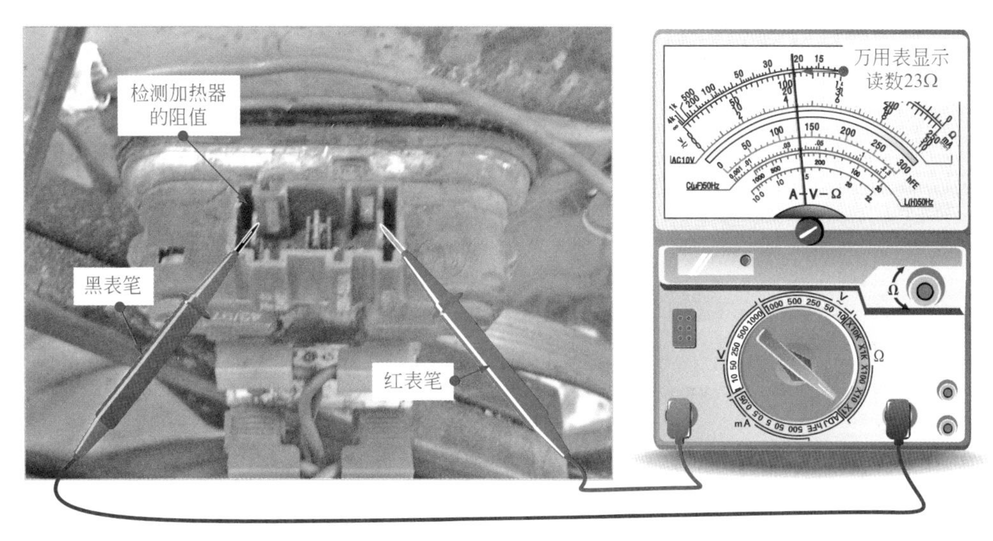

图 4-75 万用表检测加热器阻值的方法

4.4.10 万用表检测洗衣机操作显示电路

操作显示电路出现故障后，常导致洗衣机不启动、洗涤异常或显示异常的现象，用万用表检测操作显示电路时，应重点检测操作显示电路的输出电压。检测操作显示电路前，应先为操作显示电路供电，使其工作后再对其进行电压的检测。

检测操作显示电路前，应根据洗衣机出现的不同故障现象检测相应的部位，例如对安全门装置、水位开关、进水电磁阀、排水器件、洗涤电动机等输出电压的检测。

（1）万用表检测安全门装置接口端的输出电压

检测安全门装置接口端输出电压时，将万用表量程调至 10V 直流电压挡，黑表笔接触负极，红表笔接触正极。正常情况下，安全门装置接口端的输出电压应为直流 5V，如图 4-76 所示。

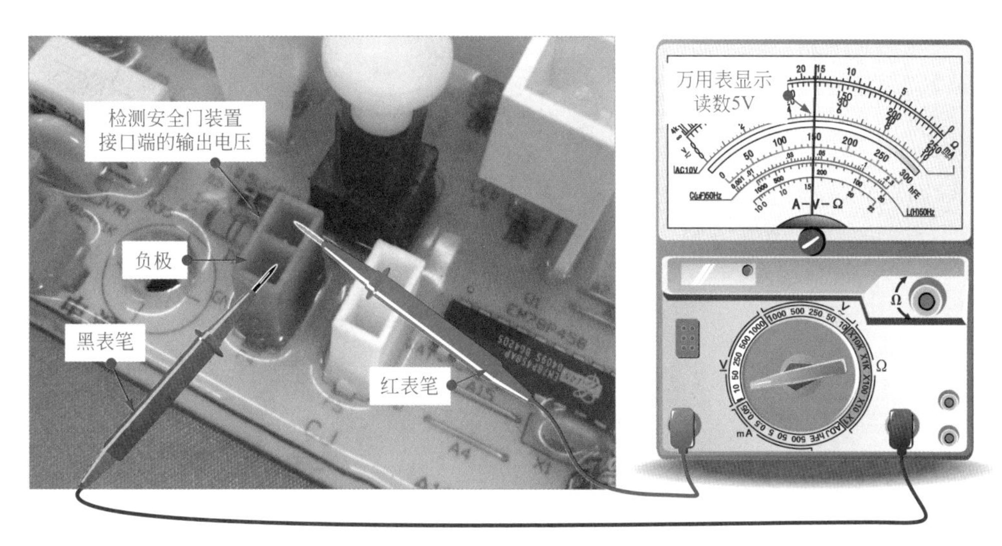

图 4-76 安全门装置接口端输出电压的检测操作

（2）万用表检测水位开关接口端的输出电压

检测水位开关接口端输出电压时，将万用表量程调至 10V 直流电压挡，黑表笔接触负极，红表笔接触正极。正常情况下，万用表测得电压值应为直流 5V，如图 4-77 所示。

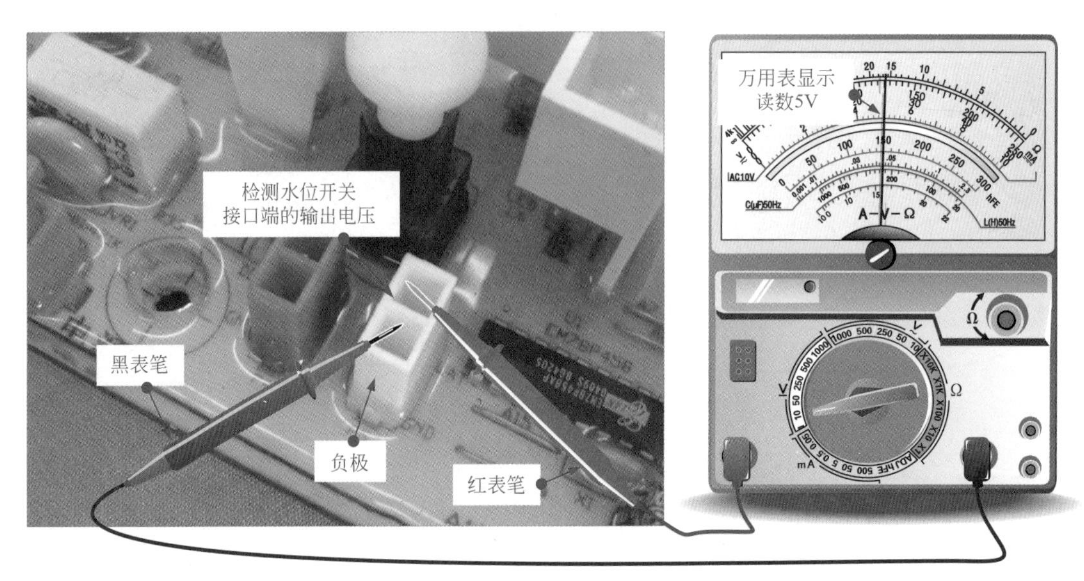

图 4-77　水位开关接口端输出电压的检测操作

（3）万用表检测进水电磁阀接口端的输出电压

检测进水电磁阀接口端的输出电压前，可先检测洗衣机待机状态时进水电磁阀接口端的待机电压。

① 检测进水电磁阀接口端输出电压时，将万用表量程调至 250V 交流电压挡，红表笔接在进水电磁阀接口端，黑表笔接电源接口端。正常情况下，进水电磁阀接口端待机电压为 AC 180V 左右，如图 4-78 所示。

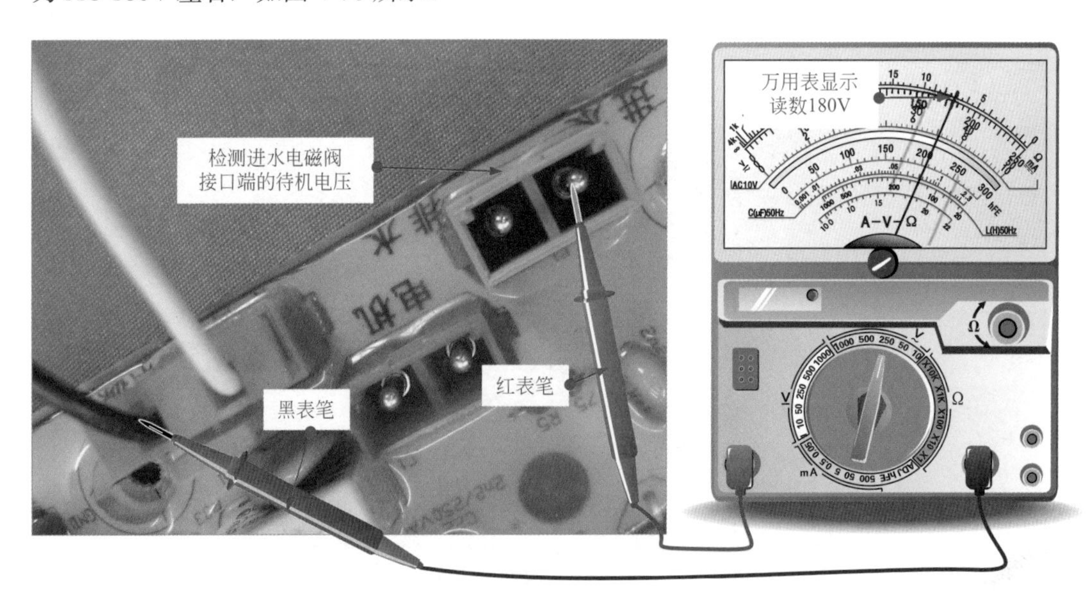

图 4-78　进水电磁阀接口端待机电压的检测操作

② 若检测进水电磁阀接口端待机电压正常，还应继续对进水电磁阀接口端的输出电压进行进一步检测，可在洗衣机“洗衣”状态时进行检测。检测时，将万用表量程调至250V交流电压挡，红表笔接在进水电磁阀接口端，黑表笔接电源接口端。正常情况下，进水电磁阀接口端输出电压为AC 220V左右，如图4-79所示。

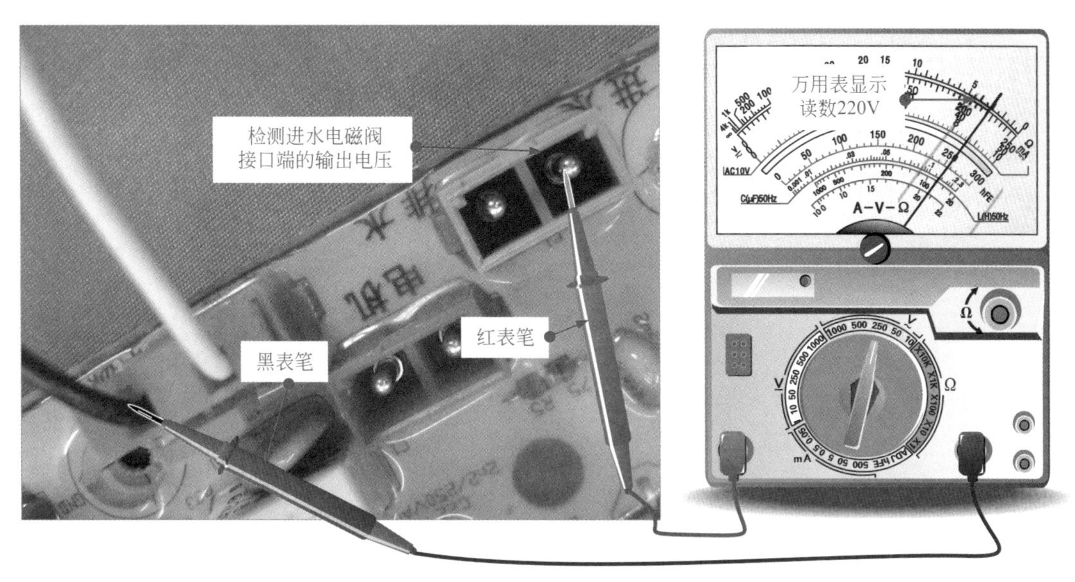

图4-79 进水电磁阀接口端工作状态的检测

(4) 万用表检测排水器件接口端的输出电压

检测排水器件接口端输出电压前，可先将洗衣机处于待机状态，对排水器件的待机电压进行检测。

① 检测时，将万用表量程调至250V交流电压挡，红表笔接在排水器件接口端，黑表笔接电源接口端。正常情况下，排水器件接口端待机电压为AC 180V左右，如图4-80所示。

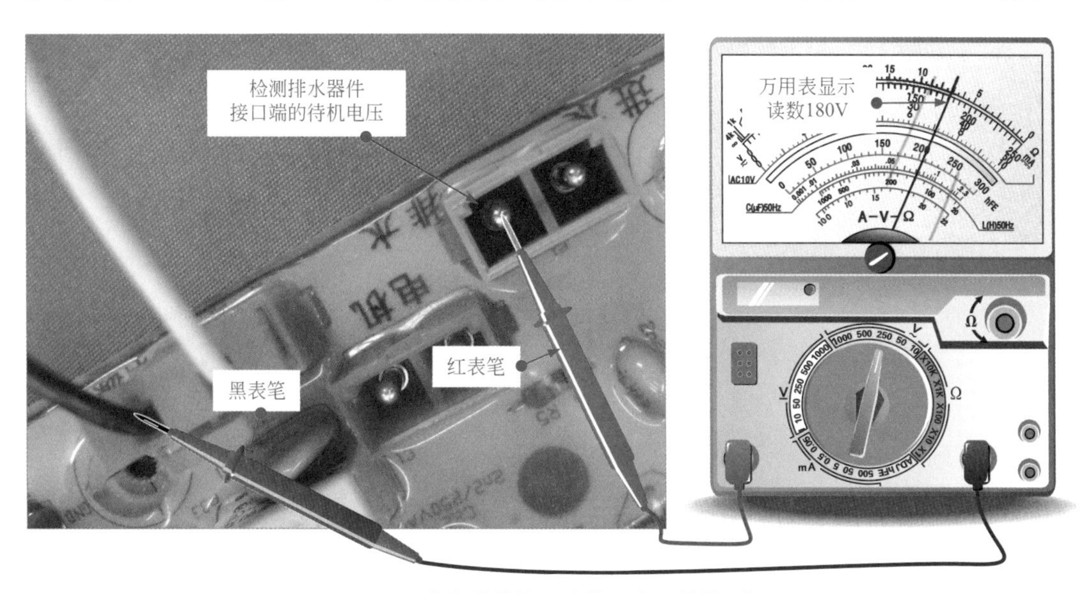

图4-80 排水器件接口端待机电压的检测操作

② 若检测排水器件接口端待机电压正常，可对排水器件接口端输出电压进行进一步检测。“脱水”状态检测时，将万用表量程调至250V交流电压挡，红表笔接在排水器件接口端，黑表笔接电源接口端。正常情况下，排水器件接口端输出电压为AC 220V左右，如图4-81所示。

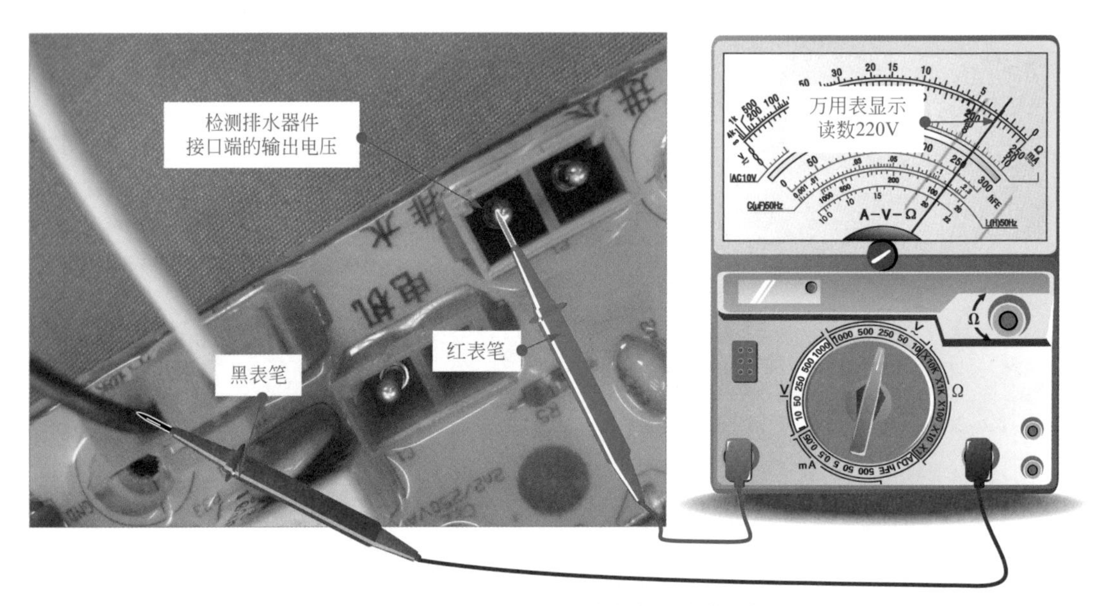

图4-81　排水器件接口端输出电压的检测操作

（5）万用表检测洗涤电动机接口端的输出电压

检测洗涤电动机接口端的输出电压时，洗衣机应处于正反转旋转洗涤工作状态。将万用表量程调至500V交流电压挡，红、黑表笔任意搭在洗涤电动机的接口端。正常情况下，洗涤电动机接口端电压为AC 380V间歇供电电压，如图4-82所示。

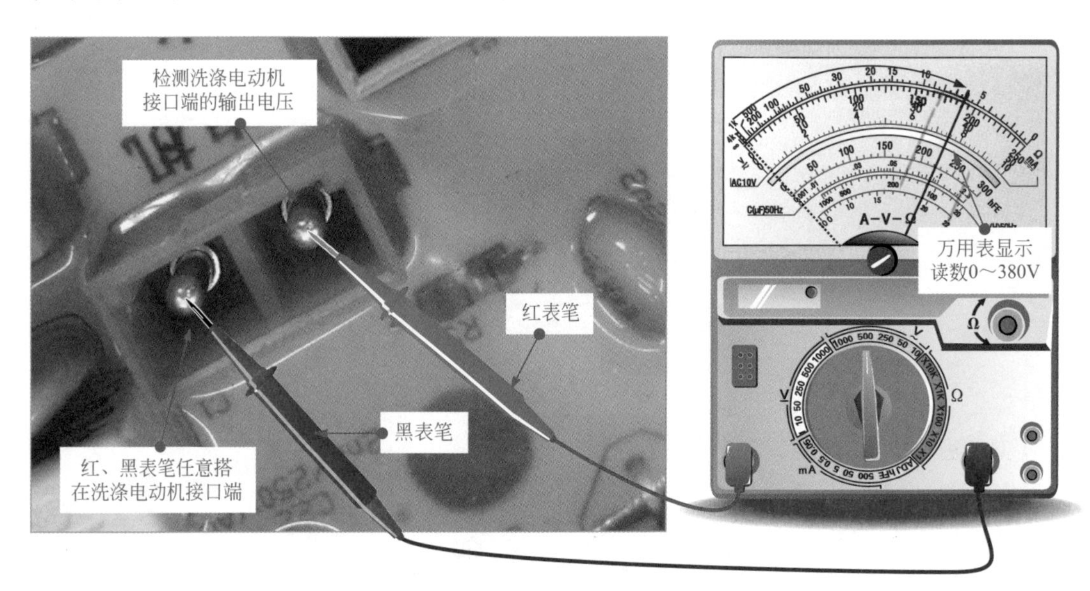

图4-82　洗涤电动机接口端输出电压的检测操作

4.5 万用表检测微波炉

4.5.1 万用表检测微波炉电源供电电路

万用表检测电源供电电路，主要是对该电路中的降压变压器、滤波电容、主继电器等关键元器件进行检测，判断损坏部位。

（1）检测降压变压器

降压变压器的功能是将交流 220V 电压变成多组交流低压，送入低压整流滤波电路中进行处理，为其他电路供电。

① 检测降压变压器是否损坏，可使用万用表对其初级绕组和次级绕组的阻值进行测量。将万用表调至 ×1Ω 挡，红、黑表笔搭在变压器的初级绕组上（7、8 脚），正常情况下，可测得阻值为 2Ω 左右，如图 4-83 所示。

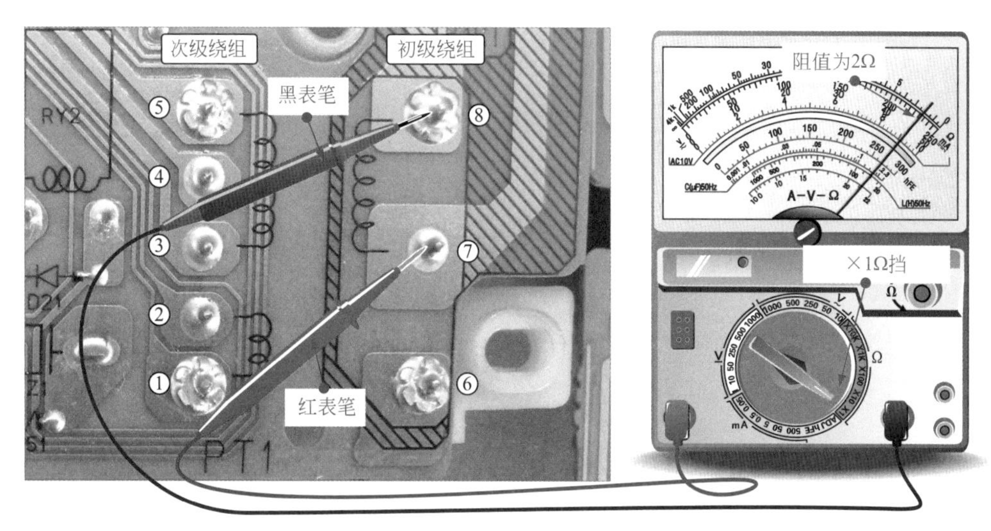

图 4-83　检测降压变压器的初级绕组阻值

② 将红、黑表笔搭在变压器的次级绕组上（例如 1、2 脚），正常情况下，可测得阻值为 85Ω 左右，如图 4-84 所示。

正常情况下，次级绕组阻值比初级绕组阻值大很多，并且初级和次级之间阻值应为无穷大，若实测结果与上述情况不符，则多为变压器损坏，需对其进行更换。

（2）检测滤波电容

滤波电容在微波炉电源供电电路中，主要用于滤除电源供电中的杂波干扰，以稳定电压。检测滤波电容是否被损坏，可使用万用表对滤波电容的充放电现象进行检测。

将万用表调至 ×1kΩ 挡，红、黑表笔分别搭在滤波电容的两引脚上，正常情况下，万用表的指针会有一个明显的摆动过程，如图 4-85 所示。

若电容器引脚间的阻值趋于 0Ω 或无充放电过程，表明该电容可能已损坏，需进行更换。

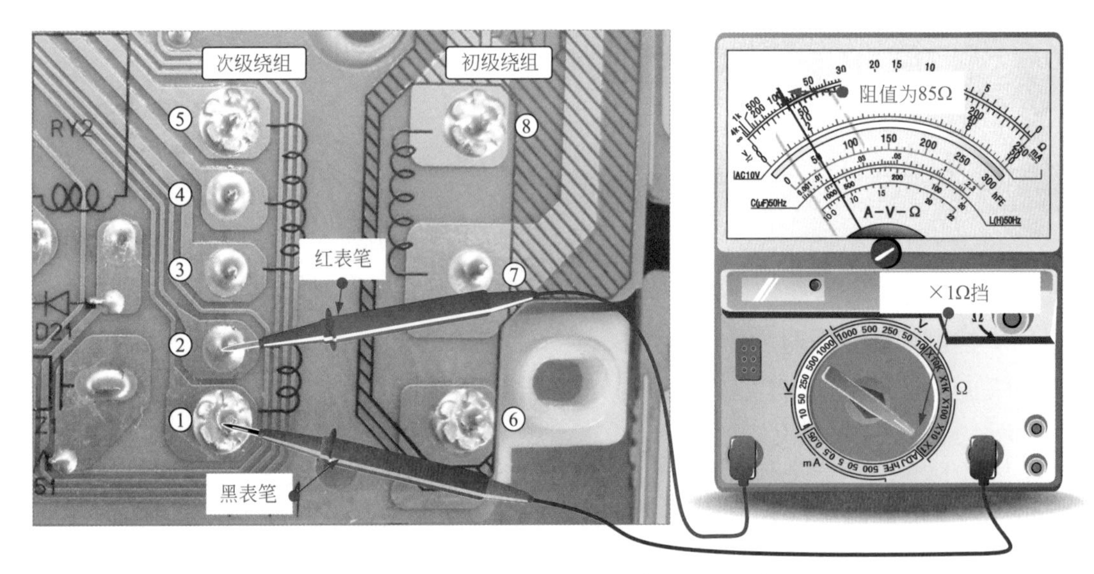

图 4-84　检测降压变压器的次级绕组阻值

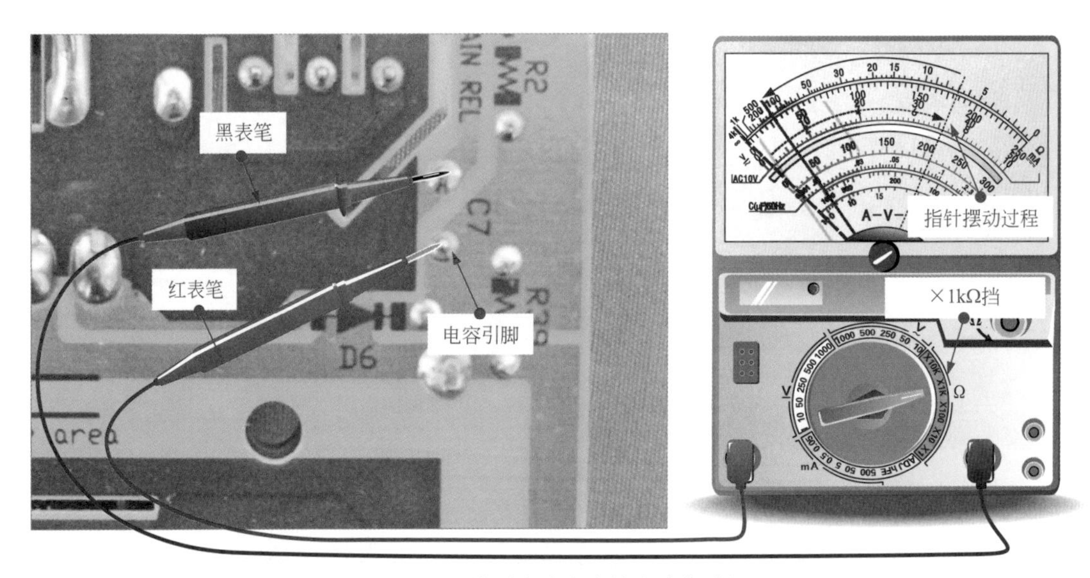

图 4-85　检测滤波电容的充放电过程

（3）检测主继电器

主继电器主要用于对风扇、转盘电机和照明灯的控制。检测主继电器是否被损坏，一般可使用万用表对继电器的阻值进行测量，通过测量其阻值的方法来判断其好坏。

① 将万用表调至 ×1Ω 挡，红、黑表笔分别搭在主继电器的 3 脚和 4 脚上，微波炉未通电的情况下，3、4 脚之间阻值应为无穷大，如图 4-86 所示。

② 将微波炉启动，这时 3、4 脚接通，在带电状态下，通常用电压检测法判断触点是否正常。测量时，万用表选择交流 250V 电压挡，测量触点 3、4 脚与交流零线（N）之间的电压，正常时 3、4 脚的电压均为交流 220V 左右，如图 4-87 所示。若测量结果与正常值不符，应检测主继电器的供电是否正常，若供电正常，说明主继电器内部线圈损坏或发生机械故障，需要进行更换。

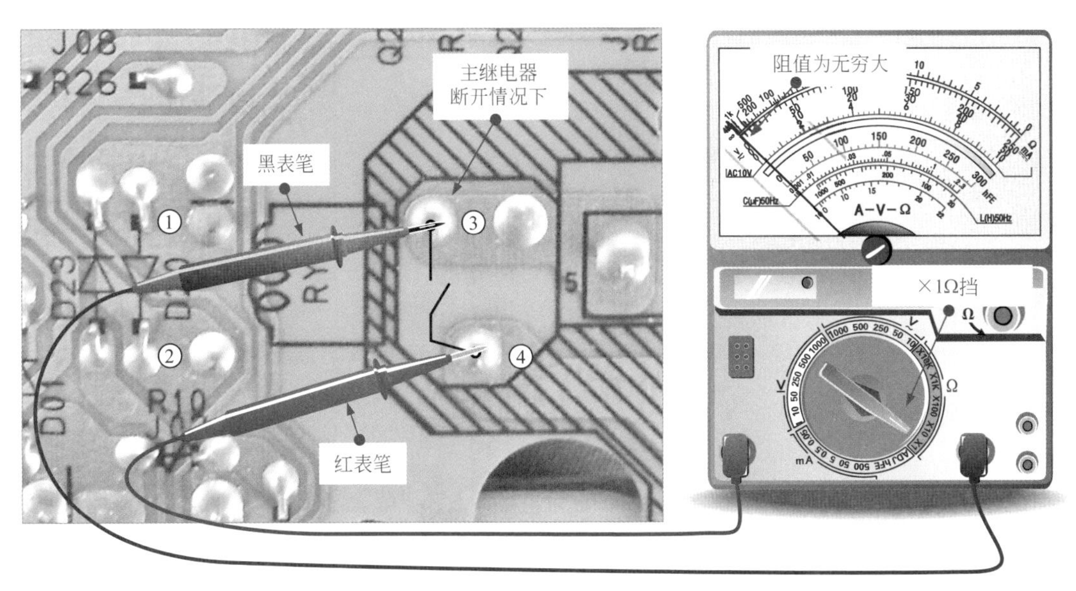

图 4-86 检测主继电器开关部分断开阻值

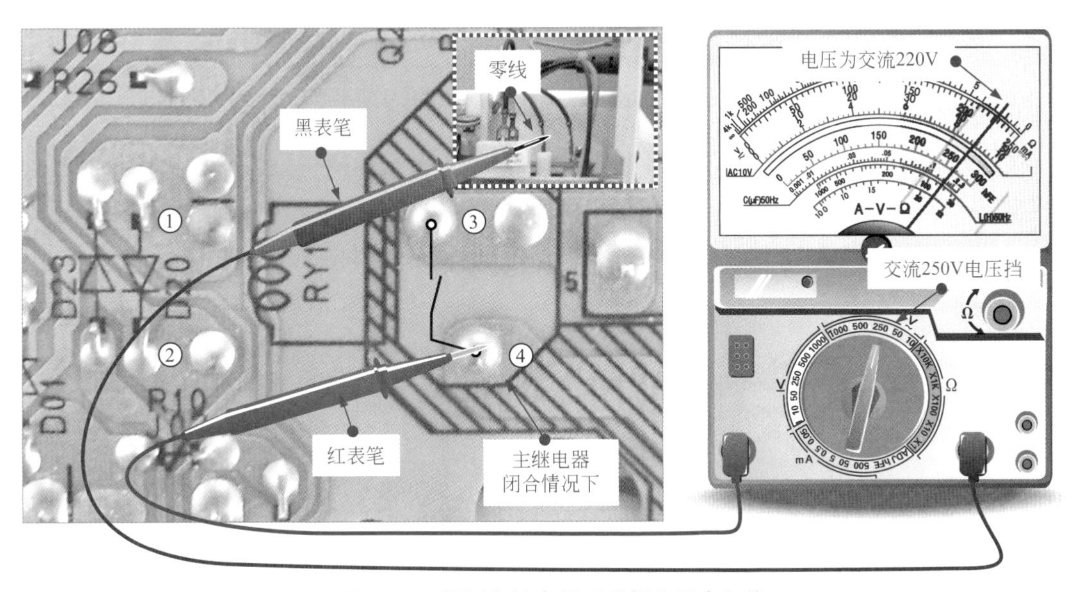

图 4-87 检测主继电器开关部分闭合阻值

4.5.2 万用表检测微波炉控制电路

万用表检测控制电路，主要是对该电路中的微处理器控制芯片的供电进行检测，判断该芯片是否损坏。

微处理器控制芯片工作时接收人工操作指令和传感信息，并根据程序对各种电路和器件进行控制，完成微波炉加热的控制任务。如图 4-88 所示，为微处理器控制芯片 TMP47C400RN 的引脚功能。对微处理器控制芯片进行检测，主要是对芯片的供电电压和复位电压进行检测。

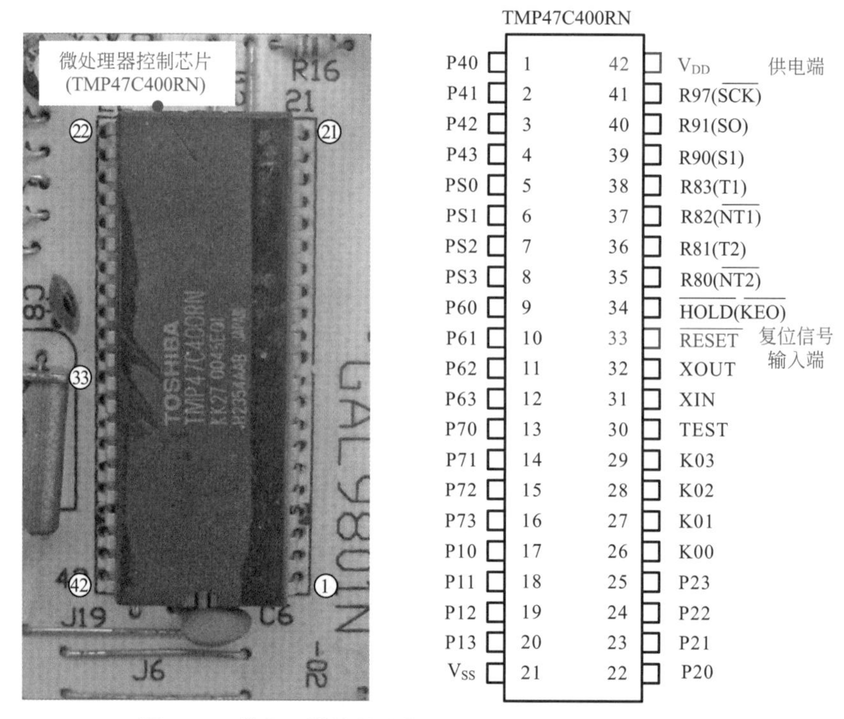

图 4-88 微处理器控制芯片 TMP47C400RN 的引脚功能

① 检测时，将万用表调至直流 10V 电压挡，黑表笔搭在接地端，红表笔搭在微处理器控制芯片的 42 脚上，正常情况下，可以检测到 5V 电压，如图 4-89 所示。若该电压不正常，说明供电电路有问题，应对微波炉的电源供电电路进行检测。

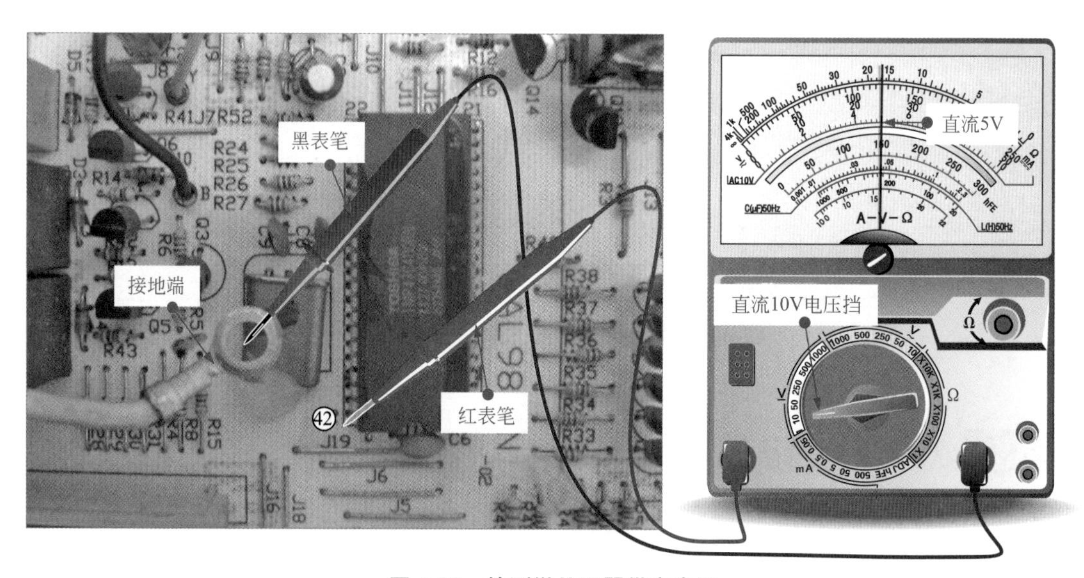

图 4-89 检测微处理器供电电压

② 将万用表黑表笔搭在接地端，红表笔搭在芯片 33 脚上，检测芯片的复位电压是否正常。正常情况下，在开机的一瞬间，电压会有一个 0 ～ 5V 跳变的过程，如图 4-90 所示。

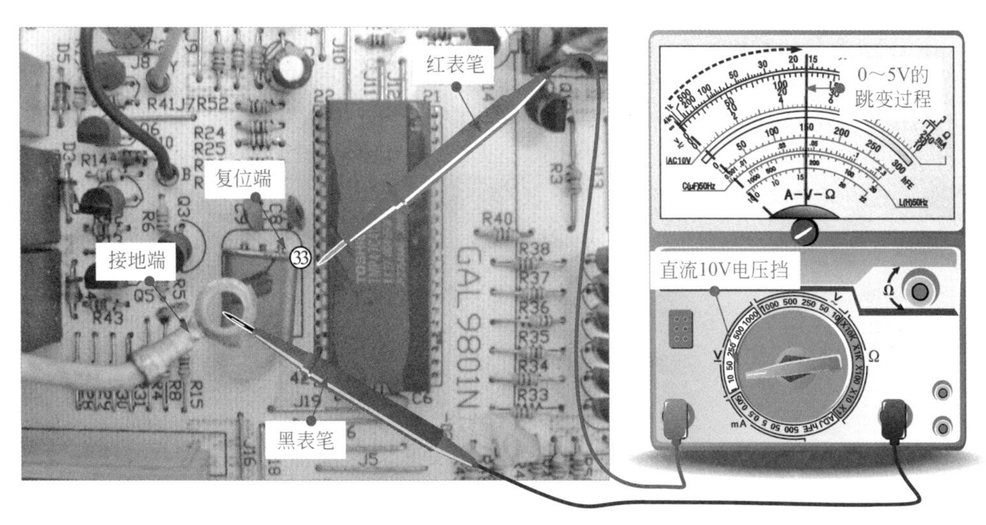

图 4-90　检测微处理器复位电压

若检测的复位电压正常，则说明复位电路基本上是正常的。若复位电压不正常，则应检查 5V 供电电路及复位端外围的电阻器、电容器等元件是否正常。

4.5.3 万用表检测微波炉操作显示电路

万用表检测操作显示电路，主要是对该电路中的微动开关和编码器进行检测，判断其是否存在故障。

（1）检测微动开关

微动开关主要用于控制微波炉各项功能的开启与关闭，操作面板上的功能越多，微动开关越多。对于微动开关的检测，主要是对其在按压和未按压两种状态下的阻值进行检测。

① 将万用表调至 ×1Ω 挡，红、黑表笔分别搭在微动开关的两引脚上，在未按压状态，其阻值应为无穷大，如图 4-91 所示。

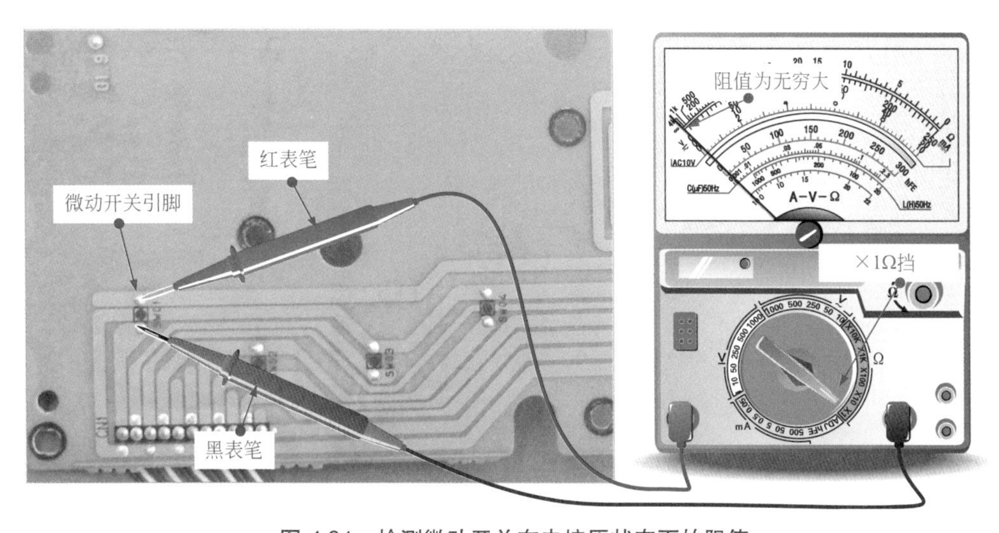

图 4-91　检测微动开关在未按压状态下的阻值

② 不移动表笔摆放位置，用手按压所检测的微动开关，这时使用万用表检测到的阻值为0Ω，如图4-92所示。若微动开关在按压和未按下状态下，阻值没有变化，说明该微动开关已损坏，需要进行更换。

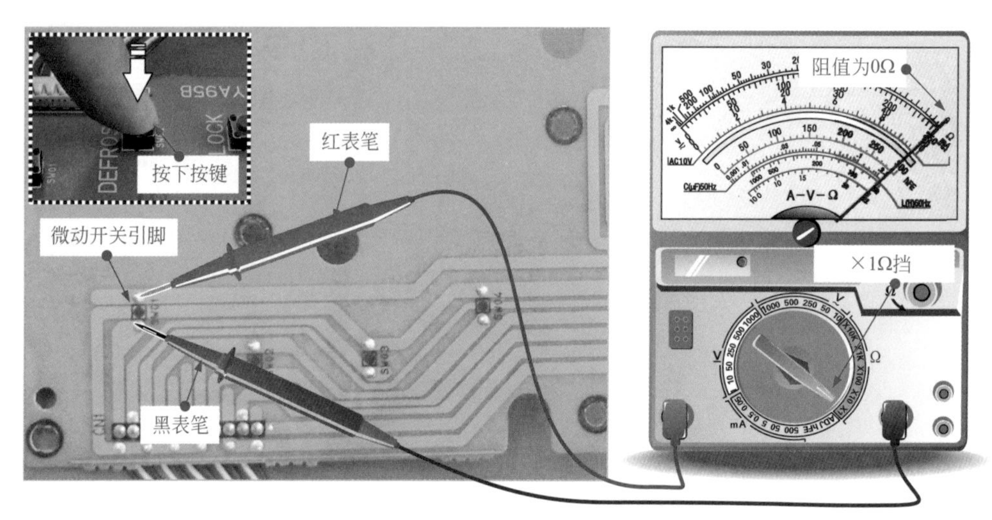

图4-92　检测微动开关在按压状态下的阻值

（2）检测编码器

编码器即调整旋钮，主要用于微波加热/烧烤的时间调整，用户通过旋转编码器的转柄，将预定时间转换成控制编码信号，送入微处理器中作为人工指令信号进行识别和记忆。对于编码器的检测，主要是对编码器在不同旋转位置的阻值进行检测。

将万用表调至×1kΩ挡，红表笔搭在公共端，黑表笔任意搭在A、B两点上，旋转编码器转柄，正常情况下，可检测到0.5kΩ和10kΩ两个阻值，如图4-93所示。将红、黑表笔对调后，使用同样的方法进行检测，可检测到55kΩ、100kΩ和1.5kΩ三个数值。

若阻值变化范围极小或不变化，说明编码器可能已损坏，需对其进行更换。

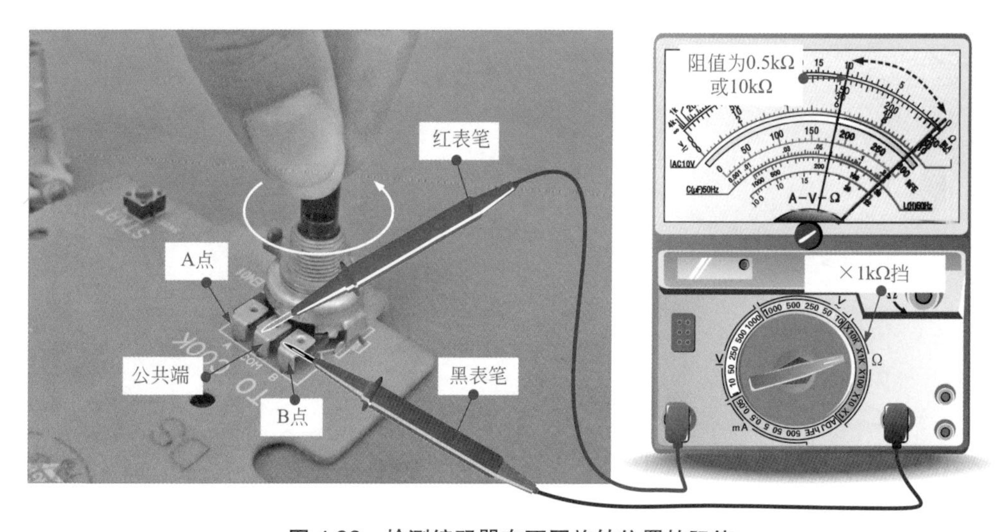

图4-93　检测编码器在不同旋转位置的阻值

提示

与微电脑控制式微波炉不同，机械控制式微波炉采用同步电动机作为定时或功率旋钮。使用万用表检测同步电动机，主要是检测其引脚两端的阻值是否正常。将万用表调整至 ×1kΩ 挡，两支表笔分别搭在同步电动机的两个连接端，如图 4-94 所示，若测得的阻值为 15 ~ 20kΩ，则说明同步电动机正常，若测得的阻值偏差较大，则说明同步电动机已损坏。

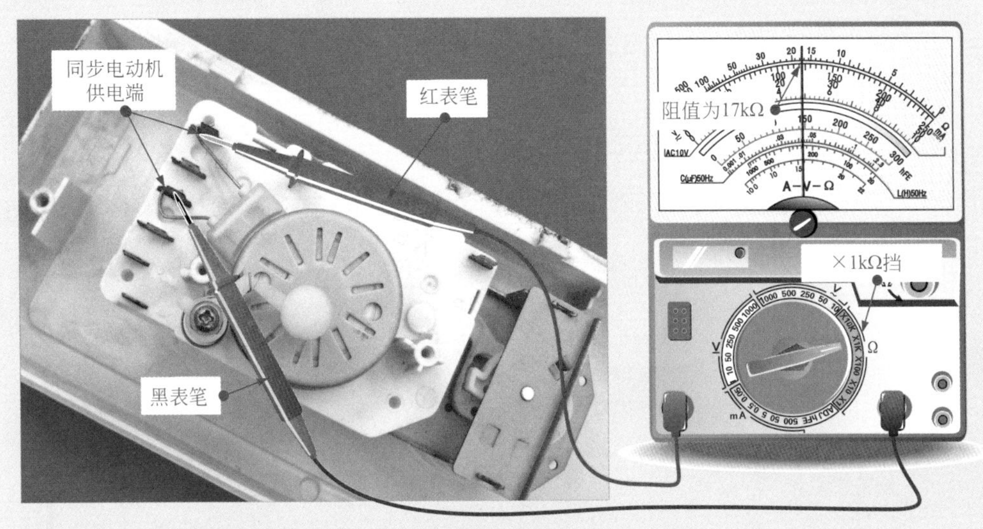

图 4-94　检测同步电动机的方法

4.5.4 万用表检测微波炉微波发射装置

万用表检测微波发射装置，主要是对该部分中的升压变压器、高压电容、磁控管等关键元器件进行检测，来判断这几个元器件是否存在故障。

（1）检测升压变压器

升压变压器是微波炉中非常重要的元器件之一。使用万用表检测升压变压器时，可以检测其供电端的供电电压及其绕组间的阻值是否正常。

① 将万用表调至交流 250V 电压挡，红、黑表笔搭在升压变压器的供电端，如图 4-95 所示。若可以检测到升压变压器的 220V 交流供电电压，则说明其工作条件正常。

② 在确定其输入电压正常后，可使用万用表进一步确实其本身的阻值是否正常。将万用表调至 ×1Ω 挡，红、黑表笔搭在升压变压器的供电端（初级绕组），如图 4-96 所示，正常情况下，测得的阻值为 1Ω 左右。若测得的阻值为无穷大或零，则说明升压变压器的绕组线圈出现断路或短路故障。

（2）检测高压电容

高压电容是微波发射装置的辅助元器件，接在升压变压器次级绕组上，主要起滤波的作用。对高压电容进行检测时，主要检测其充放电是否正常。将万用表调整到 ×10kΩ 挡，将两支表笔分别搭在高压电容的两端，如图 4-97 所示。正常情况下，万用表的指针会有一个摆动，然后回到无穷大的位置。

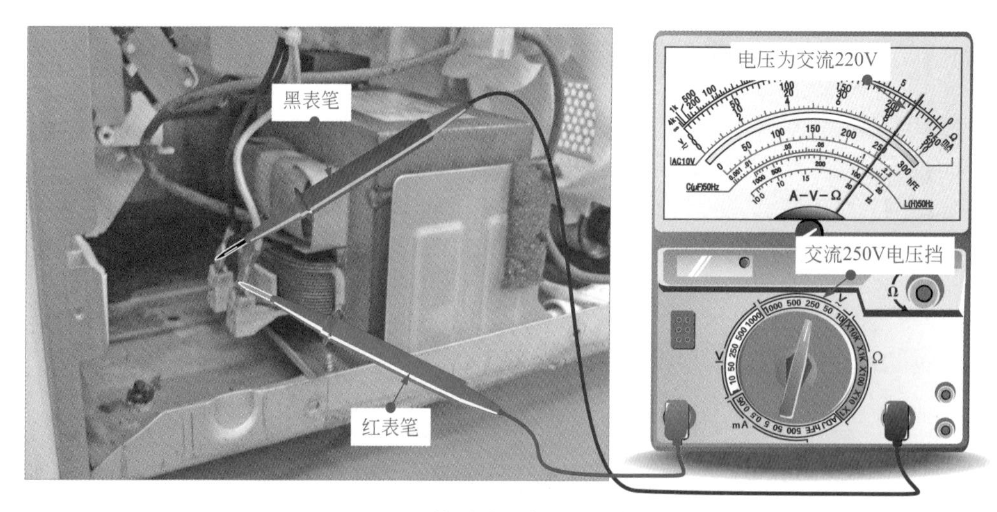

图 4-95　检测升压变压器供电电压

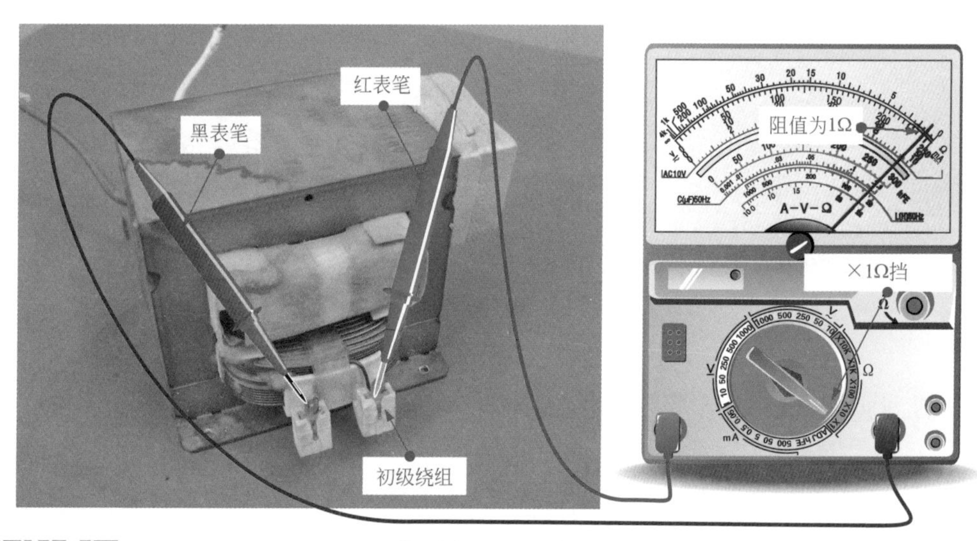

图 4-96　检测升压变压器初级绕组阻值

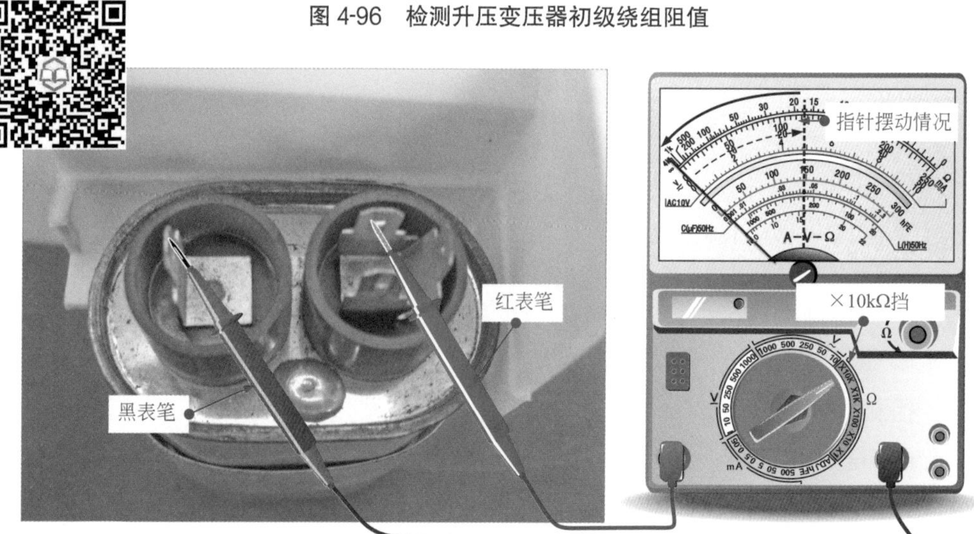

图 4-97　检测高压电容的充放电的过程

将红、黑表笔进行调换后，万用表的指针也会有一个摆动，然后回到无穷大的位置，这是电容充放电的过程。如果没有这个充放电过程，说明该电容已损坏。

（3）检测磁控管

磁控管是微波发射装置的主要元器件之一，它通过微波天线将电能转换成微波能，辐射到炉腔中，来对食物进行加热，可使用万用表检测磁控管的供电端的阻值来判断其好坏。

将万用表调至 ×1Ω 挡，将两支表笔分别搭在磁控管的两个供电端上，如图 4-98 所示，正常情况下，可测得阻值为 1Ω 左右。若测得的阻值偏差较大，则说明该磁控管已损坏。

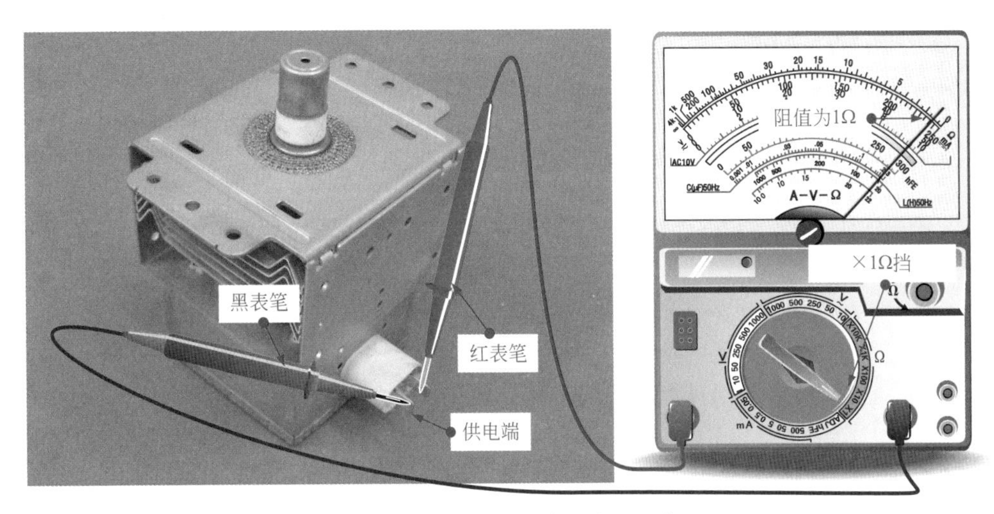

图 4-98 检测磁控管供电端阻值

提示

使用万用表检测磁控管时，还可以用万用表检测其供电端与外壳之间的阻值是否正常。若测量的阻值为无穷大，则说明磁控管正常；若检测到一定的阻值，说明磁控管已损坏。

4.5.5 万用表检测微波炉保护装置

万用表检测微波炉的保护装置，主要是对该部分中的过热保护器、风扇电机、门开关组件进行检测，来判断这几个器件是否存在故障。

（1）检测过热保护器

过热保护器可对磁控管的温度进行检测，当磁控管的温度过高时，便断开电路使微波炉停机保护。使用万用表检测过热保护器时，主要是测量其阻值是否正常。将万用表的量程调至 ×1Ω 挡，将两表笔分别搭在过热保护器的两个引脚上，在常温下过热保护器的阻值应为 0Ω，如图 4-99 所示。若测得阻值为无穷大，则说明过热保护器已损坏。

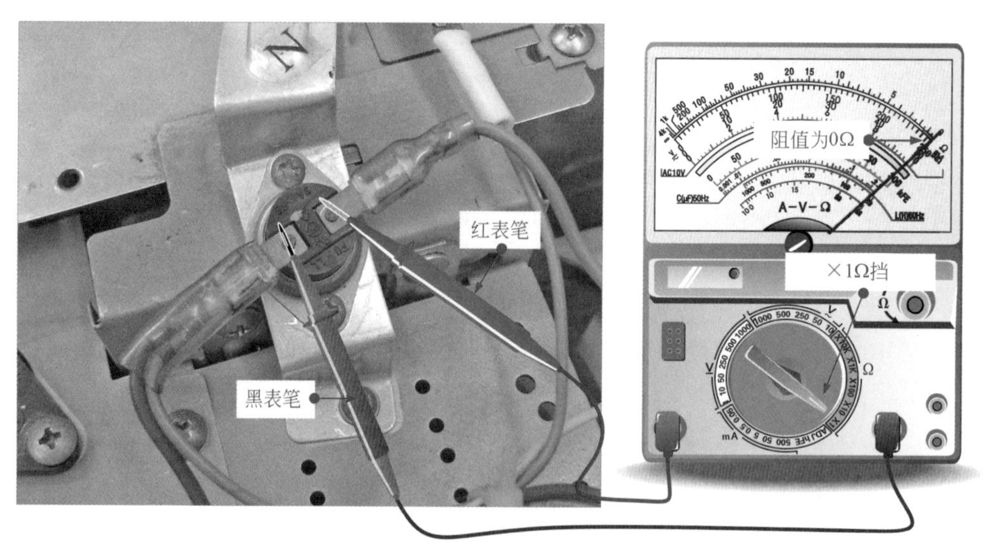

图 4-99 检测过热保护器阻值

提示

过热保护器在常温状态下，金属片的凸面向下，触点开关处于闭合状态，当微波炉炉腔内的温度升高时，并达到金属片的感应温度时，金属片凸面反转向上，同时推动触点开关下移，从而使触点开关断开，其工作原理见图 4-100。

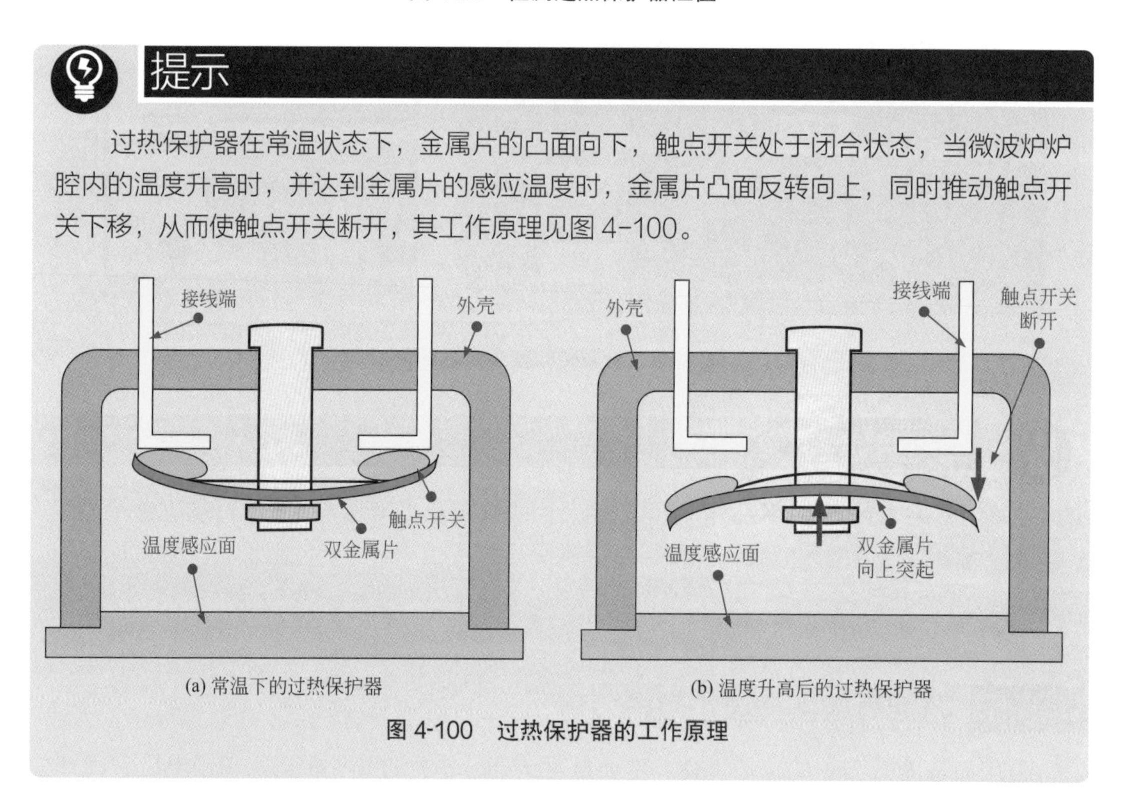

图 4-100 过热保护器的工作原理

（2）检测风扇电机

风扇电机主要是为微波炉散热，若该部件损坏，微波炉容易出现过热现象，使其他部件损坏或使微波炉停机。使用万用表检测其是否损坏时，可以检测其两引脚的阻值是否正常。

首先将万用表的量程调至 ×10Ω 挡，将红、黑表笔分别搭在风扇电机的两个引脚上，正常情况下，其阻值为 200Ω 左右，如图 4-101 所示。

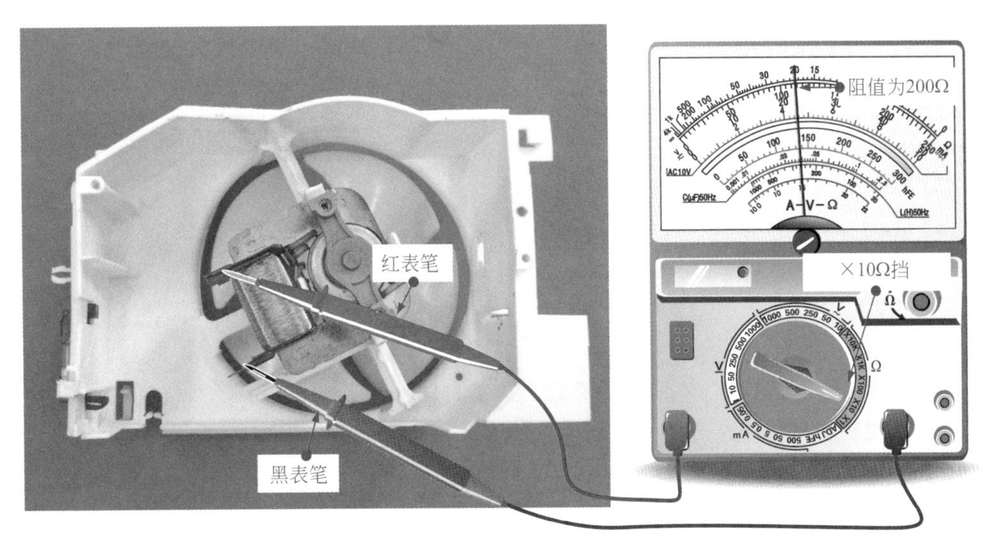

图 4-101 检测风扇电机的阻值

（3）检测门开关组件

在微波炉加热过程中，若炉门被打开，会造成微波泄漏，门开关可在炉门打开时，断开电源使微波炉停机。使用万用表检测微波炉中门开关时，可以检测门开关在不同状态下的电阻值。

① 首先将万用表的量程调至 ×1Ω 挡，将红、黑表笔分别搭在门开关的两个引脚上，在关门状态下，这个开关应为导通状态，测得阻值应为 0Ω，如图 4-102 所示。

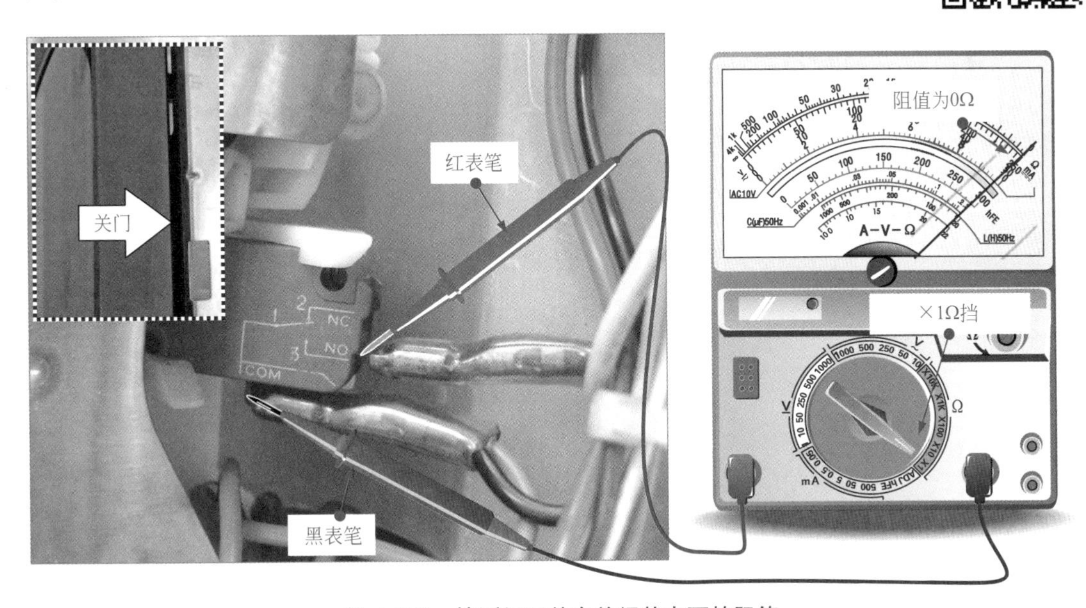

图 4-102 检测门开关在关门状态下的阻值

② 当把门开关打开后，将万用表的表笔再次搭在这两个引脚上，可测得阻值为无穷大，如图 4-103 所示。若检测结果与正常值不符，说明门开关已损坏，需对其进行更换。

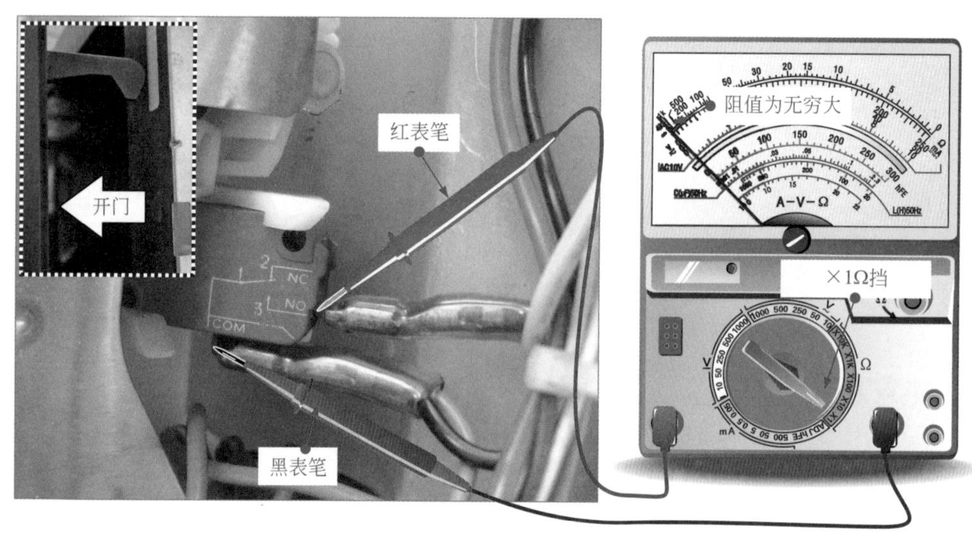

图 4-103 检测门开关在开门状态下的阻值

4.5.6 万用表检测微波炉其他部件

（1）检测转盘电机

微波炉的转盘电机，主要是用来带动转盘转动，使炉内的食物在加热时不停地旋转，进而使食物在微波过程中受热均匀。若该器件损坏，会使炉内的食物出现烧焦或半冷半热的现象。

使用万用表检测转盘电机时，主要是检测转盘电机的阻值是否正常。将万用表的量程调至 ×1Ω 挡，红、黑表笔分别搭在转盘电机的两条引线端上，正常情况下，检测出的阻值约为 100Ω，如图 4-104 所示。由于转盘电机采用低压交流供电作为工作条件，所以阻值比较高。

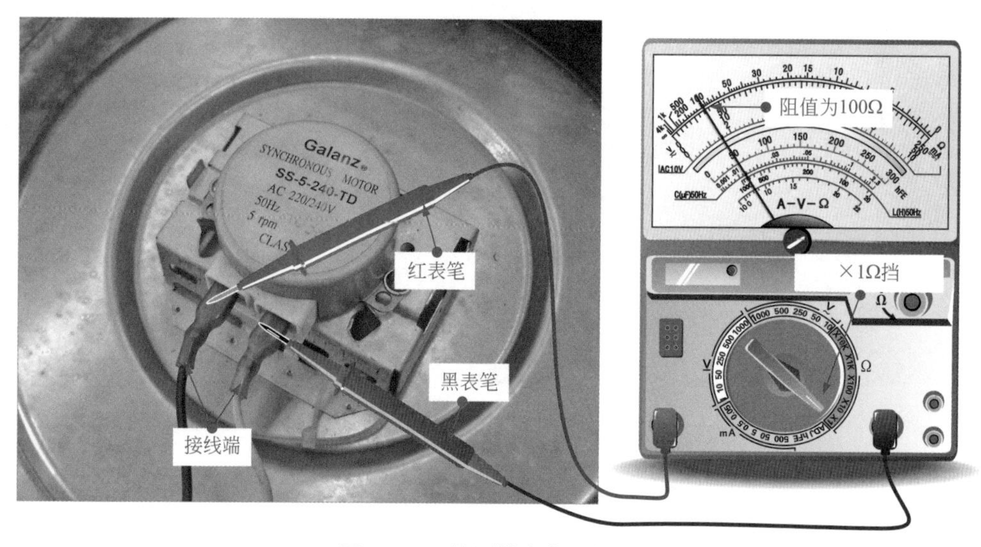

图 4-104 检测转盘电机的阻值

（2）检测烧烤装置

烧烤装置中的石英管是实现烧烤功能的主要部件，它在执行烧烤工作时，会产生高温高热，从而对食物进行加热和烧烤。对于烧烤装置的检测，主要是用万用表检测其供电电压和石英管的性能是否良好。

① 使用万用表检测石英管的供电电压时，将万用表的量程调至交流250V挡，将微波炉通电，并将其调整至烧烤工作状态，将万用表的红、黑表笔分别搭在烧烤装置的供电端，如图4-105所示，其供电端正常情况下应有交流220V的工作电压。

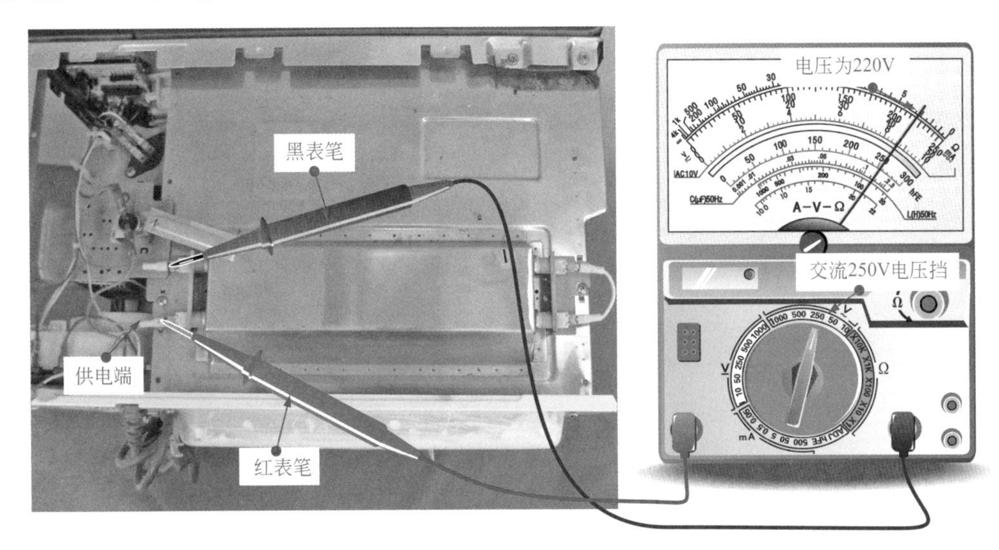

图4-105　检测烧烤装置供电电压

② 在其供电电压正常的情况下，使用万用表检测石英管的阻值，将万用表的量程调整至×1Ω挡，将万用表的红、黑表笔分别搭在串联两石英管的两端，如图4-106所示。若两个石英管均正常，则可以检测出45Ω左右的阻值。

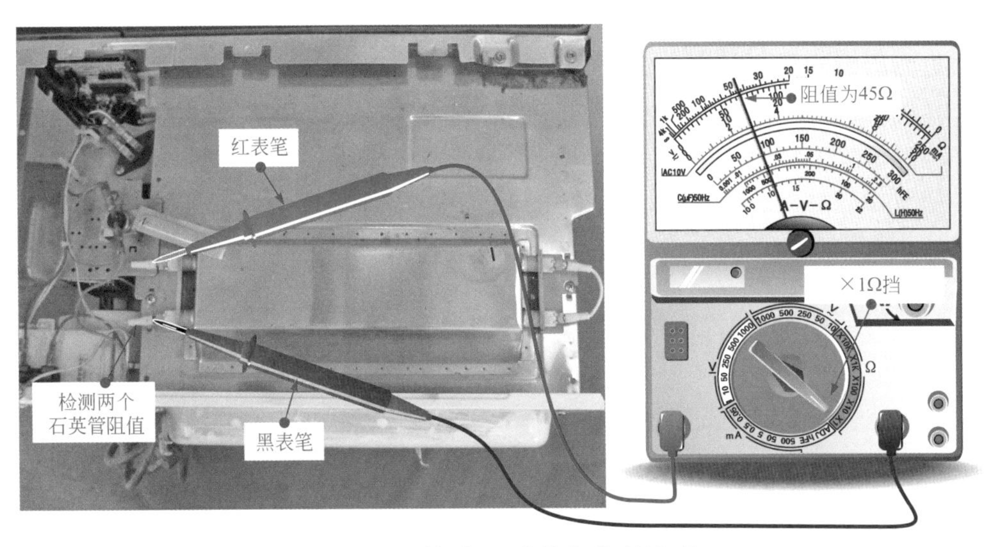

图4-106　检测两石英管串联时的阻值

③ 若检测两个石英管串联时的阻值为无穷大，根据串联电路的特点，则说明有一个石英管已经损坏或两个石英管均损坏，此时，应对单个石英管进行检测，如图 4-107 所示。正常情况下，单个石英管的阻值应为 22Ω 左右。

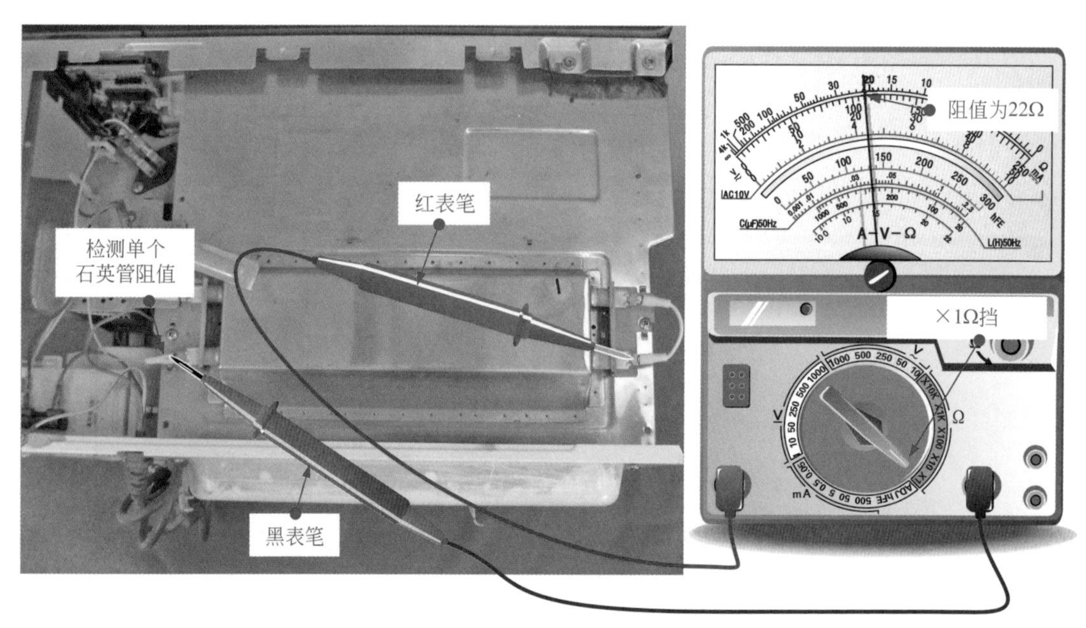

图 4-107　检测单个石英管的阻值

4.6 万用表检测电饭煲

4.6.1 万用表检测电饭煲加热组件及控制电路

使用万用表检测电饭煲加热组件及控制电路，主要检测其继电器、保护二极管、驱动晶体管、分压电阻、加热组件。

（1）万用表检测继电器

使用万用表对加热组件及控制电路的继电器进行检测，可分别对继电器 1、2 脚和 3、4 脚之间的阻值进行检测。对万用表进行零欧姆校正后即可检测。

① 将万用表的两表笔搭在加热控制继电器 1、2 引脚上，检测两引脚之间的阻值，正常情况下可以测得一定的阻值，若采用开路检测，则测得的阻值稍大些，如图 4-108 所示。

② 将万用表的两表笔搭在继电器的 3、4 引脚上，检测其阻值，由于继电器处于断开状态，因此测得阻值应趋于无穷大，如图 4-109 所示。

（2）万用表检测保护二极管

使用万用表对保护二极管进行检测，可将万用表的红、黑表笔分别搭在保护二极管的两端，检测其正反向阻值。对万用表进行零欧姆校正后即可检测，正常情况下可以测得几百欧的阻值。

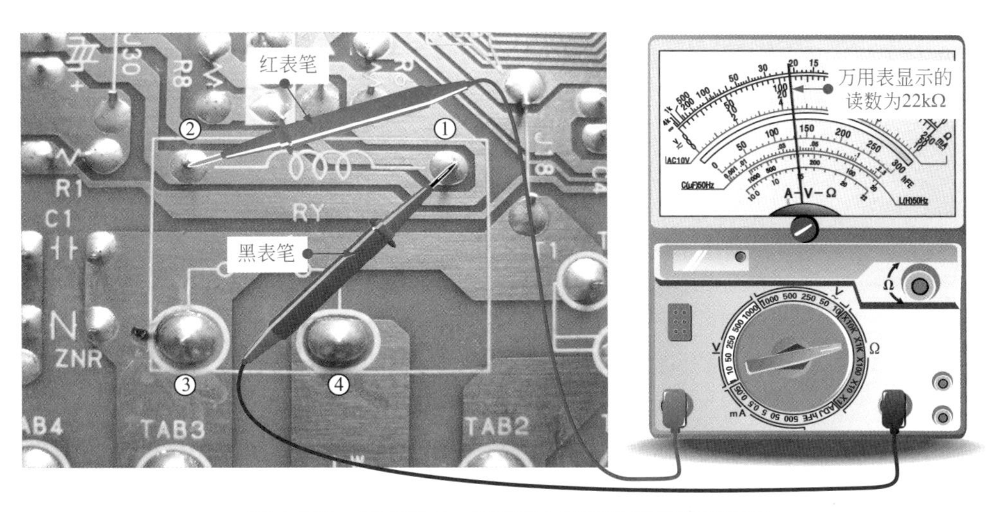

图 4-108 继电器 1、2 引脚之间的阻值的检测方法

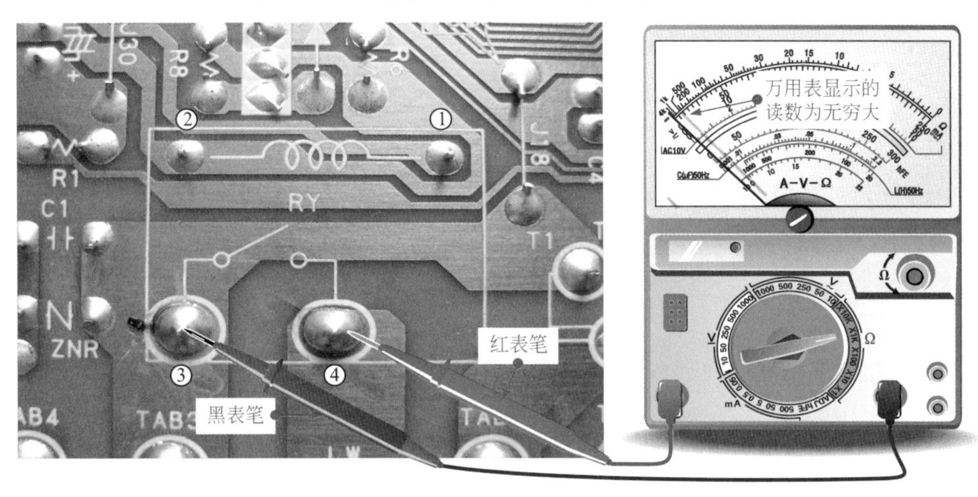

图 4-109 继电器 3、4 引脚之间的阻值的检测方法

① 检测保护二极管的反向阻值，将万用表的红表笔搭在正极上，黑表笔搭在负极上，可以测得反向阻值为 38kΩ，如图 4-110 所示。

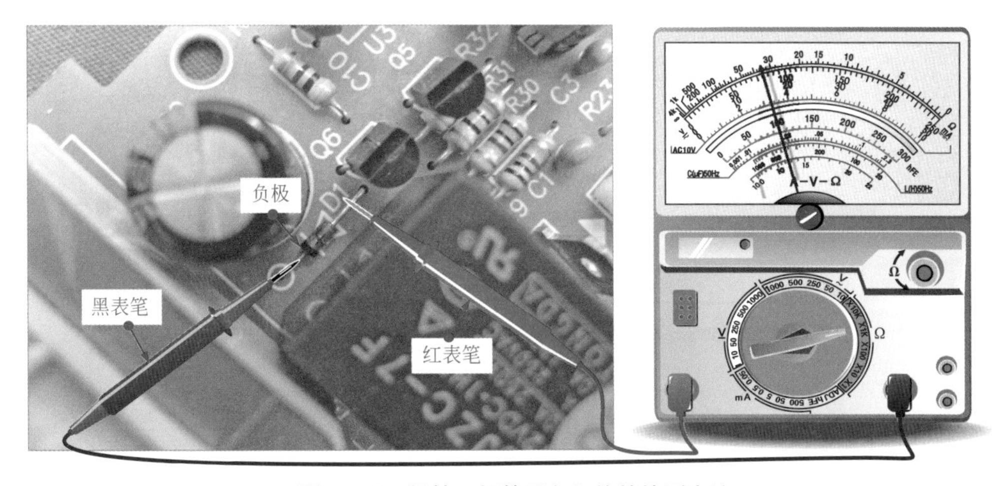

图 4-110 保护二极管反向阻值的检测方法

② 检测保护二极管的正向阻值，将万用表的红表笔搭在负极上，黑表笔搭在正极上，可以测得正向阻值为 12kΩ，如图 4-111 所示。

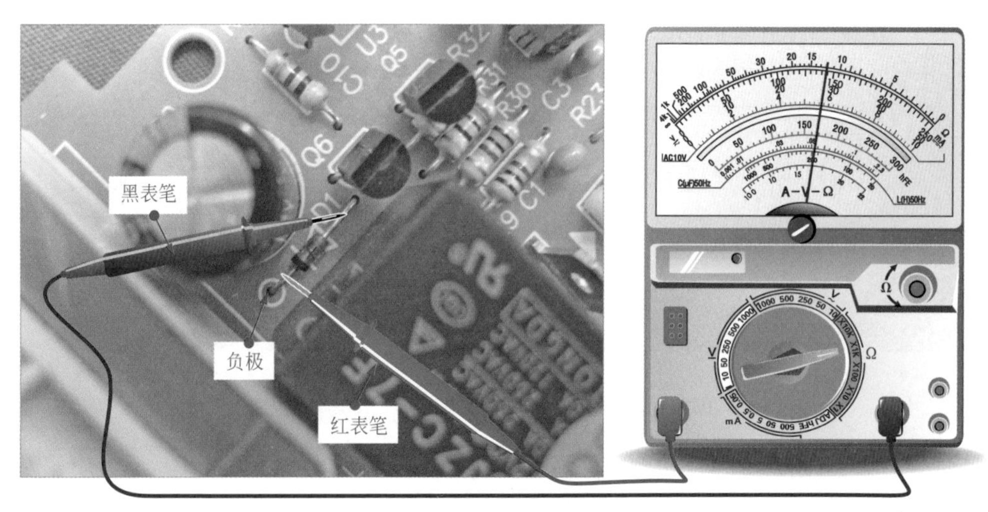

图 4-111　保护二极管正向阻值的检测方法

（3）万用表检测驱动晶体管

使用万用表对电饭煲中驱动晶体管的检测，可以分为在路检测和开路检测两种。由于在路检测比较危险，所以选择开路检测驱动晶体管的阻值来判断它的好坏。对万用表进行零欧姆校正后，即可对驱动晶体管进行检测。

① 将黑表笔搭在基极（b），红表笔搭在集电极（c），测得的正向阻值为 142Ω，交换表笔，测得反向阻值为无穷大，如图 4-112 所示。

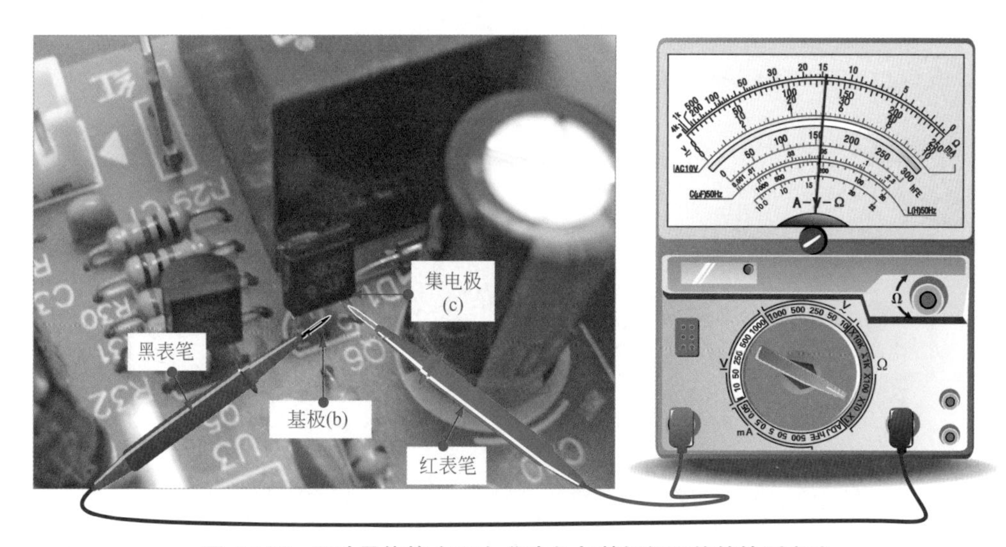

图 4-112　驱动晶体管（Q6）集电极与基极间阻值的检测方法

② 将黑表笔搭在基极（b），红表笔搭在发射极（e），测得的正向阻值为 142Ω，交换表笔，测得反向阻值为无穷大，如图 4-113 所示。

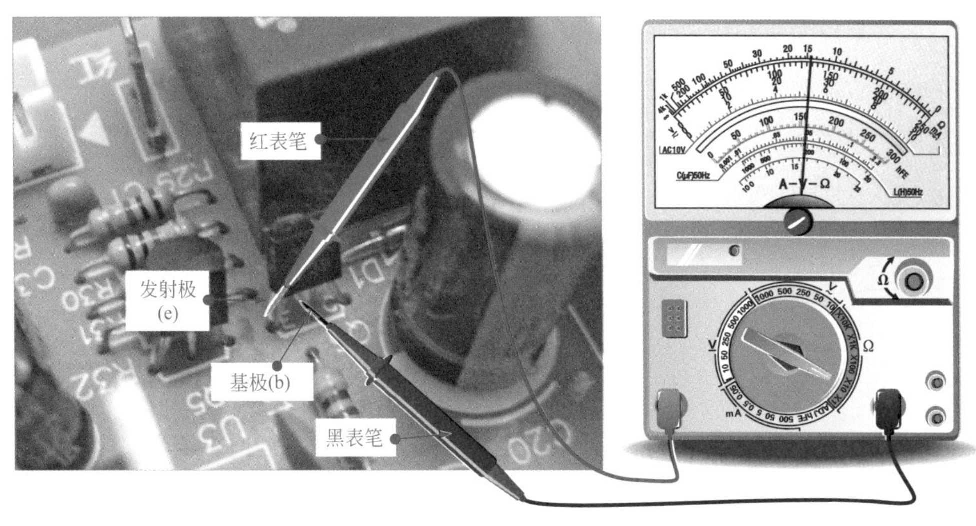

图 4-113　驱动晶体管（Q6）发射极与基极间阻值的检测方法

（4）万用表检测分压电阻

使用万用表对电饭煲中分压电阻的检测，可以分为在路检测和开路检测两种。由于在路检测比较危险，所以选择开路检测分压电阻的阻值来判断它的好坏。对万用表进行零欧姆校正后，即可对分压电阻进行检测。

将红表笔和黑表笔分别搭在分压电阻的两端，正常情况下应有一个固定阻值，如图 4-114 所示。

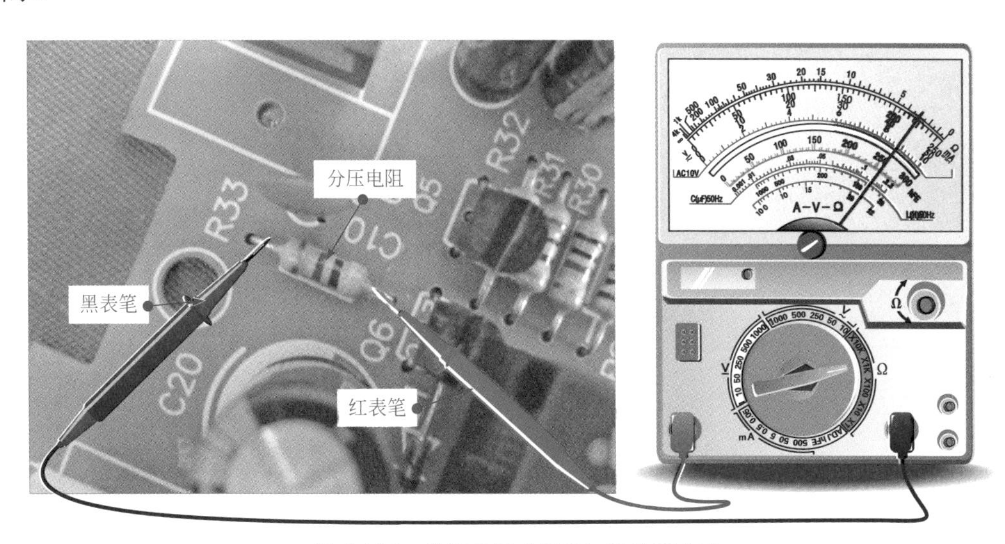

图 4-114　分压电阻（R33）的检测方法

（5）万用表检测加热组件

使用万用表对电饭煲中加热组件的检测，可以分为在路检测和开路检测两种。由于在路检测比较危险，所以选择开路检测加热组件的阻值来判断它的好坏。对万用表进行零欧姆校正后，即可对加热组件进行检测。

将万用表的红、黑表笔分别搭在加热组件的两端，测得的阻值约为 40Ω。若测得加热组件的两端的阻值为 0Ω，则说明加热组件损坏，如图 4-115 所示。

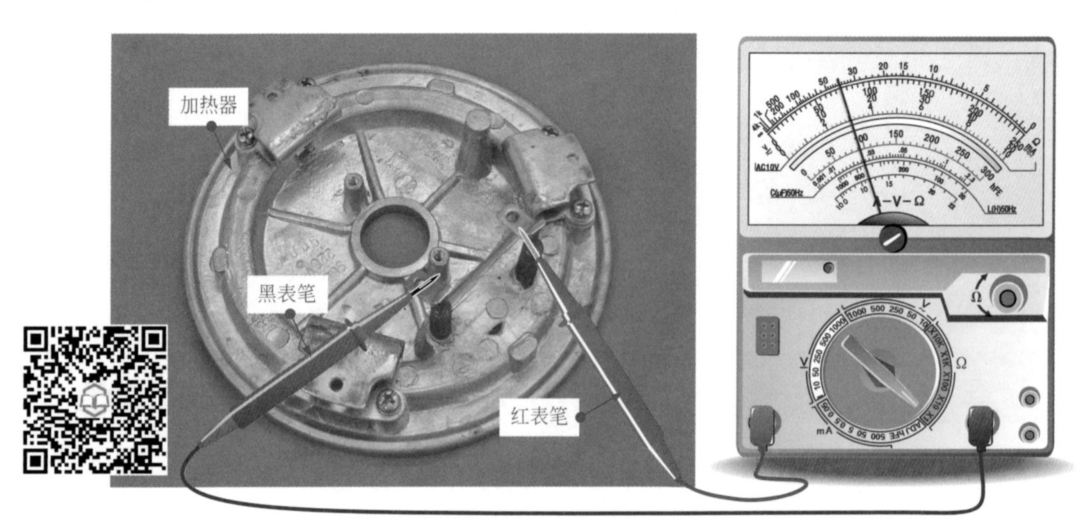

图 4-115　加热组件的检测方法

4.6.2　万用表检测电饭煲保温控制组件

使用万用表检测电饭煲保温控制组件主要是检测双向晶闸管，使用万用表对电饭煲中双向晶闸管的检测，可以分为在路检测和开路检测两种。由于在路检测比较危险，所以选择开路检测双向晶闸管的阻值来判断它的好坏。对万用表进行零欧姆校正后，即可对双向晶闸管进行检测。

① 将万用表的红表笔搭在双向晶闸管的 G 端引脚上，黑表笔搭在 T1 端引脚上，测得一个固定阻值，约为 1.2kΩ，如图 4-116 所示。

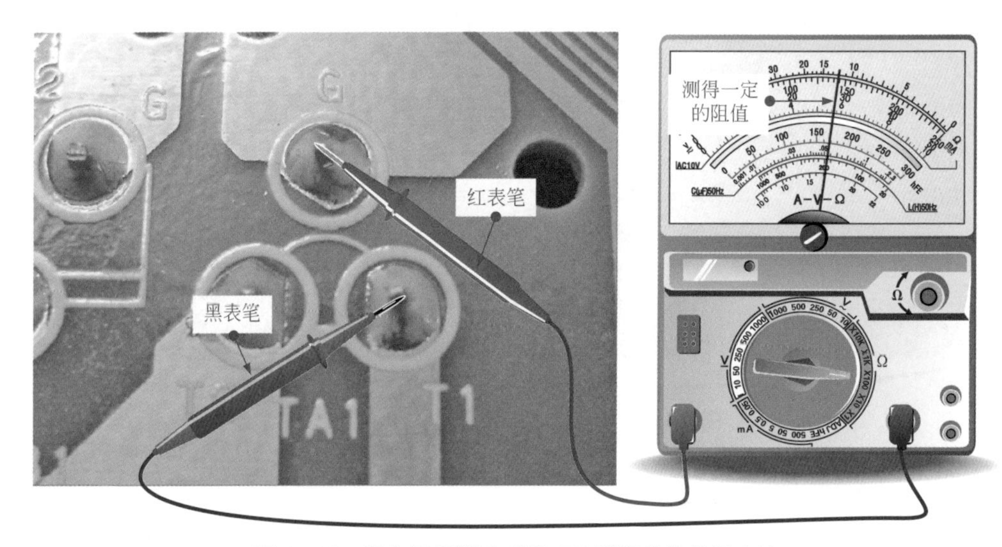

图 4-116　双向晶闸管 G 端和 T1 端阻值的检测方法

② 将万用表的红表笔搭在双向晶闸管的 G 端引脚上，黑表笔搭在 T2 端引脚上，测得阻值为无穷大，如图 4-117 所示。

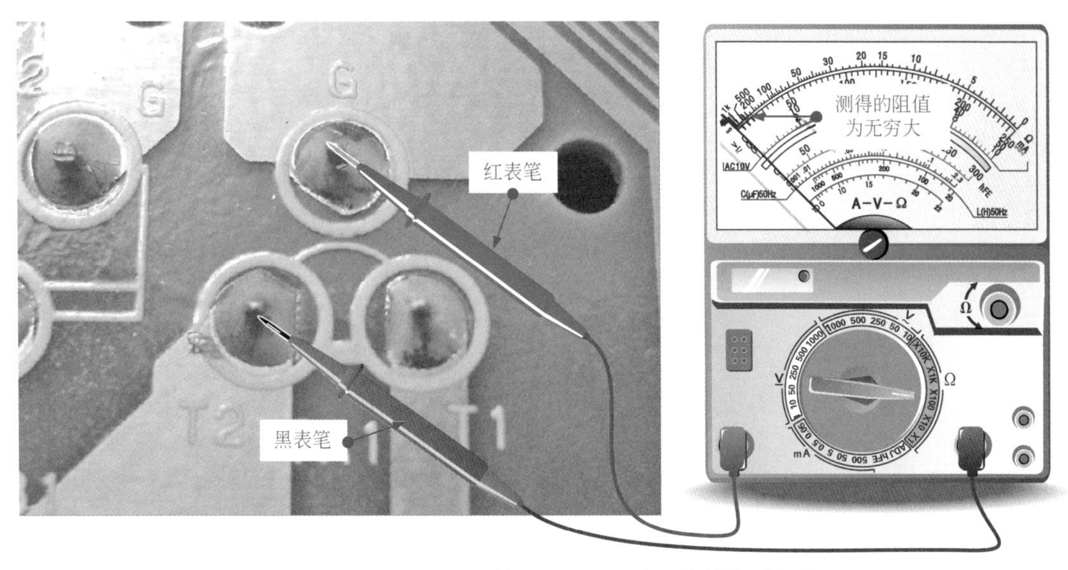

图 4-117　双向晶闸管 G 端和 T2 端阻值的检测方法

4.6.3 万用表检测电饭煲温度控制组件

使用万用表检测电饭煲温度控制组件，主要是检测限温器。使用万用表对电饭煲中限温器的检测，可以分为在路检测和开路检测两种。下面采用在路检测限温器的供电电压的方法，来判断它的好坏。

① 将万用表调整至直流电压挡，黑表笔接地，红表笔接限温器的供电端。正常情况下，检测时应有一个固定的工作电压值，如图 4-118 所示。

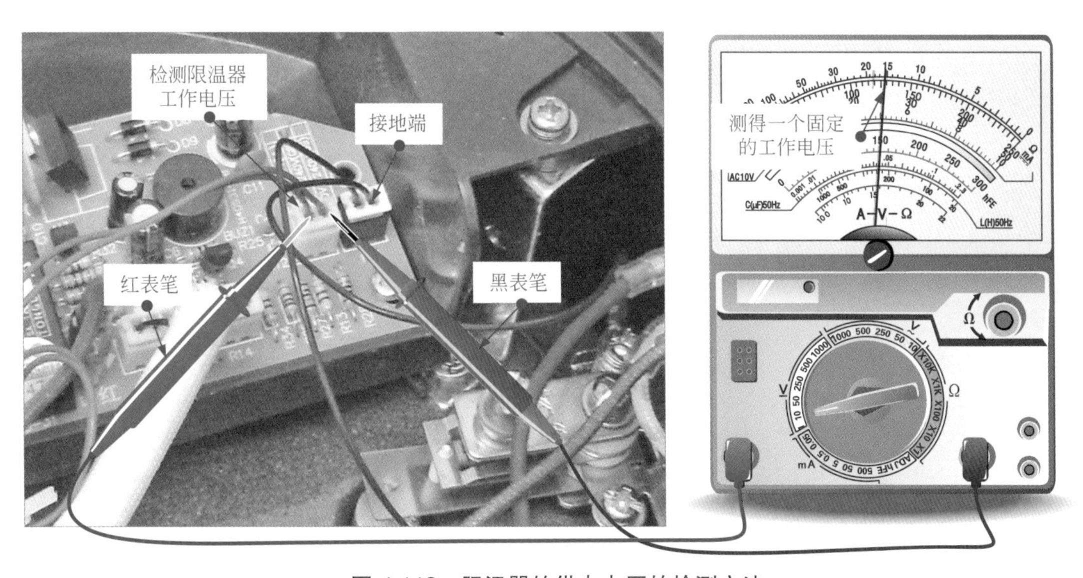

图 4-118　限温器的供电电压的检测方法

② 断开电源，拔下限温器的连接端，在室温下，检测限温器的阻值，正常情况下，测得的阻值为无穷大。若将限温器放置 90℃左右的热水中，此时用万用表检测限温器的温度，正常情况下会有变化，如图 4-119 所示。

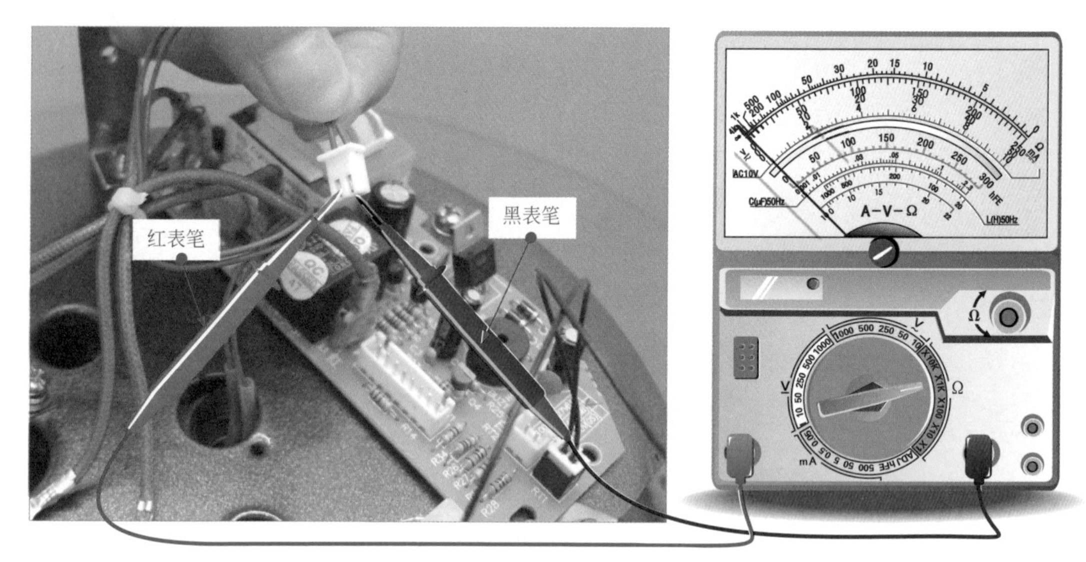

图 4-119　限温器室温下的阻值的检测方法

4.6.4 万用表检测电饭煲机械控制组件

使用万用表检测电饭煲机械控制组件，主要是检测微动开关。使用万用表对电饭煲中微动开关的检测，可以分为在路检测和开路检测两种。由于在路检测比较危险，所以选择开路检测微动开关的阻值来判断它的好坏。对万用表进行零欧姆校正后，即可对微动开关进行检测。

① 微动开关断开状态下，将红表笔和黑表笔分别搭在微动开关的两端，测得的阻值为无穷大，如图 4-120 所示。

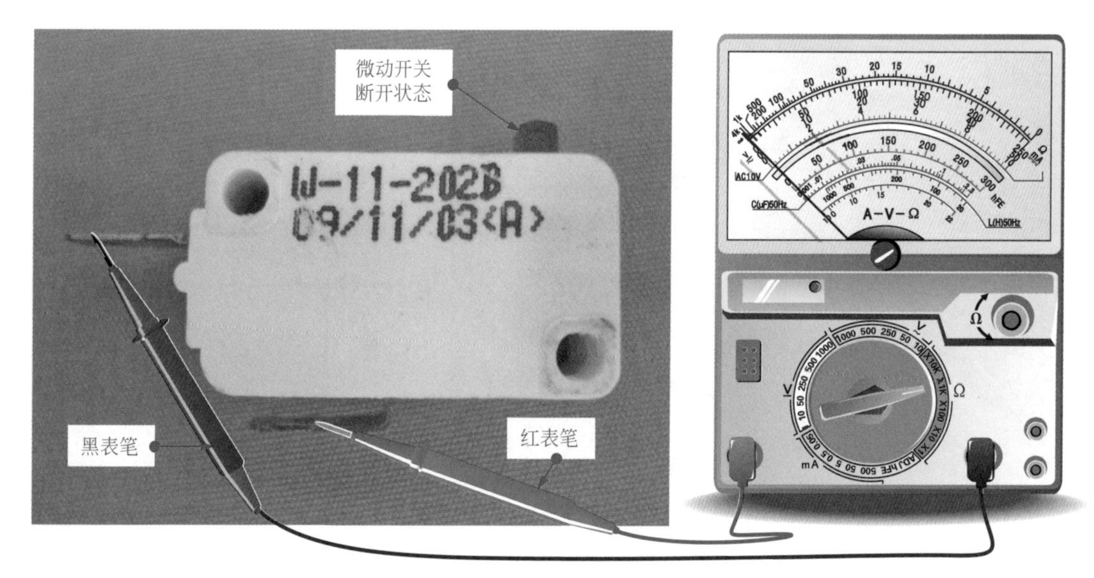

图 4-120　断开状态下微动开关两端阻值的检测方法

② 微动开关闭合状态下，将红表笔和黑表笔分别搭在微动开关的两端，测得的阻值为 0Ω，如图 4-121 所示。

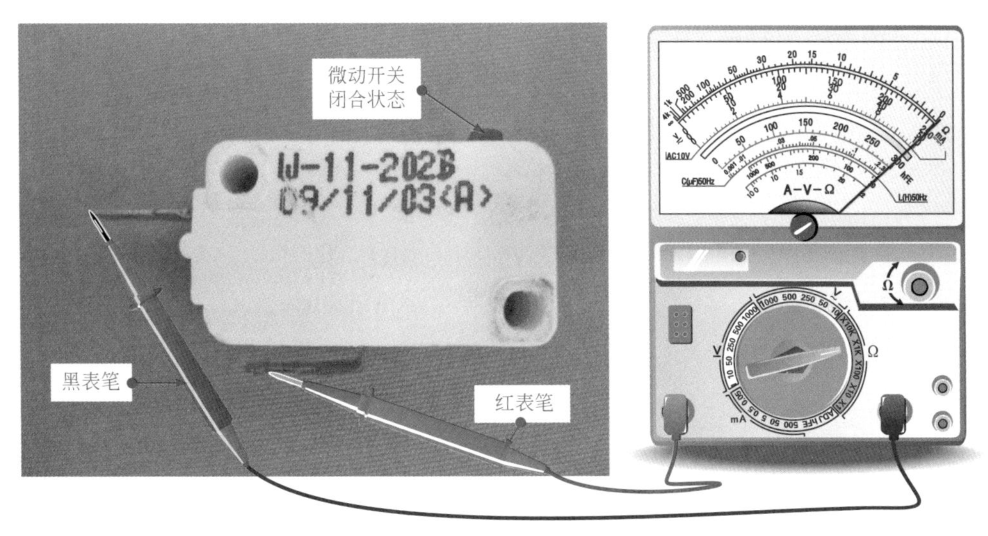

图 4-121　闭合状态下微动开关两端阻值的检测方法

4.6.5 万用表检测电饭煲操作显示电路

使用万用表检测电饭煲操作显示电路，主要是检测操作按键、发光二极管、驱动晶体管。

（1）万用表检测操作按键

使用万用表对电饭煲中操作按键的检测，可以分为在路检测和开路检测两种。由于在路检测比较危险，所以选择开路检测操作按键的阻值来判断它的好坏。对万用表进行零欧姆校正后，即可对操作按键进行检测。检测时，两支表笔分别检测操作按键不同焊盘的两个引脚。

使用红、黑表笔分别检测操作按键不同焊盘的两个引脚，若操作按键良好，未按压按键时，万用表指针应指向无穷大；当按下操作按键的按钮时，万用表测得阻值应为 0Ω，如图 4-122 所示。

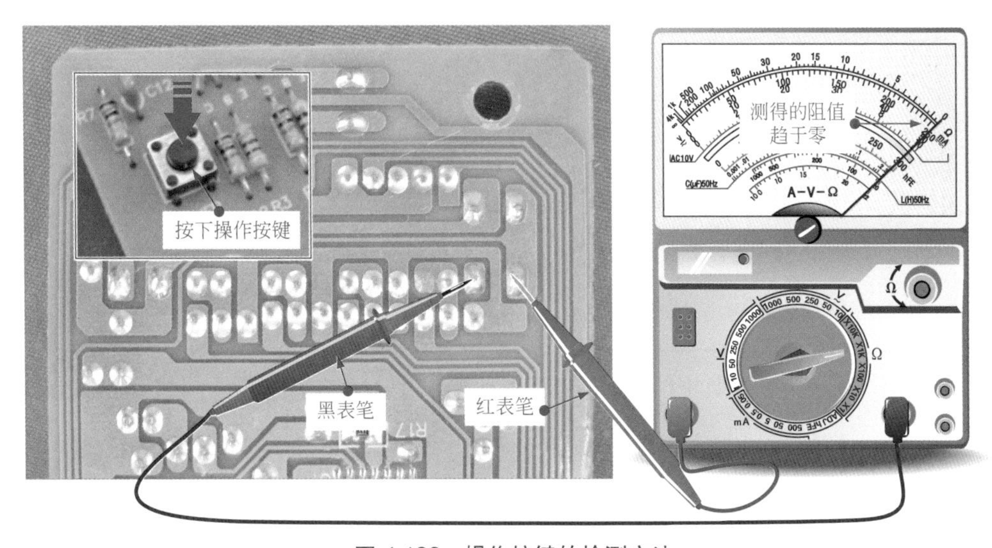

图 4-122　操作按键的检测方法

(2) 万用表检测发光二极管

使用万用表对电饭煲中发光二极管的检测，可以分为在路检测和开路检测两种。由于在路检测比较危险，所以选择开路检测发光二极管正反向阻抗来判断它的好坏。对万用表进行零欧姆校正后，即可对整流二极管进行检测。

① 将万用表的黑表笔搭在发光二极管的正极引脚上，红表笔搭在负极引脚上，检测发光二极管的正向阻抗，可以测得 23kΩ 左右的正向阻值，如图 4-123 所示。

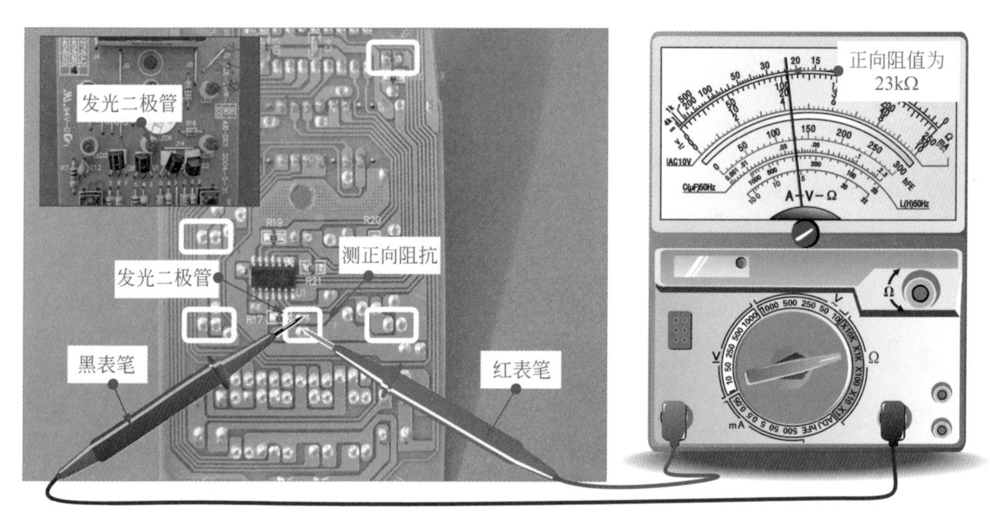

图 4-123 发光二极管正向阻抗的检测方法

② 将万用表的黑表笔搭在发光二极管的负极引脚上，红表笔搭在正极引脚上，检测发光二极管的反向阻抗，测得的阻值为无穷大，如图 4-124 所示

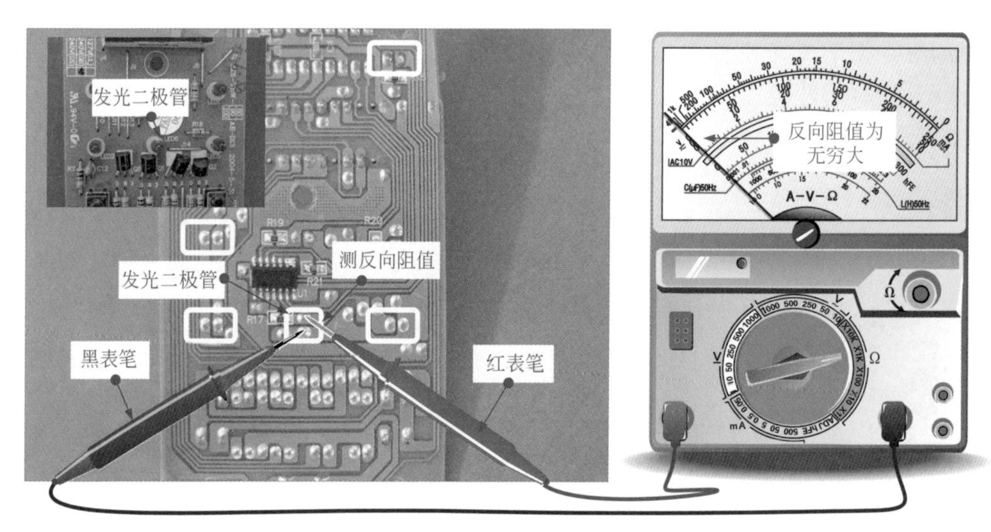

图 4-124 发光二极管反向阻抗的检测方法

(3) 万用表检测驱动晶体管

使用万用表对电饭煲中驱动晶体管的检测，可以分为在路检测和开路检测两种。由于在路检测比较危险，所以选择开路检测驱动晶体管的阻值来判断它的好坏。对万用表进行

零欧姆校正后，即可对整流二极管进行检测。

① 将万用表的红表笔搭在驱动晶体管的发射极（e）的引脚端，黑表笔搭在基极（b）的引脚端，检测驱动晶体管正向阻值，为 160Ω，交换表笔，测得反向阻值为无穷大，如图 4-125 所示。

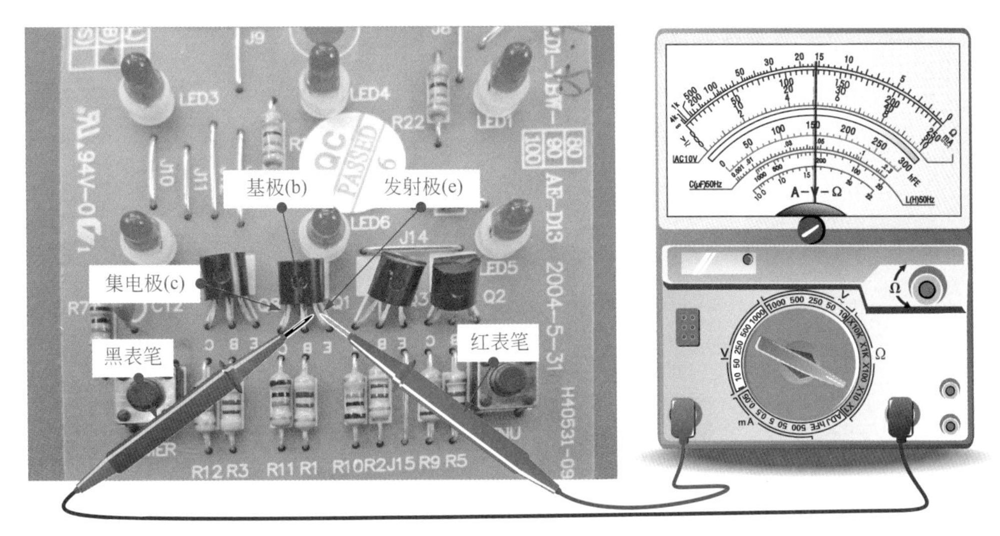

图 4-125　驱动晶体管发射极（e）的正反向阻值的检测方法

② 将万用表的红表笔搭在驱动晶体管的集电极（c）的引脚端，黑表笔搭在基极（b）的引脚端，检测驱动晶体管正向阻值，为 160Ω，交换表笔，测得反向阻值为无穷大，如图 4-126 所示。

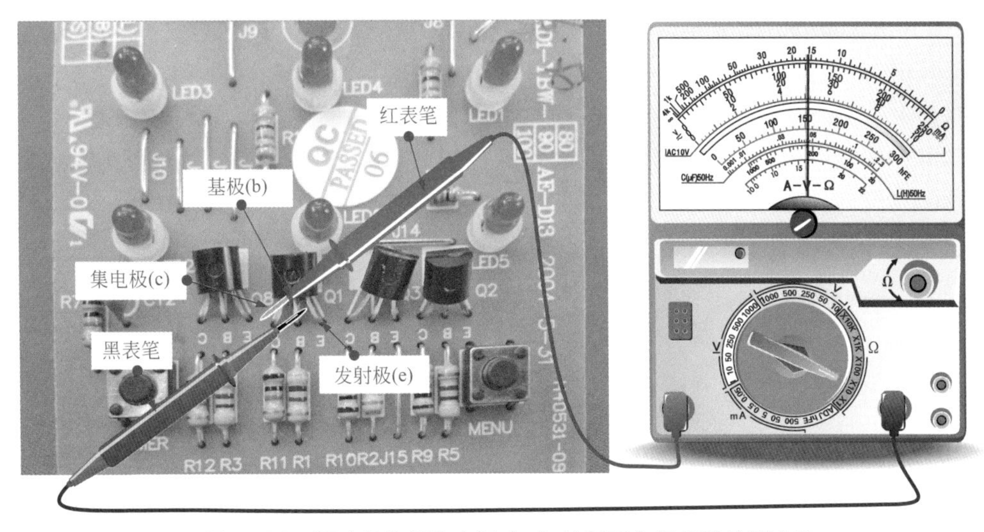

图 4-126　驱动晶体管集电极（c）的正反向阻值的检测方法

4.6.6 万用表检测微电脑控制电路

使用万用表检测电饭煲微电脑控制电路，主要是检测微处理器控制芯片。使用万用表对电饭煲中微处理器控制芯片的检测，可以分为在路检测和开路检测两种。下面采用在路检测其供电电压的方法，判断微处理器控制芯片的好坏。

将万用表的黑表笔接地，红表笔连接微处理器控制芯片的 2 脚，检测微处理器控制芯片的谐振晶体是否有起振电压。正常情况下，测得两个谐振晶体端的起振电压为 1.4V 左右，并且两个谐振晶体端电压差为 0.4V 左右。万用表对微处理器控制芯片的检测操作如图 4-127 所示。

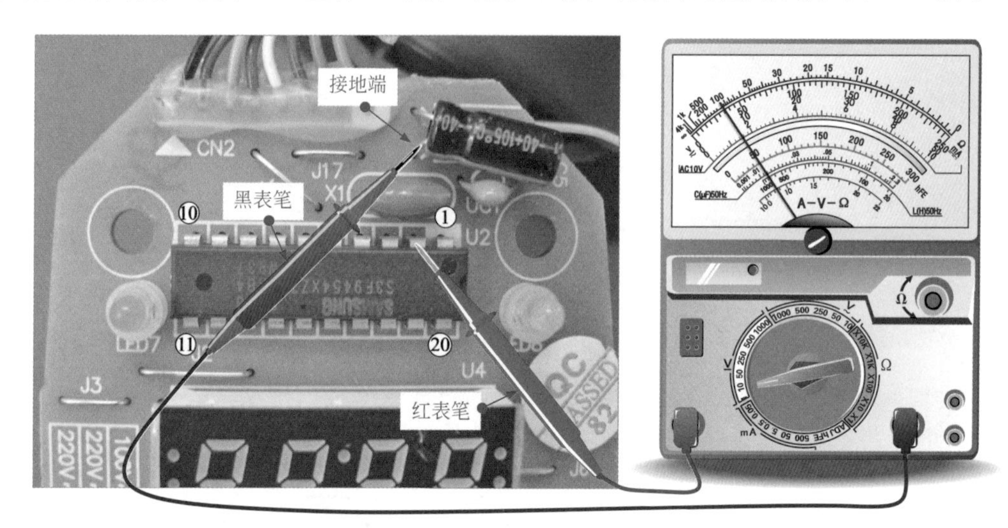

图 4-127　微处理器控制芯片谐振晶体端起振电压的检测方法

4.6.7 万用表检测电饭煲电源供电电路

使用万用表检测电饭煲电源供电电路，主要是检测整流二极管、限温器、三端稳压器。

（1）万用表检测整流二极管

使用万用表对电饭煲中整流二极管的检测，可以分为在路检测和开路检测两种。由于在路检测比较危险，所以选择开路检测整流二极管的阻值来判断它的好坏。对万用表进行零欧姆校正后，即可对整流二极管进行检测。

① 将万用表的黑表笔连接整流二极管的正极，红表笔连接负极，检测其正向阻值，正常情况下可以测得一定的阻值，如图 4-128 所示。

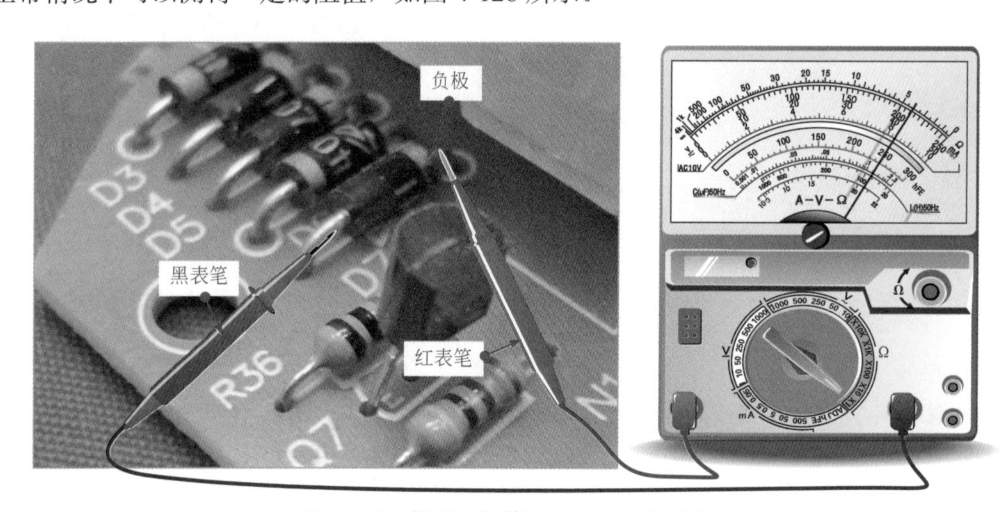

图 4-128　整流二极管正向阻值的检测方法

② 交换表笔，检测整流二极管的反向阻值，正常情况下可以测得一定的阻值，如图 4-129 所示。

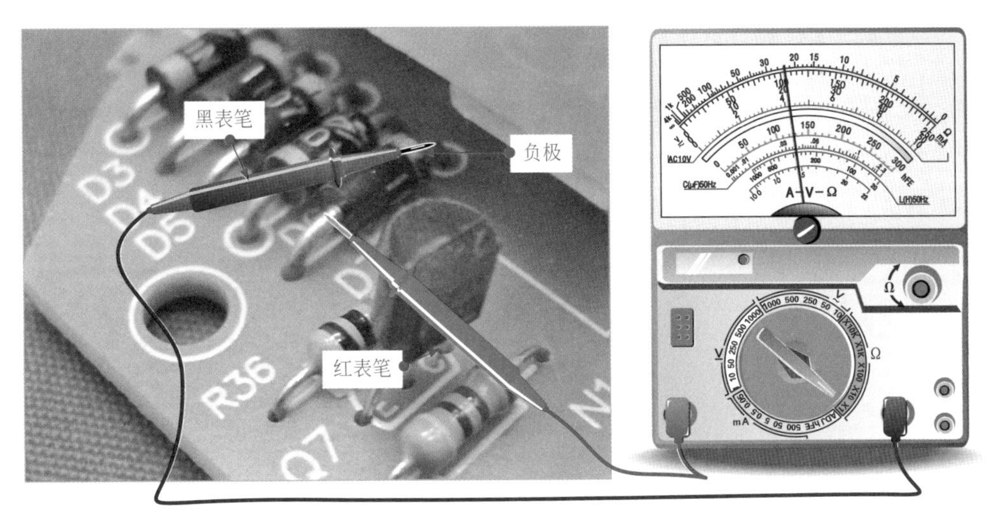

图 4-129 整流二极管反向阻值的检测方法

（2）万用表检测限温器

使用万用表对电饭煲中限温器的检测，可以分为在路检测和开路检测两种。下面采用在路检测的方法检测限温器的电压来判断该部件的好坏。

将万用表的黑表笔接地，红表笔连接限温器的工作电压端引线，正常情况下，测得限温器的工作电压为直流 5V 左右，如图 4-130 所示。

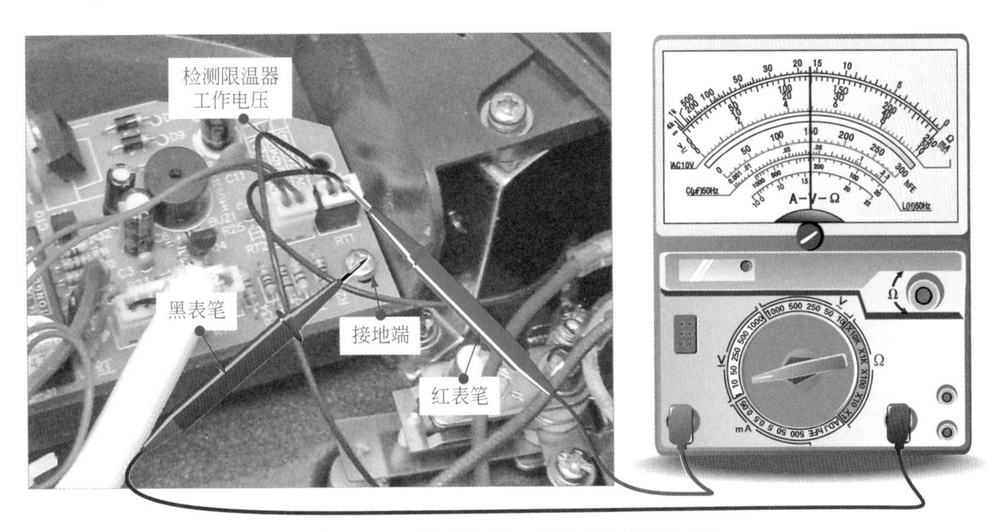

图 4-130 限温器的工作电压的检测方法

（3）万用表检测三端稳压器

使用万用表对电饭煲中三端稳压器的检测，可以分为在路检测和开路检测两种。下面采用在路检测电压值的方法检测三端稳压器以判断其好坏。

① 将万用表的黑表笔搭在三端稳压器的接地端，红表笔搭在输入端，测得的输入电

压约为直流 12V，如图 4-131 所示。

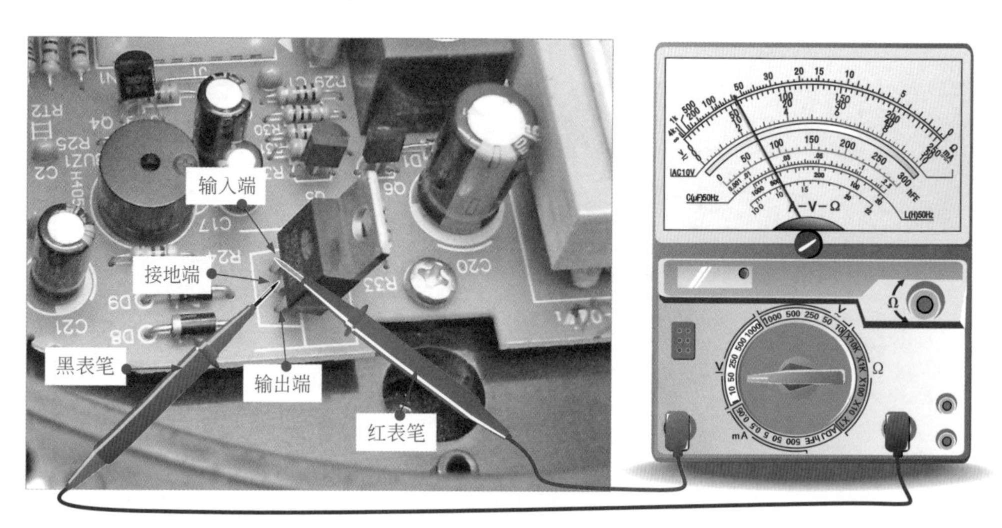

图 4-131　三端稳压器输入端电压的检测方法

② 将万用表的黑表笔搭在三端稳压器的接地端，红表笔搭在输出端，测得的输出电压约为直流 5V，如图 4-132 所示。

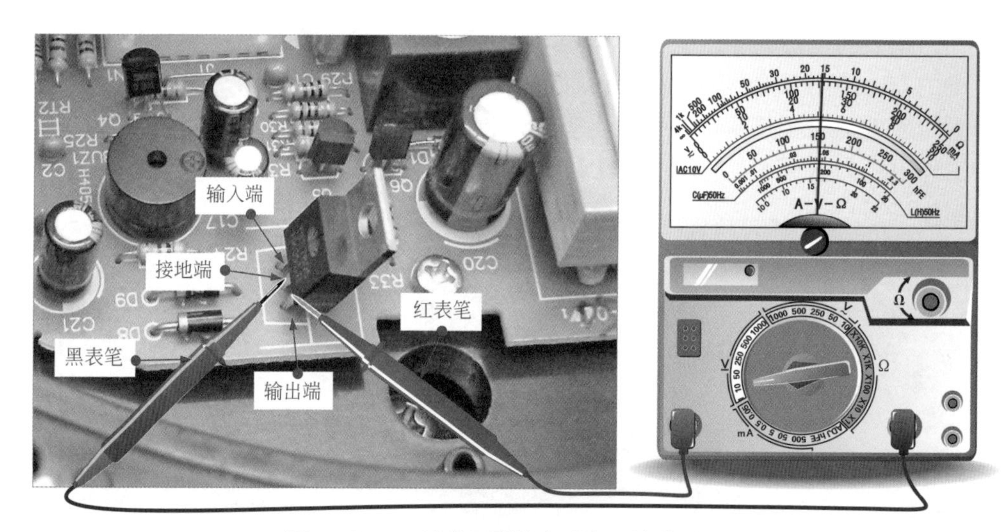

图 4-132　三端稳压器输出端电压的检测方法

4.7 万用表检测电磁炉

4.7.1 万用表检测电磁炉 PWM 信号处理电路

PWM 信号处理电路又可以称为脉宽调制信号处理电路，由电压比较器和门控管驱动信号放大器及外围器件组成。

万用表对 PWM 信号处理电路的检测流程见图 4-133。

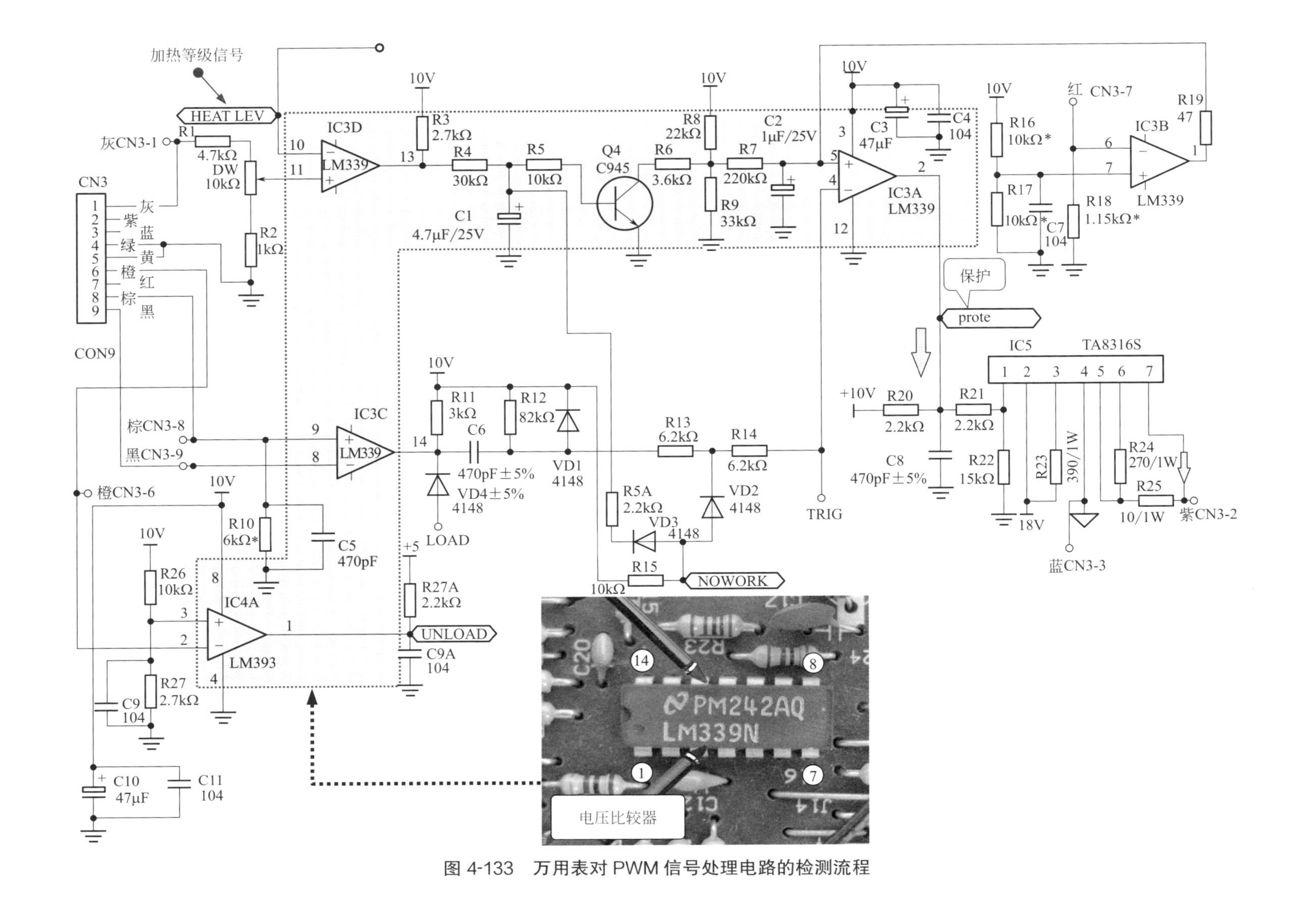

图 4-133　万用表对 PWM 信号处理电路的检测流程

PWM信号处理电路通过接口CN3与电源供电及功率输出电路板进行连接，将PWM信号送入电源供电与功率输出电路中，去驱动门控管控制极对炉盘线圈进行加热控制。

检测PWM信号处理电路时，应检测其主要的部件（部位），即电压比较器。

电压比较器在检测及控制电路中是非常重要的元器件之一，使用万用表检测其好坏时，可以检测其各引脚的对地阻值是否正常。

检测前，将万用表的量程调至×1kΩ挡位，并进行零欧姆校正。

典型电压比较器的检测方法见图4-134。

图4-134 典型电压比较器的检测方法

将万用表的红表笔接3脚，黑表笔接接地引脚，此时可以检测出3脚的对地阻值为2.9kΩ。

通过检测，典型电压比较器的各引脚对地阻值见表4-2。

表 4-2　典型电压比较器的各引脚对地阻值

引脚	对地阻值 /kΩ	引脚	对地阻值 /kΩ	引脚	对地阻值 /kΩ	引脚	对地阻值 /kΩ
1	7.4	5	7.4	9	4.5	13	5.2
2	3.0	6	1.7	10	8.5	14	5.4
3	2.9	7	4.5	11	7.4	—	—
4	5.5	8	9.4	12	0.0	—	—

4.7.2 万用表检测电磁炉直流电源电路

电磁炉的直流电源电路通常是由降压变压器、整流滤波电路和稳压电路等部分构成的。它输出的直流 +5V、+12V 或 +18V 等电压是为信号处理、电流电压检测电路以及脉冲信号产生和控制等电路提供的。

万用表对直流电源电路的检测流程见图 4-135。

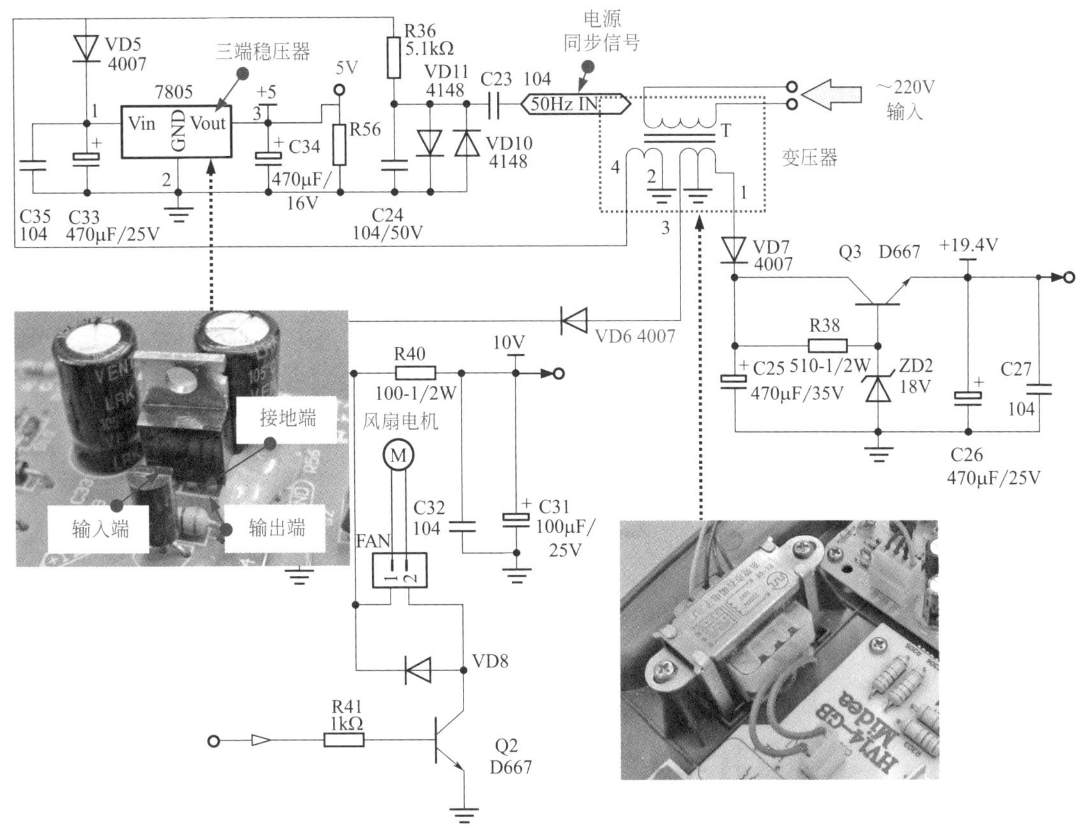

图 4-135　万用表对直流电源电路的检测流程

交流 220V 电压加到变压器 T 的初级绕组，经降压后由次级 1、3、4 脚输出交流低压，分别输送到整流、滤波和稳压电路中。

检测直流电源电路时，应检测其主要的部件（部位），即三端稳压器。

三端稳压器在检测及控制电路中是非常重要的元器件之一，使用万用表检测三端稳压器时，主要是检测其阻值是否正常。

首先将万用表的量程调至 ×1kΩ 挡位，并进行零欧姆校正，然后检测其阻值。

检测三端稳压器的方法见图 4-136。

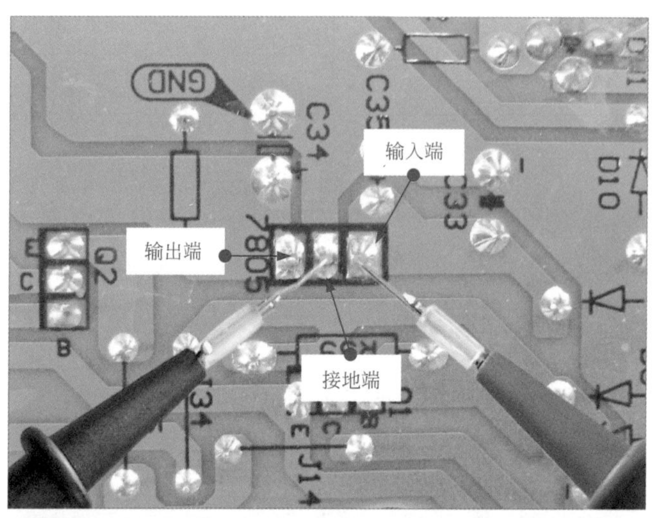

图 4-136 检测三端稳压器的方法

将万用表的黑表笔连接三端稳压器的接地端，红表笔分别连接其输入端和输出端，在三端稳压器正常的情况下，则万用表测得其输出端阻值约为 1.8kΩ，输入端的阻值约为 5.5kΩ。

4.7.3 万用表检测电磁炉微处理器控制电路

电磁炉的各组成部分的工作都是由微处理器控制电路进行控制的，微处理器控制电路是以微处理器为核心的自动检测电路和自动控制电路等构成的。

万用表对微处理器控制电路的检测流程见图 4-137。

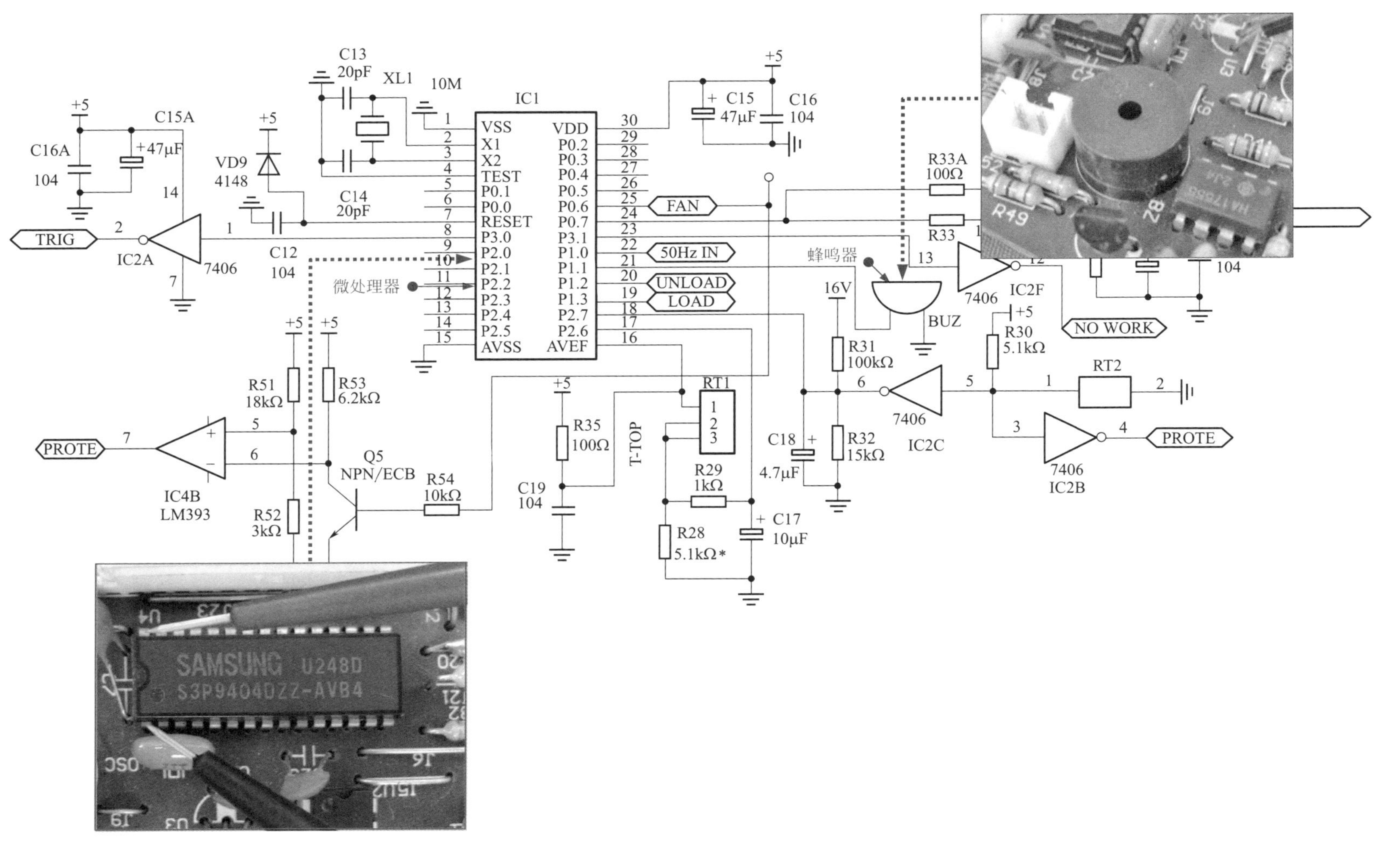

图 4-137 万用表对微处理器控制电路的检测流程

工作时，用户通过面板上的按键输入人工指令，微处理器收到指令后，根据内部程序对电路进行控制。当工作过程中出现过流、过压和过高的温度时，传感器会将电压、电流和温度信息送给微处理器。微处理器便会输出停机指令和报警信号，使电磁炉进入自动保护状态。

（1）万用表检测微处理器

检测微处理器电路时，应检测其主要的部件（部位），即对微处理器和蜂鸣器进行检测。

微处理器在检测及控制电路中是非常重要的元器件之一。使用万用表检测微处理器时，首先可以检测其输入的电压是否正常，检测前，应将万用表的量程调至 DC 10V 挡位。

调整好万用表后，接下来可以检测微处理器的工作电压是否正常。

微处理器供电端的检测方法见图 4-138。

图 4-138　微处理器供电端的检测方法

将万用表的黑表笔接接地端，红表笔接微处理器的 30 脚，检测电源端，正常情况下，万用表会检测出直流 5V 的供电电源。

在微处理器的供电正常的情况下，继续使用万用表检测晶体的起振电压是否正常。

起振电压的检测方法见图 4-139。

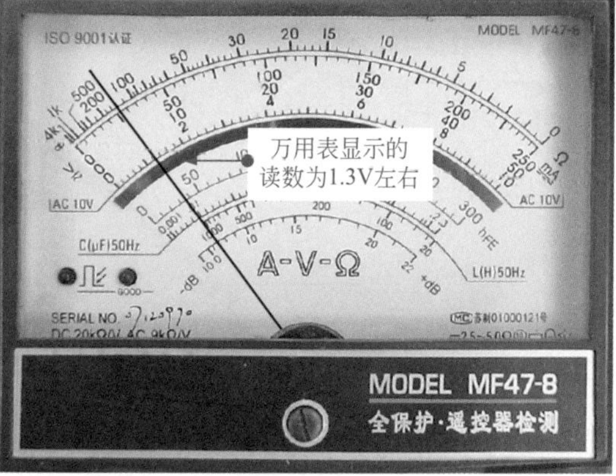

图 4-139　起振电压的检测方法

万用表的黑表笔不动，红表笔分别连接微处理器外接谐振晶体的2、3引脚，检测其起振电压是否正常，正常时两引脚之间的电压差应在0.2V左右。

微处理器外接晶体的起振电压正常的情况下，接下来可检测微处理器的复位电压是否正常。

复位电压的检测方法见图4-140。

图4-140 复位电压的检测方法

万用表的黑表笔不动，红表笔连接微处理器的7脚，检测其复位电压是否正常。

在微处理器供电电路的电压值、晶振电路的电压值以及复位电路的电压值都正常的情况下，微处理器才可以正常工作。

（2）万用表检测蜂鸣器

蜂鸣器在电磁炉的检测及控制电路中是非常重要的元器件之一。使用万用表检测蜂鸣器时，可以通过检测其阻值的方法来判断是否损坏。

首先将万用表的量程调至×1Ω挡位，并进行调整，然后开始检测蜂鸣器的阻值。

蜂鸣器的检测方法见图4-141。

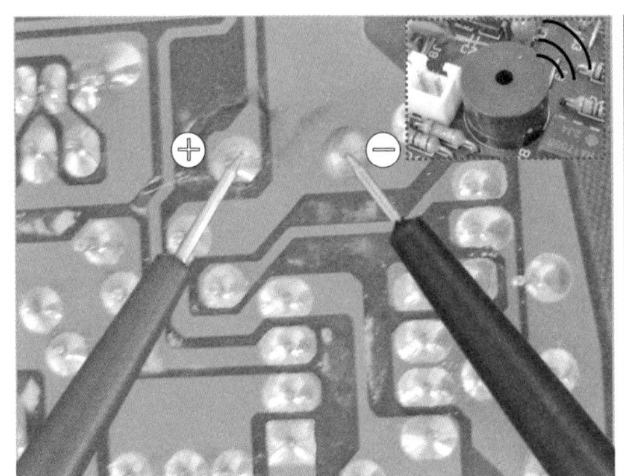

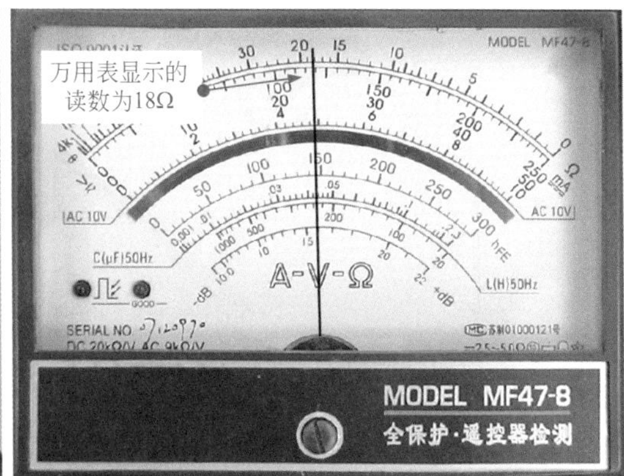

图4-141 蜂鸣器的检测方法

将万用表的红、黑表笔分别接触蜂鸣器的正、负电极，若万用表显示一定的数值，约为18Ω，并在红、黑表笔接触电极的一瞬间，蜂鸣器会发出“吱吱”的声响，则蜂鸣器正常。反之，则说明蜂鸣器可能损坏。

4.7.4 万用表检测电磁炉操作显示电路

使用万用表对操作显示电路进行检测时，可根据信号流向对操作显示电路中的主要部件或关键点进行测量。

万用表对操作显示电路的检测流程见图 4-142。

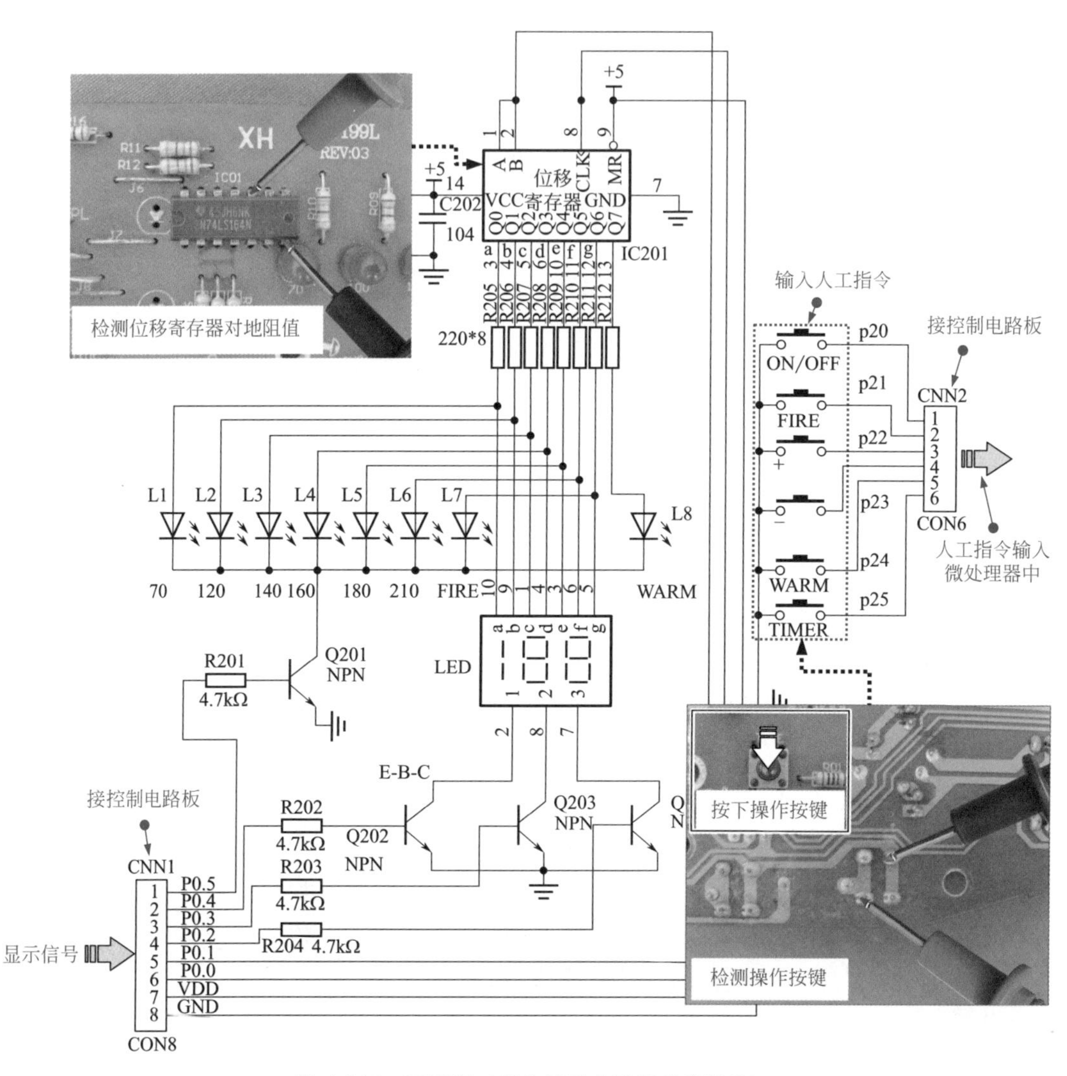

图 4-142 万用表对操作显示电路的检修流程

① 查看电路板中元器件是否有明显损坏，接着检测输入人工指令的操作按键，是否能够正常使用。

② 检测操作显示电路中的位移寄存器是否能正常工作，或自身是否有损坏。

4.7.5 万用表检测电磁炉扼流圈

扼流圈在电源供电及功率输出电路中是非常重要的元器件之一，对其进行检测时，主要是通过万用表检测其两引脚间的阻值。

首先，将万用表的量程调至 ×1Ω 挡位，并进行零欧姆校正。

万用表的调整方法见图 4-143。

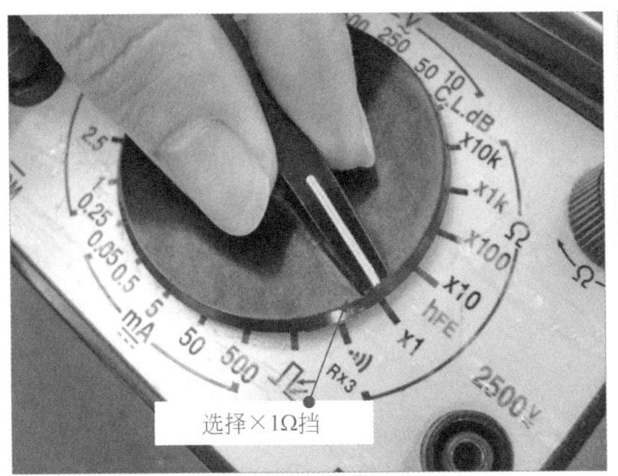

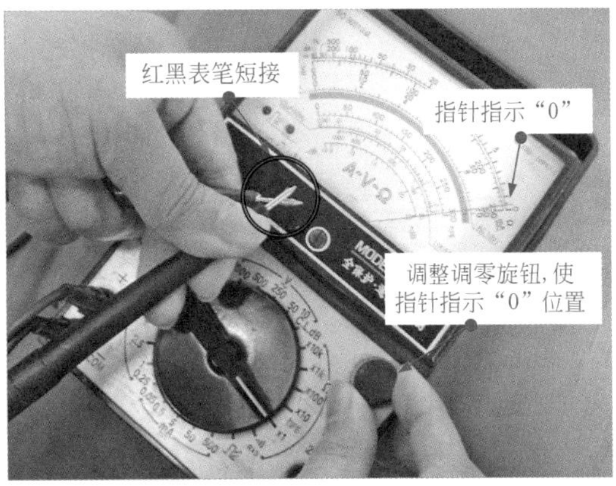

图 4-143　万用表的调整方法

将万用表的量程调整好后，将两表笔进行短接，并进行零欧姆校正，使万用表指针指向零欧姆位置。

调整好万用表后，接下来则需检测扼流圈的阻值。

万用表检测扼流圈的方法见图 4-144。

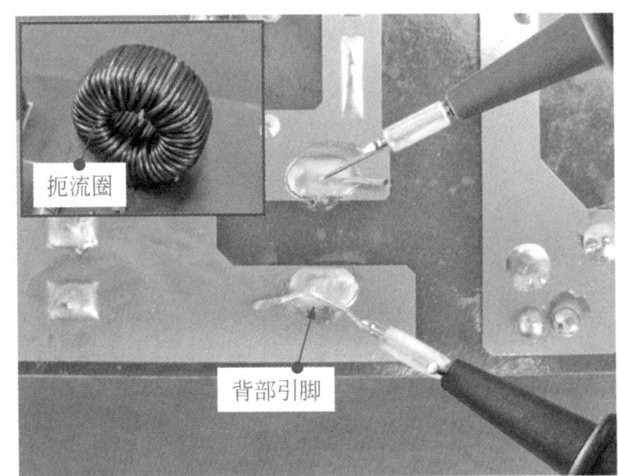

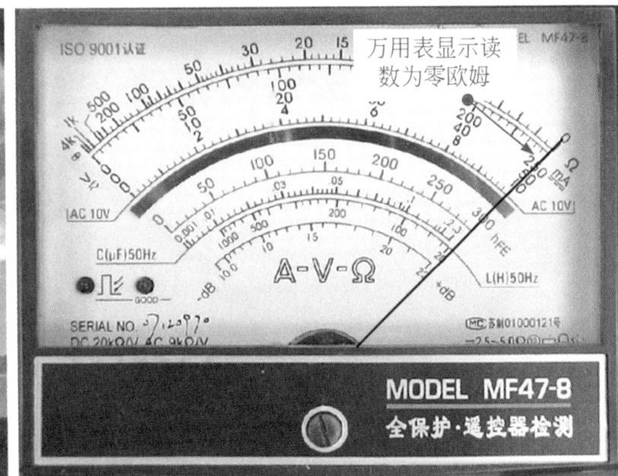

图 4-144　万用表检测扼流圈的方法

将万用表的红、黑表笔分别接在待测扼流圈的引脚上，此时，若测得其阻值接近零欧姆，表明该扼流圈正常。

4.7.6 万用表检测电磁炉门控管

门控管克服了场效应管在高压大电流条件下的导通电阻大、输出功率低、元器件发热等缺点，是较理想的高速高压大功率器件。

门控管有 3 个引脚，分别为控制极（G）、集电极（C）、发射极（E）。

门控管的引脚标识见图 4-145。

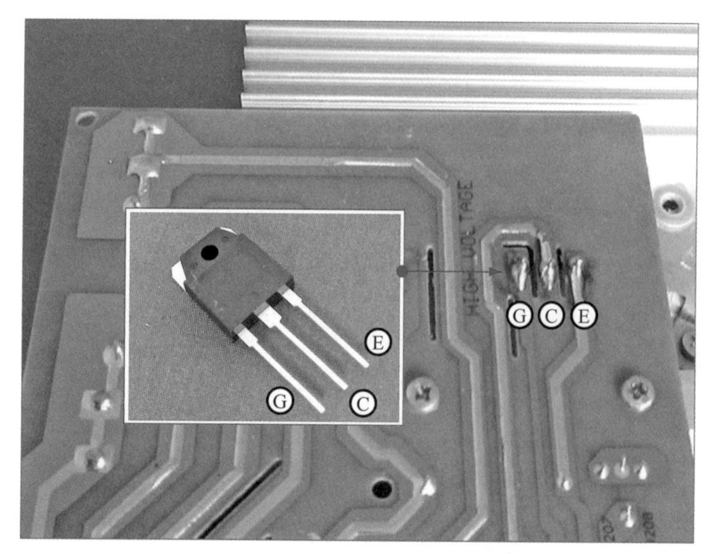

图 4-145　门控管的引脚标识

通过门控管的实物与电路板对照后，可以找出控制极、集电极和发射极。

使用万用表检测门控管时，可检测其正反向阻值是否正常。首先将万用表的量程调至 ×1kΩ 挡位，并进行零欧姆校正。

门控管集电极的检测方法见图 4-146。

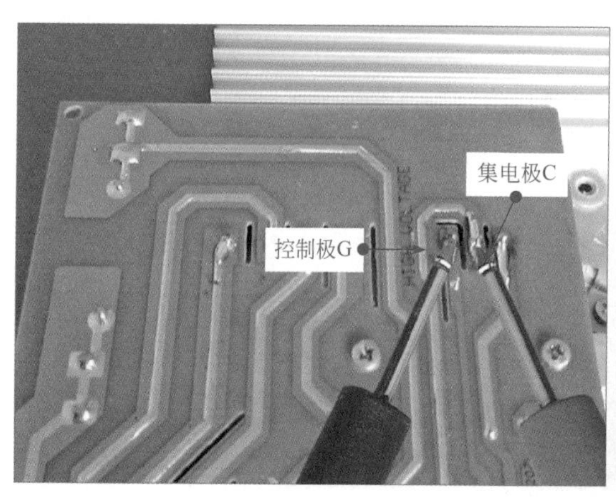

图 4-146　门控管集电极的检测方法

将黑表笔接控制极（G），红表笔连接集电极（C），门控管在电路板上时集电极的正向阻值是 3kΩ 左右，然后将两表笔对换，测量集电极的反向阻值时，万用表读数为无穷大。

检测完集电极的正反向阻值后，接下来检测发射极的正反向阻值。

发射极阻值的检测方法见图 4-147。

将黑表笔接到控制极（G）上，然后用红表笔连接发射极（E），门控管在电路板上时发射极的正向阻值为 40kΩ 左右，然后将两表笔对换，测量发射极的反向阻值时，万用表读数与正向阻值相同。

通过对门控管阻值的检测，若阻值与上述的检测差距很大时，则说明被测门控管可能损坏。

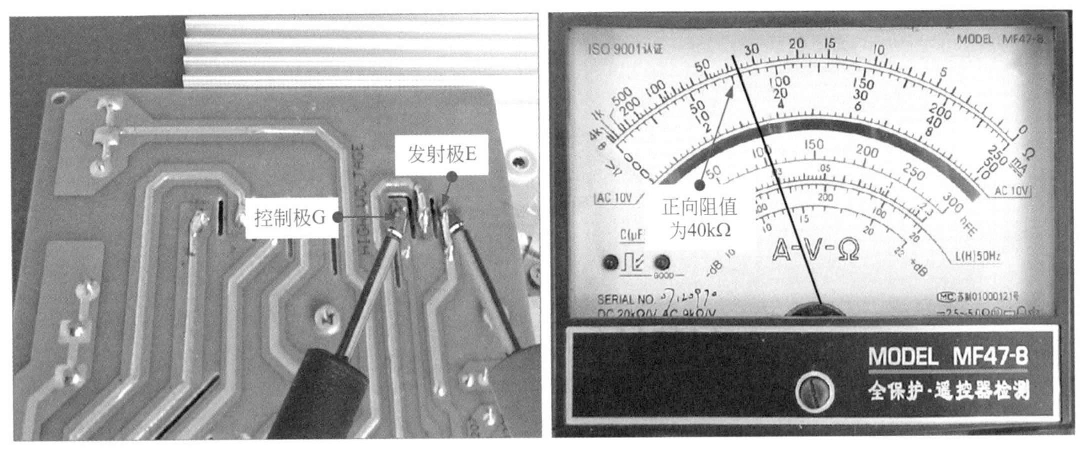

图 4-147 发射极阻值的检测方法

4.7.7 万用表检测电磁炉阻尼二极管

电源供电及功率输出电路中，阻尼二极管是非常重要的保护元器件。判断其好坏时，可以使用万用表检测其正反向阻值进行确定。

首先将待检测的阻尼二极管从电路板上取下，然后将万用表的量程调至 ×1Ω 挡，并进行零欧姆校正，接下来分别检测其阻值。

检测阻尼二极管的正向阻值见图 4-148。

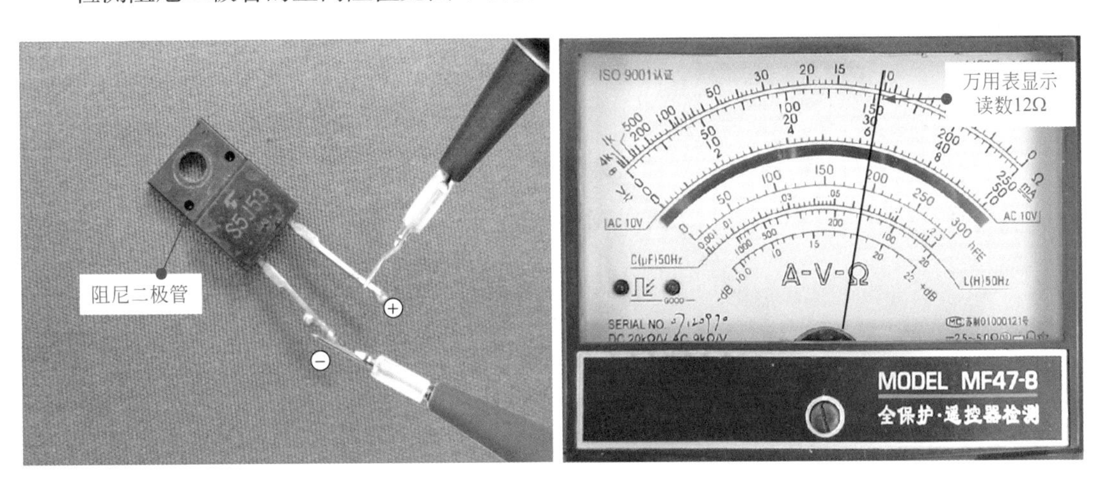

图 4-148 检测阻尼二极管的正向阻值

将万用表的红表笔接阻尼二极管的负极，黑表笔接其正极，正常情况下，测得其正向阻值约为 12Ω。

检测完阻尼二极管的正向阻值后，接下来检测其反向阻值。

检测阻尼二极管的反向阻值见图 4-149。

将万用表的两表笔调换，即红表笔接阻尼二极管的正极，黑表笔接其负极，正常情况下，测得其反向阻值趋于无穷大。

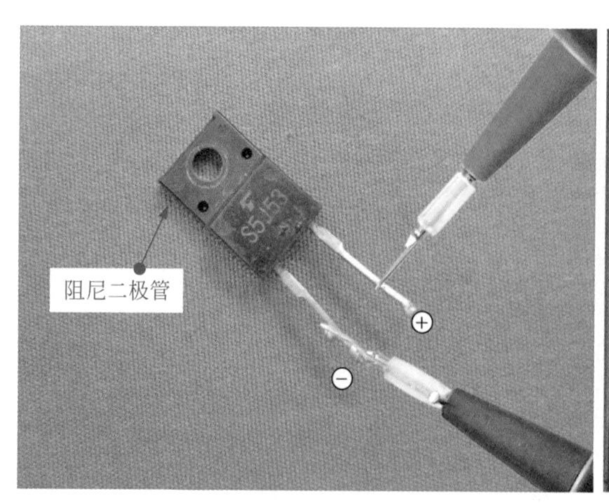

图 4-149　检测阻尼二极管的反向阻值

4.7.8 万用表检测电磁炉炉盘线圈

炉盘线圈是电磁炉中的加热器件，对炉盘线圈进行检测主要是使用万用表检测炉盘线圈的阻值和炉盘线圈上的热敏电阻是否正常。

首先将万用表的量程调至 ×1kΩ 挡，并进行零欧姆校正；检测炉盘线圈是否完好。

炉盘线圈的检测方法见图 4-150。

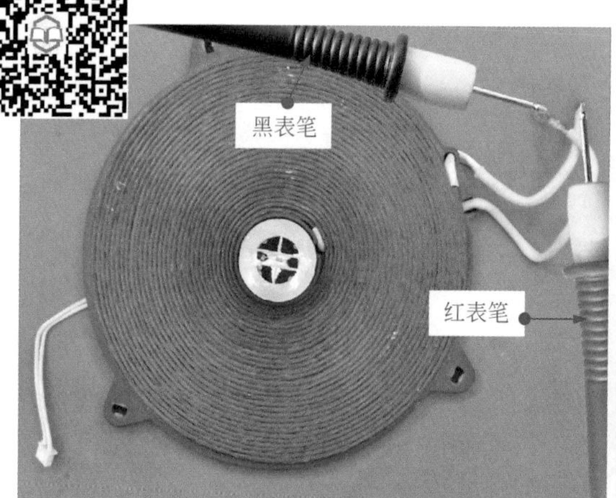

图 4-150　炉盘线圈的检测方法

将万用表的红、黑表笔分别连接炉盘线圈的两引出端，正常情况下，万用表检测炉盘线圈的阻值应为 0Ω，如果阻值比较大，则说明炉盘线圈有断路的情况。

检测完炉盘线圈后，则进一步检测炉盘线圈中的热敏电阻是否正常，同样，可以使用万用表检测其阻值来判断是否损坏。

热敏电阻的检测方法见图 4-151。

将万用表的两个表笔分别连接热敏电阻的两条引出端，常温下测量其阻值应为 70 ～ 100kΩ。

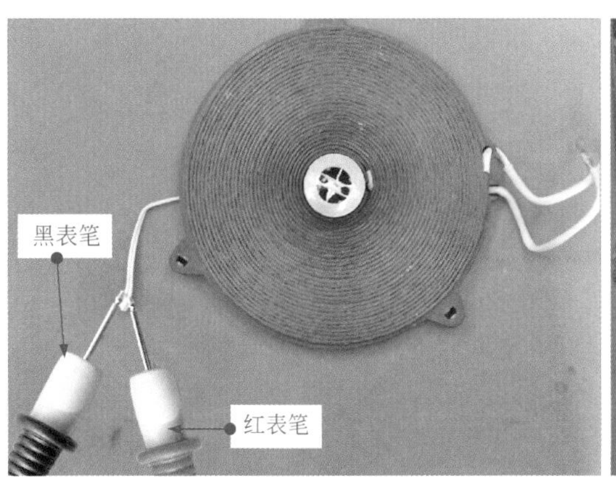

图 4-151 热敏电阻的检测方法

提示

根据热敏电阻的特性，随着温度的变化，其阻值也会有一定的变化。当温度升高时，其阻值要比在常温下的阻值有所减小。

4.8 万用表检测汽车电路

4.8.1 万用表检测汽车漏电

使用万用表检测汽车是否漏电时，首先要把万用表调到直流电流测量挡位上，量程为20A。量程调整如图 4-152 所示。

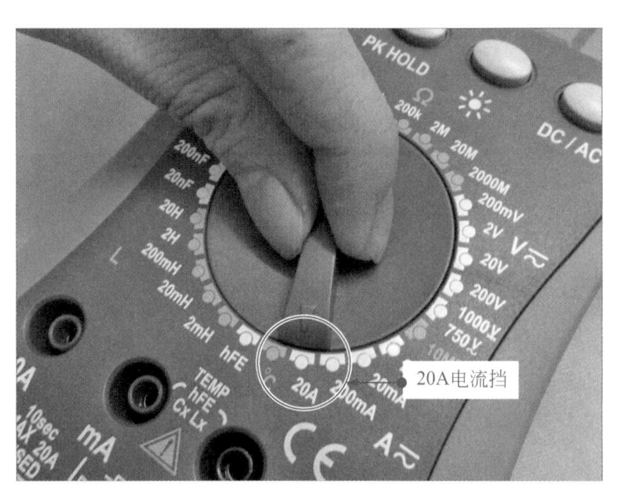

图 4-152 万用表量程的调整

调整好量程后将万用表的黑表笔插入接地插孔，红表笔插入标记有 20A 标识的大电流检测插孔。操作如图 4-153 所示。

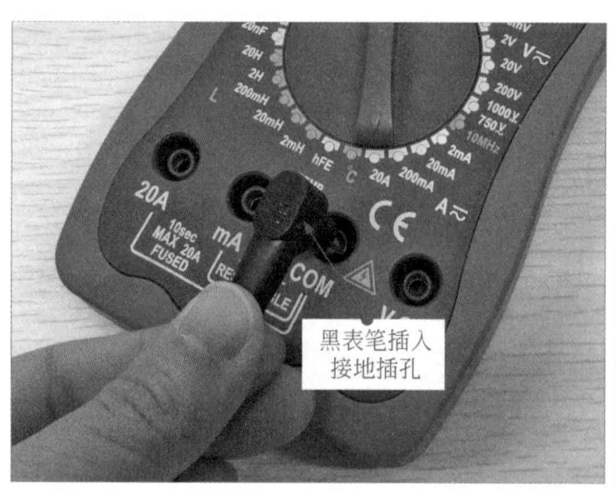

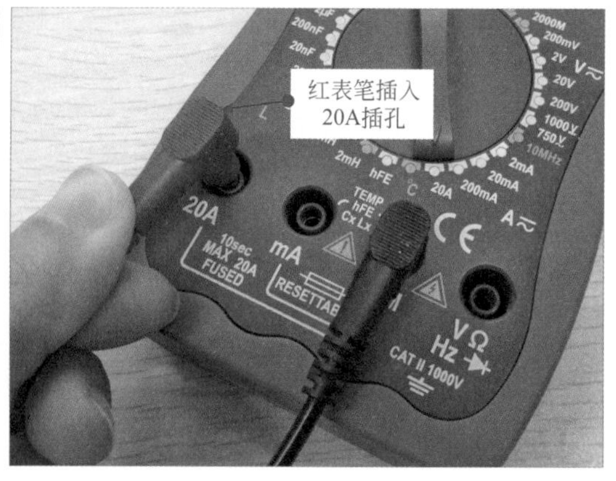

图 4-153　检测前万用表红、黑表笔的连接操作

万用表准备就绪，将汽车熄火，并关闭所有电气设备，打开前机盖，确认车门锁好。

将汽车电瓶负极连接线拆掉，然后如图 4-154 所示，将万用表红表笔接车身搭铁线，黑表笔接电瓶负极桩头。

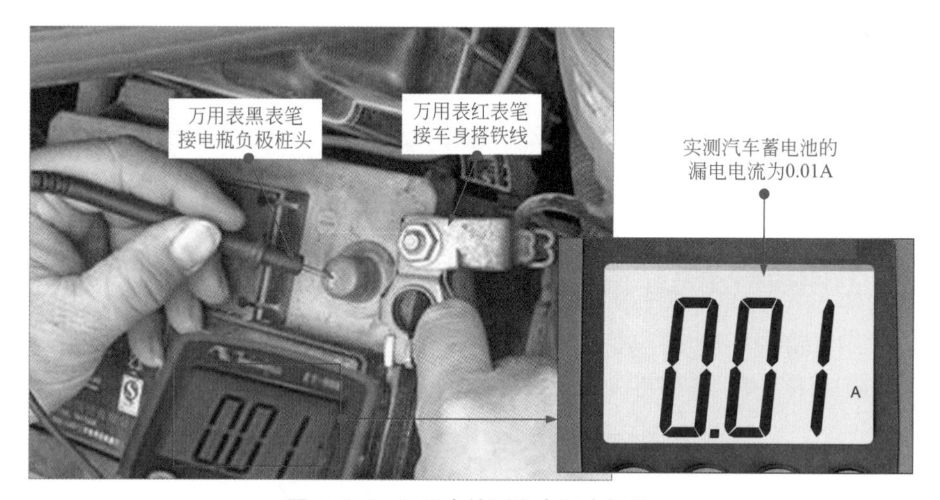

图 4-154　万用表检测汽车漏电操作

正常情况下，万用表检测的漏电流应在 0.05A 以下，当前实测为 0.01A，属正常范围。如果检测的漏电流超过 0.05A，则说明汽车存在漏电情况。

4.8.2　万用表检测汽车传感器

汽车电路中安装有很多传感器，如冷却液温度传感器、进气温度传感器、节气门位置传感器、同步信号传感器、进气压力传感器、车轮转速传感器等。

对于汽车传感器的检测，可使用万用表根据其特性，通过阻值测量法完成检测。

下面以冷却液温度传感器为例进行检测。如图 4-155 所示为典型汽车电路中的冷却液温度传感器。

冷却液温度传感器安装在发动机缸体或缸盖的水套上，与冷却液接触，用以检测发动机冷却液的温度。

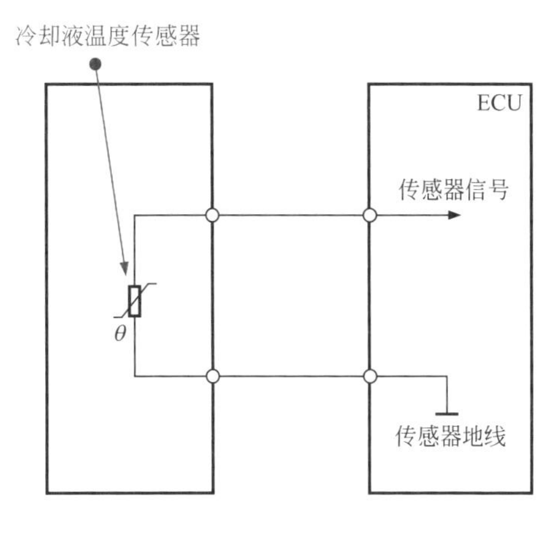

图 4-155　典型汽车电路中的冷却液温度传感器

冷却液温度传感器内部为热敏电阻，检测时可使用万用表开路检测其在不同温度环境下阻值的变化。

图 4-156 为冷却液温度传感器的检测。在常温状态下，调整万用表为电阻测量挡，将万用表红、黑表笔分别搭接在冷却液温度传感器的两引脚端。常温状态下，应该能够测到一定的阻值。然后，将冷却液温度传感器的感温头置于热水之中，此时，应该能够发现万用表所测的阻值会发生明显的变化。如果是正温度系数的温度传感器，其阻值随温度的升高而增大；如果是负温度系数的温度传感器，其阻值随温度的升高而降低。

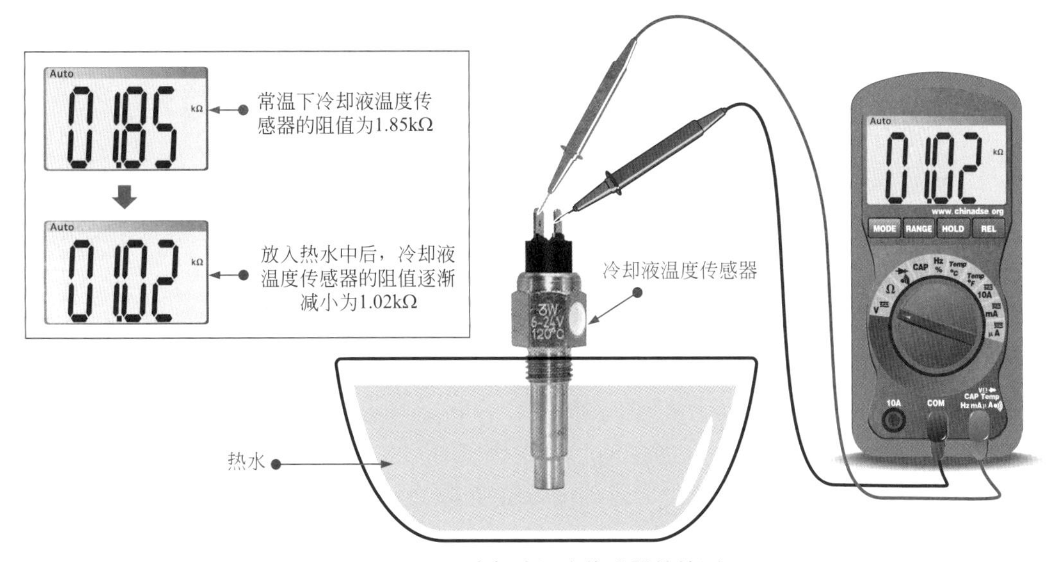

图 4-156　冷却液温度传感器的检测

如果在实测过程中阻值为零、无穷大或阻值变化不明显，都说明温度传感器故障，需要更换。

4.8.3　万用表检测汽车音响收音电路

汽车音响收音电路可接收 FM 调频或 AM 调幅信号进行调谐解码处理，还原声音信号。

图4-157为典型汽车音响中的收音电路。该电路主要是由电感器、晶体管、晶体、电位器、中轴变压器、AM/FM调谐中放和解码芯片构成。

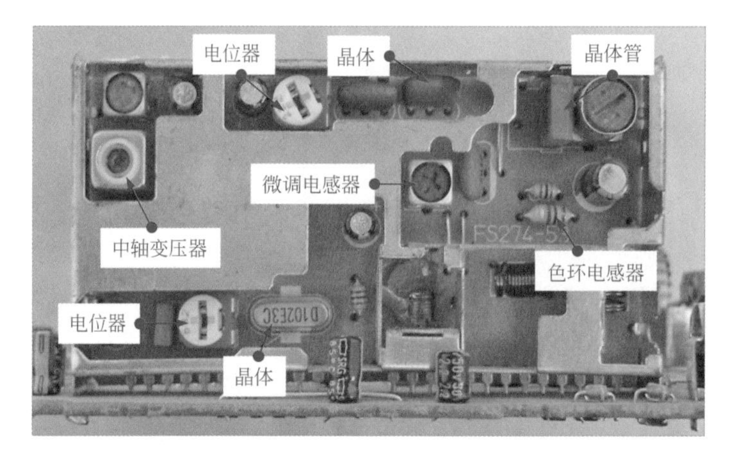

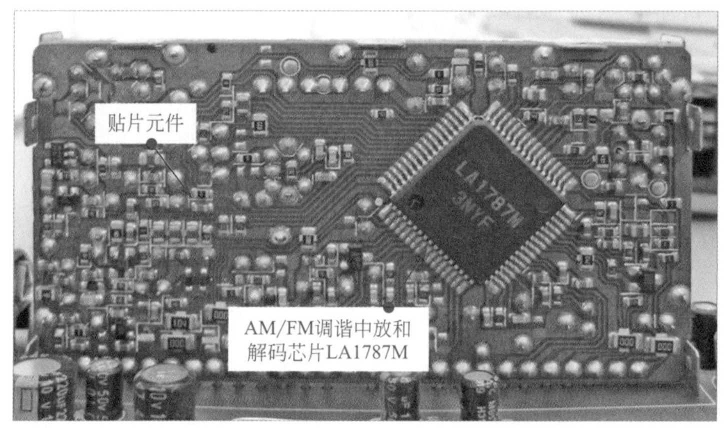

图4-157 典型汽车音响中的收音电路

检修该部分电路，可使用万用表分别在通电和断电状态下对电路供电电压、输出信号及正反向阻值等进行检测。

（1）通电状态下检测收音电路

汽车音响收音电路中，调谐芯片的13脚和25脚为8.2V直流供电电压端；9脚和12脚分别为AM/FM电路供电端，工作时有8.2V的直流电压；6脚和14脚分别为FM/AM收音调谐信号输入端，其电压分别在1.3～5V和2～3.8V之间变化；16脚和17脚为音频信号输出端，在通电状态下可对上述电压和信号进行检测。

通电状态下收音电路的检测方法如图4-158所示。

若调谐器电路的供电端电压不正常，则可能是其供电电路中有损坏的元器件。在各引脚供电电压正常的情况下，若检测时无音频信号输出，则可能是调谐器电路中有损坏的元器件，应对调谐器进行更换。

（2）断电状态下检测收音电路

在断电的状态下，主要是通过万用表的Ω挡对调谐器电路的正向和反向对地阻值进行检测，判断该电路的好坏。

断电状态下调谐器电路的检测方法如图 4-159 所示。正常情况下，调谐器电路各引脚的正向和反向对地阻值见表 4-3。

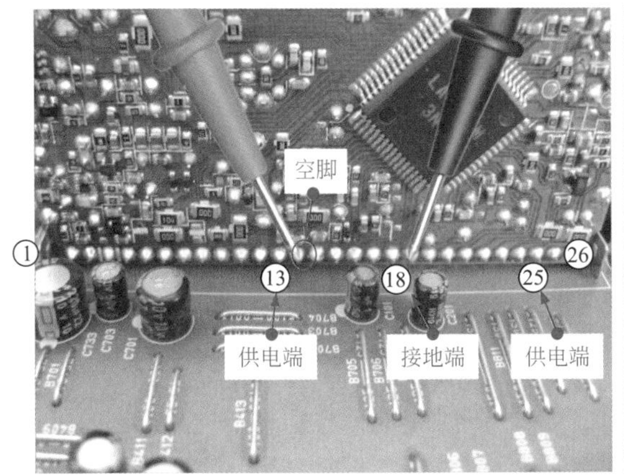

(a) 调谐器电路供电电压的检测方法

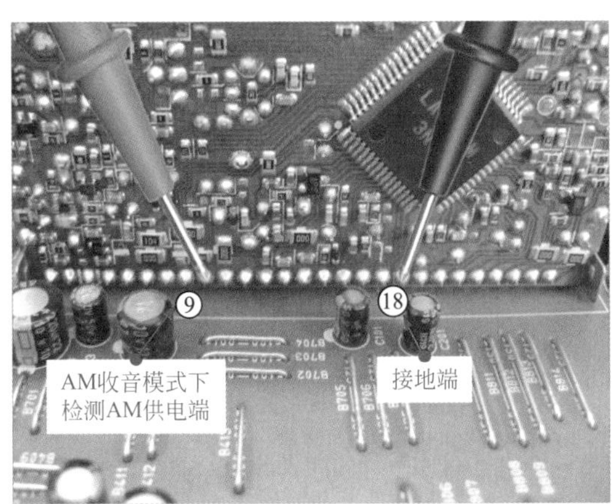

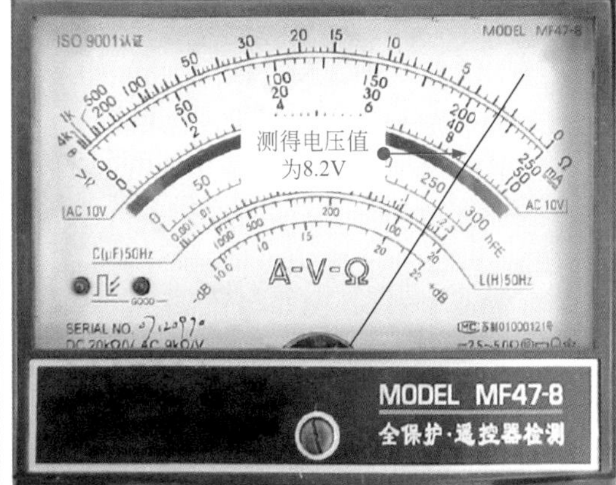

(b) AM收音模式下AM供电端电压的检测方法

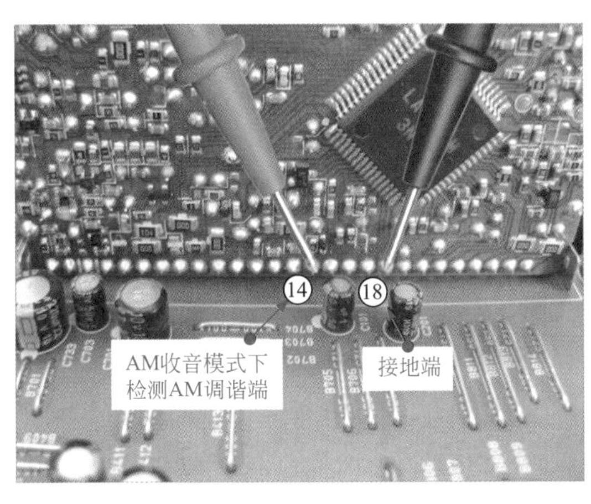

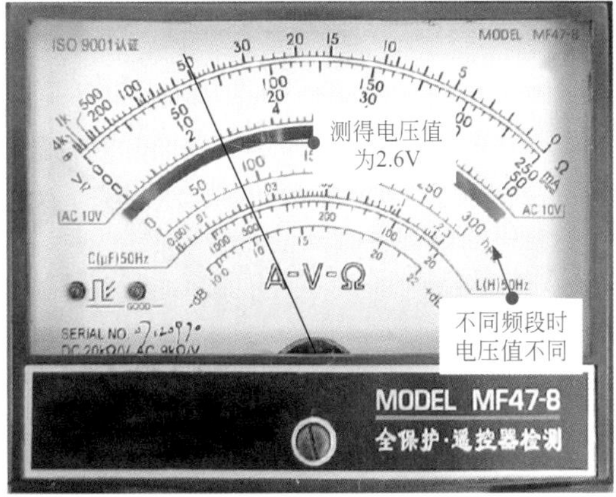

(c) AM收音模式下AM调谐信号输入电压的检测方法

图 4-158

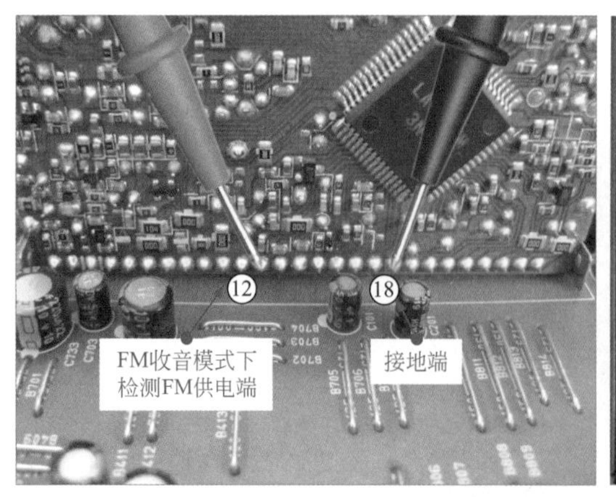

(d) FM收音模式下FM供电电压的检测方法

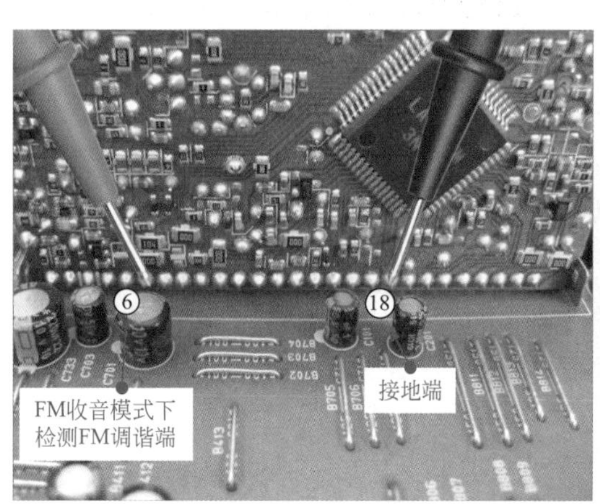

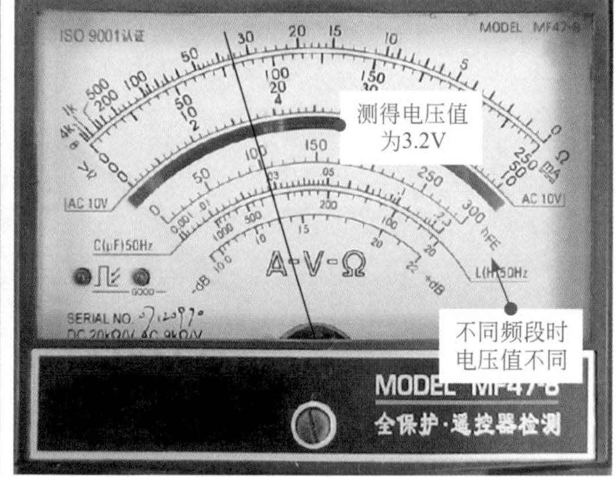

(e) FM收音模式下FM调谐信号输入电压的检测方法

图 4-158　通电状态下收音电路的检测方法

若调谐器电路各引脚的实测值与正常情况下的阻值差异较大，则说明调谐器电路中有损坏的元器件，应对其进行更换。

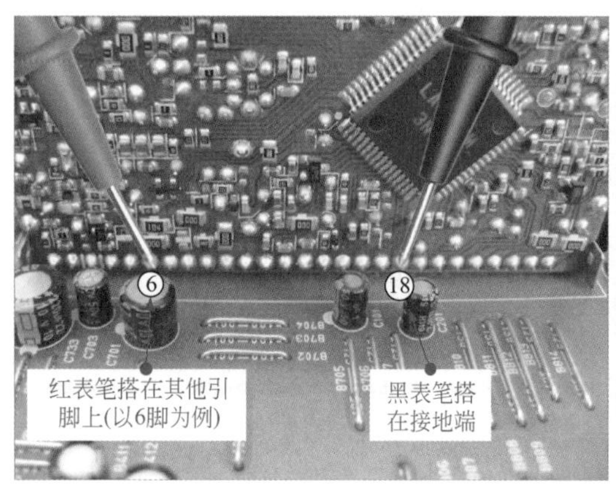

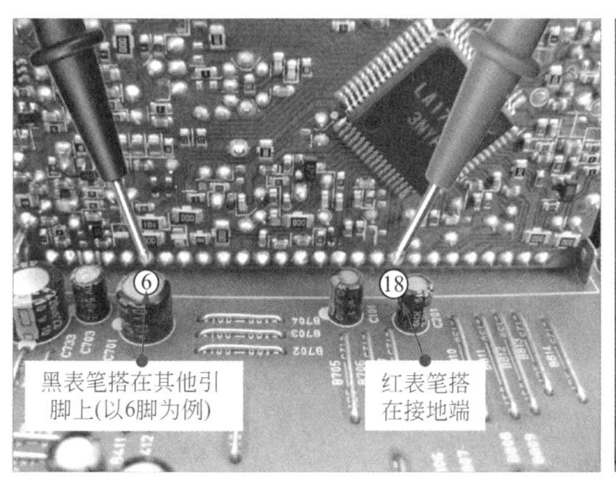

图 4-159　断电状态下调谐器电路的检测方法

表 4-3　调谐器电路各引脚的正向和反向对地阻值

引脚	正向阻值 /kΩ	反向阻值 /kΩ	引脚	正向阻值 /kΩ	反向阻值 /kΩ
1	4.0	4.0	14	11.5	22.0
2	4.0	4.0	15	0.0	0.0
3	∞	∞	16	2.5	2.5
4	∞	∞	17	2.5	2.5
5	0.0	0.0	18	0.0	0.0
6	11.5	19.0	19	∞	∞
7	0.0	0.0	20	5.0	6.5
8	0.0	0.0	21	5.0	6.0
9	12.0	11.0	22	4.0	6.5
10	0.0	0.0	23	7.0	6.5
11	∞	∞	24	4.0	4.0
12	4.5	5.0	25	3.5	4.5
13	3.5	4.0	26	5.5	6.0

4.8.4 万用表检测汽车音响 CD 电路

汽车音响 CD 电路是用来播放 CD 音乐的。图 4-160 为典型的汽车音响 CD 电路。该电路主要是由 CD 机芯组件、伺服预放电路、RF 信号处理电路及伺服驱动电路等部分构成。

CD 机芯组件是用来读取和装载光盘的机构。一般由激光头组件、主轴电动机、进给和加载电动机、连接板及齿轮、支架、法兰盘、光盘位置传感器等部分组成。

伺服预放电路 IC501（AN8806SB）用来放大激光头读取的数据信号，例如 RF 信号的放大及聚焦误差、寻迹误差信号的处理和放大等，并将放大后的信号送往 RF 信号处理电路中。

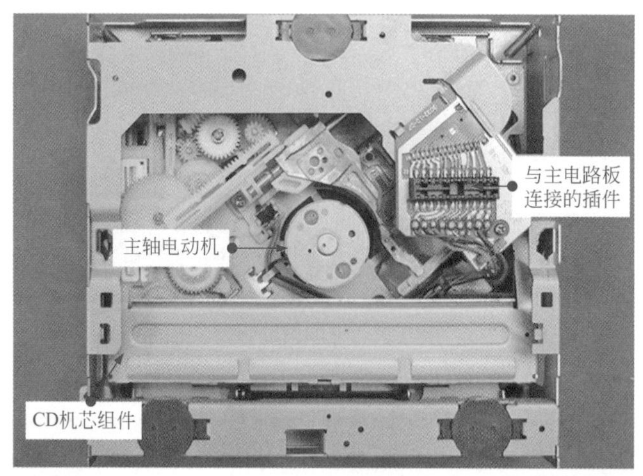

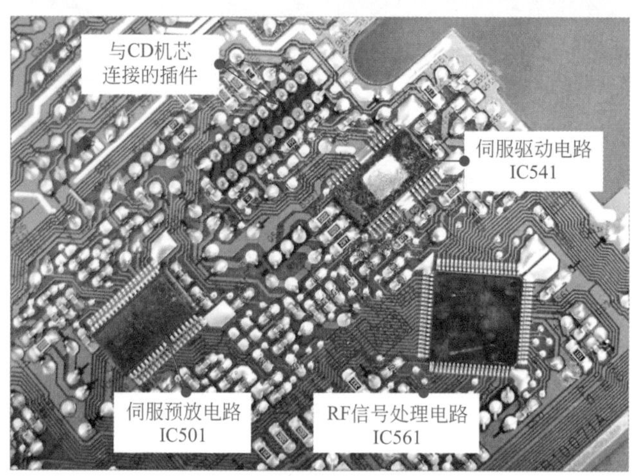

图 4-160　典型的汽车音响 CD 电路

RF 信号处理电路以 IC561（MN6627482WA）为核心，主要用来对 RF 信号以及聚焦误差、循迹误差信号进行处理。

伺服驱动电路以 IC541（LA6589H）为核心，主要用来接收 RF 信号处理电路及微处理器电路送来的伺服驱动信号，并将其变为驱动信号后送往循迹线圈、聚焦线圈、主轴电动机、进给和加载电动机中，从而控制机芯组件，读取光盘信息。

其中，CD 机芯部分的主轴电动机、进给和加载电动机等都是故障率较高的部件，检测时可使用万用表对其进行检测。

图 4-161 为 CD 机芯的检测。

在正常时，用万用表检测电动机两端的阻值，应有几欧姆的阻值，且在检测时，电动机开始旋转。若检测时发现阻值为无穷大且不旋转，则说明电动机可能损坏。

对于电路中集成电路的检测除使用示波器检测信号波形外，也可使用万用表先检测其供电电压，然后在断电开路的状态下对其引脚阻值进行测量。以伺服预放集成电路（AN8806SB）为例。图 4-162 为伺服预放集成电路（AN8806SB）的检测。

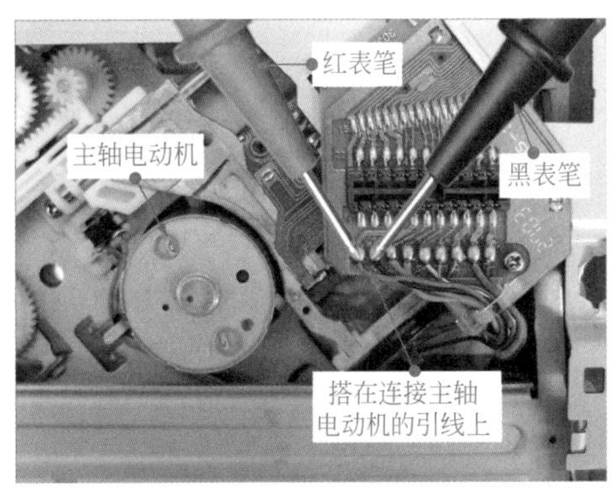

(a) 使用万用表检测主轴电动机

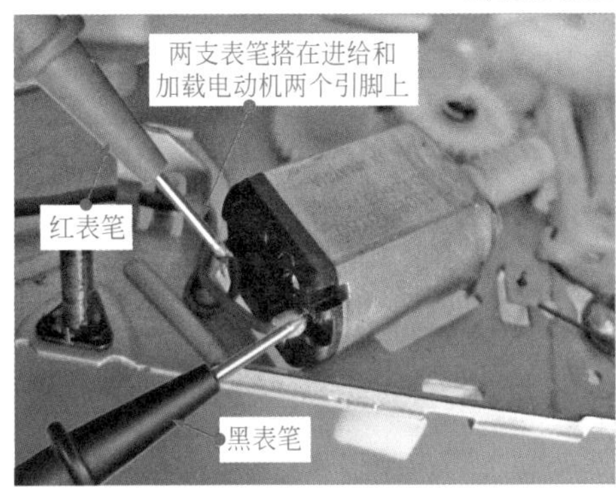

(b) 使用万用表检测进给和加载电路

图 4-161 CD 机芯的检测

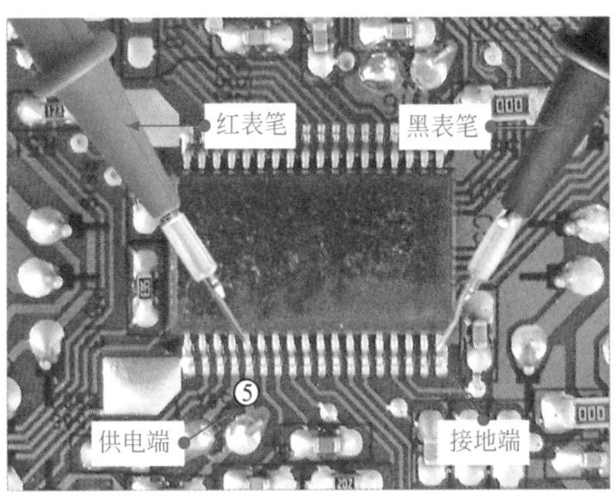

(a) 检测伺服预放电路的供电电压

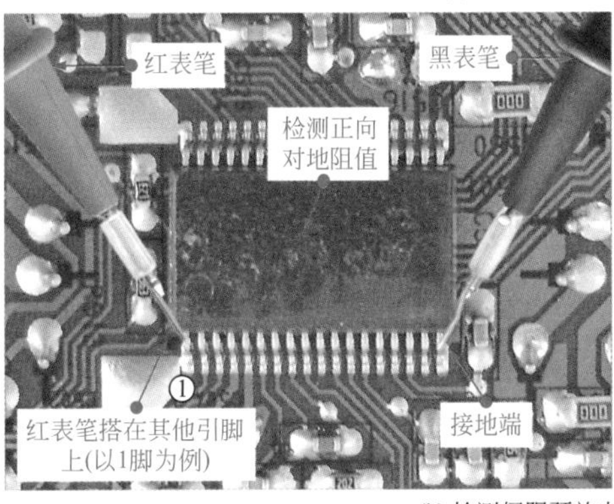

(b) 检测伺服预放电路的正向对地阻值

图 4-162

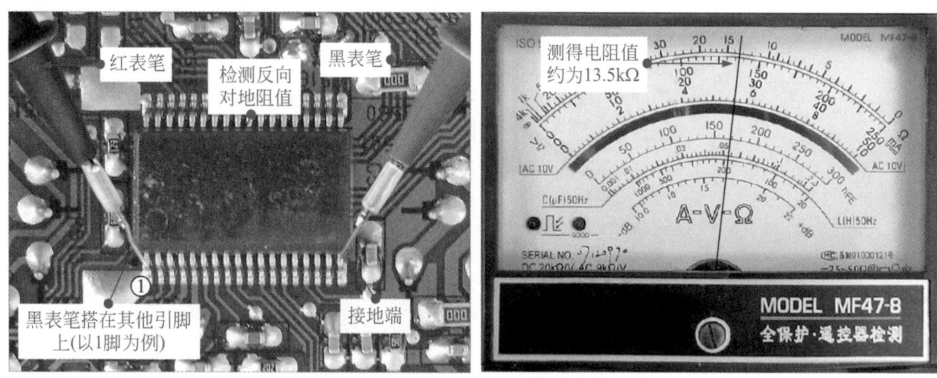

(c) 检测伺服预放电路的反向对地阻值

图 4-162　伺服预放集成电路（AN8806SB）的检测

将实测结果与正常值进行对比，若差异较大，则说明芯片本身已经损坏。正常情况下，伺服预放集成电路（AN8806SB）各引脚的正向和反向对地阻值见表 4-4。

表 4-4　伺服预放集成电路（**AN8806SB**）各引脚的正向和反向对地阻值

引脚	正向阻值/kΩ	反向阻值/kΩ	引脚	正向阻值/kΩ	反向阻值/kΩ
1	4.8	13.5	19	4.5	12.5
2	4.8	12.5	20	4.0	7.0
3	4.5	14.0	21	0.0	0.0
4	0.0	0.0	22	3.5	12.5
5	4.5	6.0	23	4.8	14.0
6	4.5	15.0	24	4.5	14.0
7	4.8	16.0	25	4.5	15.0
8	4.8	14.5	26	4.5	15.0
9	4.8	10.0	27	4.5	15.0
10	4.8	6.0	28	4.5	15.0
11	4.8	13.0	29	4.8	12.0
12	4.8	10.0	30	4.8	11.0
13	4.8	15.0	31	4.8	12.5
14	3.5	12.5	32	4.8	12.5
15	4.8	15.0	33	4.8	12.5
16	3.5	12.5	34	4.8	11.5
17	3.5	12.5	35	4.8	14.5
18	0.0	0.0	36	4.8	14.5

示波器篇

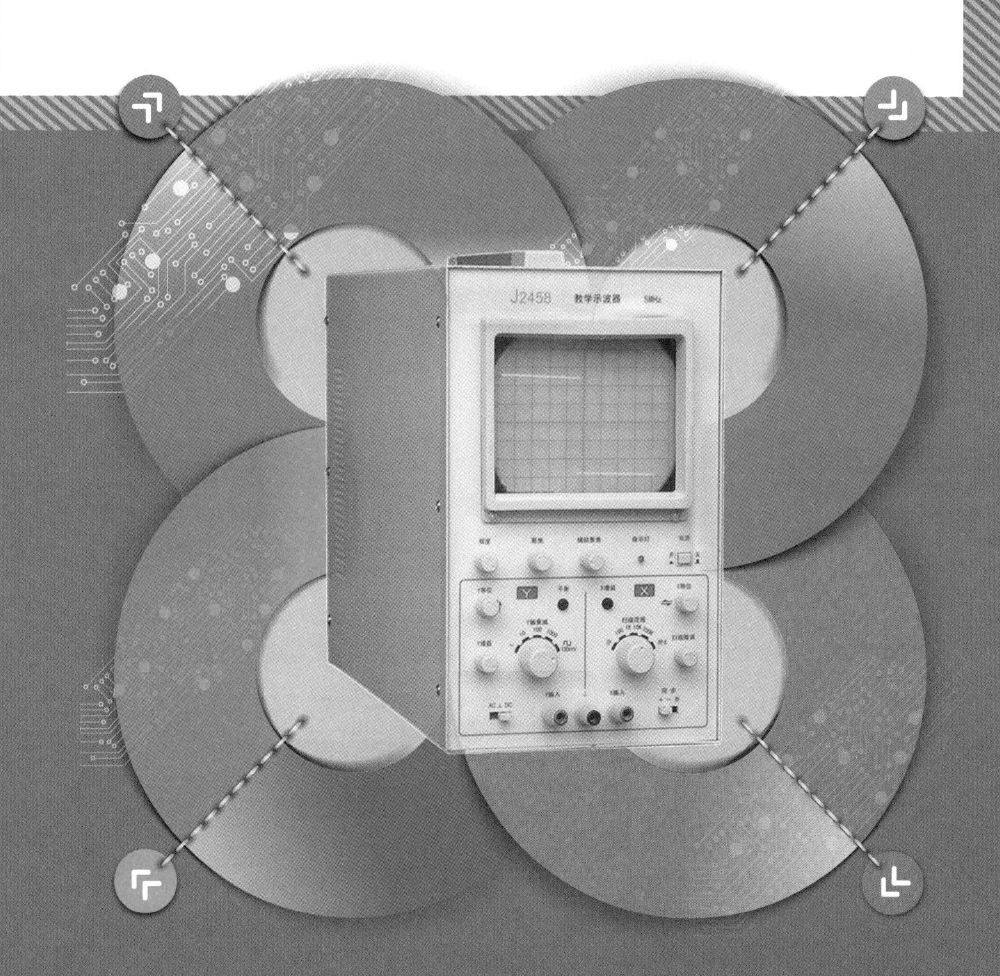

第5章 示波器的功能与应用

5.1 示波器的种类和功能特点

示波器是一种用来展示和观测信号波形及相关参数的电子仪器，它可以直接观察和测量信号波形的形状、幅度和周期，因此，一切可以转化为电信号的电学参量或物理量都可转换成等效的信号波形来观测。电流、电功率、阻抗、温度、位移、压力、磁场等参量的波形，以及它们随时间变化的过程都可用示波器来观测。

示波器在电工电子设备的检修过程中非常重要，它可以将电路中的电压波形、电流波形在示波管上直接显示出来，检修者可以根据检测的波形形状、频率、周期等参数来判断所检测的设备是否有故障。如果信号波形正常，表明电路正常；如果信号的频率、相位出现失真属于不正常，检修者就可以根据所检测的波形状态来分析和判断故障。因为示波器可以测量各种交流信号与数字脉冲信号，还可以检测直流信号，所以它的使用可以提高检修效率，尽快找到故障点。

典型示波器的实物外形见图 5-1。

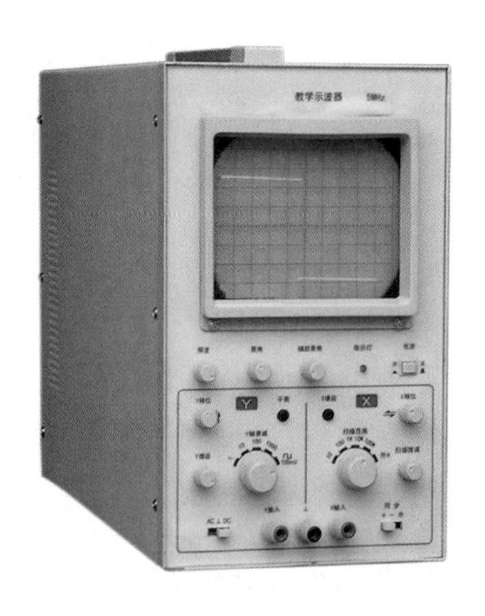

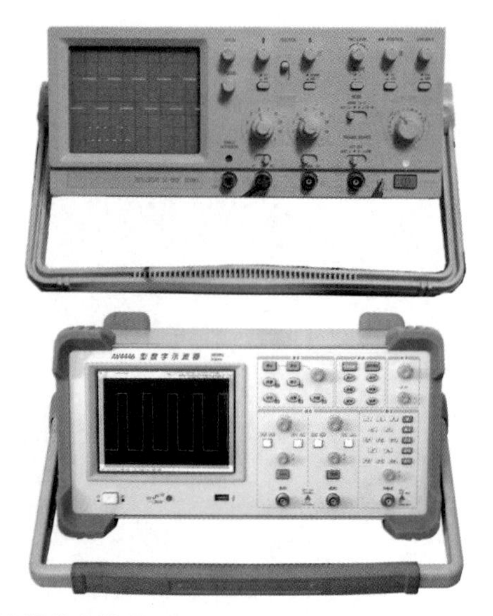

图 5-1　典型示波器的实物外形

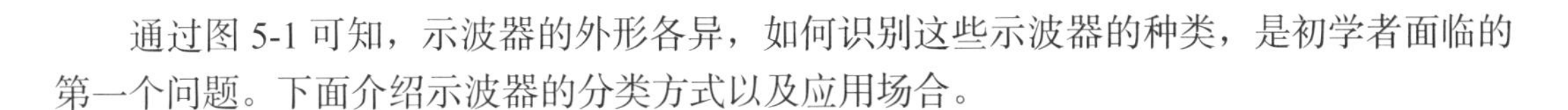

通过图 5-1 可知，示波器的外形各异，如何识别这些示波器的种类，是初学者面临的第一个问题。下面介绍示波器的分类方式以及应用场合。

5.1.1 示波器的分类

示波器的种类有很多，可以根据示波器的测量功能、显示信号的数量、波形的显示器件和测量范围等来进行分类。

(1) 根据示波器的测量功能进行分类

根据示波器的测量功能，可以分为模拟示波器和数字示波器。

① 模拟示波器　是一种采用模拟电路作为基础的示波器，显示波形的部件为 CRT（cathode ray tude，阴极射线管）显像管（示波管），是一种比较常用的实时检测波形的示波器。

典型模拟示波器的实物外形见图 5-2。

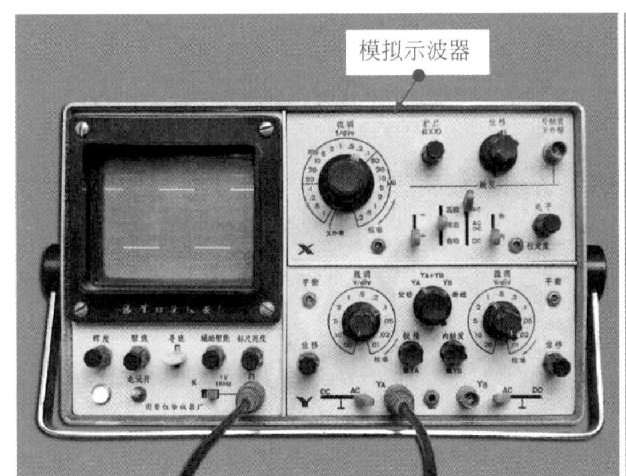

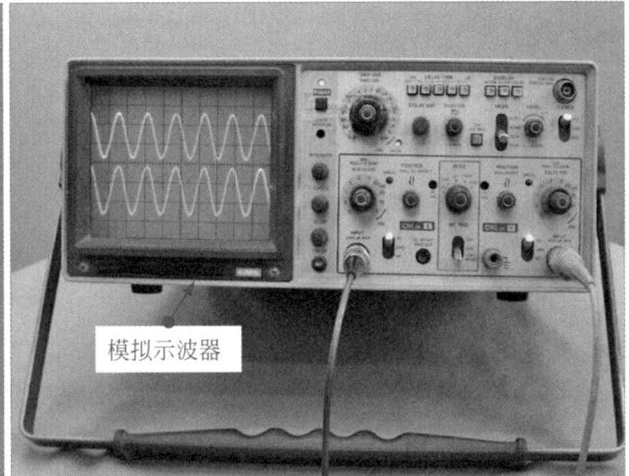

图 5-2　典型模拟示波器的实物外形

提示

模拟示波器显像管的显像与 CRT 电视机基本相同，其内部的电子枪向屏幕发射电子，发射的电子经聚焦形成电子束，并打到屏幕上，屏幕的内表面涂有荧光物质，这样电子束打中的点就会发出光来。

在实际应用中，模拟示波器能观察周期性信号，例如正弦波、方波、三角波等波形信号，或者是一些复杂的周期性信号，例如电视机的视频信号等。

② 数字示波器　是一种集数据采集、A/D 转换、软件编程等多种技术为一体的高性能示波器，这种示波器一般采用 LCD（liqulid crystal display，液晶显示屏），具有存储功能，能存储记忆所测量的任意时间内的瞬间时钟信号波形。

典型数字示波器的实物外形见图 5-3。

数字示波器一般支持多级菜单，能提供给用户多种选择，多种分析功能。还有一些示波器可以提供存储功能，实现对波形的保存和处理。

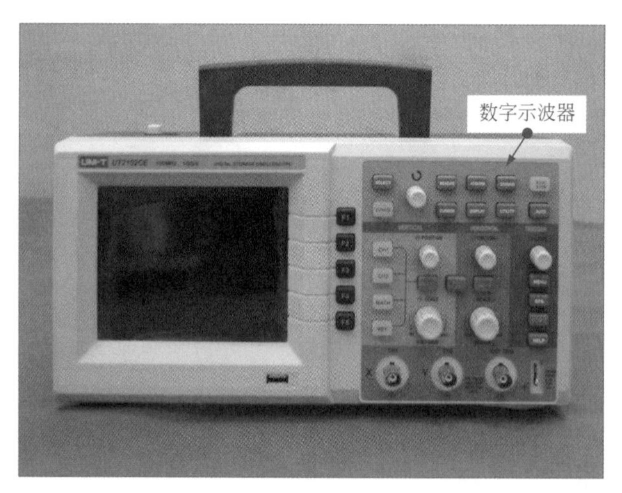

图 5-3　典型数字示波器的实物外形

提示

除了常见的台式数字示波器，也有便于携带的手持式数字示波器，其实物外形如图 5-4 所示。这种示波器体积较小，适用于需要经常变换检测场合的地方。

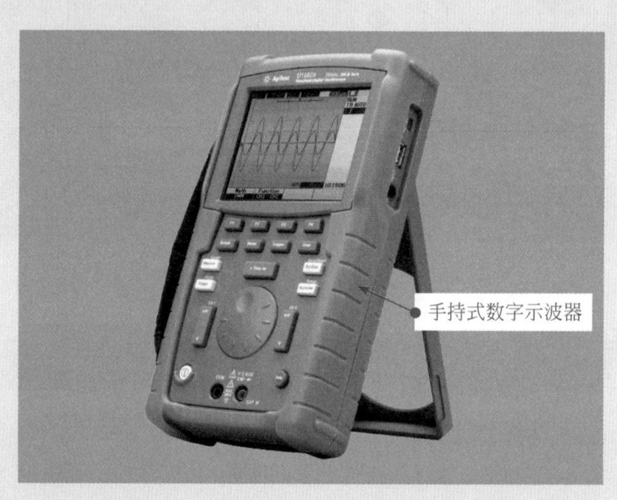

图 5-4　手持式数字示波器的实物外形

（2）根据显示信号的数量进行分类

根据示波器显示信号的数量的不同，主要可以分为单踪示波器、双踪示波器以及多踪示波器。下面介绍下各自的特点。

① 单踪示波器　在屏幕上只能显示一个信号，它只能检测一个信号的波形及其相关参数。这种示波器结构比较简单，功能相对也少一些。

典型单踪示波器的实物外形见图 5-5。

如图 5-5 所示的单踪示波器的最高显示频率是 5MHz，在一般的音响设备和彩色电视机检修中可以使用，它有一个比较小的示波管，相对来说比较便宜。

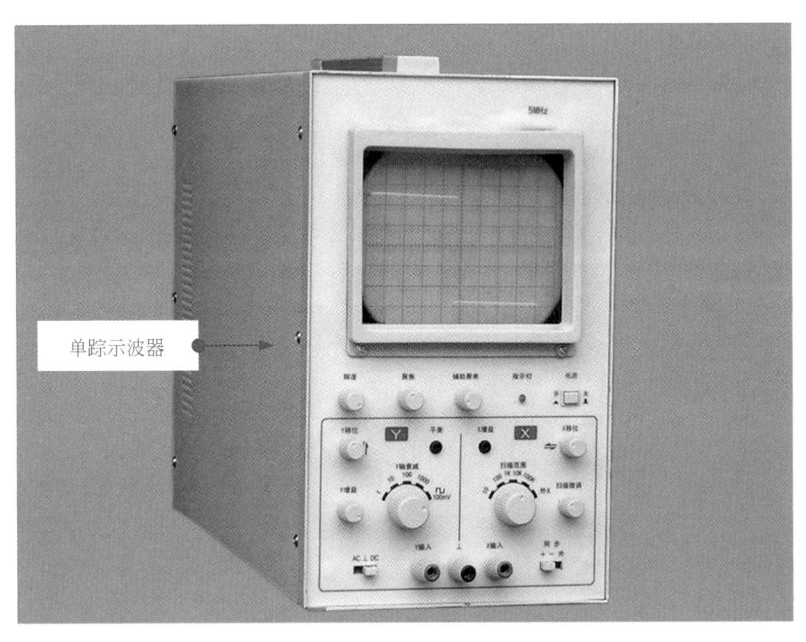

图 5-5　典型单踪示波器实物外形

单踪示波器的按钮比较少，使用比较方便，常见的型号品种还有很多种，因此在一些被测波形频率不是很高的地方，单踪示波器还是比较常见的。

② 双踪示波器　具有两个信号输入端，可以在显示屏上同时显示两个不同信号的波形，并且可以对两个信号的频率、相位、波形等进行比较。

典型双踪示波器的实物外形见图 5-6。

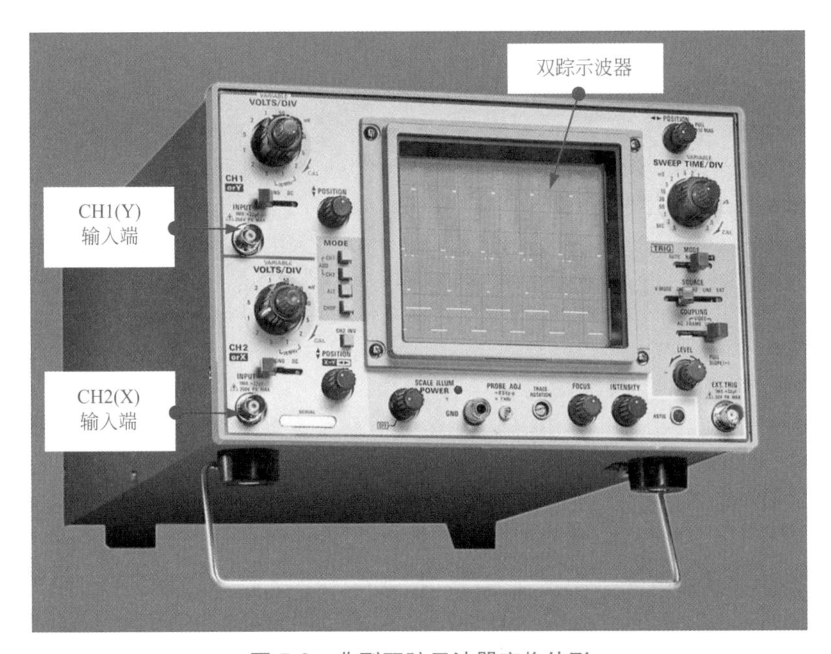

图 5-6　典型双踪示波器实物外形

③ 多踪示波器　具有两踪以上的示波器称为多踪示波器，可以同时进行多个信号的

检测及观察，比较常用的多踪示波器有四踪示波器等。

典型多踪示波器的实物外形见图 5-7。

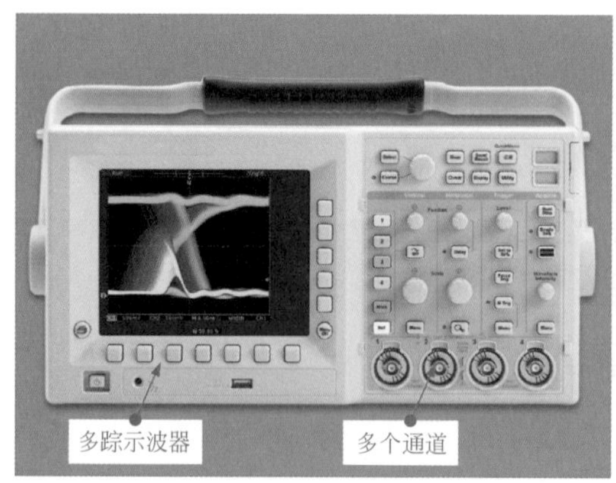

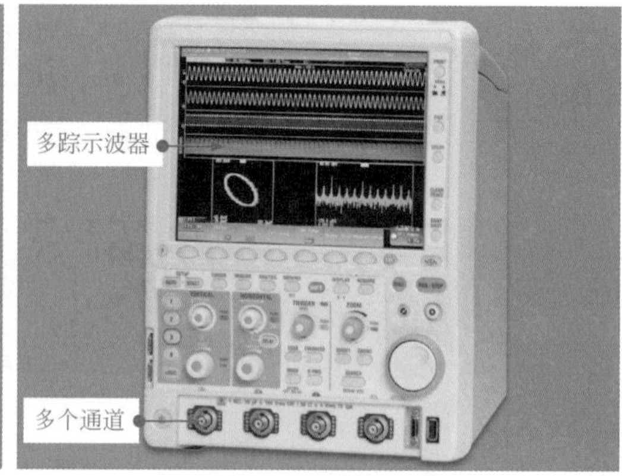

图 5-7 典型多踪示波器的实物外形

(3) 根据显示器件的不同进行分类

根绝示波器波形显示器件的不同，主要可以分为阴极射线管示波器、彩色液晶示波器和虚拟示波器等，下面介绍下各自的特点。

① 阴极射线管（CRT）示波器　阴极射线管示波器的波形显示器件实际上是一种真空管，类似于 CRT 电视机或显示器的显示屏。

典型阴极射线管示波器的实物外形见图 5-8。

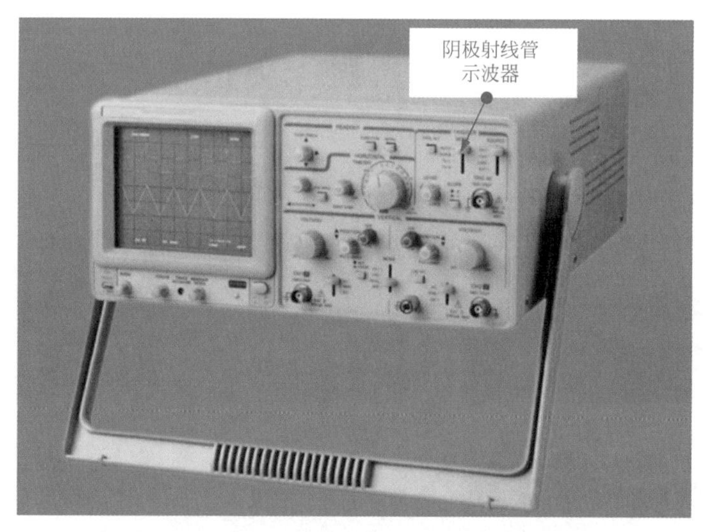

图 5-8 典型阴极射线管示波器的实物外形

阴极射线管示波器有聚焦和亮度的控制钮，可调节出锐利和清晰的显示波形。为显示“实时”条件下或突发条件下快速变化的信号，人们经常推荐使用阴极射线管示波器。其显示部分基于化学荧光物质，其亮度与荧光粉受电子束激发的时间和余辉特性有关。在信号出现越多的地方，轨迹就越亮。通过亮度的层次和辉度观察扫描轨迹的亮度就能区别信号的细节。

提示

CRT 限制着模拟示波器显示的频率范围。在频率非常低的情况，信号会呈现出明亮而缓慢移动的亮点，很难分辨出波形。在高频处，起局限作用的是 CRT 荧光粉受电子束激发的时间短，故而亮度低，显示出来的波形过于暗淡，难于观察。模拟示波器的极限频率约为 1GHz。例如测电源开、关瞬间的电压和上升时间，如果用模拟示波器很难观察到。

② 彩色液晶示波器　采用彩色液晶显示屏进行波形显示，其显示波形的复杂程度相比阴极射线管要高，目前很多数字示波器采用液晶显示器件。

典型彩色液晶示波器的实物外形见图 5-9。

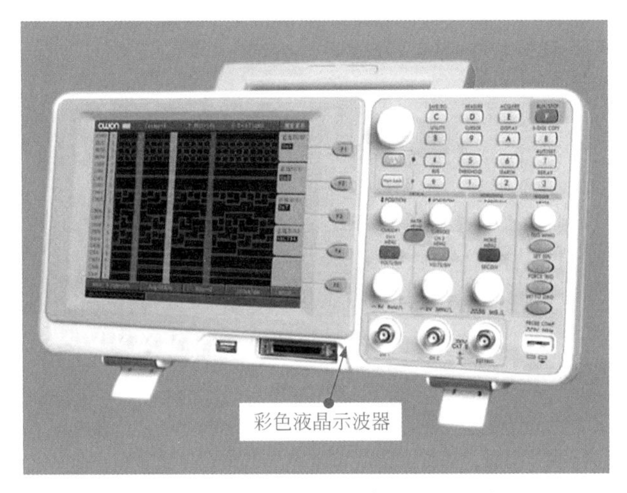

图 5-9　典型彩色液晶示波器的实物外形

③ 虚拟示波器　是用电脑对信号进行检测和分析，显示波形，并利用电脑软件对信号进行处理的示波器，也是现在市场上较为新型的示波器，其显示和处理信号的能力较原有类型的示波器性能有了很大的提高。

典型虚拟示波器的实物外形见图 5-10。

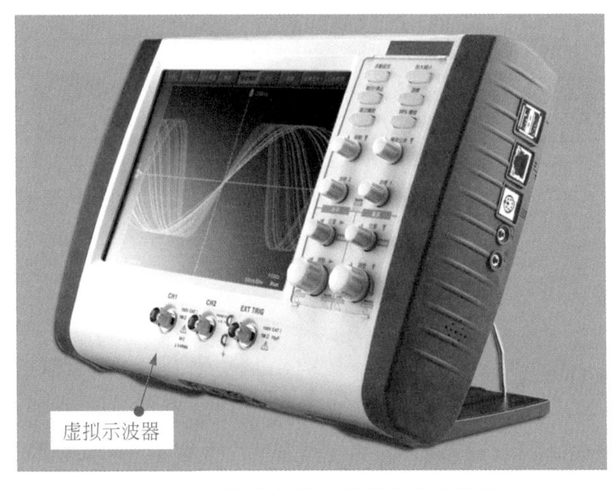

图 5-10　典型虚拟示波器的实物外形

这种示波器是利用电脑对信号进行处理，然后显示在图像显示器上，同时还可以将信号的波形和参数进行存储、传输和打印。

（4）根据测量范围的不同分类

根据示波器测量范围的不同，可将示波器分为超低频示波器和低频示波器、中频示波器、高频示波器和超高频示波器，下面介绍各自的特点。

① 超低频示波器和低频示波器　超低频示波器和低频示波器适合于测量超低频信号和低频信号，例如测量声音信号等，其中超低频示波器甚至可以检测一些低于 1MHz 的信号波形。

典型超低频示波器的实物外形见图 5-11。

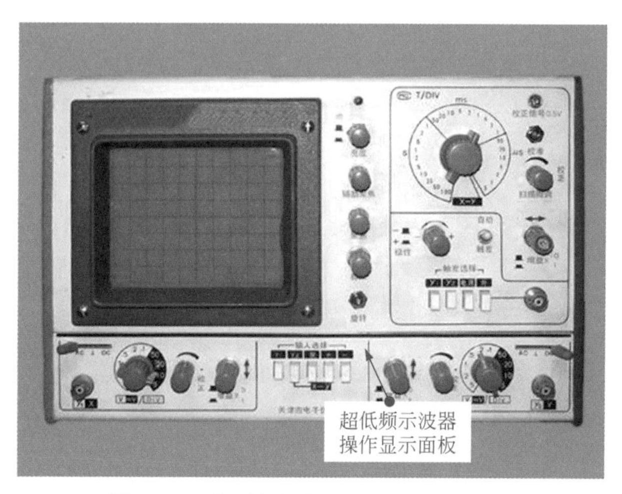

图 5-11　典型超低频示波器的实物外形

② 中频示波器　应用比较广泛，一般适合于测量中高频信号，检测频率在 1 ～ 60MHz 之间，常见的类型有 20MHz、30MHz、40MHz 信号示波器。

典型中频示波器的实物外形见图 5-12。

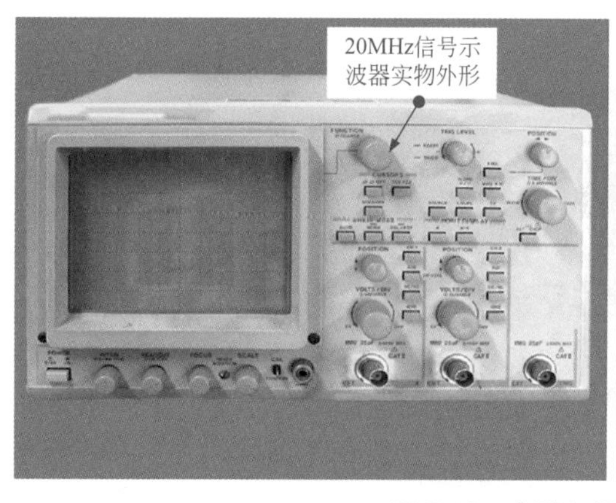

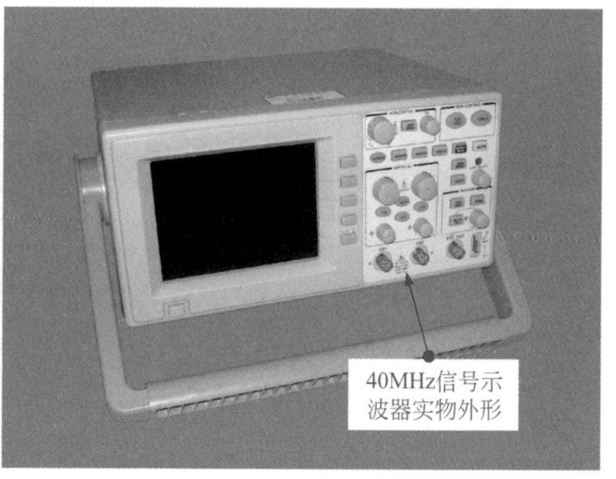

图 5-12　典型中频示波器的实物外形

③ 高频示波器和超高频示波器　高频示波器可检测频率在 100MHz 以上的高频信号，常见的频率有 100MHz、150MHz、200MHz 和 300MHz 等。

典型高频示波器的实物外形见图 5-13。

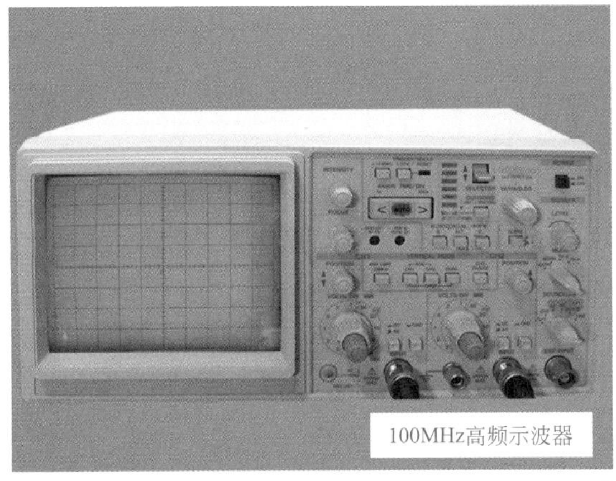

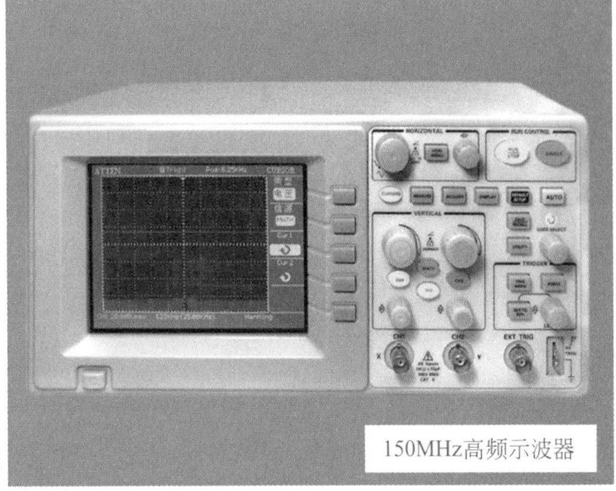

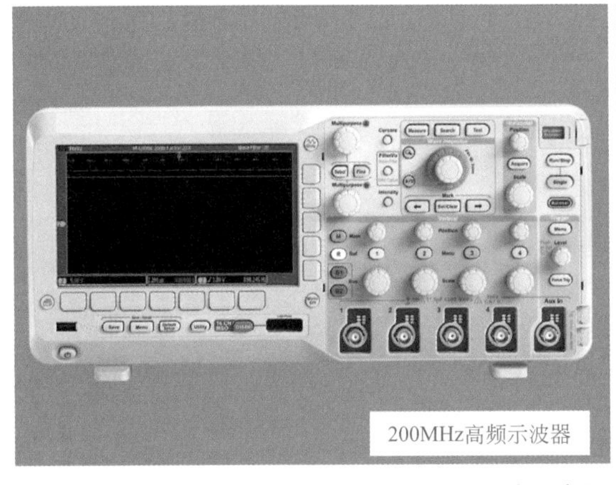

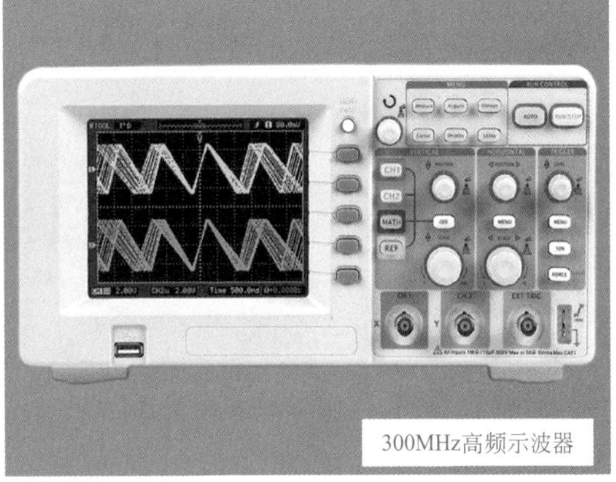

图 5-13　典型高频示波器的实物外形

超高频示波器可用来检测 1000MHz 以上的超高频信号，一般用于某些专业的领域。典型超高频示波器的实物外形见图 5-14。

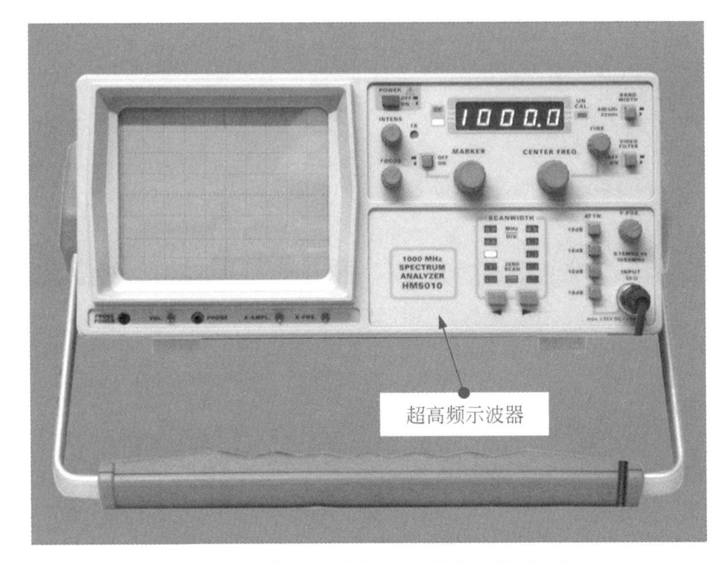

图 5-14　典型超高频示波器的实物外形

5.1.2 示波器的应用

示波器可对电子产品中的信号波形进行精确的检测，因此常用于电子产品的生产、调试和检修以及一些产品研发等领域，一般可通过观察示波器显示的信号波形来判断电路性能是否符合出厂要求或在检修中判断电路是否正常等。

（1）示波器在电子产品中的检测应用

示波器经常用于一些电子产品或家用电器的检修中，示波器通过对电子产品电路中信号波形的检测，然后与正常时标准的信号波形进行对比，即可判断电路的好坏。下面列举一下示波器的检测应用实例。

① 示波器检测技能在音响设备中的应用　音响设备主要用来处理音频信号，播放声音，因此可用示波器对音频设备中的音频以及控制信号等进行检测。

示波器在检测音响设备中的应用实例见图 5-15。

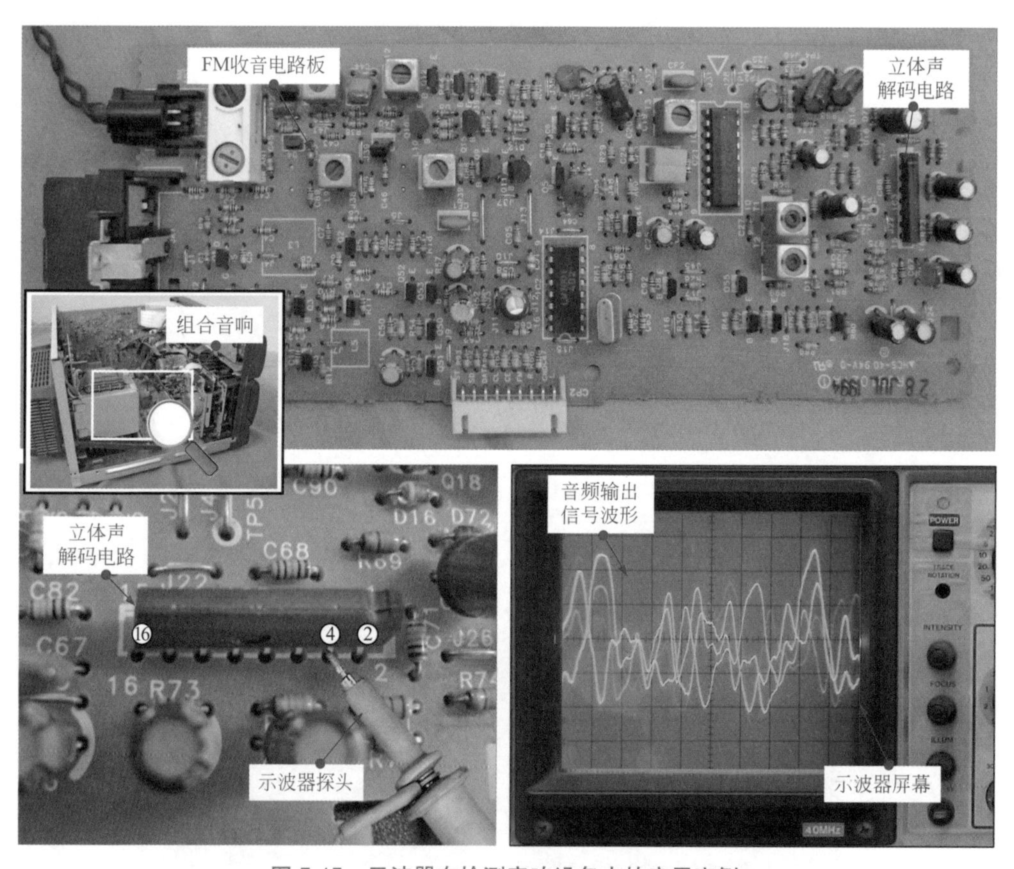

图 5-15　示波器在检测音响设备中的应用实例

提示

图 5-15 为检测组合音响设备 FM 收音电路中立体声解码电路图，用示波器的探头搭在立体声解码电路的音频信号输出端上，经调整后，便可在示波器的屏幕上显示出相应的波形；若无波形，则说明该电路有故障。

② 示波器检测技能在影碟机中的应用　影碟机（VCD/DVD player）主要用来处理音频和视频信号，使用示波器可以检测影碟机电路中的视频、音频以及控制等信号。

示波器检测技能在检测 DVD 机中的应用实例见图 5-16。

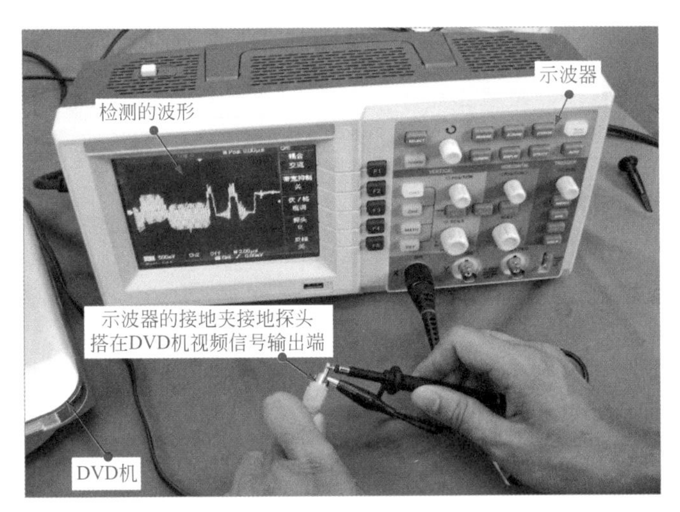

图 5-16　示波器检测技能在检测 DVD 机中的应用实例

提示

图 5-16 为检测 DVD 机视频输出端输出视频信号的实例，待 DVD 机开机和放入光盘后，DVD 机开始工作，从视频输出端便可以检测视频信号的波形，若无视频信号输出，则说明 DVD 机没工作或内部电路损坏。

③ 示波器检测技能在手机中的应用　手机是目前比较流行的一种数码通信设备，示波器可以对手机处理的音频、视频、控制、脉冲、高频等信号进行检测，由于手机处理的部分信号频率较高，因此频率较大示波器在手机的检测中应用比较广泛。

示波器检测技能在手机中的应用实例见图 5-17。

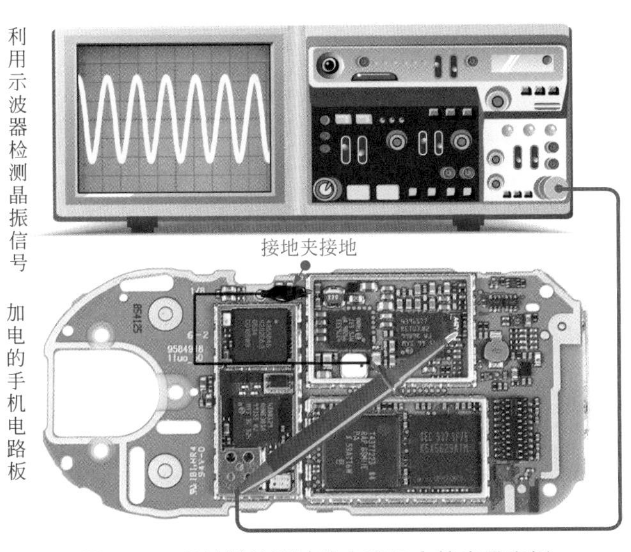

图 5-17　示波器检测技能在手机中的应用实例

提示

图 5-17 为使用示波器检测手机中晶振信号的应用实例示意图，将示波器的接地夹接地端，用探头搭在手机的晶振信号端，便可以检测到晶振信号的波形。

④ 示波器检测技能在彩色电视机中的应用　使用示波器可以检测彩色电视机电路中的中频、视频、音频、控制或脉冲等信号。

示波器检测技能在彩色电视机中的应用实例见图 5-18。

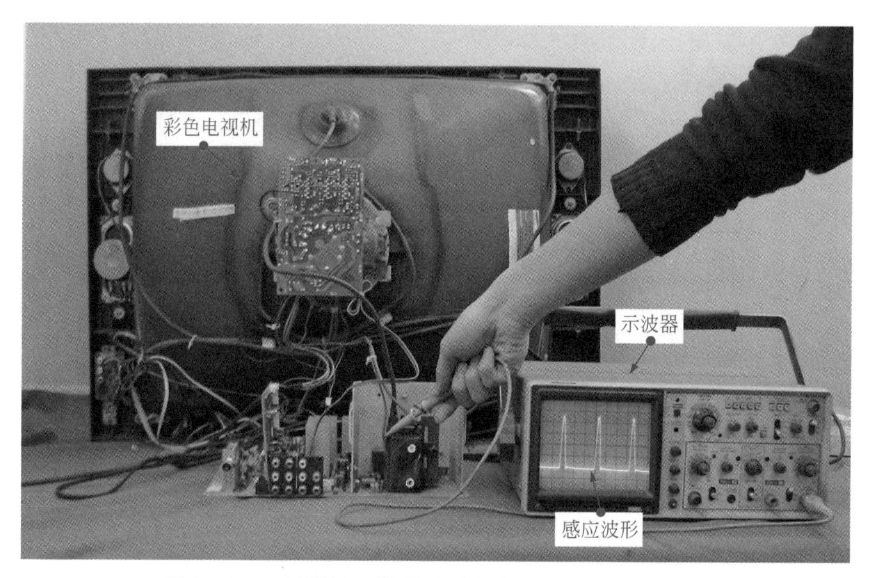

图 5-18　示波器检测技能在彩色电视机中的应用实例

提示

图 5-18 为检测彩色电视机行扫描电路时，用示波器感应行回扫变压器信号波形的方法。正常情况下，彩色电视机在工作时，用示波器的探头靠近行回扫变压器便可以感应到脉冲信号波形，若无则说明行回扫变压器电路没有工作。

⑤ 示波器检测技能在数字平板电视机中的应用　数字平板电视机是目前新型的一种电器，采用液晶屏作为视频显示单元，具有体积小、重量轻、清晰度高等优点，示波器可以用来检测数字平板电视机中的中频、视频、音频、控制、脉冲等信号。

示波器检测技能在数字平板电视机中的应用实例见图 5-19。

提示

图 5-19 为使用示波器感应液晶电视机逆变器电路中升压变压器信号波形的方法，液晶电视机通电开机后，逆变器电路中的升压变压器工作，此时将示波器的探头靠近升压变压器便可以感应到脉冲信号波形。若无法检测到波形或波形不正常，则说明前级电路中有损坏的部位。

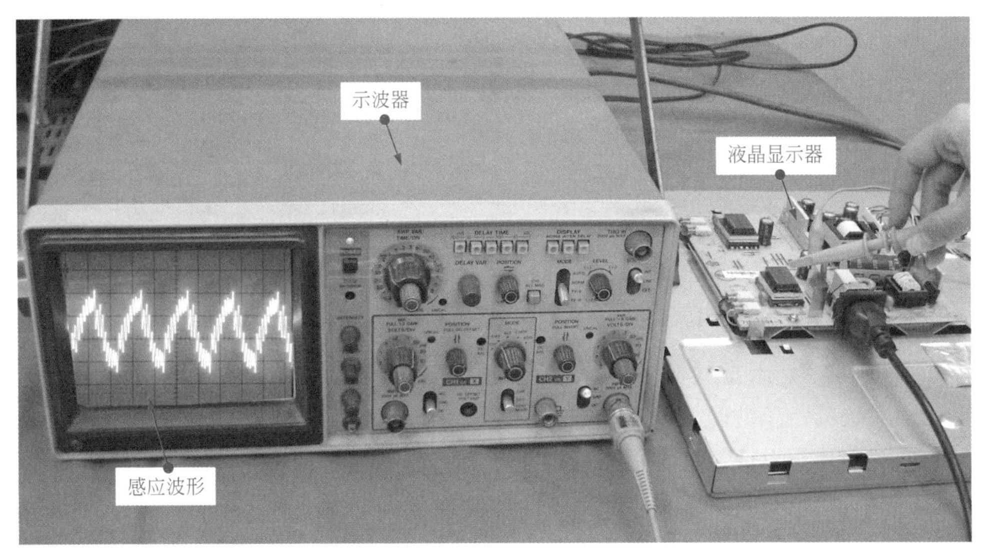

图 5-19 示波器检测技能在数字平板电视机中的应用实例

（2）示波器在生产调试及产品研发中的应用

示波器还常用于电子、电气产品的调试和研发中，电子产品在生产的过程中，可以用示波器来观测输出或关键点的信号波形，用来判断是否符合产品的要求。

示波器在生产调试中的应用实例见图 5-20。

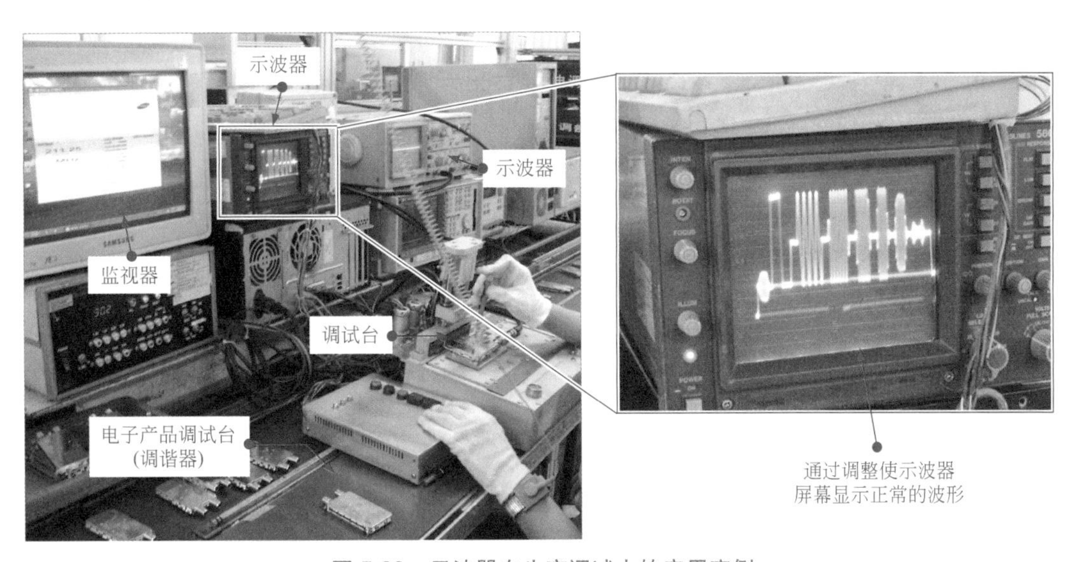

图 5-20 示波器在生产调试中的应用实例

提示

图 5-20 为彩色电视机调谐器的生产线，由于调谐器为高频器件，需要通过对内部线圈的调整，来达到所需的频率要求，此时就需要使用示波器来监视调整前与调整后的波形，待波形达到相应的幅度和形状后，即完成了该电子产品的调试。

5.2 示波器的使用特点

5.2.1 模拟示波器的使用特点

模拟示波器从研制成功到现在已经有近百年的历史了，一直在信号的观测领域中占主导地位，可以清楚地显示信号波形的形状以及幅度等信息。模拟示波器的使用特点主要有可显示波形的变化、调整便捷、通道使用方便等。

（1）可显实波形的变化

模拟示波器采用示波管（阴极射线管）作为显示部件，因此其显示波形的亮度和灰度随信号幅度的变化而出现差异，如用屏幕的垂直轴表示幅度、水平轴表示时间，则屏幕的亮度可表示信号幅度随时间分布的变化。

模拟示波器为用户提供了“眼见为实”的波形，在规定的带宽内，使用模拟示波器可以非常放心地进行检测，并通过屏幕波形瞬间出现的细微变化，用大脑进行判断，从而得到一些特殊的信息，例如该信号的幅度是否有变化，以及是否有别的信号混入等。而数字示波器则无法检测到一些细微的变化过程，原则上的波形只能显示“有”和“无”两种状态。

（2）调整便捷

模拟示波器的操作界面比较直观，所有的按钮、开关等都采用独立式的设计，保证在调整的过程中不会出现误操作的现象，可以很便捷地调整出所测部位的信号波形。

模拟示波器 CH1 通道波形调整见图 5-21。

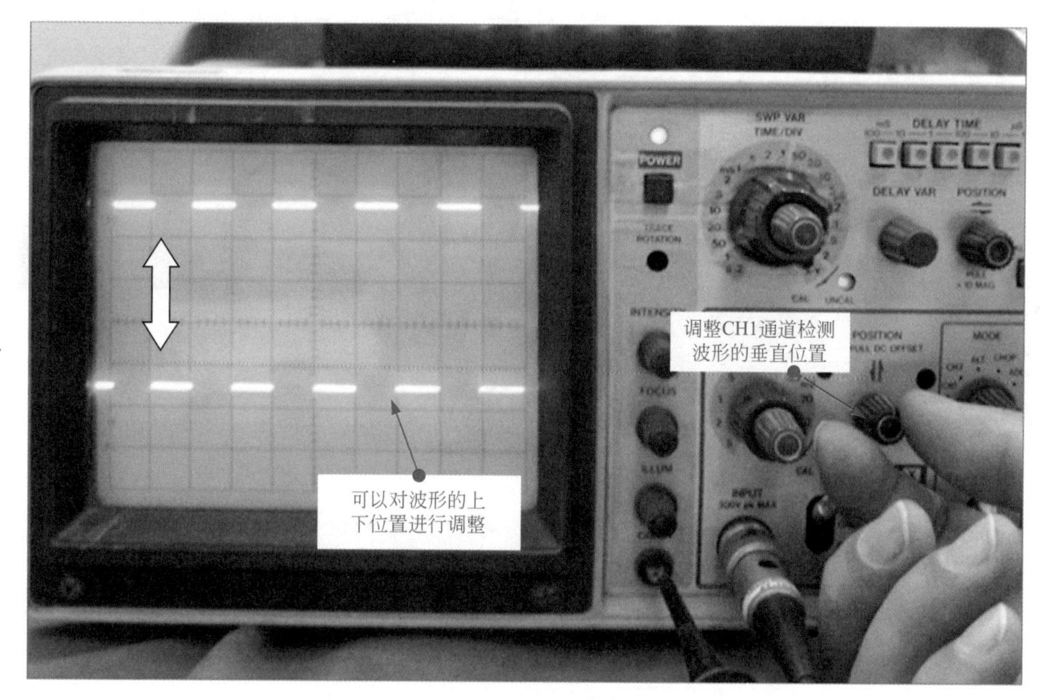

图 5-21　模拟示波器 CH1 通道波形调整

提示

图 5-21 为调整模拟示波器 CH1 通道检测波形，对于波形的上下位置，可以通过示波器操作面板上的 CH1 垂直位置调整旋钮进行调整，通过对波形位置的调整，便可以更加清楚地对波形进行观测。

（3）通道使用方便

由于模拟示波器的每个通道均是由不同区域进行控制的，因此对于双踪或多踪示波器，可以通过使用前的调整，使通道数固定在单踪、双踪或多踪上，便于检测时对某个通道信号波形的观察。

模拟示波器 CH1 和 CH2 通道的使用见图 5-22。

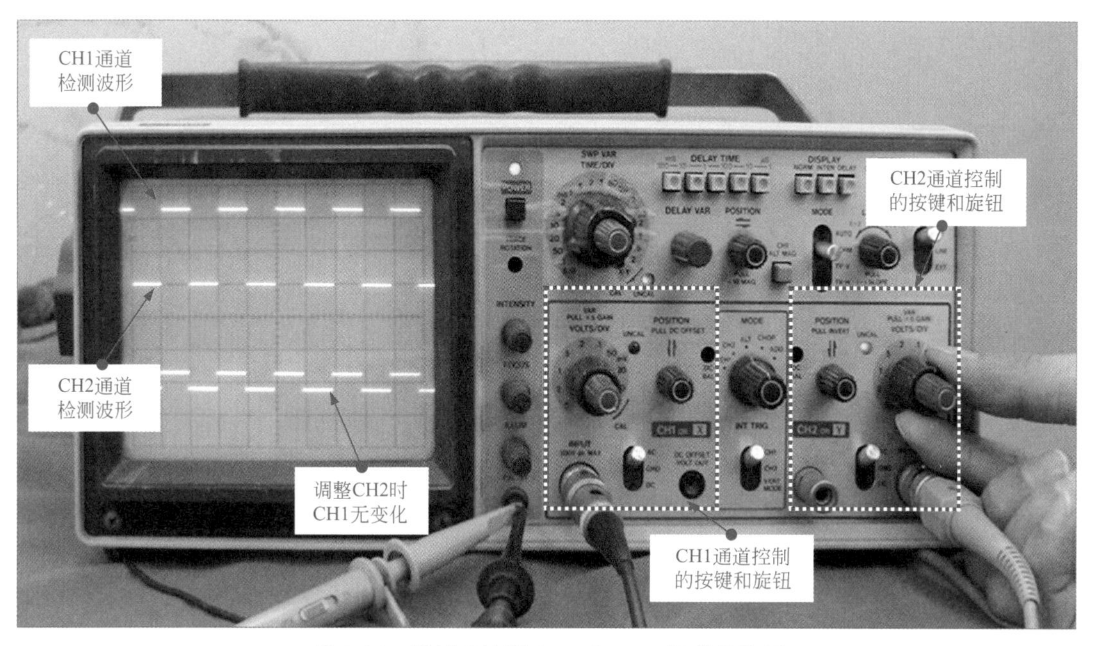

图 5-22　模拟示波器 CH1 和 CH2 通道的使用

图 5-22 为双踪模拟示波器的通道设置方法，从图中可以看出，CH1 通道和 CH2 通道是由不同的区域控制的，当 CH1 通道和 CH2 通道均有信号输入时，可以对单个波形进行调整，不必在意另一个通道。而数字示波器在进行调整时，需使用菜单键选择被控通道，若不小心则会出现通道操作错误的现象。

提示

根据模拟示波器分区域控制的特点，在实际的检测中，可以将一条通道设置为接地（GND），用接地夹接地，探头不进行检测，则另一条通道可以不必进行接地的操作，如图 5-23 所示。这样可以避免在检测的过程中，由于接地夹比较短，需经常变换接地位置的操作，增加了检测的安全性。

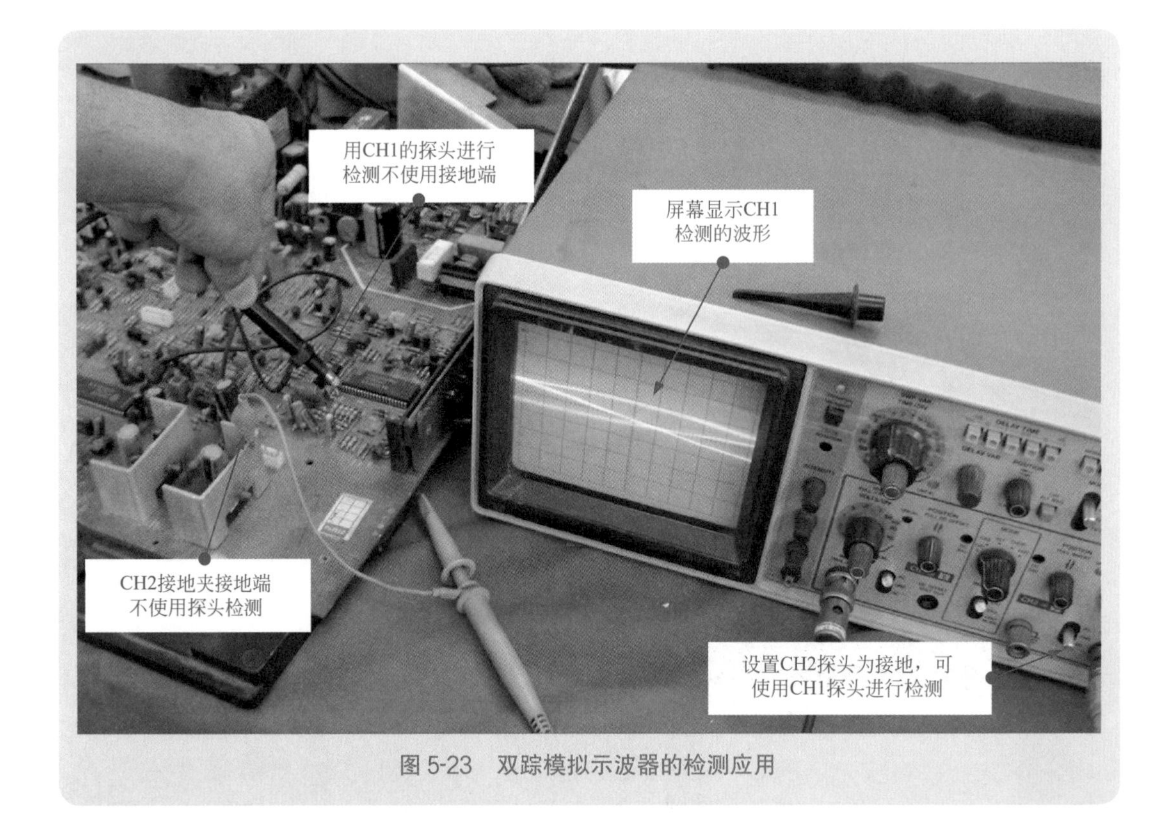

图 5-23　双踪模拟示波器的检测应用

5.2.2 数字示波器的使用特点

数字示波器采用了 LCD 作为显示器件，内部电路采用数字技术，使示波器的性能得到了进一步的提升，其带宽也得到了提升，与模拟示波器相比，数字示波器具有波形显示直观、自动调整功能、屏幕捕捉和存储功能、可与电脑进行连接、带宽高等特点。

（1）波形显示直观

数字示波器显示的波形比较直观，波形的类型和屏幕每格表示的幅度、周期大小直接显示在示波器的显示屏上，通过示波器屏幕上显示的数据，可以很方便地读出波形的幅度和周期。

数字示波器的识读实例见图 5-24。

由图 5-24 可知，识读区在显示屏的下方，其通道为 CH1，显示幅度为 100V/ 格（垂直位置），每格的周期为 500μs（水平位置），则该波形的幅度为 3×100V=300V，周期为 2×500μs=1000μs。在屏幕的右边栏中，还显示出波形的耦合方式为交流。

（2）自动调整功能

数字示波器一般都具有自动设置按钮（AUTO），按下该按钮后，可直接对数字示波器的通道（CH1 和 CH2 等）搜索，并使用最佳的状态对波形进行显示。

数字示波器的自动设置按钮见图 5-25。

使用该按钮（AUTO），可以很方便地进行信号的检测，省去了大量的调整过程，数字示波器便可以自动显示所检测的波形。

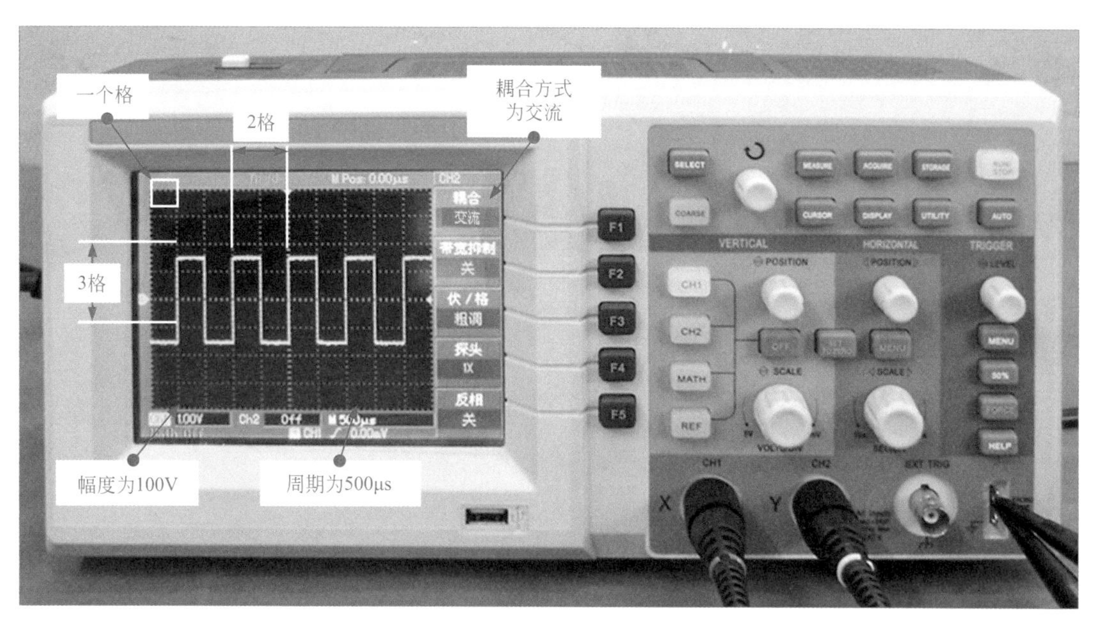

图 5-24　数字示波器的识读实例

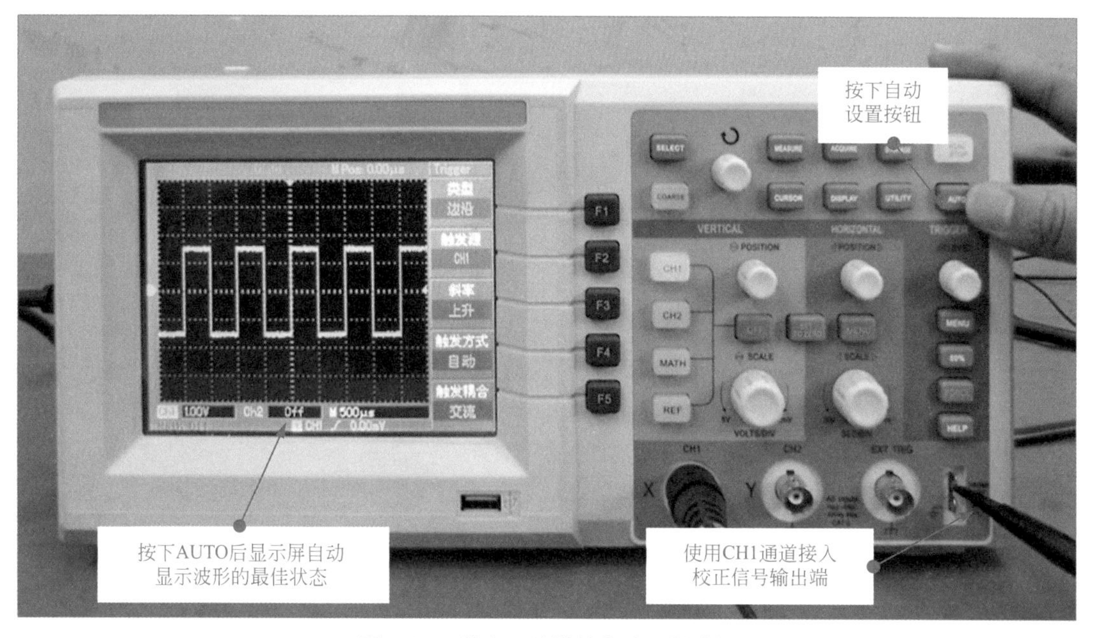

图 5-25　数字示波器的自动设置按钮

提示

有些数字示波器具有归零按钮，通过操作该按钮，示波器检测的波形可以迅速地回到中间的位置上（水平方向和垂直方向），其水平光标和垂直光标也处于相对中线的位置上，如图 5-26 所示，给测试带来了极大的便利。

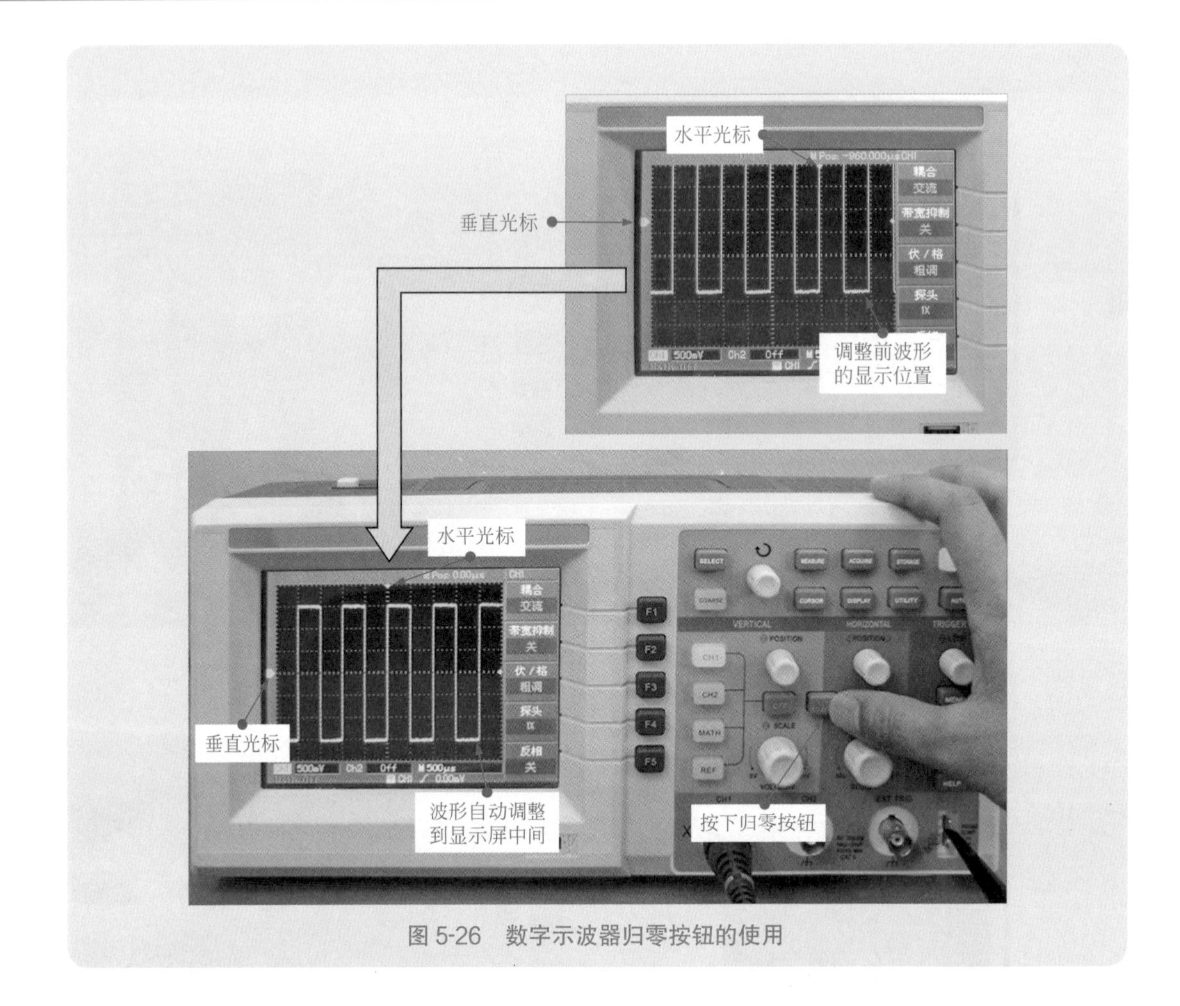

图 5-26　数字示波器归零按钮的使用

（3）屏幕捕捉和存储功能

数字示波器具有屏幕捕捉和存储功能，若检测的波形处于动态，无法很好地进行观察，可以使用屏幕捕捉按键使显示屏上显示的波形暂停，实际上是存储记忆了波形，便于分析波形。

数字示波器的屏幕捕捉功能见图 5-27。

当按下数字示波器上的屏幕捕捉按钮时，示波器处于停止状态，显示屏上的波形便定在了一个固定的位置上，说明此时的波形由动态变为静态，此时可以很方便地对波形读数，对脉宽、周期等进行读取。再次按下该按键，数字示波器变为运行状态。

（4）可与电脑进行连接

数字示波器具有数据线接口（USB 接口），可通过电脑对示波器进行控制，并可以使用电脑进行某个波形图像及某段波形视频的存储，以便于后期使用。

数字示波器与电脑进行连接见图 5-28。

数字示波器的数据线接口通过数据线与电脑的 USB 接口进行连接，打开相应的软件后，数字示波器显示屏显示的波形与电脑屏幕显示的波形同步，并可以通过电脑屏幕软件窗口上的一些软件，对数字示波器进行控制。

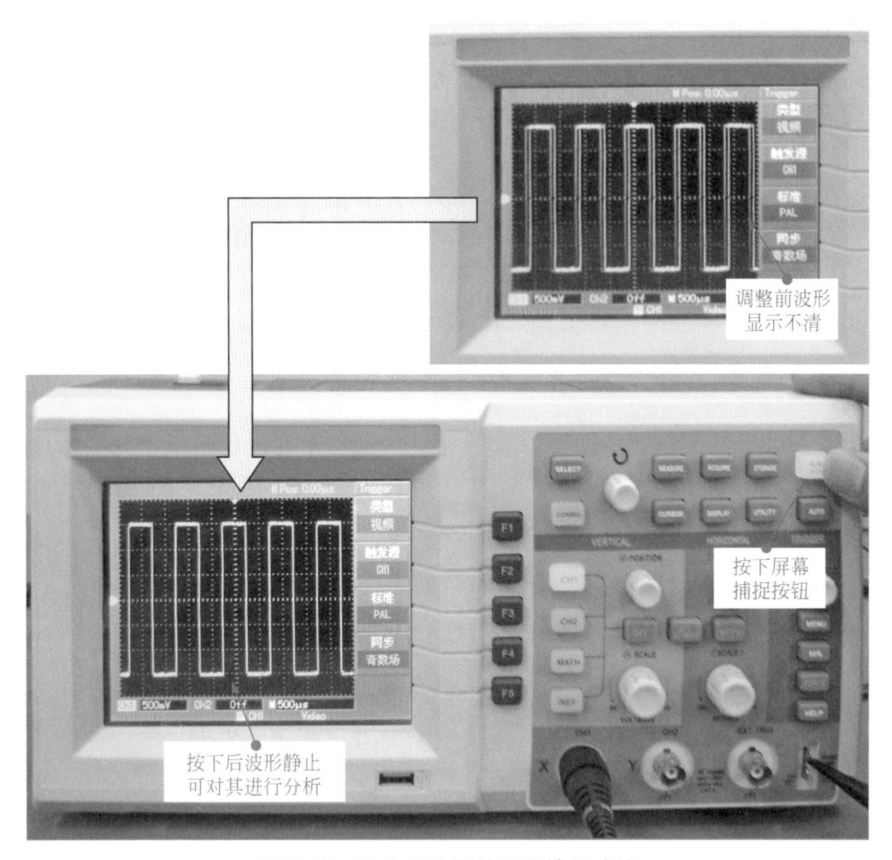

图 5-27　数字示波器的屏幕捕捉功能

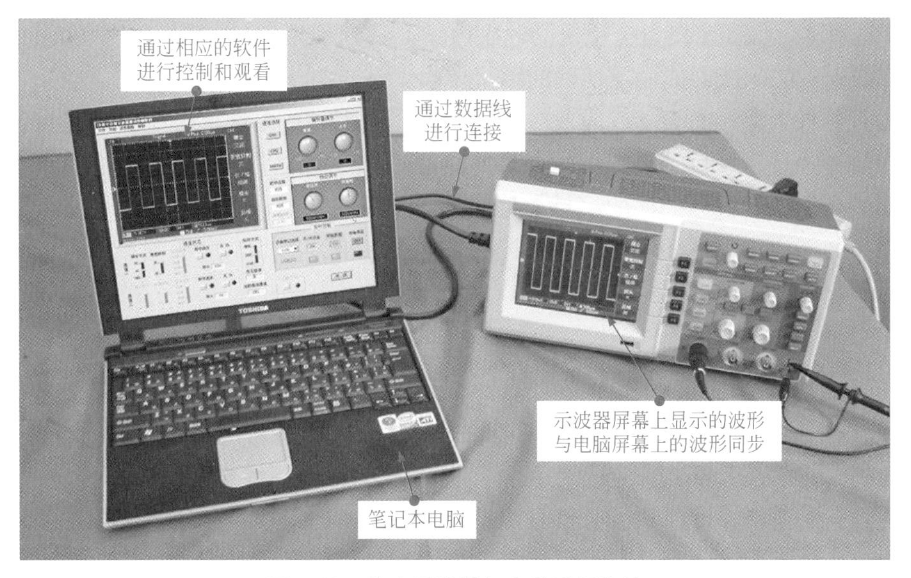

图 5-28　数字示波器与电脑进行连接

（5）带宽高

由于数字示波器采用数字技术，其显示波形的频率不受显示器件的影响，模拟示波器显示屏可显示的最高频率为 1 GHz，无法显示高频率的波形。而数字示波器的液晶显示屏，则不受频率的限制，想要改善带宽只需要提高前端的 A/D 转换器的性能，对示波管和扫描电路没有特殊要求。加上数字示波管能充分利用记忆、存储和处理波形，以及具有多种触发和超前触发能力，大有全面取代模拟示波器之势，使模拟示波器从“台前”退到“台后”。

5.3 示波器的性能参数

5.3.1 模拟示波器的性能参数

模拟示波器的性能参数主要有示波管的屏幕尺寸、发光颜色以及带宽、通道数等。

（1）屏幕尺寸和发光颜色

示波管的屏幕尺寸是指示波器屏幕的长度，一般用 DIV（1 DIV=6mm）来表示，例如 8×10 DIV；发光颜色表示屏幕所显示的颜色，例如蓝色、绿色等。

（2）带宽

带宽一般定义为正弦输入信号幅度衰减到 −3dB 时的频率宽度，即平均幅度的 70.7%，带宽决定示波器对信号的基本测量能力。随着被测信号频率的增加，示波器对信号的准确显示能力将下降，如果没有足够的带宽，示波器将无法分辨高频分量的变化，幅度将出现失真，边缘会变得圆滑，细节参数将被丢失。如果没有足够的带宽，就不能得到关于信号的所有特性及参数。

将示波器要测量信号的最高频率分量的 5 倍作为示波器的带宽。这将会在测量中获得高于 2% 的精度。例如要测量电视机的色副载波，其频率为 4.43MHz，取 4.43MHz 的 5 倍（约为 22MHz）的示波器能满足精确的测量要求。

带宽有两种类型：重复（或等效时间）带宽和实时（或单次）带宽。重复带宽只适用于重复的信号，显示来自于多次信号采集期间的采样。实时带宽是示波器的单次采样中所能捕捉的最高频率，且当捕捉的信号不是经常出现时要求相当苛刻。实时带宽与采样速率是密切相关的。由于更高的带宽往往意味着更高的价格，因此，应根据成本、投资和性能进行综合考虑。

（3）通道数

示波器的通道数取决于同时观测的信号数。在电子产品的开发和检修行业需要的是双通道示波器（或称双踪示波器）。如果要求观察多个模拟信号的相互关系，将需要一台 4 通道示波器。许多工作于模拟与数字两种信号系统的科研环境也考虑采用 4 通道示波器。还有一种较新的选择，即所谓混合信号示波器，它将逻辑分析仪的通道计数及触发能力与示波器的较高分辨率综合到具有时间相关显示的单一仪器之中。

对于观测复杂的信号，屏幕更新速率、波形捕获方式和触发能力是需要考虑的。波形捕获模式有以下几种：采样模式、峰值检测模式、高分辨率模式、包络模式、平均值模式等。更新速率是示波器对信号和控制的变化反应速度的概念，而峰值检测有助于在较慢的信号中捕捉快速信号的峰值。

（4）典型模拟示波器的性能参数

不同种类模拟示波器的性能参数也不一样，因此在购买或选用模拟示波器时，可以首先查看其使用说明书和性能参数表，这样便可以获知该示波器的一些基本信息。如表 5-1 所列为 ST16A 型单踪模拟示波器的性能参数表。

表 5-1　ST16A 型单踪模拟示波器性能参数

示波管	有效屏幕面积	8×10 DIV（1 DIV = 6 mm）
	加速电压	1200V
	发光颜色	绿色
垂直偏转系统	偏转因数	（5mV ～ 5V）/DIV，±3%
	微调比	≥ 2.5：1
	上升时间	≤ 35ns
	带宽	DC：0 ～ 10MHz；AC：10Hz ～ 1MHz
	输入耦合方式	直流、交流或接地（DC、AC 或 GND）
	输入阻抗	约 1MΩ 30pF
	最大输入电压	400Vpk
触发系统	触发灵敏度	内：1 DIV；外：0.3V
	外触发输入阻抗	约 1MΩ 30pF
	外触发最大输入安全电压	400Vpk
	触发源选择	内 / 外电源
	触发方式	常态、自动、电视
	极性	+ / −
水平偏转系统	扫描时间因数	（0.1μs ～ 0.1s）/DIV，±3%
	微调比	≥ 2.5 ：1
X-Y 模式	偏转因数	0.5V/DIV
	带宽（-3dB）	10Hz ～ 1MHz
校正信号	波形	对称方波
	幅度	0.5V，±2%
	频率	1kHz，±2%

5.3.2 数字示波器的性能参数

数字示波器的性能参数与模拟示波器的性能参数有所差别，除了屏幕尺寸（数字示波器的屏幕尺寸用分辨率来标识，例如320×240分辨率）外，还有采样速率、屏幕刷新率、存储深度、触发及其信号等。

（1）采样速率

采样速率即为每秒采样次数，指数字示波器对信号采样的频率。数字示波器的采样速率越快，所显示的波形的分辨率和清晰度就越高，重要信息和随机信号丢失的概率就越小。

如果需要观测较长时间范围内的慢变信号，则最小采样速率就变得较为重要。为了在显示的波形记录中保持固定的波形数，需要调整水平控制旋钮，而所显示的采样速率也将随着水平调节旋钮的调节而变化。

采样速率计算方法取决于所测量的波形的类型，以及示波器所采用的信号重现方式。

为了准确再现信号并避免混淆，奈奎斯特定理规定：信号的采样速率必须大于被测信号最高频率成分的2倍。然而，这个定理的前提是基于无限长时间和连续的信号。由于没有示波器可以提供无限时间的记录长度，而且，从定义上看，低频干扰是不连续的，所以采用大于2倍最高频率成分的采样速率，对数字示波器来说通常是不够的。

实际上，信号的准确再现取决于其采样速率和信号采样点间隙所采用的插值法。一些示波器会为操作者提供以下选择：测量正弦信号的正弦插值法，以及测量矩形波、脉冲和其他信号类型的线性插值法。

有一个在比较采样速率和信号带宽时很有用的经验法则：如果示波器有内插（通过筛选以便在采样点间重新生成），则采样速率和信号带宽的比值至少应为4 ∶ 1。无正弦内插时，则应采取10 ∶ 1的比值。

（2）屏幕刷新率

所有数字示波器的屏幕都会闪烁。也就是说，示波器每秒以特定的次数捕获信号，在这些测量点之间将不再进行测量。这就是波形捕获速率，也称屏幕刷新率，表示为波形数每秒（wfms/s）。采样速率表示的是示波器在一个波形或周期内，采样输入信号的频率；而波形捕获速率则是指示波器采集波形的速度。波形捕获速率取决于示波器的类型和性能级别，且有着很大的变化范围。高频波形捕获速率的示波器将会提供更多的重要信号特性，并能极大地增加示波器快速捕获瞬时的异常信息（如抖动、矮脉冲、低频干扰和瞬时误差等）的概率。

数字存储示波器（DSO）使用串行处理结构，每秒可以捕获10～5000个波形。数字荧光示波器（DPO）采用并行处理结构，可以提供更高的波形捕获速率，有的甚至每秒可以捕获数百万个波形，大大提高了捕获间歇信号和难以捕捉信号的可能性，并能更快地发现瞬间出现的信号。

（3）存储深度

存储深度是指数字示波器所能存储的采样点多少的量度。如果需要不间断地捕捉一个脉冲串，则要求示波器有足够的存储空间以便捕捉整个过程中偶然出现的信号。将所要捕捉的时间长度除以精确重现信号所需的采样速度，可以计算出所要求的存储深度，也称记录长度。

在正确位置上捕捉信号的有效触发，通常可以减小数字示波器实际需要的存储量。

存储深度与采样速度密切相关。存储深度取决于要测量的总时间跨度和所要求的时间分辨率。

许多数字示波器允许用户选择记录长度，以便对一些操作中的细节进行优化。分析一个十分稳定的正弦信号，只需要 500 点的记录长度；但如果要解析一个复杂的数字数据流，则需要有一百万个点或更多点的记录长度。

（4）触发及其信号

数字示波器的触发能使信号在正确的位置开始水平同步扫描，决定着信号波形的显示清晰度。触发控制按钮可以稳定重复地显示波形并捕获单次波形。

大多数通用示波器的用户只采用边沿触发方式，特别是对新设计产品的故障查询。先进的触发方式可将所关心的信号分离出来，从而最有效地利用采样速度和存储深度。

现今有很多示波器，具有先进的触发能力：能根据由幅度定义的脉冲（如短脉冲），由时间限定的脉冲（脉冲宽度、窄脉冲、转换率、建立 / 保持时间）和由逻辑状态或图形描述的脉冲（逻辑触发）进行触发。扩展和常规的触发功能组合也帮助显示视频和其他难以捕捉的信号，如此先进的触发能力，在设置测试过程时提供了很大程度的灵活性，而且能大大地简化测量工作，给使用带来了很大的便利。

（5）典型数字示波器的性能参数

数字示波器常用的性能参数有带宽、采样速率、屏幕刷新率、存储深度、触发及其信号以及示波器的通道数等，在一些数字示波器中，还有运算方式、存储、显示分辨率等参数。如表 5-2 所列为 DS3012B 型双踪示波器（数字）的性能参数。

表 5-2　DS3012B 型双踪示波器（数字）的性能参数

<table>
<tr><td rowspan="3">采样</td><td>采样方式</td><td>实时采样</td><td>等效采样</td></tr>
<tr><td>采样速率</td><td>100MSa/s</td><td>10GSa/s</td></tr>
<tr><td>平均值</td><td colspan="2">所有通道同时达到 N 次采样后，N 次数可在 2、4、8、16、32、64 和 128 之间选择</td></tr>
<tr><td rowspan="4">输入</td><td>输入耦合方式</td><td colspan="2">直流、交流或接地（DC、AC 或 GND）</td></tr>
<tr><td>输入阻抗</td><td colspan="2">1MΩ±0.02MΩ，与 15pF±3pF 并联</td></tr>
<tr><td>探头衰减系统系数设定</td><td colspan="2">1×，10×，100×，1000×</td></tr>
<tr><td>最大输入电压</td><td colspan="2">400V（DC+AC Peak）</td></tr>
<tr><td rowspan="4">垂直系统</td><td>灵敏度（伏 / 格）范围（V/div）</td><td colspan="2">2 ～ 5mV/DIV（在输入 BNC 处）</td></tr>
<tr><td>模拟带宽</td><td colspan="2">100MHz</td></tr>
<tr><td>模拟数字转换器（量化数）</td><td colspan="2">8 bit 分辨率</td></tr>
<tr><td>通道数</td><td colspan="2">2</td></tr>
<tr><td>水平系统</td><td>扫描时间范围</td><td colspan="2">（5ns ～ 5s）/DIV，按 1-2-5 进制</td></tr>
</table>

续表

触发系统	触发类型	边沿、视频、Set to（设定电平至）50%	
	触发方式	Auto（自动）、Normal（常态）、Single（单次）	
	触发源	DC（直流）	CH1 和 CH2：1DIV（DC ～ 10MHz） EXT（外触发）：100mV（DC ～ 10MHz），200mV（10MHz ～满带宽） EXT/5：500mV（DC ～ 100MHz）
		AC（交流）	≥50Hz 时，和直流相同
测量	光标测量	手动模式、跟踪模式	
	自动测量	峰值（U_{p-p}）、最大值（U_{max}）、最小值（U_{min}）、顶端值（U_{top}）、底端值（U_{base}）、平均值（U_{arg}）、有效值（U_{rms}）、频率（f）周期（T）、上升时间（t_r）、下降时间（t_f）、脉宽等	
运算方式	加、减、乘、除		
探头	RP3165（1 ： 1、10 ： 1）100MHz 无源探头		
存储	5 组波形，5 种设置		
显示方式及分辨率	彩色 LCD，320×240		

第6章 示波器的结构和操作规程

6.1 示波器的结构特点

通过上一章的学习，读者对示波器的种类及特点有了一定的了解，并可以通过外观分辨出示波器的种类，但要想熟练地使用示波器，就要了解示波器的整机结构及键钮分布。

6.1.1 典型模拟示波器的结构和键钮分布

模拟示波器的使用比较广泛，下面介绍一款典型的模拟示波器，它的外形结构如图 6-1 所示。

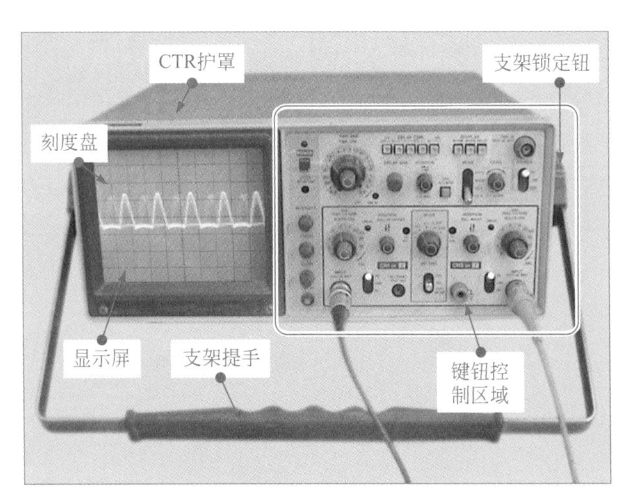

图 6-1　典型模拟示波器的外形结构

从图 6-1 中可以看到模拟示波器可以分为左右两部分，其中左侧部分为信号波形的显示部分，右侧部分是示波器的控制键钮部分。

示波器的显示部分主要有显示屏、CRT 护罩和刻度盘。其中，显示屏是由示波管构成的，示波管是一种阴极射线管，简称 CRT；护罩用以保护示波管屏幕不受损伤；刻度盘是度量波形的周期和幅度标尺。一般刻度盘上刻有 8×10 的方格，每格 1cm 见方，用于测量波形在垂直和水平方向的量，一般垂直方向等效为电压值，水平方向等效为时间值（周期）。在测量时 1 个格常被称为 1DIV。每个键钮都有符号标记，表示其功能。

典型模拟示波器的操作键钮分布见图 6-2。

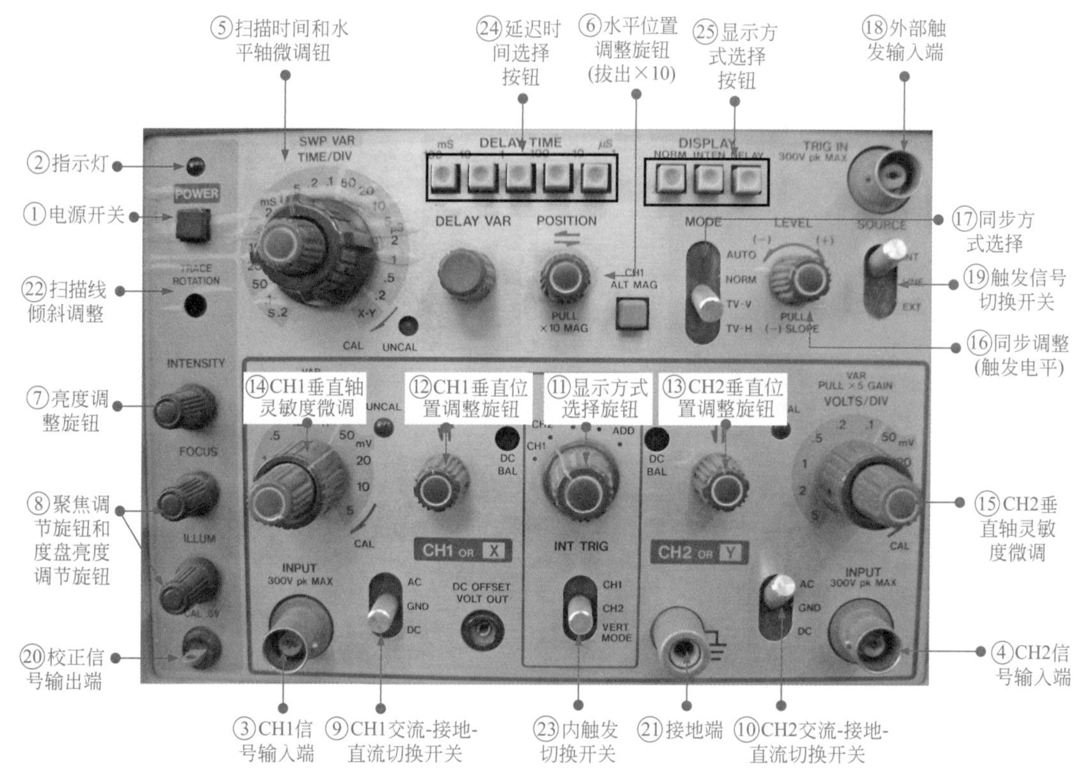

图 6-2　典型模拟示波器操作键钮分布图

模拟示波器操作键钮各有各的功能，下面结合示波器实物图一一介绍各键钮的功能。

① 电源开关（POWER）：用于接通和断开电源，当接通电源时，位于电源开关上方的电源指示灯②变亮。

② 指示灯：指示示波器的工作状态。

模拟示波器的电源开关①和电源指示灯②见图 6-3。

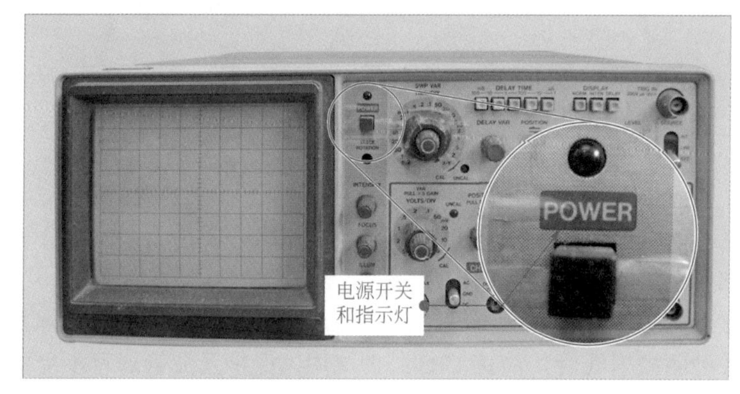

图 6-3　模拟示波器电源开关（POWER）和指示灯的位置图

③ CH1 信号输入端（INPUT 300V pk MAX）：用来连接示波器 CH1 测试线。

④ CH2 信号输入端（INPUT 300V pk MAX）：用来连接示波器 CH2 测试线。CH1 ③和 CH2 ④输入端及使用时示波器显示的波形见图 6-4。

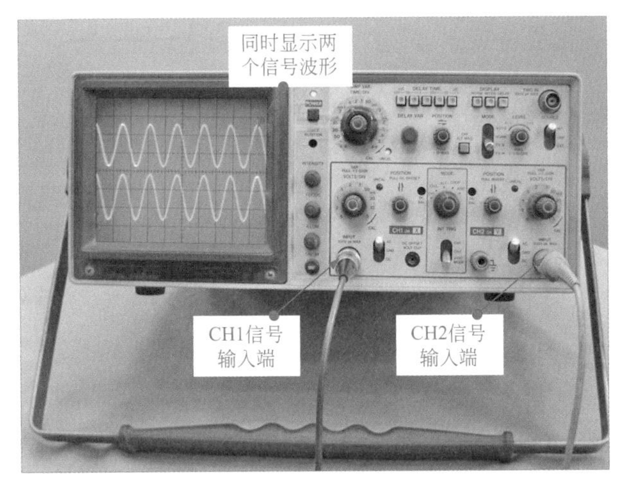

图 6-4　CH1 和 CH2 两输入端同时输入信号波形

⑤ 扫描时间和水平轴微调钮（SWPVAR-TIME/DIV）：用于调节扫描时间。扫描时间和水平轴微调钮⑤及调整效果见图 6-5。

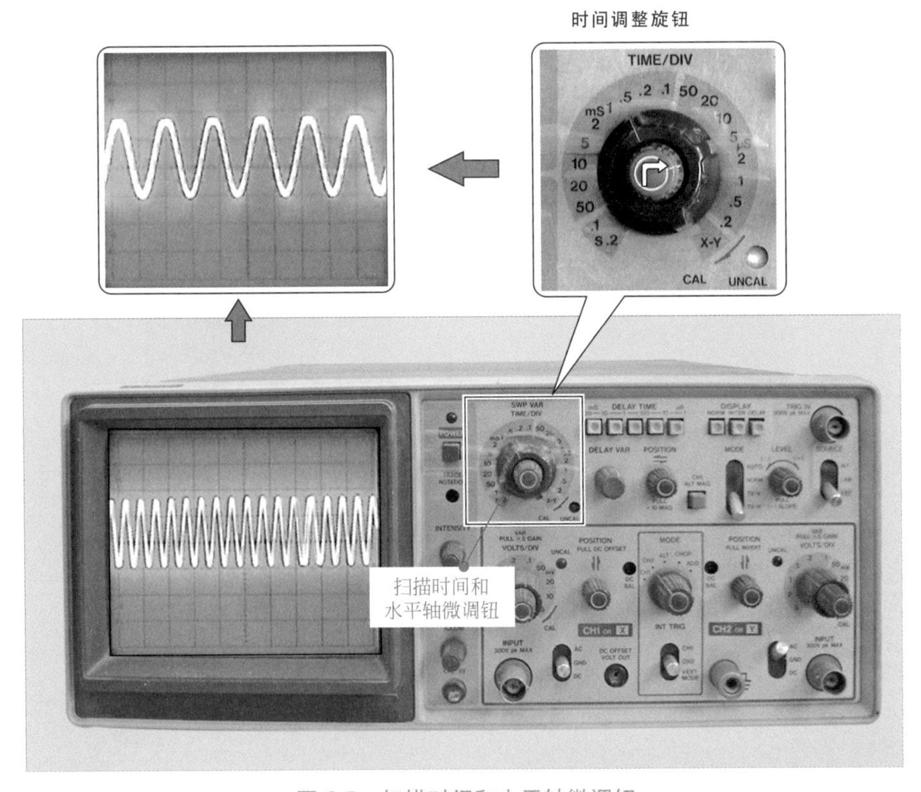

图 6-5　扫描时间和水平轴微调钮

⑥ 水平位置调整旋钮（H POSITION）：用于调节扫描线的水平位置。水平位置调整旋钮⑥及调整效果见图 6-6。

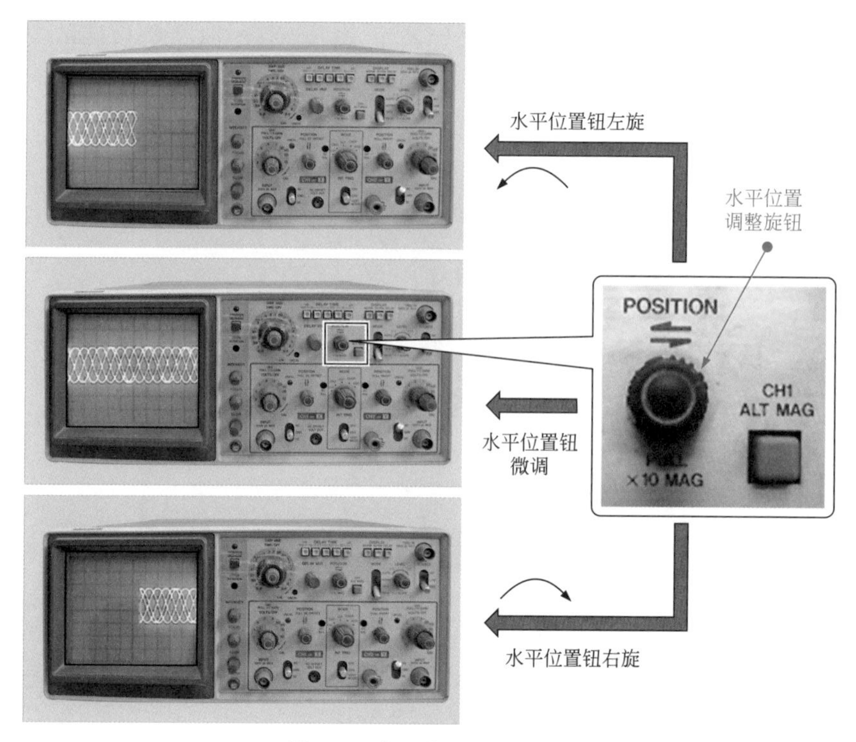

图 6-6　水平位置调整旋钮

⑦ 亮度调整旋钮（INTENSITY）：用于调节扫描线的亮度。

亮度调整旋钮⑦及调整效果见图 6-7。

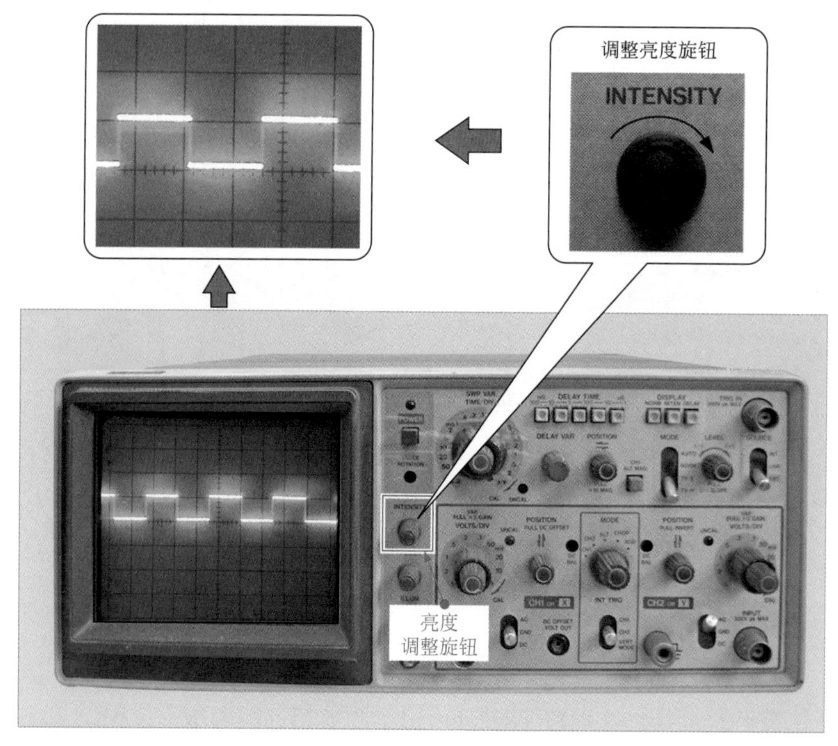

图 6-7　亮度调整旋钮

⑧ 聚焦调节旋钮（FOCUS）和度盘亮度调节钮（ILLUM）：用于调节度盘显示，从而使扫描线变得清晰。

聚焦调节旋钮⑧和度盘亮度调节钮⑧及调整效果见图 6-8。

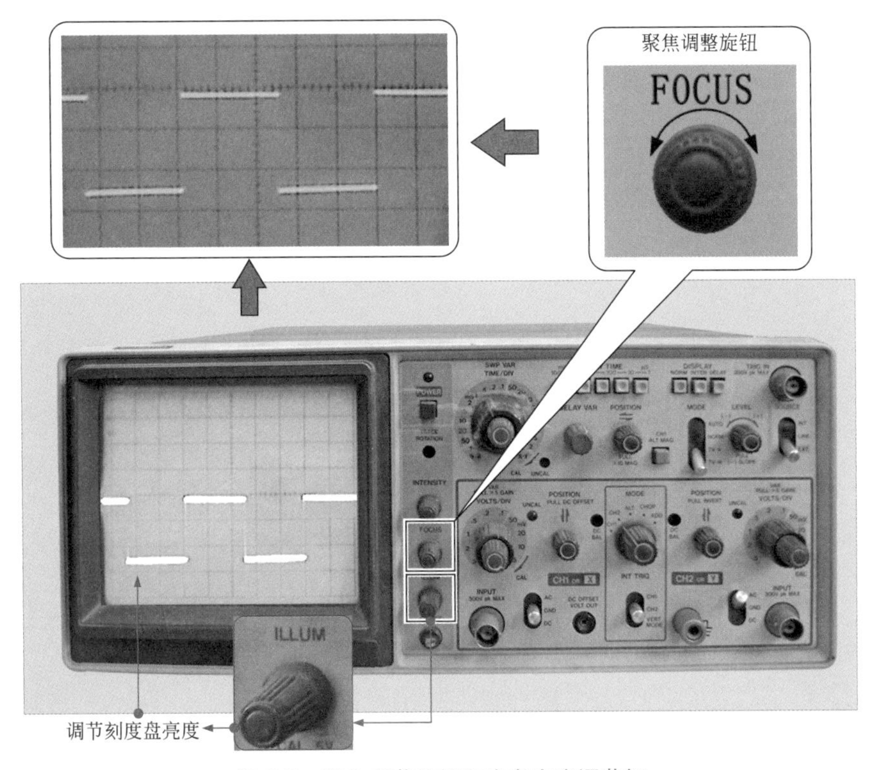

图 6-8　聚焦调节旋钮和度盘亮度调节钮

⑨ CH1 交流 - 接地 - 直流切换开关（CH1 AC-GND-DC）：根据 CH1 信号输入端输入的信号选择不同的挡位，“AC”为观测交流信号，“DC”为观测直流信号，“GND” 为观测接地信号。

CH1 交流 - 接地 - 直流切换开关⑨见图 6-9。

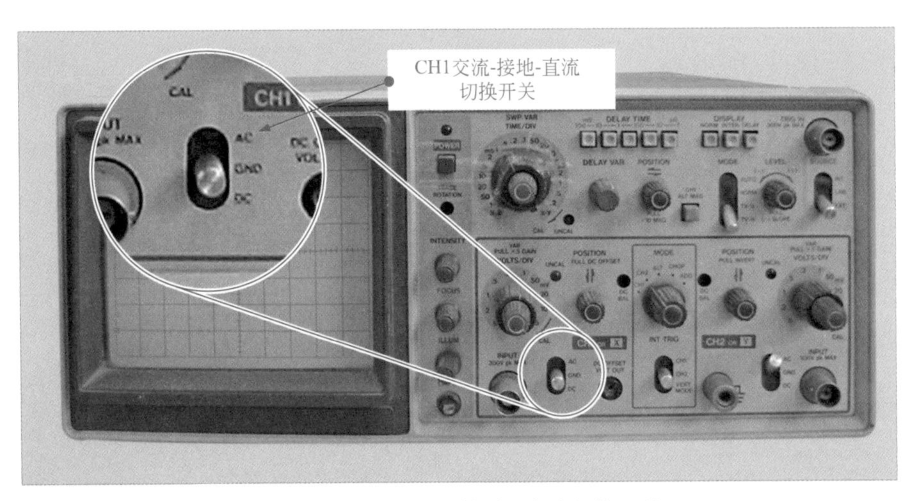

图 6-9　CH1 交流 - 接地 - 直流切换开关

⑩ CH2 交流 - 接地 - 直流切换开关（CH2 AC-GND-DC）：根据 CH2 信号输入端输入的信号选择不同的挡位，“AC”为观测交流信号，“DC”为观测直流信号，“GND”为观测接地信号。

CH2 交流 - 接地 - 直流切换开关⑩见图 6-10。

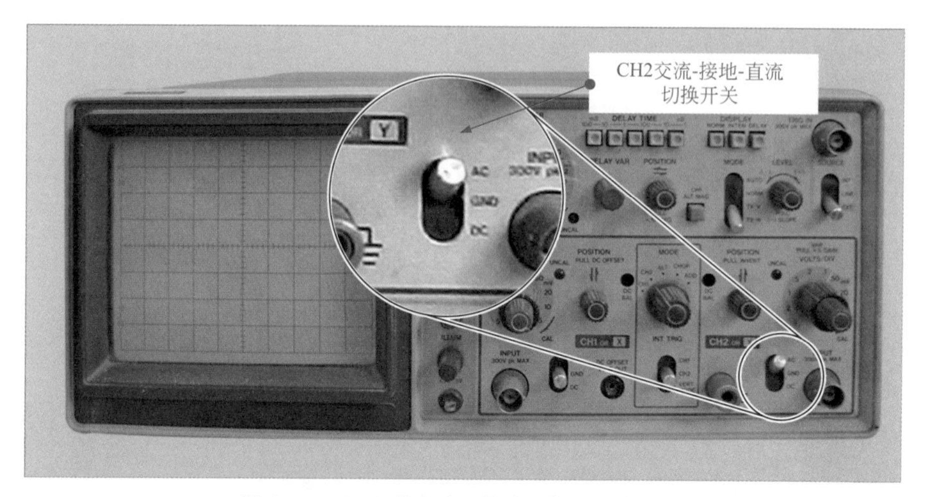

图 6-10　CH2 的交流 - 接地 - 直流切换开关

⑪ 显示方式选择旋钮（MODE）：显示方式选择旋钮设置了 CH1、CH2、CHOP、ALT 和 ADD 共 5 个挡位。

a. CH1：示波器只显示由 CH1 输入信号的波形。

b. CH2：示波器只显示由 CH2 输入信号的波形。

c. CHOP：快速切换显示方式。

d. ALT：两个输入信号的波形交替显示。

e. ADD（Addition）：CH1 和 CH2 两输入信号进行加法或减法处理并显示。

显示方式选择旋钮 ⑪ 见图 6-11。

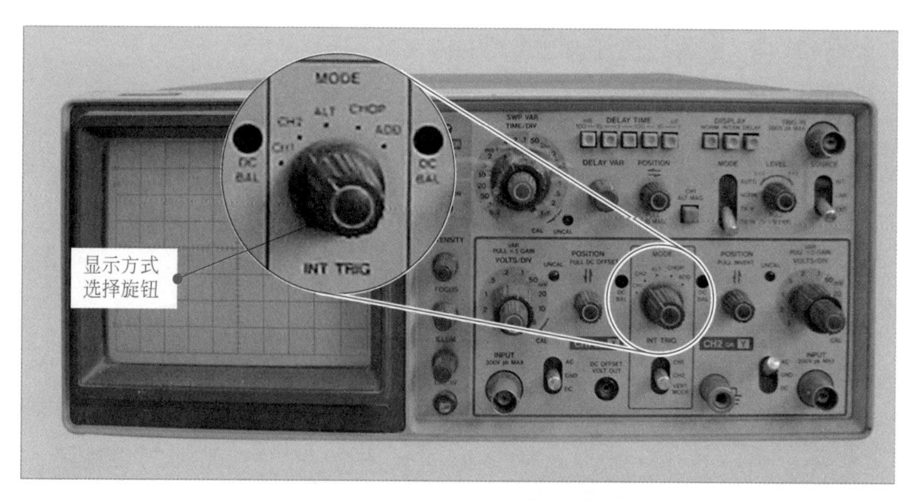

图 6-11　显示方式选择旋钮

⑫ CH1 垂直位置调整旋钮（CH1 POSITION PULL DC OFFSET）：用于适当移动 CH1

波形位置以便观察。

⑬ CH2 垂直位置调整旋钮（CH2 POSITION PULL INVERT）：用于适当移动 CH2 波形位置以便观察。

CH2 垂直位置调整旋钮 ⑬ 及调整效果见图 6-12。

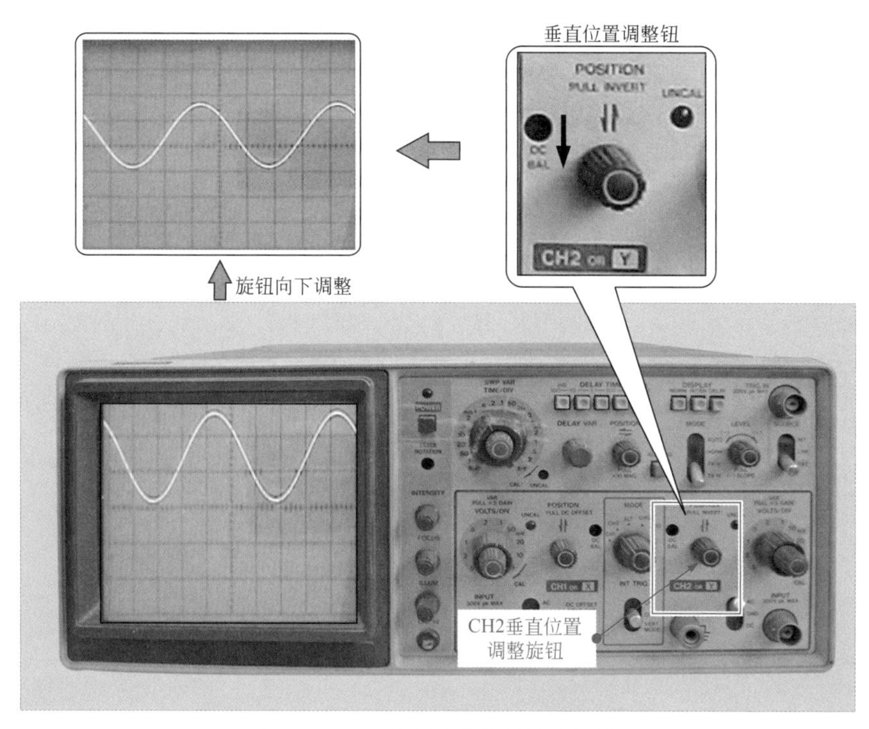

图 6-12 CH2 的垂直位置调整旋钮

⑭ CH1 垂直轴灵敏度微调（VARIABLE）和垂直轴灵敏度切换（VOLTS/DIV）：这两个旋钮是一个同心调整旋钮，外圆环形旋钮是灵敏度切换钮，内圆旋钮是微调钮。它可以根据被测信号的幅度切换输入电路的衰减量，使显示的波形在示波管上有适当的大小。

CH1 垂直轴灵敏度微调和垂直轴灵敏度切换旋钮 ⑭ 见图 6-13。

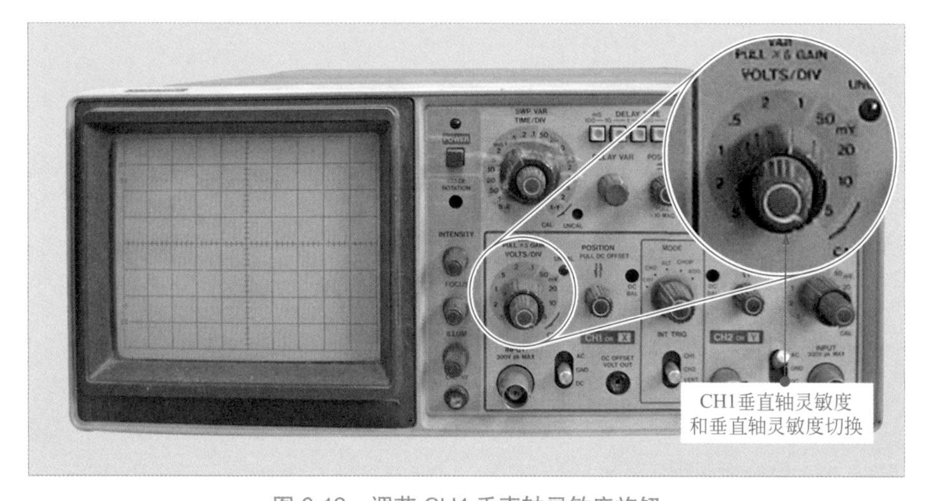

图 6-13 调节 CH1 垂直轴灵敏度旋钮

⑮ CH2 垂直轴灵敏度微调（VARIABLE）和垂直轴灵敏度切换（VOLTS/DIV）：用于对 CH2 信号波形的垂直灵敏度进行调整。

CH2 垂直轴灵敏度微调和垂直轴灵敏度切换旋钮 ⑮ 及调整效果见图 6-14。

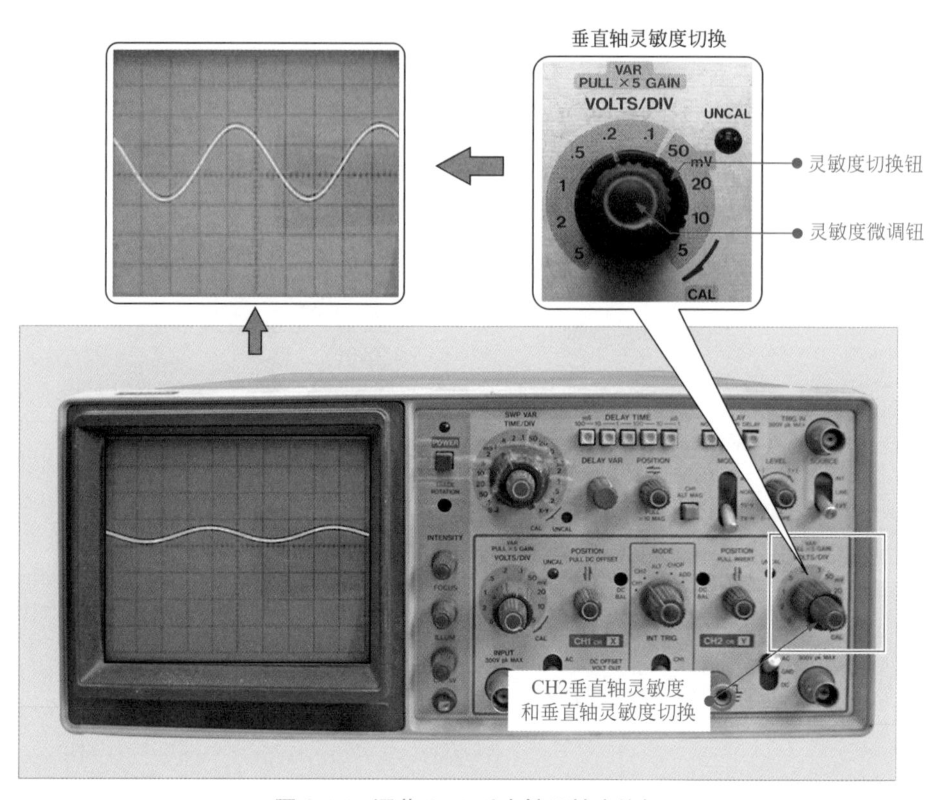

图 6-14　调节 CH2 垂直轴灵敏度旋钮

⑯ 同步位置调整（TRIG LEVEL）：用于微调同步信号的频率或相位，使之与被测信号的相位一致（频率可为整数倍）。

同步调整钮 ⑯ 及调整效果见图 6-15。

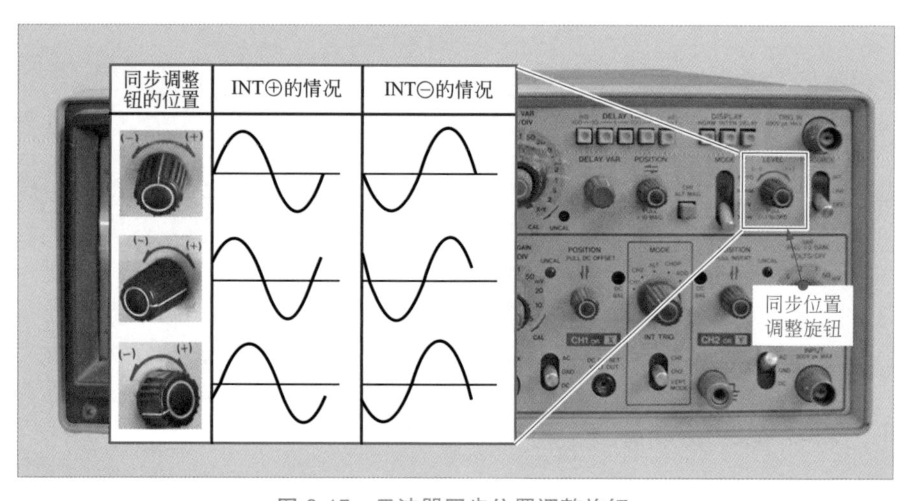

图 6-15　示波器同步位置调整旋钮

⑰ TV-H 和 TV-V（同步方式选择）：用于调整电视信号中的行信号观测或场信号观测。

同步方式选择开关（电视信号的行场观测）⑰ 见图 6-16。

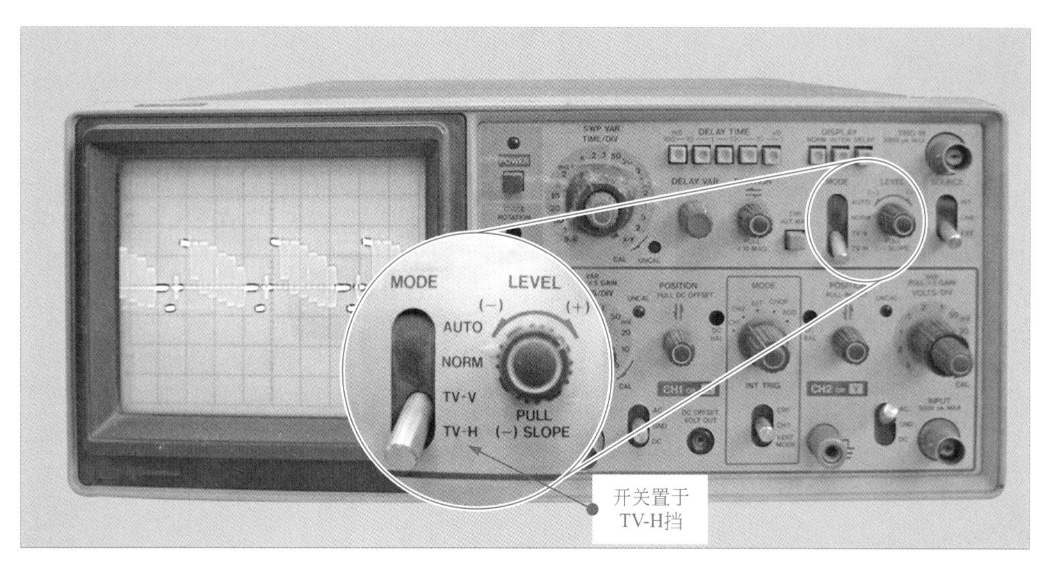

图 6-16　开关置于 TV-H 挡显示行信号波形

⑱ 外部水平轴输入端或外触发输入端（EXT H or TRIG IN）：当示波器的内部扫描与外部信号同步时，从该端加入外部同步信号。

外部水平轴输入端或外触发输入端 ⑱ 见图 6-17。

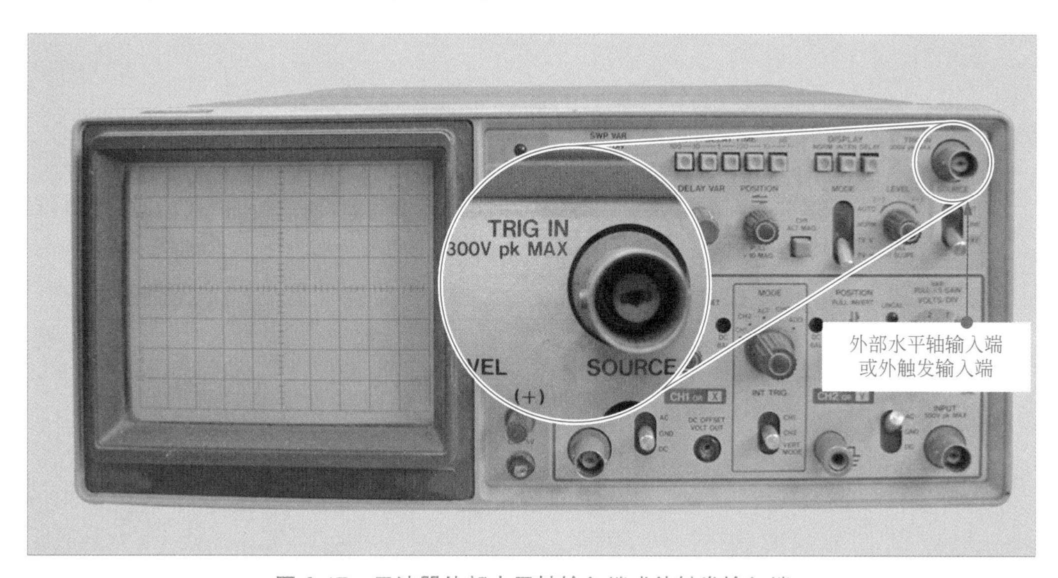

图 6-17　示波器外部水平轴输入端或外触发输入端

⑲ 同步（触发）信号切换开关（TRIG SOURCE）：用于使观测信号波形静止在示波管上，INT 为内同步源，LINE 为线路输入信号，EXT 为由外部输入的信号作同步基准。

同步（触发）信号切换开关 ⑲ 及调整效果见图 6-18。

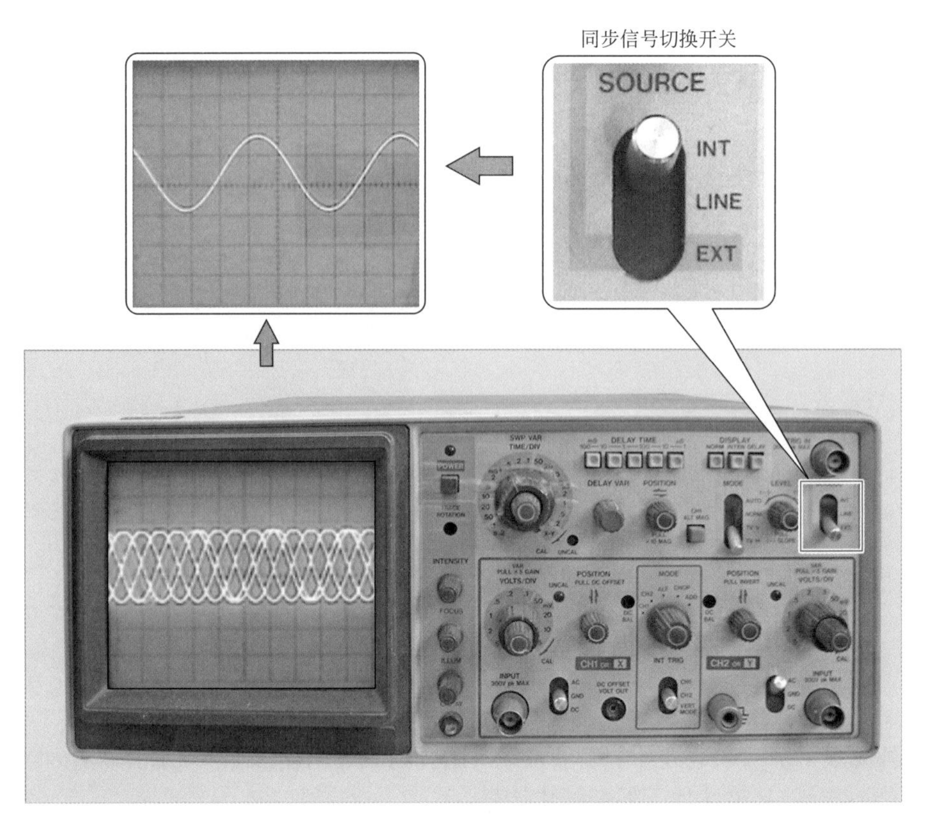

图 6-18　同步（触发）信号切换开关的位置

⑳ 校正信号输出端（CAL.5V）：用于输出示波器内部产生的标准信号。

校正信号输出端 ⑳ 见图 6-19。

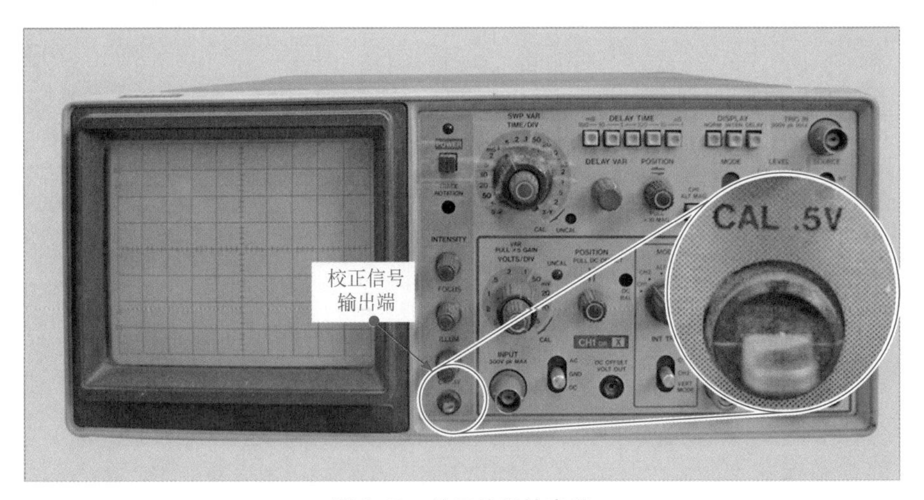

图 6-19　校正信号输出端

㉑ 接地端：测量信号波形时要将地线与被测设备的地线连接在一起。

㉒ 水平扫描方向旋转钮（TRACE ROTATION）：用于扫描线的倾斜调整。

㉓ 内触发方式选择（CH1-CH2-VERT MODE）：切换开关选择不同的内触发方式。

㉔ 延迟时间选择按钮（DELAY TIME）：设置了 5 个延迟时间挡位供选择使用。

延迟时间选择按钮 ㉔ 见图 6-20。

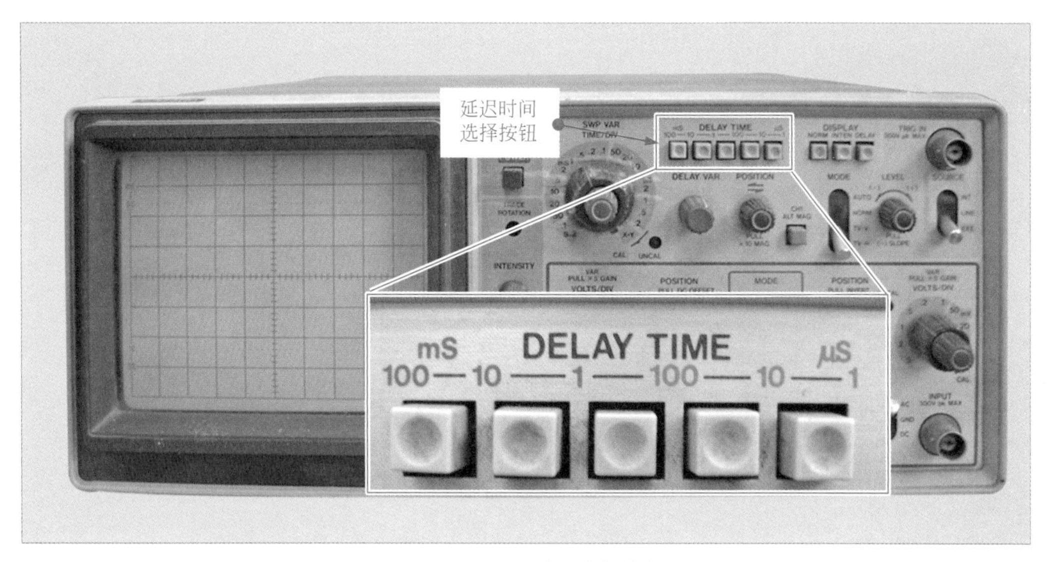

图 6-20　延迟时间选择按钮

㉕ 显示方式选择按钮（DISPLAY NORM INTEN DELAY），设置了“NORM”“INTEN”“DELAY”3 个挡位供选择使用。

显示方式选择按钮 ㉕ 见图 6-21。

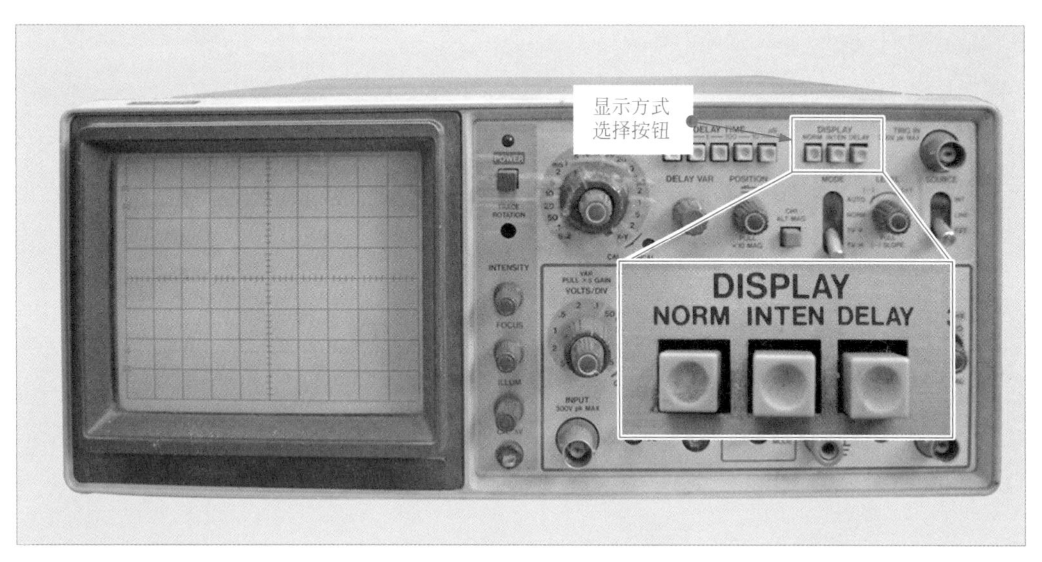

图 6-21　显示方式选择按钮

6.1.2　典型数字示波器的结构和键钮分布

示波器的显示屏主要用于显示测量的结果。与其他检测仪表不同，示波器的测量结果是以信号波形的形式体现。

虽然数字示波器的种类多样、形态各异，但其整体设计和键钮设置基本类似。下面，以典型数字示波器为例介绍一下示波器的结构和键钮分布。

典型数字示波器的结构和键钮分布关系见图 6-22。

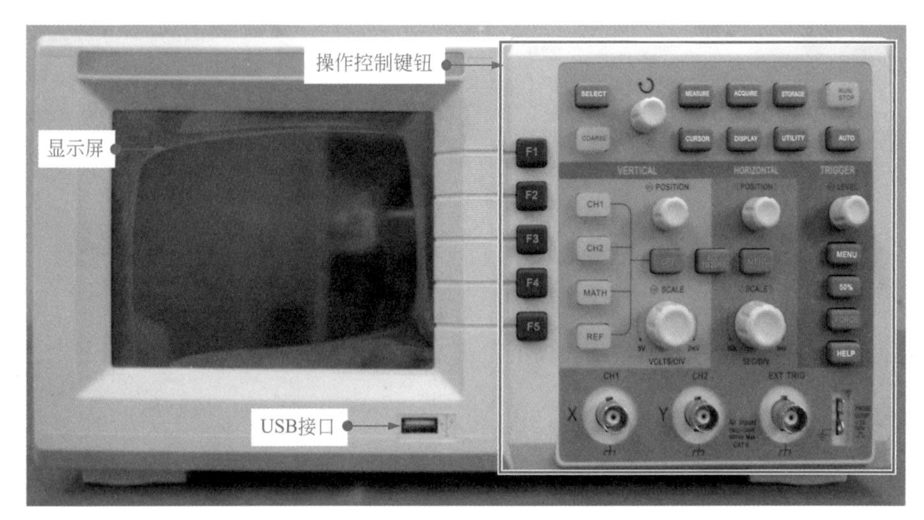

图 6-22　典型数字示波器的结构和键钮分布关系

这是一台典型的数字示波器，示波器的显示屏通常位于示波器的左侧，右侧为示波器的操控面板。在操控面板上有很多的键钮，用以对检测功能和检测效果的设定或调整。

示波器的测量设置和对测量结果的调整，基本上都是通过示波器右侧操控面板上的键钮实现的。

示波器操控面板上的键钮分布见图 6-23。

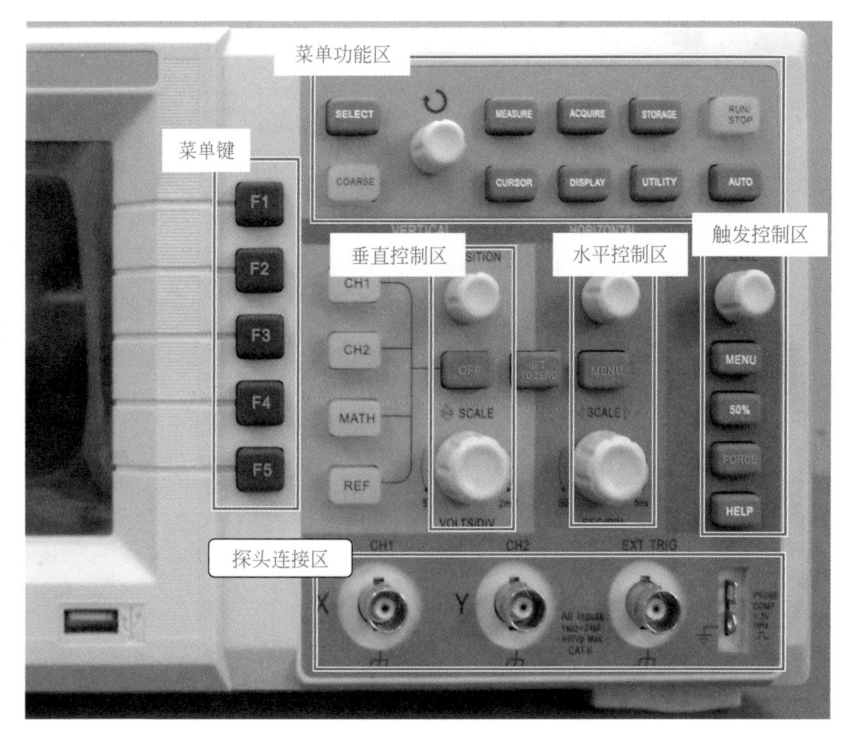

图 6-23　典型数字示波器的键钮的分布

数字示波器的功能比模拟示波器的功能强，其键钮的功能也比较复杂，主要可以分为菜单键、探头连接区、垂直控制区、水平控制区、触发控制区、菜单功能区和其他按键等。

上面对数字示波器键钮进行了归类，下面将结合示波器实物图一一介绍数字示波器键钮的功能。

（1）菜单键

菜单键主要包括 F1 键、F2 键、F3 键、F4 键和 F5 键，见图 6-24。

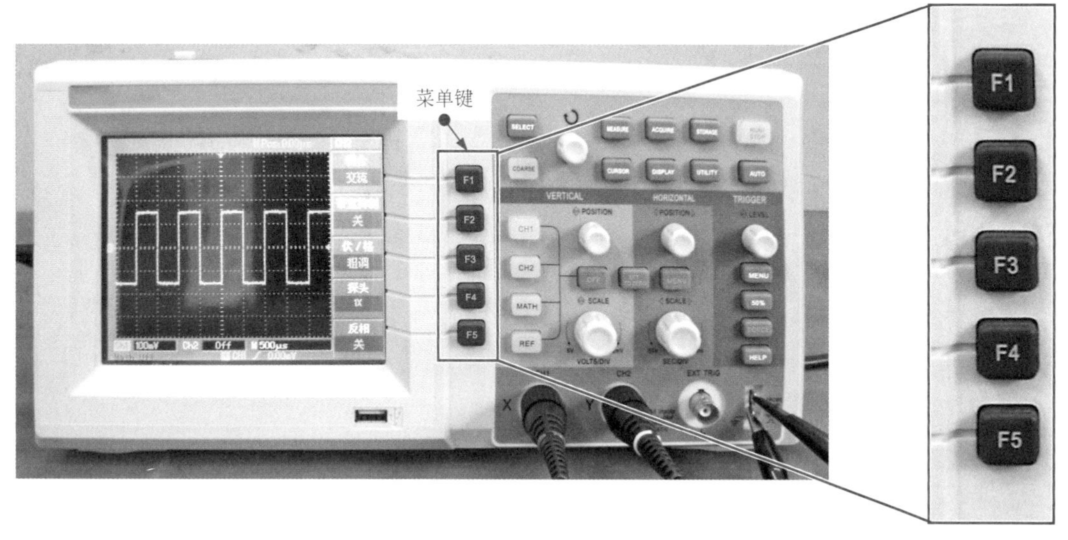

图 6-24　菜单键中的几个功能按键

① F1 键　用于选择输入信号的耦合方式，其控制区域对应在左侧显示屏上，有三种耦合方式：交流耦合（将直流信号阻隔）、接地耦合（输入信号接地）和直流耦合（交流信号和直流信号都通过，被测交流信号包含直流信号）。

② F2 键　控制带宽抑制，其控制区域对应在左侧显示屏上，可进行带宽抑制开与关的选择：带宽抑制关断时，通道带宽为全带宽；带宽抑制开通时，被测信号中高于 20MHz 的噪声和高频信号被衰减。

③ F3 键　控制垂直偏转系数，对信号幅度选择（伏 / 格）挡位可进行粗调和细调两种选择。

④ F4 键　控制探头倍率，可对探头进行 1×、10×、100×、1000× 四种选择。

⑤ F5 键　控制波形反相设置，可对波形进行相位 180° 的相位反转。

（2）探头连接区

探头连接区主要对应的是 CH1 按键、CH1 信号输入端、CH2 按键和 CH2 信号输入端，见图 6-25。

① CH1 按键及其对应的 CH1（X）信号输入端：当示波器的探头连接在 CH1（X）插孔上检测波形时，CH1 按键被点亮。

② CH2 按键及其对应的 CH2（Y）信号输入端：当示波器的探头连接在 CH2（Y）插孔上检测波形时，CH2 按键被点亮。

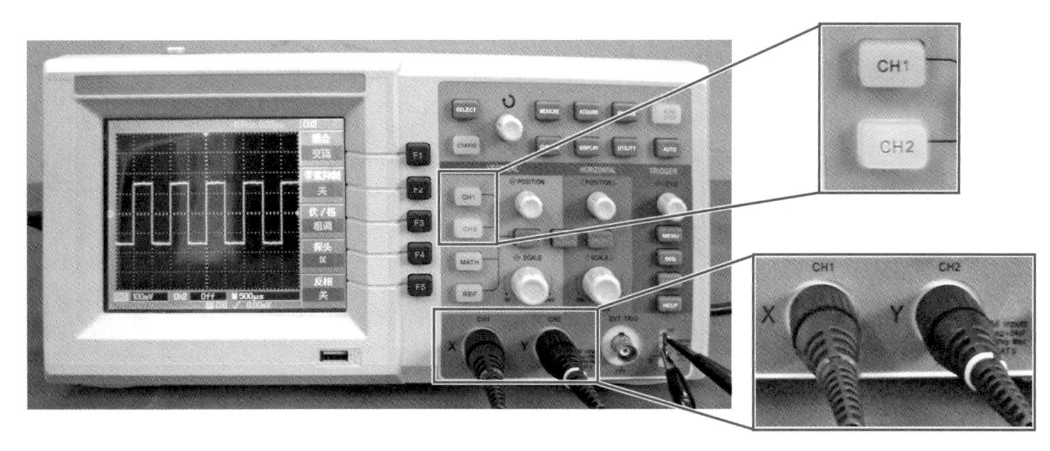

图 6-25　探头连接区的键钮和输入端

(3) 垂直控制区

垂直控制区主要包括垂直位置调整旋钮和垂直幅度调整旋钮，见图 6-26。

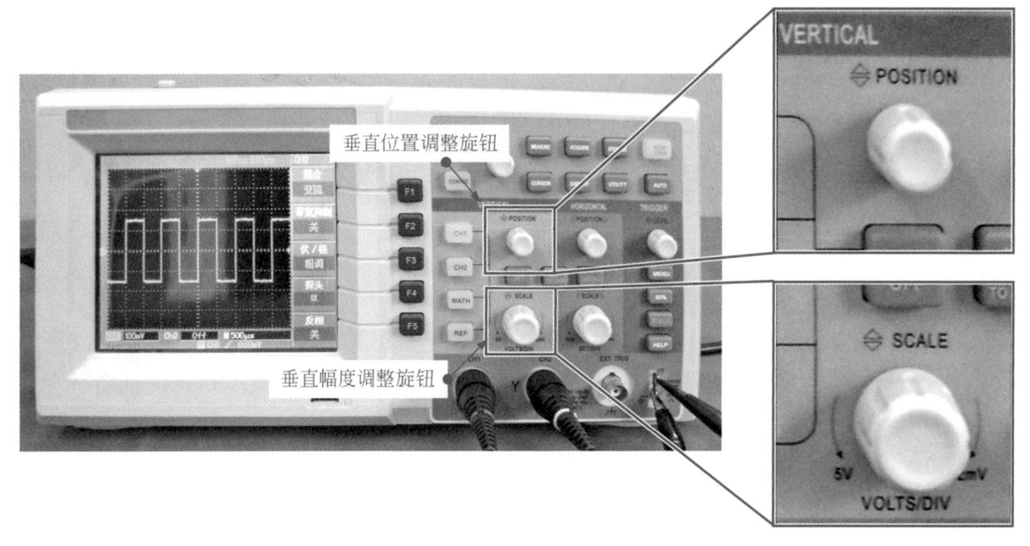

图 6-26　垂直控制区的键钮

① 垂直位置调整旋钮（POSITION）：可对检测的波形进行垂直方向的位置调整，故称为垂直位置调整旋钮。

② 垂直幅度调整旋钮（SCALE）：可对检测的波形进行垂直方向幅度调整，故称为垂直幅度调整旋钮，即调整输入信号通道的放大量或衰减量。

(4) 水平控制区

水平控制区主要包括水平位置调整旋钮和水平时间轴调整旋钮，见图 6-27。

① 水平位置调整旋钮（POSITION）：可对检测的波形进行水平位置调整，故称为水平位置调整旋钮。

② 水平时间轴调整旋钮（SCALE）：可对检测的波形进行水平方向时间轴调整，故称为水平时间轴调整旋钮。

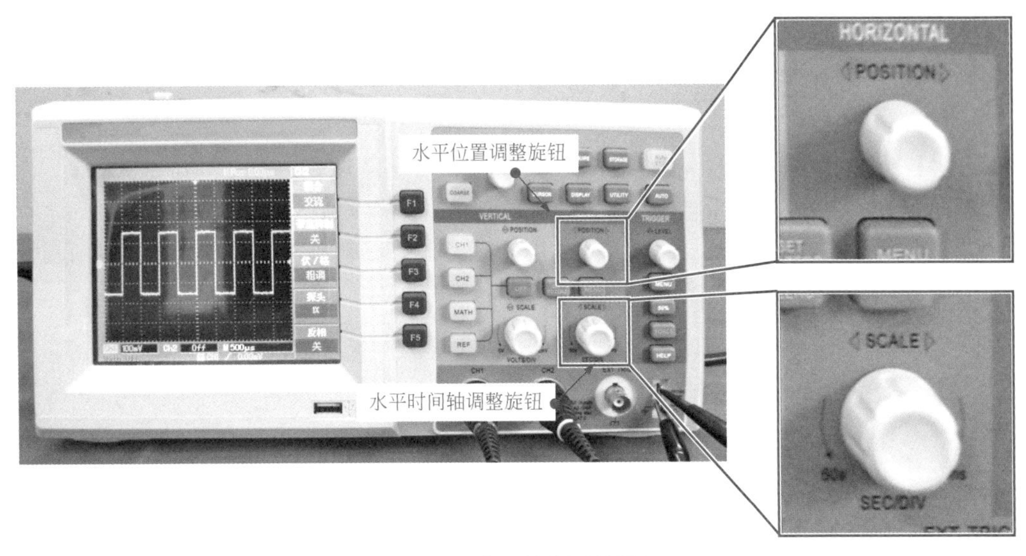

图 6-27 水平控制区的键钮

(5) 触发控制区

触发控制区包括一个触发系统旋钮和三个按键，见图 6-28。

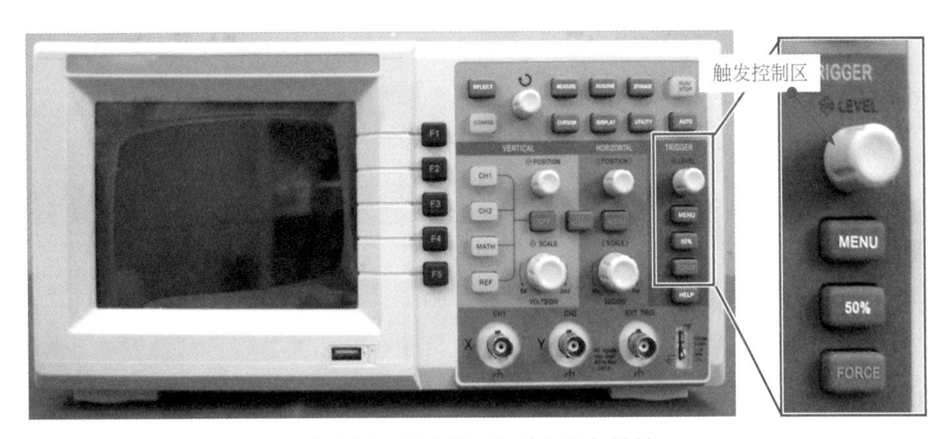

图 6-28 触发控制区的旋钮与按键

① 触发系统旋钮（LEVEL）：改变触发电平，可以在显示屏上看到触发标志来指示触发电平线，随旋钮转动而上下移动。

② MENU（菜单）按键：可以改变触发设置。

③ 50% 按键：设定触发电平在触发信号幅值的垂直中点。

④ FORCE（强制）按键：强制产生触发信号，主要应用于触发方式中的正常和单次模式。

(6) 菜单功能区

菜单功能区主要包括自动设置按键、屏幕捕捉按键、功能按键、辅助功能按键、采样系统按键、显示系统按键、自动测量按键、光标测量按键、多功能旋钮、SELECT 按键、COARSE 按键等，见图 6-29。

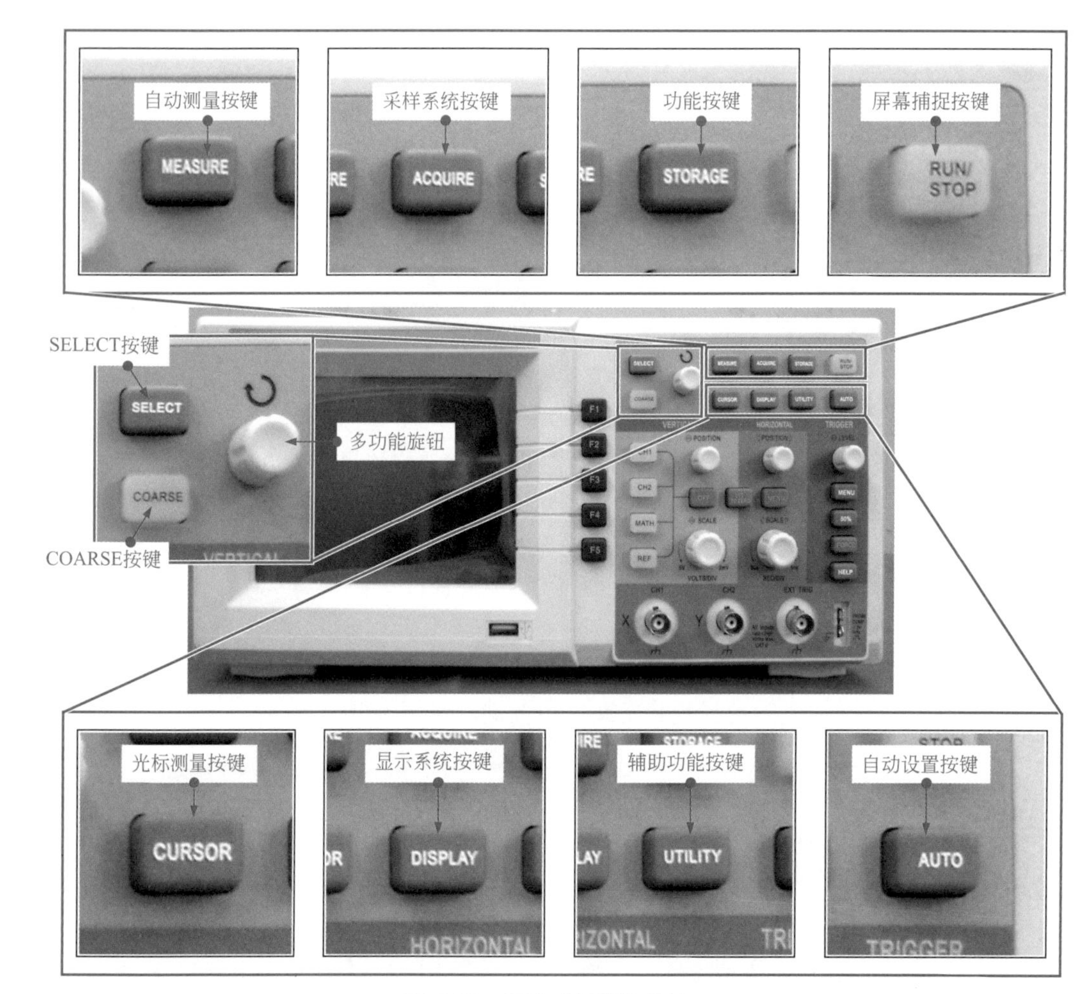

图 6-29 菜单功能区的按键

① 自动设置按键（AUTO）：使用该按键，数字存储示波器将自动设置垂直偏转系数、扫描时基以及触发方式等。

② 屏幕捕捉按键（RUN/STOP）：该按键可以显示绿灯亮或红灯亮，绿灯亮表示运行，红灯亮表示暂停。

③ 功能按键（STORAGE）：用于将示波器的波形或设置状态保存到内部存储区或 U 盘上，并能通过 RefA（或 RefB）从中调出所保存的信息，或通过该按键调出设置状态。

④ 辅助功能按键（UTILITY）：用于自校正、通过检测、波形录制、语言、出厂设置、界面风格、网格亮度、系统信息等选项进行相应的设置。

⑤ 采样系统按键（ACQUIRE）：使用该按键可弹出采样设置菜单，通过菜单控制按钮调整采样方式。如获取方式（普通采样方式、峰值检测方式、平均采样方式）、平均次数（设置平均次数）、采样方式（实时采样、等效采样）等选项。

⑥ 显示系统按键（DISPLAY）：用于弹出设置菜单，可通过菜单控制按钮调整显示方式，如显示类型、格式（YT、XY）、持续（关闭、无限）、对比度、波形亮度等信息。

⑦ 自动测量按键（MEASURE）：使用该按键可进入参数测量显示菜单，该菜单有 5 个可同时显示测量值的区域，分别对应于功能按键 F1 ～ F5。

⑧ 光标测量按键（CURSOR）：用于显示测量光标或光标菜单，可配合多功能旋钮一起使用。

⑨ 多功能旋钮：用于调整设置参数旋钮。

⑩ SELECT 按键：用于协助多功能旋钮，可改变光标位置。

⑪ COARSE 按键：用于协助多功能旋钮，可改变光标位置。

（7）其他接口及按键

其他接口及按键主要包括菜单按键、复位按键、关断按键、REF 按键、USB 接口、电源开关，见图 6-30。

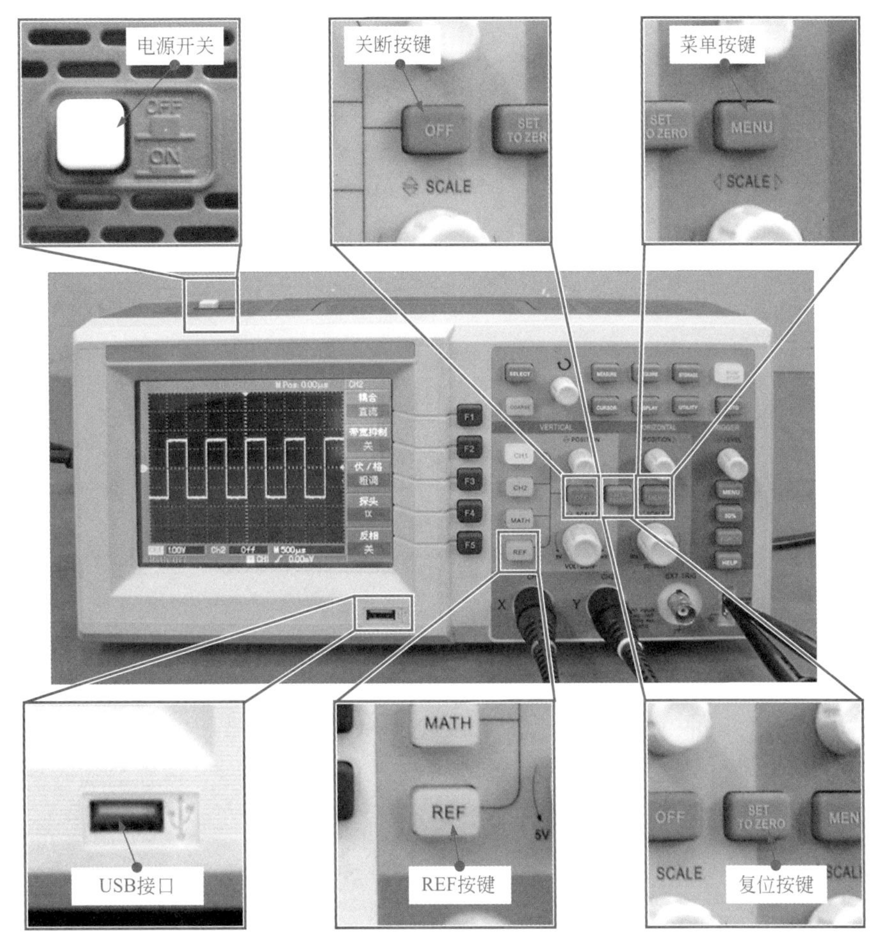

图 6-30 其他按键的键钮

① 菜单按键（MENU）：用于显示变焦菜单，可配合 F1 ～ F5 按键使用。

② 复位按键（SET TO ZERO）：可通过该按键使触发点快速恢复到垂直中点，也可以通过旋转水平位置旋钮（POSITION），来调整信号在波形窗口的水平位置。

③ 关断按键（OFF）：用于对 CH1、CH2、MATH、REF 四个按键进行控制。

④ REF 按键：使用该按键，可调出存储波形或关闭基准波形。

⑤ USB 接口：用于连接 USB 设备（U 盘或移动硬盘）和读取 USB 设备中的波形。

⑥ 电源开关：位于示波器的顶端，用于启动或关闭示波器。

6.2 示波器的操作规程

6.2.1 典型模拟示波器的操作规程

从前面的章节可知，模拟示波器可以使用显像管来显示信号波形，下面以典型的模拟示波器为例，通过实际的操作，使示波器显示出波形。

首先将模拟示波器放置在桌子上，选择便于检测和观察波形的位置。示波器应正置，不能倒置或侧置，以免影响波形的观察，以及造成测量的误差。

取出模拟示波器并放置在桌子上见图 6-31。

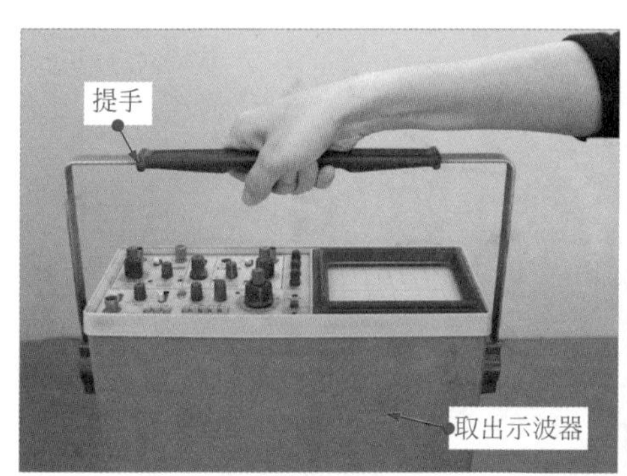

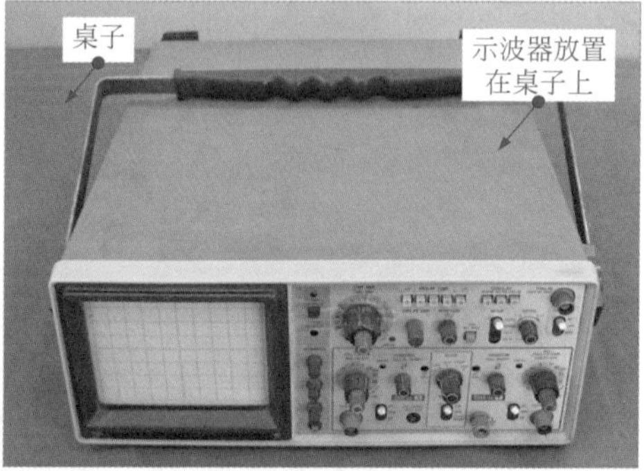

图 6-31　取出示波器并放置在桌子上

提示

由于示波器属于精密仪器，因此取出或放置的过程中，一定要轻拿轻放，以免由于振动而造成内部元件或部件脱落或出现虚焊、脱焊现象。

取出后连接示波器的电源线和探头，电源线用来为示波器进行供电，探头用来进行信号的检测。

模拟示波器的电源线及探头的连接见图 6-32。

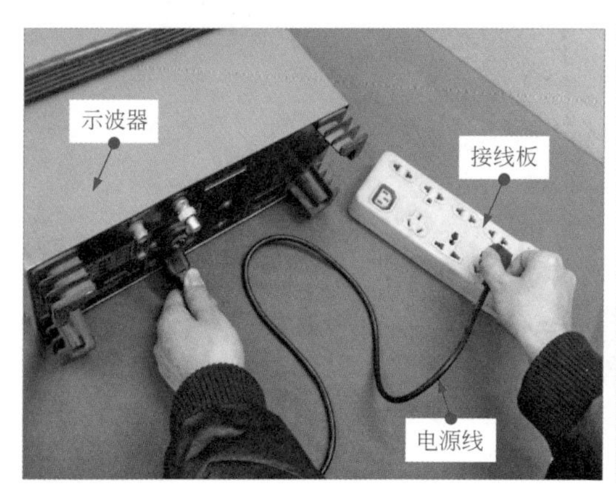

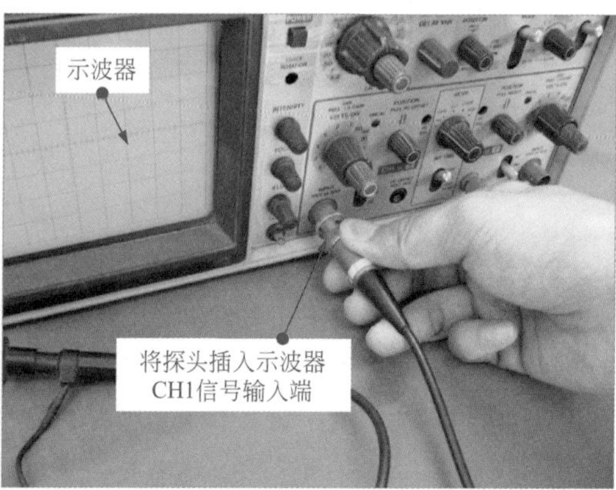

图 6-32　模拟示波器电源线及探头的连接

将模拟示波器的电源线分别连接示波器的电源接口和市电插座上，并将模拟示波器的探头连接在示波器的CH1插孔上。

提示

此外，还需对模拟示波器的各个旋钮进行开机前的检查，看是否置于要求的位置上，例如示波器的探头插入CH1插孔后，则其通道应选择CH1。其具体检查方法在后面的章节中会介绍。

连接完毕后，进行示波器的开机及扫描线的调整。

模拟示波器开机及扫描线的调整见图6-33。

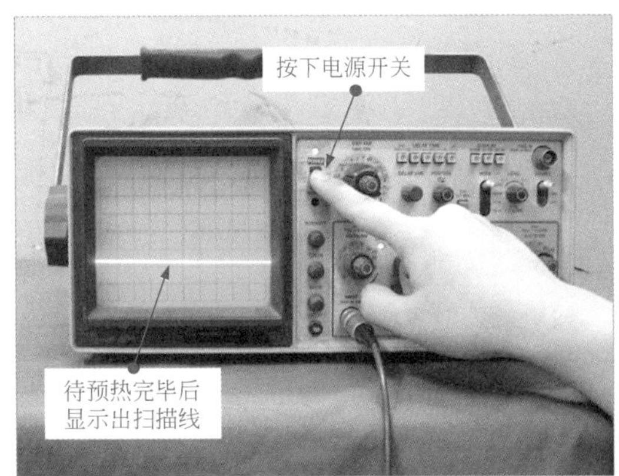

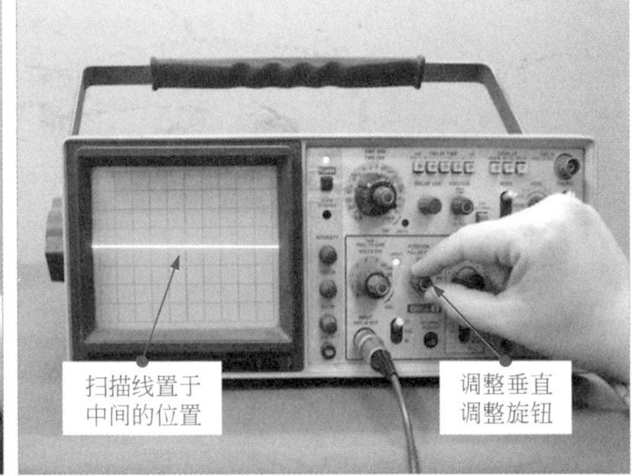

图6-33 模拟示波器开机及扫描线的调整

按下示波器的电源开关键，为示波器进行开机，待屏幕出现扫描线后，观察示波器的扫描线，看是否处于正常状态，若不在正常状态，则应对扫描线进行调整。

此外，还应对示波器的探头进行校正，若出现补偿不足或补偿过度的情况，则应调整示波器探头上的校正端，具体调整方法在下面的章节中会介绍。至此，示波器使用前的准备已经完成，下面则可使用示波器进行波形的检测。

模拟示波器的检测方法见图6-34。

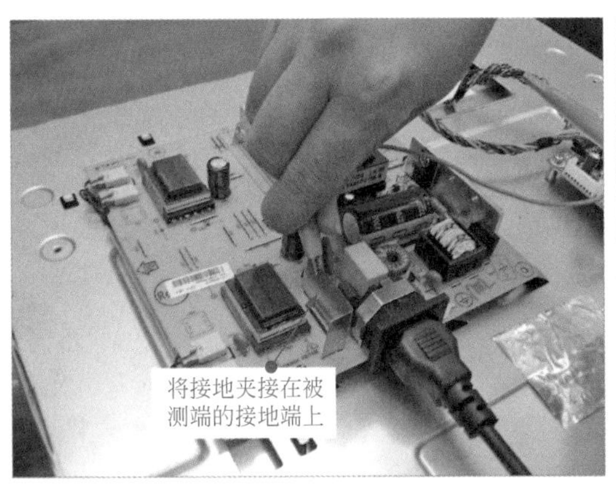

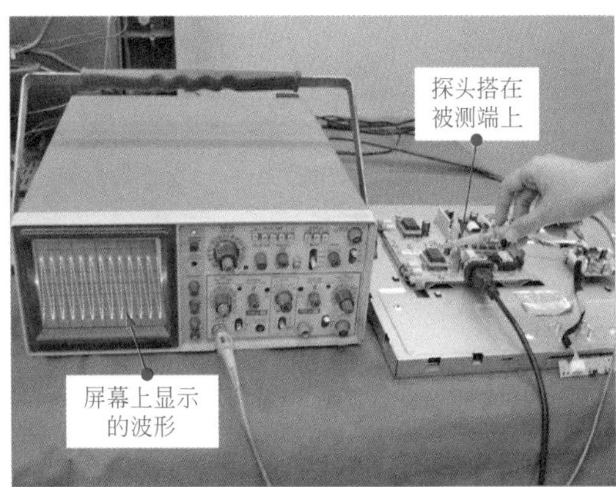

图6-34 模拟示波器的检测方法

将模拟示波器的接地夹接地端，用探头搭在需检测信号波形的部位上，此时示波器上便可显示出波形。

6.2.2 典型数字示波器的操作规程

使用数字示波器对电子产品进行检测，数字示波器的操作规程主要是讲解数字示波器检测电子产品的一些常见操作。

取出数字示波器并平放在桌子上见图 6-35。

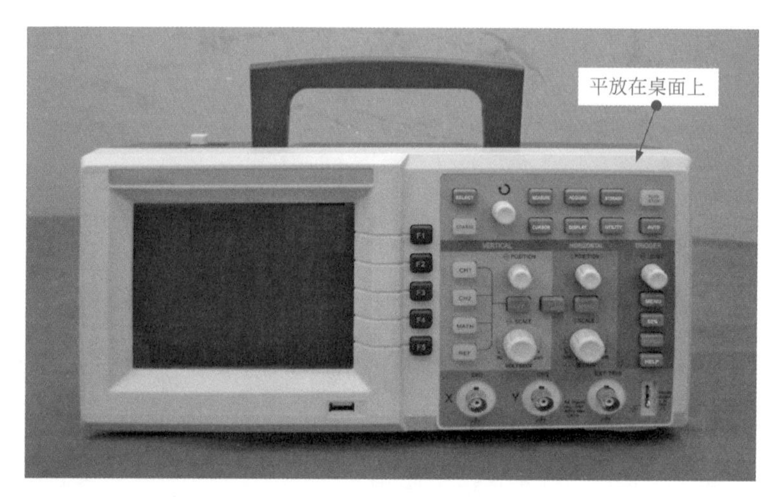

图 6-35 取出数字示波器并平放在桌子上

将数字示波器放置在桌子上，选择便于检测和观察波形的位置。示波器应平放，不能倒放或侧放，以免影响波形的观察以及造成测量误差。

数字示波器的连接方法见图 6-36。

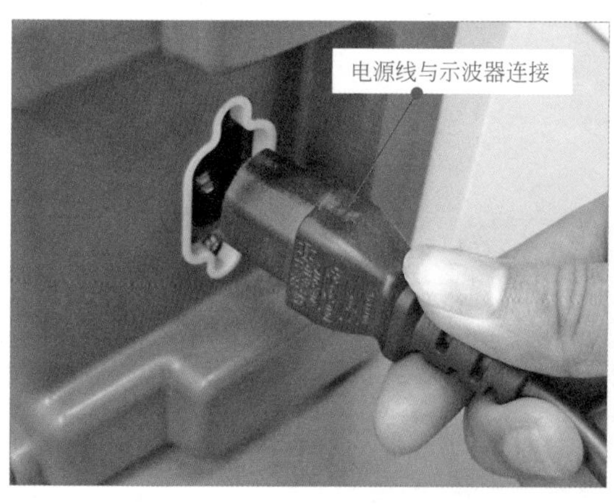

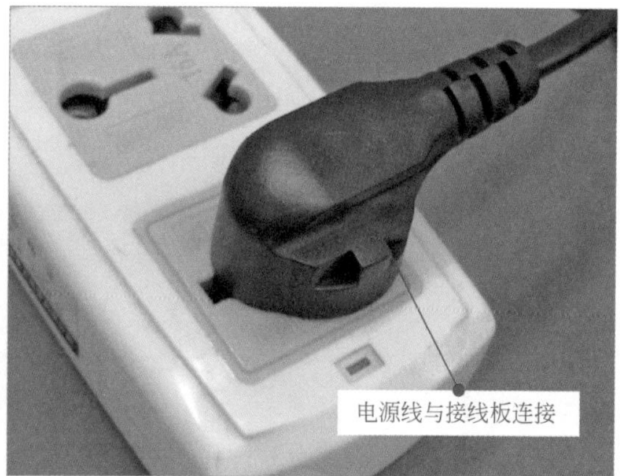

图 6-36 数字示波器的连接方法

进行数字示波器的电源线连接时，先将电源线与示波器连接，之后再与电源接线板连接。

数字示波器测试前的准备见图 6-37。

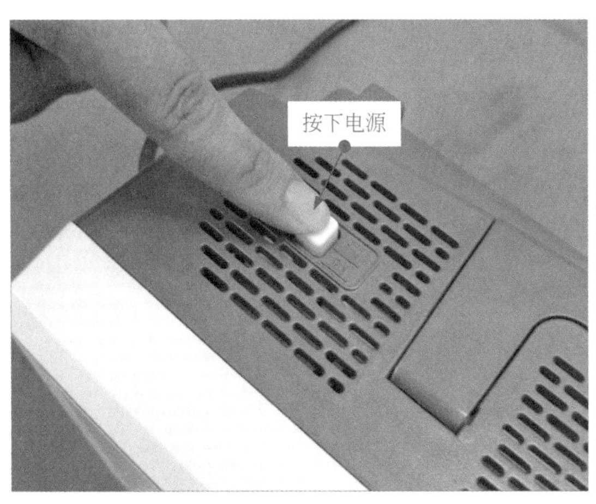

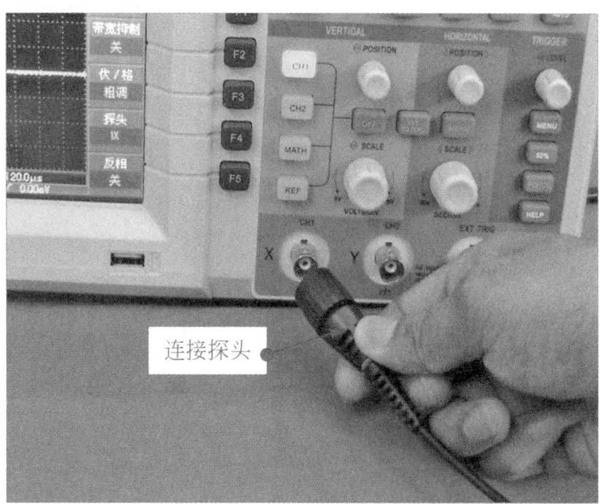

图 6-37 数字示波器测试前的准备

将数字示波器的开机按键按下，待示波器启动后，连接示波器的探头，这是双踪示波器，连接探头时，这里选择 CH1 通道进行连接。

提示

模拟示波器开机后，需要一些调整，而对于数字示波器则不需要此操作，只是当数字示波器是第一次使用或很长时间没有使用时，示波器要进行自校正操作。

此外，连接完探头后，要对探头进行校正，以确保测量时的准确。

完成上述的操作后，可以使用该示波器进行信号的测量。

数字示波器的检测方法见图 6-38。

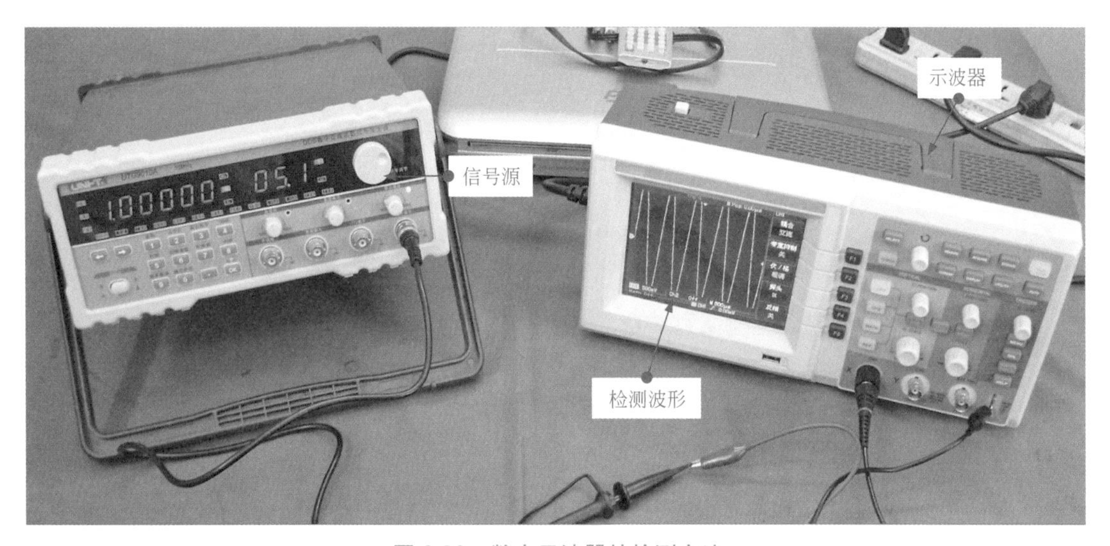

图 6-38 数字示波器的检测方法

将信号源的黑色鳄鱼夹接数字示波器的接地端，示波器的探头与信号源红色鳄鱼夹连接，此时在示波器的显示屏显示区显示出波形。

6.3 示波器的使用注意事项

6.3.1 模拟示波器的使用注意事项

为了保证模拟示波器的使用寿命，以及精确、正常地检测和显示信号波形，在使用模拟示波器时，应注意以下几点事项。

（1）模拟示波器使用前的注意事项

在使用模拟示波器进行测试工作之前，必须阅读其技术说明书，以便对所选用示波器的硬件、软件功能及特性参数有全面、准确的了解和掌握。

模拟示波器的市电供电电压要符合示波器的要求，特别是对于进口的示波器，其供电电压又可分为110V、220V等，在连接电源线时，应首先将其调整到220V交流供电的状态下，以免烧坏熔断器或损坏示波器。

典型模拟示波器所用电源电压指标及使用的熔断器规格见图6-39。

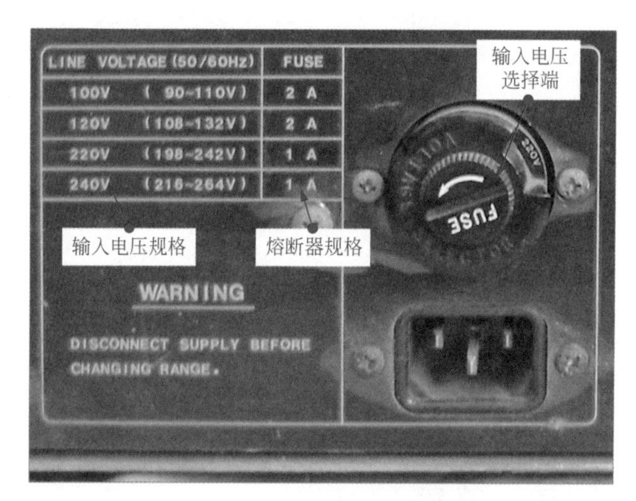

图6-39 电源电压指标及熔断器的规格

提示

例如，日本的市电供电电压为110V，则在日本使用该模拟示波器时，则应将模拟示波器的输入电压调至100V或120V的位置上；中国的市电供电电压一般为220V，因此在中国使用该示波器时，则应将输入电压调整到220V的位置上。

（2）模拟示波器使用时的注意事项

模拟示波器应在正常的、符合产品技术指标规定的环境条件下，室内无阳光或无强光直射，附近无强电磁场等环境中进行测试工作。

接通电源后，要首先将模拟示波器预热10min左右，使晶体管、集成电路、CRT显像管和其他电子元器件都接近或达到正常工作温度，再开始调节和定性观测波形。

检测时显示屏的辉度不可调得过强，电子束光点不能在一点停留过久，以防损坏荧光屏。正常工作时的电压、电流等技术指标也必须保证在正常的数值范围内。

使用模拟示波器检测的信号经通道放大器输入时，放大器的一端是接地的，模拟示波器通道电路采取单端输入、双端对称输出的电路结构。在测量时，也要充分考虑此接地对测量过程的影响。

若被观测的信号电压或电流的幅值、频率过低或过高，则示波器通道电路原来已有的内置放大器不能满足技术要求，可选择使用作为附件的插入单元。

示波器所处的自然环境和工作场所，应该具有合适的温度、湿度，并且应不受外界电磁场、辐射与机械振动的干扰。否则，将影响正常测试工作，甚至损坏示波器。

不要在打开机箱的情况下使用示波器，这样既不安全又容易使仪器内的元器件、部件损坏，尤其是大多数以 CRT 为显示器的电子示波器，加速阳极电压都在千伏以上，更应注意保管和安全操作。

（3）模拟示波器使用后的注意事项

如果暂时不用模拟示波器，可以将亮度旋钮调节在最小的位置，不必切断电源，因为这样做既浪费时间，又易损坏集成电路、晶体管及示波管或电子管等器件。

由于模拟示波器内有高压电路，如果频繁地进行开关机，在相隔较短的时间内切断或开通电源，高压电路的储能元件电容、电感线圈来不及恢复与释放能量，很容易损坏示波器的元器件。

较长时间不使用示波器时，应定期对示波器进行吹风除尘并通电几小时，进行检验性的调节和测试，在通电过程中，可达到驱除仪器内潮气、水分和保持仪器具有良好的电气性能与绝缘强度的作用，并可以防止开关、按键锈蚀。

定期对模拟示波器按照规定进行校准，以保证模拟示波器使用时的性能稳定和测量的准确性。

6.3.2 数字示波器的使用注意事项

为了保证数字示波器的使用寿命，以及精确、正常地检测和显示信号波形，在使用数字示波器时，应注意以下几点事项。

① 在使用数字示波器进行测试工作之前，必须阅读其技术说明书，以便对所选用示波器的硬件、软件功能及特性参数有全面、准确的了解和掌握。

② 数字示波器的市电供电电压要符合示波器的要求，使用示波器专用的电源线，使用适当的熔断器或使用示波器规定的熔断器。使用数字示波器检测电子产品时，接地线要可靠接地，探头地线与地电势相同，切勿将地线连接高电压。

③ 非专业检修人员，不要将外盖或面板打开，电源接通后请勿接触外露的接头或元件。

④ 不要在潮湿或易燃易爆环境下对数字示波器进行操作，要保持数字示波器表面的清洁与干燥。

第7章 示波器的使用技巧

7.1 示波器使用前的准备

在使用示波器前，还应掌握示波器使用前的准备工作，只有在使用前对示波器进行精确的设置和调整，才能保证检测的准确性。数字示波器的使用越来越广泛，下面以典型的数字示波器为例，介绍其使用前的准备工作。

7.1.1 示波器的开机及自校正

使用数字示波器前，应首先为示波器连接电源并开机，若示波器是第一次使用或较长时间未使用，则需对其进行自校正。

（1）数字示波器的开机

一般情况下，数字示波器是由交流电压进行供电的，我国的供电电压为交流220V，因此使用数字示波器的额定电压应为交流220V。

数字示波器电源线的连接见图7-1。

先将数字示波器电源线的一端与数字示波器上的电源供电端进行连接，然后电源线的另一端与220V市电插座进行连接。

连接好电源线后，下面进行数字示波器的开机操作。

数字示波器的开机如图7-2所示。

按下数字示波器上的电源开关按钮，便可以打开数字示波器的电源，此时，可以观察到示波器的开机界面。

数字示波器并不是开机就可以显示检测波形的界面，需等待10s后，数字示波器的屏幕上才显示检测界面，如图7-3所示。

（2）数字示波器的自校正

接通好电源并进行开机后，并不能进行检测，若第一次使用或长时间没有使用该数字示波器，则应对该示波器进行自校正。

数字示波器的自校正见图7-4。

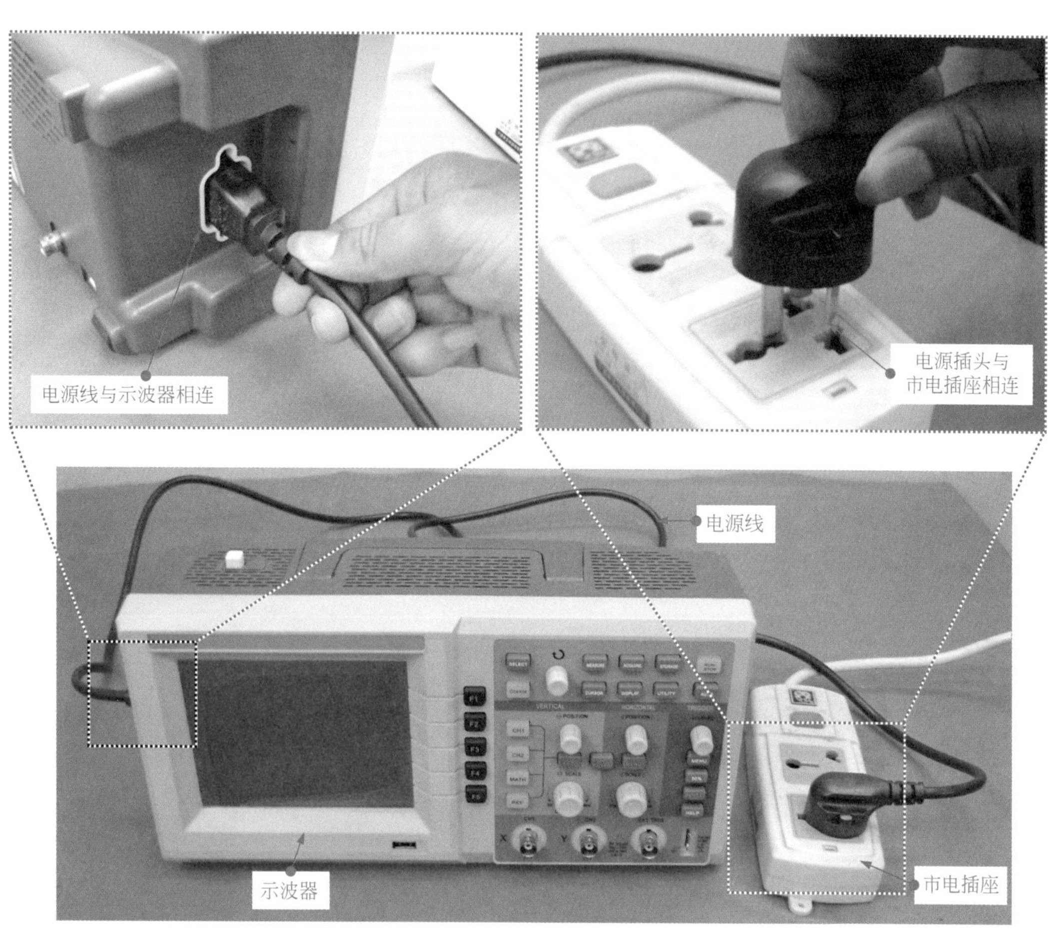

图 7-1 数字示波器电源线的连接

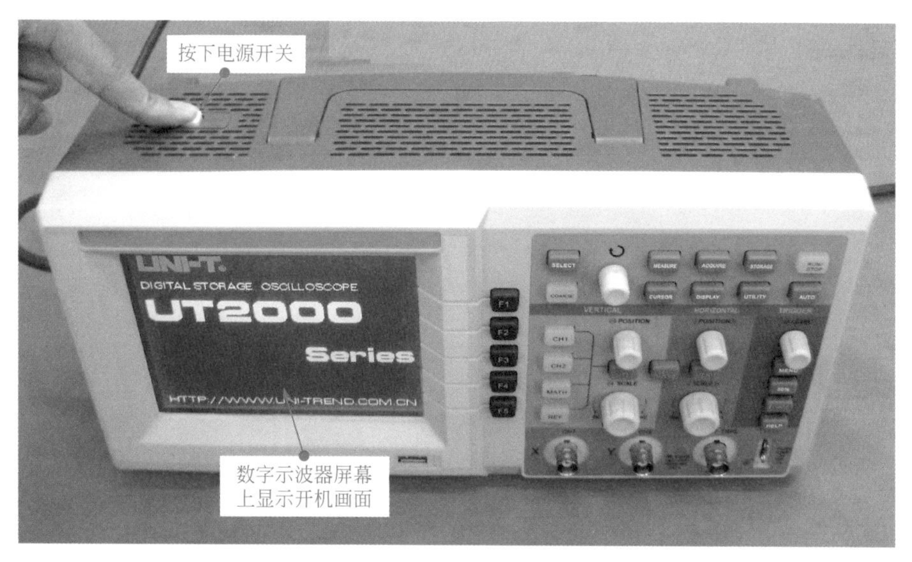

图 7-2 数字示波器的开机

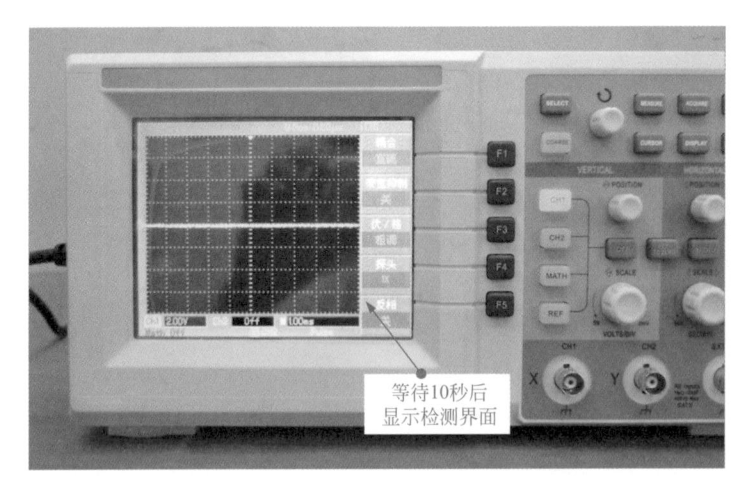

图 7-3　数字示波器显示检测波形画面

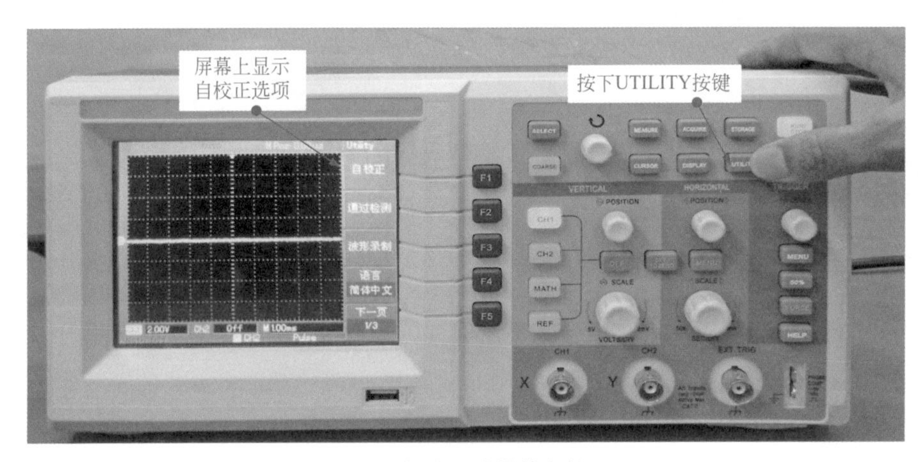

图 7-4　数字示波器的自校正

按下示波器上的辅助功能按键（UTILITY 按键），便会调出示波器的自校正界面，在显示屏右侧显示一排菜单选项，其最上端为自校正选项，可以通过选择该按键进行校正。

接下来进行自校正的选择和校正。

数字示波器自校正的选择见图 7-5。

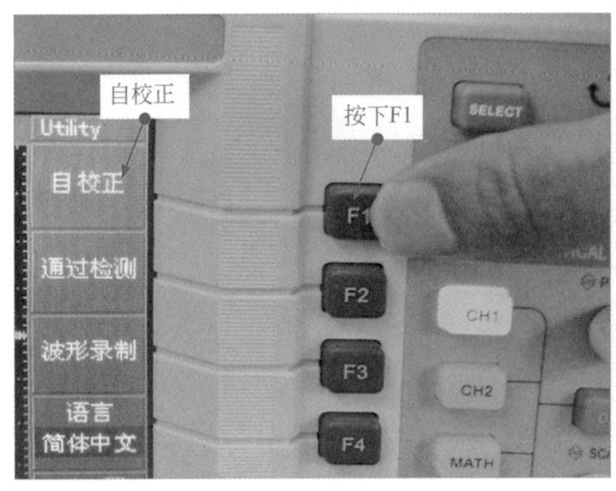

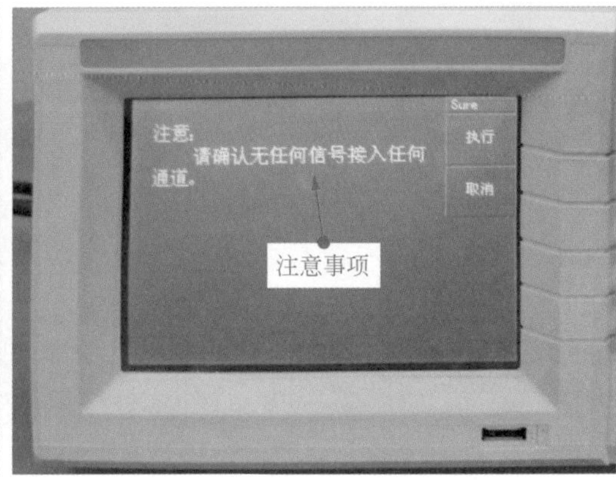

图 7-5　数字示波器自校正的选择

自校正对应右侧操作按键为F1键，按下F1按键，示波器的显示屏弹出一个注意（提示）界面，该操作须在无信号输入的情况下进行，无法在CH1或CH2通道有信号时进行。

确认无信号输入时，便可以进行数字示波器的自校正了。

数字示波器自校正的过程见图7-6。

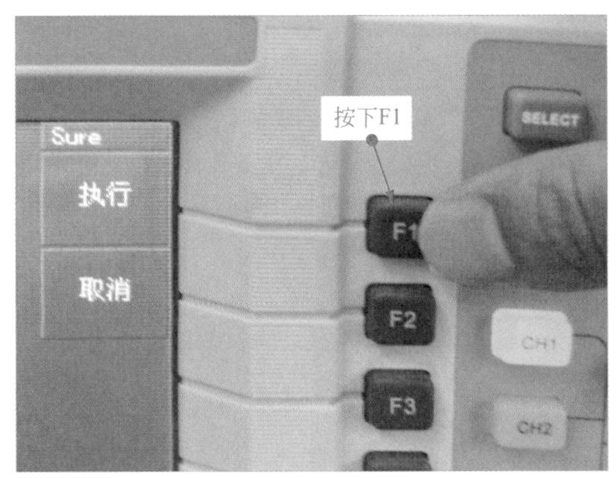

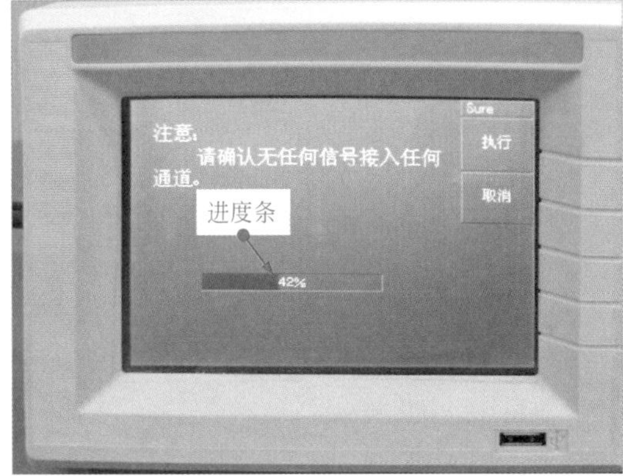

图7-6 数字示波器自校正的过程

再次按下F1按键表示执行操作，显示屏显示出校正的界面，校正需要等待一段时间，当进度条校正到100%时，则说明校正完毕。

7.1.2 示波器使用前的设置及调整

连接完示波器的电源线（即开机）和自校正后，还应对示波器的界面、探头进行选择、连接和校正，以及对示波器的按钮或旋钮进行调整，使示波器在检测时能达到最佳的效果。

（1）数字示波器界面的选择

有些数字示波器的界面提供了多种语言进行选择，若数字示波器的界面显示不为中文时，则可将页面调整为简体中文，或调整为其他语言。

数字示波器界面语言的设置见图7-7。

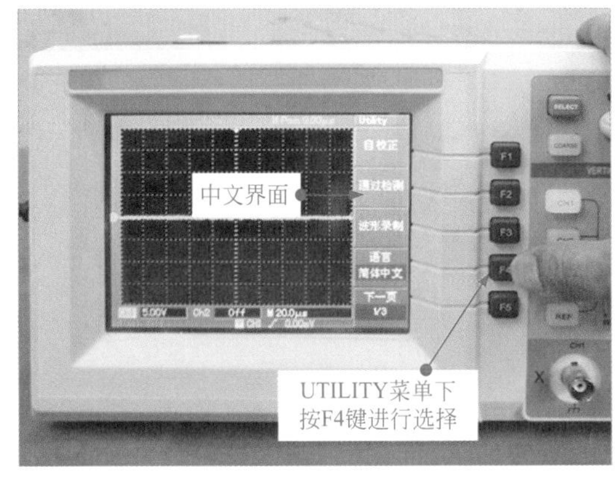

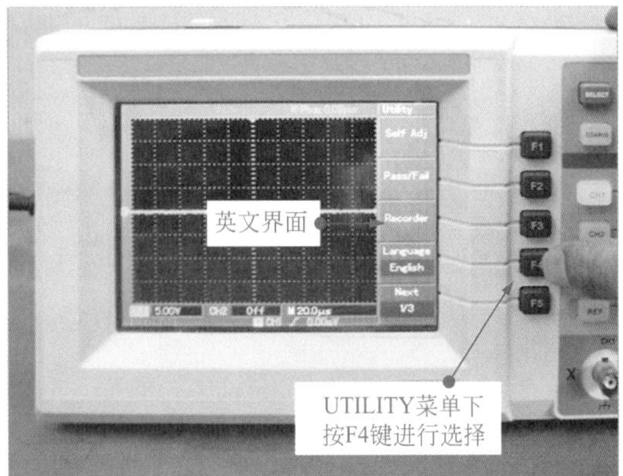

图7-7 数字示波器界面语言的设置

按下 UTILITY 按键后（即在 UTILITY 菜单下），其中有一项为语言选择项，对应的选择按键为 F4，按下后，数字示波器便可以转换界面及显示语言，其中有简体中文、繁体中文和英文（English）三个选择。

除了语言的选择，还可以对数字示波器界面的显示风格进行选择。

数字示波器界面风格的选择见图 7-8。

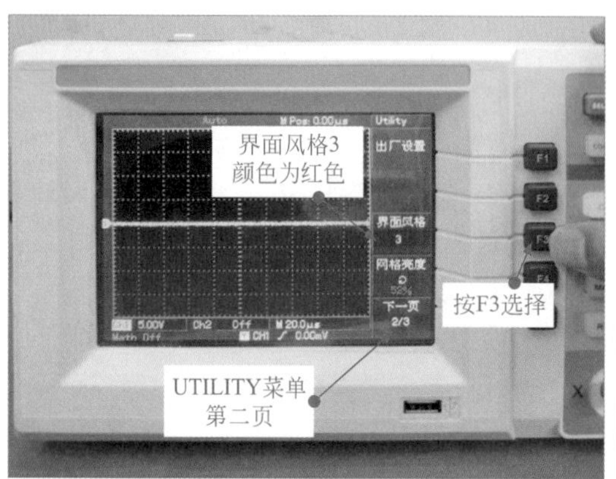

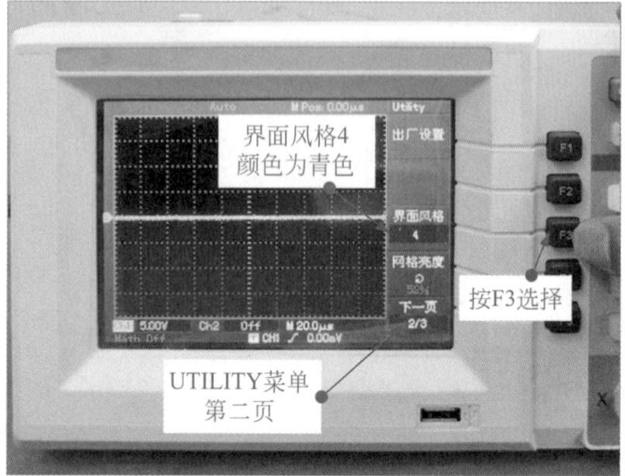

图 7-8　数字示波器界面风格的选择

在 UTILITY 菜单的第二页，可对数字示波器的界面风格进行选择，可以通过对应的选择按键 F3 进行界面风格的选择，有 4 个风格可以选择，默认为风格 1（淡蓝色）。

提示

在 UTILITY 菜单的第二页，还可以对界面网格的亮度进行调整，如图 7-9 所示，旋转多用途键钮控制器，便可以使界面上的网格的亮度进行调整（百分比越高，亮度越高）。

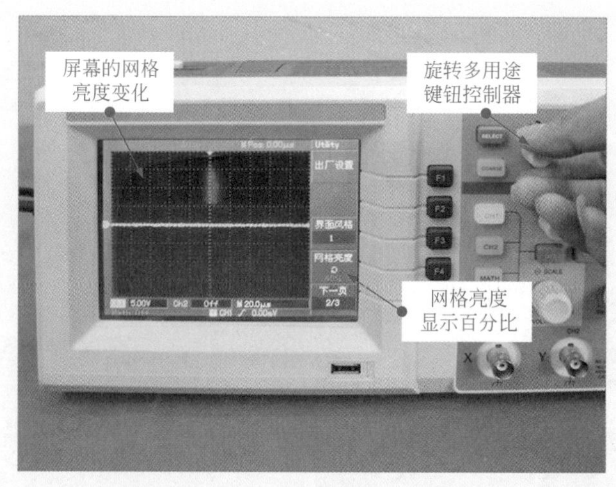

图 7-9　数字示波器界面网格的调整

（2）数字示波器的探头连接及通道选择

在数字示波器的使用过程中，通常需要使用示波器的探头与被测部位进行连接，因此需要首先为数字示波器的探头进行连接。

数字示波器探头的连接见图 7-10。

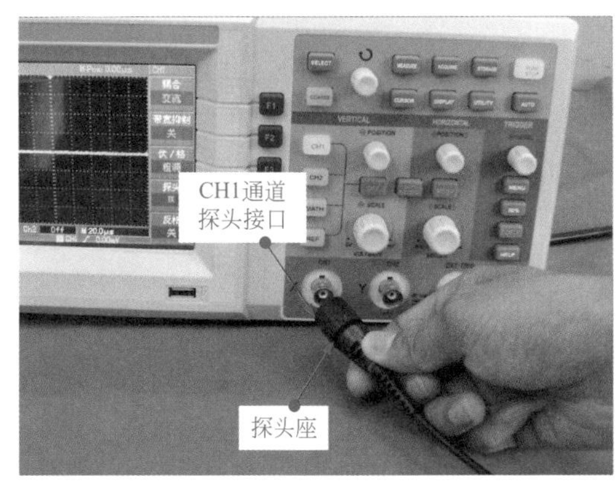

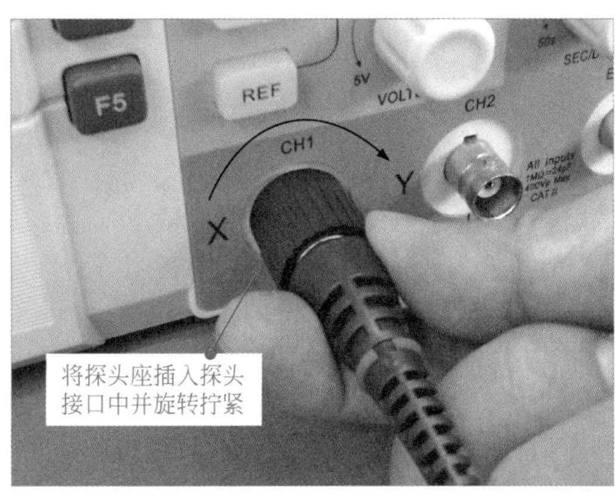

图 7-10 数字示波器探头的连接

数字示波器探头接口采用了旋紧锁扣式设计，插接时，将示波器测试线的接头座对应插入到探头接口，正确插入后，顺时针旋动接头座，即可将其旋紧在接口上（这里以 CH1 通道的探头连接为例），此时就可以使用该通道的进行测试了。

提示

该数字示波器为双踪示波器，因此可连接两个示波器探头，用两个通道进行检测。CH2 通道探头的连接方式与 CH1 相同，如图 7-11 所示。

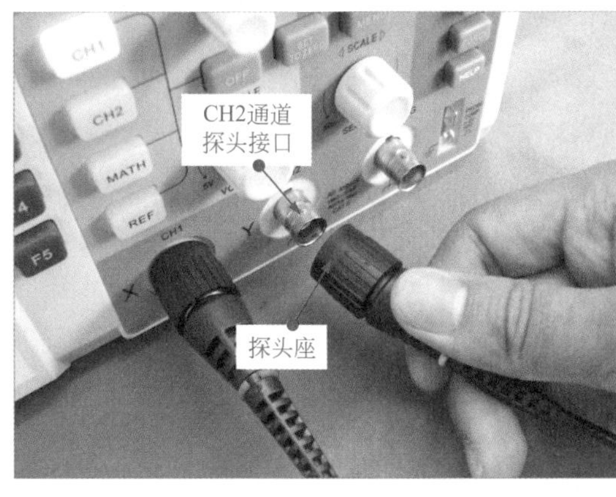

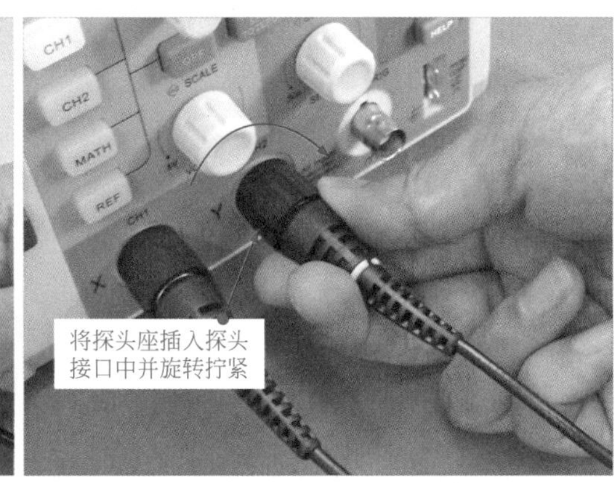

图 7-11 CH2 通道探头的连接

双踪示波器既可使用两个通道进行检测，也可以使用一个通道进行检测，此时就需要对数字示波器的通道进行设置，以保证能够正常地进行检测。

数字示波器通道的设置方法见图 7-12。

通常情况下，在 CH1 和 CH2 按键下设置有指示灯，按下按键后，相应的按键便会点亮（该示波器的 CH1 按键指示灯为绿色、CH2 按键指示灯为橙色），表明该通道处于可用状态。

若要关闭 CH1 或 CH2 通道中的一个或全部，则需要使用 OFF 按键。

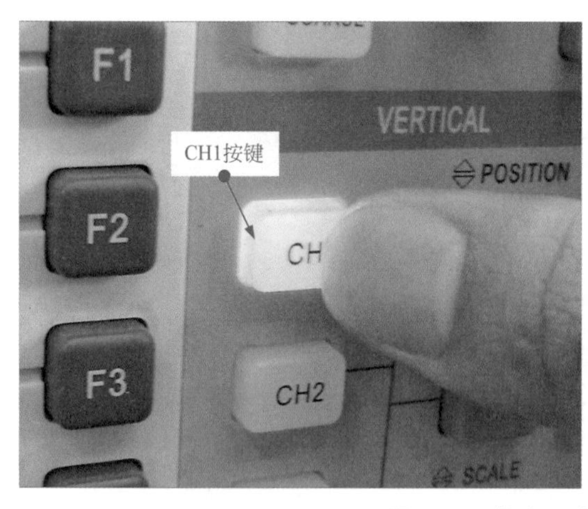

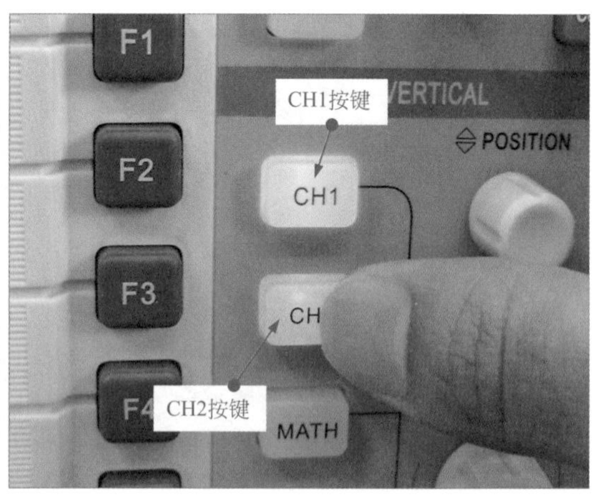

图 7-12　数字示波器通道的设置方法

数字示波器通道的关闭见图 7-13。

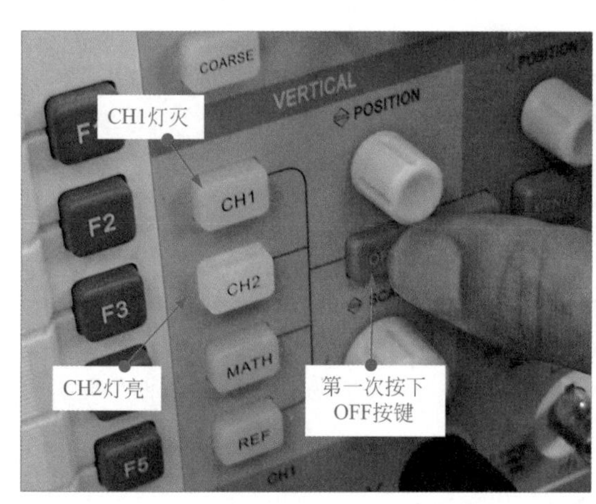

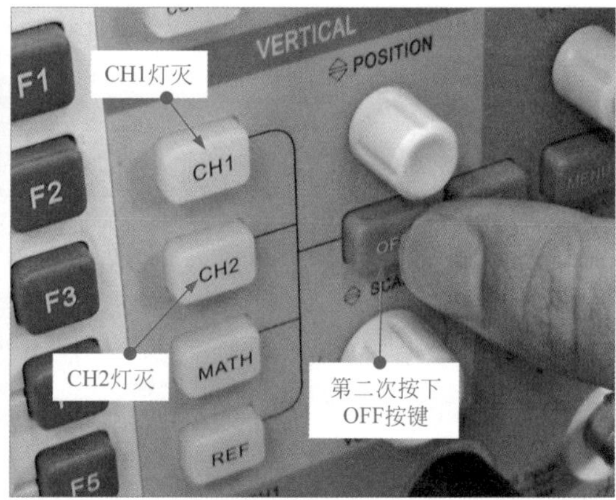

图 7-13　数字示波器通道的关闭

按下 OFF 按键后，CH1 通道的指示灯熄灭，此时 CH1 通道的探头检测不到波形，即屏幕上无法显示波形；再按下 OFF 按键后，CH2 通道的指示灯熄灭，此时 CH2 通道的探头检测不到波形。

（3）数字示波器探头的校正方法

探头连接完毕后，还不能进行检测，需对示波器的探头进行校正，示波器本身有校正信号输出端，可将示波器的探头连接校正信号输出端再进行校正。

将探头连接数字示波器的校正信号输出端见图 7-14。

将数字示波器的探头的接地夹接地，探头与校正信号输出端连接，用手向下压探头帽，即可将探勾钩在校正信号输出端，进行探头的校正。

探头连接端校正信号输出端后，示波器可能出现两种波形不正常的情况（补偿不足或补偿过度），要对波形进行校正。

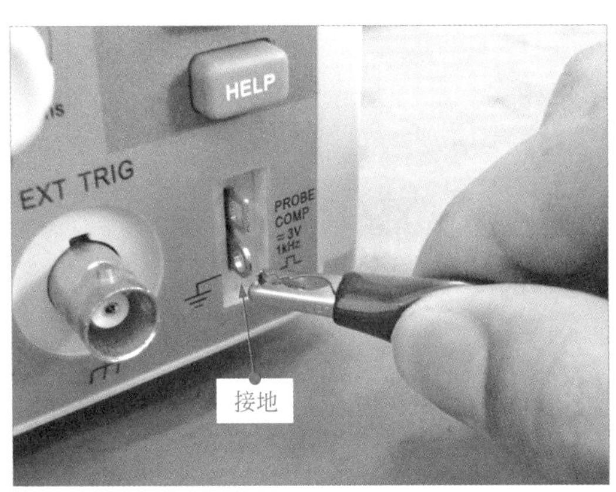

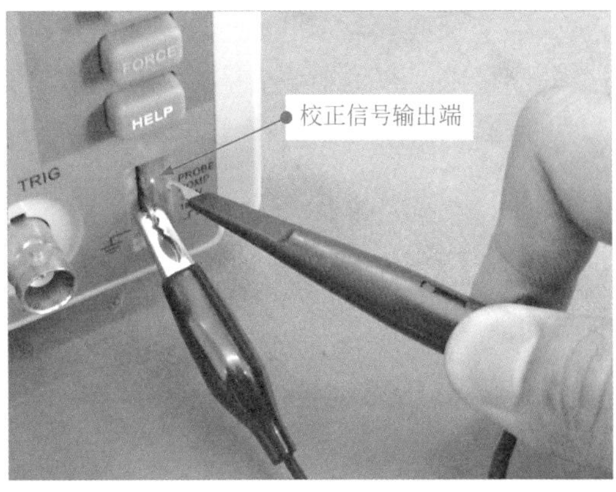

图 7-14　将探头连接数字示波器的校正信号输出端

提示

连接好探头后，示波器的显示屏上显示当前所测的波形，若出现补偿不足或补偿过度情况时，需要对探头进行校正操作。补偿不足和补偿过度的两种情况如图 7-15 所示。

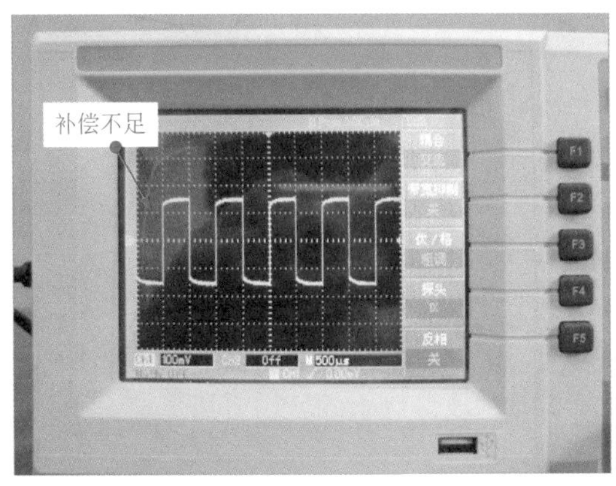

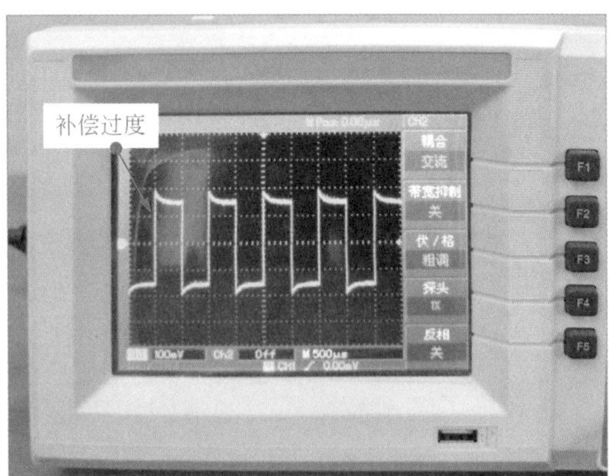

图 7-15　补偿不足和补偿过度的两种情况

数字示波器探头校正见图 7-16。

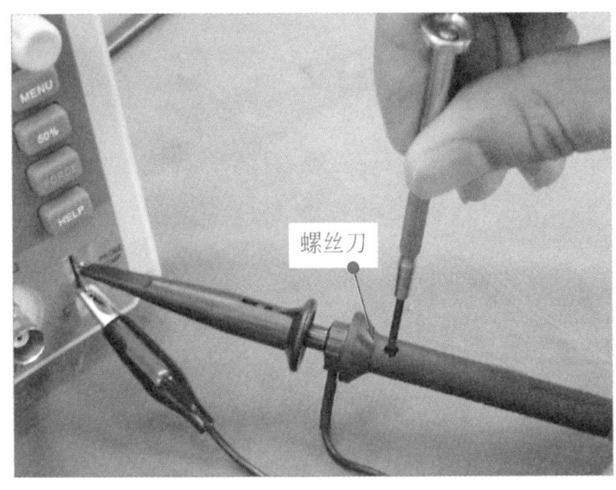

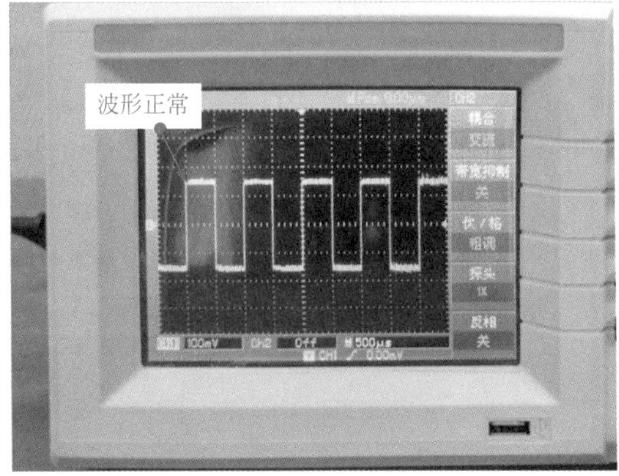

图 7-16　数字示波器探头校正

若数字示波器显示的波形出现补偿不足和补偿过度的情况，则需用一字螺丝刀微调探头上的调整钮，直到示波器的显示屏显示正常的波形。

示波器的使用前准备工作完成后，就可以进行使用示波器进行检测了。

提示

模拟示波器同数字示波器相同，也会出现补偿不足或补偿过度的情况，如图 7-17 所示，可使用相同的方法进行调整。

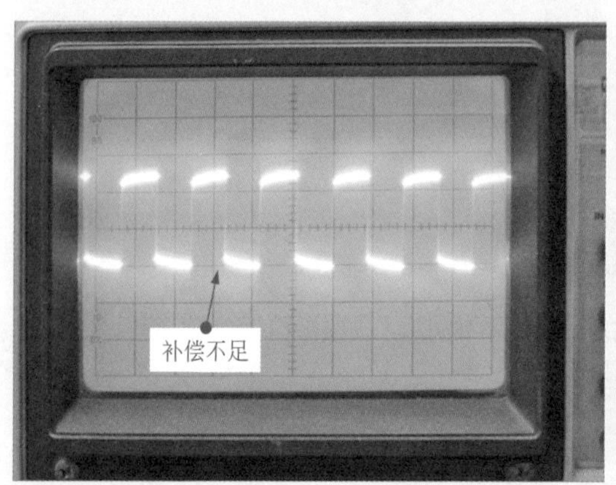

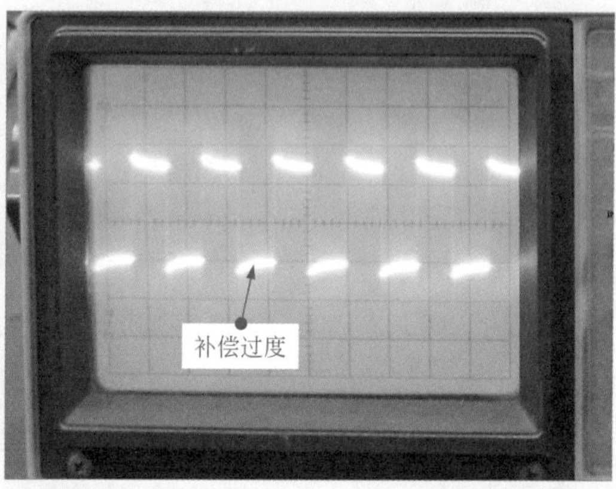

图 7-17　模拟示波器补偿不足和补偿过度的情况

7.2 示波器探头的功能和使用方法

示波器主要是通过探头来感应或检测信号的。因此，如果想要掌握示波器的使用技能，就必须了解示波器探头的结构和功能特点，学习示波器探头的使用方法。

7.2.1 示波器探头的结构和功能

示波器探头主要是由测试探头头部（探针、探头护套及探钩）、手柄、接地夹、连接电缆以及探头连接头等组成的。

示波器探头的外形和基本结构见图 7-18。

提示

示波器探头护套位于探头头部，主要起保护作用，另外，在探头护套前端是探头挂钩（探钩）。示波器探针位于探头头部，拧下探头护套即可看到探针，检测时使用探头挂钩或探针与被测引脚相连即可实现对信号波形的测量。

接地夹从探头护套与手柄之间引出，用以检测时接地。

在示波器探头的手柄处设置有衰减功能调节键钮，通常，示波器探头设有 ×1（1× ）挡和 ×10（10× ）挡两个挡位选择，通过调节键钮即可实现衰减设置。

手柄末端引出连接电缆，电缆的另一端是探头连接头，用以和示波器进行连接。

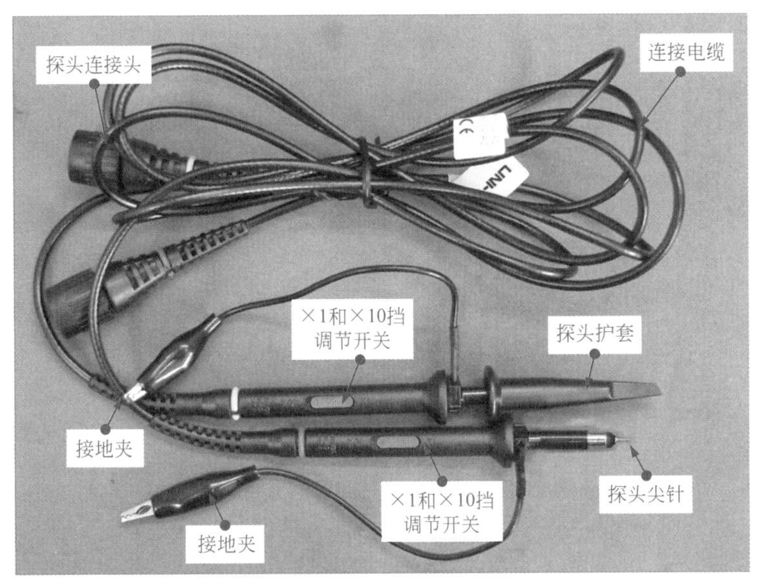

(a) 示波器探头的实物外形

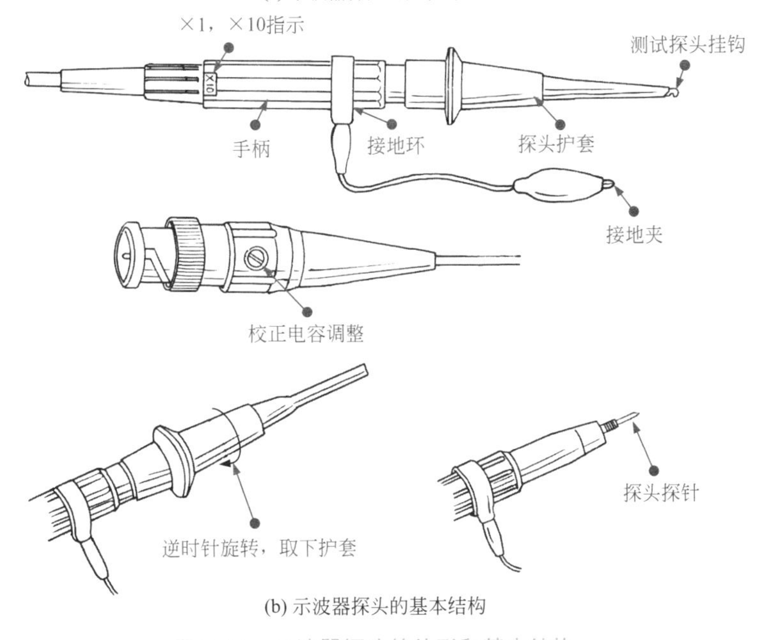

(b) 示波器探头的基本结构

图 7-18 示波器探头的外形和基本结构

7.2.2 示波器探头的使用方法

示波器探头是否正确使用关系着测量结果的准确性，正确的设置、合理的使用，可以快速、准确地完成检测任务。若设置使用不当，不仅会给信号的观测带来麻烦，稍不注意，还极易造成被测电路的损坏。

(1) 示波器探头衰减功能的设置

在进行信号测量之初，首先要通过示波器探头上的衰减功能调节键钮设置衰减功能。通常，示波器都具有 ×1（1×）挡和 ×10（10×）挡两个挡位选择。

示波器探头衰减功能见图 7-19。

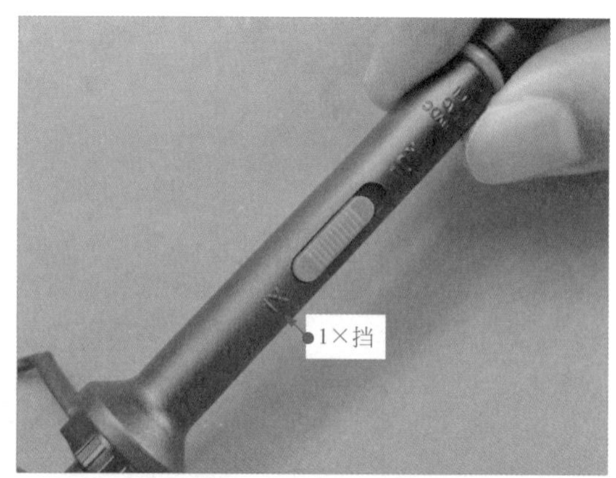

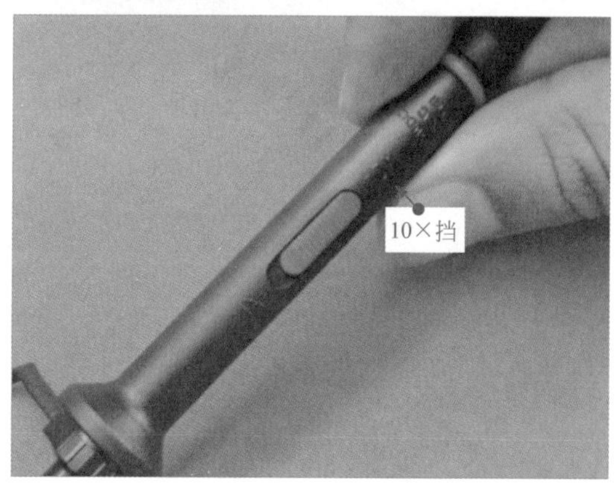

图 7-19　示波器探头的衰减功能

当示波器探头手柄处的衰减功能调节键钮设置在不同挡位时，在示波器的相关功能显示区域即可看到当前示波器探头衰减设置状态。

当衰减功能调节键钮设置在 1×（×1）挡时，检测的信号为正常值，即示波器按 1 ： 1 的比例显示测量的信号波形。

当衰减功能调节键钮设置在 10×（×10）挡时，则检测的信号将被衰减到 1/10，即示波器按 1 ： 10 的比例显示测量的信号波形。

提示

例如，若使用 1×（×1）挡测量得到的信号幅度在示波器上显示为 3V，则说明实际信号幅度为 3V；若使用 10×（×10）挡测量得到的信号幅度在示波器上显示为 3V，则说明实际信号幅度应为 30V。

需要注意的是，若示波器上的衰减功能调节键钮设置在 10×（×10）挡，探头上的衰减挡位也是 10×（×10）挡，说明示波器与探头探置同步，此时测量结果直接读数即可，无须再乘以挡位上的倍乘数。

（2）示波器探头探钩的使用

示波器的探头一般都带有探钩，探头与探头内部的探针相连，探钩可钩住检测部位，在钩住的状态下，可以不用手去扶住探头，因此应用于一些特殊的场合。

示波器探头探钩的使用见图 7-20。

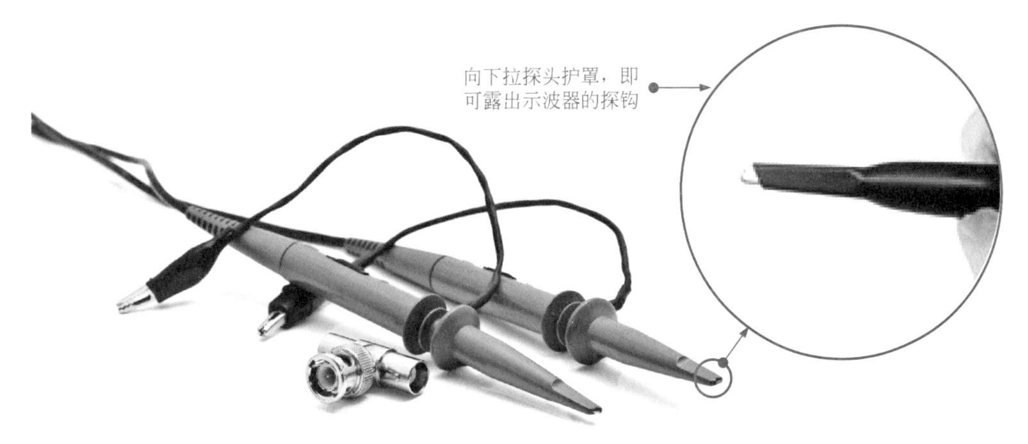

图 7-20　示波器探头探钩的使用

示波器的探钩一般位于探头护罩内，使用时应向下拉探头护罩，即可露出示波器的探钩。

在使用示波器前，经常要对示波器进行探头校正，以及检测元器件时，可将探头挂在元器件的引脚上。这些都是探头比较常用的场合。

示波器探头探钩的使用场合见图 7-21。

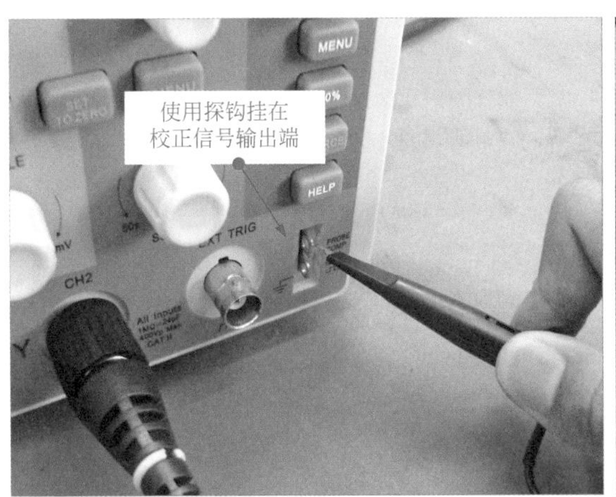

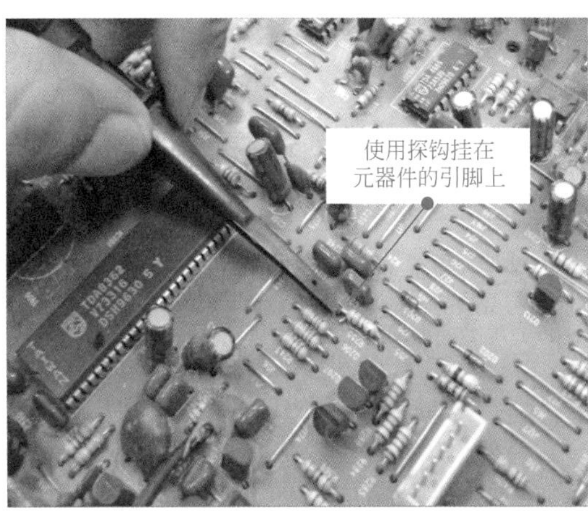

图 7-21　示波器探头探钩的使用场合

提示

使用示波器探头校正时，可将示波器的探头挂在示波器校正信号输出端上；还可以将示波器的探钩挂在元器件的引脚上，就不需要用手握探头了。

（3）示波器探头辅助探针的使用

示波器探头的探针一般较粗，但目前随着数字技术的不断进步，一些电路中元器件的

引脚越来越密集，此时就需要为示波器的探头加辅助探针，用来检测一些元器件或引脚密集的地方。

示波器探头辅助探针的制作见图 7-22。

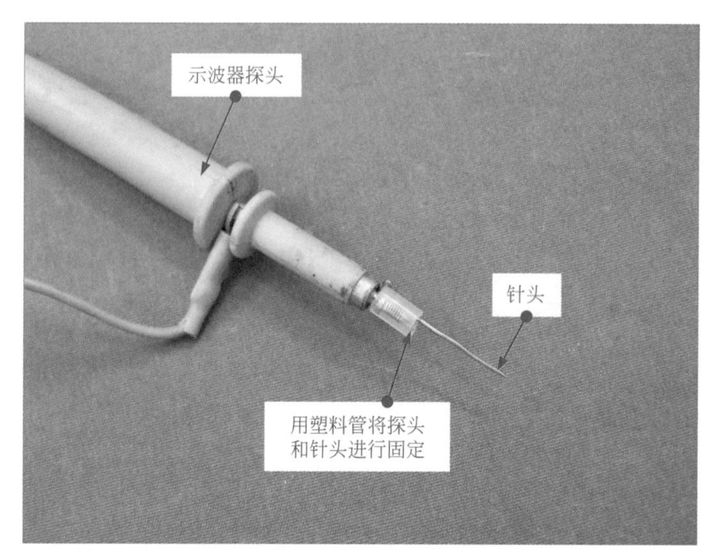

图 7-22　示波器探头辅助探针的制作

示波器的辅助探针可用大头针、缝衣针等头部比较尖的金属进行制作，如图 7-22 所示，将大头针作为辅助探针，并使用塑料管将探头和针头进行固定，一个简易的辅助探针制作完成。

使用制作完成后的示波器探头，便可以检测一些引脚比较密集的部位或元器件，这些地方若用示波器自带的探针进行检测，则可能会碰触到其他引脚。

示波器探头与辅助探针的使用对比见图 7-23。

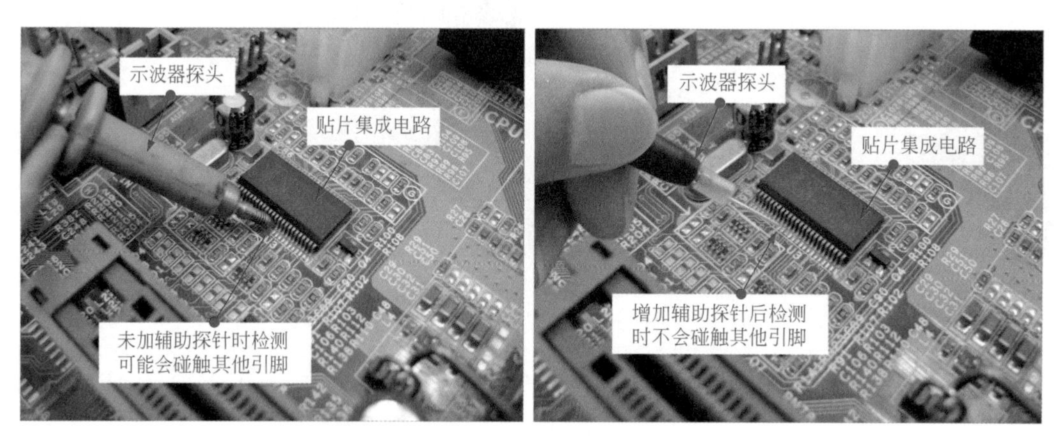

图 7-23　示波器探头与辅助探针的使用对比

图 7-23 为检测使用示波器检测电脑主板中的贴片式集成电路，在不加辅助探针的情况下，检测时可能会碰触其他引脚；当增加辅助探针后，检测该集成电路时不会碰触到其他的引脚。

7.3 示波器的基本使用方法

了解了示波器使用前的准备，以及示波器探头的使用方法后，下面便可以使用示波器进行实际的检测，接下来介绍示波器的基本使用方法。

7.3.1 示波器信号的接入

在使用示波器进行检测时，首先要将示波器的探头连接被测部位，使信号接入示波器中。一般情况下，示波器信号的接入是由探头来完成的。

示波器信号的接入方式见图 7-24。

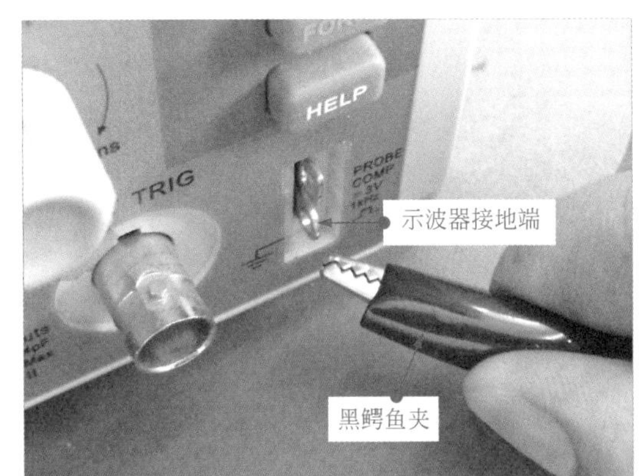

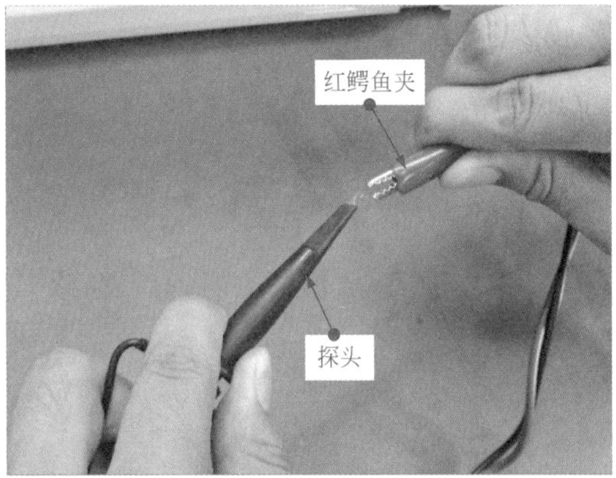

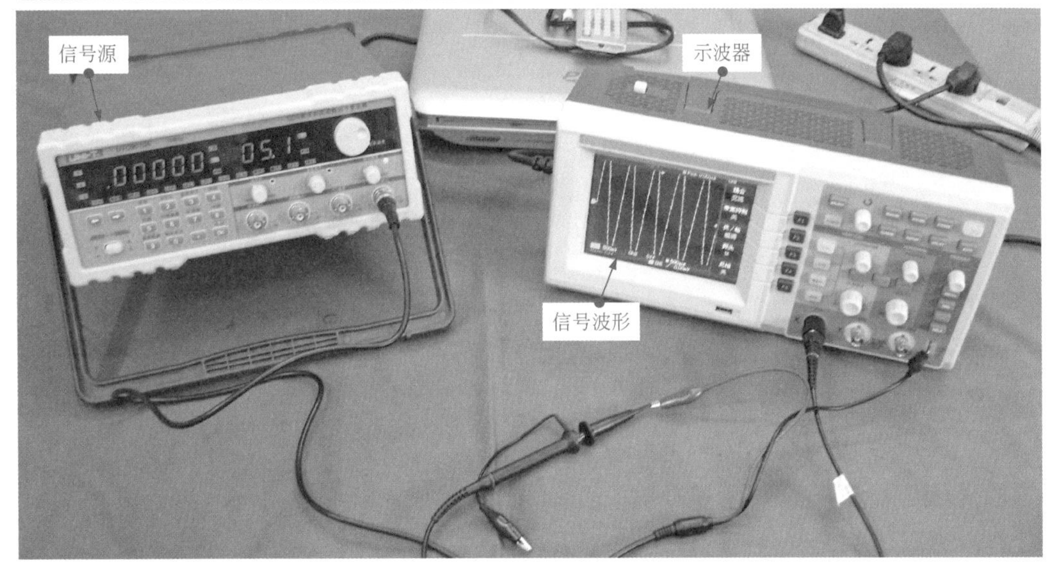

图 7-24　示波器信号的接入方式

图 7-24 为使用示波器检测信号源输出信号的接入方法，首先将信号源测试线中的黑鳄鱼夹与示波器的接地端连接，再将红鳄鱼夹与示波器的探头进行连接，连接完后，在信号源和数字示波器通电的情况下，便可以在示波器的屏幕上观察到由信号源输出的信号波形了。

由于示波器自身的接地端与探头接地夹的接地端是相连的，因此在检测信号源输出信号时，既可将信号源的接地端（黑鳄鱼夹）与示波器本身的接地端进行连接，也可与探头接地夹进行连接，如图 7-25 所示。

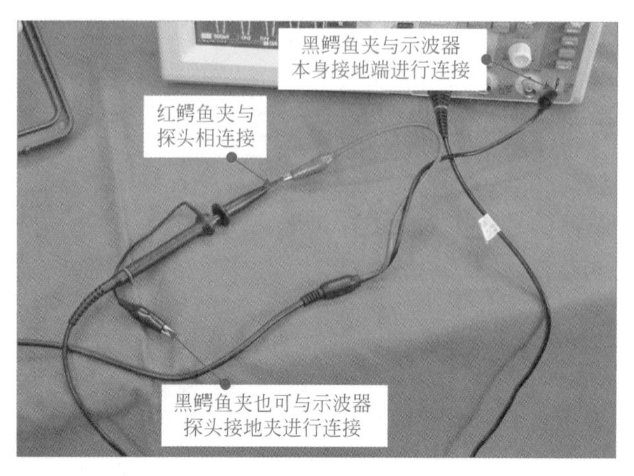

图 7-25　检测信号源时接地夹接地的方式

由于示波器大多用于电子产品的检修中，因此将电子产品拆开后，可将示波器的探头接到电路中的元器件上（搭在元器件的引脚或引线上），对波形进行检测，例如检测彩色电视机中的晶振信号。

彩色电视机中晶振信号的检测见图 7-26。

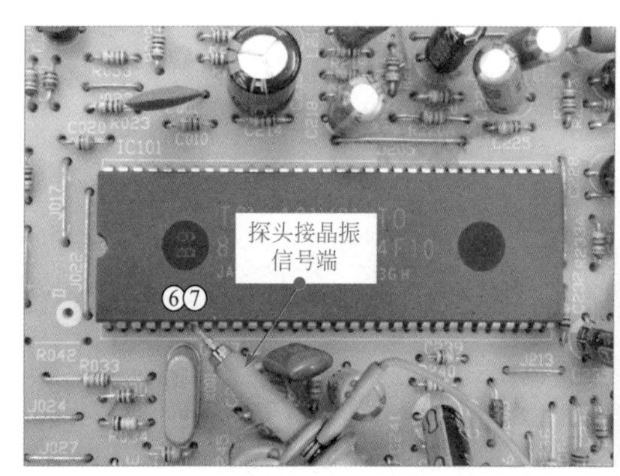

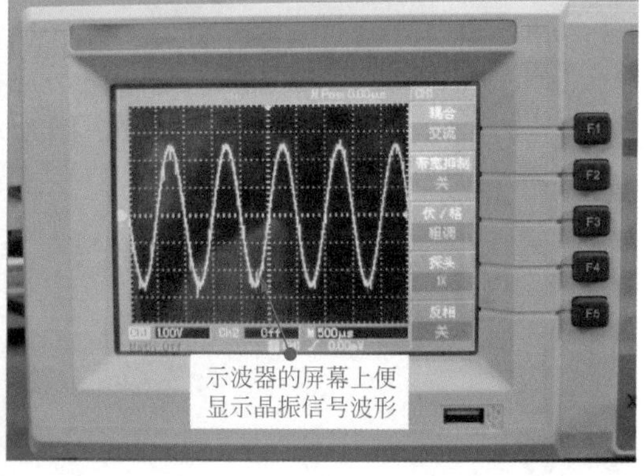

图 7-26　彩色电视机中晶振信号的检测

检测时需将彩色电视机通电开机，然后将示波器的接地夹接地端，用探头搭在被测元器件的引脚上，调整示波器，便可以显示出晶振信号的波形。

提示

为了便于检测，有些示波器带有 BNC 转接头，检测时可将 BNC 转接头旋入示波器探头座的插孔内，然后再将电子设备的连接线（多为影碟机的信号输出线）接入 BNC 转接头上，此时在示波器的屏幕上便可以显示出检测的波形，如图 7-27 所示，不必再使用示波器的探头。

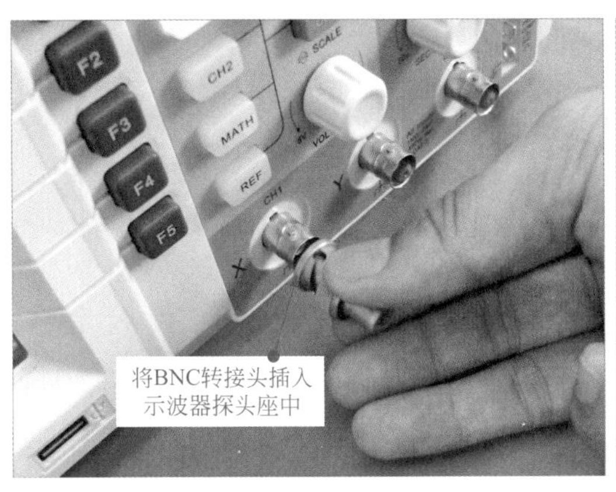

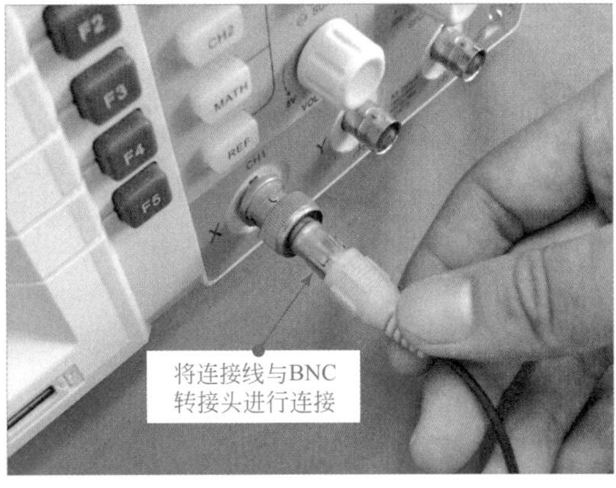

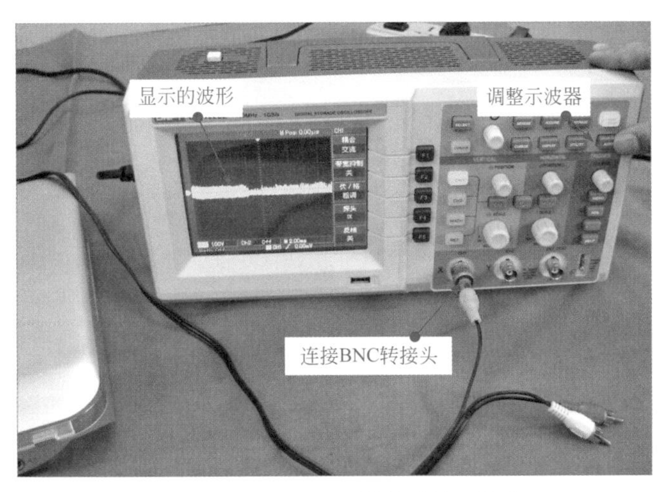

图 7-27　使用 BNC 转接头接入信号

7.3.2 信号波形的调整与稳定

通常示波器的探头搭在被测部位，将信号接入示波器后，示波器屏幕上显示的波形并不是最好的状态，宽度和高度、位置等可能会过高或过低，或者是检测波形不稳定，影响观看，这时就需要对示波器进行调整，使波形处于稳定状态。通常信号波形的调整可以分为水平位置与宽度的调整、垂直位置与幅度的调整、波形的捕捉等。

（1）信号波形水平位置与宽度的调整

示波器屏幕上显示的波形，主要可以分为水平系统和垂直系统两部分，其中水平系统是指波形在水平刻度线上的位置或宽度，垂直系统是指波形在垂直刻度线上的位置或幅度。

数字示波器显示波形垂直位置和水平位置的调整旋钮见图 7-28。

其中，可调节波形水平位置和宽度的旋钮称为水平位置调整旋钮和水平时间轴旋钮；可调节波形垂直位置和幅度的旋钮称为垂直位置调整旋钮和垂直幅度旋钮。

波形的水平位置的调整是由水平位置调整旋钮控制的，而波形宽度的调整是由水平时间轴旋钮控制的。

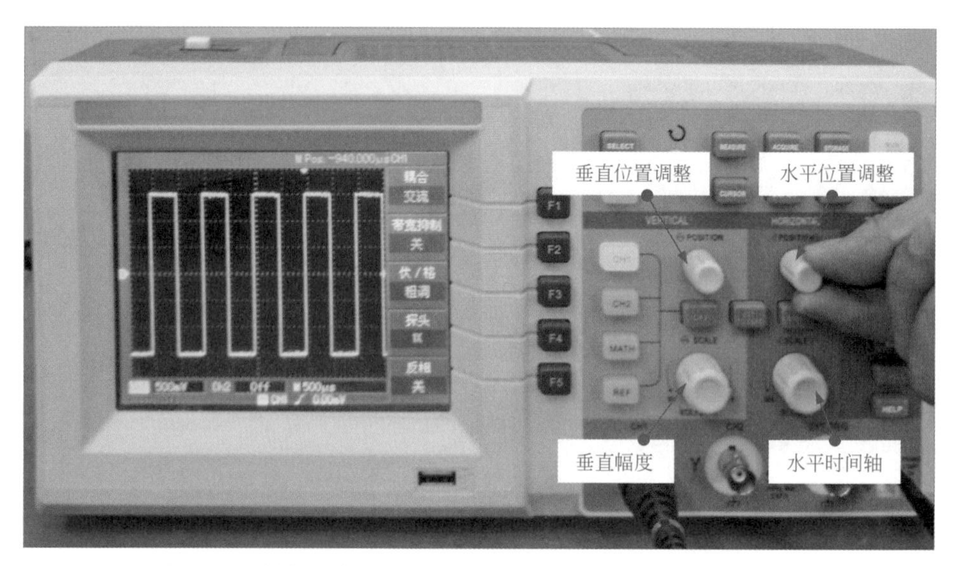

图 7-28　数字示波器显示波形垂直位置和水平位置的调整旋钮

信号波形水平位置调整见图 7-29。

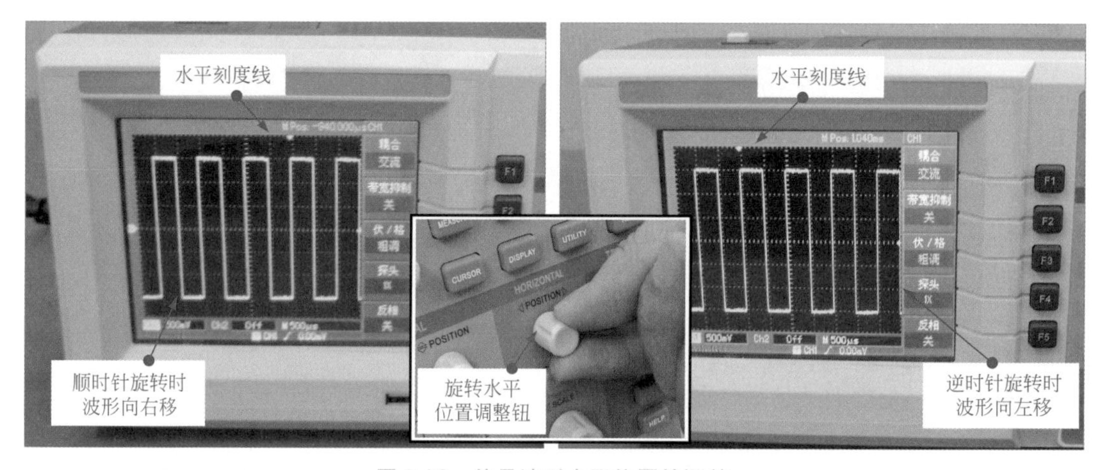

图 7-29　信号波形水平位置的调整

提示

使用水平位置调整旋钮，有两种方式：顺时针旋转和逆时针旋转。当顺时针旋转时，水平位置的光标向右移动，同时波形右移；当逆时针旋转时，水平位置的光标向左移动，同时波形左移。

若波形的宽度过宽或过窄时，则可使用水平时间轴旋钮进行调整。

信号波形宽度的调整见图 7-30。

使用水平时间轴旋钮可以将波形的宽度进行改变，逆时针旋转该旋钮，可将该时间轴变大；顺时针旋转该旋钮，可将时间轴变小，即宽度变窄。

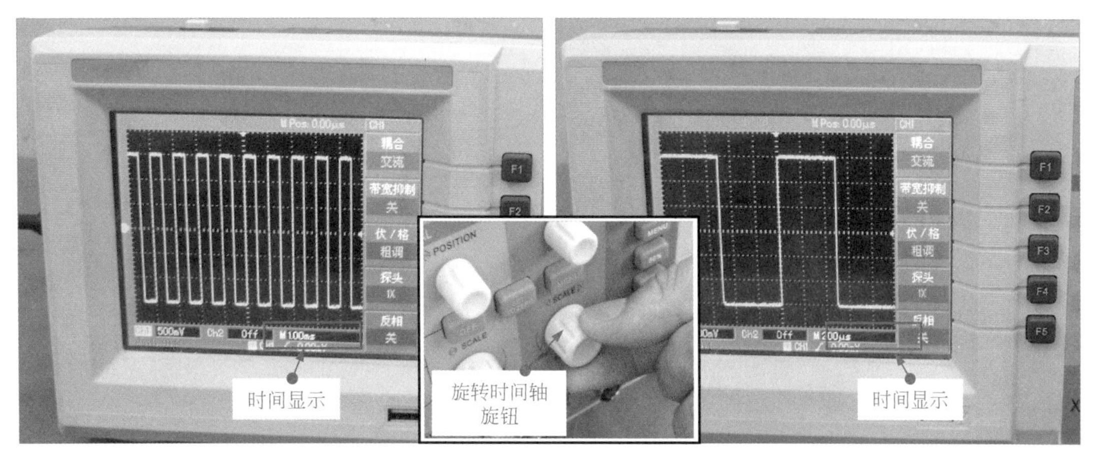

图 7-30　信号波形宽度的调整

(2) 信号波形垂直位置与幅度的调整

示波器显示的波形，垂直位置的调整是由垂直位置调整旋钮控制的，而垂直幅度的调整，则是由垂直幅度旋钮控制的。

信号波形垂直位置和垂直幅度的调整见图 7-31。

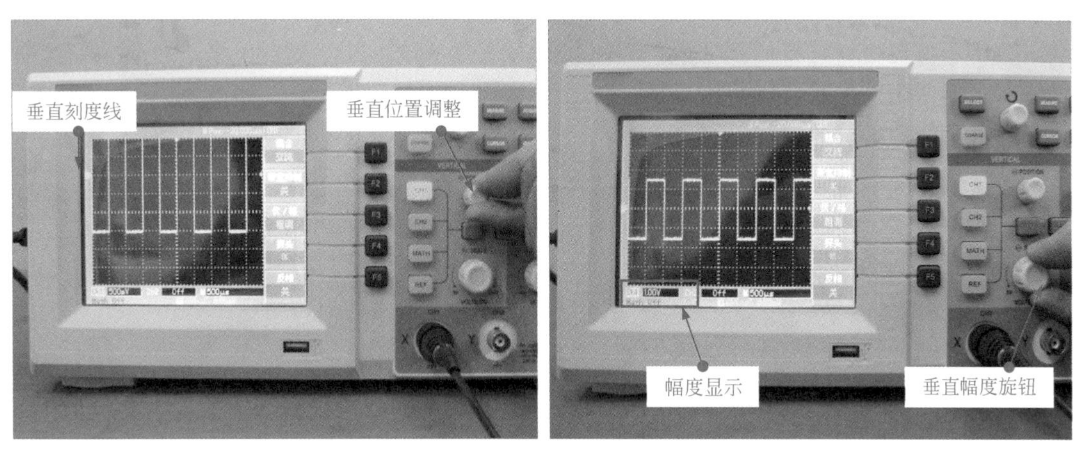

图 7-31　信号波形垂直位置和垂直幅度的调整

提示

使用垂直位置调整旋钮，可以使波形在垂直方向位置上下移动；调整垂直幅度旋钮，可以改变波形的幅度的大小，该旋钮的量程为 2mV ~ 5V。其调整方法与水平位置的调整方法基本相同。

在波形的调整过程中，若波形的水平位置和垂直位置调整不在中间的位置上，则可使用数字示波器自带的归零按键，将波形调整到中间的位置上。

数字示波器自带归零按键的使用见图 7-32。

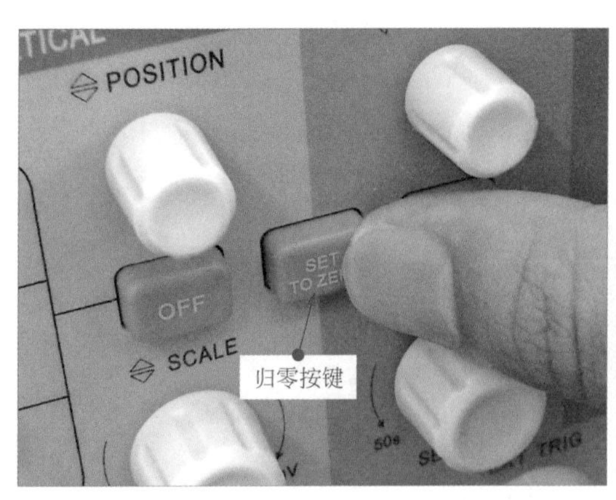

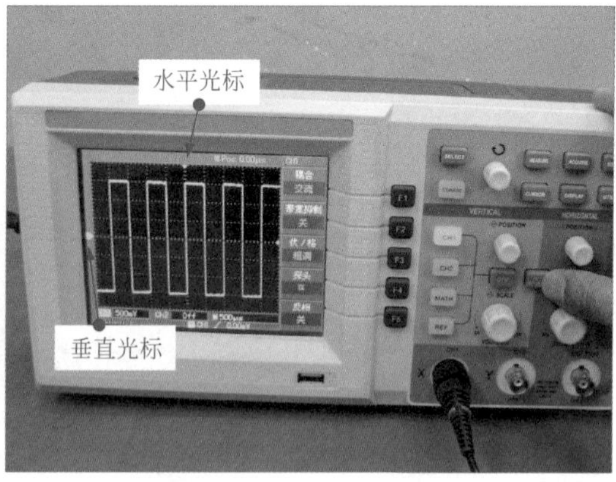

图 7-32　数字示波器自带归零按键的使用

提示

当示波器显示屏显示的波形不在显示屏中间位置，此时按下归零按键，观察数字示波器显示屏的屏幕变化，可以看到波形迅速回到中间位置（水平方向和垂直方向），因此定义该按键为归零按键，这给测试人员带来了方便。

（3）信号波形的捕捉

数字示波器带有屏幕捕捉功能，可以将瞬时变化的波形及时捕捉下来进行显示。这项功能在观测变化信号时非常实用。

数字示波器屏幕的捕捉见图 7-33。

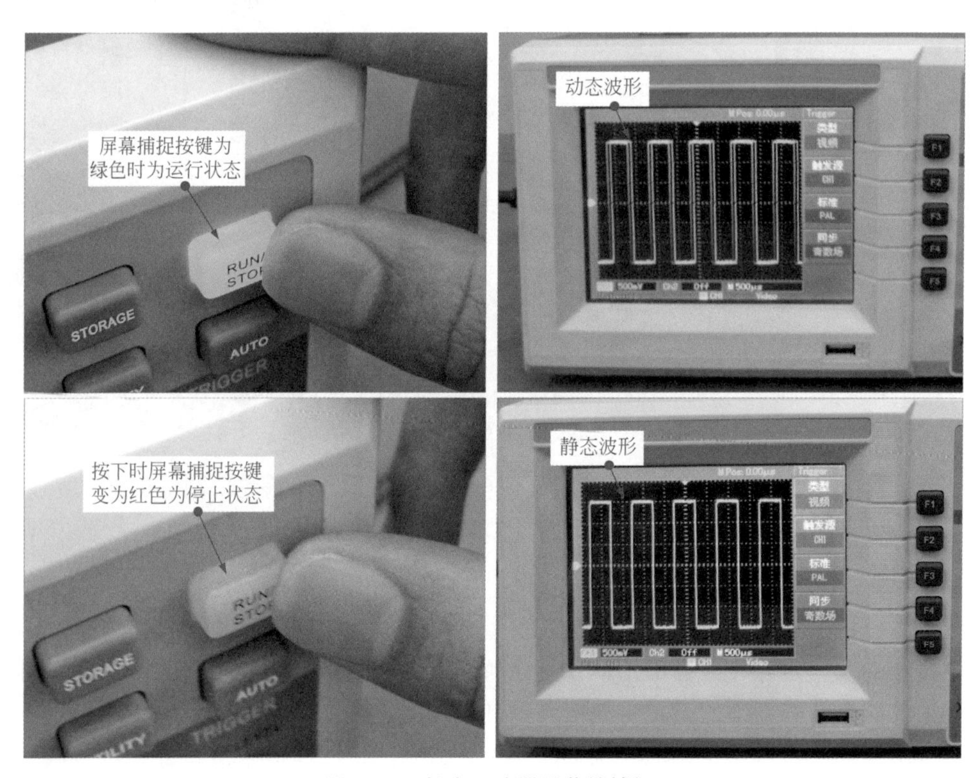

图 7-33　数字示波器屏幕的捕捉

提示

屏幕捕捉按键绿灯亮，则表示正在运行，此时，观察显示屏的显示区可以观察到检测的波形，若类型在视频状态下，则是动态的波形。

为了更好地对波形进行分析，按下屏幕捕捉按键，该按键由绿灯显示变为红灯显示，则说明此时动态的波形变为静止的波形，这便于对该波形进行分析。在该状态下，再按下该按键，波形再次变为动态，指示灯变为绿色。

第8章 示波器检测信号的技能

8.1 信号波形的检测方法

信号的展现形式多种多样，根据信号产生的不同，输出的信号波形也会有所不同，但不同的信号波形都能通过示波器进行识别与检测。

8.1.1 信号的类别

信号的种类很多，按功能划分，可分为音频信号、视频信号、控制信号等几种；按信号本身划分，可分为方波、正弦波、三角波等。

（1）信号按功能划分

将信号按功能进行划分可分为音频信号、视频信号、控制信号等几种，下面对这几种信号进行介绍，不管是哪种信号都是由示波器这种载体进行展现。

① 音频信号　典型的音频信号波形见图8-1。音频信号经过扬声器等输出设备能够发出声音，从而使用户听到，这些信号能够通过示波器进行测量。

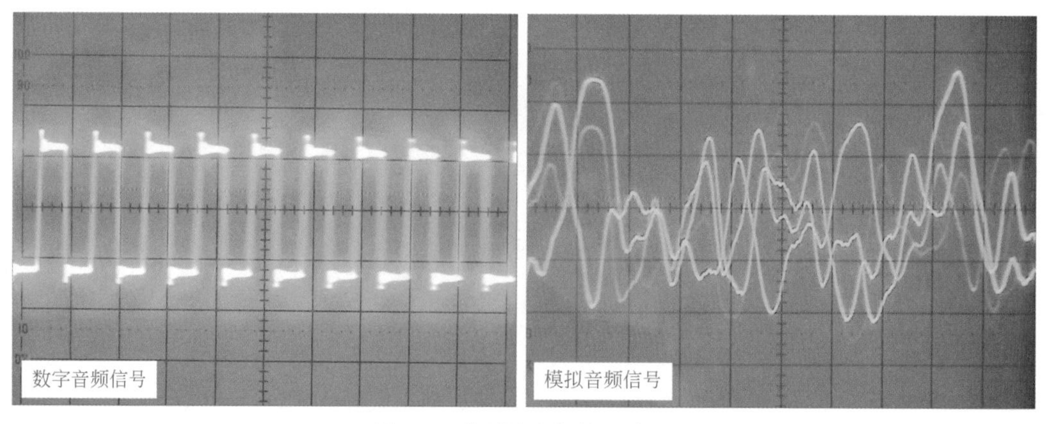

图8-1　典型的音频信号波形

通过使用示波器检测音频信号，可以判断该部件或该部位属于哪种音频信号，该信号是否正常。

② 视频信号　典型的视频信号波形见图 8-2。

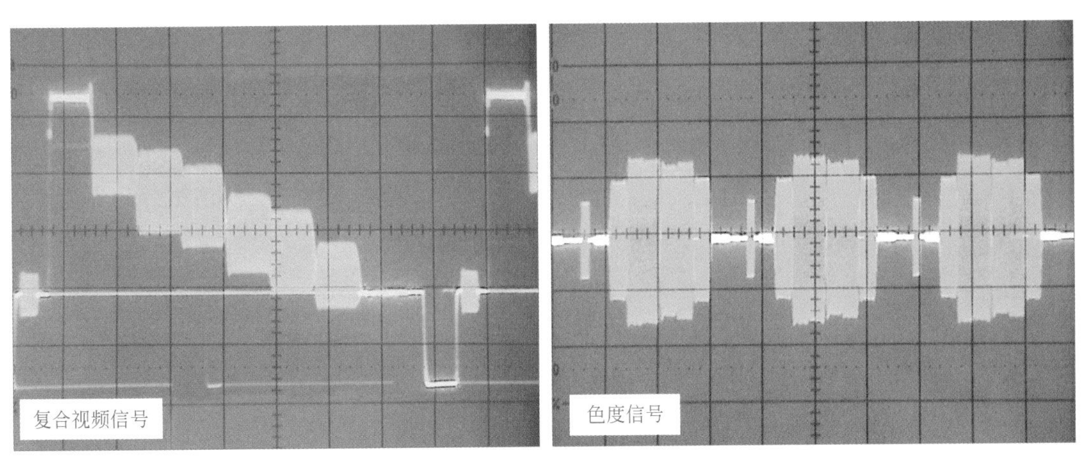

图 8-2　典型的视频信号波形

标准的彩条信号就是视频信号，色度信号是视频信号中的一种，这些信号经过处理后输出的是 R、G、B 等信号，再经过显示器或荧光屏等显示设备显示。

在观察视频信号或色度信号时，要借助示波器才能进行观察。

③ 控制信号　典型的控制信号波形见图 8-3。

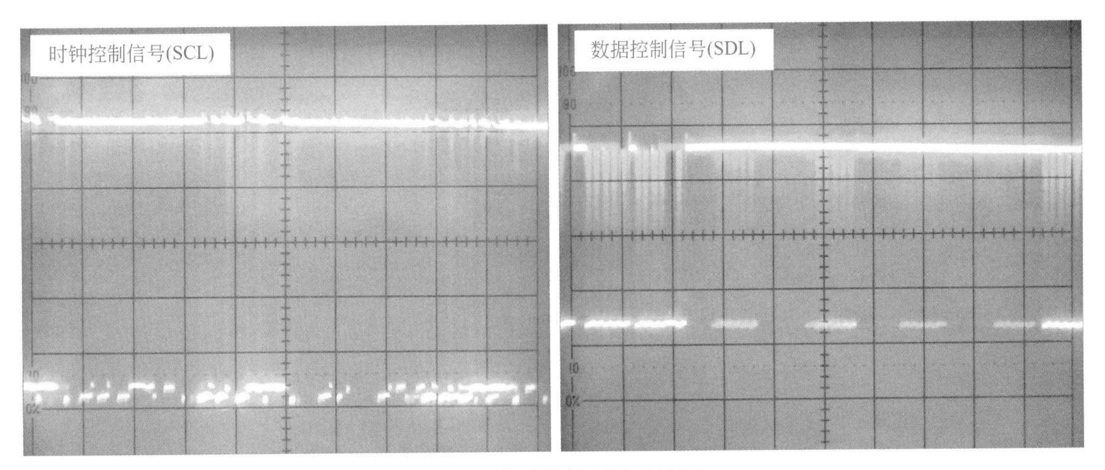

图 8-3　典型的控制信号波形

控制信号的种类很多，时钟和数据控制信号是控制信号中的一种，这些控制信号一般都对某种器件或电路产生控制作用。

（2）信号按本身划分

方波、正弦波、三角波等都是通过信号波形本身的形状命名，这几种波形也是使用示波器检测出来的，下面进行介绍。

① 方波　典型的方波波形见图 8-4。

方波一般都是用在测量后进行波形的对比，当对示波器探头校正时，探头校正完的波形程序为方波形式。

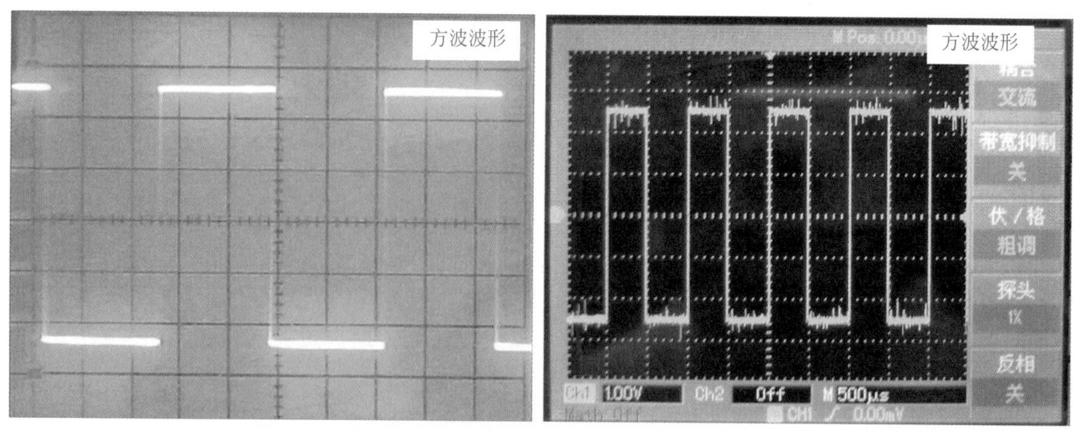

图 8-4　典型的方波波形

② 正弦波　典型的正弦波波形见图 8-5。

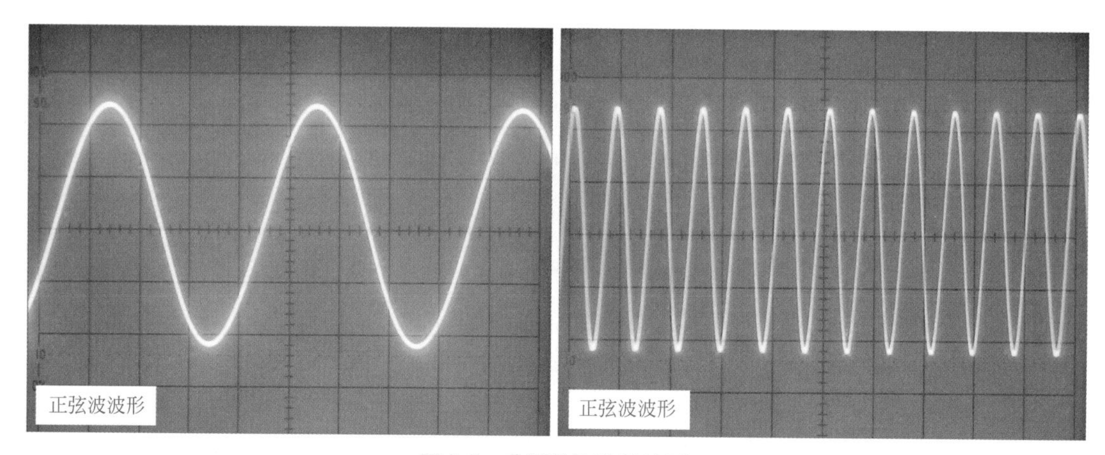

图 8-5　典型的正弦波波形

③ 三角波　典型的三角波波形见图 8-6。

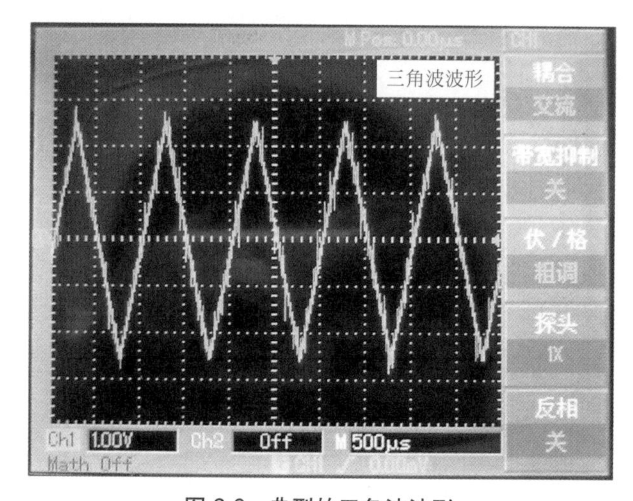

图 8-6　典型的三角波波形

8.1.2 信号波形的测量

用示波器检测信号波形，首先对示波器进行调整（如连线、探头等的调整），之后将示波器的接地夹接地，探头搭在或靠近信号的输出或输入端，在示波器的显示屏上即可显示出所测量的信号波形。

下面以检测音频信号和视频信号为例，介绍信号波形的检测。

① 音频信号的测量　音频信号的检测通常使用示波器进行。检测前应首先了解待测电子产品音频信号处理通道的关键器件，然后理清音频信号处理通道中，相关电路的信号流程，接着用示波器顺着电路的信号流程逐级检测各器件音频信号输入和输出引脚的信号。

下面以检测液晶电视机中的音频信号为例，具体介绍其测量方法。

首先了解待测液晶电视机中音频信号通道中的关键器件，然后理清该音频信号处理电路部分的信号流程，如图 8-7 所示。

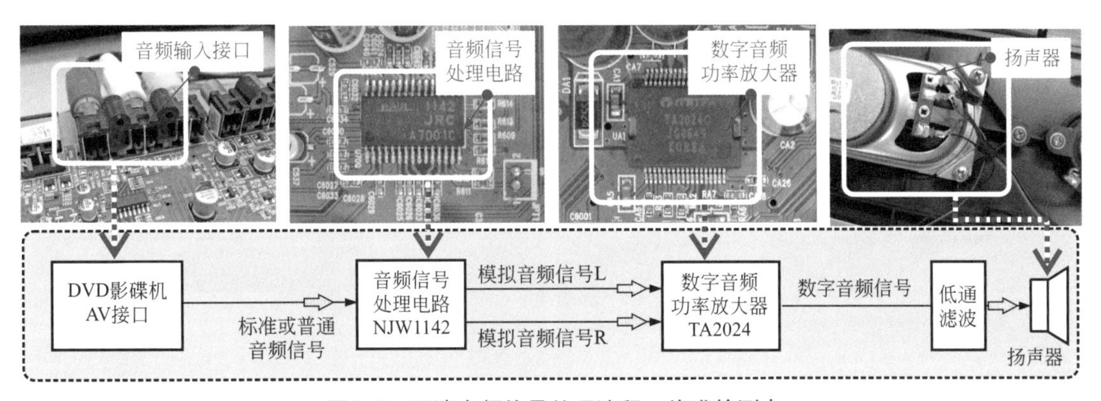

图 8-7　理清音频信号处理流程，找准检测点

根据上述信号流程进行分析，找到 AV 接口、音频信号处理电路、数字音频功率放大器及扬声器的音频信号输入和输出引脚，都能够检测到音频信号。用示波器进行检测，检测前首先将示波器接地夹接地。

检测 AV 接口处输入的音频信号，具体检测方法见图 8-8。

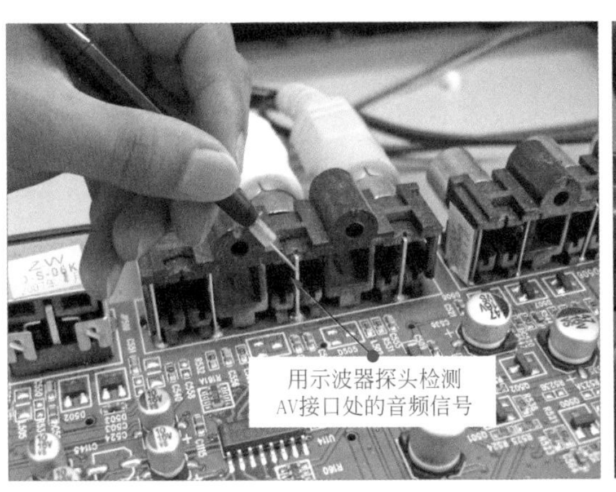

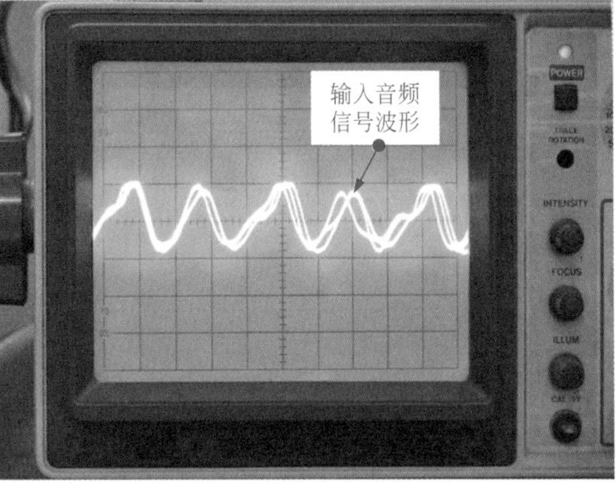

图 8-8　检测 AV 接口处输入的音频信号

将示波器的接地夹接地，探头接 AV 接口处输入端，检测该处的音频信号。

音频信号处理电路输入端的音频信号检测方法见图 8-9。

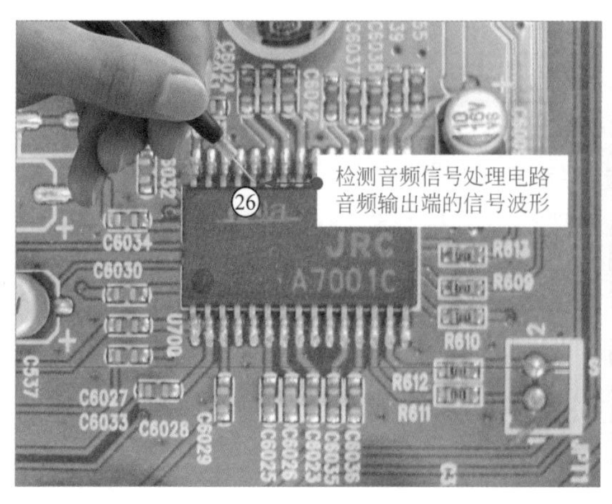

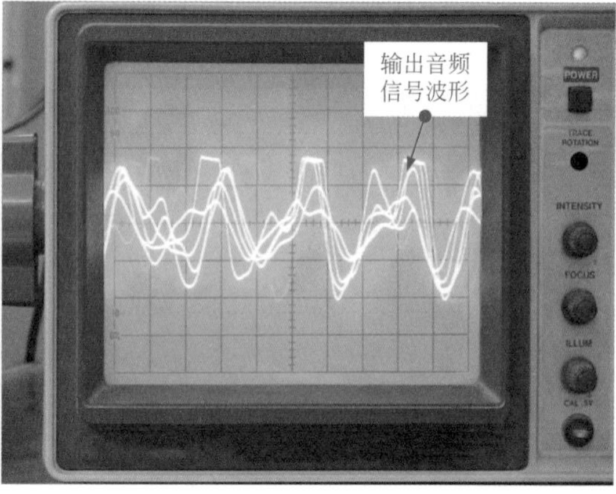

图 8-9　检测音频信号处理电路输入端的音频信号

将示波器的接地夹接地，探头接音频信号处理电路的26 脚，检测音频信号处理电路输出端输出的音频信号波形。

检测数字音频功率放大器输出的音频信号见图 8-10。

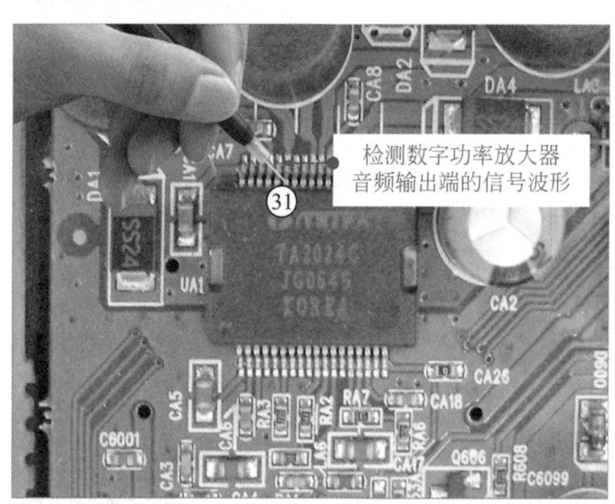

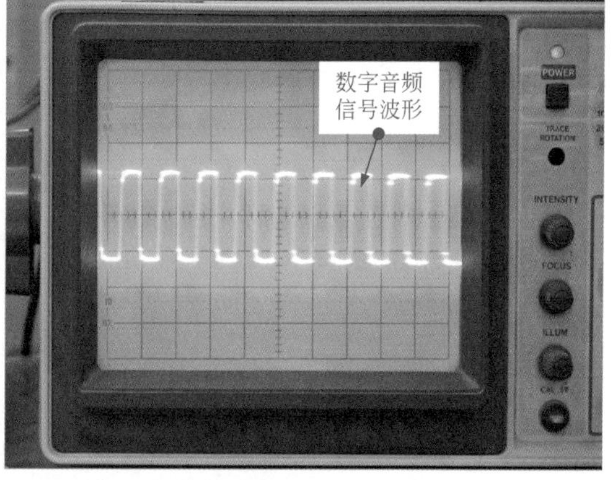

图 8-10　检测数字音频功率放大器输出的音频信号

将示波器的接地夹接地，探头接数字音频功率放大器的 31 脚，检测数字音频功率放大器输出端输出的音频信号波形。

检测扬声器输出的音频信号波形见图 8-11。

将示波器的接地夹接地，探头接扬声器输出端的引脚上，检测扬声器输出端输出的音频信号波形。

② 视频信号的测量　视频信号的测量方法与音频信号基本相同，一般也使用示波器进行检测。检测前应首先了解待测电子产品视频信号处理通道的关键器件，然后理清视频信号处理通道中相关电路的信号流程，接着用示波器顺着电路的信号流程逐级检测各器件视频信号输入和输出引脚的信号。

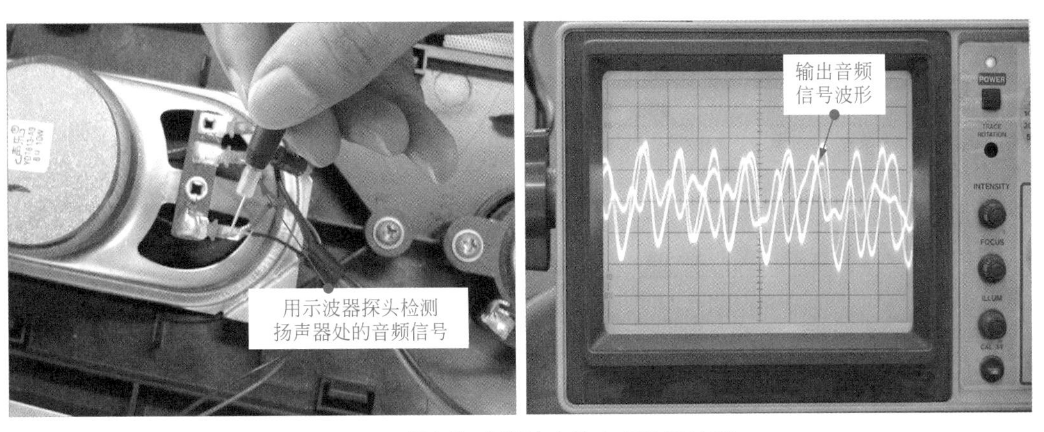

图 8-11　检测扬声器输出的音频信号波形

下面以检测影碟机输出的视频信号为例，具体介绍其测量方法。

影碟机是一种将光盘信号读取后进行处理，最后经 AV 接口将视频信号输出的一种电子产品，其大体的信号处理过程见图 8-12。

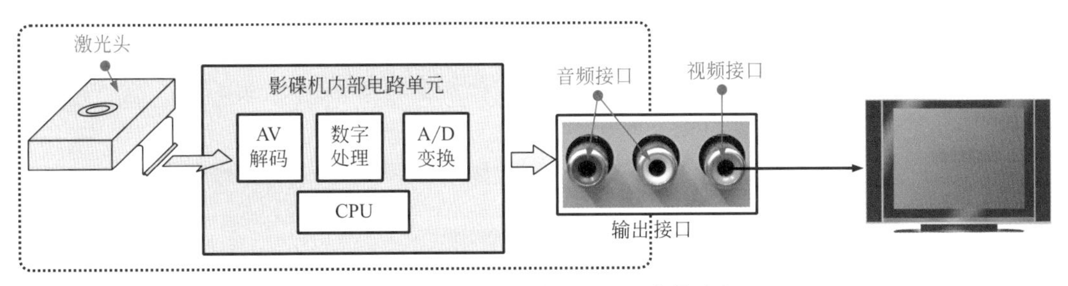

图 8-12　影碟机输出视频信号大体流程

如图 8-13 所示为测试仪器（示波器）、视频输出设备（影碟机）以及测试光盘和信号线等。

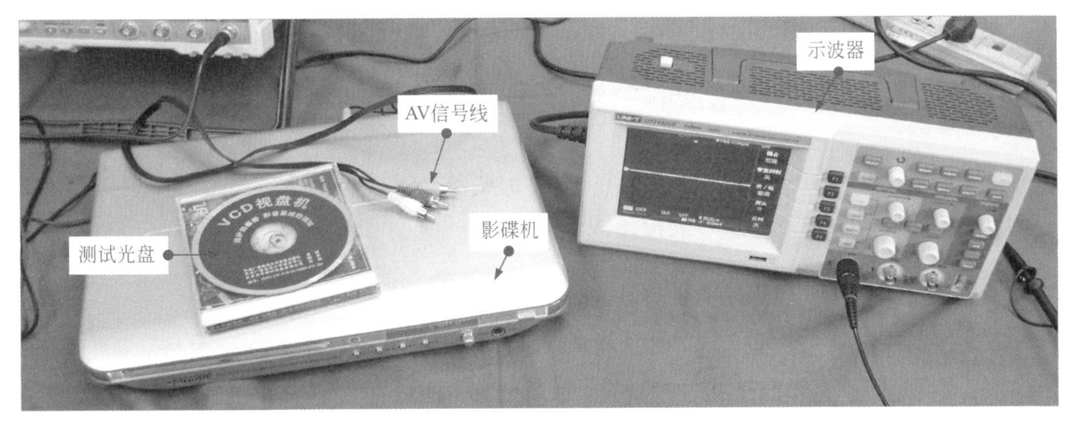

图 8-13　测试视频信号前的准备

检测视频信号可以在 AV 输出接口中的视频接口处进行。

示波器检测视频信号的具体操作见图 8-14。

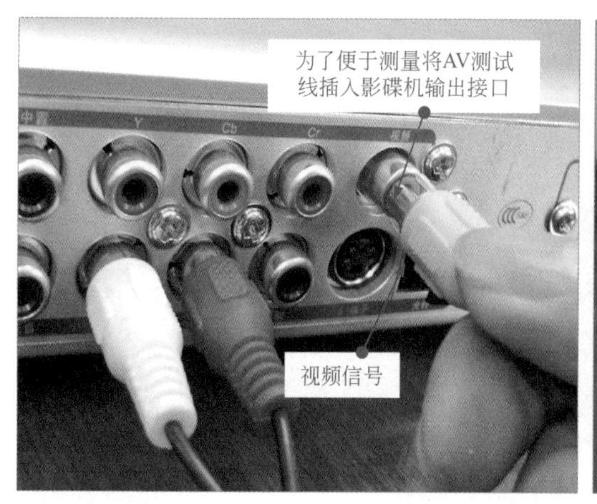

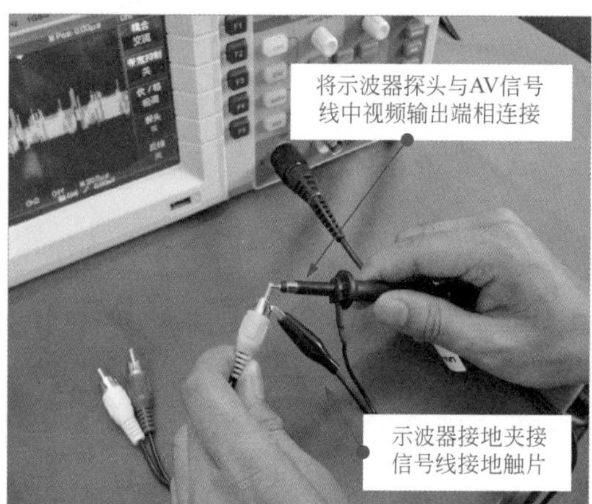

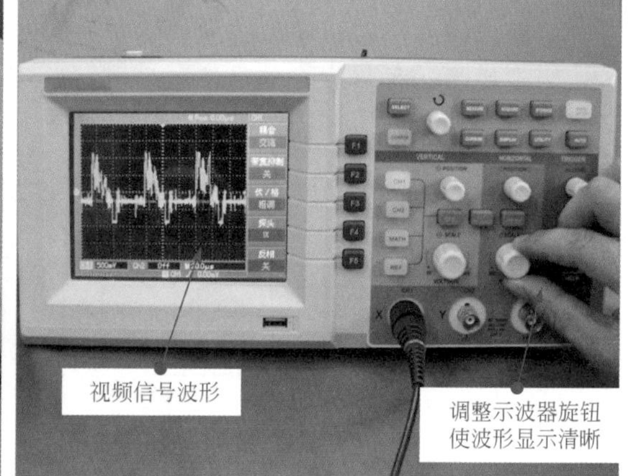

图 8-14　用示波器检测视频信号

首先，使用 AV 测试线连接影碟机 AV 接口，并装入测试光盘。然后，用示波器检测 AV 信号线输出视频接口处的信号波形。

8.2 信号的观测与信息读取

通过使用示波器对信号源进行检测，观察示波器显示屏上的信号波形，并对波形的相关信息（如幅度、周期等信息）进行读取。

8.2.1 信号观测前准备工作

信号源的准备、示波器的调整、示波器与信号源的连接都是信号观测前的准备工作。首先选择信号源，这里以数字合成函数信号发生器为信号源。下面介绍示波器与信号源的连接。

信号源测试线与示波器的连接见图 8-15。

将信号源的黑鳄鱼夹与示波器的接地端进行连接，红鳄鱼夹与探头进行连接。

连接好测试线后，接下来就可以对信号源输出的信号进行测试了。

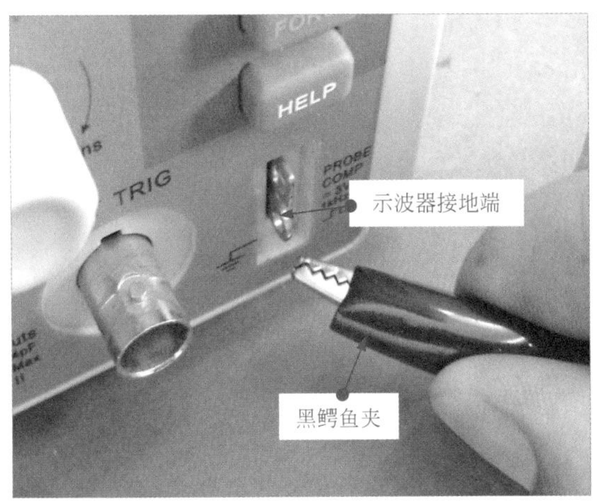

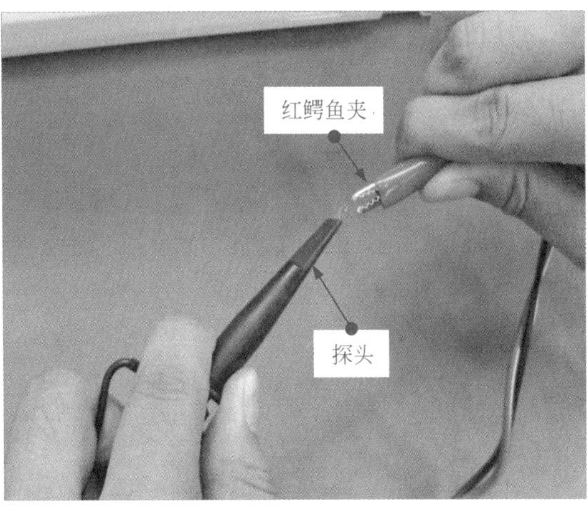

图 8-15 信号源测试线与示波器的连接

用示波器对信号源进行测试，见图 8-16。

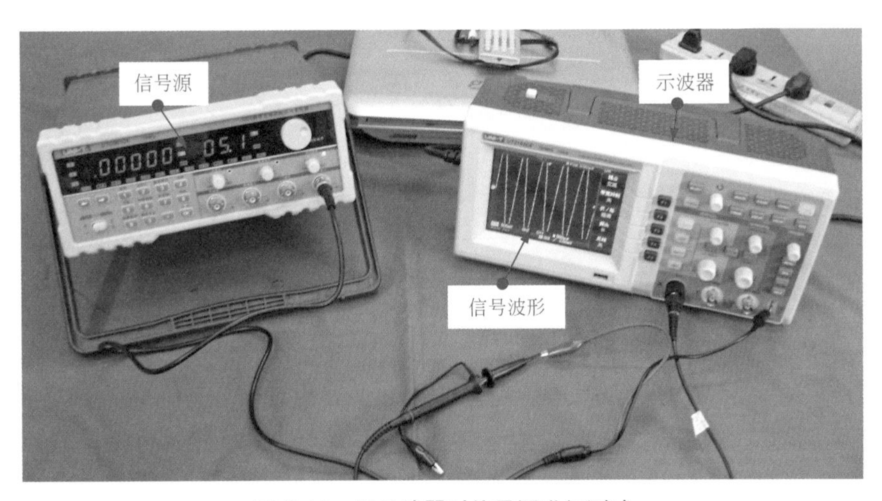

图 8-16 用示波器对信号源进行测试

信号源输出的信号能够在示波器的显示屏上显示，就可以根据具体的波形进行分析。

8.2.2 信号波形的观察与读取

完成信号波形观测前的准备工作后，下面就可以观察信号波形，并根据实际的信号波形进行分析及读取。

（1）信号波形的观察

观察信号波形首先要观察该信号波形是否失真，并从观察中知道该波形的类型。

典型的信号波形见图 8-17。

图 8-17 中的信号波形分别是正弦波、方波、三角波。

三种波形都很清晰，没有失真现象。

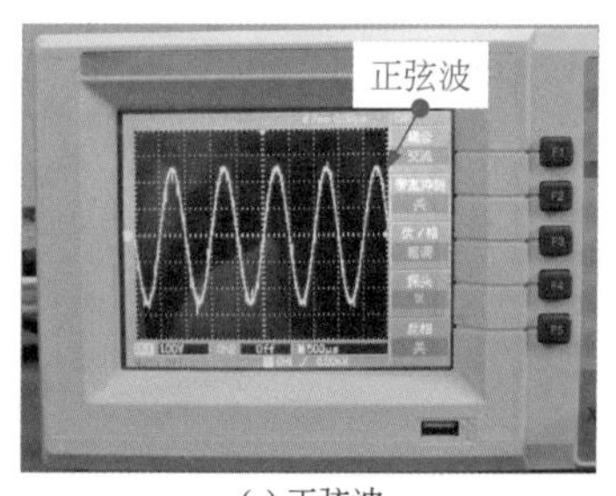

(a) 正弦波

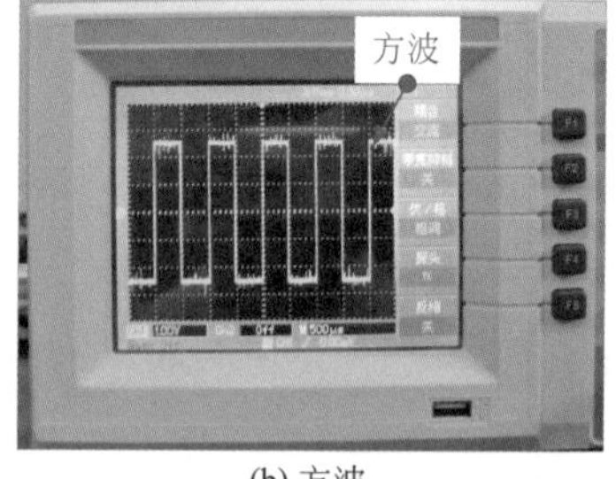

(b) 方波

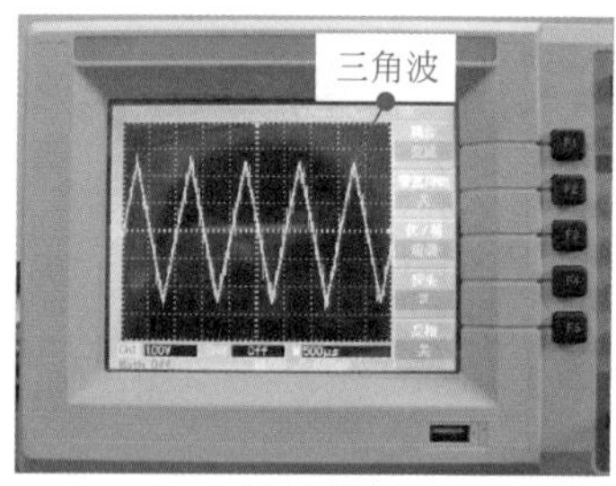

(c) 三角波

图 8-17　典型的信号波形

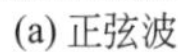

（2）信号波形的分析与读取

观察到示波器显示屏上的清晰波形后，下面对该波形进行分析以及读取，读取分为幅度的读取和周期的读取两种。首先要对信号波形进行分析。

下面以方波为例，对波形进行分析与读取。

典型的方波波形见图 8-18。

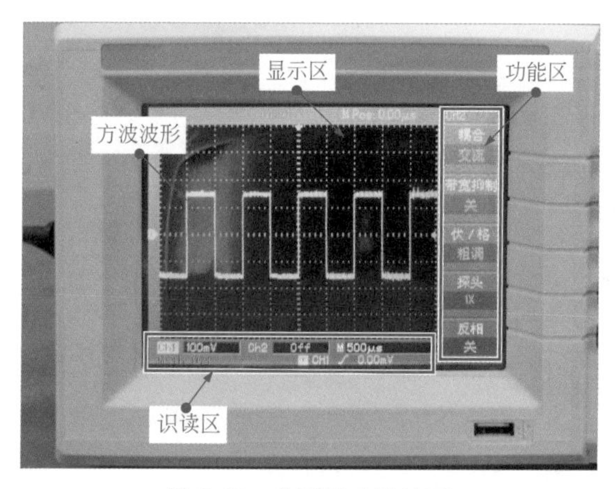

图 8-18　典型的方波波形

显示区显示的是方波的波形形状，在显示区下方是波形的相关参数（即识读区），显示区的右边是功能区，可以根据不同的功能按键进行设置。

下面对波形进行读取，即信号波形的幅度与周期的读取。

方波波形的相关参数的读取见图 8-19。

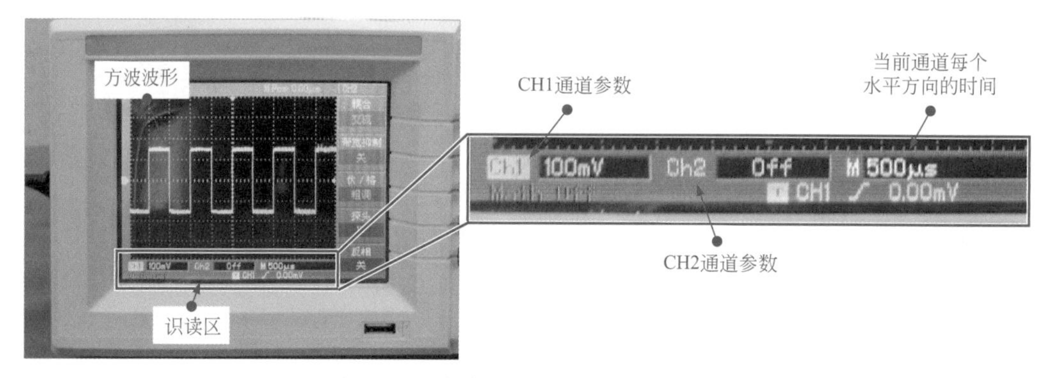

图 8-19　方波波形的相关参数的读取

提示

CH1 通道参数显示为 100mV，表示幅度为 100mV/ 格，该方波波形为 3 个方格，故该方波波形幅度为 300mV。

CH2 通道参数显示为 Off，表示该通道未使用。

当前通道为 CH1，故该通道的水平方向每格为 500μs，该方波波形的周期为 1000μs，根据周期可以算出频率为 $f=1/T=1/(1000\mu s)=1kHz$。

8.3 多信号的观测与信息读取

对于多信号，使用的示波器是双踪示波器，可以同时显示两通道的信号波形。下面对多信号的观测与信息的读取进行讲解。

通过观察示波器显示的信号可以知道多信号波形的相位关系和相位差。

多信号波形的相位关系见图 8-20。

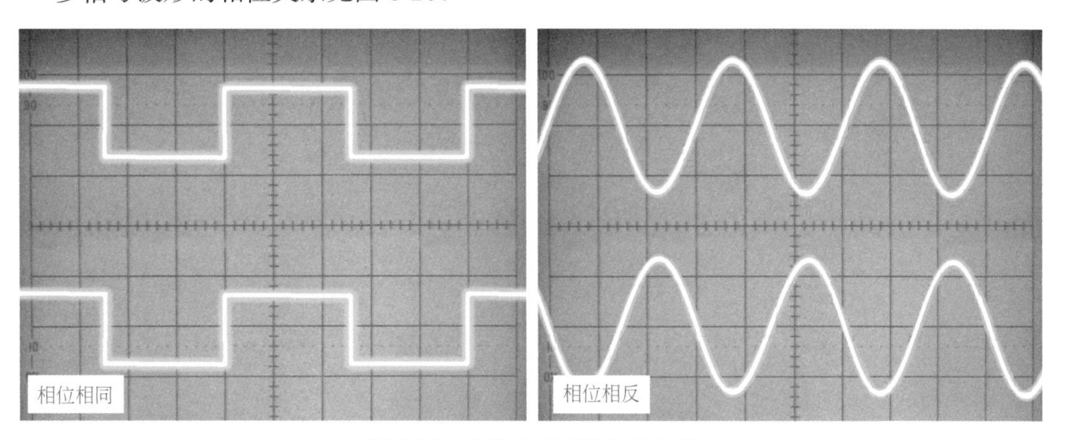

图 8-20　多信号波形的相位关系

方波相位差的读取见图 8-21。

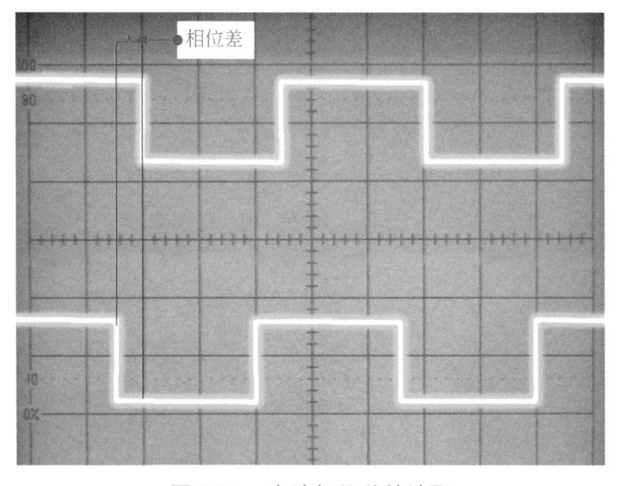

图 8-21　方波相位差的读取

5 个水平方格是该波形的一个周期。

图 8-21 中的相位差为一个周期的 1/10，即该方波的相位差为 360°×(1/10)=36°。

提示

相位差是针对波形类型相同，周期相同的两组信号的概念。正弦波的相位差见图 8-22。

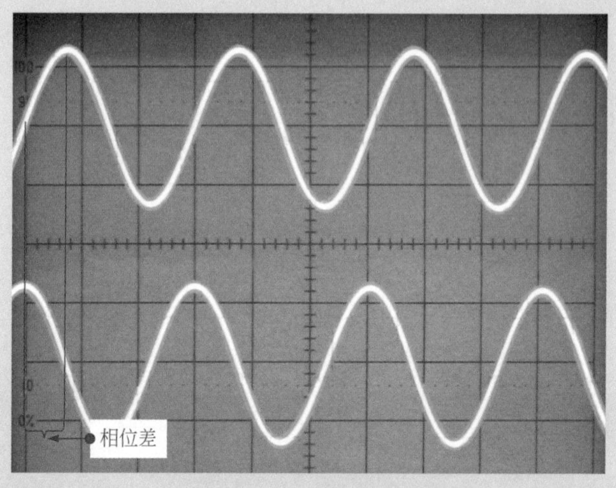

图 8-22 正弦波的相位差

3 个水平方格是该正弦波的一个周期。

图 8-22 的相位差为一个周期的 2/9，即该正弦波的相位差为 360°×(2/9)=80°。

第9章 示波器检测案例

9.1 示波器检测音频电路

9.1.1 示波器检测收音电路

收音电路是接收无线电广播节目的电路。某典型组合音响中的收音电路主要是由FM立体声解码电路IC3（BA1332L）、FM/AM收音电路IC1（AN7273）、调谐控制集成电路IC2（LM7001）及外围元件构成的。收音电路中的主要部件与众多电子元器件相互连接组合形成单元电路（或功能电路）。工作时，各单元电路（功能电路）相互配合协调工作。

图9-1为FM收音电路和调谐控制电路部分。IC1是FM/AM中放电路、检波、AM频段的本振和混频等集于一体的集成电路。调谐控制集成电路IC2是锁相环频率合成式调谐控制集成电路，使用示波器进行检测时，可根据其信号流程对关键的点进行检测。

提示

由FM收音天线接收的FM信号经高频放大器Q1和混频器Q2变成中频信号，再经中放Q5、Q6及CF1、CF2滤波后变为FM中频信号，送入IC1的1脚；由AM天线接收的AM高频（RF）信号送入IC1的3脚。FM信号和AM信号的接收电路均受调谐控制电路IC2的控制。

FM中频信号送入IC1中进行中放和鉴频处理，从载波上解出音频信号。AM的RF信号也在IC1内部进行高放和混频处理，使高频载波信号与本振信号混频，用滤波器取其差频信号，即中频信号，在IC1中经检波（DET）检出音频信号，经消音控制电路（MUTING）和音频放大（AF）后，由其13脚输出音频信号，FM鉴频信号也由13脚输出，然后再送入后级FM立体声解码电路IC3中进行立体声解码处理。

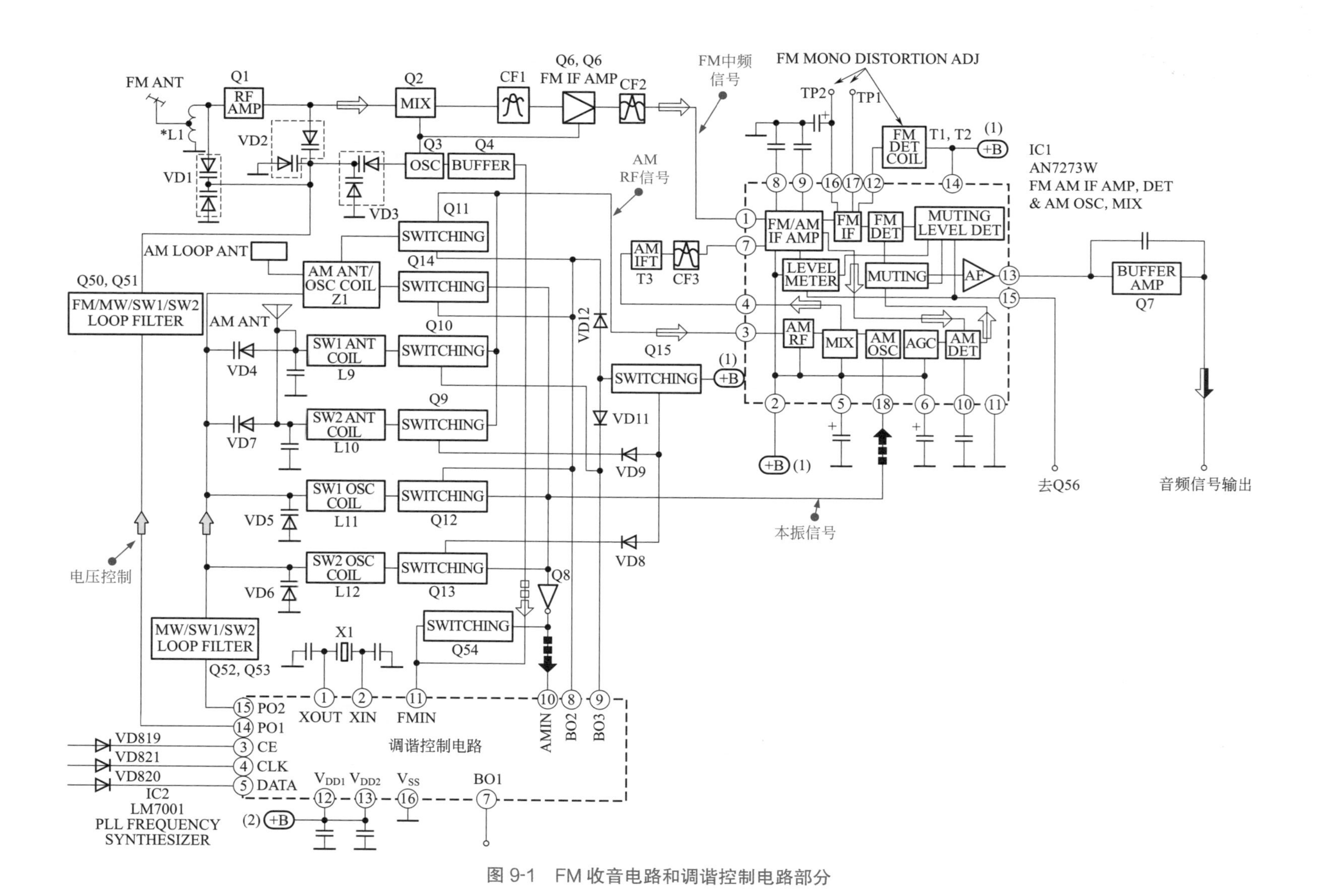

图 9-1　FM 收音电路和调谐控制电路部分

图 9-2 为 FM 立体声解码电路部分。由 FM 中放和解调后的 FM 音频信号由 2 脚送入解码电路 IC3 中，经解码后由 IC3 的 4 脚和 5 脚分别输出立体声信号。

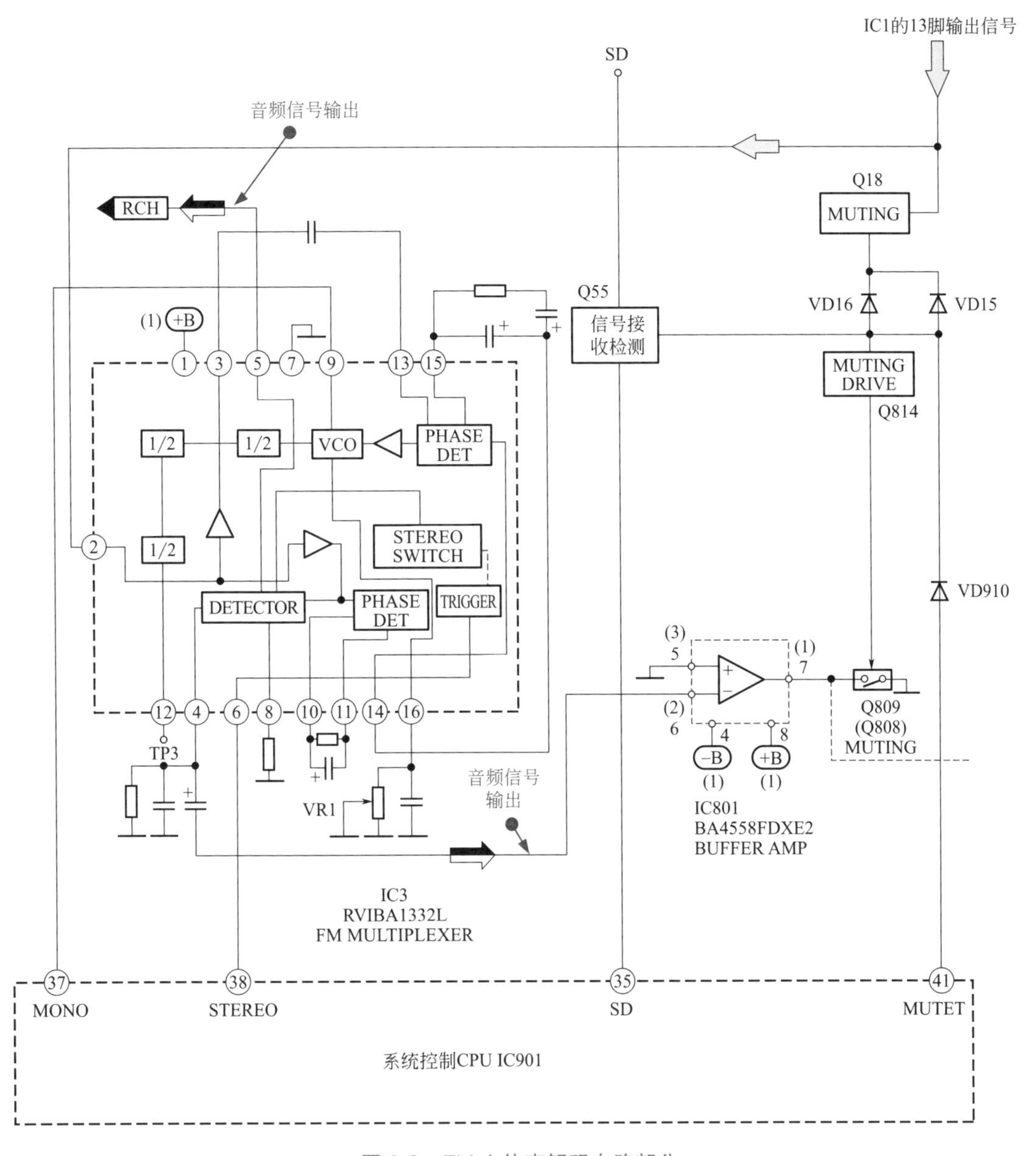

图 9-2　FM 立体声解码电路部分

立体声解码电路 IC3 的主要功能是处理 FM 收音电路送来的音频信号，因此可使用示波器对该电路输入和输出的音频信号进行检测。

（1）示波器检测立体声解码电路 IC3（RVIBA1332L）

立体声解码电路 IC3（RVIBA1332L）的 2 脚为音频信号输入端，4、5 脚为立体声信号（L、R）输出端，可使用示波器对这些引脚进行检测。

立体声解码电路 IC3（RVIBA1332L）的具体检测方法见图 9-3。

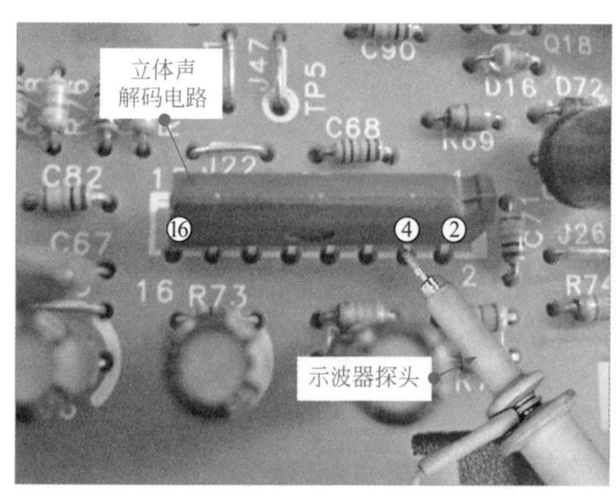

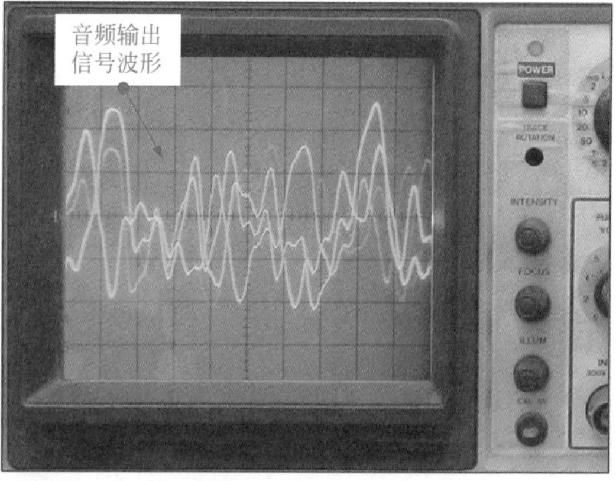

(a) 检测立体声解码电路IC3的4脚输出音频信号波形

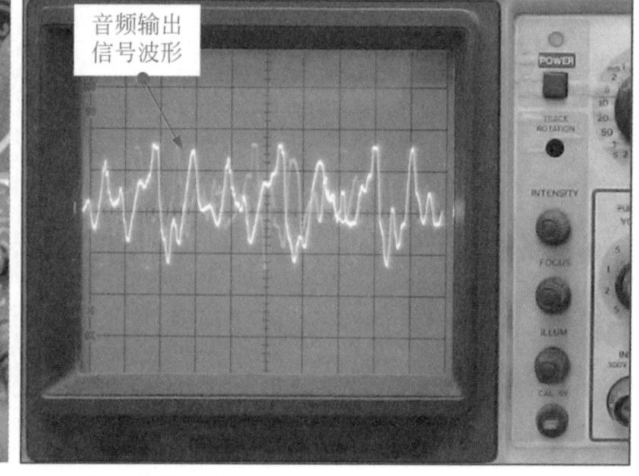

(b) 检测立体声解码电路IC3的5脚输出音频信号波形

图 9-3　立体声解码电路 IC3（RVIBA1332L）的具体检测方法

若立体声解码电路 IC3 输入的音频信号正常，而无输出，则可能是芯片本身损坏。

提示

除上述检测点外，在正常情况下，立体声解码电路 IC3（RVIBA1332L）的 12、16 脚还可检测到如下信号波形，如图 9-4 所示。

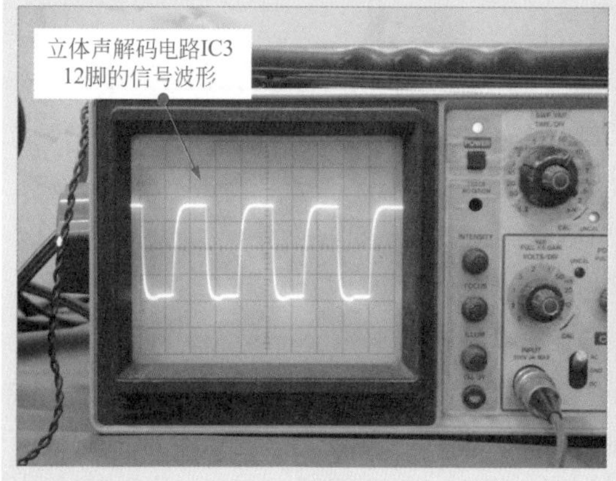

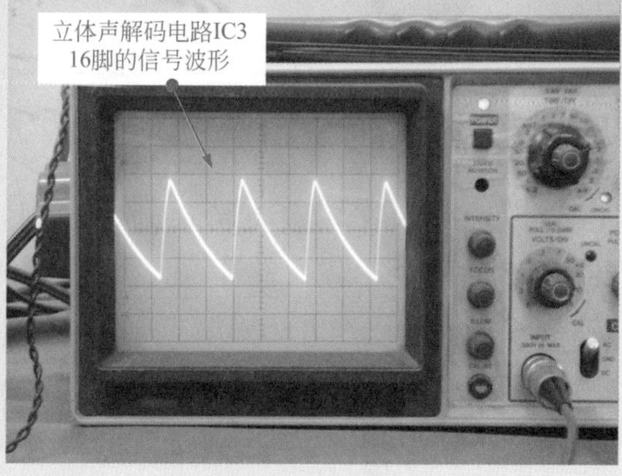

图 9-4　立体声解码电路 IC3 的 12、16 脚信号波形

（2）示波器检测 FM/AM 收音电路 IC1（AN7273W）

FM/AM 收音电路 IC1（AN7273W）接收前级送来的 FM 中频信号、AM RF 信号及 AM 本振信号，以上信号在其内部经相关处理后，由其 13 脚输出送往立体声解码电路 IC3（RVIBA1332L）的音频信号。

FM/AM 收音电路 IC1（AN7273W）的具体检测方法见图 9-5。

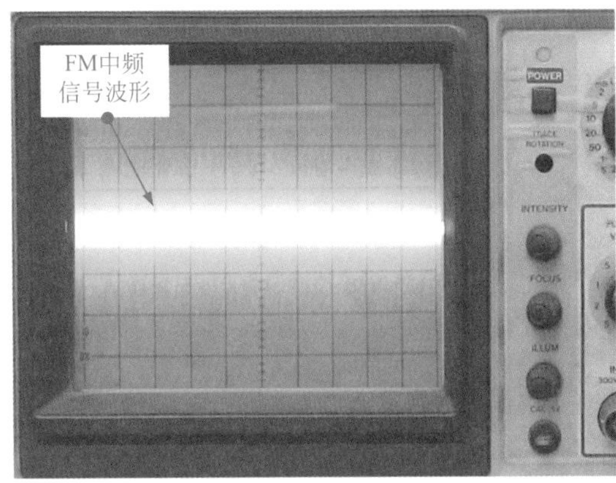

(a) 检测FM/AM收音电路IC1 1脚输入的FM中频信号波形

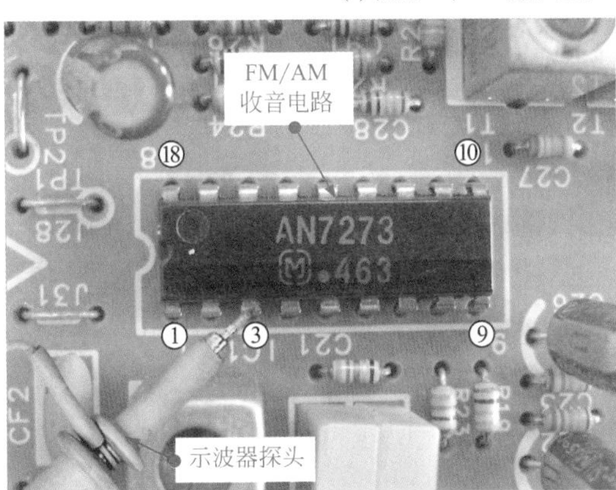

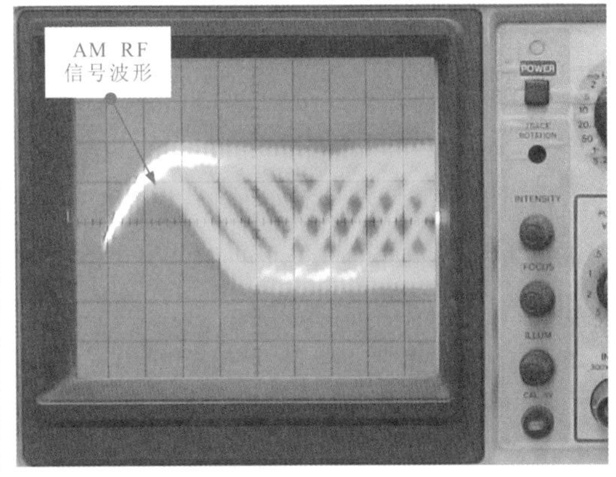

(b) 检测FM/AM收音电路IC1 3脚输入的AM RF信号波形

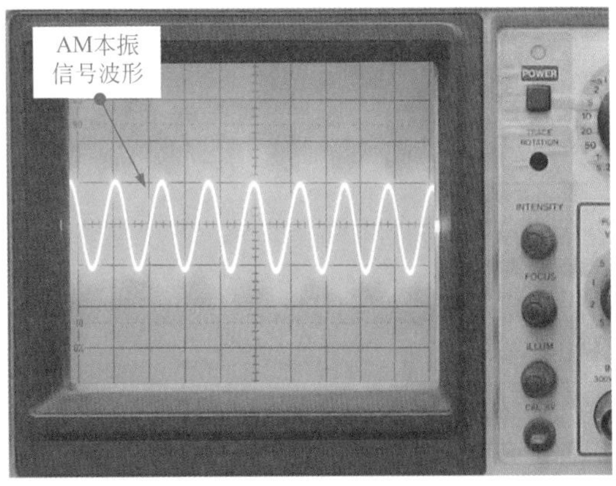

(c) 检测FM/AM收音电路IC1 18脚输入的AM本振信号波形

图 9-5

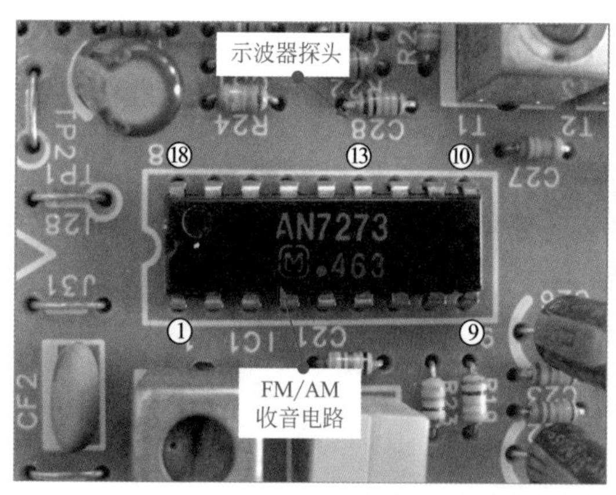

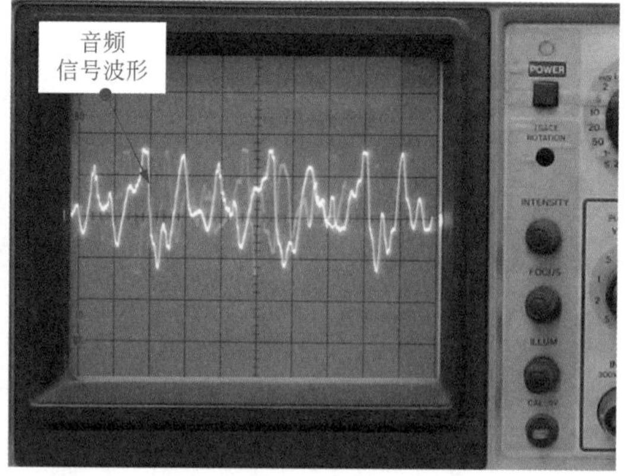

(d) 检测FM/AM收音电路IC1 13脚输出的音频信号波形

图 9-5 FM/AM 收音电路 IC1（AN7273W）的具体检测方法

在对该电路进行检测时，可对其输入 / 输出的信号波形进行检测，若输入正常而无输出，则可能是该电路损坏。

(3) 示波器检测调谐控制集成电路 IC2（LM7001）

调谐控制集成电路的检测方法与上面两个集成电路的检测方法相似，首先检测其基本的工作条件，若在其各种条件正常的前提下，无控制信号输出，则多为芯片本身损坏。

根据前面对该调谐控制集成电路 IC2（LM7001）的电路分析，其 1、2 脚外接晶体 X1 为其提供所需的时钟信号；10 脚接收 AM 的本振信号；14、15 输出电压控制信号。

调谐控制集成电路 IC2（LM7001）的具体检修方法见图 9-6。

若测得的调谐控制集成电路 IC2 的晶振信号正常，而无电压控制信号输出时，通常可判定该芯片已损坏，需更换。

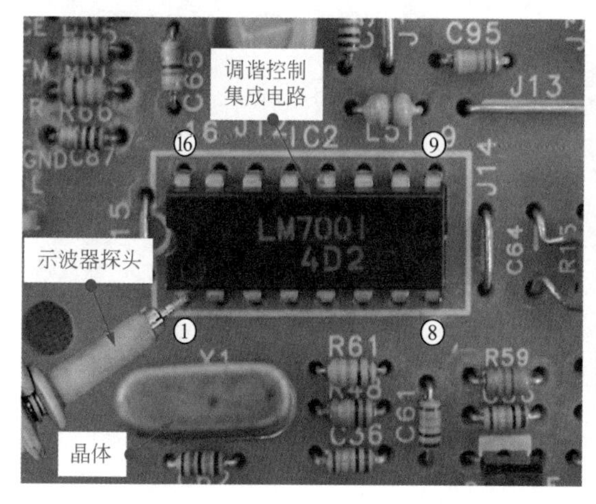

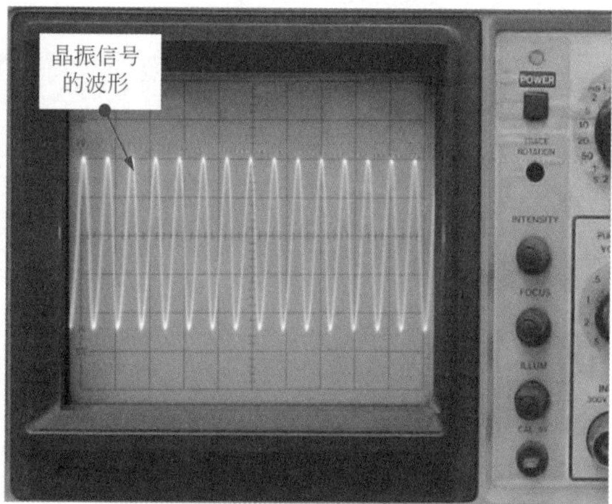

(a) 检测调谐控制集成电路IC2 1、2脚的晶振信号波形(以1脚为例)

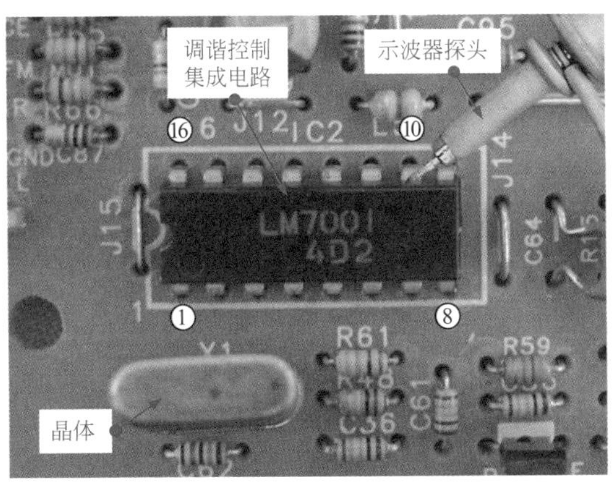

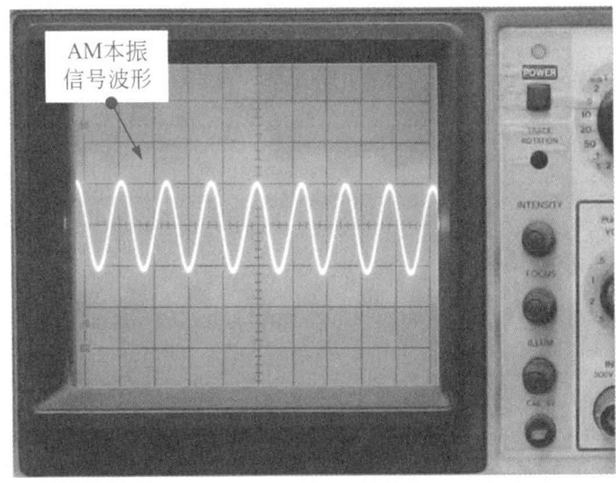

(b) 检测调谐控制集成电路IC2 10脚的AM本振信号

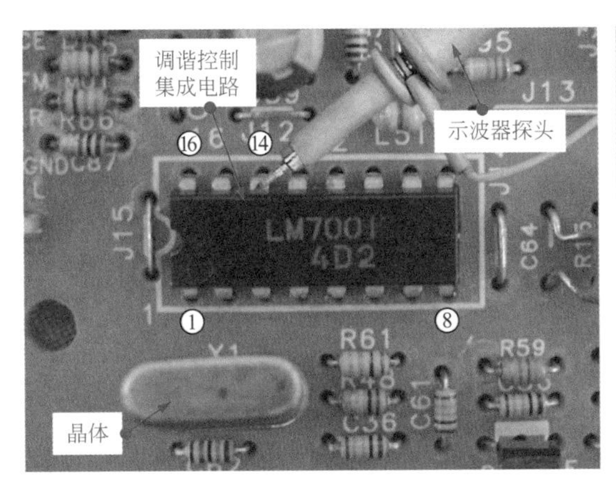

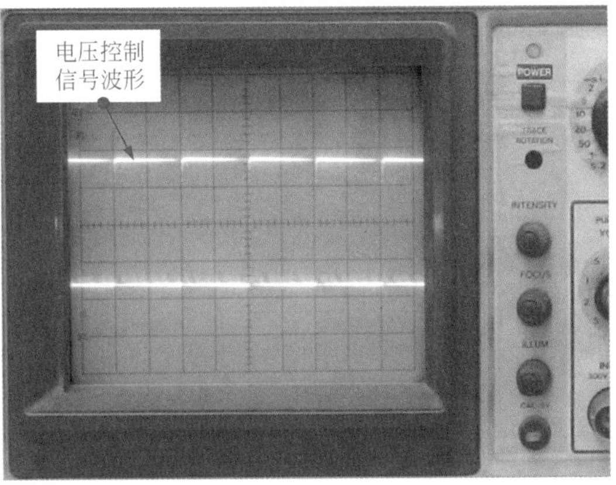

(c) 检测调谐控制集成电路IC2 14脚输出的电压控制信号

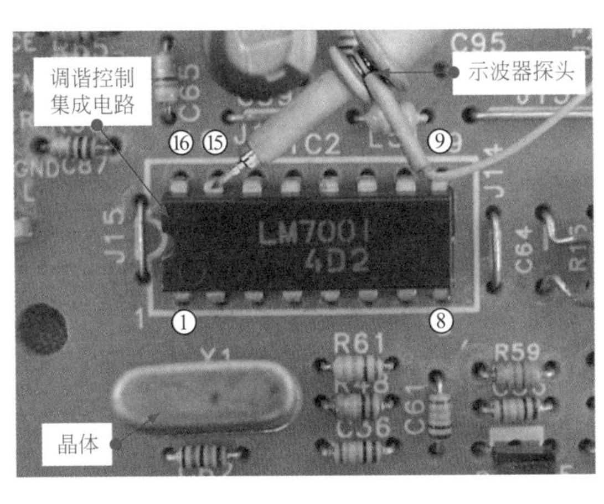

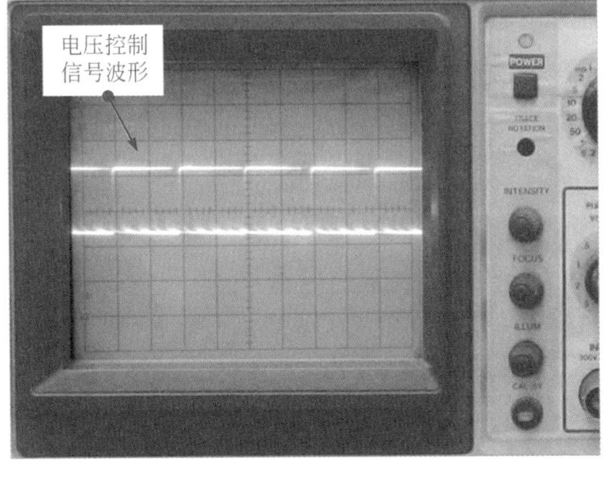

(d) 检测调谐控制集成电路IC2 15脚输出的电压控制信号

图 9-6　锁相环频率合成式调谐控制集成电路 IC2（LM7001）的具体检修方法

9.1.2 示波器检测 CD 信号处理电路

CD 信号处理电路主要是用于处理 CD 机部分的核心电路。图 9-7 为典型组合音响中的 CD 信号处理电路。

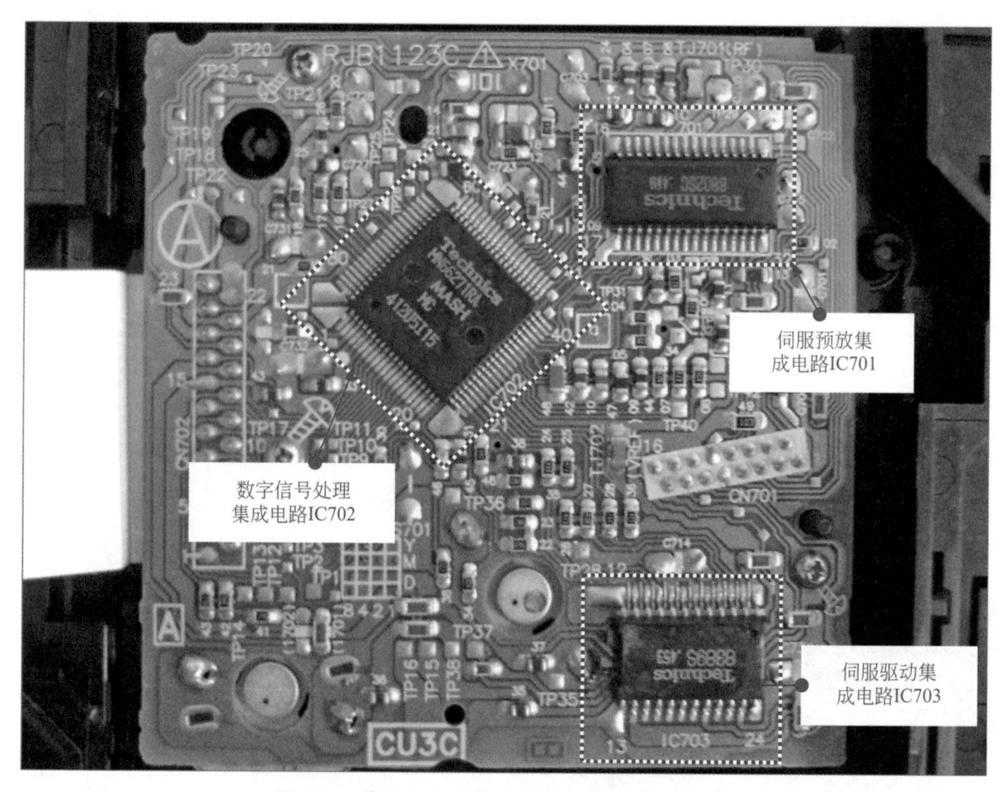

图 9-7 典型组合音响中的 CD 信号处理电路

提示

该 CD 信号处理电路主要是由伺服预放集成电路 IC701（AN8802SCE1V）、数字信号处理集成电路 IC702（MN66271RA）和伺服驱动集成电路 IC703（AN8389S）及外围元件构成的。CD 信号处理的主要部件与众多电子元器件相互连接组合形成单元电路（或功能电路）。工作时，各单元电路（功能电路）相互配合协调工作。

图 9-8 为伺服预放集成电路，读取光盘信息。激光头的输出送入 IC701 中进行 RF 放大和伺服误差检测。IC701 9 脚输出 RF 信号，25 脚输出聚焦误差信号，24 脚输出循迹误差信号。

图 9-9 为 CD 数字信号处理集成电路。CD 数字信号处理集成电路是将前级伺服预放集成电路输出的 RF 信号和聚焦、循迹误差信号进行处理、D/A 变换后输出立体声音频信号，同时对主轴伺服和进给伺服信号进行处理，经处理后形成的控制信号分别送到伺服驱动集成电路的控制端，因此可使用示波器检测其输入和输出的信号。

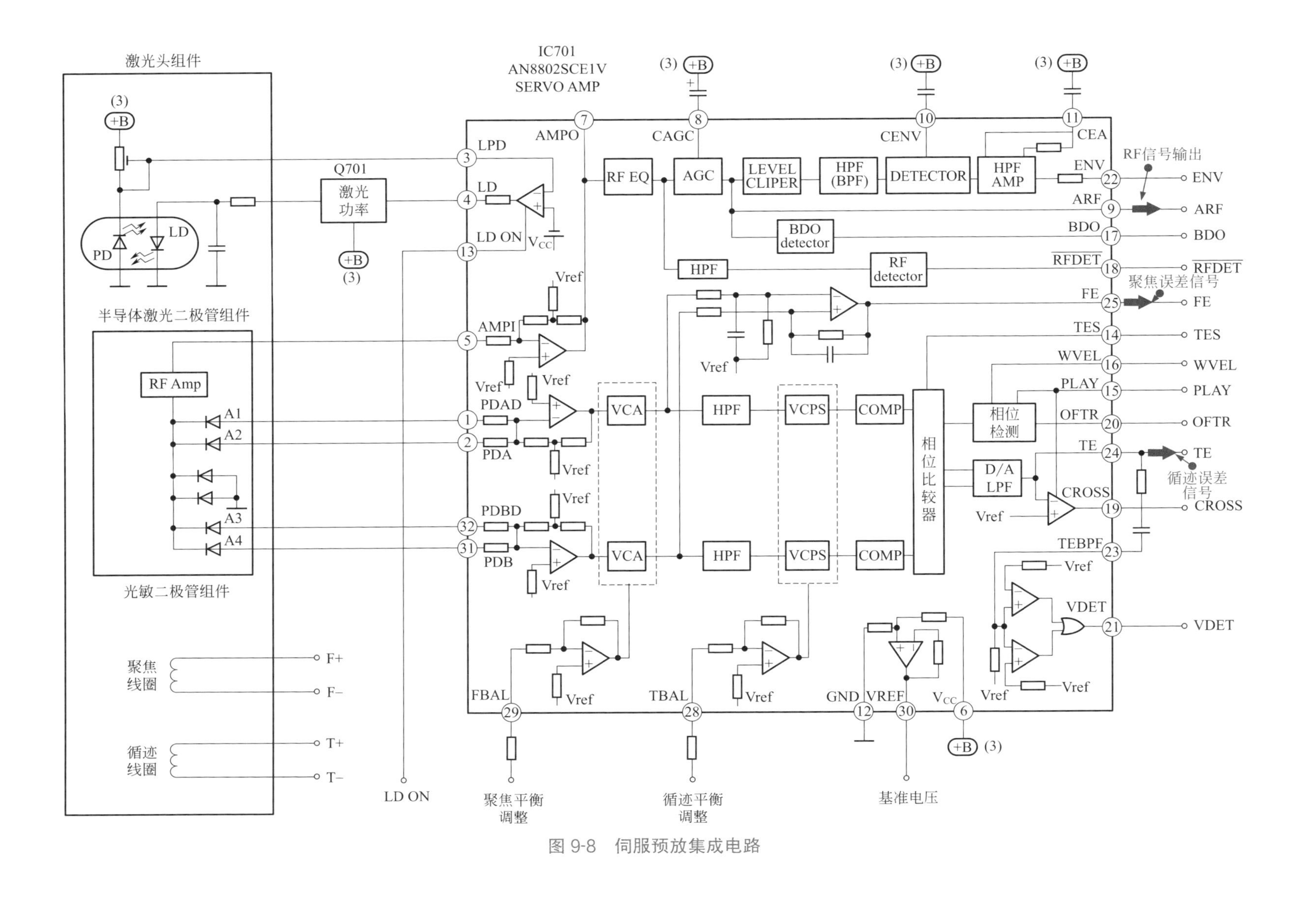

图 9-8 伺服预放集成电路

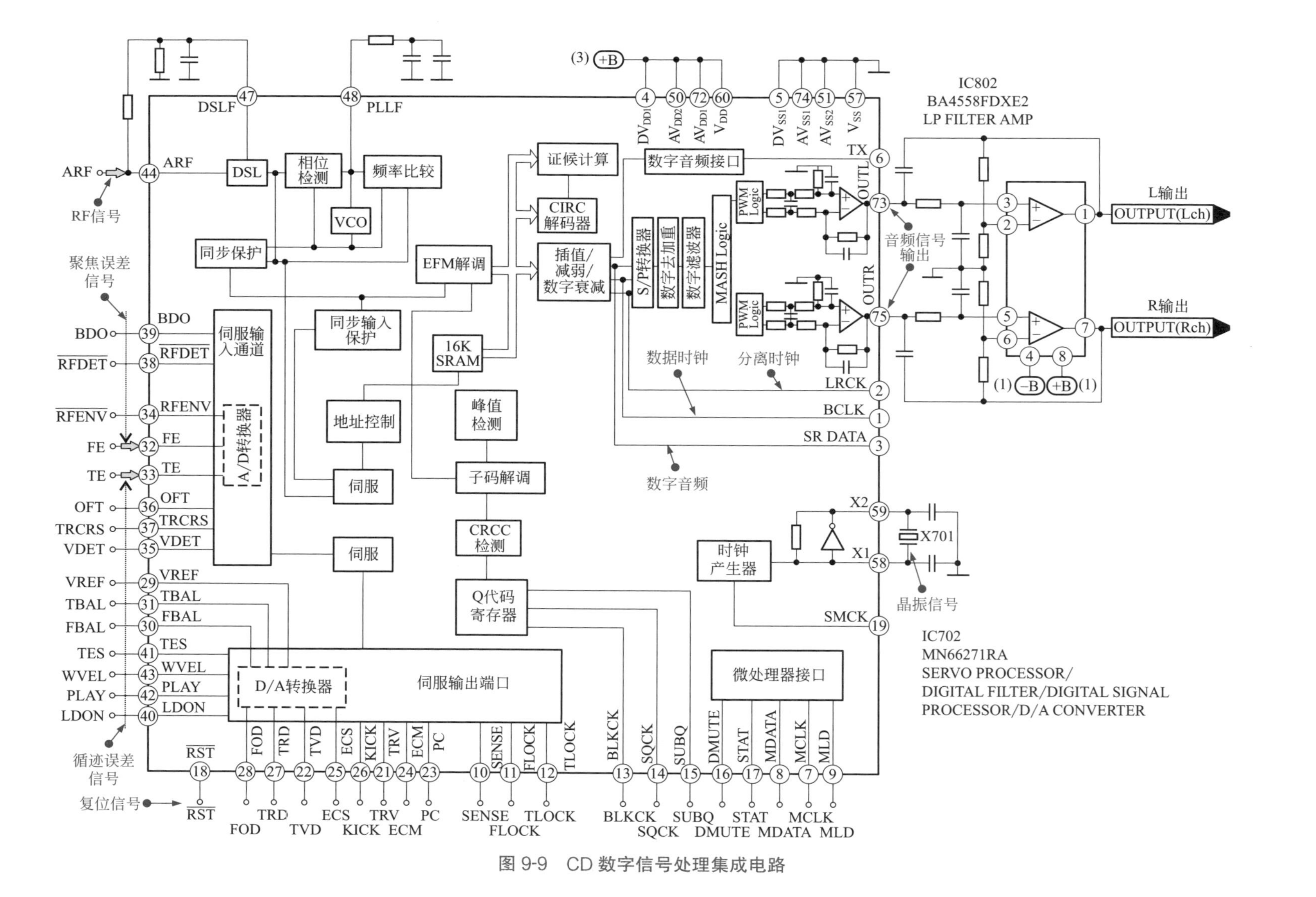

图 9-9 CD 数字信号处理集成电路

提示

伺服预放输出的 RF 信号送到数字信号处理电路 IC702 的 44 脚，该信号在 IC702 中进行数据限幅（DSL）、锁相环同步处理、EFM 解调和解码纠错，最后经 D/A 变换后由 73 脚、75 脚输出立体声音频信号。

图 9-10 为伺服驱动集成电路。在数码组合音响中 CD 伺服驱动集成电路 IC703 主要用于输出控制聚焦线圈、循迹线圈、主轴电机、进给电机等的驱动信号。可使用示波器对上述信号进行检测。

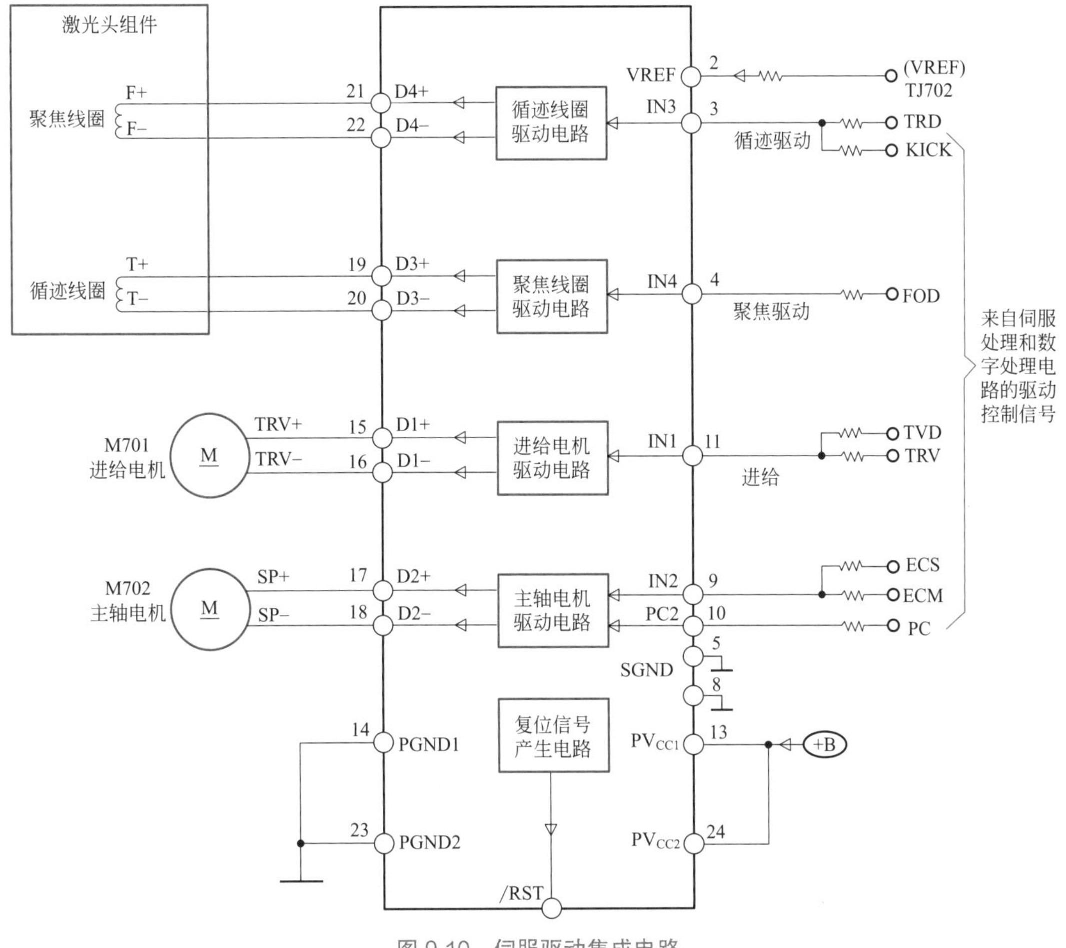

图 9-10　伺服驱动集成电路

（1）示波器检测 CD 伺服预放电路 IC701（AN8802SCE1V）

CD 伺服预放电路 IC701（AN8802SCE1V）识别激光头信号后，送入 IC701 中进行 RF 放大和伺服误差检测。AN8802SCE1V 的 9 脚输出 RF 信号，25 脚输出聚焦误差信号，24 脚输出循迹误差信号，可使用示波器对上述信号进行检测。

CD 伺服预放电路 IC701（AN8802SCE1V）的具体检修方法见图 9-11。

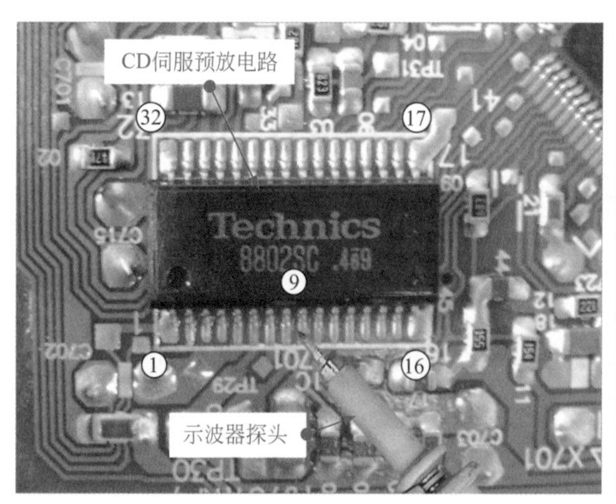

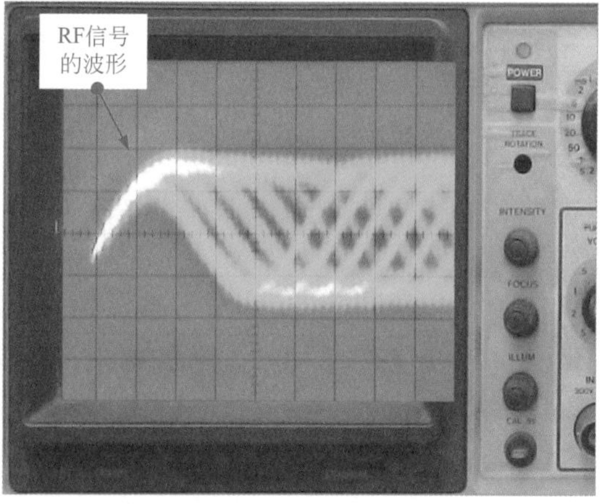

(a) 检测CD伺服预放电路IC701 9脚输出的RF信号波形

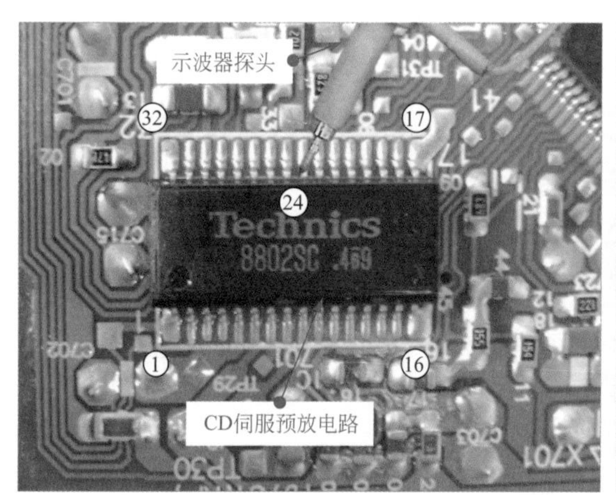

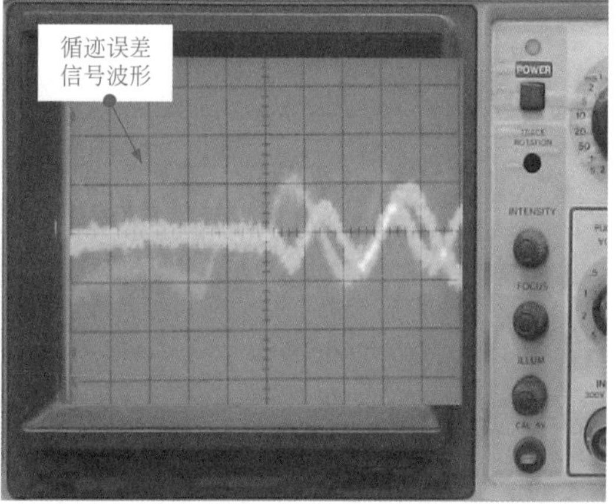

(b) 检测CD伺服预放电路IC701 24脚输出的循迹误差信号

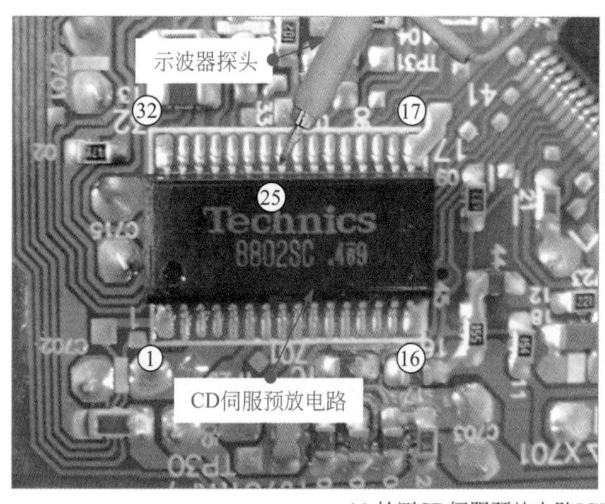

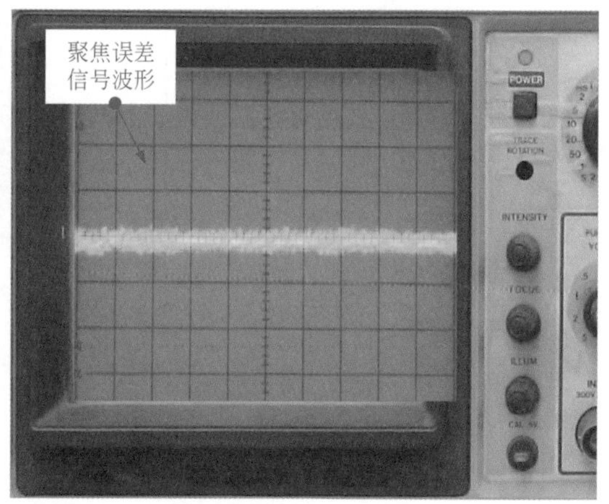

(c) 检测CD伺服预放电路IC701 25脚输出的聚焦误差信号

图 9-11　CD 伺服预放电路 IC701（AN8802SCE1V）的具体检修方法

在供电电压正常的情况下，若 CD 伺服预放电路 IC701 无上述三个信号输出，则可能是芯片本身已经损坏。

（2）示波器检测 CD 数字信号处理电路 IC702（MN66271RA）

由伺服预放输出的 RF 信号送到 CD 数字信号处理电路 IC702 的 44 脚，在其内部进行处理，最后经 D/A 变换后由 73、75 脚输出立体声音频信号；32、33 脚接收由 CD 伺服预放电路 IC701 送来的聚焦误差信号和循迹误差信号；1 脚为数据时钟信号；2 脚为分离时钟信号；3 脚为数字音频信号。

CD 数字信号处理电路 IC702（MN66271RA）的具体检测方法见图 9-12。

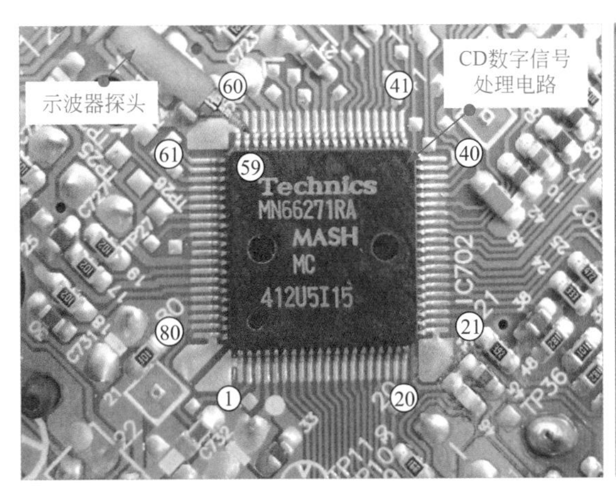

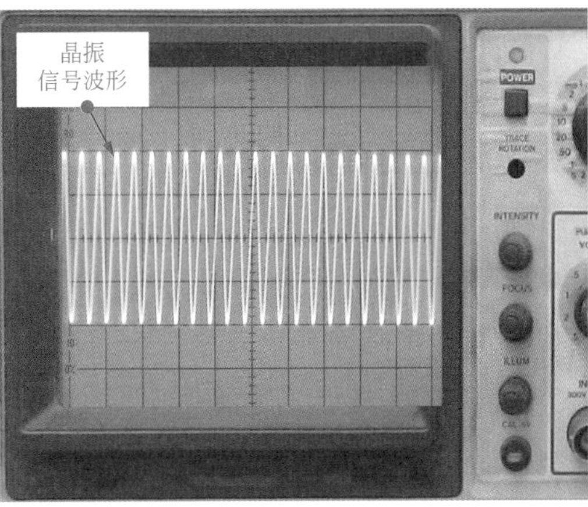

(a) 检测CD数字信号处理电路IC702 58、59脚的晶振信号波形(以59脚为例)

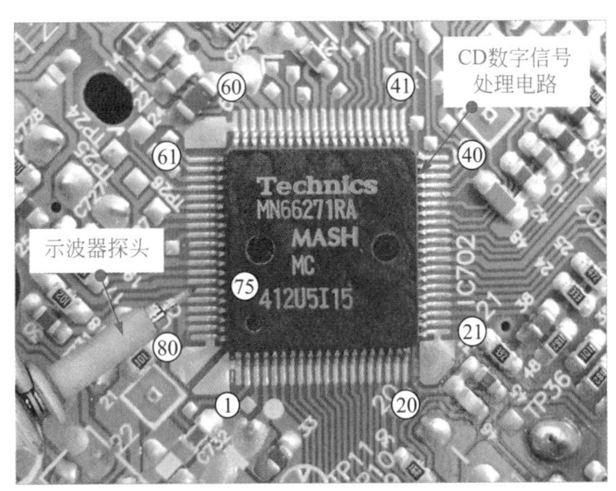

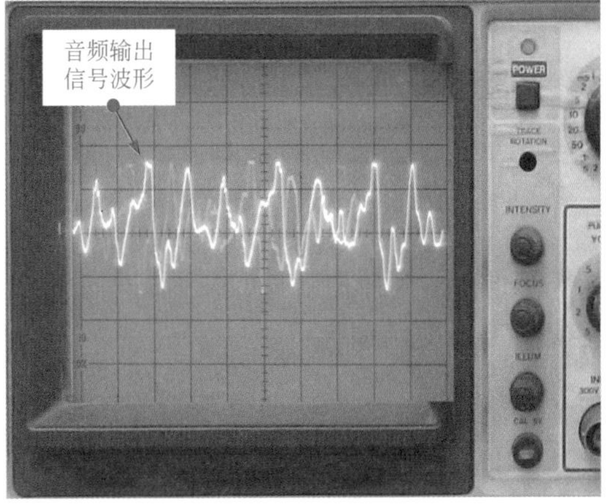

(b) 检测CD数字信号处理电路IC702 73、75脚输出的音频波形(以75脚为例)

图 9-12　CD 数字信号处理电路 IC702（MN66271RA）的具体检测方法

检测时，可首先对 CD 数字信号处理电路 IC702 的晶振信号进行检测，当以上检测均正常时，可对其输出的音频信号进行检测，若其无音频信号输出，且其 RF 信号输入正常，则表明该芯片已损坏。

提示

CD 数字信号处理电路 IC702（MN66271RA）其他引脚的信号波形如图 9-13 所示。

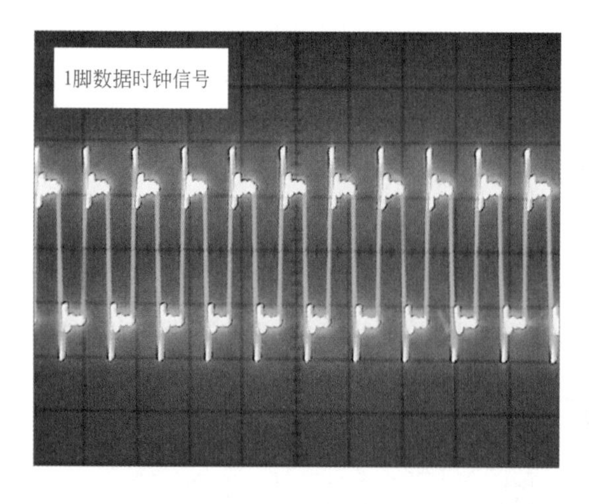

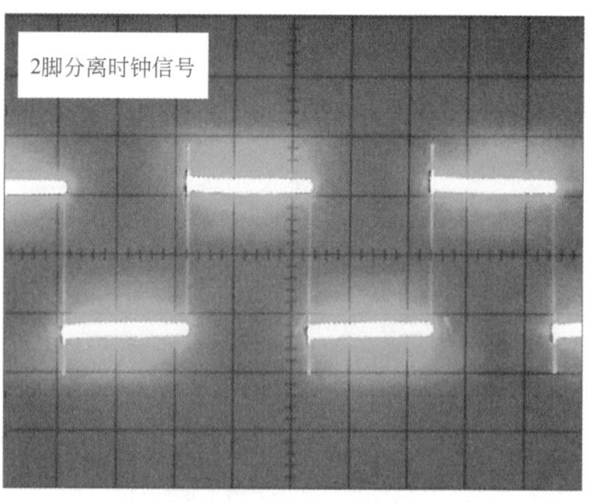

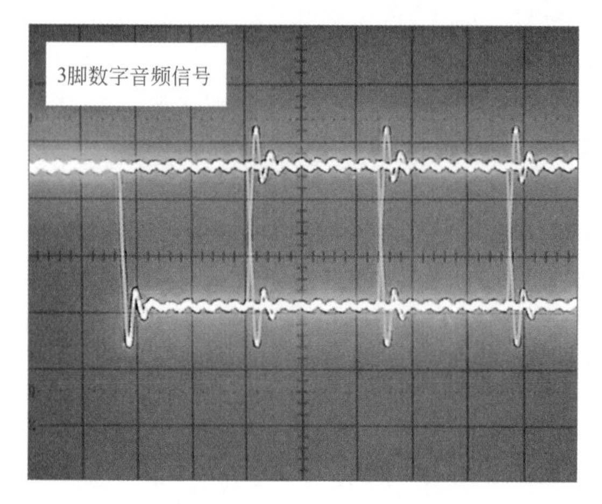

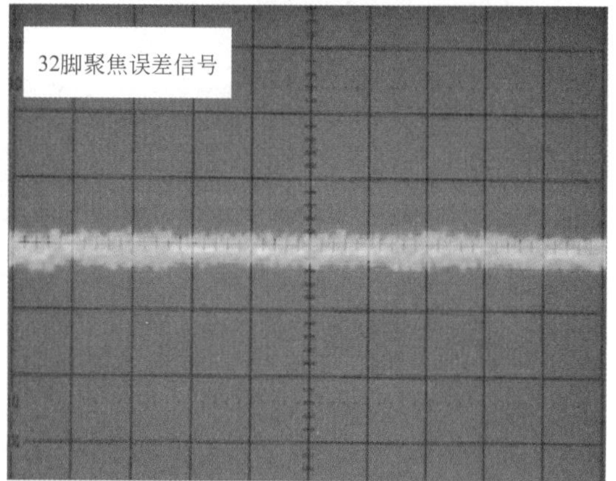

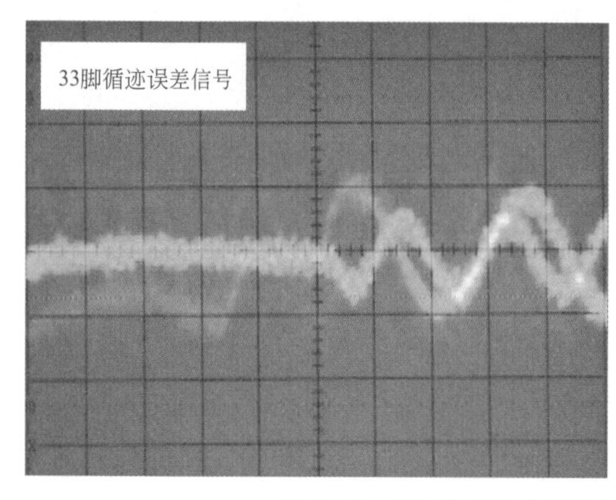

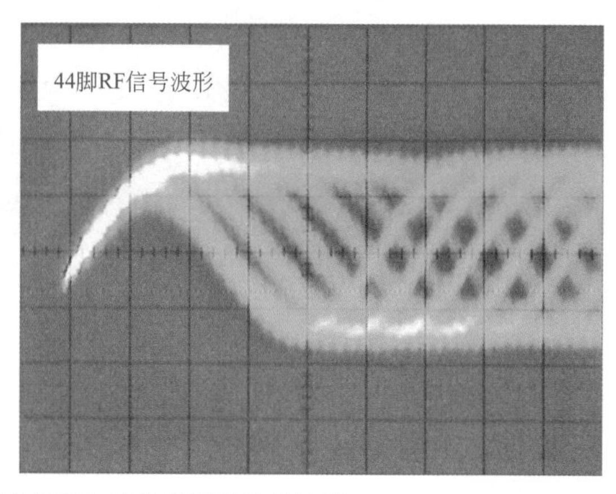

图 9-13　CD 数字信号处理电路 IC702 其他引脚的信号波形

(3）示波器检测 CD 伺服驱动电路 IC703（AN8389S）

对于伺服驱动电路，一般主要是对其输出的四组驱动信号进行检测并判断其是否正常。该机中的 CD 伺服驱动电路 IC703（AN8389S）的 15、16 脚输出进给电机驱动信号；

17、18脚输出主轴电机驱动信号；19、20脚输出循迹线圈驱动信号；21、22脚输出聚焦线圈驱动信号。

CD伺服驱动电路IC703（AN8389S）的具体检测方法见图9-14。

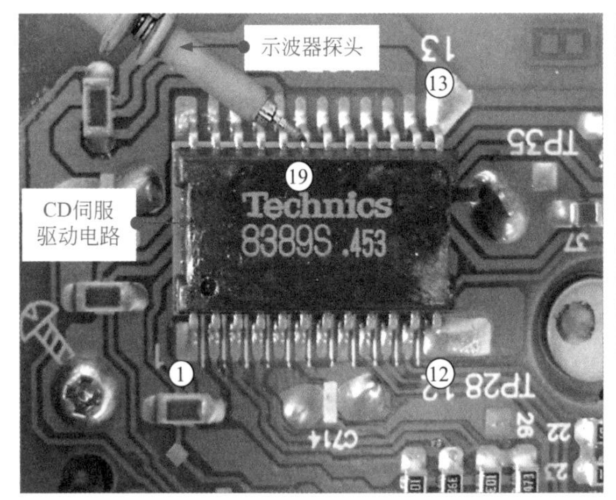

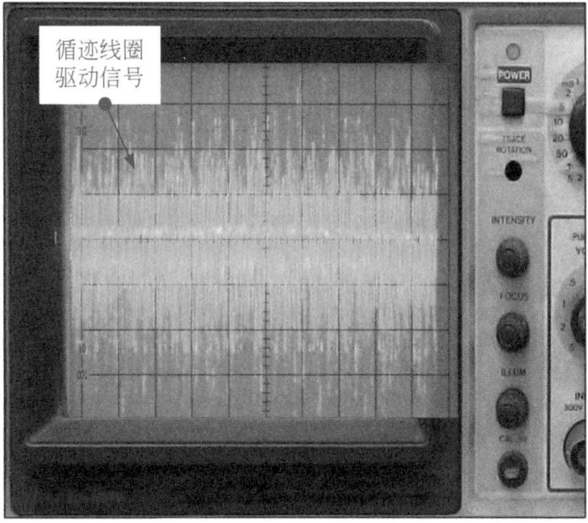

(a) 检测CD伺服驱动电路IC703 19、20脚输出的循迹线圈驱动信号波形

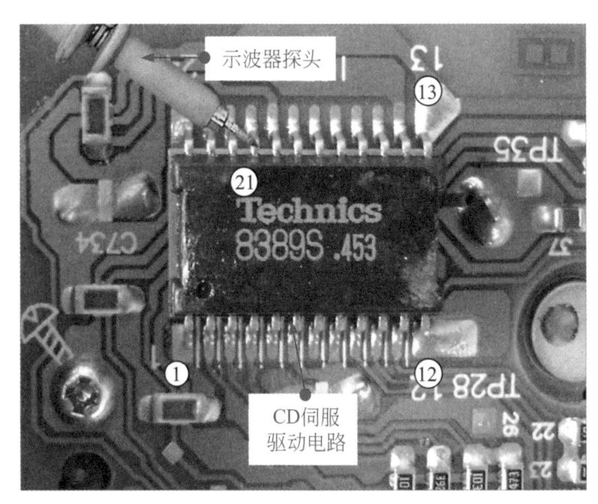

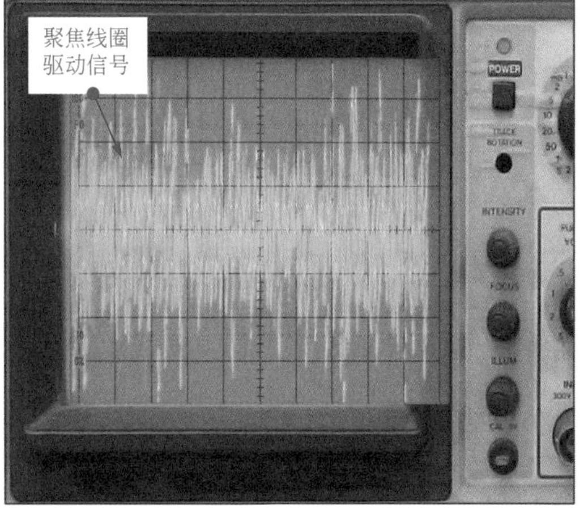

(b) 检测CD伺服驱动电路IC703 21、22脚输出的聚焦线圈驱动信号波形

图9-14 CD伺服驱动电路IC703（AN8389S）的具体检测方法

若IC703无循迹和聚焦线圈驱动信号输出，则可能是该芯片已经损坏。

提示

正常情况下测得CD伺服驱动电路IC703（AN8389S）其他引脚的信号波形如图9-15所示。

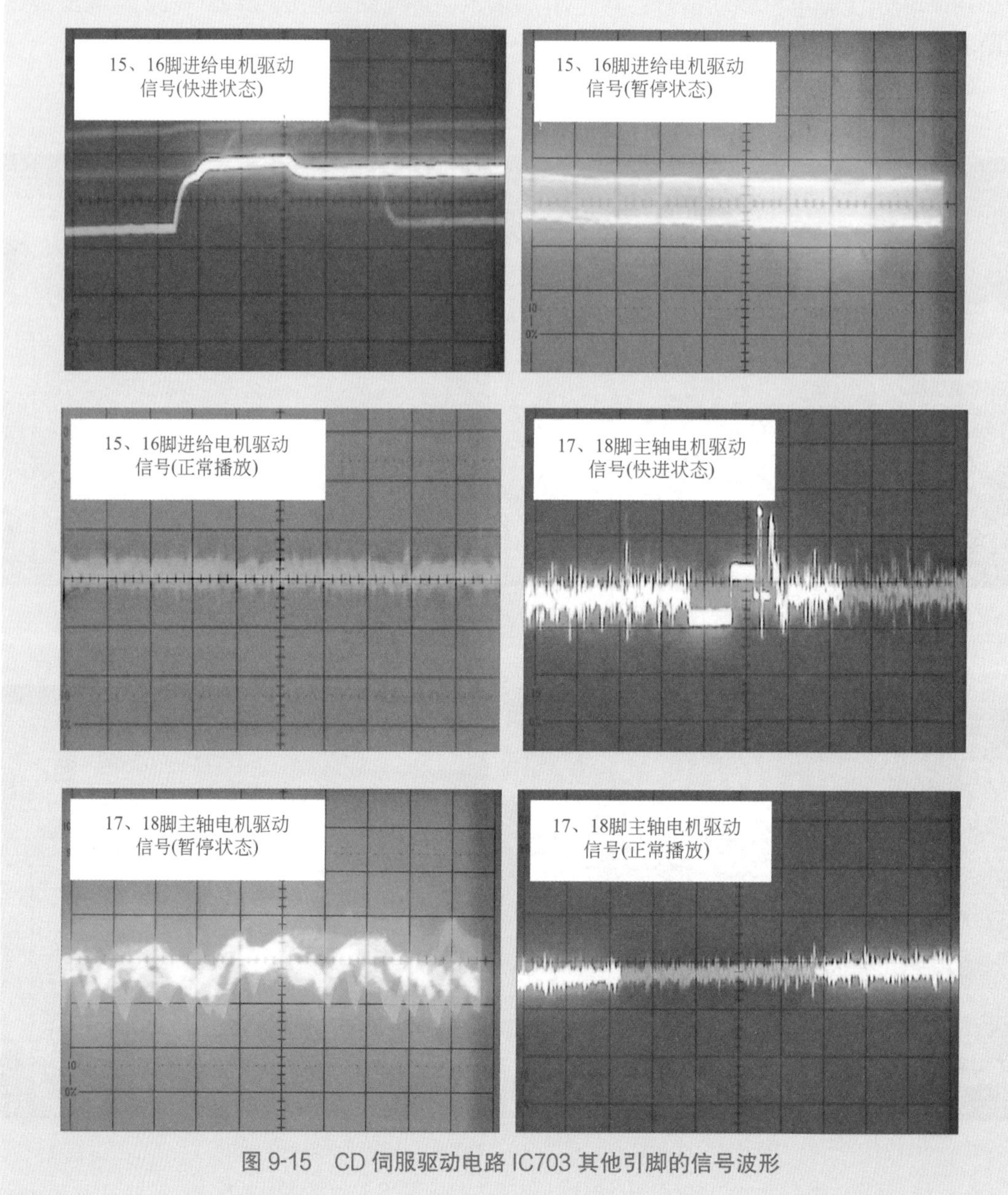

图 9-15　CD 伺服驱动电路 IC703 其他引脚的信号波形

9.1.3 示波器检测音频信号处理电路

图 9-16 为典型组合音响中的音频信号处理电路。该电路主要是由音频信号处理集成电路 IC302（M62408FP）及外围元件构成的。其中，音频信号处理电路 IC302（M62408FP）的 92、39 脚为音频信号输入端；68 脚为话筒信号输入端；45、86 脚为音频信号输出端。

音频信号由 92、39 脚送入数字音频控制器 IC302（M62408FP）中，话筒信号由 68 脚输入 IC302。音频信号在 IC302 中进行切换合成及频率特性的控制，然后进行音量控制（主电位器和副电位器），经过处理后输出。

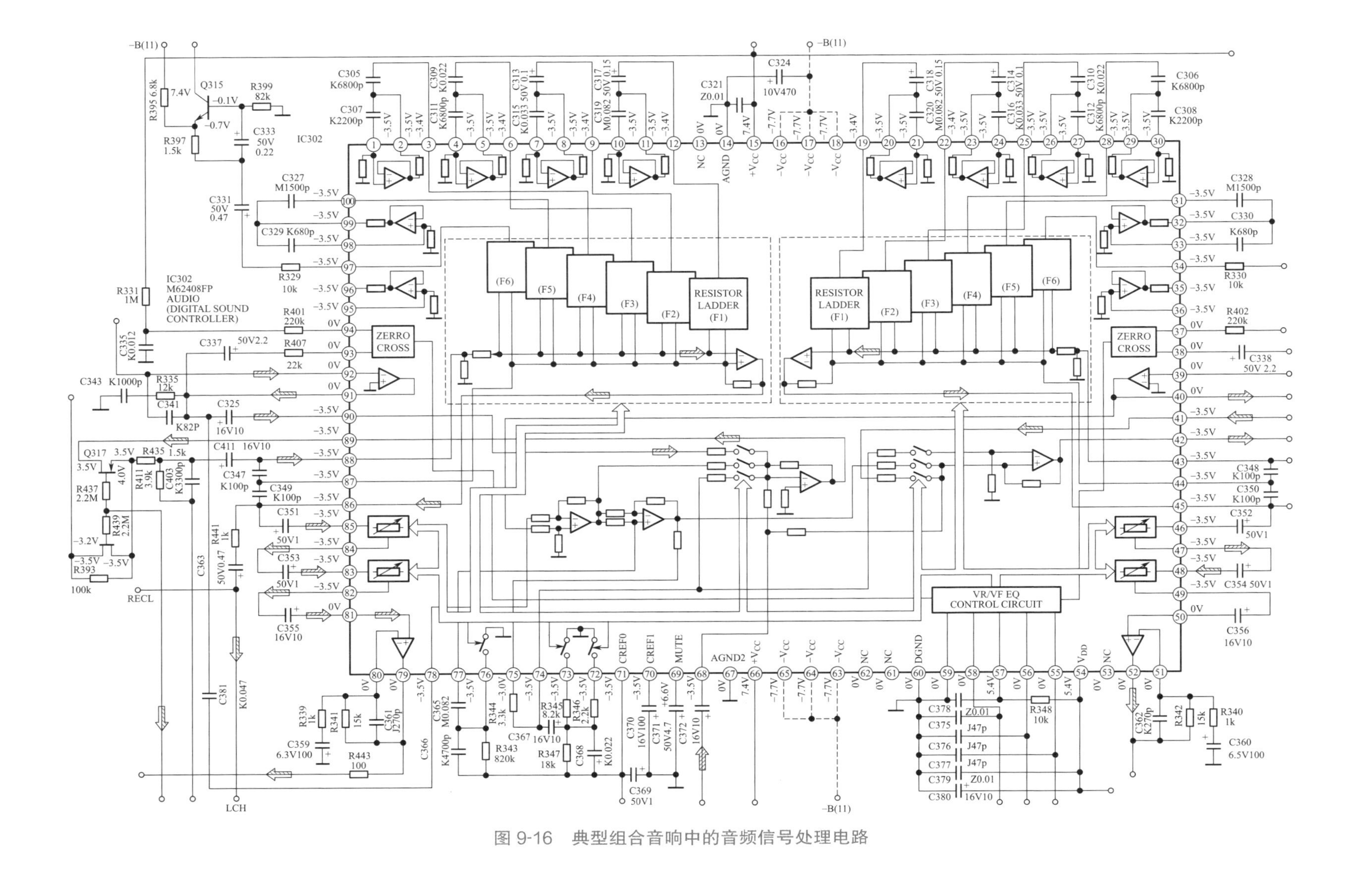

图 9-16 典型组合音响中的音频信号处理电路

音频信号处理电路 IC302（M62408FP）的具体检测方法见图 9-17。

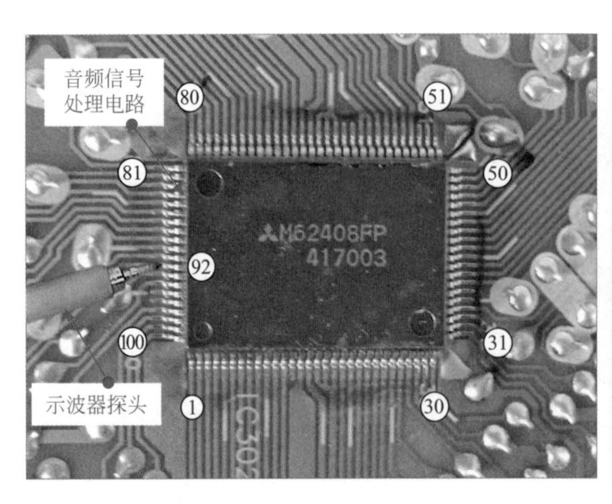

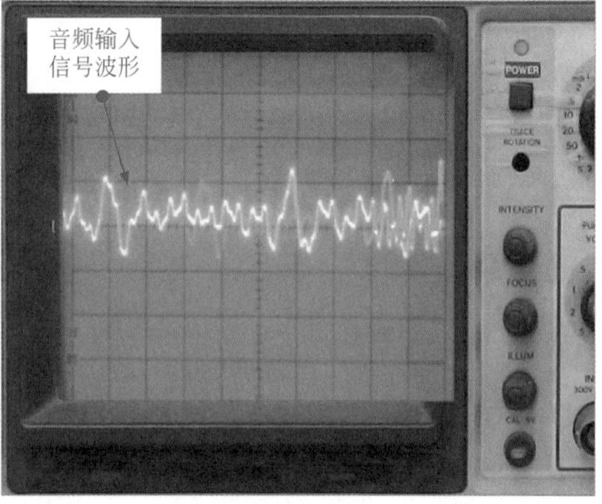

(a) 检测音频信号处理电路IC302 92脚输入的音频信号波形

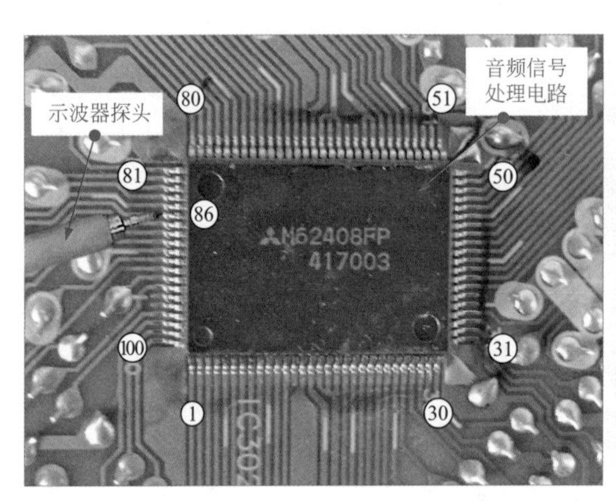

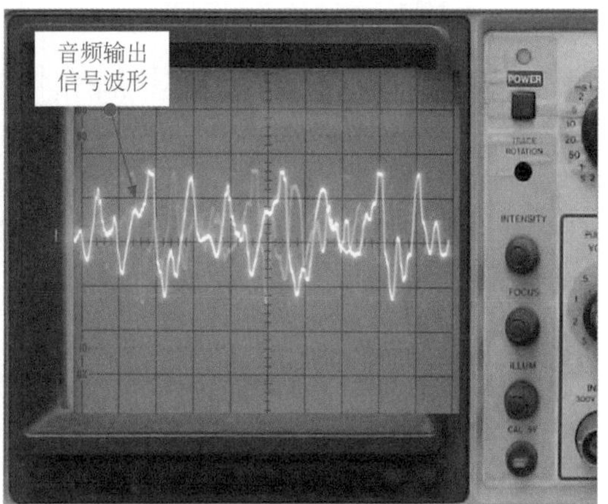

(b) 检测音频信号处理电路IC302 86脚输出的音频信号波形

图 9-17　音频信号处理电路 IC302（M62408FP）的具体检测方法

若音频信号处理电路 IC302 输入的音频信号正常，而无输出或输出不正常，则可能是芯片本身已经损坏。

9.1.4 示波器检测功放电路

功放电路是音频电路中的一个电路单元，主要用于将各音频信号源输出的音频信号进行功率放大。图 9-18 为典型功放电路。该电路主要是由音频功率放大器 IC501（SV13101D）及外围元件构成的。功放电路中的主要部件与众多电子元器件相互连接组合形成单元电路（或功能电路）。工作时，各单元电路（功能电路）相互配合协调工作。来自前级的 RCH、LCH 音频信号送入该功放 IC501 的 13、11 脚，经内部放大后由其 1 脚和 4 脚输出。

通常使用示波器对功放电路输入和输出的音频信号进行检测。

音频功率放大器 IC501（SV13101D）的具体检测方法见图 9-19。

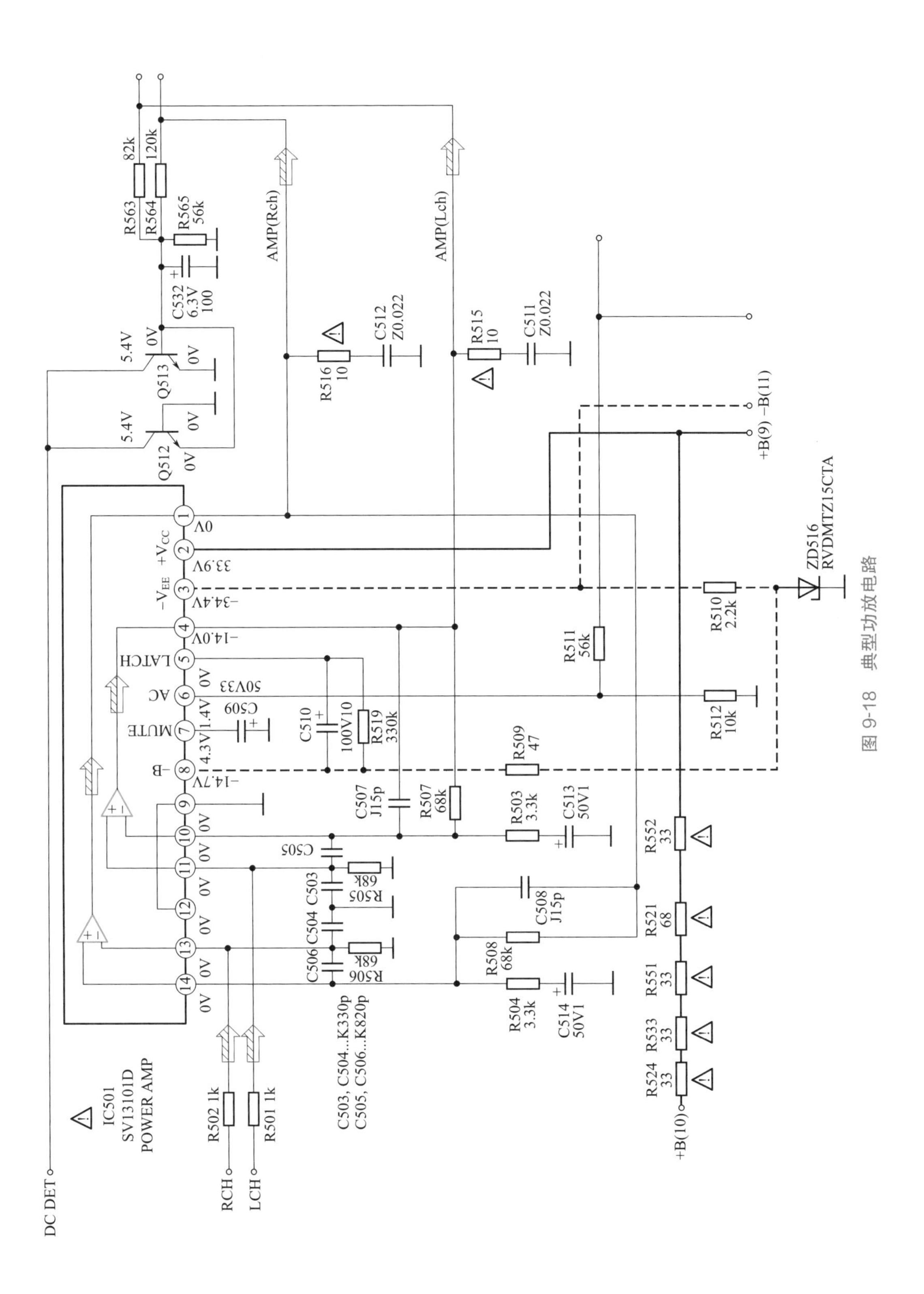

AMP(Rch)
AMP(Lch)
R563 82k
R564 120k
R565 56k
C532 6.3V 100
5.4V
0V
Q513
Q512
R516 10
C512 Z0.022
R515 10
C511 Z0.022
+B(9) -B(11)
ZD516 RVDMTZ15CTA
R511 56k
R510 2.2k
R512 10k
R509 47
0V
+VCC 33.9V
−VEE −34.4V
−14.0V
LATCH
AC 50V33
MUTE 1.4V
C509
C510 100V10
R519 330k
−B 4.3V −14.7V
C507 J15p
R507 68k
R503 3.3k
C513 50V1
C505
R505 68k
C503
C504
C508 J15p
R506 68k
C506
R508 68k
R504 3.3k
C514 50V1
C503, C504...K330p
C505, C506...K820p
R552 33
R521 68
R551 33
R533 33
R524 33
+B(10)
IC501 SV13101D POWER AMP
R502 1k
R501 1k
DC DET
RCH
LCH

图 9-18 典型功放电路

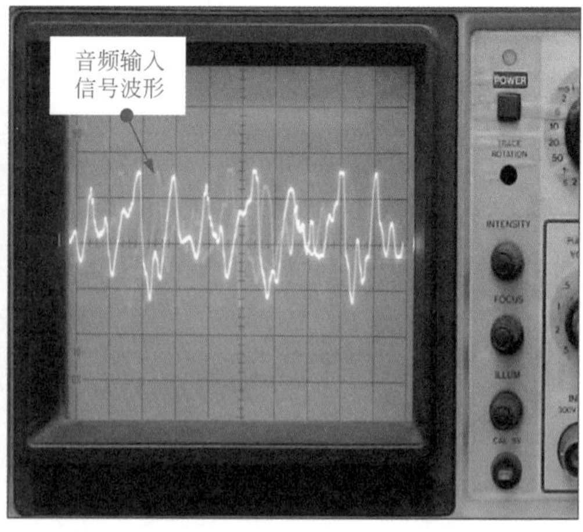

(a) 检测音频功率放大器IC501 13脚输入的音频信号波形

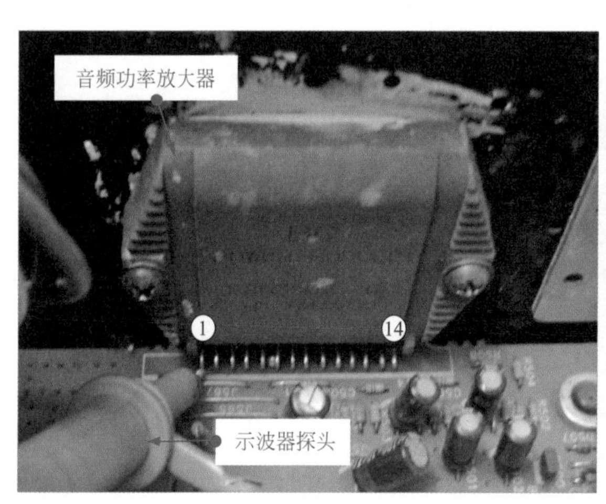

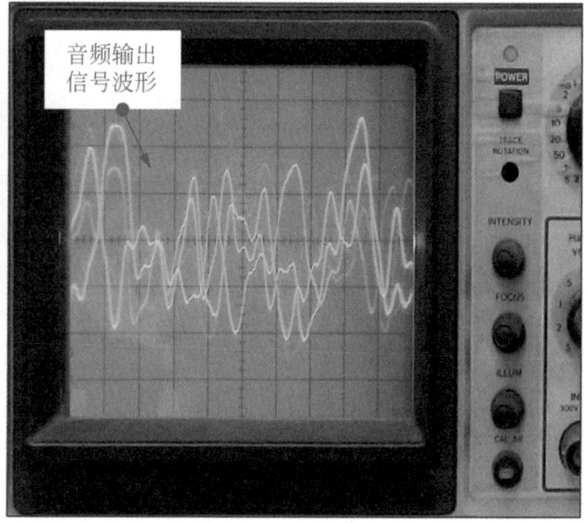

(b) 检测音频功率放大器IC501 1脚输出的音频信号波形

图 9-19　音频功率放大器 IC501（SV13101D）的具体检测方法

若音频功率放大器 IC501 输入的音频信号正常，而无输出或输出不正常，则可能是芯片本身已经损坏。

9.2 示波器检测视频电路

9.2.1 示波器检测调谐器及中频电路

调谐器电路将从天线送来的高频电视信号中调谐选择出欲收的电视信号，进行调谐放大后与本机振荡信号混频，输出中频信号。使用示波器主要是检测该电路的 IF 信号和中频信号。图 9-20 为典型彩色电视机的调谐器和中频电路。

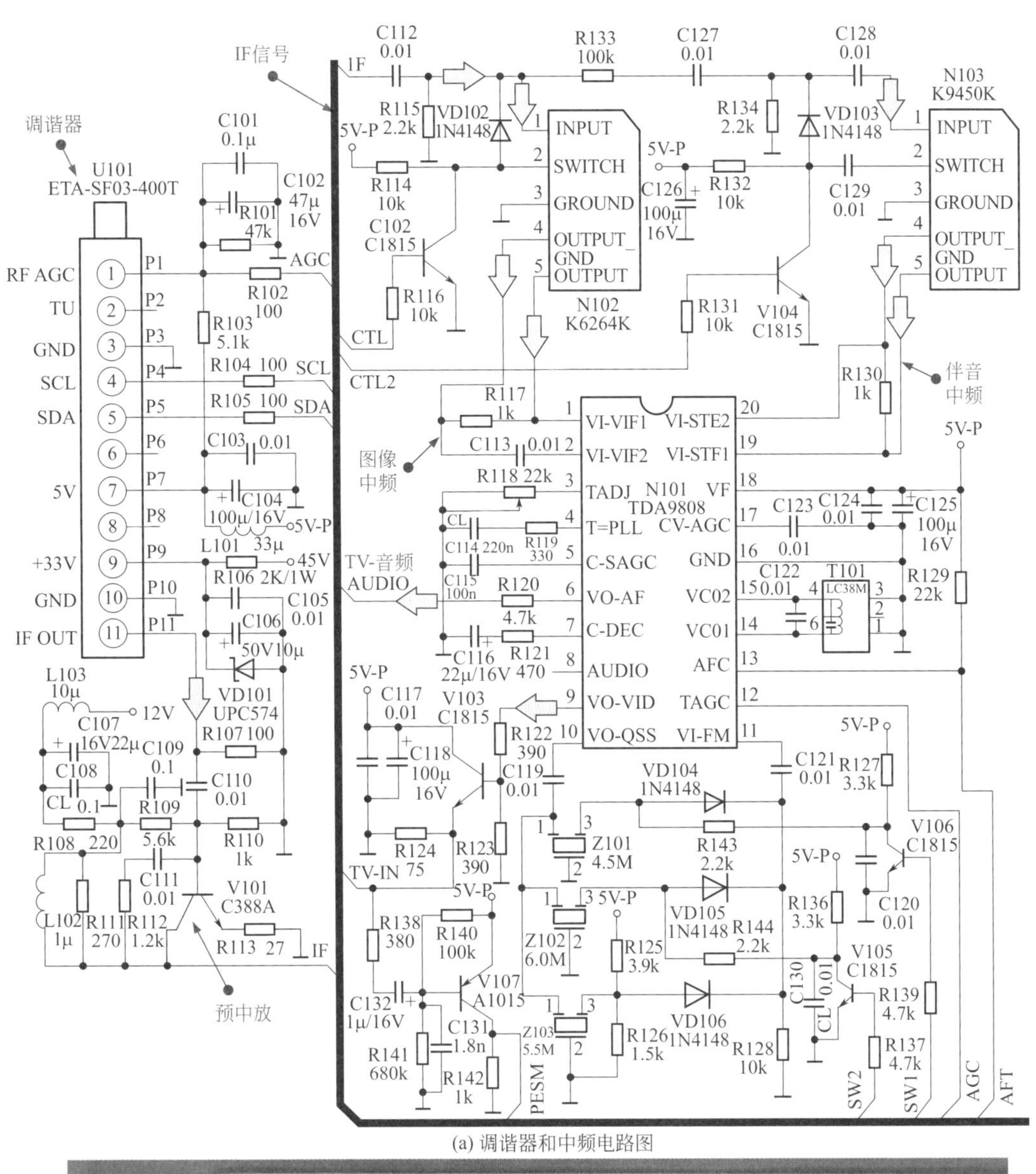

(a) 调谐器和中频电路图

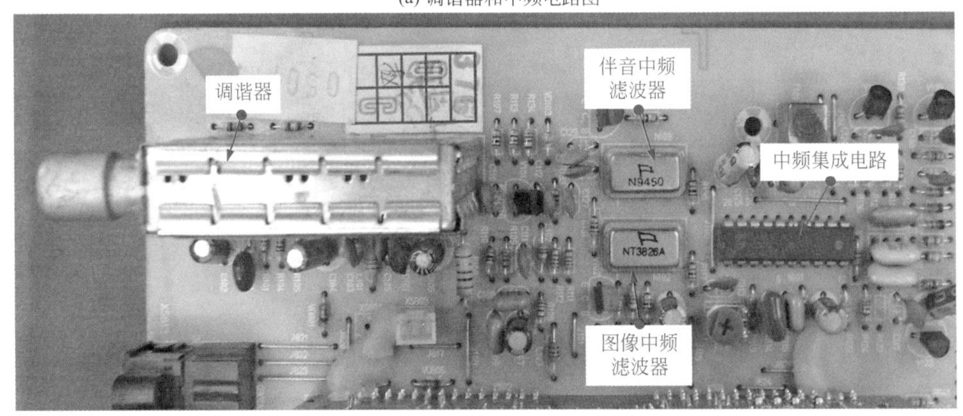

(b) 调谐器和中频电路的实物图

图 9-20 典型彩色电视机的调谐器和中频电路

提示

调谐器接收来自电视天线或某些电视的信号，射频信号经高放、混频等处理后变为中频信号。

调谐器 U101（IF 端）输出，经预中放 V101 进行放大，然后分别送入图像中频声表面波滤波器 N102 和伴音中频声表面波滤波器 N103 进行滤波。

调谐器电路中的主要检测点是调谐器输出的 IF 信号、声表面波滤波器输出的中频 IF 信号、中频集成电路的伴音中频信号、输出的 TV 视频信号和 TV 音频信号。

调谐器和背部引脚对照关系见图 9-21。

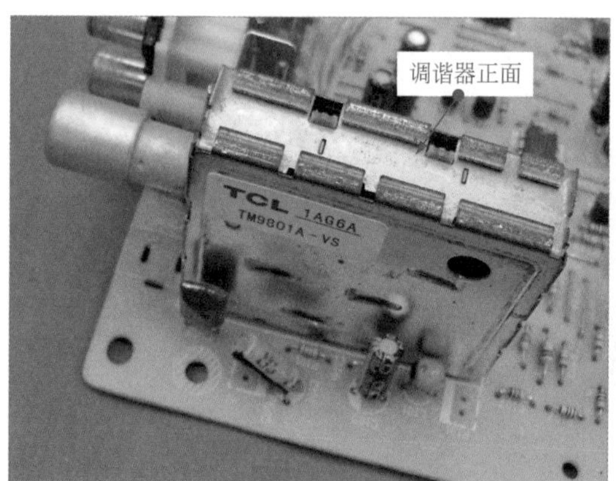

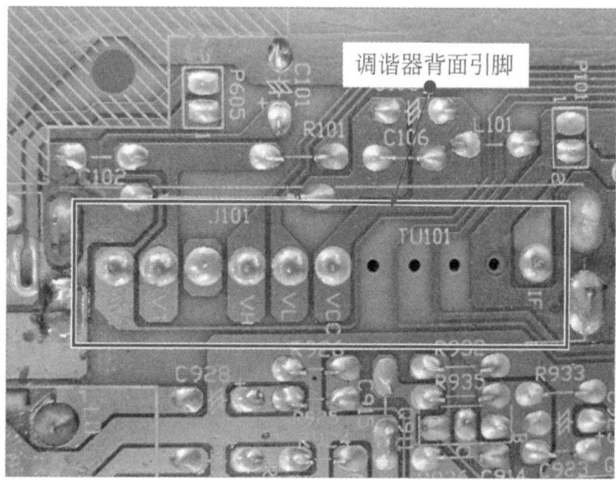

图 9-21　调谐器和背部引脚对照关系

了解调谐器的背部引脚后，即可使用示波器对调谐器输出的 IF 信号波形进行检测。检测调谐器输出的 IF 信号波形见图 9-22。

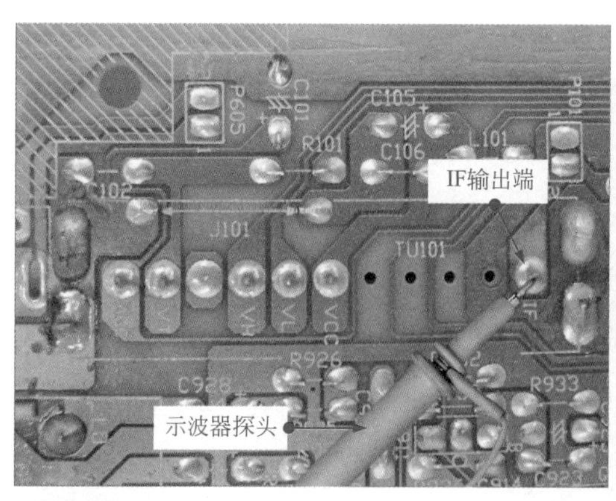

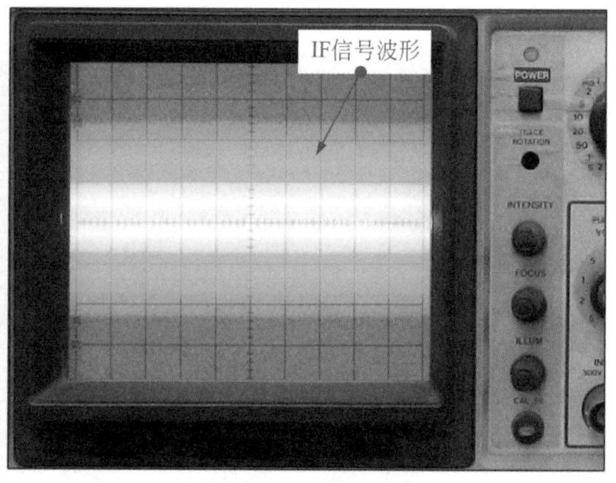

图 9-22　检测调谐器输出的 IF 信号波形

中频集成电路和背部引脚对照关系见图 9-23。

图 9-23 中频集成电路和背部引脚对照关系

中频集成电路 TDA8305A 的引脚功能见表 9-1。

表 9-1 中频集成电路 TDA8305A 的引脚功能表

引脚	引脚标识	引脚功能	引脚	引脚标识	引脚功能
1	RF AGC DL	高频自动增益控制延迟信号	15	SIF IN	伴音中频信号输入
2	SAW	场扫描锯齿波形成	16	GND	接地
3	V OUT	场扫描脉冲信号输出	17	VIDEO OUT	视频信号输出
4	V NF IN	场扫描反馈信号输入	18	AFC OUT	自动频率控制信号输出
5	RF AGC OUT	高频自动增益控制信号输出	19	AFC H/S	取样保持（开 / 关）
6	GND	接地	20	VIDEO SEL	视频选通网络
7	VCC	电源 +12V	21	VIDEO SEL	视频选通网络
8	PIF IN	图像中频信号输入	22	GATE DET	符合门检波信号输出
9	PIF IN	图像中频信号输入	23	H OSC	行振荡调节信号
10	IFAGC	中频自动增益控制	24	AFC OUT	自动频率控制信号输出
11	VOL	音量控制信号	25	SYNC SEP	同步脉冲分离
12	AUDIO OUT	音频信号输出	26	H OUT	行扫描激励信号输出
13	DISCR	伴音鉴频	27	SAND IN/OUT	沙堡脉冲输入 / 输出
14	SIF DEC	伴音中频退耦	28	H CEN/AFC OUT	行扫描中心调节 / 自动频率控制信号输出

根据中频集成电路 TDA8305A 的引脚功能，下面对中频集成电路的信号波形进行检测。

中频集成电路 TDA8305A 的检测方法见图 9-24。

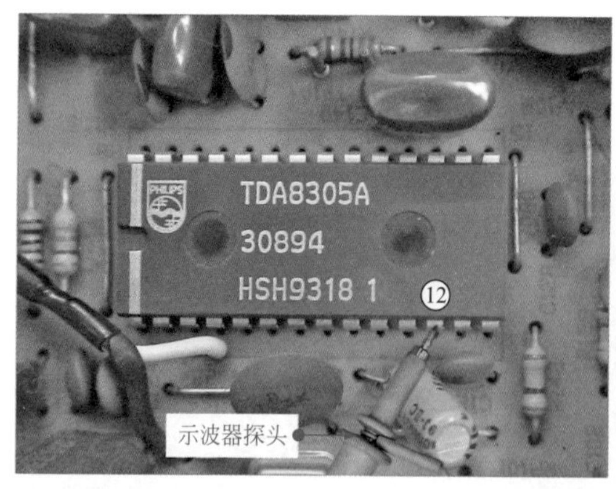

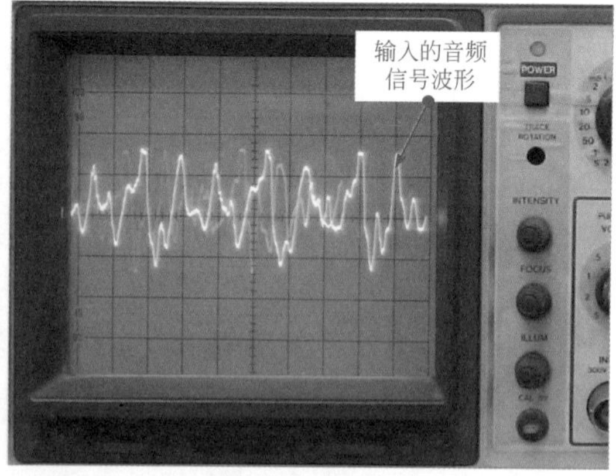

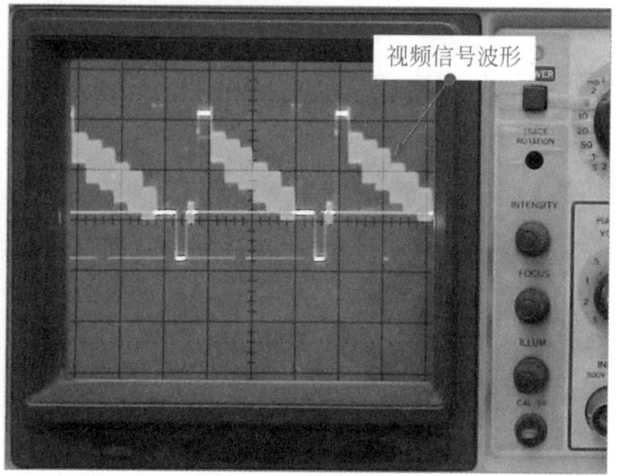

图 9-24　中频集成电路 TDA8305A 的检测方法

提示

若调谐器输出的 IF 信号不正常，则可能是调谐器本身损坏；若 IF 信号正常，而中频集成电路输出的视频信号和音频信号不正常，则可能是中频集成电路本身损坏。

目前，许多电视机都采用一体化调谐器，即将调谐器和中频电路集成在一起。如图 9-25 所示为一体化调谐器的检测方法。

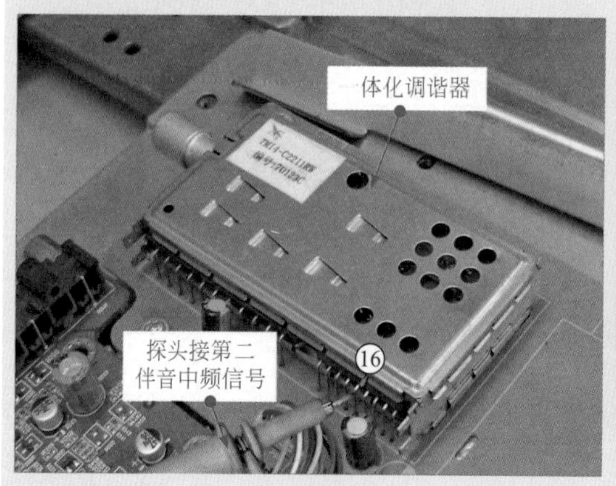

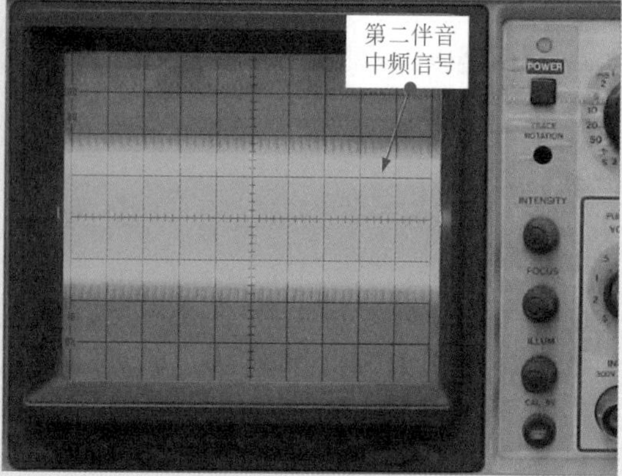

(a) 第二伴音中频信号的检测方法

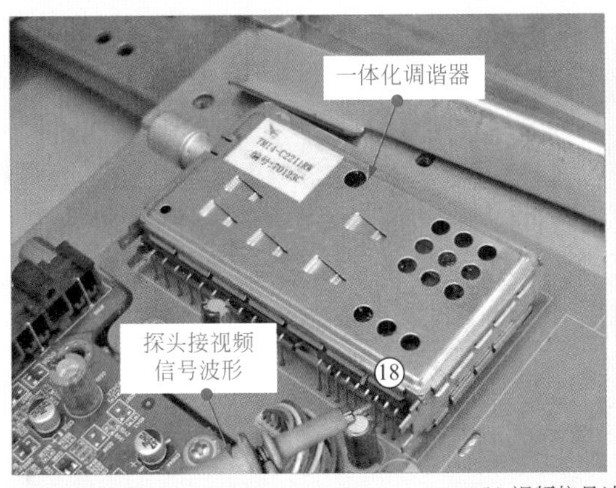

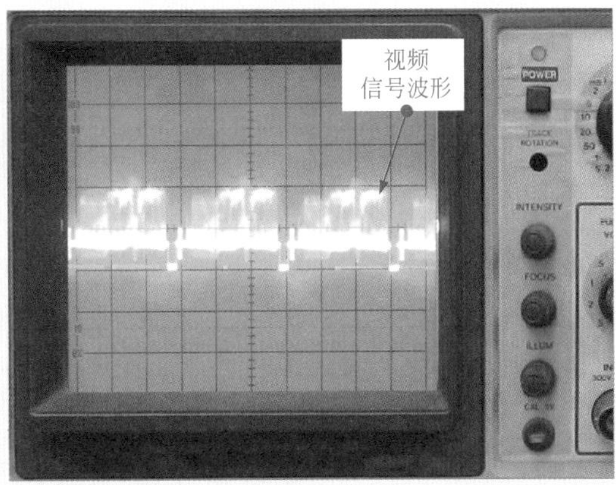

(b) 视频信号波形的检测方法

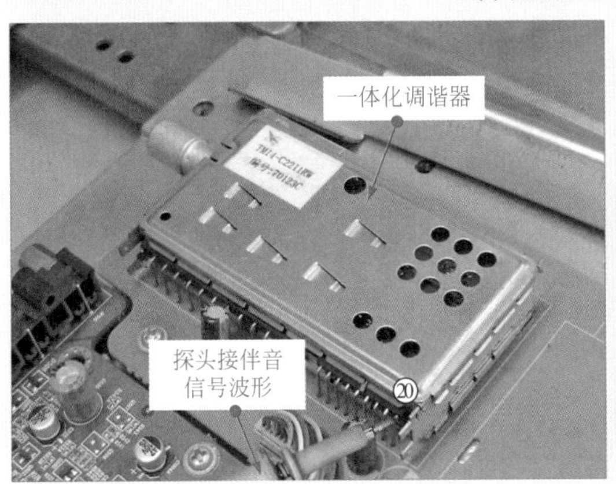

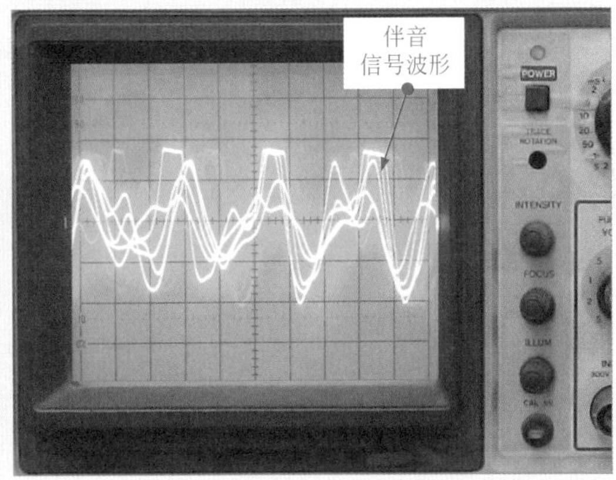

(c) 伴音信号波形的检测方法

图 9-25　一体化调谐器的检测方法

若一体化调谐器输出的第二伴音中频信号、视频信号、音频信号不正常，则可能是一体化调谐器本身损坏。

9.2.2 示波器检测视频信号处理电路

视频信号处理电路是彩色电视机的主要信号处理电路，该电路直接关系到图像的显示质量。使用示波器主要是对 I^2C 总线控制信号和 R、G、B 信号进行检测。

典型彩色电视机的视频信号处理电路见图 9-26。视频信号处理电路主要是由视频信号处理芯片 IC3000（TDA8375）和外围元器件等构成的。

视频信号处理电路主要功能是将本机接收或外部输入的视频信号首先进行切换，选择视频信号进行亮度、色度处理。对于视频信号处理电路的检测主要是使用示波器对输入的中频信号和输出的 R、G、B 信号进行检测。

视频信号处理电路的具体检测方法见图 9-27。

若视频解码电路输入的图像中频信号正常，而输出的 R、G、B 信号中的某一信号不正常，则说明该视频解码电路本身不正常。

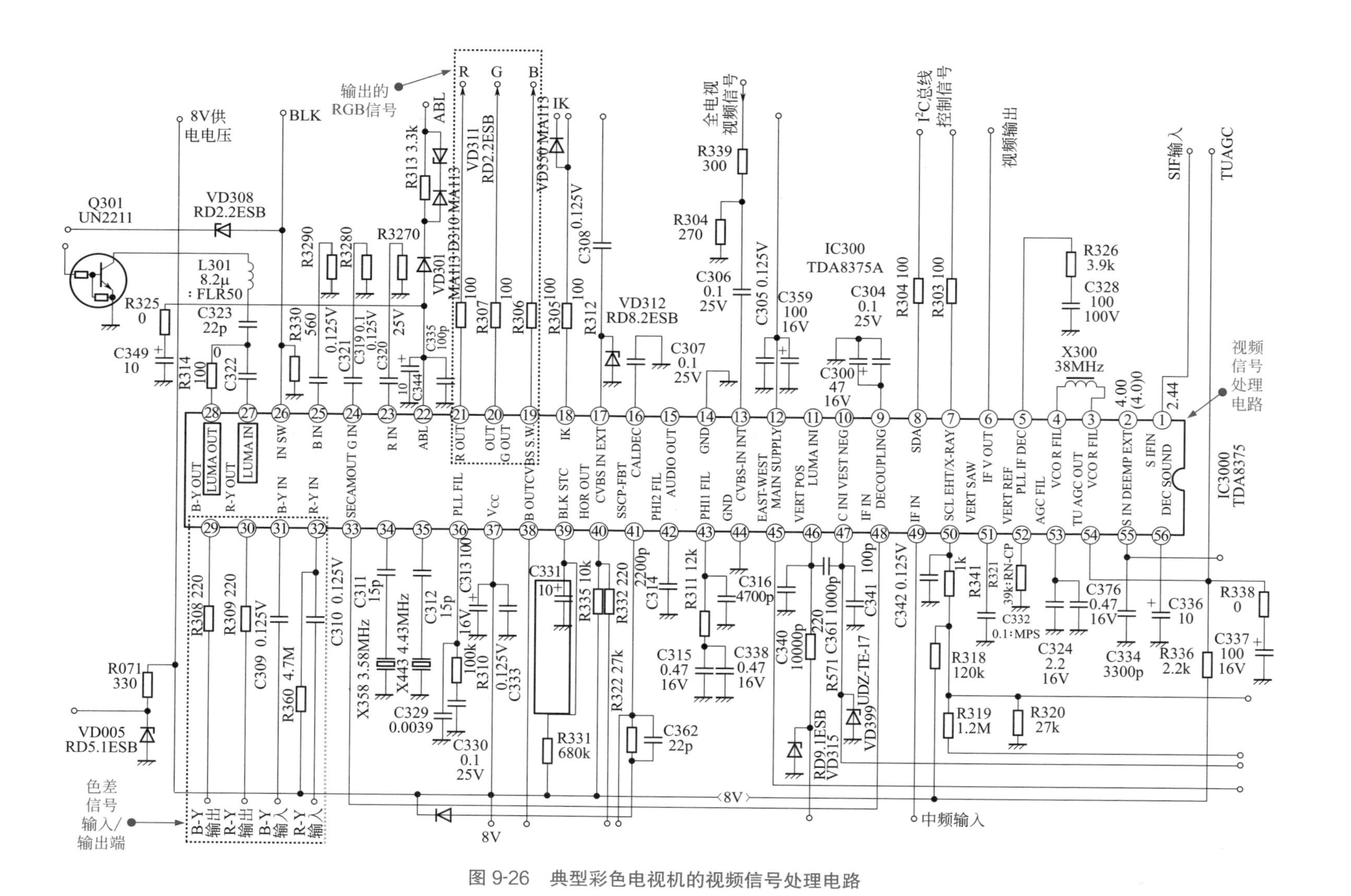

图 9-26 典型彩色电视机的视频信号处理电路

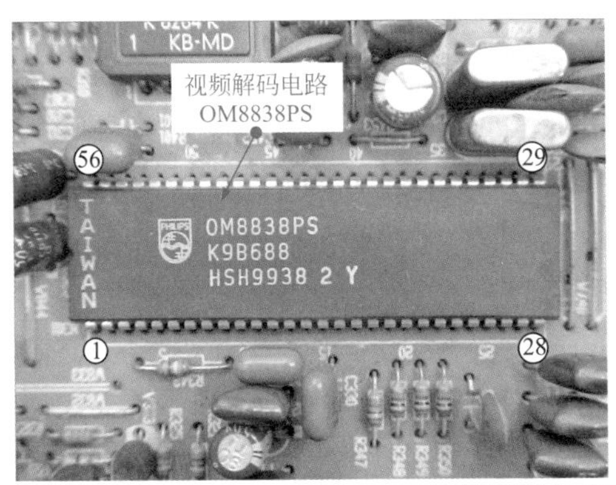

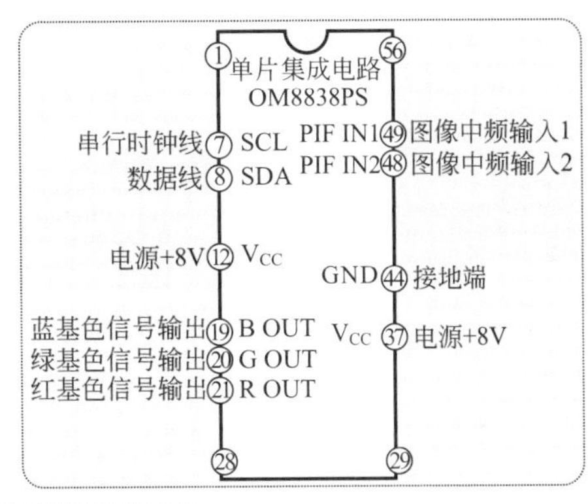

(a) 视频解码电路实物外形和引脚功能

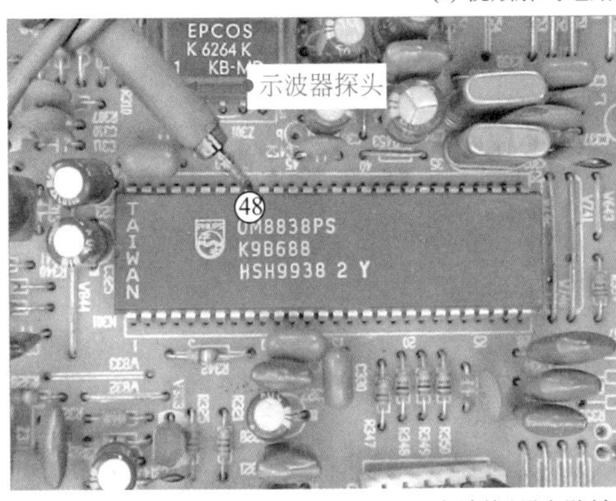

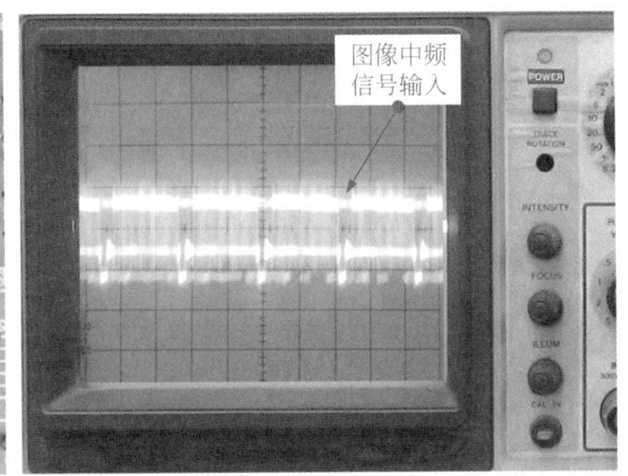

(b) 视频解码电路输入的图像中频信号波形

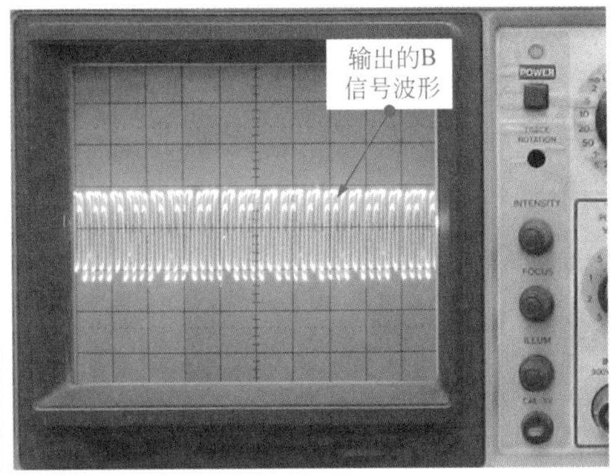

(c) 视频解码电路输出的B信号波形

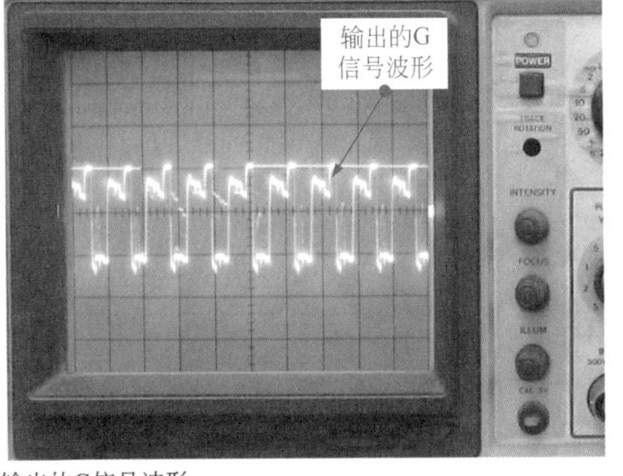

(d) 视频解码电路输出的G信号波形

图 9-27

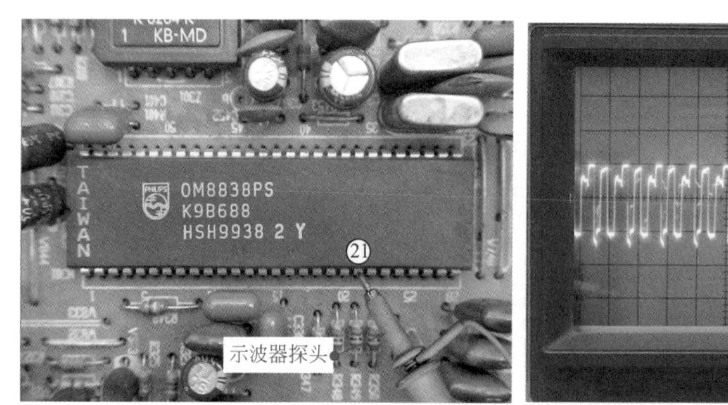

(e) 视频解码电路输出的R信号波形

图 9-27　视频信号处理电路的具体检测方法

9.2.3 示波器检测显像管电路

在彩色电视机中，显像管在视频图像信号、高压、副高压和偏转信号的联合作用下，显示电视图像，显像管电路主要是将解码电路送来的解码电路送来的R、G、B信号进行放大，然后形成控制显像管三个阴极的信号。使用示波器检测显像管电路主要是检测解码电路送来的R、G、B信号和送入显像管的R、G、B信号。

图 9-28 为典型彩色电视机的显像管电路。显像管电路主要由末级视频放大器、信号输入端、显像管等部分构成。

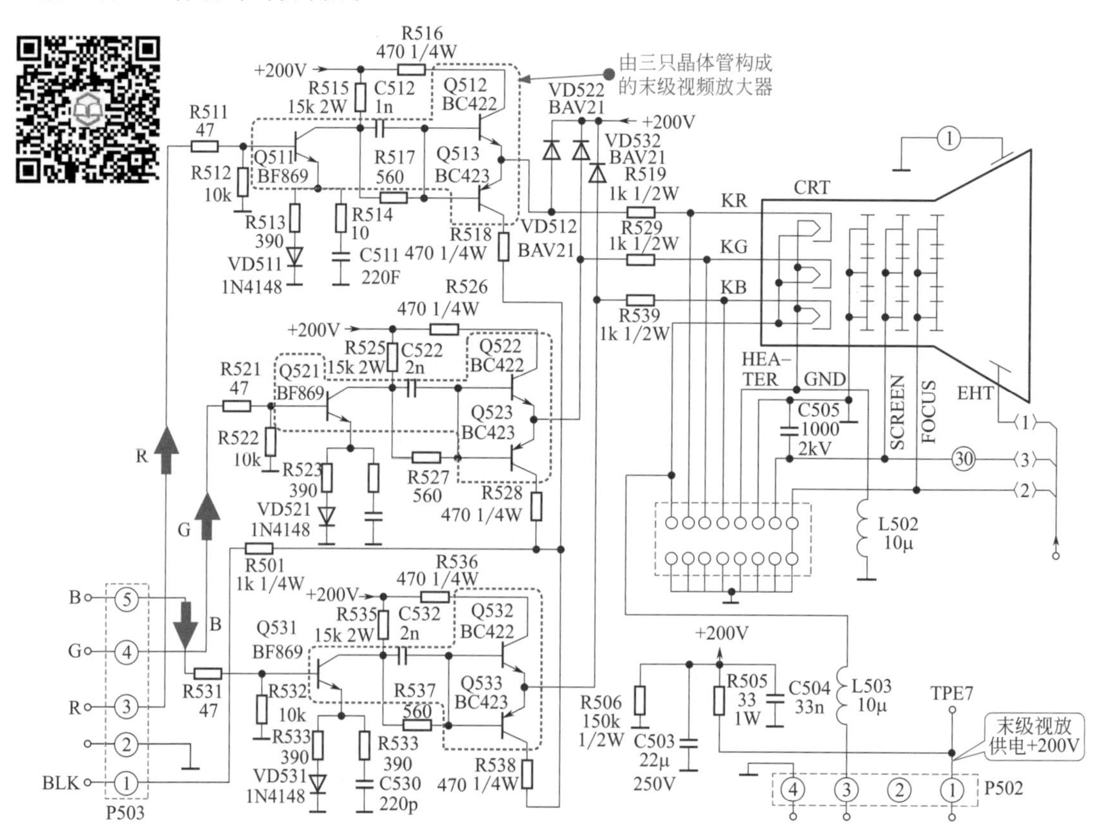

图 9-28　典型彩色电视机的显像管电路

提示

R、G、B 三基色信号直接通过连接插件输入 R、G、B 三路视放电路驱动晶体管（Q511、Q521、Q531）的三个基极。分别由各个晶体管集电极输出后，送入三组互补推挽放大器中（Q512 和 Q513、Q522 和 Q523、Q532 和 Q533），经放大后输出，送至显像管尾管上。

对于显像管电路的检测主要是使用示波器对显像管电路输入的 R、G、B 信号和输出的 R、G、B 信号进行检测。显像管电路的具体检测方法见图 9-29。

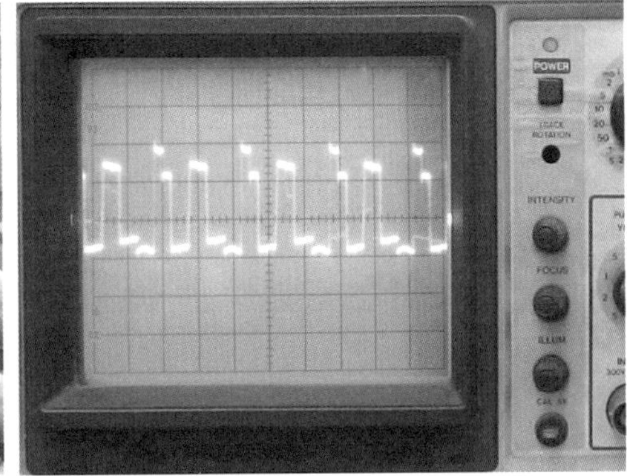

(a) 共射极激励放大器Q511基极输入的R信号波形

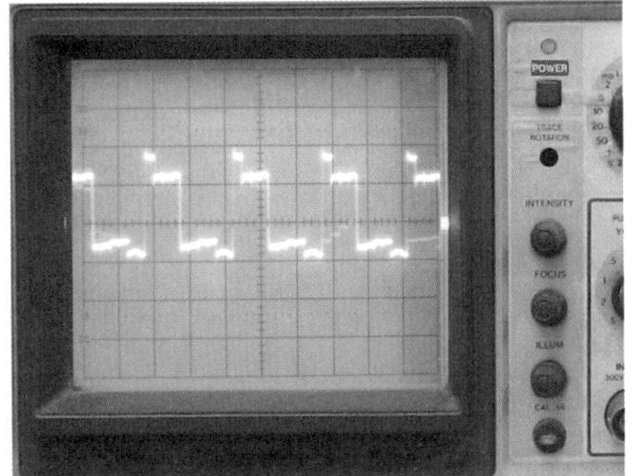

(b) 共射极激励放大器Q521基极输入的G信号波形

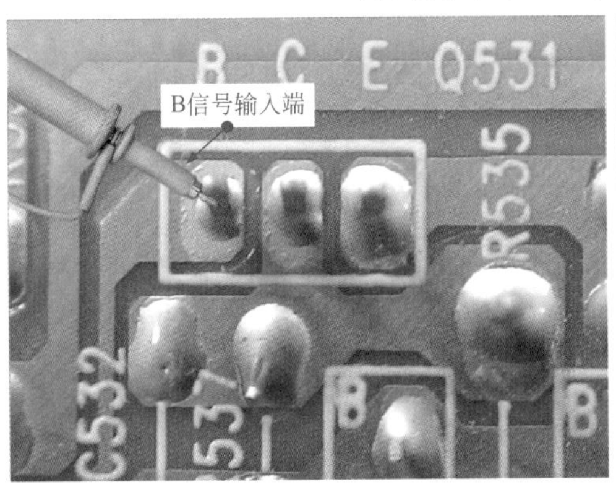

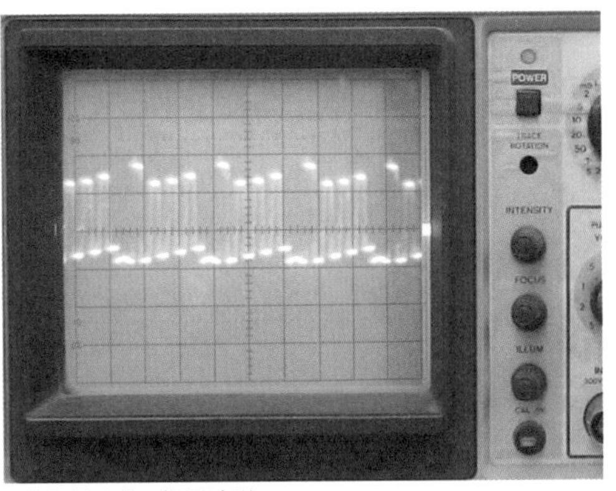

(c) 共射极激励放大器Q531基极输入的B信号波形

图 9-29

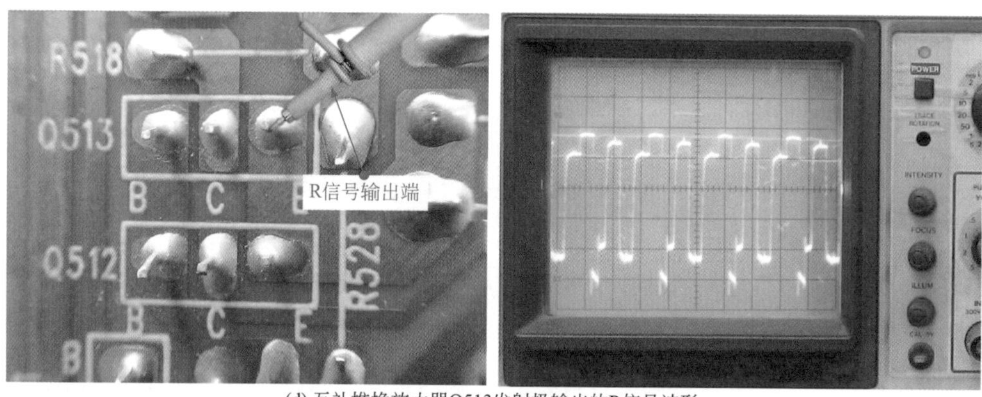

(d) 互补推挽放大器Q513发射极输出的R信号波形

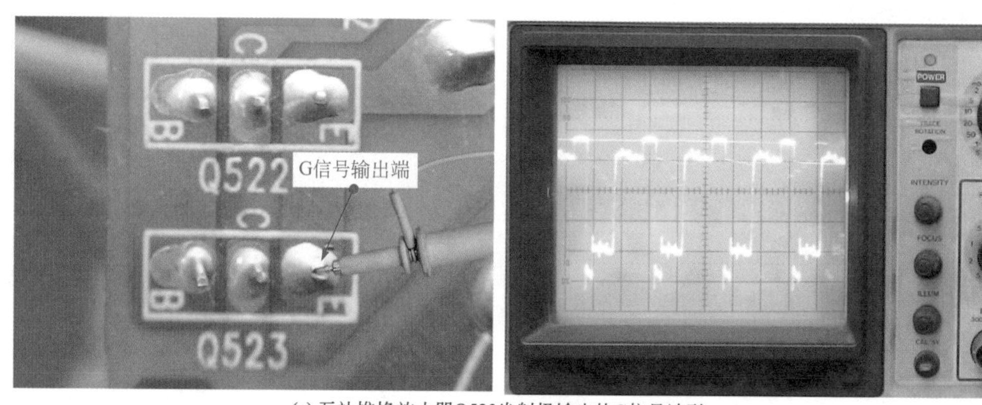

(e) 互补推挽放大器Q523发射极输出的G信号波形

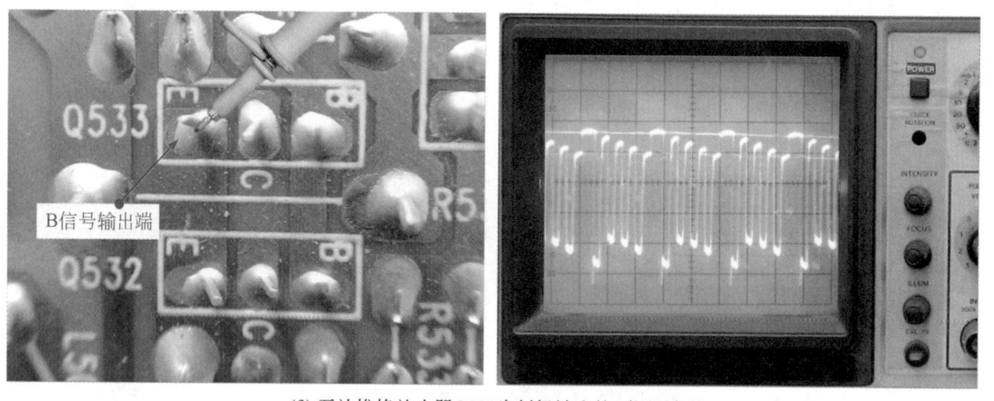

(f) 互补推挽放大器Q533发射极输出的B信号波形

图 9-29　显像管电路的具体检测方法

若显像管输入的 R、G、B 信号波形正常，而输出的 R、G、B 信号波形不正常，则说明该显像管电路有故障。

9.2.4　示波器检测视频解码电路

在现代视频播放设备中，视频解码电路主要是将输入的模拟视频信号进行解码处理，变为亮度和色差信号或者是数字视频信号后再输出。图 9-30 为典型数字平板电视机中的视频解码电路。

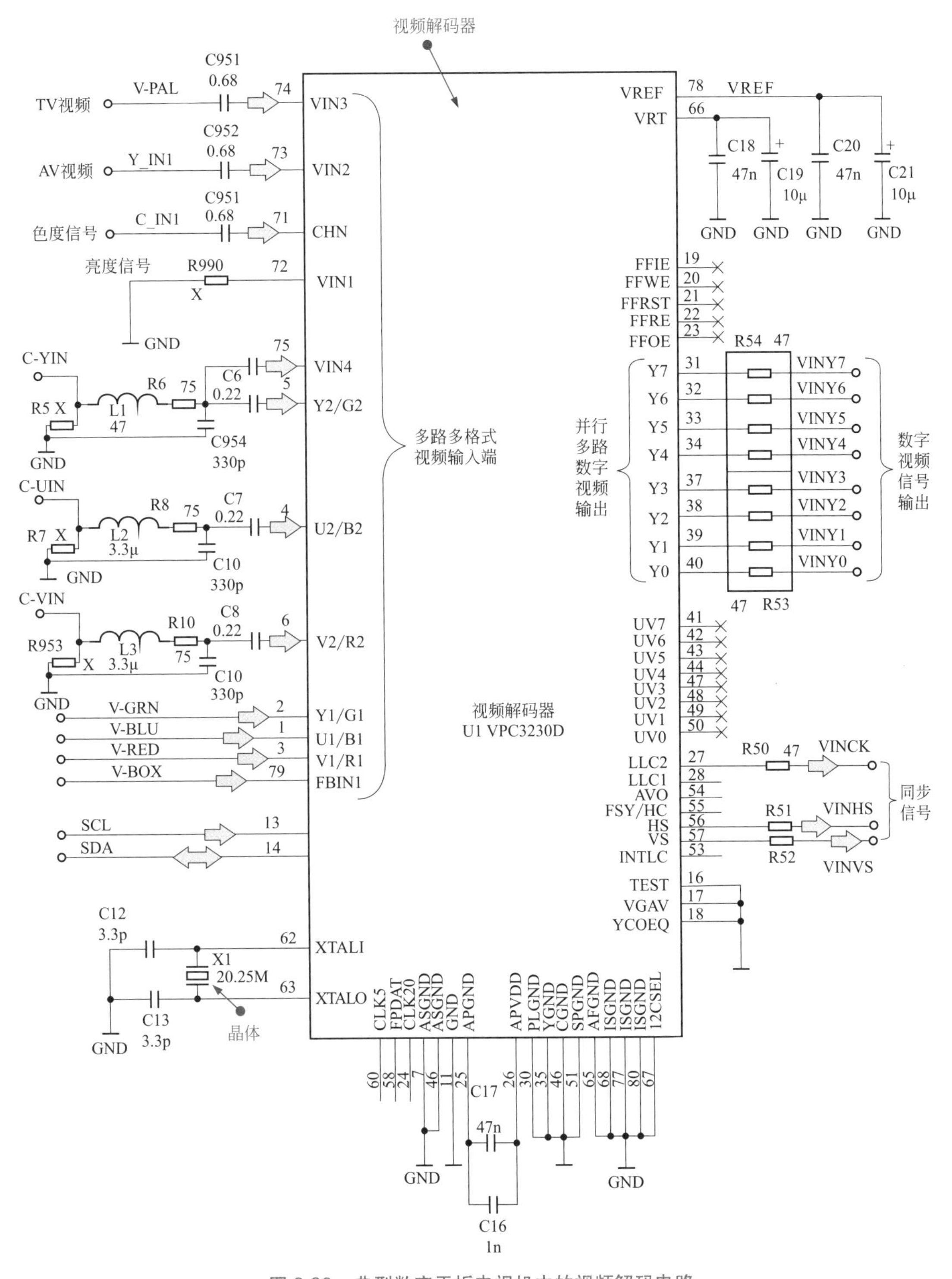

图 9-30 典型数字平板电视机中的视频解码电路

提示

TV 视频信号、AV 视频信号、色度信号等多路多格式视频信号送到视频解码器 U1（VPC3230D）中，VPC3230D 的 62 脚和 63 脚外接晶体，多路视频信号经 VPC3230D 内部处理后，输出数字视频信号和同步信号。

对于视频解码电路的检测主要是使用示波器对输入的视频信号、输出的视频信号、晶振信号进行检测。视频解码电路的具体检测方法见图 9-31。

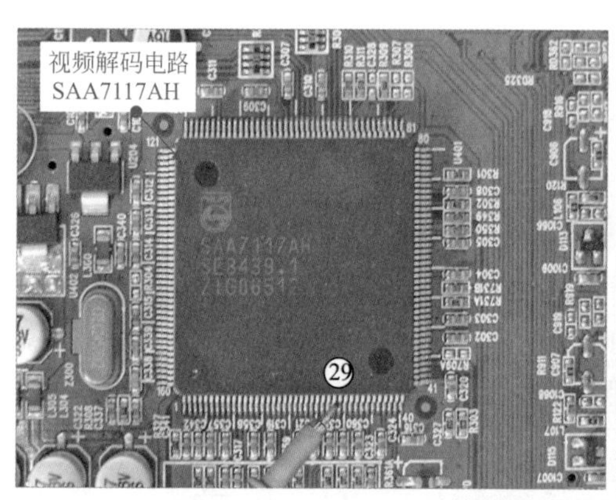

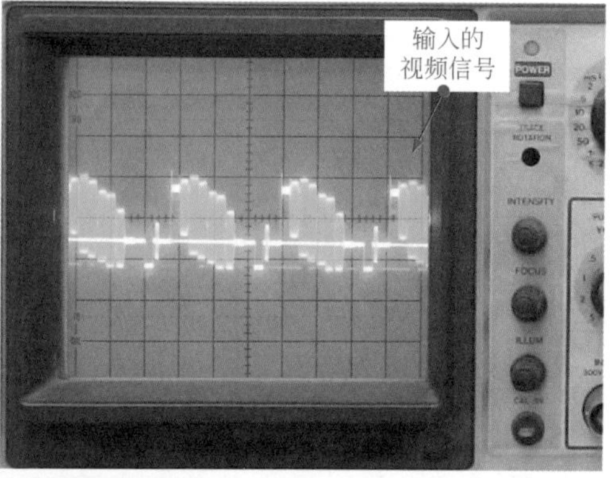

(a) 检测视频解码电路输入的视频信号

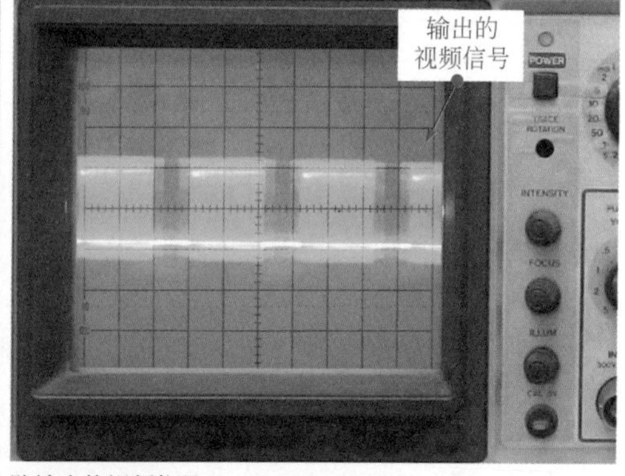

(b) 检测视频解码电路输出的视频信号

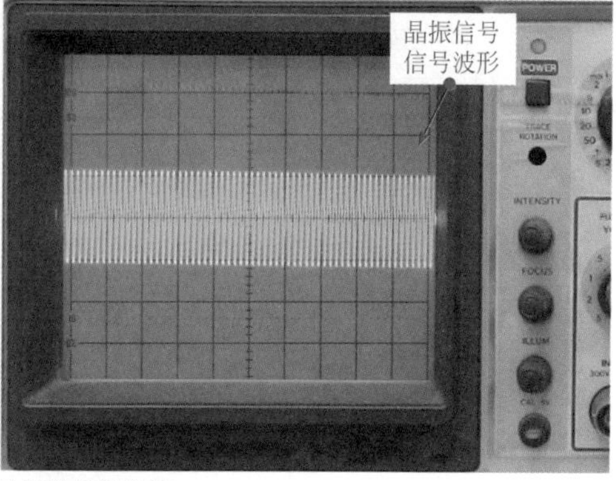

(c) 检测视频解码电路的晶振信号

图 9-31　视频解码电路的具体检测方法

若视频解码电路输入的视频信号、晶振信号正常，而输出的视频信号不正常，则说明视频解码电路本身有故障。

9.2.5 示波器检测数字图像信号处理电路

数字图像信号处理电路主要用来进行数字图像信号的处理。图 9-32 为典型等离子电视机中的数字图像信号处理电路。

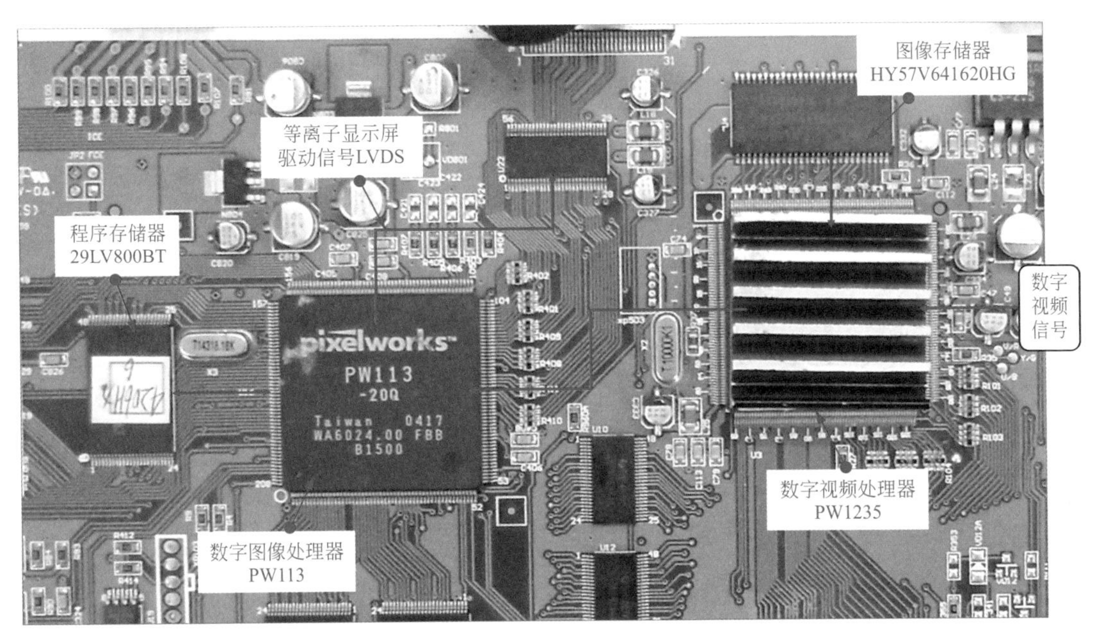

图 9-32 典型等离子电视机的数字图像信号处理电路

该电路主要是由程序存储器 29LV800BT、数字图像处理器 PW113、数字视频处理器 PW1235、图像存储器 HY57V641620HG 等构成的。

对于数字图像信号处理电路的检测主要是使用示波器对输入的视频信号、输出的视频信号、晶振信号进行检测。数字图像信号处理电路的具体检测方法见图 9-33。

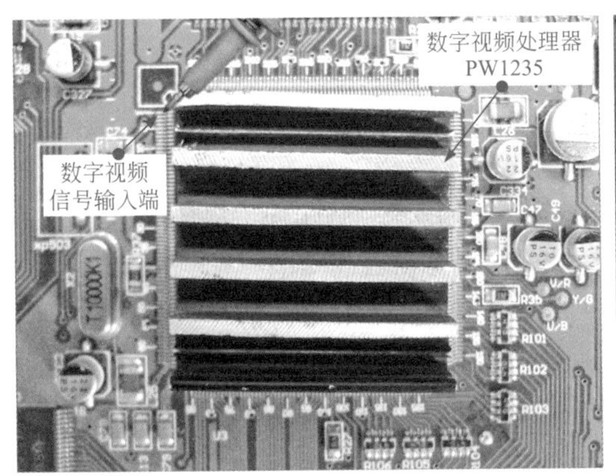

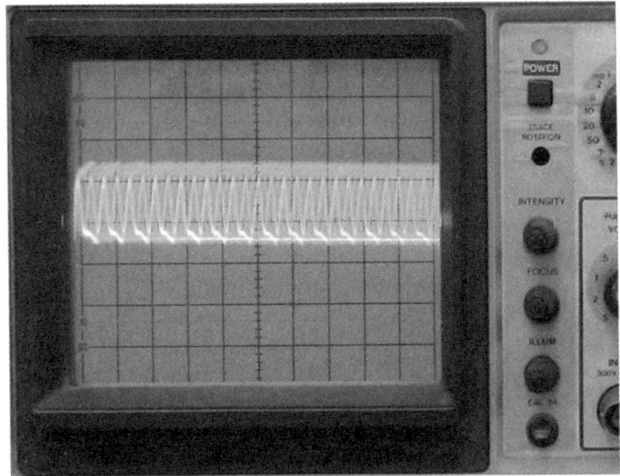

(a) 数字视频处理器输入的数字视频信号检测方法

图 9-33

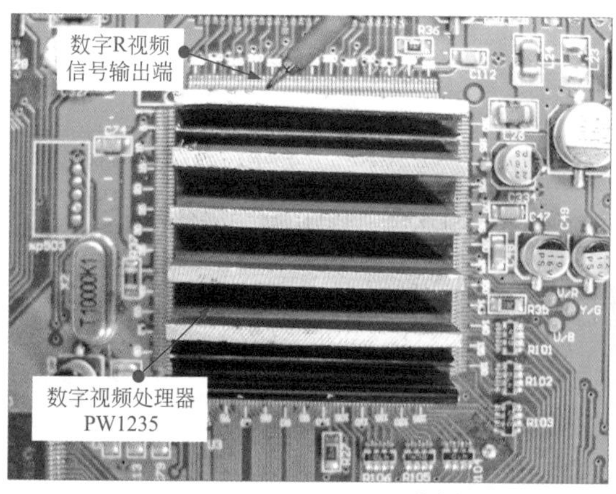

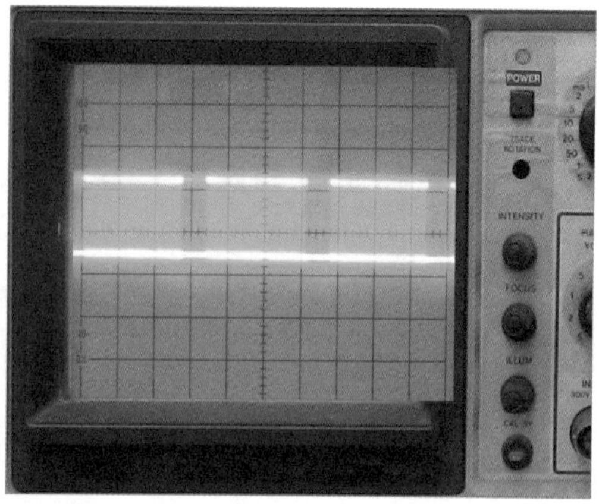

(b) 数字视频处理器输出的数字R视频信号检测方法

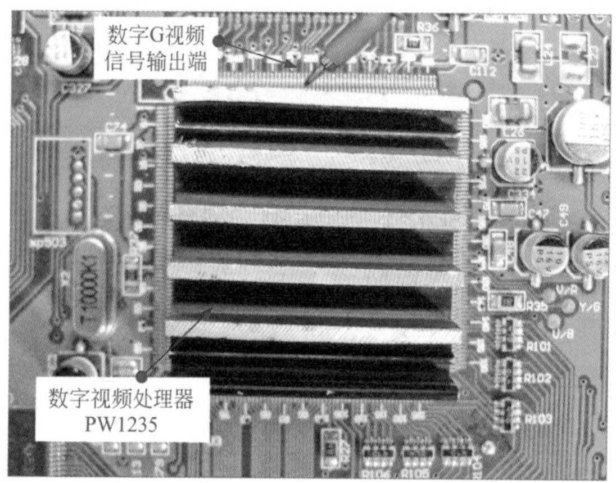

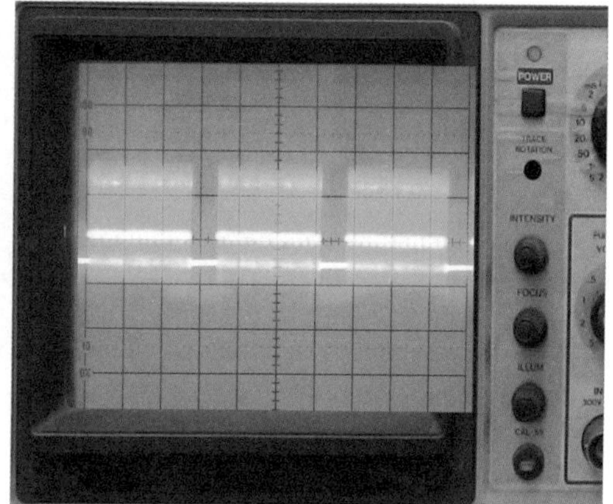

(c) 数字视频处理器输出的数字G视频信号检测方法

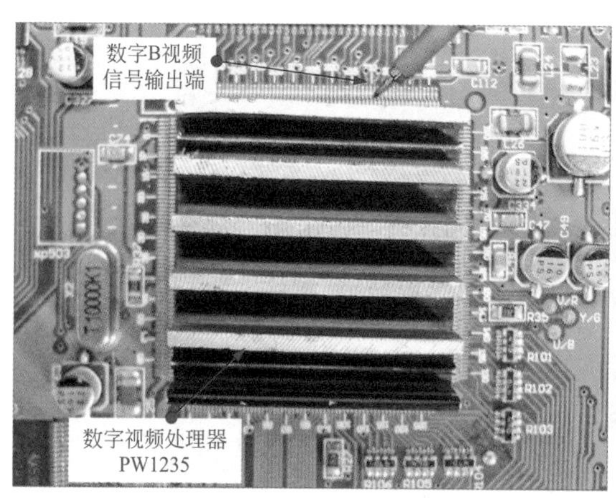

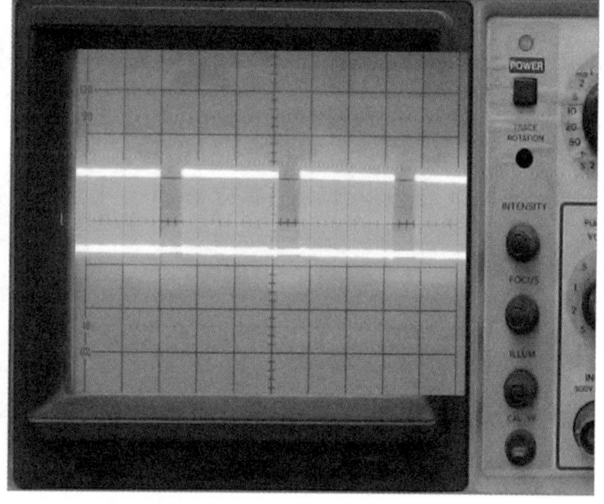

(d) 数字视频处理器输出的数字B视频信号检测方法

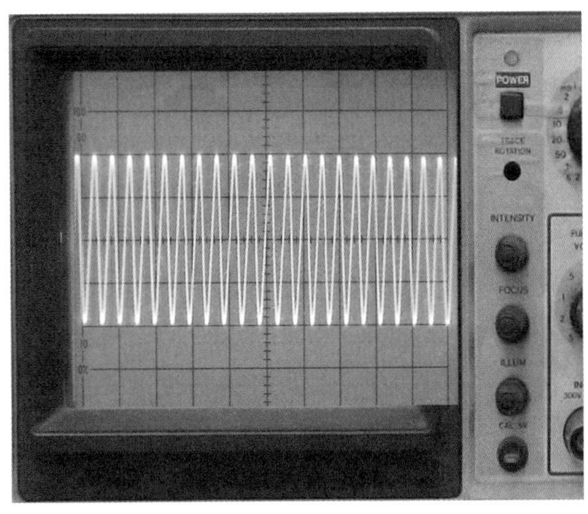

(e) 数字视频处理器的晶振信号检测方法

图 9-33　数字图像信号处理电路的具体检测方法

若视频解码电路输入的数字视频信号、晶振信号正常，而输出的数字视频信号（R、G、B）不正常，则说明该数字图像信号处理电路本身不正常。

9.3 示波器检测系统控制电路

9.3.1 示波器检测组合音响中的系统控制电路

系统控制电路是数码组合音响产品中的整机控制电路，主要用于控制各部分电路的启动、切换、显示等工作状态等，使用示波器主要是对该电路的晶振以及输出的控制信号进行检测。

图 9-34 为典型组合音响的系统控制电路的结构。该电路主要是由控制微处理器电路 IC901（M38173M6262）及外围元件构成的。控制微处理器 IC901 分别对收音电路和 CD 部分进行控制。其 28 ～ 31 脚外接的两只晶体 X901、X902 与其内部的振荡电路构成晶体振荡器；47 ～ 72 脚为显示驱动接口部分，输出脉冲控制信号控制显示屏显示信息。

当系统控制电路出现故障时，可使用示波器对控制微处理器 IC901 的晶振信号以及显示屏驱动信号等进行检测。

图 9-35 为使用示波器检测控制微处理器 IC901（M38173M6262）的方法。

若测得的控制微处理器 IC901（M38173M6262）的晶振信号正常，而无显示屏驱动信号输出时，则可能是芯片本身损坏。

9.3.2 示波器检测液晶电视中的系统控制电路

图 9-36 为典型液晶电视机中的系统控制电路。该电路是整个液晶电视机的控制核心。电路中，微处理器 TSC80251G20 的 20 脚、21 脚外接 14.31818MHz 的晶体 X1，为微处理器提供时钟晶振信号。

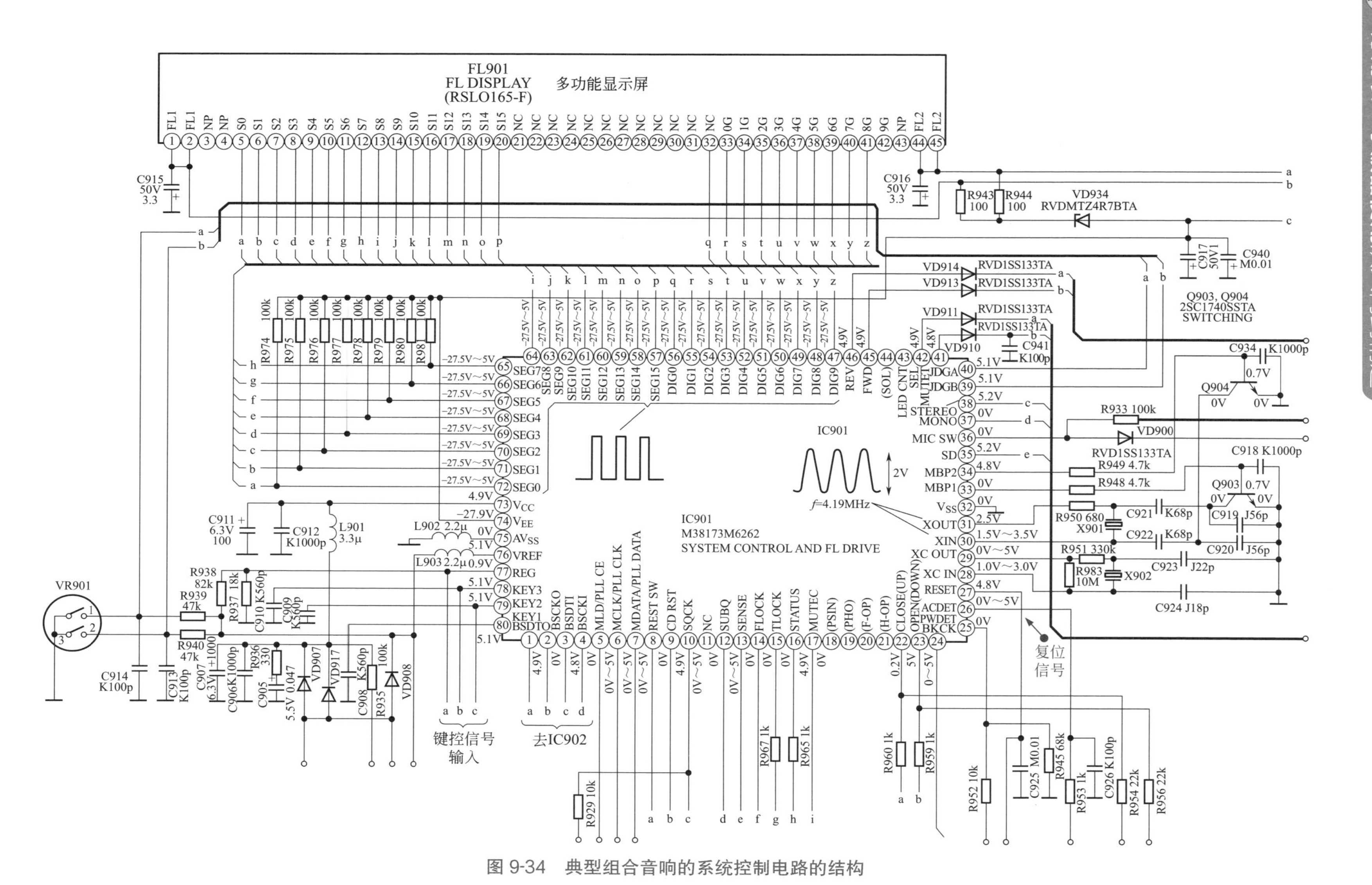

图 9-34 典型组合音响的系统控制电路的结构

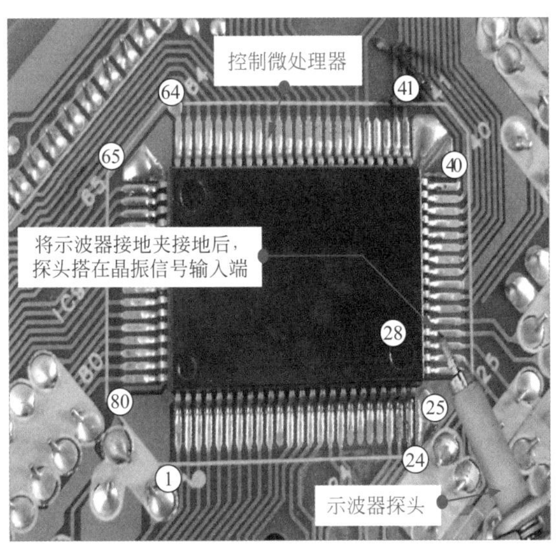

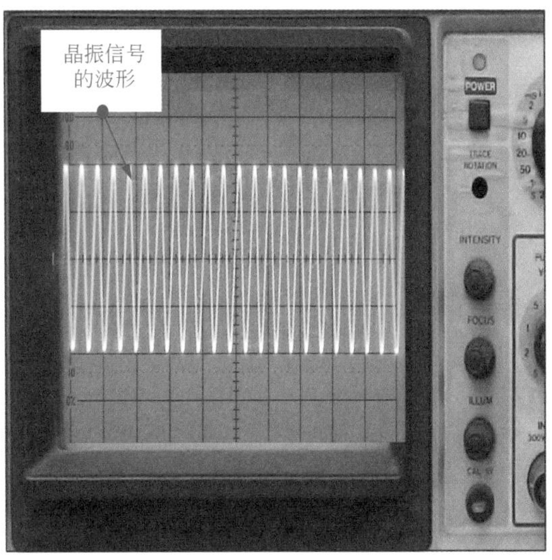

(a) 检测控制微处理器IC901的28～31脚晶振信号波形(以28脚为例)

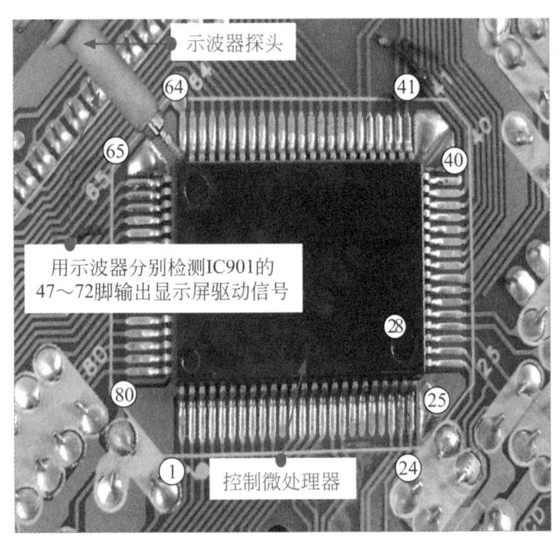

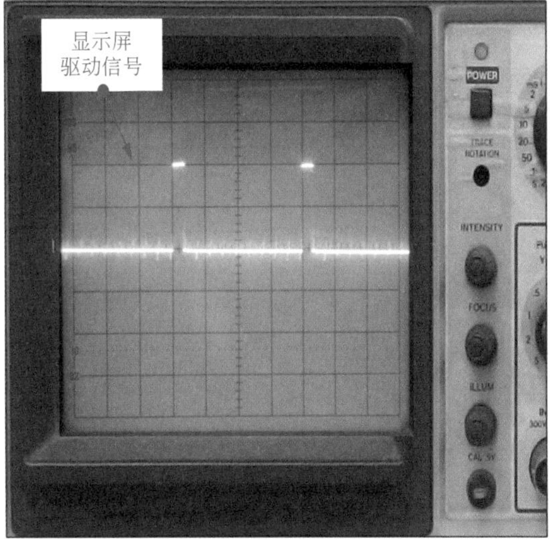

(b) 检测控制微处理器IC901的47～72脚输出的显示屏驱动信号(以64脚为例)

图 9-35 控制微处理器 IC901（M38173M6262）的检测方法

微处理器的 7 脚接收由遥控器送来的遥控信号，微处理器根据人工按键和遥控器送来的人工指令，输出控制信号，由 I^2C 总线送往其他电路进行控制。

数据存储器 U3（24LC16BSN）主要用来存储液晶电视机的频道、频段、音量以及色度、对比度等信息。

对于系统控制电路的检测主要是使用示波器对控制信号进行检测。系统控制电路的具体检测方法见图 9-37。

若微处理器的晶振信号、遥控信号正常，而 I^2C 总线信号（时钟和数据）不正常，则说明微处理器本身有故障。

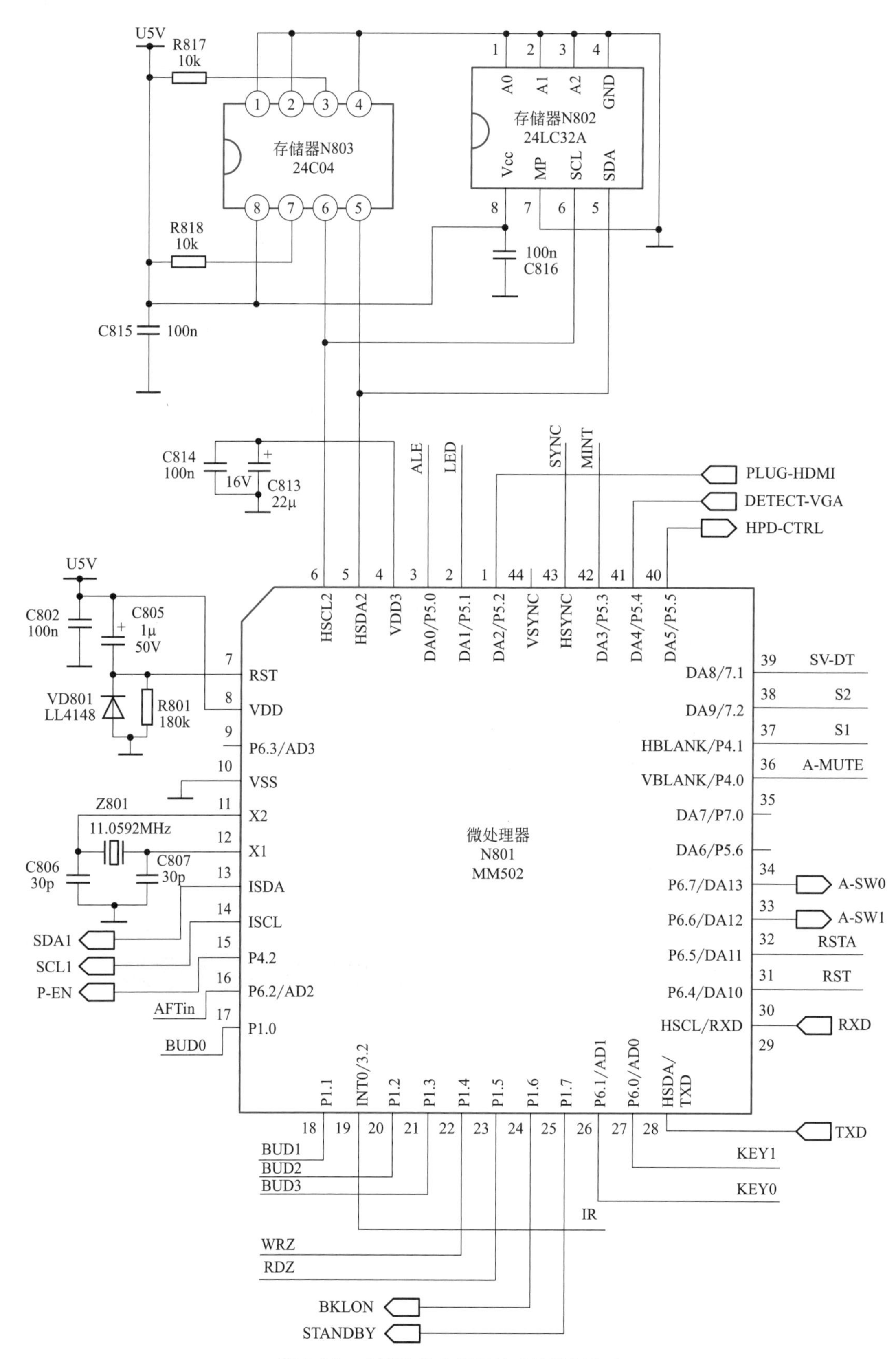

图 9-36 典型液晶电视机的系统控制电路

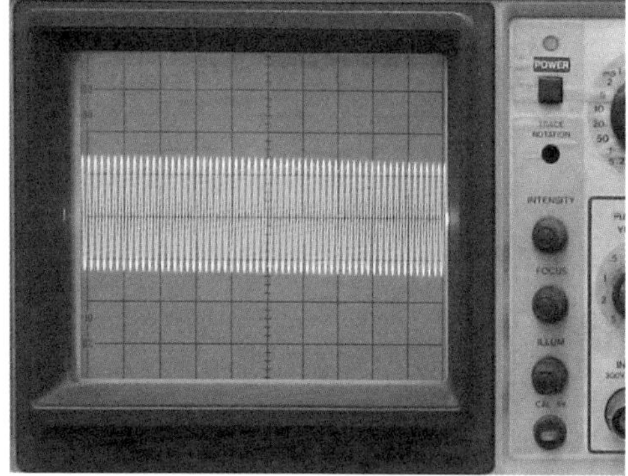

(a) 微处理器晶振信号的检测

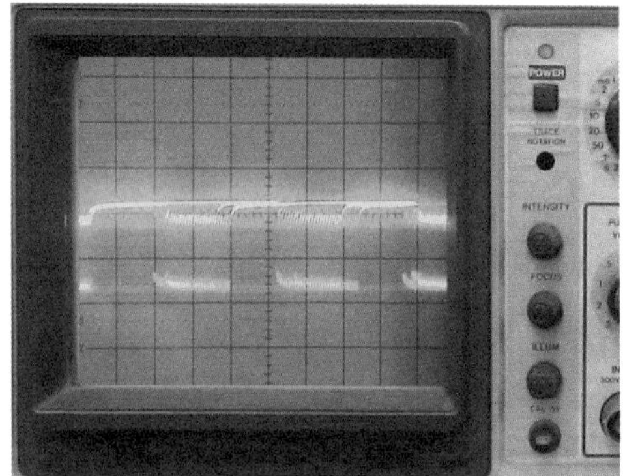

(b) 微处理器遥控信号的检测

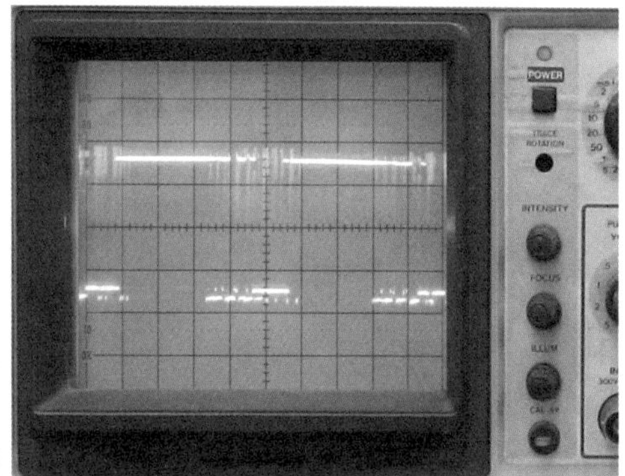

(c) 微处理器的I^2C总线数据信号波形检测

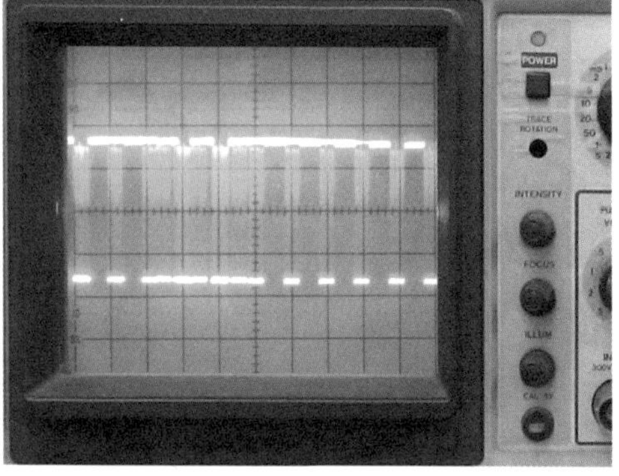

(d) 微处理器的I^2C总线时钟信号波形检测

图 9-37 系统控制电路的具体检测方法

9.4 示波器检测接口电路

9.4.1 示波器检测 AV 接口

AV 接口电路接收外部送来的音频信号和视频信号，分别送到音频信号处理电路和数字解码电路中。使用示波器检测 AV 接口电路主要是对输入的音频信号、视频信号进行检测。

图 9-38 为典型液晶电视机中的 AV 接口。

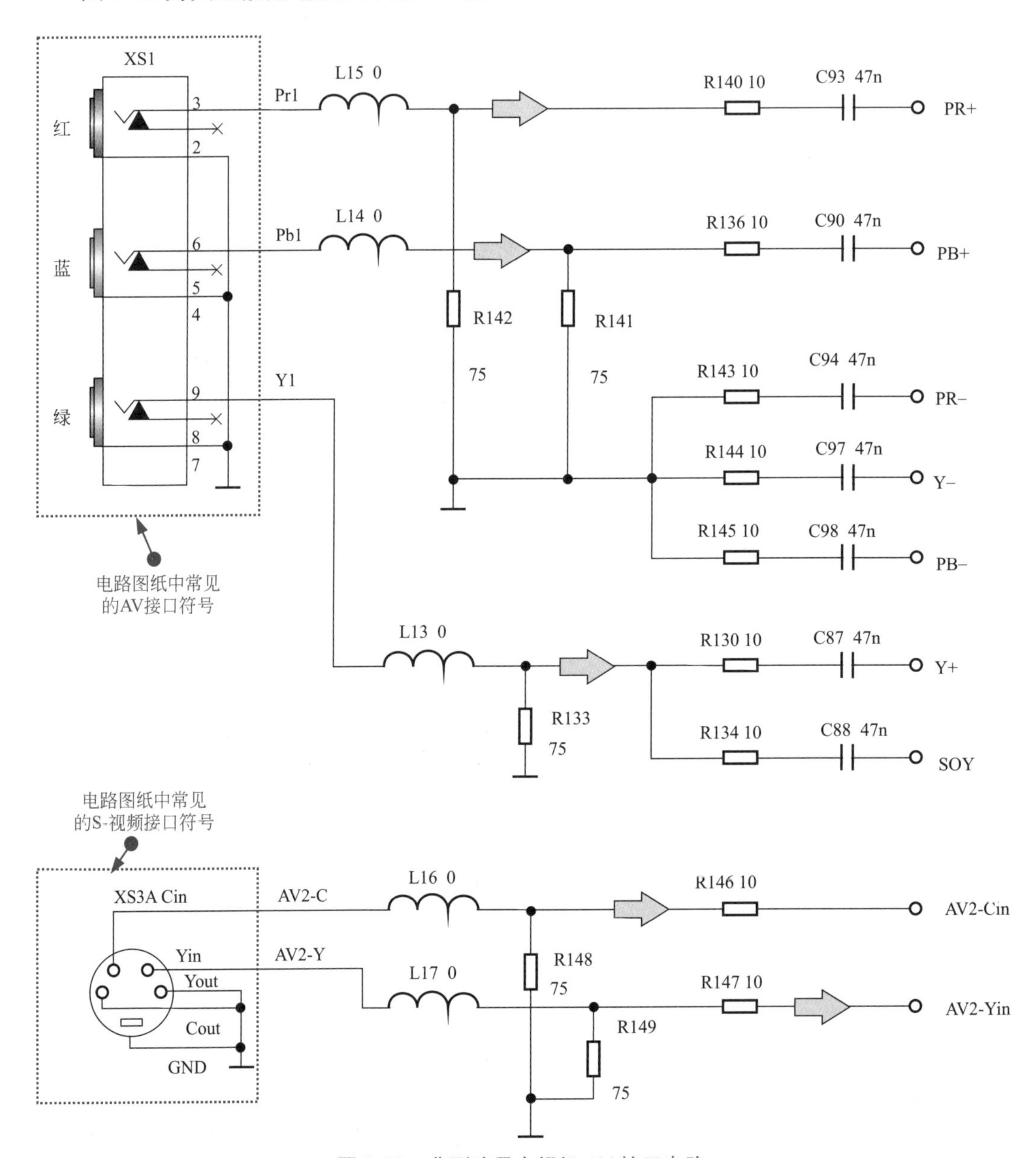

图 9-38 典型液晶电视机 AV 接口电路

对于AV接口电路的检测主要是使用示波器对输入的音频信号、视频信号进行检测。AV接口电路的具体检测方法见图9-39。

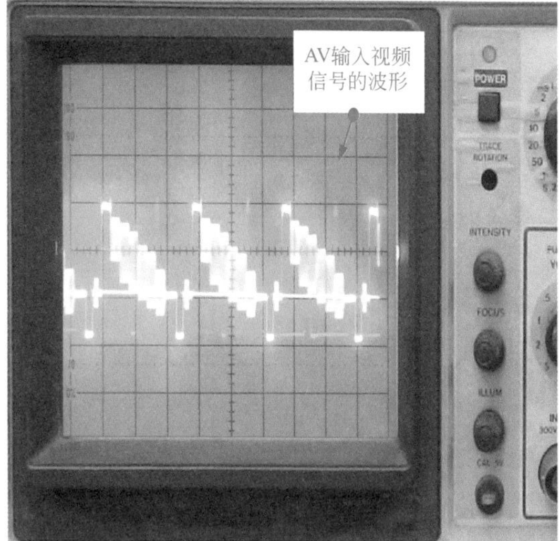

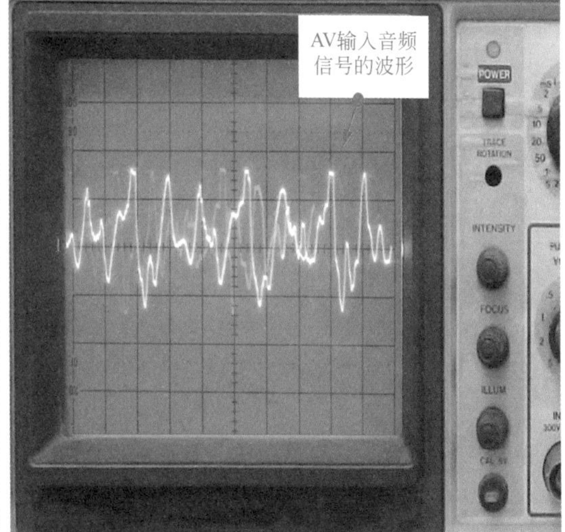

图9-39　AV接口电路的具体检测方法

若不能检测到视频信号、音频信号，则说明该AV接口有故障。

9.4.2 示波器检测VGA接口

典型液晶电视机的VGA接口电路见图9-40。在液晶电视机中，VGA接口电路将送来的R、G、B视频信号和行、场同步信号送到液晶电视机的微处理器中。

对VGA接口电路的检测，主要是检测R、G、B信号波形和行、场同步信号波形，若这些波形不正常，则说明该VGA接口电路有故障。VGA接口电路的检测方法见图9-41。

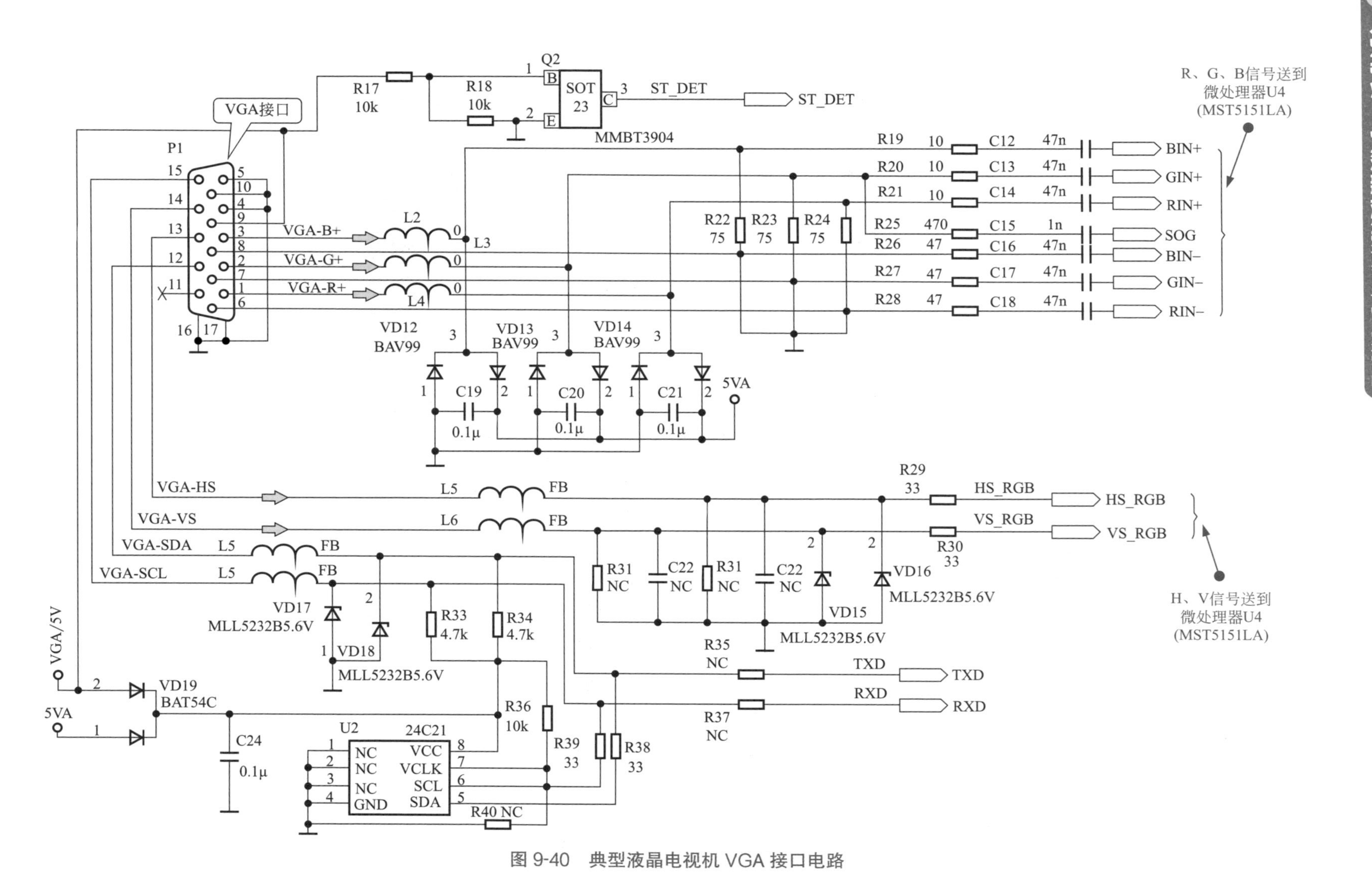

图 9-40 典型液晶电视机 VGA 接口电路

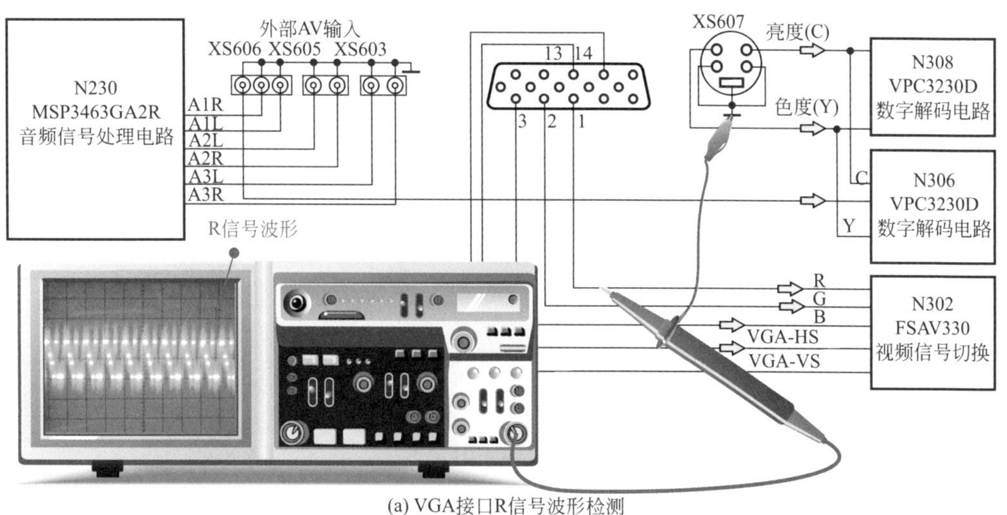

(a) VGA接口R信号波形检测

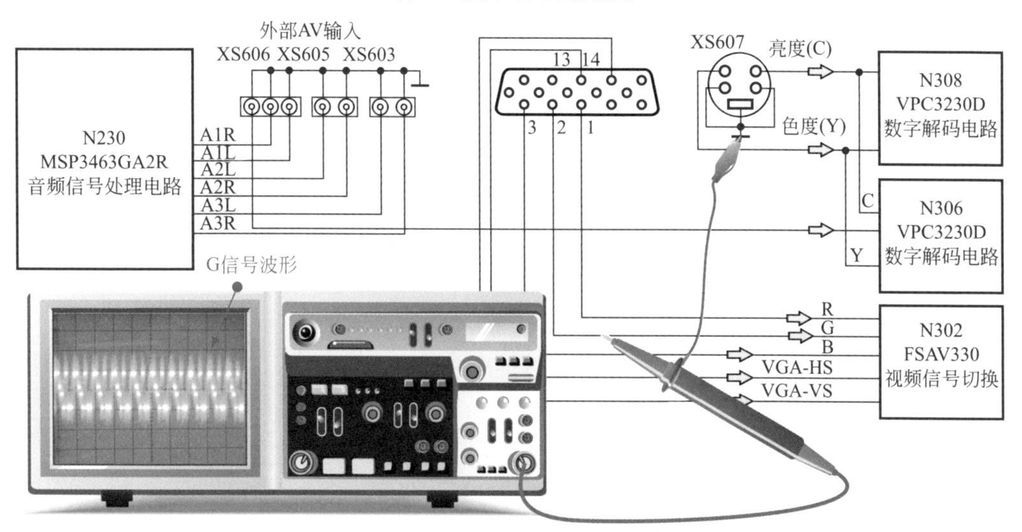

(b) VGA接口G信号波形检测

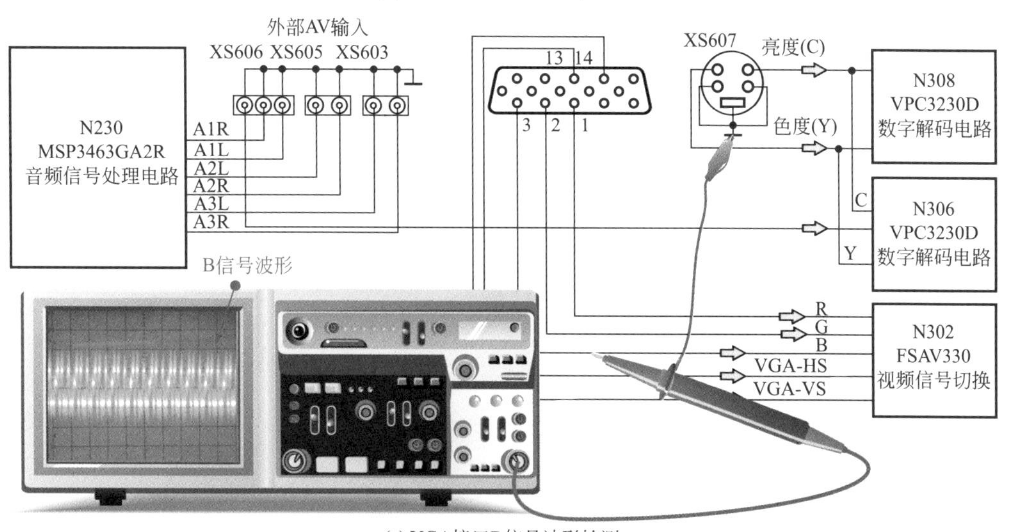

(c) VGA接口B信号波形检测

图 9-41

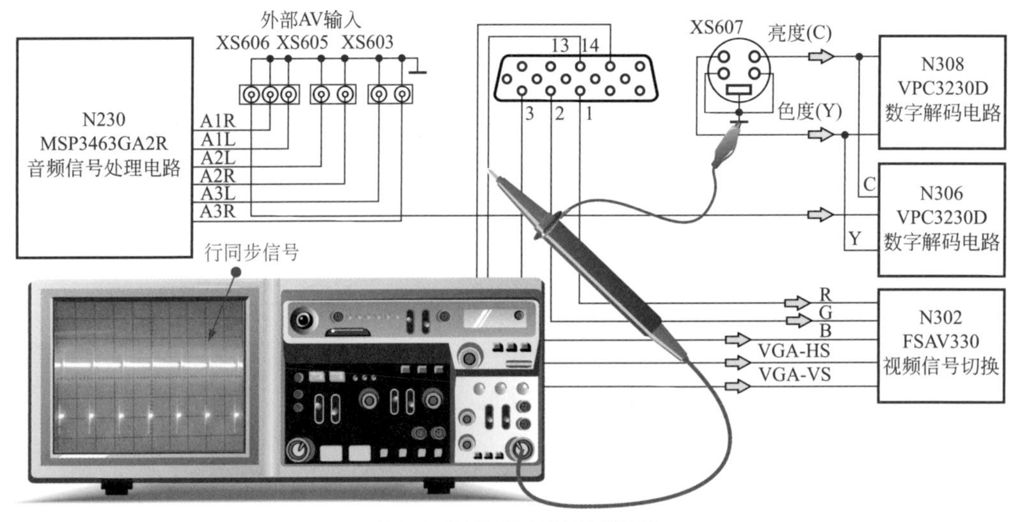

(d) VGA接口行同步信号波形检测

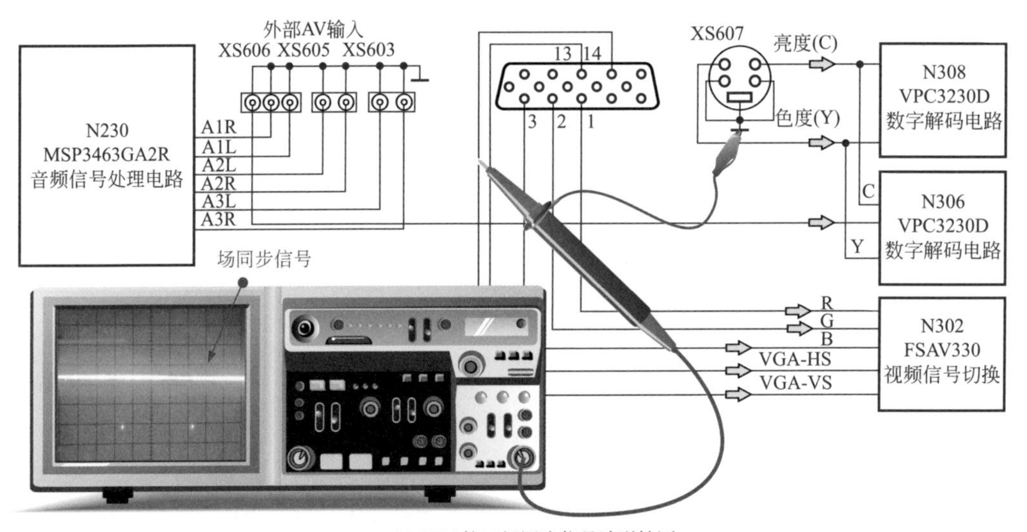

(e) VGA接口场同步信号波形检测

图 9-41 VGA 接口电路的检测方法

9.5 示波器检测操作显示电路

9.5.1 示波器检测电磁炉操作显示电路

图 9-42 为典型电磁炉操作显示电路。该电路主要是由指示灯、数码显示管、操作按键及移位寄存器等元件构成。

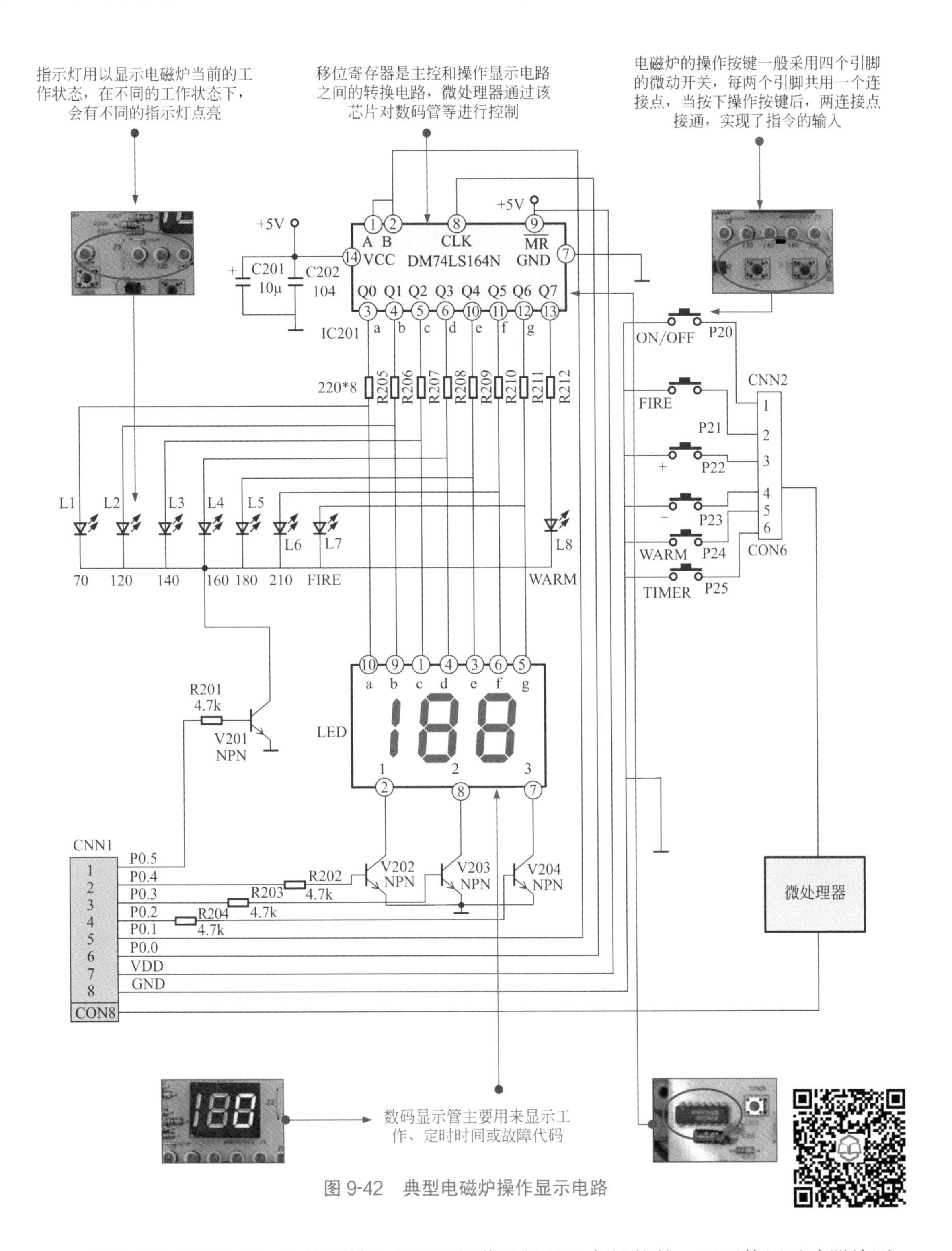

图 9-42 典型电磁炉操作显示电路

对该电路进行检测，除检测供电电压和操作按键的通断性能外，还可使用示波器检测数码显示管。图 9-43 为使用示波器检测电磁炉操作显示电路中的数码显示管及各脚显示波形。

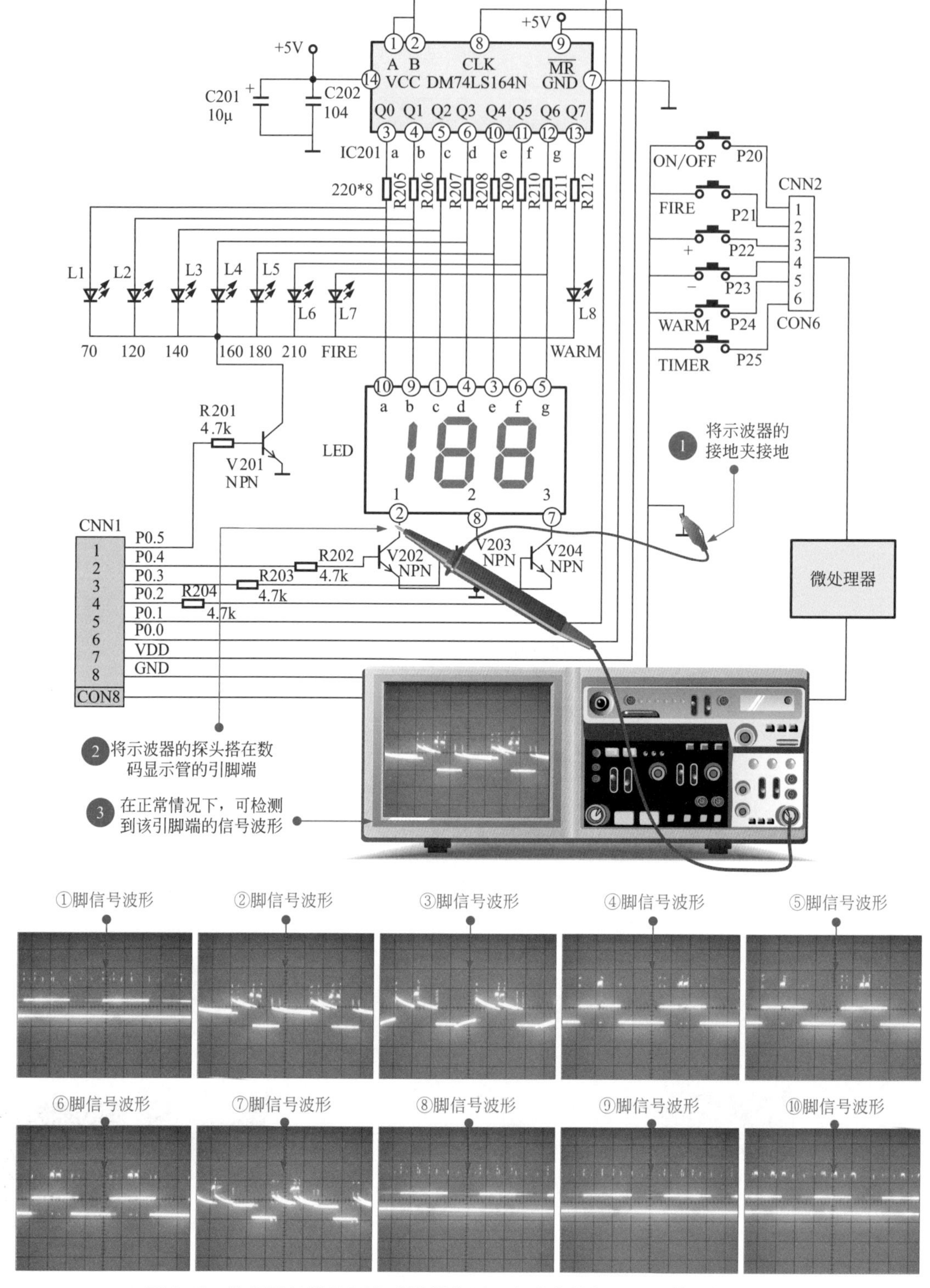

图 9-43　使用示波器检测电磁炉操作显示电路中的数码显示管及各脚波形

在调试检测电磁炉操作显示电路时，检测数码显示管引脚信号波形正常与否，也为判断移位寄存器是否正常提供参考依据。若数码显示管引脚信号波形正常，但显示不正常，说明数码显示管可能已损坏。

9.5.2 示波器检测电冰箱操作显示电路

如图 9-44 所示，电冰箱操作显示电路主要用于输入人工指令和显示当前工作状态。

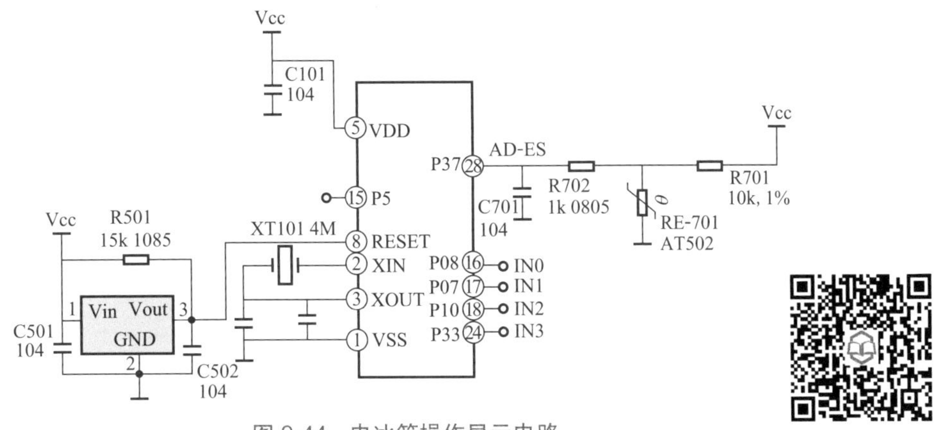

图 9-44 电冰箱操作显示电路

图 9-44 中，操作显示控制芯片正常工作的条件，包括供电电压、复位信号和晶振信号。5V 电压由开关电源电路输出，送到操作显示控制芯片的 5 脚。晶体与操作显示控制芯片的内部电路构成振荡电路，为微处理器提供时钟信号。复位电路为操作显示控制芯片的 8 脚提供复位信号。

检测该电路，除对工作电压检测外，还可使用示波器检测控制芯片输出的数据信号是否正常。图 9-45 为操作显示电路显示部件的检测方法。

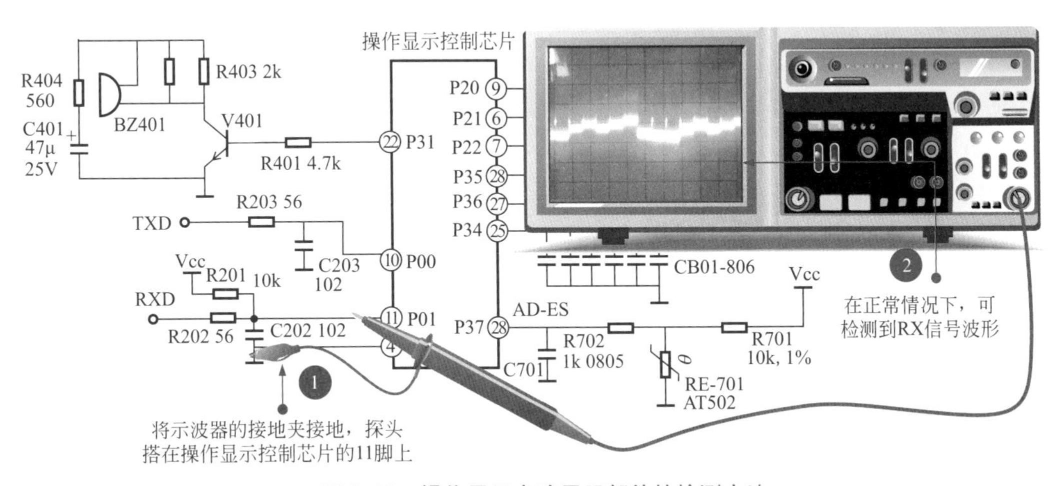

图 9-45 操作显示电路显示部件的检测方法

若检测操作显示电路输出信号异常时，则应对操作控制芯片的工作状态进行检测，可借助万用表或示波器对其供电电压、晶振信号及复位信号进行检测，具体检测方法可参考前面章节。

当检测操作控制芯片工作状态正常时，需要检测操作显示电路的输入信号，如图 9-46

所示。

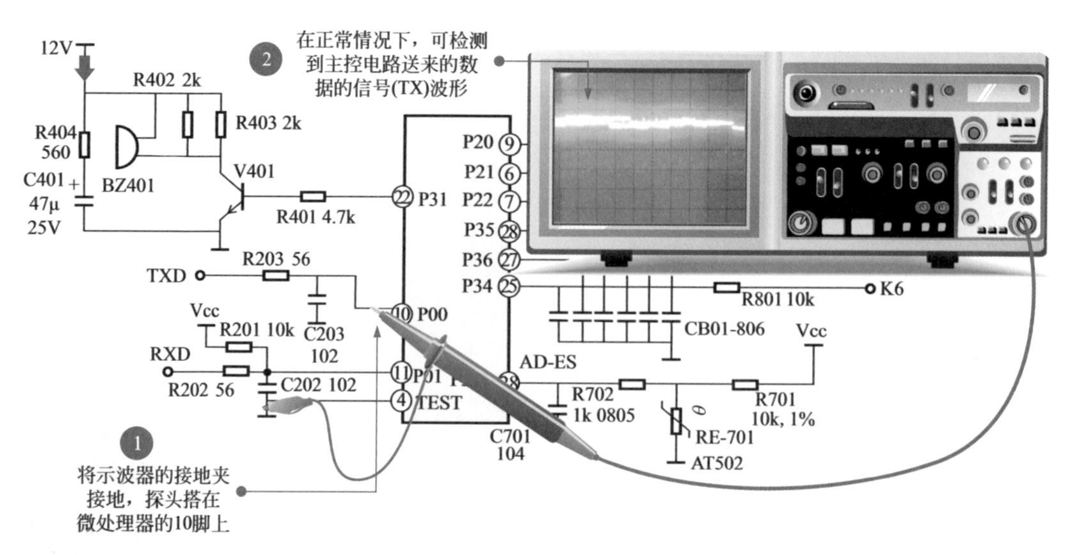

图 9-46　操作显示电路输入信号的检测方法

9.6 示波器检测其他功能电路

9.6.1 示波器检测电源电路

电源电路的主要功能是将输入的220V交流电压经过整流、滤波、稳压等一系列处理，变成稳定的直流低压输出，为电子产品其他单元电路或功能部件供电。

图9-47为典型电子产品中的开关电源电路。该开关电源电路主要是由熔断器、互感滤波器、桥式整流堆、滤波电容、开关晶体管、开关振荡集成电路、开关变压器、光耦合器、输出滤波电容等构成的。

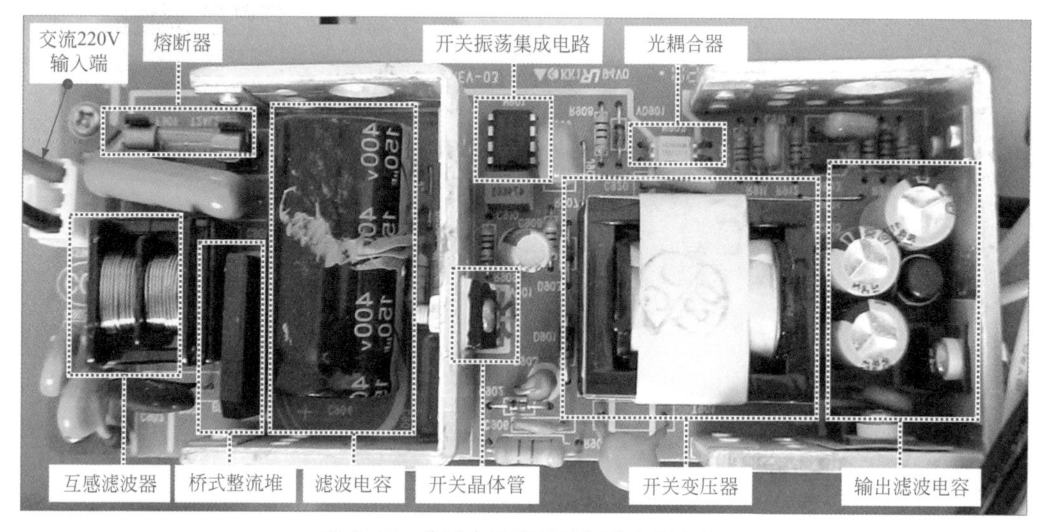

图 9-47　典型电子产品的开关电源电路

在对电源电路进行检测的时候，除沿信号流程对电源电路逐级检测外，还可以使用示波器直接检测变压器。通过对变压器的检测可迅速缩小故障范围，为电源电路的检测提供极大的方便。

图9-48为使用示波器感应检测开关变压器的方法。通常，在工作状态下，将示波器探头靠近电源电路中的开关变压器，若工作正常，此时应能够检测到开关变压器的感应波形。

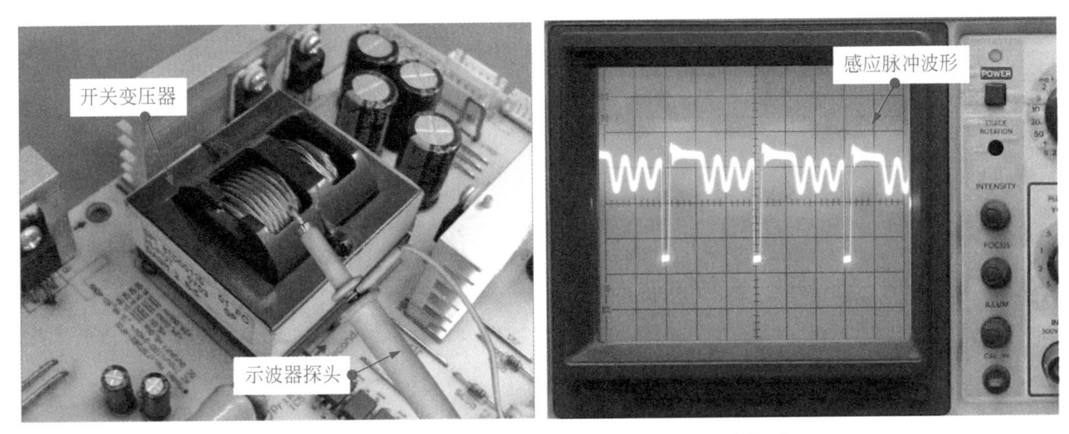

图9-48　使用示波器感应检测开关变压器的方法

这种使用示波器感应检测的方法在电源电路检测过程中十分有效。图9-49为使用示波器感应检测电磁炉电源供电及功率输出电路的关键信号。

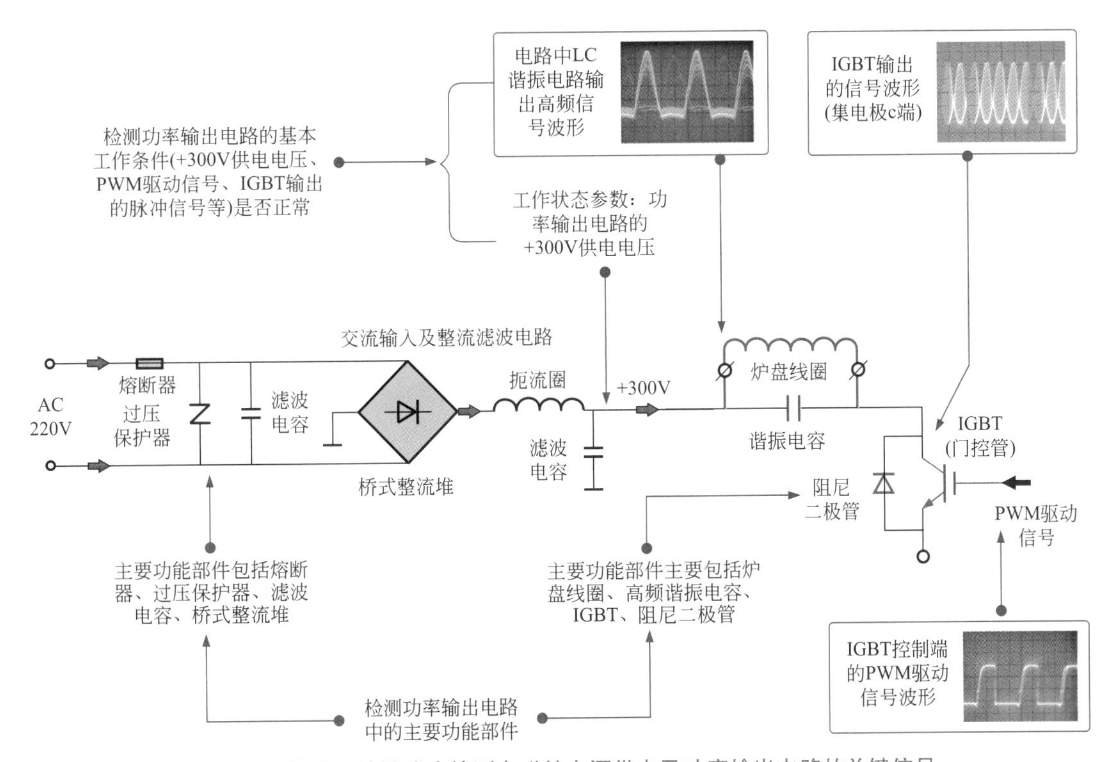

图9-49　使用示波器感应检测电磁炉电源供电及功率输出电路的关键信号

9.6.2 示波器检测屏显驱动电路

屏显驱动电路的主要功能是接收处理来自数字信号处理电路的图像数据信号，并将图像数据信号和同步信号分配给液晶屏的驱动端，使液晶屏显示图像。使用示波器检测屏显驱动电路主要是检测驱动信号是否正常。

图 9-50 为典型液晶电视机的屏显驱动电路。液晶显示驱动信号输入插座 CN1 中，再送到图像信号处理电路 UL1 中，经内部处理送到液晶屏屏线插座 CN3 和 CN4 中。

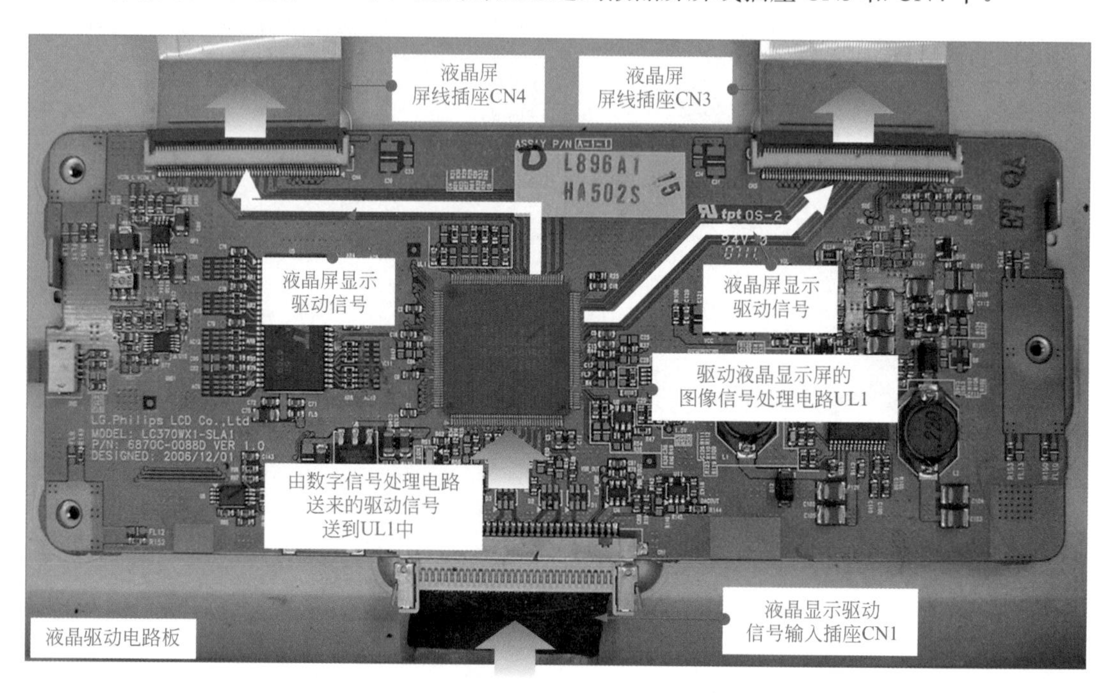

图 9-50 典型液晶电视机的屏显驱动电路

对于屏显驱动电路的检测主要是使用示波器对驱动信号进行检测。图 9-51 为屏显驱动电路的具体检测方法。

若屏显驱动电路输入的信号波形正常，而输出的信号波形不正常，则说明该屏显驱动电路有故障。

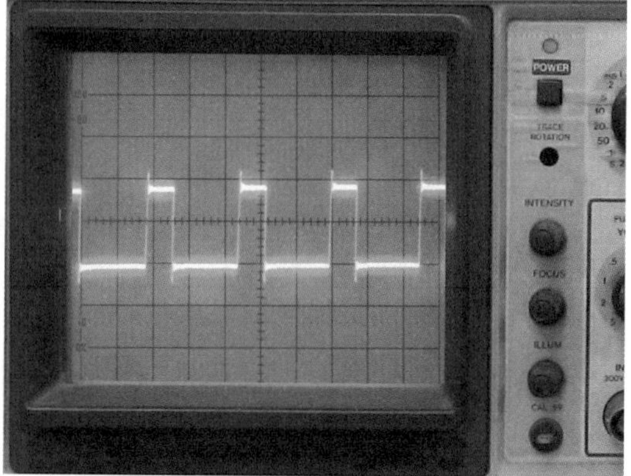

(a) 屏显驱动电路输入信号波形的检测

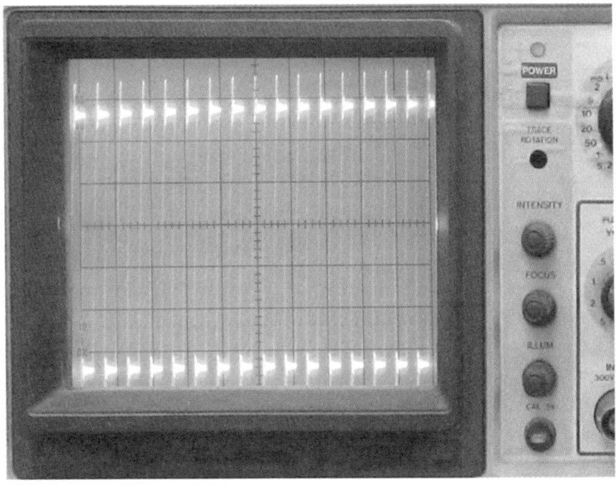

(b) 屏显驱动电路10脚输出的信号波形检测

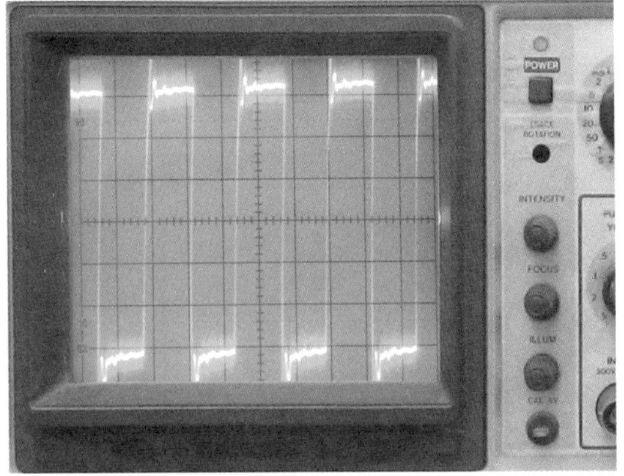

(c) 屏显驱动电路11脚输出的信号波形检测

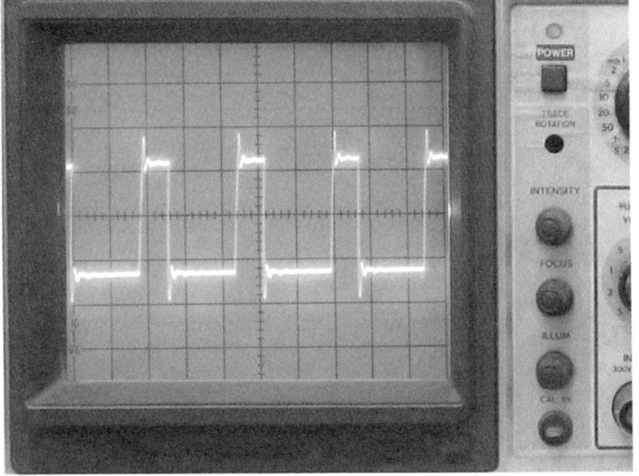

(d) 屏显驱动电路18脚输出的信号波形检测

图 9-51 屏显驱动电路的具体检测方法

9.6.3 示波器检测逆变器电路

逆变器电路是为液晶屏背光灯供电的电路。

典型液晶电视机逆变器电路驱动部分见图 9-52。

其中，脉宽信号产生集成电路的主要作用是产生脉宽驱动信号，该信号由场效应管进行信号放大，以满足启动背光灯高压供电的要求。

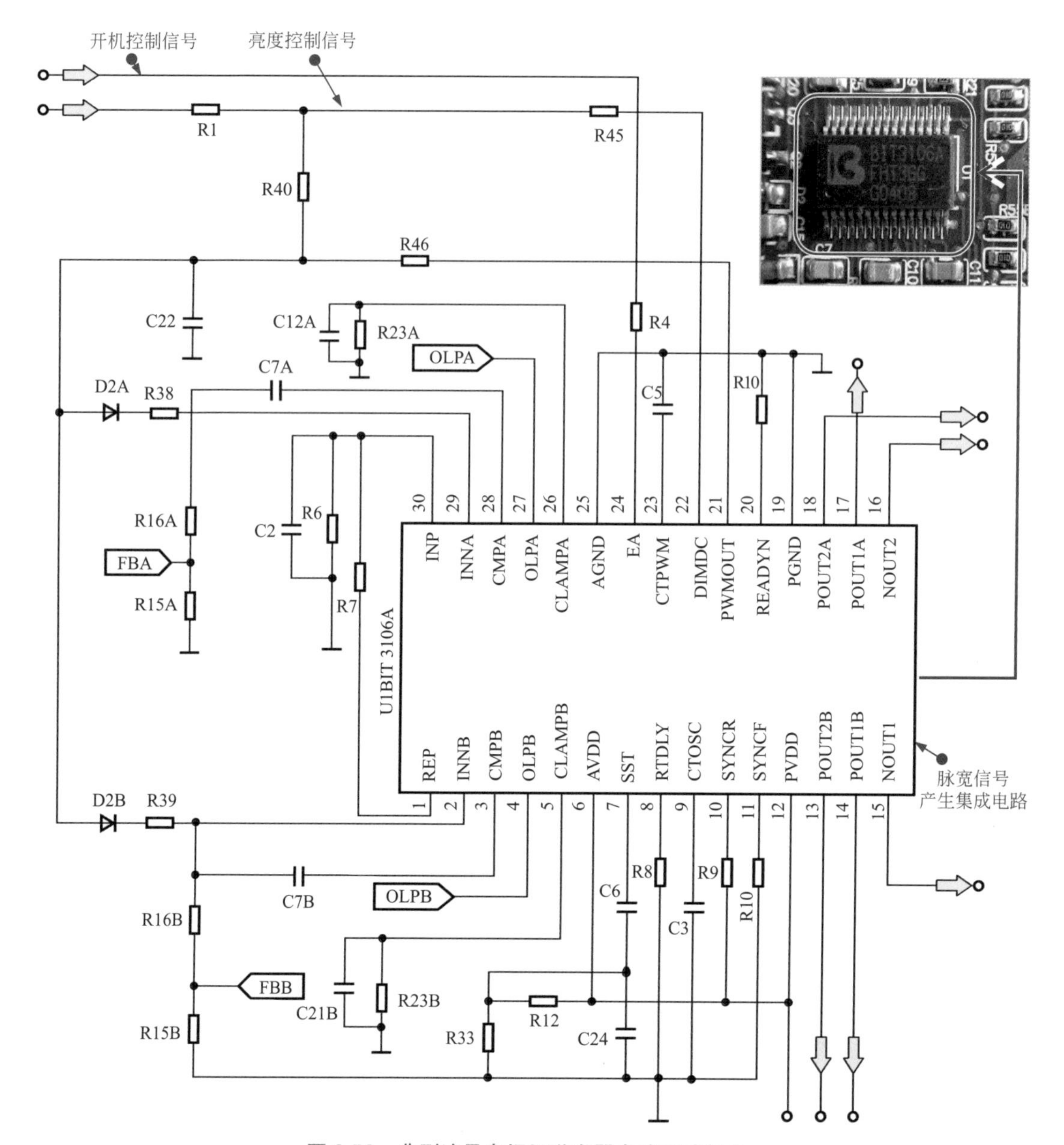

图 9-52 典型液晶电视机逆变器电路驱动部分

脉宽信号产生集成电路 U1（BIT3106A）的 13 脚、14 脚、17 脚和 18 脚输出脉宽驱动信号，送到场效应管中。

典型液晶电视机逆变器电路高压部分见图 9-53。

驱动场效应晶体管主要作用是将脉宽信号产生电路产生的振荡脉宽驱动信号放大后输出，为升压变压器提供驱动脉冲信号。

升压变压器的主要作用是对电压进行提升，从而达到背光灯所需要的电压，实现背光灯的控制。

脉宽信号产生电路送来的脉宽驱动信号经驱动场效应管（U2A、U3A）、升压变压器（T1A、T2A、T3A）升压后变成交流高压信号为背光灯供电。

对于逆变器电路的检测主要是使用示波器对场效应管输入信号波形、输出信号波形和升压变压器感应波形进行检测。

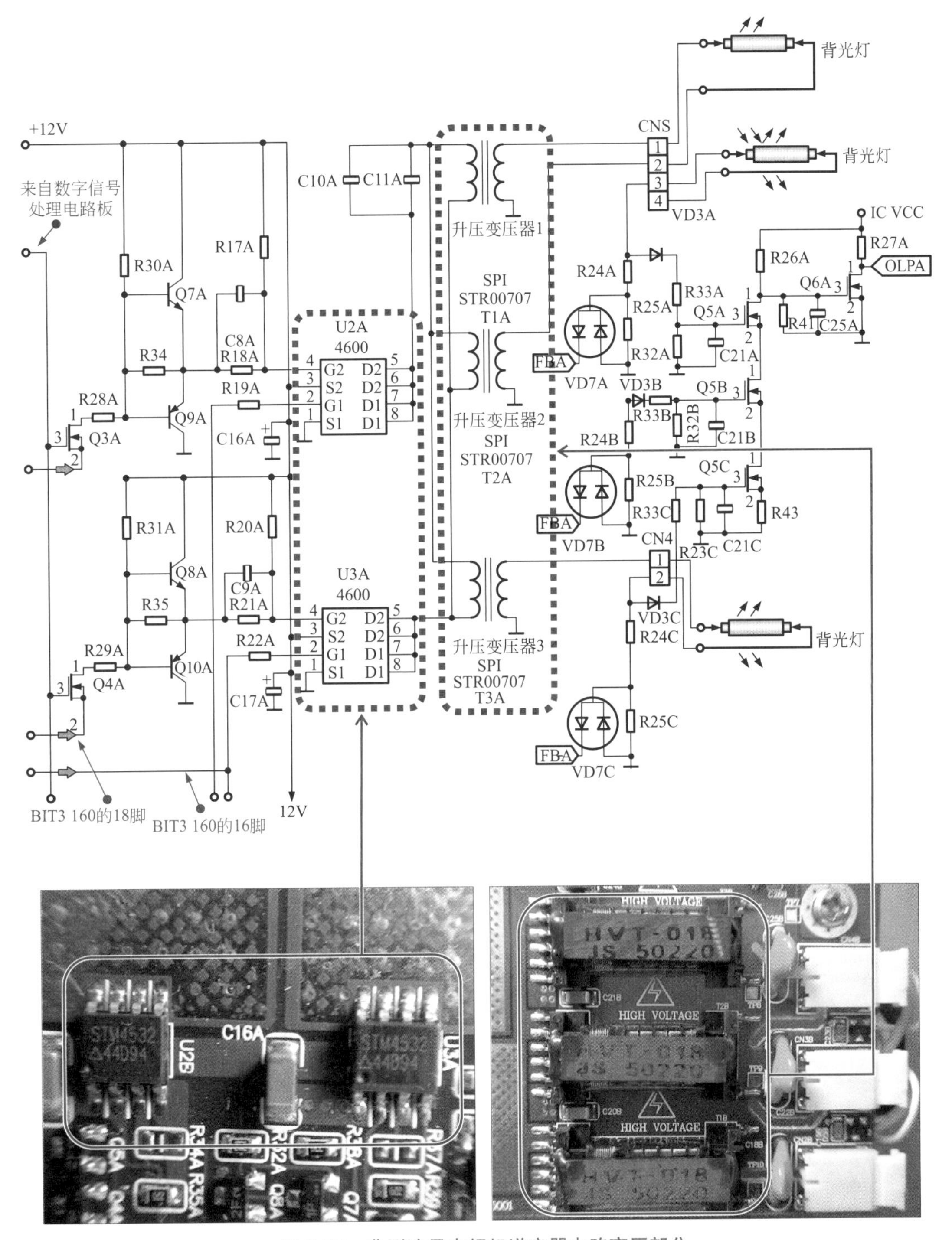

图 9-53　典型液晶电视机逆变器电路高压部分

逆变器电路的具体检测方法见图 9-54。

使用示波器对场效应管输入信号波形、输出信号波形和升压变压器感应波形进行检测，若检测时，发现某一波形不正常，则说明该逆变器电路有故障。

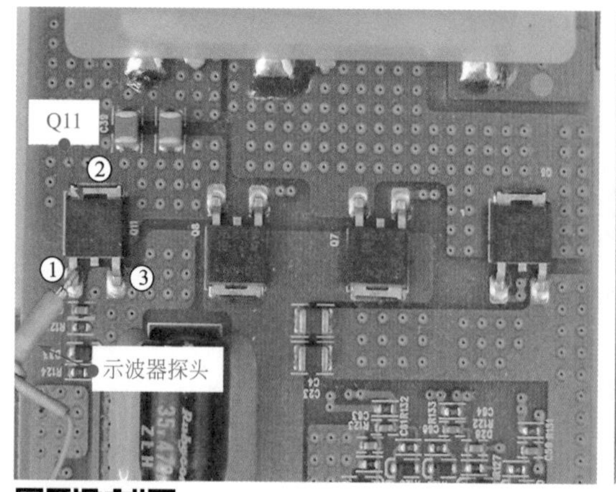

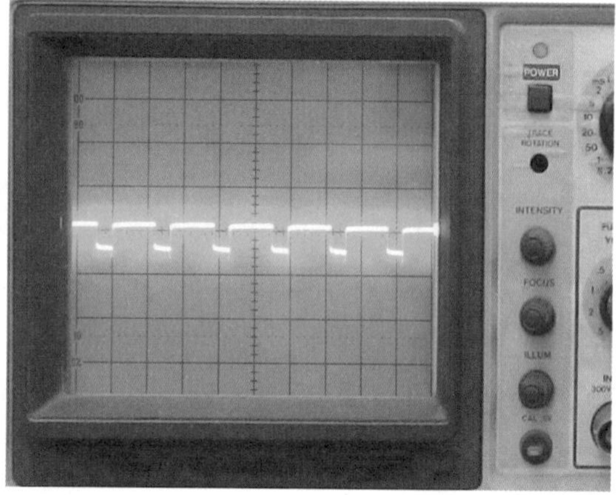

(a) 场效应管输入的信号波形检测方法

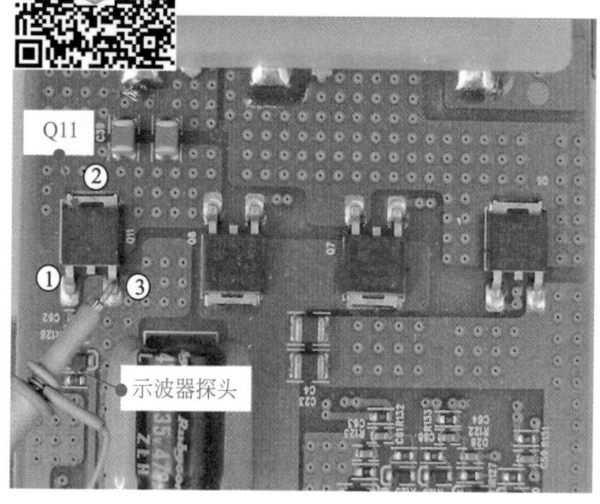

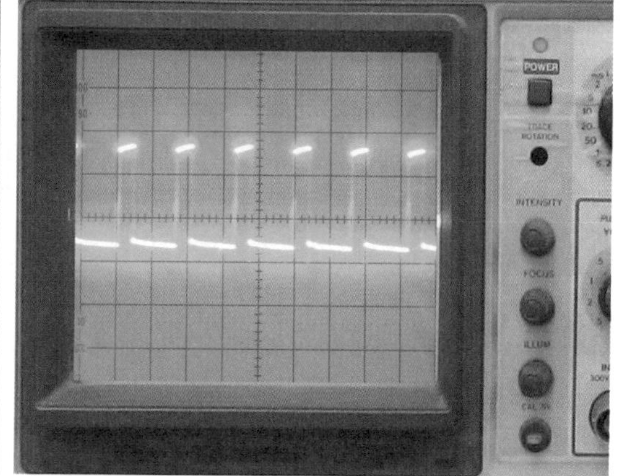

(b) 场效应管输出的信号波形检测方法

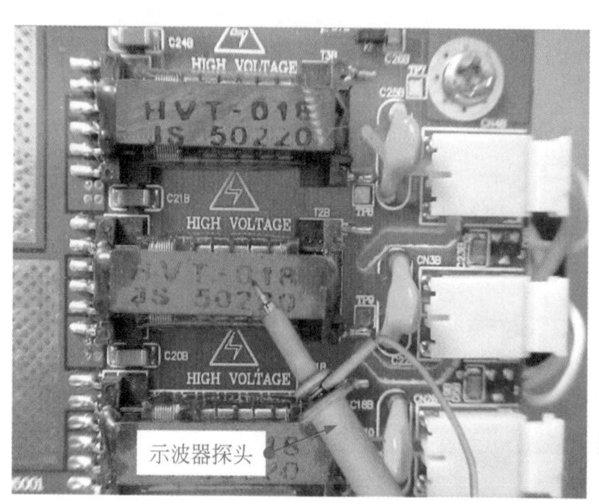

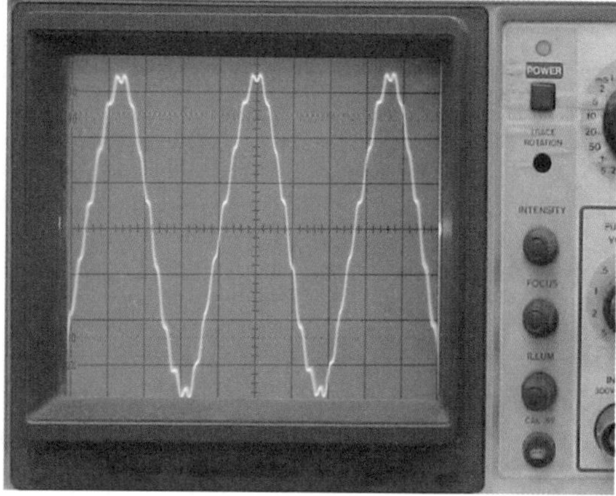

(c) 升压变压器的检测

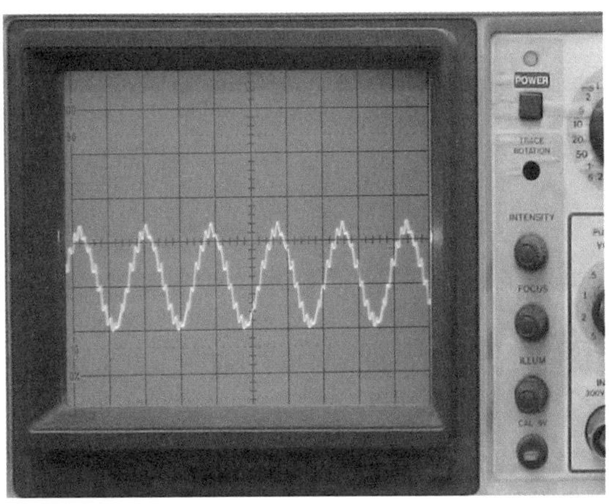

(d) 背光灯插座的信号检测

图 9-54　逆变器电路的具体检测方法